高等学校土木工程专业“十三五”系列教材
高等学校土木工程专业系列教材

工程事故分析与处理

朱彦鹏　王秀丽　编著

中国建筑工业出版社

图书在版编目（CIP）数据

工程事故分析与处理/朱彦鹏，王秀丽编著. —北京：中国建筑工业出版社，2020.8（2024.7重印）
高等学校土木工程专业“十三五”系列教材　高等学校土木工程专业系列教材
ISBN 978-7-112-25186-5

Ⅰ. ①工…　Ⅱ. ①朱…②王…　Ⅲ. ①建筑工程-工程事故-事故分析-高等学校-教材　Ⅳ. ①TU712

中国版本图书馆 CIP 数据核字（2020）第 086837 号

工程事故包括工程质量事故、安全事故、自然灾害事故及其他事故。传统的工程事故分析与处理教材是以工程质量事故为主要内容，没有涵盖工程事故的各个方面，本书较全面介绍了各类工程事故的分析与处理方法。本书作者讲授本门课程近20年，处理各类工程事故数百个，本书是作者多年教学和工程实践经验的总结。

本书编写力求理论与实践结合，引入国家相关规范、标准和法律规定，通过本书的学习能够初步掌握运用专业知识分析工程事故和处理工程事故的方法，提高分析和解决工程事故的能力。

本书可作为土木工程专业本科生、硕士研究生的教材，也可供从事土木工程设计、施工和管理的人员参考。

为配合教学，本书作者制作了配套的教学课件，有需要的任课老师可发送邮件至：2917266507@qq.com 索取。

*　*　*

责任编辑：聂　伟　吉万旺　王　跃
责任校对：芦欣甜

高等学校土木工程专业“十三五”系列教材
高等学校土木工程专业系列教材
工程事故分析与处理
朱彦鹏　王秀丽　编著
*
中国建筑工业出版社出版、发行（北京海淀三里河路 9 号）
各地新华书店、建筑书店经销
霸州市顺浩图文科技发展有限公司制版
建工社（河北）印刷有限公司印刷
*
开本：787×1092 毫米　1/16　印张：24½　字数：592 千字
2020 年 8 月第一版　2024 年 7 月第四次印刷
定价：**66.00** 元（赠课件）
ISBN 978-7-112-25186-5
（35952）

前　言

我国工程建设高速发展已经持续了近40年。虽然多年来我国工程建设的理论研究、勘察设计、施工和管理水平得到快速发展，有些方面甚至达到国际一流水平，但是，工程建设中和使用期间的事故仍时有发生。随着高速建设期结束，大多数工程到了设计基准期或中老年期，各种工程事故将会不断出现，工程事故会越来越复杂。由于工程事故类型的复杂性，除了工程质量事故外，还有工程安全事故、自然灾害事故、人为工程事故和其他事故（如移楼、加层改造等）。因此，研究各类工程事故分析与处理不能局限于工程质量事故，应能够研究和处理与工程相关的各类事故，这是当代土木工程专业学生和工程技术人员必备的一种专业技能。

近年来，建设工程领域的事故使国家和人民群众的生命财产遭受了重大损失。很多工程技术人员对工程事故、工程质量事故、生产安全事故、工程安全事故、责任事故、自然灾害事故等的概念模糊不清，不能正确理解其含义，而认真辨析这些概念是很有必要的。本书将给出各类工程事故的合理定义，明确工程建设的参与者和使用者的事故责任，起到防微杜渐的作用。

“工程事故分析与处理”是一门综合类专业课程，内容涉及各种力学、结构工程、岩土工程、工程地质、施工和管理等方面。本书的内容包括工程质量事故的分析、检测与鉴定，地基与基础工程事故类型及发生原因，地基与基础工程加固纠倾方法及案例，基坑工程事故分析与案例，结构工程事故类型及发生原因，工程结构维修加固与改造，工程安全事故分析与处理，结构火灾后受损鉴定与加固修复，自然灾害工程事故的分析与处理，建筑物平移技术和建筑物的增层改造技术。本书编写力求理论与实践结合，引入国家相关规范、标准及法律规定。希望通过本书的学习学生能够初步掌握运用专业知识分析工程事故和处理工程事故的方法，提高分析和解决工程事故的能力。

本书由朱彦鹏教授和王秀丽教授共同完成，周勇教授、杨校辉博士、吴培成高工、张贵文副教授、谭坚贞高工的研究工作对本书也有贡献，研究生朱轶凡、韩洋超、马响响、张琦等参与书稿文字整理和绘图工作，特此对他们表示感谢。

“工程事故分析与处理”是个进行时，研究工作随事故的不断发生还在进行当中，有些工程事故涉及的科学和技术问题非常复杂，有很多问题还需不断深入研究，本书立足于抛砖引玉，希望以后有更好的成果涌现，以便能更好地指导工程实践。由于时间仓促，加之作者水平有限，错误之处在所难免，敬请读者批评指正。

朱彦鹏、王秀丽

2020年1月25日

目　　录

第1章　绪　　论

我国的高速度工程建设已经持续了近40年，虽然这几十年来我国工程建设中的理论研究、勘察设计、施工和管理水平得到快速发展，有些方面甚至达到国际一流水平。但是，在工程建设中、使用中的事故时有发生。随着高速建设期的结束，大多数工程到了设计基准期或中老年期，各种工程事故将会不断增多，工程事故也会越来越复杂，工程事故分析与处理将会成为土木工程专业技术人员经常要面对的问题。因此，各类工程事故分析与处理是当代土木工程专业学生和工程技术人员必备的一种专业技能。

近年来，建设工程事故经常发生，这些事故使国家和人民群众的生命财产遭受到了重大损失。随着工程事故越来越复杂，理清各类工程事故的基本概念和定义，对正确分析处理工程事故意义重大。一般工程事故包括工程质量事故、工程安全事故、自然灾害工程事故和其他工程事故，分清各类工程事故的概念，理解其正确的含义，以达到正确处理各类工程事故的目的。

1.1　工程事故的定义

工程结构在施工和服役期间出现的承载力、稳定性、结构刚度、不舒适的振动、变形、裂缝宽度和结构耐久性等问题，统称为工程事故。工程事故可分为工程质量事故、生产安全事故、自然灾害工程事故和其他工程事故。

工程事故的类型众多。土木工程在服役期内，由于工程质量问题、功能改变、扩建改造、加层加高、建（构）筑物平移顶升、火灾和自然灾害等因素，造成结构在安全、正常使用和耐久性等方面存在问题，使结构不能完成正常预定功能时均为工程事故。例如使用中的楼房由于基础承载力不足或地基失稳导致建筑物倾斜（图1.1），需要分析事故发生的原因，并进行地基加固和纠倾，著名的比萨斜塔就最典型的建筑物倾斜的例子（图1.2）。施工中的深基坑由于支护承载力或稳定性不足会发生坍塌，会引起周边建筑物的倾

图1.1　基础承载力不足或地基失稳导致建筑物倾斜

斜和管线的断裂（图 1.3），需要分析基坑失稳坍塌的原因，并进行加固处理。边坡支挡结构失稳也会威胁周边建筑物的安全（图 1.4），同样要分析其原因，给出工程事故分析处理的结论。房屋建筑发生梁、柱、楼板等构件破坏（图 1.5～图 1.7），甚至整体倒塌，要对事故要进行认真分析和处理。

图 1.2　比萨斜塔

图 1.3　深基坑失稳引起的坍塌

图 1.4　边坡支挡结构失稳引起的坍塌

图 1.5　框架柱头施工质量问题

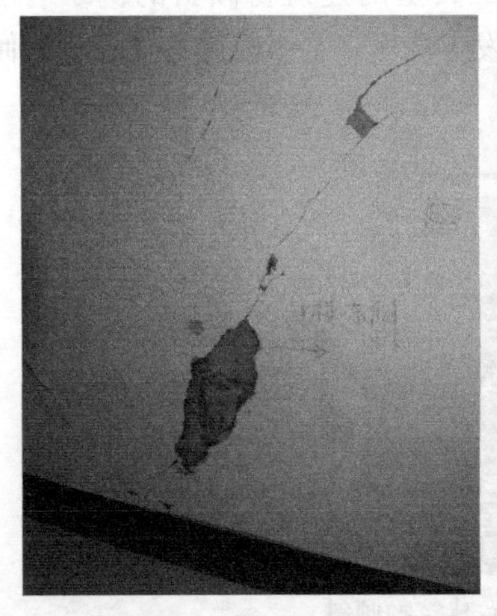

图 1.6　建筑物不均匀沉降引起的墙体开裂

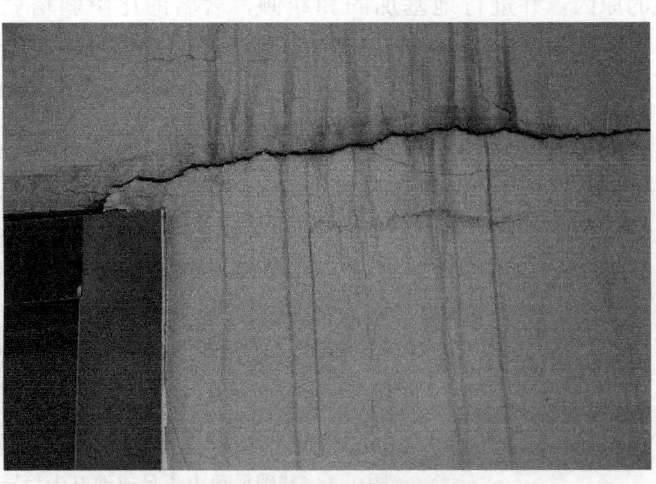

图 1.7　砌体结构承重墙开裂

2009 年 6 月 27 日 5 时 30 分，上海市闵行区莲花南路一在建楼盘发生楼体倒覆事件，致 1 名工人死亡，事故调查组认定其为重大责任事故，6 名事故责任人被依法判刑 3～5 年，因开发商两次堆土施工为事故缘由，遭网友抨击为“楼脆脆”。这起恶性事件提醒人们除了关注价格之外，更应关注居住安全（图 1.8～图 1.10）。对于这样的事故同样要分析事故产生的原因，并进行总结分析。

图 1.8 上海闵行区莲花南路倒塌楼体

图 1.9 预应力混凝土管桩剪断

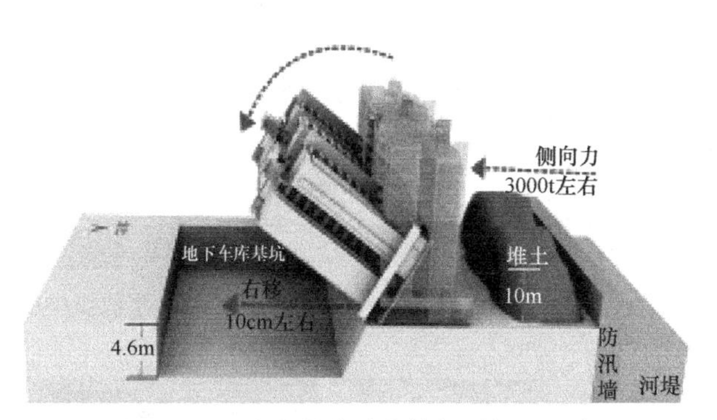

图 1.10 上海莲花南路楼体倾覆倒塌示意图

2008 年 11 月 15 日，杭州萧山区萧山风情大道地铁一号线出口基坑墙体失稳，导致附近发生大面积地面塌陷，11 辆行驶中的汽车坠入坑内，坑外土体崩塌，支撑体系垮塌，大量泥水涌入基坑，工地周边 4 座有倾倒危险的危房被迫拆除，工地周围 500m 范围内的居民被疏散转移，事故造成 17 人死亡，4 人失踪（图 1.11～图 1.13）。根据调查，事故是由于施工单位违规施工，基坑严重超挖和监测失效，且施工单位没有采取有效补救措施造成的。

施工中房屋、桥梁由于支撑系统失稳也会发生坍塌（图 1.14、图 1.15），首先需要分析事故发生的原因，并研究正确的施工对策。隧道施工会发生塌方（图 1.16），要分析塌方事故是勘察、设计还是施工问题，并给出正确的处置对策。

地震发生时建筑物会震损或者倒塌（图 1.17）。2008 年 5 月 12 日的汶川地震震损的陇南气象局办公楼如图 1.18 所示，地震震损的陇南市武都区桔柑中学教学楼如图 1.19 所示。地震发生后，要对震后建筑物进行安全评估和鉴定，要分析地震发生时的实际烈度，根据建筑物的设防烈度确定事故的属性，判定其属工程质量事故还是自然灾害事故，并按照不同的后续使用年限进行安全评估和加固维修。

图 1.11　基坑坍塌造成 11 辆汽车坠入坑中

图 1.12　支撑系统和地下连续墙失稳

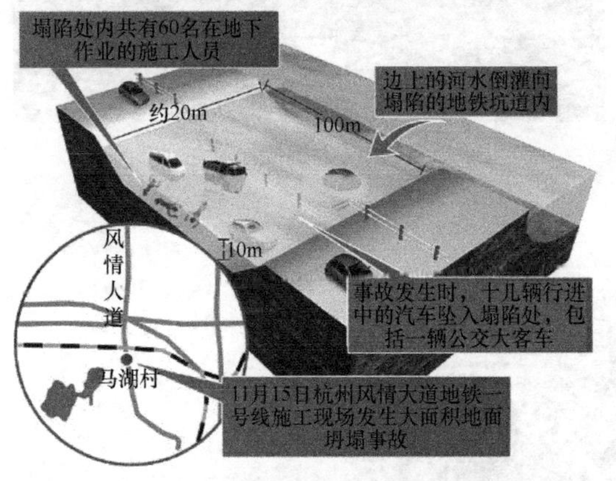

图 1.13　杭州地铁基坑坍塌原因示意图

图 1.14　事故工中的脚手架系统失稳

图 1.15　建筑物施工中支撑系统失稳引起的楼盖坍塌

图 1.16　施工中隧道冒顶坍塌

由于建筑物使用功能的改变，作用荷载发生变化从而导致结构安全性不确定问题，需要对结构安全性进行鉴定并加固改造。原有建筑物也有改扩建和加层改造等问题（图 1.20），需要对原有结构进行安全评估和加固加层改造设计。使用中的建筑由于规划的原因，占有规划道路等，有时需要平移顶升（图 1.21），平移顶升前需要对原结构进行安全评估和加固。使用中的桥梁等同样存在抬升和加宽等升级改造问题（图 1.22），安全评估和加固是抬升和加宽的前提条件。这些工程问题虽不属于一般工程事故，但其加固改造与工程事故分析处理方法相同，可划分到其他工程事故范畴。

图 1.17　地震引起的建筑物开裂破坏和倒塌

图 1.18　2008 年汶川地震震损的陇南气象局办公楼

图 1.19　2008 年汶川地震震损的
陇南市武都区桔柑中学教学楼

图 1.20　某正在加层改造的建筑

图 1.21　正在平移的某建筑

图 1.22　正在顶升加固的兰州黄河铁桥

工程事故所包含的范围极其广泛，几乎所有和工程实体有关的事故都属工程事故，例如，民用住宅如果改变其用途，在房内安装超重荷载的工业机器设备导致坍塌，或者工程受到意外撞击、失火等都属于工程事故。因此，可以认为战争引起的工程结构破坏也属工程事故，“9・11”世贸大楼倒塌，是一次恐怖事件造成的后果，也是一个工程事故。

要精确定义“工程事故”，最合理的标准便是我国现行《建筑结构可靠性设计统一标准》GB 50068。按现行《建筑结构可靠性设计统一标准》GB 50068，可以把工程事故定义为工程的四个不正常，即不正常设计、不正常施工、不正常使用、不正常的自然灾害和人为赋予工程超出其功能范围的各种作用，而导致的两个不满足，即不满足承载力极限状态条件和正常使用极限状态条件。工程不能满足以上两个极限状态条件时，必然会引起事故。以上两个条件的不满足，也可以称为工程安全性、适用性和耐久性不满足。必须强调的是，这里的“工程”指的是工程实体本身，不包括如为建造工程而存在的其他附属物，如施工临时用房、材料仓库、工地办公室、塔吊、脚手架等。因此，在工地施工现场发生的事故不一定是工程事故。例如，工地塔吊倒塌（未伤及工程实体）事故，则不能算是工程事故。

1.2 工程质量事故

工程质量是指满足业主需要，符合国家现行的有关法律、法规、技术规范标准、设计文件及合同的特性之总和。当不符合以上任意一种情况时则会发生工程质量事故。实际上，工程质量事故描述的是工程实体的一组固有特性不能满足要求或者满足要求的程度不高的一种状态，这一点和工程事故有所不同。

凡由于工程勘察、设计、施工和管理等任何一个环节没有达到约定质量标准而产生破坏，造成生命、财产损失，工程不能完成预定功能而影响正常使用，工程的耐久性不能达到预定的设计目标等均定义为工程质量事故。即工程结构在正常施工和正常使用期间，不能完成预定功能而出现的承载力或稳定性不足、变形或裂缝过大、不舒适的振动和耐久性不能达到设计基准期的要求等各种问题统称为工程质量事故。工程质量事故是本书的主要研究对象。

工程质量事故发生的原因很多，一般可能由勘察、设计、施工和工程结构所用材料的质量引起。要精确定义工程质量事故，则要以《建筑结构可靠性设计统一标准》为标准。可以把工程质量事故定义为工程的两个不正常和两个不满足，两个不正常即：不正常设计和不正常施工；两个不满足即：工程结构不满足承载力极限状态条件和正常使用极限状态条件。工程质量事故是工程事故的一个种类。在工程实践中，一个事故发生，要分析其原因才能正确判断其性质。比如，一楼房倒塌，如果是因为施工使用了劣质建筑材料导致工程事故，则是工程质量事故，如果是因为改变用途增大荷载导致垮塌，则属其他工程事故而非工程质量事故，上节提到的地基承载力不足而引起房屋倾斜等（图 1.1～图 1.13）均属工程质量事故。

(1) 勘察设计引起的工程事故

由于勘察工作不认真仔细、勘察布钻（探）孔不足、勘察和试验数据错误等，低价中标的勘察单位不认真钻孔和探孔勘查，编造勘察报告和试验报告，造成勘察报告中的水文地质和工程地质错误，不能正确认识地质灾害和特殊土性质，而导致的设计错误引起的工程事故为勘察事故。

由于概念设计、结构选型、计算模型和材料选用错误，使结构设计不满足承载力和正常使用两种极限状态，而导致的工程事故称为设计工程事故。

(2) 施工引起的工程事故

施工中因选用的材料质量不符合设计文件的相关要求、标准型材规格尺寸不符合要求、材料强度和其他指标不符合规范和设计文件要求，而引起的工程事故为材料质量事故。

施工中由于质量控制不严而导致的地基处理未达到设计文件要求的控制标准，桩基础施工未达到设计要求的坚硬土层而导致强度不足或变形过大，结构施工中材料强度、数量和质量未达到设计要求而导致的承载力不足、变形和裂缝过大，施工过程中未按照结构耐久性设计要求施工而导致的结构耐久性不足等，这些工程事故均为施工质量工程事故。

2007年8月13日湖南省凤凰县沱江大桥垮塌事故，64人遇难（图1.23）。沱江大桥是一座大型四跨石拱桥，长328m，每跨65m，高42m，投资1200万元，原本定于2007年8月底竣工通车。国务院事故调查组经调查认定，这是一起严重的责任事故。由于施工、建设单位严重违反桥梁建设的法规标准、现场管理混乱、盲目赶工期，监理单位、质量监督部门严重失职，勘察设计单位服务和设计交底不到位，湘西自治州和凤凰县两级政府及湖南省交通厅、公路局等有关部门监管不力，致使大桥主拱圈砌筑材料未满足规范和设计要求，拱桥上部构造施工工序不合理，主拱圈砌筑质量差，降低了拱圈砌体的整体性和强度，随着拱上施工荷载的不断增加，造成1号孔主拱圈靠近0号桥台一侧3～4m宽范围内，砌体强度达到破坏极限而坍塌，受连拱效应影响，整个大桥迅速坍塌。2009年5月17日下午，湖南株洲市区红旗路一高架桥发生坍塌事故，现场24台车被压，9人死亡16人受伤（图1.24、图1.25）。每

图1.23　湖南省凤凰县在建的沱江大桥突然坍塌

图1.24　湖南株洲市区红旗路一高架桥发生坍塌事故

图1.25　湖南株洲市区红旗路一高架桥发生坍塌事故

年我国都发生大量质量工程事故，分析这些工程事故发生的原因，绝大多数都和不重视工程质量有关。另有一部分，施工单位技术人员缺乏科学意识，不重视施工科学问题，特别对施工中的力学问题一知半解，不分析计算，或者计算分析的计算简图与实际工程不符，盲目施工。错误的勘察报告造成设计质量很难保证或者基础设计错误，另有一些设计人员对结构设计把握不准，选取的计算简图与实际结构有较大出入，造成结构或者构件的承载力和稳定性不足等。据有关部门调查统计，近年来每年因建筑工程坍塌造成直接损失和浪费高达1000亿元。

1.3　生产安全事故

生产安全事故是指生产经营单位在生产经营活动（包括与生产经营有关的活动）中突然发生的，伤害人身安全和健康，或者损坏设备设施，或者造成经济损失的，导致原生产经营活动（包括与生产经营活动有关的活动）暂时中止或永远终止的意外事件。

近年来在建设工程领域发生的多起重大事故，影响恶劣，造成重大人员伤亡和经济损失。2010年11月15日，上海市静安区胶州路728号公寓大楼发生一起因企业违规作业造成的重大火灾事故，造成58人死亡、71人受伤，建筑物过火面积12000m^2，直接经济损失1.58亿元（图1.26）。2016年11月24日早晨7点多，江西宜春丰城发电厂三期在建项目冷却塔施工平台发生坍塌，造成74人遇难和2人受伤的特别重大责任事故。江西省安监局报告显示，冷却塔的施工平桥吊倒塌，造成模板混凝土通道倒塌（图1.27）。2013年3月21日安徽桐城市盛源广场工程施工中模板支撑系统失稳造成8人死亡、6人受伤（图1.28）。2009年3月19日，青海省西宁市商业巷南市场的佳豪广场4号楼施工现场深基坑发生坍塌事故，造成8人死亡（图1.29）。辨析这些工程事故的相近概念，搞清其确切含义及界限，对于工程参与者提高工程质量意识，端正建设思想，明确责任，严守道德法律底线有着重大意义，能够最大程度防止工程发生各类事故，保障人民群众生命财产安全。

图1.26　上海市静安区胶州路728号公寓大楼火灾事故

图1.27　江西宜春丰城发电厂三期在建项目冷却塔施工平台坍塌

图 1.28 安徽桐城市盛源广场工程施工中模板支撑系统失稳

图 1.29 西宁市商业巷南市场的佳豪广场 4 号楼深基坑坍塌事故

1.4 自然灾害工程事故

自然灾害是指给人类生存带来危害或损害人类生活环境的自然现象，包括干旱、洪涝、台风、冰雹、暴雪、沙尘暴等气象灾害，火山、地震、山体崩塌、滑坡、泥石流等地质灾害，风暴潮、海啸等海洋灾害，森林草原火灾和重大生物灾害等。由于超越预期的地震、台风、洪水、滑坡泥石流等引起的工程事故称为自然灾害工程事故。

一般自然灾害中台风、暴雪、地震、山体崩塌、滑坡、洪水、泥石流、地面沉降等自然灾害会引起工程事故。当台风、暴雪、地震、山体崩塌、滑坡、洪水、泥石流等自然灾害超过人们预期，或者由于自然异常变化造成工程破坏，而引起人员伤亡、财产损失、资源破坏等现象称为自然灾害工程事故。它的形成必须具备两个条件：一要有自然异变作为诱因，二要有受到损害的工程作为承受灾害的客体，其超过了人们预期或者认识水平，使工程遭受破坏。但是，在人们已经认识和预知的自然灾害条件下，发生的各类工程事故则属工程质量事故。

减少自然灾害工程事故的途径就是人们要不断认识自然，研究自然灾害发生的规律和危害工程的方式，不断提高自然灾害对工程产生作用的理论分析水平，研究抵御各种自然灾害的技术手段，不断吸取灾害中的教训。另外，土木工程师应更多的研究结构工程和建筑细部构造，从此改进安全标准，从而使结构能有效地经受住未来可能遭受的灾难。

1.5 其他工程事故

除工程质量事故、自然灾害工程事故和安全事故以外的工程事故称为其他工程事故。这些工程事故主要是工程使用条件发生改变引起的，像建筑物使用功能改变引起使用荷载变化、建筑物改扩建和加层、桥梁等工程构造物行车荷载变大、桥梁的加宽加高、建筑物和桥梁等构造物的移位顶升等则属其他工程事故。此类工程事故需要对工程结构的安全性、适用性和耐久性重新评估和鉴定，为加固改造提供可靠的设计参数。不管是安全评估鉴定，还是加固设计和施工均具有较大难度和危险性，因此，可以把这类工程问题看成工程事故。

随着国家和地方设计标准的改变，现役的工程结构安全度不足，需要进行安全鉴定和加固也属其他工程事故。如建筑物和桥梁等构造物由于地震动参数的调整、设计规范的修订和抗震安全度提高，根据业主要求对工程按照后续使用年限进行抗震安全鉴定和加固维修。地质灾害的防治结构由于灾害设防等级和条件的提高，需要进行安全评估和加固改造。人为造成工程结构的破坏，包括不合理的工程使用、战争破坏等均属其他工程事故。

到达服役期的各种工程结构，当有继续使用价值时，需要对结构进行全面检测鉴定，必要时还需要进行加固维修，这类工程问题也属其他工程事故。

1.6 各种事故之间的关系

工程质量事故、生产安全事故和建设工程领域中发生的事故是联系最多的。由以上分析可以发现，以上事故所包含的内容、范围都不一致，这实际上是因为各事故划分的角度、出发点不同所导致。例如，工程质量事故、自然灾害工程事故和其他工程事故主要针对的是工程实体本身，事故可能发生在工程实体形成（设计、施工或者建造）的过程中，也可能发生在竣工后的使用过程中。而生产安全事故主要强调的是在生产经营的过程中发生的事故。从另外一个角度来说，工程质量事故、自然灾害工程事故和其他工程事故属于工程科学技术专业范畴，而生产安全事故属于工程技术和工程法律法规范畴的概念。各种工程事故概念之间，多有包含或交叉，工程质量事故、自然灾害工程事故和其他工程事故都属于工程事故。生产安全事故包含部分工程事故，其范围则要广泛很多。

1.7 减少工程事故是土木工程的重要使命

由于土木工程的勘察、设计、施工和管理等方面的问题，以及自然灾害和其他问题给人类生命、财产带来损失。减少工程事故的唯一途径是通过土木工程理论和技术的不断完善和进步，认识自然和顺应自然，提高工程勘察设计和施工质量，创造新型材料和工程结构，提高分析计算水平，提高安全设防水准等。

1.7.1 提高工程质量是减少工程事故的重要手段

全面提升建设工程质量是减少工程质量事故、杜绝重大安全事故发生的根本途径。近年来，随着城市经济快速发展和人民群众生活水平的不断提高，给土木工程创造了难得的发展机遇和空间，交通基础设施建设、市政建设和房地产开发等工程项目迅速发展。工程设计人员对工程结构理论技术、材料等方面的认识不足，造成设计失误而造成工程质量事故。另外，由于勘察队伍构成复杂，技术人员水平参差不齐，人员数量不足等原因造成勘察质量较低，给设计提供的土层分布和岩土工程物理力学参数不准等，引起设计失误而造成工程事故。施工中的安全和质量问题是造成工程事故的重要原因，由于对工程施工中的风险分析不透彻，应对措施不力，施工中偷工减料，管理混乱，盲目追求工期，造成了工程事故。解决工程质量事故问题任重而道远。在勘察、设计和施工方面提高质量是减少事故的根本途径，为此应从以下几方面入手。

（1）从勘察设计入手，使工程处于高质量的起点

工程质量，不单单是经济问题、技术问题，而是一个十分严肃的政治问题，也是影响工程形象的重大问题，质量大如天，责任重于泰山。设计是工程的灵魂，是质量的龙头。百年大计，质量第一。科学设计是最好的质量。设计的浪费，设计的失误是最大的失误。对设计工作必须引起高度重视，努力做到精心设计，合理设计，科学设计。设计作为工程建设的先行军，设计质量、设计水平的高低直接决定了整个工程质量的高低。因此，如何加强设计管理确保设计质量就成为确保工程质量的一个极其重要的环节。

以人为本，提升质量理念，建设一支高质量的设计人员队伍，这是提高设计质量的根本保证。在以人脑加电脑的勘察设计行业来说，人员的素质和业务技术的提高十分重要，因此，设计人员的继续教育和不断地开展设计技术研究是提高与保证设计质量的一项长期性任务。

建立工程设计项目质量责任人管理制度，形成层次分明的质量责任制，是落实质量责任的保证。开展建立质量责任人档案制度，对所承担的各勘察设计工程咨询、工程设计、勘测和勘探项目质量责任人、技术负责人以及各级人员都要按各自的职责对其负责的项目质量负终身责任。制定严格的勘察设计程序，为确保设计质量，加强项目设计过程控制和质量管理，实行“三审二校”制度，责任到人，对每个关键技术问题，都进行专题讨论、研究，保证设计质量。

对于重大工程设计引入招标投标制度，勘察设计招标投标制度充分体现公开、公平、公正和诚实信用的市场原则。从业主方面来说，通过招标投标可以选择一家高水平的勘察设计单位，从而获得最好的服务和勘察设计质量。从勘察设计单位来说，招标投标制度为自己提供了一个公平的平台，只有经过竞争才能获得设计工程，这就促使其不得不加强内部管理，努力提高自己的勘察设计水平，为业主提供高质量的勘察设计图纸。勘察设计招标投标制度的执行必将极大地提高整个勘察设计行业的整体水平。

对于重大工程采取设计阶段监理介入制度，建立工程项目勘察设计监理制度，是工程建设逐步走向合同化管理，走向社会主义市场经济新秩序的需要，是工程建设行业引进国外资金和先进的管理技术，走向国际工程建设市场的需要，也是我国加强工程项目管理，转变政府主管部门职能，深化改革的需要。然而，从目前的监理项目来看，大都局限于施工监理，而在设计阶段的监理工作如何进行尚无完善的管理制度和办法。但是，对工程项目实施阶段全过程的监理分析，设计阶段的监理工作是项目监理工作中十分重要的组成部分，它对建设项目的投资、进度及质量均具有重大影响。从投资角度看，建设项目往往追求一个最佳的设计方案，这样才能为投资者创造最多的投资效益。由于设计人员的疏忽或水平不高，使得设计方案不理想，就会为投资者造成很大的投资损失。从质量和进度角度看，如果设计阶段考虑不周或方案欠佳，就可能给施工和日后养护工作造成不必要的麻烦。一般工程项目投入大，如果设计工作做不好，对整个工程造成的损失将是难以估量的。因此，做好设计阶段的监理工作对提高勘察设计质量具有不可替代的作用。设计阶段是工程质量控制和投资控制的关键阶段，因此，工程项目设计阶段监理工作极为关键和重要。在工程项目的质量和投资之间，质量是核心，投资是由质量决定的，但是，也并不是投资无限制，片面追求高质量。通常所指的工程质量是指在一定的投资限额条件下，使工程项目达到预期的建设目标，即合理的工程质量。与合理的工程质量相对应的合理工程投资是指在满足建设单位和相应标准规范要求条件下，所投入的最小费用。设计阶段监理的目的就是要通过对工程项目的质量提出正确合理的技术指标和参数，从而达到控制工程项目投资的目的。设计阶段的监理工作不同于施工阶段的监理工作，施工阶段监理工作所具有的工程条件是明确的，而设计监理开始时，工程项目的状况尚处于分析、设想和构思阶段，需要监理工程师在工作过程中，不断充实、完善，提出切实可行的意见，供建设单位选用，最终实现建设项目的总目标。经业主批准的设计任务书，是设计监理工作的主要依据，设计合同文件是根据项目设计任务书规定的质量标准，提出工程建设项目的具体控制目标，因此设计合同文件是开展设计监理工作的直接依据。

（2）从工程施工入手，搞好工程质量的各个环节

施工单位是建设工程实物的直接操作者，其管理水平、技术素质、质量安全意识直接影响工程质量的好坏，对工程质量安全承担着重要责任。因此作为施工企业必须把工程质量安全放在突出位置，要牢固树立“质量第一、安全第一”观念。决不能恶意拖欠务工人员工资，影响职工情绪，影响工程质量安全；决不能偷工减料，粗制滥造，制造豆腐渣工程，给社会和用户带来直接危害；决不能使用不合格原材料，要靠信誉、靠质量求生存、求发展，否则必将承担不可推卸的经济和法律责任。

① 规范质量安全施工行为，减少质量安全事故。我国工程建设快速发展近40年，形成了注重速度，而对工程质量相对不够重视的习惯，国家各种工程建设规范，在施工中被大打折扣，甚至有违背规范规定进行施工操作的情况，造成了一大批工程质量事故。有些工程项目负责人对工程质量安全重视不够，往往心存侥幸，不完全按照规范操作，工程技术人员与工人一起弄虚作假。另外，企业的质量安全教育制度不落实，不及时消除质量安全隐患，或者发现质量安全隐患不整改或整改不到位。施工人员不能未经安全培训就上岗，作业人员应该了解质量安全生产程序和质量安全注意事项，上好质量安全这一课。监理单位有监督质量安全的职责，应把好质量安全的各个环节，特别是施工过程的质量安全。

② 创造质量安全的企业文化，提高工程建设质量。工程质量安全问题已经开始得到很多企业的重视。但是，工程质量安全问题还没有形成一个企业的文化，我国工程建设的质量意识和施工的精细程度与发达国家还有很大差距。营造工程企业“关注生命、关注质量安全”的企业文化，对推动企业安全管理起到积极作用。企业在组织及协调安全管理机制的同时，能创造良好的、安全的作业环境和制定自我约束的管理体系，提高全员安全意识和安全技能，规范其作业行为，也能自觉地帮助他人规范安全行为，减少违章引发的事故。同时，创建安全文化对职工产生影响是一个潜移默化的过程，利用安全思想意识指导行为，使工程施工企业达到安全决策和安全操作的目的。

③ 加强工程材料和工程质量的检测，预防事故发生。近年来我国土木建筑行业的质量工程事故不断增加，很多事故都和材料的工程质量有关，因此，工程建筑施工时一定要做好质量检查工作。质量检测作为一种质量控制手段，是建设工程质量监督体系的一个重要组成部分，检测报告是评判工程质量优劣的重要依据，在建设中具有举足轻重的地位。为了做到科学检测，要掌握工程质量检测的相关知识和管理方法，保障建筑工程的质量。检测时需要积极的应用先进技术与手段，结合科学的检测方法，以保证材料检测的可靠性，减少建筑工程安全事故的发生。

④ 提高施工单位技术人员的业务水平，加强施工风险分析。近年来施工中的工程质

量事故高发，其中一个重要原因是施工技术人对风险源的分析和处置水平不高，致使在风险较大的超高、大跨、隧道桥梁和地下工程施工中的抗风险设计出现失误而造成工程事故。

(3) 提高工程监理人员水平，做真做实工程监理

监理单位作为中介机构，受业主委托，对工程质量、进度、投资行使监督控制权，对工程质量和安全承担监督管理责任。我国监理制度已经实行30多年，刚开始监理队伍及从业人员要求较高，监理工程师人数较少。但是，为了满足监理工作的需要，监理队伍扩充成了必然。但监理队伍增加了大量不满足监理业务要求的人员，有些是刚离开校门的毕业生，有些是工程建设的外行，对基本建设的规律和专业技术缺乏必要的了解和认识。因此，这支队伍目前存在两方面的问题，一是专业技术水平普遍偏低，对一些专业技术工作无法做出正确的判断，二是这支队伍普遍缺乏职业精神，存在与施工单位串通一气，很多施工技术环节不按照技术要求进行施工的问题，这也是造成工程质量事故多发的重要原因。

提高监理人员专业和职业素质是目前解决监理队伍建设的当务之急。目前，解决这一问题的根本办法是：第一，必须净化监理队伍，把不符合监理要求的监理公司和不合格人员从监理队伍中清除出去。第二，提高工程监理的收费标准和监理人员待遇。第三，建立健全和监理相关的法律法规，实行监理终身负责制。

(4) 取消勘察和设计审查，让勘察设计自主负起主体责任

勘察设计单位作为工程项目设计部门，对工程建设起着直接的指导作用。勘察成果是施工图设计的重要依据和前提，是确保工程质量的重要环节，如果不进行勘察或勘察出现重大失误，以后各环节所做的努力将全部报废。因此勘察工作是非常重要的环节，对工程建设负终身责任。工程设计是工程建设质量的关键，我国现阶段实行的是按图施工，无图施工和有图未审都属违法行为，这就从根本上确定了施工图对工程建设的重要意义。工程设计必须达到安全、合理、经济的目的，这一环节是工程建设质量的核心和关键。

目前采用审图制度，在现阶段虽起到了减少勘察、设计质量事故的目的，但从法律上讲使设计主体责任不清，审图者扮演不合法的角色，造成设计单位设计人员责任意识降低，创新意识削弱，设计完全依靠规范，跳出规范约束的新结构新技术不能在工程中应用或者应用困难，某种意义上也降低工程设计人员的创造能力，因此，审图制度必须适时退出设计市场，让设计人员负起工程设计质量和安全的主体责任。

(5) 建设单位要对工程项目的建设和使用各个环节全面负责

近年来，在建设工程参建各方责任主体共同努力下，建设工程质量安全水平逐年提高，但工程建设市场秩序还没有得到根本好转。有些项目业主规避监管、不办理监督手续、不进行安全生产审查备案、不执行法定建设程序。施工单位使用不合格原材料、未经许可擅自开工建设现象时有发生。工程建设五大责任主体不健全，尤其是新农村建设和部分商品住宅工程，无勘察和设计图纸，无监理、无监督，无材料检测。搞“三边”工程、“四无”工程，埋下了工程建设质量安全隐患。有些甚至没有基本的监控管理措施，随时都有可能演变成为质量安全事故。

建设单位作为项目法人，对工程建设负全面责任，从图纸设计、规划审批、质量安全手续办理、依法招标到施工许可，无论哪个环节都马虎不得，否则将直接影响工程质量安全。因此建设单位必须牢固树立“质量安全责任重于泰山”的意识，决不能为追求低造价而忽视工程质量安全，强迫勘察、设计、监理、施工单位签订阴阳合同，决不能为追求低投入而降低工程质量，强迫施工单位使用不合格建筑材料，决不能以各种借口拖欠工程款，迫使施工单位垫资垫料出现豆腐渣工程，而要切实对工程质量安全负责。

有关法律法规规定，工程质量实行终身负责制，特别是项目法人，不论调到哪个单位，凡自己经手的工程都要负终身责任。因此，各建设项目法人必须警钟长鸣，决不能掉以轻心。质量安全监督部门要切实加强宏观管理，加大监督力度，切实把工程质量搞好，确保工程安全，杜绝质量安全事故发生。

土木工程业主是工程维护保养的责任人，也负责定期查勘土木工程，掌握其完好情况，发现损坏及时维修；在暴风、雨雪等季节，应当做好预防工作，发现工程险情及时抢险修复。当土木工程出现以下状况时，应进行相关的鉴定和维修：

① 土木工程出现安全状况时，如超过允许的变形、裂缝和过大振动，应对其进行安全鉴定（其中包括危房鉴定及其他应急鉴定）。

② 土木工程达到设计基准期，应进行使用功能鉴定及日常维护检查。

③ 土木工程改变使用条件或改造前的专门鉴定。

另外，为了保证土木工程在规定使用期内的安全，有必要对它进行定期鉴定和应急鉴定。我国有关部门的规章和技术标准并不具有法律的强制性，因此，在对既有工程的管理中没有很好地执行，只是在既有工程出现了质量安全事故，或对工程进行改造前，或改造施工过程中发现存在结构隐患或其他工程病害时，才依据这些部门规章及技术标准对既有工程进行检测和鉴定。因此，要将结构安全质量事故减少到最低程度，还应以预防为主，通过例行检测及时发现问题，有必要从法制上确定土木工程的正常使用和定期安全检测的要求。

1.7.2 提高土木工程人才队伍水平是减少工程事故的重要保证

工程建设的技术人才队伍水平高低是保证建设工程质量的根本，我们要从项目的勘察、设计、施工、监理和施工技术队伍入手，全面提高技术人员和工人队伍素质，为减少工程质量和安全事故奠定良好的基础。提高工程建设队伍科技水平的主要手段有：

（1）提高勘察、设计、施工技术队伍的学历层次，使这支队伍具有较高的理论基础。

（2）加强勘察、设计、施工技术队伍的继续教育，提高这支队伍的注册工程师比例。

（3）全面修订国家有关规范，制定规范时应注重原则性问题，放松细节，使规范的内容更为简练，做到抓大放小，让工程技术人员有更多创新、创造和技术改进的空间。

（4）加强产学研结合，让高等学校的专家教授能与生产实践结合，研究能够落地工程理论和工程技术问题，使工程技术人员能够研究改进工程技术，提高理论和实践水平。

（5）加强技术工人的培训，使工作岗位上的技术工人都变成专业技术能手。

1.7.3 提高土木工程安全设防水平是减少自然灾害工程事故的重要举措

随着我国经济建设水平的不断提高，国家已经有能力在工程建设当中投入较多的资金，以提高工程结构安全可靠度，减少自然灾害造成的工程结构破坏，变年年救灾为防灾减灾，以减少灾害工程事故造成的损失。为此应做好如下几方面的工作：

（1）全面提高我国设计规范中的设防安全等级，取消和禁止使用不能防灾减灾的工程结构。

（2）研究新结构、新材料和新体系，解决其相关的理论和技术问题，全面降低灾害事故的发生概率。

（3）实行建设领域城乡一体化政策，将村镇建设完全纳入建设管理范畴，全面解决村镇房屋安全问题。

（4）提高工程项目的使用和管理水平，对各种工程结构建立相关的大数据档案，对其结构体系、使用状况、结构安全维护建立全面的数据档案，让使用者掌握工程结构的健康信息，适当时能对使用的工程结构进行安全维护和加固。

思　考　题

1. 何为工程事故？
2. 如何区分工程质量事故、工程安全事故、自然灾害事故和其他事故？
3. 简述工程质量事故和工程安全事故之间的关系。
4. 简述工程质量事故和自然灾害事故之间的关系。
5. 简述减少工程质量事故的措施。
6. 简述减少工程安全事故的措施。
7. 简述减少自然灾害事故的措施。

第 2 章　工程质量事故的分析、检测与鉴定

2.1　概述

工程事故发生后，首先要认定工程事故性质，这是事故处理的先决条件，要分清事故属于质量、安全、人为、自然灾害事故，还是施工工序和人们的认识水平等事故。

确定了工程事故性质，就容易确定工程事故发生的原因。一般对工程事故现场要进行检测、鉴定，得到最基本的鉴定所需结构参数，翻阅工程勘察、设计、施工、监理等相关技术文件，取样试验分析等。因此，对工程质量事故的分析、检测与鉴定，需要对事故现场进行勘察、细致的现场调查、观察记录和询问事故现场见证者，了解事故发生的全过程，现场检测等，最终给出分析鉴定结论。

2.2　工程事故分析方法和步骤

土木工程技术人员面对一个工程事故要搞清楚工程事故分析的方法和步骤，则必须了解工程事故分析的基本原则。

2.2.1　工程事故分析处理的原则及要求

(1) 工程事故分析的基本原则

工程事故分析的要领是逻辑推理法，其基本原则是：

① 确定事故的初始点，即所谓原点，它是一系列独立原因集合起来形成的爆发点。因其反映出事故的直接原因，而在分析过程中具有关键性作用；

② 围绕事故初始点对现场各种现象和特征进行分析，区别导致同类质量事故的不同原因，逐步揭示质量事故萌生、发展和最终形成的过程；

③ 综合考虑原因复杂性，确定诱发质量事故的起源点和事故的真正原因。

(2) 工程事故性质和处理范围

工程事故在处理前必须分清工程事故性质和处理范围。

① 正确确定事故性质。

正确确定事故性质，这是事故处理的先决条件，要分清事故属于质量、人为、自然、安全事故，还是施工工序和人们的认识水平等事故。

② 正确确定事故处理范围。

除了事故直接发生部位（如局部倒塌区）外，还应检查事故对相邻结构的影响，正确确定处理范围。

(3) 工程事故处理的基本要求

事故处理应达到以下五项基本要求：

① 安全可靠，不留隐患；

② 满足使用或生产要求；

③ 经济合理；

④ 材料、技术和设备条件满足需要；

⑤ 施工方便、安全。

（4）选好处理方案和时间

以质量事故鉴定结论，事故发生的原因分析和处理意见建议，业主单位事故处理目的等作为设计条件，由符合条件的事故处理技术部门，设计事故处理方案，事故处理方案要多方案比选，择优选取。

事故处理的时间应在事故原因分析结论产生后，事故处理必须在安全可靠的前提下进行。

2.2.2 工程质量事故报告与调查

工程质量事故处理应分事故基本情况报告、事故发生过程的全面调查和检测鉴定等步骤。

（1）工程质量事故报告

工程质量事故报告应包括下列主要内容：

① 事故发生的时间、地点、工程项目名称、工程各参建单位名称；

② 事故发生的简要经过、伤亡人数（包括下落不明的人数）和初步估计的直接经济损失；

③ 事故的初步原因推定；

④ 事故发生后采取的措施及事故控制情况；

⑤ 事故报告单位、联系人及联系方式；

⑥ 其他应当报告的情况；

⑦ 事故报告后出现新情况，以及事故发生之日起 30 日内伤亡人数发生变化的，应当及时补报。

（2）工程质量事故调查

工程质量事故调查应由住房和城乡建设主管部门按照有关人民政府的授权或委托，组织或参与事故调查组，对事故进行调查，并履行下列职责：

① 核实事故基本情况，包括事故发生的经过、人员伤亡情况及直接经济损失；

② 核查事故项目基本情况，包括项目履行法定建设程序情况、工程各参建单位履行职责的情况；

③ 依据国家有关法律法规和工程建设标准分析事故的直接原因和间接原因，必要时组织对事故项目进行检测鉴定和专家技术论证；

④ 认定事故的性质和事故责任；

⑤ 依照国家有关法律法规提出对事故责任单位和责任人员的处理建议；

⑥ 总结事故教训，提出防范和整改措施；

⑦ 提交事故调查报告。

事故调查报告应当包括下列内容：

① 事故项目及各参建单位概况；

② 事故发生经过和事故救援情况；

③ 事故造成的人员伤亡和直接经济损失；

④ 事故项目有关质量检测报告和技术分析报告；

⑤ 事故发生的原因和事故性质；

⑥ 事故责任的认定和事故责任者的处理建议；

⑦ 事故防范和整改措施。

事故调查报告应当附有关证据材料。事故调查组成员应当在事故调查报告上签名。

2.2.3 工程质量事故检测与鉴定

(1) 工程质量事故检测鉴定依据

工程事故分析鉴定要依据国家和地方相关鉴定技术标准，我国目前常用的鉴定规范和标准主要有：

①《民用建筑可靠性鉴定标准》GB 50292；

②《工业建筑可靠性鉴定标准》GB 50144；

③《建筑抗震鉴定标准》GB 50023；

④《危险房屋鉴定标准》JGJ 125；

⑤《既有建筑物结构检测与评定标准》DG/TJ 08-19804；

⑥《既有建筑安全评估技术规程》DBJ 52/T 087；

⑦《超声回弹综合法检测混凝土强度技术规程》CECS02；

⑧《混凝土结构加固设计规范》GB 50367；

⑨《工程结构可靠性设计统一标准》GB 50153；

⑩ 政府相关部门颁布的相关规定和法令等。

(2) 工程质量事故的检测鉴定方法与步骤

由于基础建设规模扩大，建设市场不规范，工程事故频繁发生，给国家和人民生命财产带来了损失，国家和社会对工程质量问题给予了极大的关注。目前，建设领域工程质量问题成为当今社会的一个焦点。因此，当发现工程质量问题时，为避免和减少一切可能发生的其他损失，就一定要做到及时发现，尽快处理。也就是要及时调查分析，以实际资料为依据，实事求是，科学严谨地对待问题，决不可以有半点主观意愿和马马虎虎。对事故的性质、原因分析要十分明确，不能模棱两可，是非不清。要全面掌握事故发生的范围，不可遗漏隐患点，事故分析要以当时标准、规范为依据，认真处理问题。工程事故检测鉴定的一般步骤是：

① 围绕工程质量事故的主体按步骤分阶段开展分析与研究工作。

首先要搞清楚事故的基本情况。一般包括事故发生时间，事故情况描述，并附有必要的图纸与说明、事故观测记录和发展变化规律等。

其次要搞清楚工程事故性质。主要应明确区分以下几个问题。第一，要明确是结构安全问题还是其他问题，如建筑物裂缝是由承载力不足，受弯、受剪钢筋配置过少而引起，还是地基不均匀沉降或温度、湿度变形而引起；又如结构产生过大的变形，是结构刚度不足还是施工缺陷所造成的等。第二，工程质量问题是表面性的一般问题还是实质性的安全问题，如混凝土表面出现蜂窝麻面，就需要查清内部有无孔洞；又如结构裂缝，需要查清裂缝深度。对钢筋混凝土结构，还要查清钢筋锈蚀情况等。第三，还要区分事故处理的紧迫性次序，如事故不及时处理，建筑物会不会突然倒塌，是否需要采取防护措施，以免事故扩大恶化等。

② 通过现场考察和检测弄清事故真相，包括结构裂损现状和可能发展趋势的初步估计在内。具体工作内容包括检测工具的选择，检测方法的商定，检测计划的安排，检测记录的整理与认定。

③ 通过对现状的分析找出工程损伤和事故原因。主要工作是对结构损伤、裂缝的机理进行分析。

事故原因分析要准确、全面，如地基承载能力不足而造成事故，应该查清是地基土质不良，还是地下水位改变。又如出现侵蚀性环境，是原地质勘察报告不准，还是发现新的地质构造，或是由于施工工艺或组织管理不善而造成等。又如结构或构件承载力不足，是设计问题还是施工质量问题，或是超载等。

④ 对工程质量事故进行评价。对发生事故部分的工程结构质量进行评估。主要包括建筑功能、结构可靠度、使用要求以及对施工的影响等评价。有关结构受力性能的评价，采用各种检测方法取得实测数据，结合工程实际构造等情况进行结构验算，有的还需要做荷载试验。确定结构实际性能。在进行上述工作时，要求各有关单位的评价基本一致。

⑤ 推荐事故处理方案。这是事故分析的具体目标，需要做的工作较多。

推荐的事故处理方法的目的、要求要明确。常见的处理目的要求有：恢复外观、防渗堵漏、封闭保护、复位纠偏、减少荷载、结构补强、限制使用、拆除重建等。事故处理前，有关单位对处理的要求应基本统一，避免事后无法作出一致的结论。

事故处理所需资料要齐全，包括有关施工图纸、施工原始资料（材料质量证明，各种施工记录，试块试验报告，检查验收记录等）、事故调查报告。有关单位对事故处理的意见和要求等。

⑥ 通过经验总结和进一步的理论研究，加强事故防范意识，包括部分科普教育工作和社会宣传工作在内。

2.3 工程质量事故处理的注意事项

（1）注意综合处理。首先要防止原有事故处理时引发新的事故，其次注意处理方法的综合应用，以利取得最佳效果。如构件承载能力不足，不仅可选择补强加固，还应考虑结构卸荷、增设支撑、改变结构等多种的综合应用。

（2）注意消除事故的根源。这不仅是一种处理方向和方法，而且是防止事故再次发生的重要措施。例如超载引起的事故，应严格控制施工或使用荷载；地基浸水引起地基下沉，应消除浸水原因等。

（3）注意事故处理期的安全，一般应注意以下五个问题：

① 不少严重事故岌岌可危，随时可能发生倒塌，只有在得到可靠支护后，方准许进行事故处理，以防发生人员伤亡。

② 对需要拆除的结构部分，应在制定安全措施后，方可开始拆除工作。

③ 凡涉及结构安全的，都应对处理阶段的结构强度和稳定性进行验算，提出可靠的安全措施，并在处理中监测结构的稳定性。

④ 重视处理中所产生的附加内力，以及由此引起的不安全因素。

⑤ 在不卸荷条件下进行结构加固时，要注意加固方法对结构承载力的影响。

（4）加强事故处理的检查验收工作。为确保事故处理的工程质量，必须从准备阶段开始，进行严格的质量检查验收。处理工作完成后，如有必要，还应对处理工程的质量进行全面检验，以确认处理效果。

以上全面系统地阐述了工程质量事故分析的步骤、事故处理的条件、原则和注意事项，目的在于尽量减少工程事故给国家和人民生命财产带来的损失，让一切隐患消灭在萌芽之中。

2.4 工程质量事故处理

工程质量事故处理方案是指技术处理方案，其目的是消除质量隐患，以达到工程结构的安全可靠和正常使用各项功能及寿命要求，并保证施工的正常进行。其一般处理原则是：①正确确定事故性质。是一般性还是实质性的问题，是结构问题还是一般围护结构问题，是要紧急处置的问题还是不十分迫切问题；②正确确定处理范围。除直接发生问题的部位，还应检查处理事故相邻影响范围的结构或构件。其处理基本要求是：①安全可靠，不留隐患；②满足建筑物的功能和使用要求；③技术可行，经济合理。

在确定质量事故处理方案时，以分析事故调查报告中事故原因为基础，结合实地勘查成果，掌握事故的性质和变化规律，并应尽量优选处理方案。同类和同一性质的事故可以选择不同的处理方案，要按照一般工程事故处理原则和要求，尤其应重视工程实际条件，如建筑物实际状态、材料实测性能、各种作用的实际情况等，以确保作出正确判断和选择。

尽管质量事故的技术处理方案多种多样，但根据质量事故的情况可归纳为三种类型，应掌握从中选择最适用处理方案及处理方法，对事故技术处理方案作出正确抉择。

（1）工程质量事故处理方案类型

① 修补处理

修补处理是最常用的一类处理方案。通常当工程的某个检验批、分项或分部的质量虽未达到规定的规范、标准或设计要求，存在一定缺陷，但通过修补或更换器具、设备后还可达到要求的标准，又不影响使用功能和外观要求，在此情况下，可以进行修补处理。

属于修补处理的具体方案很多，如封闭保护、复位纠偏、结构补强、表面处理等。某些事故造成的结构混凝土表面裂缝，可根据其受力情况，仅作表面封闭保护。某些混凝土结构表面的蜂窝、麻面，经调查分析，可进行剔凿、抹灰等表面处理，一般不会影响其使用和外观。

对较严重的质量问题，可能影响结构的安全性和使用功能，必须按一定的技术方案进行加固补强处理，这样往往会造成一些永久性缺陷，如改变结构外形尺寸，影响一些次要的使用功能等。

② 拆除返工处理

当工程质量未达到规定的标准和要求，存在的严重质量问题，对结构的使用和安全构成重大影响，且又无法通过修补处理的情况下，可对检验批、分项、分部，甚至整个工程返工处理。例如，某防洪堤坝填筑压实后，其压实土的干密度未达到规定值，经核算将影响土体的稳定且不满足抗渗能力要求，可挖除不合格土，重新填筑，进行返工处理。又如某公路桥梁工程预应力按规定张力系数为1.3，实际仅为0.8，属于严重的质量缺陷，也无法修补，只有返工处理。对某些存在严重质量缺陷，且无法采用加固补强等修补处理或修补处理费用比原工程造价还高的工程，应进行整体拆除，全面返工。

③ 不做处理

某些工程质量问题虽然不符合规定的要求和标准构成质量事故，但视其严重情况，经过分析、论证、法定检测单位鉴定，设计等有关单位认可，对工程或结构使用及安全影响不大，也可不做专门处理。通常不用专门处理的情况有以下几种：

不影响结构安全和正常使用。例如，有的工业建筑物出现放线定位偏差，且严重超过规范标准规定，若要纠正会造成重大经济损失，若经过分析、论证其偏差不影响生产工艺和正常使用，在外观上也无明显影响，可不做处理。又如，某些隐蔽部位结构混凝土表面裂缝，经检查分析，属于表面养护不够的干缩微裂，不影响使用及外观，也可不做处理。

有些质量问题，经过后续工序可以弥补。例如，混凝土墙表面轻微麻面，可通过后续的抹灰、喷涂或刷白等工序弥补，也可不做专门处理。

经法定检测单位鉴定合格。例如，某检验批混凝土试块强度值不满足规范要求，强度不足，在法定检测单位对混凝土实体采用非破损检验等方法测定其实际强度已达规范允许和设计要求值时，可不做处理。对经检测未达要求值，但相差不多，经分析论证，只要使用前经再次检测达设计强度，也可不做处理，但应严格控制施工荷载。

出现的质量问题，经检测鉴定达不到设计要求，但经原设计单位核算，仍能满足结构安全和使用功能。例如，某一结构构件截面尺寸不足，或材料强度不足，影响结构承载力，但经按实际检测所得截面尺寸和材料强度复核验算，仍能满足设计的承载力，可不进行专门处理。这是因为一般情况下，规范标准给出了满足安全和功能的最低限度要求，而设计往往在此基础上留有一定余量，这种处理方式实际上是挖掘了设计潜力或降低了设计的安全系数。

不论哪种情况，特别是不做处理的质量问题，均要备好必要的书面文件，对技术处理方案、不做处理结论和各方协商文件等有关档案资料签字认可。

（2）选择最适用工程质量事故处理方案的辅助方法

选择工程质量处理方案是一项复杂的工作，它直接关系工程的质量、费用和工期。处理方案选择不合理，不仅劳民伤财，严重时还会留有隐患，危及人身安全，特别是对需要返工或不做处理的方案，更应慎重对待。

下面给出一些可采取的选择工程质量事故处理方案的辅助决策方法。

① 试验验证

对某些有严重质量缺陷的工程，可采取合同规定的常规试验以外的试验方法进一步验证，以便确定缺陷的严重程度。例如，混凝土构件的试件强度低于要求的标准不太大（例如10%以下）时，可进行加载试验，以证明其是否满足使用要求。又如，公路工程的沥青面层厚度误差超过了规范允许的范围，可采用弯沉试验，检查路面的整体强度等。监理工程师可根据对试验验证结果的分析、论证，再研究选择最佳的处理方案。

② 定期观测

有些工程在发现其质量缺陷时其状态可能尚未达到稳定仍会继续发展，在这种情况下一般不宜过早做出决定，可以对其进行一段时间观测，然后再根据情况做出决定。这类质量问题如桥墩或其他工程的基础在施工期间发生沉降超过预计的或规定的标准；混凝土表面发生裂缝并处于发展状态等。有一些有缺陷的工程，短期内其影响可能不十分明显，需要较长时间观测才能得出结论。对此，监理工程师应与建设单位及施工单位协商，是否可以留待责任期解决或采取修改合同、延长责任期的办法。

③ 专家论证

对于某些工程质量问题，可能涉及的技术领域比较广泛，或问题很复杂，有时仅根据合同规定难以决策，这时可提请专家论证。而采用这种办法时，应事先做好充分准备，尽早为专家提供尽可能详尽的情况和资料，以便专家能够进行较充分地、全面和细致地分析、研究，提出切实的意见与建议。实践证明，采取这种方法，对于正确选择重大工程质量缺陷的处理方案十分有益。

④ 方案比较

这是比较常用的一种方法。同类型和同一性质的事故可先设计多种处理方案，然后结合当地的资源情况、施工条件等逐项给出权重，做出对比，从而选择具有较高处理效果又便于施工的处理方案。例如，结构构件承载力达不到设计要求，可采用改变结构构造来减少结构内力、结构卸荷或结构补强等不同处理方案，可将每一方案按经济、工期、效果等指标列项并分配相应权重值，进行对比，辅助决策。

2.5 工程质量事故处理结果的鉴定验收

质量事故的技术处理是否达到了预期目的，消除了工程质量不合格和工程质量问题，是否仍留有隐患，应通过组织检查和必要的鉴定，进行验收并予以最终确认。

(1) 检查验收

工程质量事故处理完成后，在施工单位自检合格报验的基础上，应严格按施工验收标准及有关规范的规定进行验收，结合监理人员的旁站、巡视和平行检验结果，依据质量事故技术处理方案设计要求，通过实际量测，检查各种资料数据进行验收。

(2) 必要的鉴定

为确保工程质量事故的处理效果，凡涉及结构承载力等使用安全和其他重要性能的处理，常需做必要的试验和检验鉴定工作；质量事故处理施工过程中建筑材料及构配件保证资料严重缺乏，或对检查验收结果各参与单位有争议时，也需做必要的鉴定。常见的检验工作有：①混凝土钻芯取样，用于检查密实性和裂缝修补效果，或检测实际强度；②结构荷载试验，确定其实际承载力；超声波检测焊接或结构内部质量；③池、罐、箱柜工程的渗漏检验等。检测鉴定必须委托法定检测单位进行。

(3) 验收结论

对所有质量事故无论经过技术处理，通过检查鉴定验收，以及不需专门处理的工程质量事故，均应有明确的书面结论。若对后续工程施工有特定要求，或对建筑物使用有一定限制条件，应在结论中提出。

验收结论通常有以下几种：

1）事故已排除，可以继续施工。

2）隐患已消除，结构安全有保证。

3）经修补处理后，完全能够满足使用要求。

4）基本上满足使用要求，但使用时应有附加限制条件，例如限制荷载等。

5）对耐久性的结论。

6）对建筑物外观影响的结论。

7）对短期内难以作出结论的，可提出进一步观测的检验意见。

对于处理后符合现行《建筑工程施工质量验收统一标准》GB 50300 规定的，应予以验收、确认。

思考题

1. 工程事故分析处理的原则是什么？
2. 如何形成工程质量事故调查报告？
3. 简述工程质量事故检测与鉴定方法。
4. 简述工程质量事故处理应注意的事项。
5. 简述工程质量事故处理的方法与步骤。
6. 简述质量事故处理结果的鉴定验收方法。

第3章　地基与基础工程事故类型及发生原因

3.1 概述

工程事故的发生，不少与地基与基础问题有关。而地基工程事故主要是由于勘察、设计、施工不当或环境和使用情况改变而引起的，其最终反映是产生过量的变形或不均匀变形，从而使上部结构出现裂缝、倾斜，削弱和破坏了结构的整体性、耐久性，并影响到建筑物的正常使用，严重者地基失稳，导致建筑物倒塌事故。

3.1.1 地基基础危险状态的定义

根据现行《危险房屋鉴定标准》JGJ 125，当单层或多层房屋地基部分有下列现象之一应评定为危险状态：

(1) 地基沉降速度连续2个月大于4mm/月，并且短期内无终止趋向；当房屋处于相邻地下工程施工影响时，地基沉降速率大于2mm/天，并且短期内无收敛趋势；

(2) 地基产生不均匀沉降，其沉降量大于现行国家标准《建筑地基基础设计规范》GB 5007—2011规定的允许值，上部墙体产生沉降裂缝宽度大于10mm，或产生最大裂缝大于5mm多条沉降裂缝，且房屋整体倾斜率大于10‰；

(3) 由于地基变形引起混凝土结构框架梁、柱因沉降变形出现开裂，且房屋整体倾斜率大于10‰；

(4) 两层及两层以下房屋整体倾斜率大于30‰，三层及三层以上房屋整体倾斜率大于20‰；

(5) 地基不稳定产生滑移，水平位移量大于10mm，且仍有继续滑动迹象。

当高层房屋地基部分有下列现象之一者应评定为危险状态：

(1) 不利于房屋整体稳定性的倾斜率增速连续两个月大于0.5‰，且短期内无收敛趋势；

(2) 上部承重结构构件及连接节点因沉降变形产生裂缝，且房屋的开裂趋势仍在持续发展；

(3) 房屋整体倾斜率超过表3.1的限值。

高层房屋整体倾斜率限值　　**表3.1**

房屋高度(m)	$24<H_g\leqslant 60$	$60<H_g\leqslant 100$
倾斜率限值	7‰	5‰

根据现行《危险房屋鉴定标准》JGJ 125，当房屋基础有下列现象之一者，应评定为危险点：

(1) 基础承载能力小于基础作用效应的90% ($R/(\gamma_0 S)<0.90$)；

(2) 基础老化、腐蚀、酥碎、折断，导致结构明显倾斜、位移、裂缝、扭曲等，或基础与上部结构承重构件连接处产生水平、竖向或阶梯形裂缝，且最大裂缝宽度大于10mm；

（3）基础滑动，水平位移速度连续2个月大于2mm/月，并在短期内无收敛趋势。

3.1.2 常见的地基与基础工程事故

（1）一般常见的地基事故

地基事故可分为天然地基上的事故和人工地基上的事故两大类。无论是天然地基上的事故还是人工地基上的事故，按其性质都可概括为地基强度和变形两大问题。地基强度问题引起的地基事故主要表现在下列三方面：

① 地基承载力不足或地基丧失稳定性；

② 斜坡丧失稳定性；

③ 建筑物上浮。

地基变形问题引起的地基事故常发生在软土、湿陷性黄土、膨胀土、季节性冻土等地区。地基变形事故主要表现为以下几个方面：

① 建筑物地基严重下沉，超过规范规定最大沉降量；

② 建筑物地基产生较大不均匀沉降，导致建筑物倾斜，倾斜量超过规范规定的最大倾斜量；

③ 地基沉降使建筑物基础和上部结构开裂；

④ 建筑物地基滑动使上部结构处在危险状态；

⑤ 建筑物地基产生溶蚀；

⑥ 建筑地基产生液化；

⑦ 建筑物地基产生冻胀、盐胀和膨胀等；

⑧ 建筑地基失稳。

（2）一般常见的基础事故

基础工程事故除了常见的错位、变形、裂缝等事故外，在基础施工中会发生沉井的停沉、突沉、欠沉、超沉、偏斜及封底故障等事故，基坑开挖中会出现边坡滑动、支护结构倒塌、断裂、流砂、坑底隆起等事故。

3.2 地基基础事故发生的原因

3.2.1 地质勘察问题

地质勘察方面存在的主要问题为：

① 地基勘察工作不认真，试验报告所提供的土性指标及地基承载力不确切。

② 地质勘察时，钻孔间距太大，不能全面准确地反映地基的实际情况。在丘陵地区、挖填场地、低丘缓坡造地场地的建筑中，由于这个原因造成的事故实例比较多。

③ 地质勘察时，钻孔深度不够。如有的工程在没有查清较深范围内地基中有无软弱层、暗浜、墓穴、孔洞等情况下，仅根据勘察资料提供的地表面或基础底面以下深度不大的地基情况进行地基基础设计，因而造成明显的不均匀沉降，导致建筑物裂缝，有的甚至不能使用。这类事故屡见不鲜，尤应引起足够的重视。

④ 地质勘察报告不详细、不准确。特别是地层分布不准，地质剖面不准，造成地基

基础设计方案的错误。

3.2.2 设计方案及计算问题

设计与计算方面存在的主要问题有：

① 地基基础设计方案不合理。对工程的地质条件差、地形变化复杂的场地，由于地基基础设计方案选择不合理，不能满足上部结构承载力的要求，导致地基不均匀沉降变形或地基失稳，引起建筑物开裂或倾斜。

② 盲目套用同一场地不同位置的地基基础设计图。地基基础设计不因地制宜，一般当建筑场地选定后，设计者是没有选择余地的，往往只能按具体情况采用天然地基或进行地基处理。由于建设场地的工程地质条件千差万别，错综复杂，即使同一地点也不尽相同，再加上建筑物的结构形式、平面布置及使用条件也往往不同，所以很难找到一个完全相同的例子，也无法做出一套地基基础设计的标准图。因此，在考虑地基基础问题时，必须在对具体问题充分分析的基础上，正确地灵活运用土力学地基基础与工程地质知识，以获得安全、经济合理的地基基础设计方案。如果盲目地进行地基基础设计，或者死搬硬套所谓的“标准图”，将会导致地基基础工程事故。

③ 荷载确定不准，导致地基基础设计计算错误。这类事故多数因设计者不具备相应的设计水平，未取得可靠的地质资料，就盲目进行设计，设计方案又没有经过相应专家复核或审查，使错误设计计算不能及时纠正而酿成事故。

3.2.3 施工问题

地基基础工程施工质量的优劣，直接影响建筑物的安全和使用。地基基础属地下隐蔽工程，更应加倍重视不留隐患。归纳起来施工方面存在的问题有：

① 未按图施工或不按技术操作规程要求施工。

② 工程管理不善，未按建设要求与设计施工程序施工。

③ 基础施工引起的环境影响：钻孔灌注桩、深基坑和边坡开挖对周围环境所引起的不良影响，特别是引起周边建筑物不均匀沉降、上部结构开裂、管线破坏等是当前城市建设中反映特别突出的问题。

3.2.4 环境及使用条件变化问题

基础工程的环境和使用方面的问题主要有：

(1) 地下水位变化

由于地质、气象、水文、人类的生产活动等因素的作用，地下水位经常会有很大的变化，这种变化对已有建筑物可能引起各种不良的后果。特别是当地下水位在基础底面以下变化时，后果更为严重。当地下水位在基础底面以下压缩层范围内上升时，水能浸湿和软化岩土，从而使地基的强度降低，压缩性增大，建筑物就会产生过大的沉降或不均匀沉降，最终导致其倾斜或开裂。对于结构不稳定的土，如湿陷性黄土、膨胀土等影响尤为严重。若地下水位在基础底面以下压缩层范围内下降时，水的渗流方向与土的重力方向一致，地基中的有效应力增加，基础就会产生附加沉降。如果地基土质不均匀，或者地下水位不是缓慢均匀地下降，基础就会产生不均匀沉降，造成建筑物倾斜，甚至开裂和破坏。在施工区域，地下水位变化常与抽水、排水有关。因为局部的抽水或排水，能使基础底面以下地下水位突然下降，从而引起建筑物变形。

(2) 使用条件改变引起的地基土应力分布和性状变化

① 房屋加层之前，缺乏认真鉴定和可行性研究，草率上马，盲目行事。有的加层改造未处理好地基和上部结构的问题，导致承载力不足。

② 大面积地面堆载引起邻近浅基础的不均匀沉降，此类事故多发生于工业仓库和工业厂房。厂房与仓库的地面堆载范围和数量经常变化，而且堆载很不均匀。因此，容易造成基础向内倾斜，对上部结构和生产使用带来不良的后果。主要表现有柱、墙开裂；桥式吊车产生滑车和卡轨现象；地坪及地下管道损坏等。

③ 给水、排水管漏水，长期未进行修理，引起地基湿陷事故。在湿陷性黄土地区此类事故较常见。

3.3 地基基础事故的处理方法

地基基础事故发生后，首先应进行认真细致的调查研究，然后根据事故发生的原因和类型，因地制宜地选择相应的基础加固和托换方法处理。地基基础事故处理根据其事故类型不同，常采用下列 6 种处理方法：

① 基础扩大托换——减少基础底面压力。

② 基础加深托换——对原地基持力层卸荷，将基础上荷载传递到较好的新的持力层上，如坑式托换和桩式托换。

③ 灌浆托换——对地基加固，提高地基的承载力。

④ 纠偏托换——调整地基沉降，如迫降纠偏托换和顶升纠偏托换。

⑤ 增加抗浮措施。

⑥ 排水、支挡、减重和护坡等措施综合治理。

3.4 基坑工程事故

深基坑工程是近年来迅速发展起来的一个领域。由于高层建筑、地下空间的发展，深基坑工程的规模之大、深度之深前所未有。当前，深基坑工程已成为国内外岩土工程中发展最为活跃的领域之一，也成为岩土工程中事故最为频繁的领域，给岩土工程界提出了许多技术难题。

按照住房和城乡建设部《危险性较大的分部分项工程安全管理规定》(中华人民共和国住房和城乡建设部第 37 号令)，深基坑工程指开挖深度超过 3m（含 3m）基坑（槽）的土方开挖、支护和降水工程，开挖深度虽未超过 3m，但地质条件、周围环境和地下管线复杂，或影响毗邻建、构筑物安全的基坑（槽）的土方开挖、支护、降水工程。以上两种情况均属危险性较大的工程，按照以上条件，我国每年大约有数万个这样的基坑工程存在基坑工程事故隐患。

3.4.1 深基坑工程特点

近年来，随着城市高层建筑与市政建设事业的发展，大量的高层建筑、建筑综合体、公共建筑和地铁修建，除基坑本身深、大以外，工程地质、水文地质多样，岩土工程性质复杂，给基坑工程勘察、设计和施工都带来的诸多问题。当前我国深基坑工程主要有以下几个特点：

(1) 区域性强

不同的工程地质和水文地质条件，基坑工程差异性很大。即使是同一城市不同区域也有差异。正是由于岩土性质千变万化，地质埋藏条件和水文地质条件的复杂性、不均匀性，容易造成勘察所得的数据离散性很大，精确度较低，难以代表土层的总体情况。因此，深基坑开挖要因地制宜，根据本地具体情况，具体问题具体分析，而不能简单地完全照搬经验。

(2) 综合性强

基坑工程是一个综合性很强的系统工程，它不只是一个岩土工程问题，还涉及结构工程、材料工程、地质工程、施工力学以及优化设计等诸多领域，是理论上尚待发展的综合技术学科。

(3) 时空效应

基坑的深度和平面形状，对基坑的稳定性和变形有较大影响。土体，特别是软黏土，具有较强的蠕变性。作用在支护结构上的土压力随时间变化，蠕变将使土体强度降低，使土坡稳定性减小，故基坑开挖时应注意其时空效应。

(4) 环境效应

基坑工程的开挖，必将引起周围地基中地下水位变化和应力场改变，导致周围地基土体的变形，对相邻建筑物、构筑物及市政地下管网产生影响。影响严重的将危及相邻建筑物、构筑物、道路及市政地下管网的安全与正常使用。大量土方运输也对交通产生影响，所以应注意其环境效应。

(5) 风险大、质量要求高

基坑工程是个临时工程，技术复杂，涉及范围广，安全储备相对较小，并且基坑工程施工周期长，从开挖到完成地面以下的全部隐蔽工程，常常经历多次降雨、周边堆载、振动等许多不利条件，安全度的随机性较大，事故也往往具有突发性。为此，工程技术人员必须以高度的责任心进行周密和详尽的考虑，认真对待设计和施工，同时做好现场监测工作，以便对工程建设中可能发生的各种危险情况作出及时的预测和判断。

3.4.2 深基坑工程事故发生的原因

基坑开挖对周边既有工程影响越来越大，每年我国有数万个基坑工程，虽然深基坑支护技术也有了长足的进步，然而深基坑事故仍时有发生，导致邻近的建筑物裂损、倾斜，地下管线变形、断裂，道路、场地及公用设施沉陷、破坏等。深基坑工程属于地下工程，具有不可视性，一旦出现质量问题，如深基坑塌方，事后纠正和补救都比较困难。当前，深基坑事故已成为城市建设中的安全隐患之一。

基坑问题除了岩土与结构的相互作用，同时也有地下水和渗流，非常复杂，在勘察、设计、施工等环节稍有不慎，可能就会发生事故。深基坑工程安全质量问题类型很多，成因也较为复杂。在水土压力作用下，支护结构可能发生破坏，支护结构形式不同，破坏形式也有差异。渗流可能引起流土、流砂、突涌，造成破坏。围护结构变形过大及地下水流失，引起周围建筑物及地下管线破坏也属基坑工程事故。简单总结基坑工程的事故发生的原因有以下几方面：

(1) 土性参数取值引起基坑工程事故

由于勘察单位提供的勘察报告中的土性参数错误，而导致设计失误，这是最常见基坑工程事故。在深基坑支护工程设计中，合理地选择土的强度指标是深基坑开挖成败的一个关键因素。例如，在深基坑周边降水条件下进行深基坑稳定计算可以采用总应力法，其土的强度指标可以由直剪试验取得，但是对透水性比较强的土，选择快剪与不排水强度指标其计算结果差别就很大。但是在实际工作中，有些设计人员不管是在什么条件下，选用相同的土的强度指标，这也是使计算结果与实际情况相差很大，造成深基坑开挖经常出现事故的一个主要原因。

(2) 设计和分析计算引起基坑工程事故

不合理的基坑支护方案设计，错误的分析计算也是导致工程事故多发的原因之一。深基坑支护的方案很多，工程造价也千差万别，因此对设计方案进行对比选择就显得十分重要，有的工程因方案选择不当，不但使得支护工程的造价很高，而且还发生了倒塌事故。当前，高层建筑的设计一般由设计单位负责，支护工程通常认为是施工措施的一部分，作为临时措施的一种，由施工单位或其他单位设计和施工，所以常常出现方案选择不当的情况。

(3) 施工引起基坑工程事故

由于施工质量差、没有按照正确步骤施工引起基坑工程事故。深基坑支护工程大多为临时性工程，在实际工程中常常得不到建设方和施工方应有的重视，一般不愿投入较多的资金。施工过程中常常与设计意图背离，偷工减料。比如施工中深基坑挖土不按设计中规定的程序进行，深层搅拌桩的水泥掺量不足等，都会给深基坑施工带来严重的隐患。为此，必须严格把好施工质量关。水下浇灌支护桩时水泥浆不能流失，桩体、墙体的混凝土强度一定要达到设计要求，不能有蜂窝、露筋现象等。

(4) 地下水处理不合理

由于地下水处理不当也往往会造成深基坑工程倒塌，同时还会给周围环境造成不良影响。在深基坑开挖过程中究竟是采取降水还是防渗的问题上，首先要由建筑物所在地的工程地质和水文地质情况及周围的环境而定。如果深基坑处在建筑物密集区，就要看降水会不会引起地面下沉，给周边建筑物及管线造成破坏。如果通过抽水试验对地面沉降观测资料进行分析认为，降水会给深基坑周边建筑物及管线造成破坏，就不要采取降水措施，应采取深基坑周边防渗的措施。一般来说，如果深基坑周围附近没有建筑物和主要管线时，可以采取降水方案。

(5) 监测信息化施工未起到应有的作用

监测是深基坑工程施工过程中不可缺少的组成部分。深基坑工程是土体与围护结构体系相互共同作用的一个动态化体系，有复杂的多变因素，工程上单靠理论计算，往往难以对支护体系的多变因素作出足够的准确预测，同时在施工过程中也常常会出现一些难以预料的变化。通过现场施工中对深基坑支挡结构、地下水位、支撑系统及地表沉降等的监测，为设计和施工提供了现场信息，这样可以及时发现问题，提早采取措施。

思 考 题

1. 常见的地基基础事故有哪些？

2. 一般地基基础事故发生的原因有哪些？
3. 地质勘察引起的地基基础工程事故有哪些？
4. 简述软土地基基础工程事故的类型和产生的原因。
5. 简述湿陷性黄土地基基础工程事故的类型和产生的原因。
6. 简述质量事故处理结果的鉴定验收方法。
7. 一般施工引起的地基基础工程事故有哪些？如何避免这些事故？
8. 环境及使用条件变化会引起哪些地基基础事故？
9. 简述常见的地基与基础工程事故处理方法。
10. 目前深基坑工程有什么特点？
11. 简述深基坑工程事故的类型和产生的原因。
12. 减少和避免深基坑工程事故的措施有哪些？

第 4 章　地基与基础工程加固纠倾方法及案例

地基与基础工程事故一般主要分为承载力、稳定性和地基变形工程事故。承载力工程事故一般较少发生，稳定性和地基变形工程事故比较常见。例如 1911 年修建的加拿大特朗斯康谷仓则是地基发生强度破坏而整体失稳。开始修建于 1173 年 8 月的比萨斜塔的倾斜则是由于地基失稳引起。

我国建筑工程中由于地基承载力不足或者地基失稳的工程事故众多，沿海地区软土地基不均匀沉降和西北湿陷性黄土地区地基不均匀沉降引起的建筑物倾斜事故频发，因此地基工程事故是基础工程最为常见。建筑物由于地基承载力不足或者失稳造成的事故是常见的工程事故。

4.1　地基沉降和不均匀沉降事故

4.1.1　软土地基的不均匀沉降事故

软土地基有其特殊的变形特征，软土地基的变形问题主要表现在以下三个方面：

(1) 沉降大而不均匀

软土地区大量沉降观测资料统计表明，砖墙承重的混合结构建筑，如以层数表示地基受荷大小，则三层房屋的沉降量为 15～20cm；四层变化较大，一般为 20～50cm；五～六层则多超过 70cm。有吊车的一般单层工业厂房沉降量约为 20～40cm，而大型构筑物，如水塔、油罐、料仓、储气柜等，其沉降量一般都大于 50cm，有的甚至超过 100cm。过大的沉降造成室内地坪标高低于室外地坪，引起雨水倒灌、管道断裂、污水不易排出等问题。

软土地基的不均匀沉降，是造成建筑物裂缝损坏或倾斜等工程事故的重要原因。影响不均匀沉降的因素很多，如设计承载力不足、勘察提供的参数错误而导致沉降量计算错误、土质的不均匀性、上部结构的荷载差异、建筑物体型复杂、相邻建筑的影响、地下水位变化及建筑物周围开挖基坑等。即使在同一荷载及简单平面形式下，其差异沉降也有可能相差 50%以上。

(2) 沉降速率大

建筑物的沉降速率是衡量地基变形发展程度与状况的一个重要标志。软土地基的沉降速率是较大的，一般在加荷终止时沉降速率最大，沉降不收敛，如图 4.1 所示。沉降速率也随基础面积与荷载性质的变化而有所不同。一般民用或工业建筑活荷载较小时，其竣工时沉降速率约为 0.5～15mm/d；活荷载较大的工业建筑物和构筑物，其最大沉

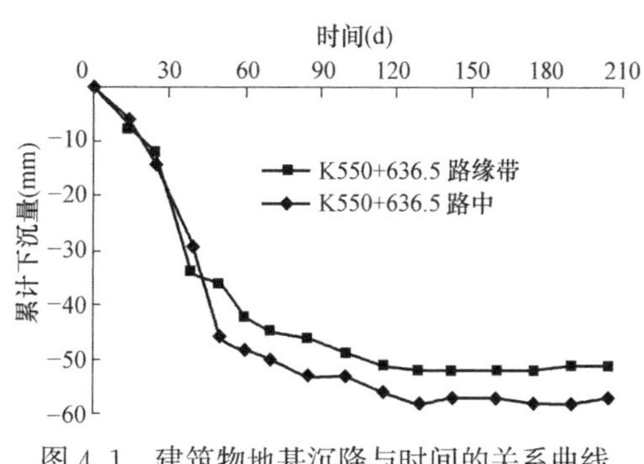

图 4.1　建筑物地基沉降与时间的关系曲线

降速率可达 45mm/d。随着时间发展，沉降速率逐渐衰减，但施工期半年至一年左右的时间内，是建筑物差异沉降发展最为迅速的时期，也是建筑物最容易出现裂缝的时期。在正常情况下，如沉降速率衰减到 0.05mm/d 以下时，差异沉降一般不再增加。如果作用在地基上的荷载过大，则可能出现等速下沉，长期的等速沉降就有导致地基丧失稳定的危险。

(3) 沉降稳定历时长

建筑物沉降主要是由于地基土受荷后，孔隙水压力逐渐消散，而有效应力不断增加，导致地基土固结所引起的。因为软土的渗透性低，孔隙水不易排除，故建筑物沉降稳定历时均较长。有些建筑物建成后几年、十几年甚至几十年，沉降尚未完全稳定。

软土地区地基不均匀沉降对上部结构产生的效应主要有以下几个方面：

(1) 砖墙开裂

由于地基不均匀沉降使砖砌体受弯曲，导致砌体因受主拉应力过大而开裂。

(2) 砖柱断裂

砖柱裂缝有水平缝及垂直缝两种类型。前者是由于基础不均匀沉降，使中心受压砖柱产生纵向弯曲而拉裂。此种裂缝出现在砌体下部，沿水平灰缝发展，使砌体受压面积减少，严重时将造成局部压碎而失稳。

(3) 钢筋混凝土柱倾斜或断裂

单层钢筋混凝土柱的排架结构，常因地面上大面积堆料造成柱基倾斜。由于刚性屋盖系统的支撑作用，在柱头产生较大的附加水平力，使柱身弯矩增大而开裂，裂缝多为水平缝，且集中在柱身变截面处及地面附近。露天跨柱的倾斜虽不致造成柱身裂损，但会影响吊车的正常运行，引起滑车或卡轨现象。如上海某厂铸钢车间露天跨，堆载为 100kPa，压于基础上，造成轨顶最大位移值达 12.5cm，柱基最大内倾达 1.25%，导致吊车卡轨、滑车，工字形柱倾斜、裂缝。1964～1965 年曾凿开基础杯口，用钢丝绳纠偏，目前柱子尚有明显的倾斜。

(4) 高耸构筑物的倾斜

建在软土地基上的烟囱、水塔、筒仓、立窑、油罐和储气柜等高耸构筑物，如采用天然地基，则产生倾斜的可能性较大。

4.1.2 湿陷性黄土地基的变形事故

湿陷性黄土地基，其正常的压缩变形通常在荷载施加后立即产生，随着时间增加而逐渐趋向稳定。对于大多数湿陷性黄土地基（新近堆积黄土和饱和黄土除外），压缩变形在施工期间就能完成一大部分，在竣工后 3～6 个月即可基本趋于稳定，而且总的变形量往往不超过 5～10cm。而湿陷变形与压缩变形性质是完全不同的。

(1) 湿陷变形特点

湿陷变形只出现在受水浸湿部位，其特点是变形量大，常常超过正常压缩变形几倍甚至十几倍；发展快，受水浸湿后 3h 就开始湿陷。对一般事故来说，往往 1～2d 就可能产生 20～30cm 变形量。这种量大、速率高而又不均匀的湿陷，会导致建筑结构发生严重的变形甚至破坏。湿陷的发生完全取决于受水浸湿的概率。有的建筑物在施工期间即产生湿陷事故，有的则在正常使用几年甚至几十年后才出现湿陷事故。

(2) 外荷载作用下湿陷变形的特征

湿陷变形可分为外荷载作用下湿陷变形与自重湿陷变形。前者是由于基础荷载（或称为基底附加压力）引起的，后者是在土层饱和自重压力作用下产生的。两种变形的产生范围与发展是不一样的。

外荷载作用下湿陷变形只出现在基础底部以下一定深度范围的土层内，该深度称为外荷湿陷影响深度，它一般小于地基压缩层深度。无论是自重湿陷性黄土地基，还是非自重湿陷性黄土地基都是如此。试验表明，外荷湿陷影响深度与基础尺寸、压力大小及黄土湿陷等级有关。对于方形基础，当浸水压力为 200kPa 时，对于非自重湿陷性黄土地基的外荷湿陷影响深度约为基础宽度的 1～2.4 倍，对于自重湿陷性黄土地基约为基础宽度的 2.0～2.5 倍，当压力增到 300kPa 时，影响深度可达基础宽度的 3.5 倍。

外荷湿陷变形的特点之一是发展迅速，浸水 1～3h 即能产生显著下沉，每小时沉降量可达 1～3cm，特点之二是湿陷稳定快，浸水 24h 即可完成最终湿陷值的 30%～70%，浸水 3d 即可完成最终湿陷值的 50%～90%，达到湿陷变形全部稳定约需 15～30d。

(3) 自重湿陷变形特征

自重湿陷变形是在饱和自重压力作用下引起的。它只出现在自重湿陷性黄土地基中，它的范围是在外荷湿陷影响深度以下，也就是说自重湿陷性黄土地基变形陷区由两部分组成。直接位于基底以下土层产生的是外荷湿陷，它只与附加压力有关。外荷湿陷影响深度以下产生的是自重湿陷，它只与饱和自重压力大小有关，如图 4.2 所示。

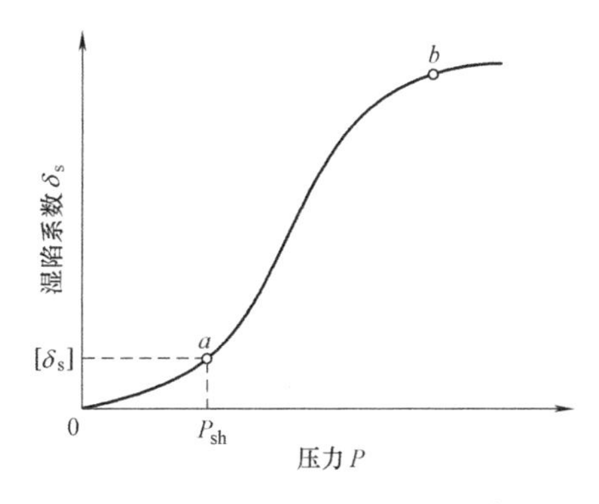

图 4.2 湿陷系数与压力的关系曲线

自重湿陷变形的产生与发展比外荷湿陷缓慢，其稳定历时较长，往往要 3 个月甚至半年以上才能完全稳定。自重湿陷变形的产生与发展是有一定条件的，在不同的地区差别较大。如在关中地区某些场地上只有浸水面积较大时（超过湿陷性黄土层厚度），自重湿陷才能充分发展。而浸水面积较小时，自重湿陷就很不充分，甚至完全不产生湿陷。另外一些场地，如兰州地区的湿陷性较为敏感。前者为自重湿陷不敏感区，后者为自重湿陷敏感区。对于自重湿陷敏感的场地，地基处理范围要深，以消除全部土层自重湿陷性为宜。若消除全部土层有困难的需采用消除部分土层湿陷性，并结合严格防水措施来处理。对于自重湿陷不敏感的场地，则可类似于非自重湿陷性黄土地基，只处理压缩层范围内的土层。

湿陷变形对上部结构产生的效应主要有以下几个方面：

① 基础及上部结构开裂。黄土地基湿陷引起房屋基础产生不均匀沉降，相对沉降量大，墙体裂缝就大，并且裂缝开展迅速。

② 房屋结构倾斜。一般湿陷变形只出现在受水浸湿部位，而没有浸水部位则基本不动，从而形成沉降差，因而整体刚度较大的房屋和构筑物，如房屋结构、烟囱、水塔等则易发生倾斜。

③ 基础和管线折断。当地基遇到多处湿陷时，基础往往产生较大的弯曲变形，引起管道折断。当给水、排水干管折断时，对周围建筑物还会构成更大的危害。

4.2 地基失稳造成的工程事故

4.2.1 地基失稳事故类型

对于一般地基，在局部荷载作用下，地基的失稳过程，可以用荷载试验的 P-S 曲线来描述。图 4.3 表示由静荷载试验得到的两种类型的荷载 P 和沉降 S 的关系曲线。当荷载大于某一数值时，曲线 1 有比较明显的转折点，基础急剧地下沉。同时，在基础周围的地面有明显的隆起现象，基础倾斜，甚至建筑物倒塌，地基发生整体剪切破坏。曲线 2 没有明显的转折点，地基发生局部剪切破坏。软黏土和松砂地基属于这一类型（图 4.4*a*），它类似于整体剪切破坏，滑动面从基础的一边开始，终止于地基中的某点。只有当基础发生相当大的竖向位移时，滑动面才发展到地面。破坏时基础周围的地面也有隆起现象，但是基础不会明显倾斜或由于基础倾斜引起建筑物倒塌。

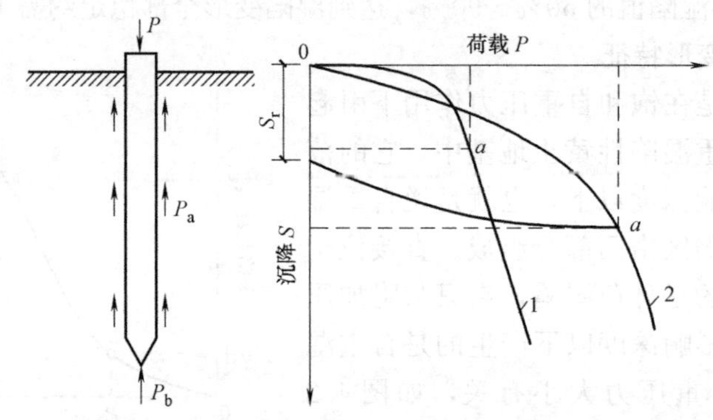

图 4.3 由静荷载试验得到的两种类型的荷载 P 和沉降 S 的关系曲线

1—有明显转折点的 P-S 曲线；2—无明显转折点的 P-S 曲线

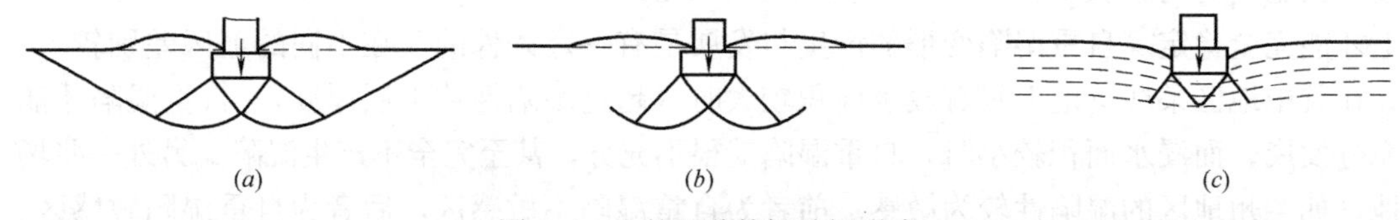

图 4.4 土的几种剪切破坏形式

（*a*）整体剪切破坏；（*b*）局部剪切破坏；（*c*）冲切剪切破坏

对于压缩性比较大的软黏土和松砂，其 P-S 曲线没有明显的转折点，但地基破坏是由于基础下面软弱土层的变形使基础连续地下沉，产生了过大的不能容许的沉降，基础就像“切入”土中一样，故称为冲切剪切破坏，如图 4.4（*c*）所示。如建在软土层上的某仓库，由于基底压力超过地基承载力近 1 倍，建成后，地基发生冲切剪切破坏，造成基础过量的沉降。

地基究竟发生哪一种形式的破坏，除了与土的种类有关以外，还与基础的埋深、加荷速率等因素有关。例如当基础埋深较浅，荷载为缓慢施加的恒载时，将趋向于形成整体剪切破坏。若基础埋深较大，荷载是快速施加的，或是冲击荷载，则趋向于形成冲切或局部剪切破坏（图 4.4*b*）。

在建筑工程中，由于对地基变形要求较严，因此，地基失稳事故与地基变形事故相对较少。但地基失稳的后果常很严重，有时甚至是灾难性的破坏。

4.2.2 地基失稳工程事故案例

(1) 加拿大特朗斯康谷仓工程事故

加拿大特朗斯康谷仓于 1911 年开始施工，1913 年秋完工。平面形状为矩形，长 59.44m，宽 23.47m，高 31.00m，容积 36368m^3。谷仓为圆筒仓，每排 13 个圆筒仓，共由 5 排 65 个圆筒仓组成。谷仓的基础为钢筋混凝土筏形基础，基础厚 61cm，埋深 3.66m。谷仓总质量为 2000t，相当于装满谷物后满载总重量的 42.5%。1913 年 9 月起往谷仓装谷物，当年 10 月当谷仓装了 31822m^3 谷物时，发现 1h 内垂直沉降达 30.5cm（如图 4.5 所示），在 24h 时谷仓向西倾斜达 26°53′。谷仓西端下沉 7.32m，东端上抬 1.52m。1913 年 10 月 18 日谷仓倾倒后，上部钢筋混凝土筒仓坚如磐石，仅有极少的表面裂缝。

图 4.5 加拿大特朗斯康谷仓失稳图

1）事故原因分析

① 对谷仓地基土层事先未作勘察、试验与研究，采用的设计荷载超过地基土的抗剪强度，导致这一严重事故发生。1952 年从不扰动的黏土试样测得：黏土层的平均含水量随深度而增加，从 40%增加到 60%；无侧限抗压强度 Q_u 从 118.4kPa 减少至 70.0kPa，平均为 100.0kPa；平均液限为 105%，塑限为 35%，塑性指数 $I_p=70$。试验表明这层黏土是高胶体高塑性的。

② 谷仓发生地基滑动强度破坏是事故的主要原因，由于谷仓整体刚度较高，地基破坏后，筒仓仍保持完整，无明显裂缝，使地基发生强度破坏而整体失稳。

2）事故处理

为修复筒仓，在基础下设置了 70 多个支承于深 16m 基岩上的混凝土墩，使用了 388 只 50t 的千斤顶，逐渐将倾斜的筒仓纠正。补救工作是在倾斜谷仓底部水平巷道中进行，新的基础在地表下深 10.36m。经过纠倾处理后，谷仓于 1916 年起恢复使用。修复后，谷仓标高比原来降低了 4m。

(2) 比萨斜塔

比萨毗邻阿诺河，曾是利古里亚海岸港口。随着陆地的扩展，比萨距海越来越远了，现离海 10 公里，东距佛罗伦萨 68km。今日的比萨是一座著名的旅游城市，比萨的名气很大程度上是受惠于比萨斜塔，当然还有比萨大教堂。

比萨斜塔为一座建于中世纪时期的 8 层白色大理石钟塔楼，如图 4.6 所示。比萨斜塔地面以上总高度 56m（从基底算起的总高度近 60m），总重量 142MN，塔楼为一中空圆柱形砌体结构，内有螺旋式楼梯可直通塔楼顶部，塔楼基础为圆环形（外径约 19.6m，内径约 4.5m）的砌体结构基础，基础的最大埋深为 5.5m。

图 4.6 比萨斜塔

比萨斜塔始建于 1173 年，建筑师为 Bonanno Pisano，另一说为 Diotisalvi 或 Biduino。1178 年，当塔楼的第 4 层完工后，工程暂时停止，停工原因未知，据说是因为比萨人与佛罗伦萨人发生战争而中断，但据推测，如果当时继续施工的话，地基土的承载力将不足以支撑上部结构荷载，塔楼将会发生坍塌。约 100 年后的 1272 年，该工程又开始施工，建筑师为 Giovanni di Simone，大约在 1278 年建到第 7 层时，工程又一次停止，据说又是因为比萨人与佛罗伦萨人的战争，但是，这时如果继续施工的话，塔楼可能又一次会发生坍塌。大约在 1370 年，工程又一次恢复，建筑师为 Tommaso di Andrea Pisano，在塔楼顶层的钟室建成后，整个比萨斜塔工程才完成，从开建到建成断断续续共花了近 200 年时间。

1）倾斜历史及可能原因分析

实际上，在建塔第一阶段的开始阶段，整个塔体向北倾斜约 0.25°，随着施工的不断进展，当建到第 4 层以上时，塔开始向南倾斜，并且倾斜速率不断增加。1278 年建到第 7 层时，塔体已经向南倾斜约 0.6°，1360 年当开始建造顶层的钟室时，倾斜增加到约 1.6°。1817 年两位英国建筑师 Cresy 和 Taylor 用铅垂线测量的塔体倾斜已经达到了近 5°。1838 年，为了查明塔体基座和基础的具体细节，建筑师 della Gherardesca 在塔基周围开挖了一个通道（称为 catino），并在通道上浇筑了 0.7m 厚的混凝土环，因为开挖位于地下水位以下，从而导致了地下水流入到了斜塔通道内，地下水位会不断发生波动，这些因素加速了塔基向南倾斜的速度，有证据表明由此引起塔体倾斜增加约 0.25°。从 20 世纪 50 年代，由于开始从下砂层大量抽取地下水，从而加速了塔基沉降和倾斜的速度，特别是在 20 世纪 70 年代初，1970～1974 年，地下水位的持续下降导致塔体向南倾斜增加了约 40″，斜塔向南的位移突然增加 12mm，1975～1976 年关闭了斜塔附近的大量抽水井之后，倾斜的速率明显减缓。20 世纪 90 年代初，基础的倾斜大约为 5.5°，倾斜的速率为 6 弧秒/年，即塔顶的水平位移速率为 1.5mm/年。从整个场地来看，上黏土层的厚度比较均匀，而在塔基以下上黏土层的表面呈碟形分布，由此可以推断出，至 20 世纪 90 年代，塔基的平均沉降约为 3m，而根据 Terracina（1962）的报道，当时塔基的平均沉降约 2m，因此在这近 30 年中，塔基的沉降量为 1m。值得指出的是，经过对倾斜资料的分析，比萨斜塔的倾斜表现出明显的季节特征，每年 9 月份，塔体向南的倾斜量不断增加，这一向南倾斜的趋势一直持续到次年2月份，在此阶段中塔体倾斜增加约6″，从2～9月间，南北向的倾斜很少变化，倾斜量的增加正好与暴雨季节的来临和地下水位的快速上升相符合，但它们之间的因果关系尚未查明。

关于比萨斜塔倾斜的原因，有各种不同的解释，存在着一些争议，最近比较一致的观点是认为塔体发生了平衡失稳，这类似于结构力学中细长结构的失稳情况，这种现象也称为倾斜失稳（leaning instability），是由土与结构相互作用机理所控制的。从本质上讲，塔体不断发生倾斜是由于地基土对塔基产生的力矩不能抵抗倾斜所产生的倾覆力矩造成的。但是，具体到比萨斜塔来说，人们尚不能完全了解最初引起塔体倾斜的真正内在原因，在学术界存在着较多的假设和不同的看法。Terzaghi（1934）认为倾斜是由于中软高塑性黏土压缩性和固结速率的差异引起的。Mitchell等（1977）则认为倾斜是由于土层中土的空间变化特性，再加上土层中的上黏土层发生了局部破坏和约束塑性流动现象而造成的。Leonards（1979）更倾向于认为倾斜是由于上黏土层发生塑性屈服从而导致了局部剪切破坏的发生而引起的。Croce等（1981）则认为倾斜是由于下砂层中土的压缩性和渗透性的非均质特性造成的。Jamiolkowski（2001）认为以上因素对塔体倾斜的产生和发展均有影响。Burland等（2003）在分析土层组成情况及孔压触探试验的成果之后认为，与塔北部的土体相比，塔南部土体的黏粒和粉粒含量更高，局部砂层更薄，这些因素是导致塔向南发生倾斜的起因，同时，他们认为地下水位变动引起塔体不可恢复旋转量的不断增加是塔身逐渐向南发生倾斜的主要因素。

2）基础纠倾加固措施

有两个主要因素影响斜塔稳定：即结构本身的因素（砌体结构的脆性破坏）和地基土的因素（倾斜失稳），当然这两个因素也是相互关联的。倾斜增加不仅导致倾覆力矩增加，而且也会增加砌体结构中的应力，增加了结构破坏的危险。相应地，加固措施可以从两个方面着手：结构措施和岩土工程措施。

① 纠倾加固历史回顾

1934年，为了加固基础并减小地基土的渗透性，在基础下钻了361个孔，并将80t水泥浆注入地基中，结果这一措施可能对地基产生了扰动，也可能由于地下水位的降低，倾斜非但没有得到纠正，相反却突然增加了30″，斜塔向南的位移突然增加10mm。1966年又在基础下进行了钻孔，导致倾斜又增加了6″。这说明斜塔对地基扰动和地下水位变化十分敏感。

20世纪60年代，为了治理比萨斜塔，意大利政府的公共工程部（Ministry of Public Works，MPW）成立了比萨斜塔整治委员会，委员会成员中的岩土工程专家包括Croce教授、Kérisel教授、Skempton教授和Schultze教授。这一委员会于1971年向公共工程部提交了一份技术文档后结束了使命，在该技术文档中建议采用国际竞标的方式来对比萨斜塔进行加固。竞标各方的建议书于1975年提交，虽然建议书的某些建议非常合理，但委员会和公共工程部不能做出决策，最终竞标活动就这样不了了之，在这一阶段只是根据建议书的建议停止了比萨斜塔周围深层地下水的抽取。

1984年，意大利公共工程部任命了一个设计小组，其使命是提出初步的加固设计方案。设计小组提出了多种解决办法来阻止比萨斜塔的位移。1985年设计小组提出的岩土工程解决方法的基本思想是通过临时钢结构、环形梁和微型桩的组合来增加斜塔的稳定力矩，稳定力矩施加后将改变塔基下土体中的应力分布，斜塔南部的土体处于卸载状态，而北部的土体则处于再加载状态，从而可以减少和阻止塔基的倾斜。但是，这一方案是否真正实施最终不得而知。

1989年，Pavia的市政塔发生坍塌，在这次坍塌事故中有4人死亡。这一事件导致比萨斜塔于1990年1月对游客关闭，也迫使意大利政府于1990年3月成立了比萨斜塔保护及加固国际委员会，该委员会是由艺术、建筑修复、材料、结构和岩土工程方面的14名专家组成的多学科的集体，由国际知名岩土工程专家Jamiolkowski教授任主席，委员会成员中有国际知名的土力学和岩土工程专家Burland教授。该委员会于1990年9月开始正式运作，其使命是加固基础和结构，进行建筑修复，使斜塔能够稳定300年。委员会成员一致认为应该在不对塔身结构特征产生明显影响的前提下阻止和减少塔基的倾斜，即应该在保护比萨斜塔历史原貌、工艺和那种神秘感的前提下对地基和结构进行加固。由于比萨斜塔对地基和结构的扰动非常敏感，如基础托换、注浆、扩大基座面积等方法可能会导致比萨斜塔发生坍塌，因而均不适合采用。一开始委员会主要考虑了以下几种备选处理方案：

a. 在塔的北边进行表面加载；

b. 在塔北边的上黏土层中进行真空抽水；

c. 电渗固结法；

d. 基底掏土法。

对于每一种方法，委员会都利用物理模型和数值模型进行了模拟，对电渗固结和基底掏土两种方法还进行了现场足尺试验，最后选定了Terracina（1962）建议的基底掏土法来进行比萨斜塔的加固工作，该委员会预计采用这种方法能使基础倾斜度减少0.5°。

② 临时性加固措施

在掏土纠倾之前，首先在1993年下半年对基础进行了临时性加固，即在北边塔基周围浇筑一道混凝土环并将600t重的铅块压在上面，之后塔的倾斜度减少了约1/60″，倾覆力矩减少了10%，1995年铅块荷载增加到900t。1992年通过在斜塔的1层檐口至2层周围每隔一定间距绑扎一些重量很轻的预应力钢丝，使斜塔的砌体结构稳定问题得到解决。

③ 基底掏土研究

针对比萨斜塔的具体情况，掏土是通过在北边塔基下面安装大量的掏土管进行的，这种方法在墨西哥城大都市教堂的差异沉降校正工程中取得了成功，但是，要想将这种方法成功地应用于比萨斜塔纠倾，还需要进行试验和理论研究。

在利用基底掏土法加固比萨斜塔前，先后利用物理模型、数值模拟和大型现场掏土试验进行了仔细研究。通过研究发现：在塔基下存在一条临界线，这一临界线与基础的北边缘距离约为基础半径的一半，只要基底掏土在这一临界线的北边进行，斜塔的响应就是积极的，然而如果在这条临界线的南边掏土，塔体将可能会失去稳定。

现场试验的主要目的是制定合适的掏土技术，在斜塔塔基下掏土之前，先在场地附近针对偏心荷载作用下直径7m的基础进行了大型现场试验。该试验中掏土采用空心杆连续螺旋钻，螺旋钻内为直径180mm的反旋套管，这可以确保钻探时对周围地基没有扰动效应。当钻具从空腔拔出时，空心杆内的测试探针则留在空腔中测试空腔的合龙情况。通过现场试验发现位于土层中的空腔在钻具拔出后慢慢合拢，基础倾斜度纠正了约 0.25°，这一试验为比萨斜塔基底掏土纠倾工作的实施奠定了基础。

④ 初步掏土作业

1996 年该委员会同意在比萨斜塔下进行有限的基底掏土作业，并在掏土过程中观测塔的响应。但是真正的初步掏土作业直到 1998 年底才开始。1998 年 12 月，将保护钢丝绳连接在斜塔的第 3 层上，远处将钢丝绳穿过两个 A 字形框架顶部的滑轮，由铅块拉伸，这一措施是为了保证掏土纠倾中塔的稳定和安全。初步掏土阶段，将掏土宽度限定在 6m 范围内，采用 220mm 直径的套管一共钻了 12 个孔，基础下的贯入度不超过 1m。为了使斜塔产生少量向西的位移，钻孔也稍微向西偏。螺旋钻和旋转套管必须逐孔移动，每天最多只能完成两个掏土孔。1999 年 2 月 9 日，在高度紧张的气氛中开始了斜塔下的第一次掏土作业。起初，随着钻具不断向基础边缘的推进，塔身没有发生明显的响应，后来才缓慢地向北旋转。当 1999 年 6 月初斜塔向北的旋转达 80″时，初步掏土作业停止，此后斜塔向北旋转的速率不断减小，一直持续到 1999 年 7 月。后来移走了 3 个铅块，此后所有的位移均不再发展。初步掏土阶段共掏土 $7m^3$，其中塔基北边的土体体积占 86%，北边塔基下的土体体积占 14%。

斜塔正如委员会所预计的那样发生了少许偏西旋转。同时，在掏土期间，斜塔基础的南边有所抬升，因为掏土远离临界线，斜塔南边的土体处于卸载状态，因而取得了令人满意的效果。

⑤ 全面掏土作业

由于初步掏土阶段取得了成功，于是委员会决定在现场进行全面的掏土作业。1999 年 12 月至 2000 年 1 月间，总共钻了 41 个掏土孔，掏土孔之间的间距为 0.5m，每个孔都配有一个专用螺旋钻和套管，基础下的最大贯入度为 2m。全面掏土作业于 2000 年 2 月 21 日开始。全面掏土阶段斜塔向北旋转的速率远大于初步掏土阶段，每天的倾斜纠正量平均 6″。全面掏土阶段共掏土 $38m^3$，其中塔基北边的土体体积占 31%，北边塔基下的土体体积占 69%。在此过程中，斜塔有向东倾斜的趋势，为了控制这一趋势，西边的掏土量必须比东边多 20%左右，尽管这样，塔体的倾斜还是得到了显著纠正，基础的南边明显抬升。到 2001 年 9 月，斜塔的倾斜度纠正了 1830″（≈0.5°），这相当于斜塔的第 7 层向北发生了 440mm 的水平位移。

2000 年 5 月底，压重铅块被逐渐移去，最初每周移去两块（约 18t），2000 年 9 月后增加到每周三块，2000 年 11 月后每周四块，铅块的移去使得倾覆力矩显著增加，但是由于掏土的不断进展，斜塔仍然处于稳定状态。2001 年 1 月 16 日移走了最后一块铅块，此后也只进行少量的掏土作业。2001 年 2 月中旬去掉了混凝土环。3 月开始逐渐撤出螺旋钻和套管，钻孔用膨润土水泥浆填满。5 月中旬拆除了保护钢丝绳，拆除钢丝绳后导致斜塔向南发生了几弧秒的旋转，为了对此倾斜进行纠正，后来又进行了少量的掏土作业。2001 年 6 月 6 日，掏土作业最终完成，6 月 16 日经过基础纠倾后的比萨斜塔正式移交给官方，2001 年 12 月 15 日，比萨斜塔正式对游客开放。

⑥ 排水措施

为了控制地下水位波动对斜塔倾斜的不利影响，还在斜塔北边安装了排水系统，主要目的是减少北边塔基下土体的孔隙水压力，达到在一定程度上控制塔基不均匀沉降的目的。排水系统由 3 个竖井组成，在每个竖井下还设置了 5 个水平向排水井，每个竖井之间通过排水管相连，然后将水排放到附近的下水道中，排水系统已于 2002 年 4、5 月间安装完成。

(3) 上海莲花河畔景苑 7 号楼倒楼工程事故

2009 年 6 月发生在上海的 13 层楼整体倾倒事故，是工程界的典型案例，值得我们今天再次学习，并警示。

上海市梅陇镇 26 号地块商品住宅项目共由 12 栋楼及地下车库等 16 个单位工程组成。莲花河畔景苑 7 号楼位于在建车库北侧，临近淀浦河。平面尺寸为长 46.4m，宽 13.2m，建筑总面积为 6451m^2，建筑总高度为 43.9m，上部主体结构高度为 38.2m，共计 13 层，层高 2.9m，结构类型为桩基础钢筋混凝土框架剪力墙结构。抗震设防烈度为 7 度。

1）事故发生概况

该楼于 2008 年底结构封顶，同时期开始进行 12 号楼的地下室开挖。根据甲方的要求，土方单位将挖出的土堆在 5、6、7 号楼与防汛墙之间，距防汛墙约 10m，距离 7 号楼约 20m，堆土高 3～4m。

图 4.7　莲花河畔景苑 7 号楼倒楼工程事故

2009 年 6 月 1 日，5、6、7 号楼前的 0 号车库土方开挖，表层 1.5m 深度范围内的土方外运，6 月 20 日开挖 1.5m 以下土方，根据甲方要求，继续堆在 5、6、7 号楼和防汛墙之间，主要堆在第一次土方和 6、7 号楼之间 20m 的空地上，堆土高 8～9m。此时，尚有部分土方在此无法堆放，即堆在 11 号楼和防汛墙之间。6 月 25 日 11 号楼后防汛墙发生险情，水务部门对防汛墙位置进行抢险，也卸掉部分防汛墙位置的堆土。6 月 27 日，清晨 5 时 35 分左右大楼开始整体由北向南倾倒，在半分钟内，就整体倒下，倒塌后，其整体结构基本没有遭到破坏，甚至其中玻璃都完好无损，大楼底部的桩基则基本完全断裂（图 4.7～图 4.9）。由于倒塌的高楼尚未竣工交付使用，所以，事故并没有酿成特大居民伤亡事故，只造成一名施工人员死亡。

图 4.8　莲花河畔景苑 7 号楼周围环境关系

图 4.9　莲花河畔景苑 7 号楼断裂的桩头

2）事故发生的原因

2009 年 7 月 3 日上午，上海市政府召开新闻发布会，公布了以中国工程院院士江欢成领衔，由来自勘察、设计、地质、水利、结构等相关专业的 14 位专家组成的事故调查专家组关于倒楼事件的调查报告，大楼倒塌原因和过程可模拟为图 4.10。分析形成的主要结论有：

① 房屋倾倒的主要原因是紧贴 7 号楼北侧，在短期内堆土过高，最高处达 10m，与此同时，紧邻大楼南侧的地下车库基坑正在开挖，开挖深度 4.6m，大楼两侧的压力差使土体产生水平位移，过大的水平土压力超过了桩基的抗侧能力，导致房屋倾倒。

② 倾倒事故发生后，对其他房屋周边的堆土及时采取了卸土、填坑等措施，目前地基和房屋变形稳定，房屋倾倒的隐患已经排除。

③ 原勘察报告，经现场补充勘察和复核，符合规范要求。原结构设计，经复核符合规范要求。大楼所用 PHC 管桩，经检测质量符合规范要求。

④ 建议进一步分析房屋倾倒机理，总结经验、吸取教训。同时对周边房屋进一步检测和监测，确保安全。

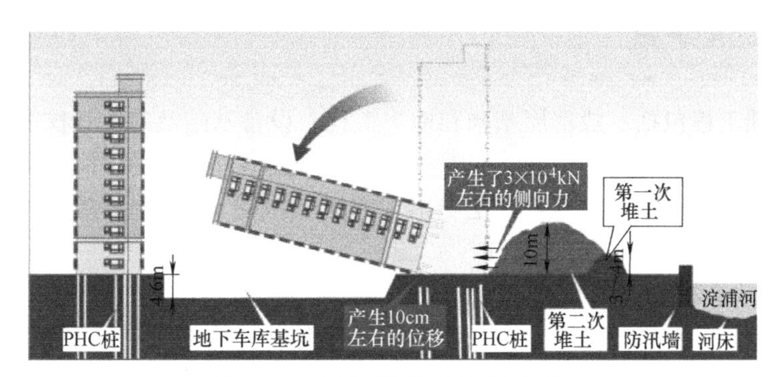

图 4.10　大楼倒塌事故原因示意图

事发楼房附近有过两次堆土施工。第一次堆土施工发生在 2008 年底，堆土距离楼房约 20m，离防汛墙 10m，高 3～4m。第二次堆土施工发生在 2009 年 6 月下旬。6 月 20 日，施工方在事发楼盘前方开挖基坑，土方紧贴建筑物堆积在楼房北侧，堆土在 6 天内即高达 10m。第二次堆土是造成楼房倒塌的主要原因。土方在短时间内快速堆积，产生了 30000kN 左右的侧向压力，加之楼房前方由于开挖基坑出现凌空面，导致楼房产生 10cm 左右的位移，对 PHC 桩（预应力高强混凝土）产生很大的偏心弯矩，最终破坏桩基，引起楼房整体倒覆。事实上这是一个典型的基础承载力不足导致地基失稳破坏（图 4.11）。

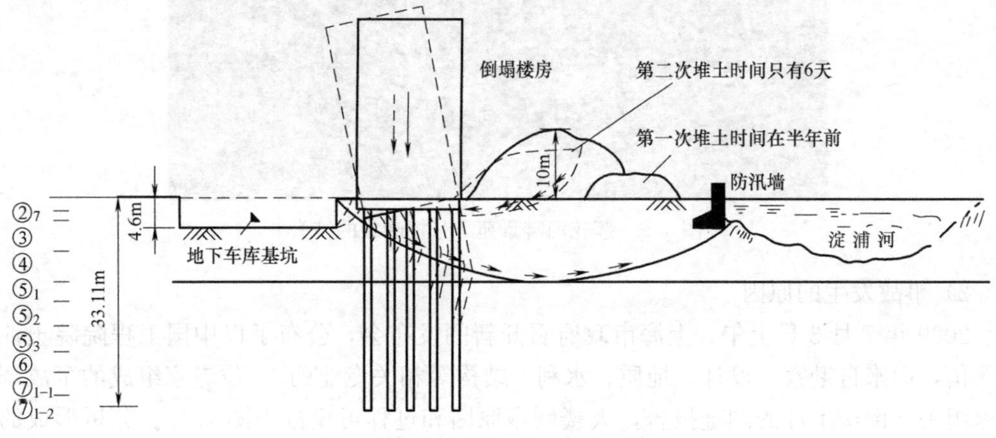

图 4.11　大楼倒塌原因和过程模拟

对于是否因开挖基坑导致楼房倒覆的疑问，在上海的地质条件下可以进行基坑开挖，但土方一定要外运。开挖基坑的案例在上海有几百例，包括上海南京路保护性建筑施工采用了这种方法。倒塌楼房的施工问题不在于开挖基坑，而在于土方没有外运，造成楼房前后高低差，产生非常大的压力。

专家组在经过勘察、检验、复核后认为，倒塌大楼的原勘察报告、原设计结构和大楼所用的 PHC 管桩都符合规范要求。针对桩基是空心水泥管的疑问，空心桩是很好的桩型，节省材料，垂直承载力很强，但其抗剪能力极差，并不适宜在有较大水平推力的建筑基础中使用。同时，从设计角度来说，建筑物通常不能依靠桩基来抵抗水平推力，若建筑水平推力无可靠的传力路径，则 PHC 管桩要慎用，高烈度地震区这类管桩应该禁用。

4.3　基础工程事故

所谓的基础工程包括一般房屋基础和地下工程、设备基础及基坑开挖等工程。基础工程事故包括常见的错位、变形、裂缝、混凝土孔洞等类型；沉井的停沉、突沉、欠沉、超沉、偏斜及封底故障等事故；基坑开挖中出现的边坡滑动、支护结构倒塌、断裂、流砂、坑底隆起等事故。

4.3.1　基础事故的特征和类型

基础变形事故多数与地基因素有关，大部分可能由于基础设计失误导致承载力不足，或者由于勘察提供的地基承载力过大，而导致地基产生过大变形。变形也是基础事故的常见类型。

① 基础产生过大沉降差

对于建筑物地基不均匀、相邻荷载差异较大等情况，有可能出现基础不均匀下沉，导致吊车滑轨、围护砖墙开裂、梁柱开裂等现象发生。

② 基础不均匀沉降而导致的建筑物倾斜

对高层或高耸结构地基土质不均匀或有相邻荷载影响时，尤其应当注意基础的倾斜。越高的建筑物，对基础的倾斜越敏感。

③ 建筑物的局部倾斜

在房屋结构中出现平面变化、高差变化及结构类型变化的部位，由于调整变形的能力不同，极易出现局部倾斜变形。砖石混合结构墙体开裂，一般是由于墙体局部变形过大引起的。

4.3.2 基础事故的原因

基础变形事故的原因往往是综合性的，因此分析与处理比较复杂，必须从勘测、设计、地基处理、施工及使用等方面综合分析，有针对性地采取适当处理措施，才会取得较理想的效果。造成基础变形事故的常见原因有以下几类。

(1) 地质勘测问题

地质勘测方面的问题主要有：①未经勘测即设计、施工；②勘测资料不足、不准或勘测深度不够，勘测资料错误；③勘测提供的地基承载能力太高，导致地基剪切破坏形成倾斜；④土坡失稳导致地基破坏，造成基础倾斜。

(2) 设计问题

设计方面存在的问题主要包括：①建造在软土或湿陷性黄土地基上，设计没有采取必要的地基处理措施，造成基础产生过大的沉降；②地基土质不均匀，其物理力学性能相差较大，或地基土层厚薄不均匀，压缩变形差大；③建筑物的上部结构荷载差异大，建筑体型复杂，导致不均匀下沉；④建筑物上部结构荷载重心与基础底板形心的偏心距过大，加剧了偏心荷载的影响，增大了不均匀沉降；⑤建筑物整体刚度差，对地基不均匀沉降较敏感；⑥采用筏板基础的建筑物，当原地面标高差很大时，基础室外两侧回填土厚度相差过大，会增加底板的附加偏心荷载；⑦挤密桩长度差异大，导致同一建筑物下的地基加固效果明显不均匀。

(3) 地下水条件变化

地下水变化引起的建筑物基础下沉包括：①施工中人工降低地下水位，导致降水范围内建筑物地基不均匀下沉；②地基浸水，包括地表水渗漏入地基后引起附加沉降，基础长期泡水后承载力降低而产生的不均匀下沉，形成倾斜；③建筑物使用后，大量抽取地下水，造成建筑物下沉。

(4) 施工问题

施工方面的问题主要有：①施工顺序及方法不当，建筑物各部分施工先后顺序错误；②在已有建筑物或基础底板基坑附近，大量堆放被置换的土方或建筑材料，造成建筑物下沉或倾斜；③施工时扰动和破坏了地基持力层的土壤结构，使其抗剪强度降低；④打桩顺序错误，相邻桩施工间歇时间过短，桩基施工质量控制不严等原因，造成桩基础倾斜或产生过大沉降；⑤施工中各种外力，尤其是水平力的作用，导致基础倾斜；⑥室内外地面大量的不均匀堆载，造成基础倾斜。

4.4 地基基础工程事故处理

建筑地基基础加固是指对地基基础工程事故的后续处理，一般要对地基基础进行加固处理。地基基础加固技术的起源可追溯到古代，但直到20世纪30年代兴建美国纽约市地下铁道时才得到迅速发展。因为在早期地下铁道工程中，需要加固的基础工程数量大，类型多，且规模较大。近年来，世界大型和深埋的结构物和地下铁道的大量施工，尤其是古建筑的基础的加固数量繁多，有时对现有的建筑物还需要进行改建、加层和加大使用荷载等，都需要对地基基础进行加固。所以，当前世界各国基础加固工程数量增多，因而地基基础加固技术也有长足的发展。

既有建筑地基基础加固技术是一种建筑技术难度大、费用较高、工期较长和责任性较大的特殊施工技术。因此，必须精心设计和施工，疏忽大意就会导致灾难性的后果，它会危及工程、人们的生命和财产安全。

地基基础加固需要应用各种地基处理技术，一般将其列入“地基处理”的内容范畴。我国的既有建筑地基基础加固技术的数量和规模，随着基本建设快速发展而不断增加，如锚杆静压桩、基础减压和加强刚度、碱液加固、浸水纠偏、陶土纠偏、千斤顶整体顶升、生石灰桩膨胀纠偏等多种方法都有很大的创新和特色。地基基础加固技术在我国虽然起步较晚，但随着大规模建设事业的发展正处于方兴未艾和蓬勃发展的时期，住房和城乡建设部颁布了《既有建筑地基基础加固技术规范》JGJ 123，并由国内多名专家教授编写了《既有建筑地基基础加固工程实例应用手册》，作为配套工具书，使地基基础加固技术得到进一步的推广和应用。

4.4.1 地基基础加固方法概述

既有建筑地基加固方法可根据加固原理、时间、性质和方法进行分类，其中按照加固方法分类见表4.1。

加固的方法分类 **表4.1**

<table>
<tr><th>分类</th><th colspan="2">方法名称</th></tr>
<tr><td rowspan="3">基础加固法</td><td colspan="2">基础灌(注)浆加固法</td></tr>
<tr><td colspan="2">加大基础底面积法</td></tr>
<tr><td colspan="2">基础加深法</td></tr>
<tr><td rowspan="6">桩加固法</td><td rowspan="3">静压桩法</td><td>锚杆静压桩法</td></tr>
<tr><td>坑式静压桩法</td></tr>
<tr><td>预压桩法</td></tr>
<tr><td colspan="2">灌注桩法</td></tr>
<tr><td colspan="2">树根桩法</td></tr>
<tr><td colspan="2">石灰(灰土)桩法</td></tr>
<tr><td rowspan="4">灌浆加固法</td><td colspan="2">水泥注浆法</td></tr>
<tr><td colspan="2">碱液法</td></tr>
<tr><td colspan="2">高压喷射注浆法</td></tr>
<tr><td colspan="2">硅化注浆法</td></tr>
</table>

有许多既有建筑物或改建增层工程，常因基础底面积不足而使地基承载力或变形不满足要求，从而导致既有建筑物开裂或倾斜，或由于基础材料老化、浸水、地震或施工质量等因素的影响，既有建筑地基基础已显然不再满足使用要求，此时除对地基进行加固处理外，还应对基础进行加固，以增大基础面积，加强基础刚度或增大基础的埋置深度等。

对于沉降稳定的既有建筑物基础验算时，若建筑物使用5年以上，经检测基础明显缺陷（如不均匀沉降、倾斜、位移或开裂）时，可认为地基土在建筑物基底压力作用下已经基本固结压实。当旧房增层改造时，可根据试验结果将地基承载力予以提高。若当地有成熟经验时，可按当地经验确定，如当地无成熟经验时，必要时应采用既有建筑基础下的载荷试验（图4.12），在开挖或钻探取土后进行试验分析，确定其地基承载力的提高值。如能满足增层要求，则应充分利用其原有建筑的地基和基础，而不再进行地基处理和基础加固。地基基础加固法一般有扩大基础底面法、地基注浆加固法、静压桩法和树根桩法等，随着工程设备技术进步，新的地基加固法不断涌现，也可根据工程事故的具体情况采用综合方法和开发新的方法。

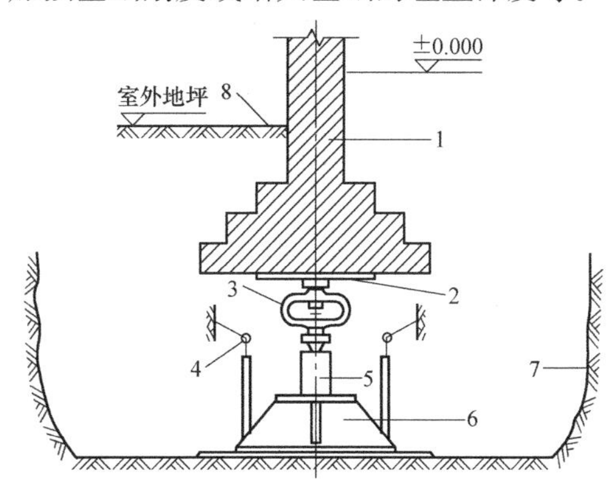

图4.12　既有建筑基础下的载荷试验

1—墙体；2—钢垫板；3—压力传感器；4—位移传感器；5—千斤顶；6—千斤顶下基础垫块；7—坑壁；8—地面

4.4.2　扩大基础底面积加固法

当既有建筑物的基础产生裂缝或基底面积不足时，可用混凝土套或钢筋混凝土套加大基础（图4.13），刚性基础加固可采用如图4.14所示加固方法。

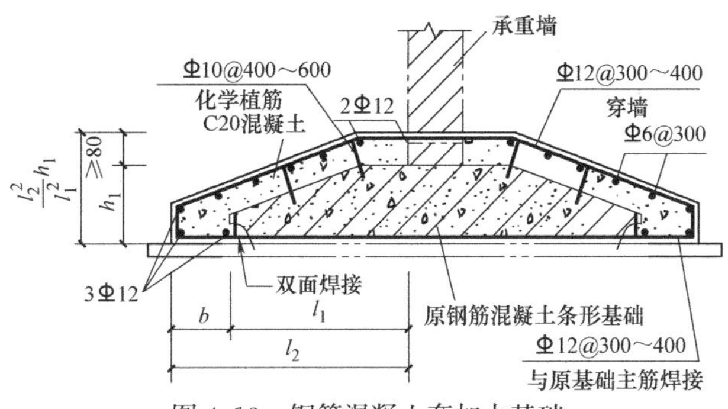

图4.13　钢筋混凝土套加大基础

当原条形基础承受中心荷载时，可采用双面加宽（图4.13、图4.14），对单独柱基础加固可沿基础底面四边扩大加固，当原基础承受偏心荷载、受相邻建筑条件限制、为沉降缝处的基础、为不影响正常使用时，可采用单面加宽基础。

当采用混凝土套或钢筋混凝土套时，设计和施工应符合以下要求：

① 为使新旧基础牢固连接，在灌注混凝土前应将原基础凿毛并刷洗干净，再涂一层高等级水泥砂浆，沿基础高度每隔一定距离应设置锚固钢筋（图4.13，图4.14a、b）；也可在墙脚或圈梁处钻孔穿钢筋，再用环氧树脂填满，穿孔钢筋须与加固筋焊牢。

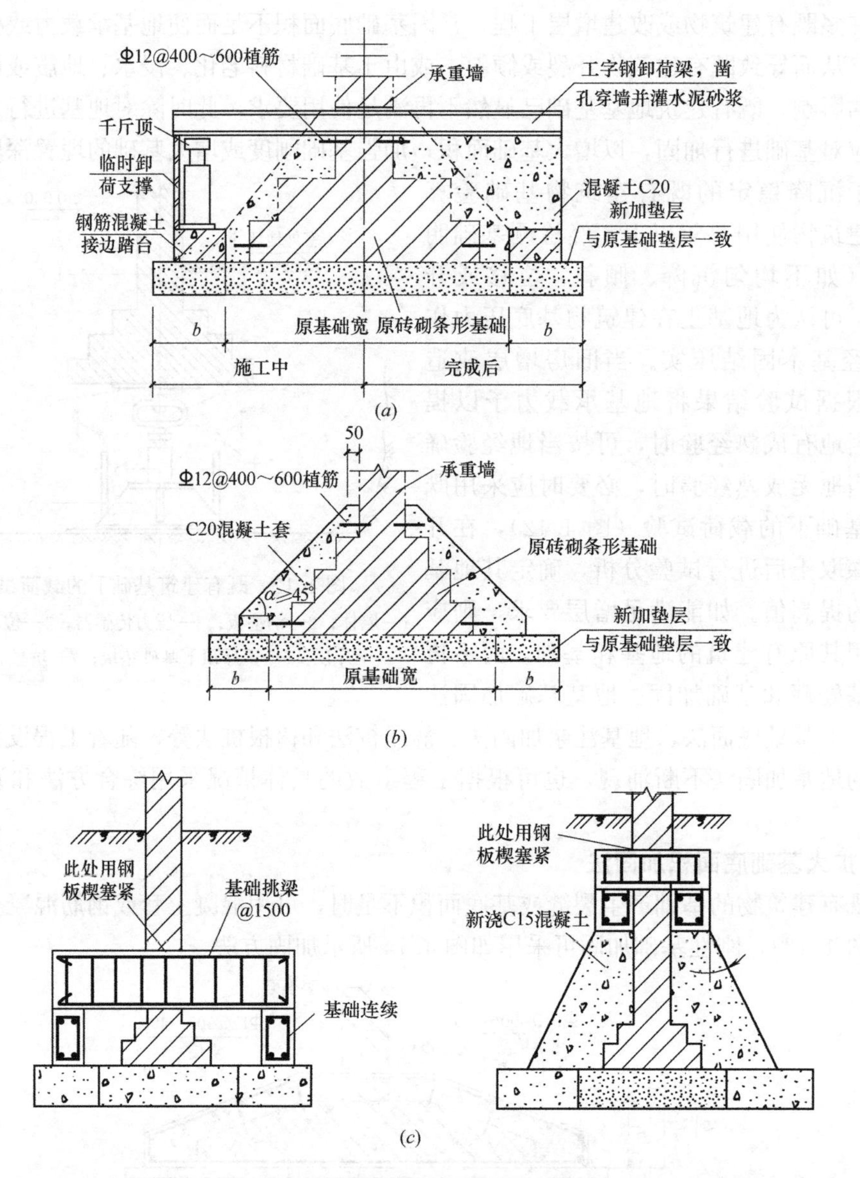

图 4.14 钢筋混凝土套加大基础

(*a*) 刚性基础卸载加固法；(*b*) 刚性基础直接加固法；(*c*) 外增条形基础抬梁扩大基础底面积加固法

② 对加套的混凝土或钢筋混凝土的加宽部分，其地基上应铺设垫层，垫层应与原基础的材料及厚度相同，加套后的基础与原基础的基底标高和应力扩散条件相同，两者变形协调。

③ 对条形基础应按长度 1.5～2.0m 划分成许多单独区段，分批、分段、间隔施工，不能在基础全长挖成连续的坑槽使全长上地基暴露过久，以免导致土浸泡软化，使基础产生很大的不均匀沉降。

④ 当采用混凝土套加固时，基础每边加宽的宽度，应符合刚性基础台阶宽高比允许值的规定，加宽部分的主筋应与原基础内主筋焊接。

⑤ 当采用混凝土套或钢筋混凝土套加大基础底面积尚不能满足地基承载力和变形等

设计要求时，可将原单独基础改成条形基础；或将原条形基础改成十字交叉条形基础或片筏基础等，这样不但能扩大基础底面积，以满足地基承载力和变形的设计要求，另外加强了基础的刚度，也可减少了地基的不均匀变形。

4.4.3 地基灌（注）浆加固法

当基础由于机械损伤、不均匀沉降或冻胀等原因引起开裂或损坏时，可采用灌（注）浆法加固地基，以提高地基土的承载力和地基刚度。灌（注）浆施工时（图 4.15），先在原基础裂损处钻孔，钻孔与水平面的倾角不应小于 30°，孔径应比注浆管的直径大 2～3mm，在孔内放置直径 Φ25mm 的注浆管，孔距可取 0.5～1m。对单独基础的每边打孔不应少于 2 个，浆液可用水泥浆或环氧树脂等，注浆压力可取 0.2～0.6MPa，当地面冒浆，15min 内水泥浆未被吸收则应停止注浆，注浆的有效直径通常为 0.6～1.2m。对条形基础施工应沿基础纵向分段进行，每段长度可取 1.5～2.0m。

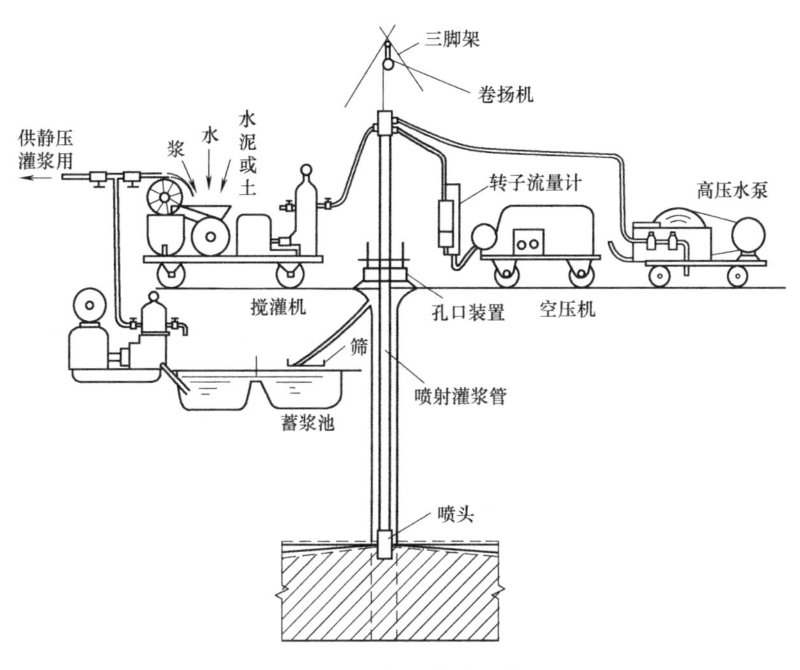

图 4.15 高压旋喷注浆

4.4.4 加深墩式基础托换加固法

当既有建筑经验算原地基承载力和变形不能满足要求时，除了可用加大基础底面积法外，尚可在既有建筑基础加深的新持力层上，对基础进行托换加固。此法适用于地下水位较深，且浅层有较好的土层可作为持力层的地基，一般可采用墩式托换。墩式基础托换法的设计和施工应注意以下问题。

① 先在贴近既有建筑的一侧分批、分段、间隔开挖长约 1.2m，宽约 0.9m 的竖向导坑，对坑壁不能直立的砂土或软弱地基要进行坑壁支护，竖坑底面可较原基础底面深 1.5m。再将竖向导坑朝横向扩展到直接的基础下面，并继续在基础下面开挖到所要求的持力层标高。

② 采用现浇混凝土浇筑已被开挖出来的原基础下至持力层的开挖竖井。但在离原有

基础底面100mm左右处停止浇筑。养护1天后再将1∶1的干硬性水泥砂浆捣进预留空隙内（国外称干填），捣实砂浆形成密实的填充层，拌合砂浆可掺入适量的膨胀剂，以保证砂浆不收缩。

③ 重复以上步骤，再分段、分批的挖坑和修筑托换墩台，直至全部托换基础工作完成为止。由于施工是通过挖竖向导坑到横向导坑，所以国外称坑式托换，也因最后由基础将力传递给新浇筑的混凝土墩子，故国外也称墩式托换。

④ 对许多大型建筑物的基础进行托换时，由于墙身内应力的重分布，在基础下直接开挖小坑，而不需要在原有基础下加临时支撑。即在托换支承构件前，局部小段基础短时间内没有地基土的支承是允许的。但切忌相邻基础同时施工，开挖区段托换一经开始，就要不间断进行施工，直到此区段结束为止。

⑤ 墩式基础施工时，基础内外两侧土体高差形成的土压力足可以使基础产生位移，故需提供类似挖土时的横撑、对角撑或锚杆。因为墩式基础不能承受水平荷载，侧向位移会导致建筑物的严重开裂。

⑥ 进行间断的墩式托换应满足建筑物荷载条件对坑底土层的地基承载力要求，不然可设置连续墩式基础。连续墩式基础施工时，应首先设置间断墩以提供临时支撑。当开挖间断墩间的土时，可先将坑的侧板拆除，再在挖出墩间土的坑内浇筑混凝土，同样再干填砂浆后就形成了连续的混凝土墩式基础。

⑦ 如发现原有基础的结构构件的抗弯强度不足以在间断坑间跨越，则有必要在坑间设置过梁以支撑基础，并在原有的基础底面进行干填。

⑧ 对大的柱基用坑式托换时，可将柱基面积划分成几个单元进行逐坑托换。单坑尺寸视基础尺寸大小而异，但对于托换柱子而不加临时支撑时，通常一次托换不宜超过基础支承面积的20%。由于柱子的中心处荷载最为集中，所以首先应从角端处开挖托换。

墩式基础加固法适用于土层易于开挖，开挖深度范围内无地下水，或虽有地下水但降低地下水位较为方便，因为这种加固方法难以解决在地下水位以下开挖后会产生土的流失问题，所以该法托换深度不大。另外，既有建筑的基础最好是条形基础，即该种基础可在纵向对荷载进行调整，起到梁的作用。

墩式基础加固法的优点是施工简便、费用低，由于托换工作大部分是在建筑物的外部进行，所以在施工期间仍可使用建筑物。该法缺点是工期较长；由于既有建筑物的荷重被置换到新的地基土上，将会产生一定的附加新沉降，这是与其他托换方法相同而不能完全避免的。

4.4.5 锚杆静压桩基础加固法

锚杆静压桩法是在既有建筑物基础上按设计要求开凿压桩孔和锚杆孔，用胶粘剂埋好锚杆，然后安装压桩架，与建筑物基础连成一体，并利用既有建筑自重作反力，用千斤顶将预制桩段逐段压入土中，桩段间用螺纹连接或焊接。当压桩力或压入深度达到设计要求后，再将桩头与原基础连接在一起。桩可迅速受力，从而达到提高地基承载力和控制沉降的目的（图4.16、图4.17）。

(1) 锚杆静压桩设计

锚杆静压桩的单桩竖向承载力特征值可通过单桩载荷试验确定，当无试验资料时，可根据现行《建筑地基基础设计规范》GB 50007有关规定估算。

桩位布置应尽量靠近墙体或柱子，设计桩数应由上部结构及单桩竖向承载力计算确定，必须控制压桩力不得大于该加固部分的结构自重，压桩孔宜为上小下大的正方棱台状，其孔口宜比桩截面边长大 50～100mm（图 4.18）。当既有建筑基础承载力不满足压桩要求时，应对基础进行加固补强。

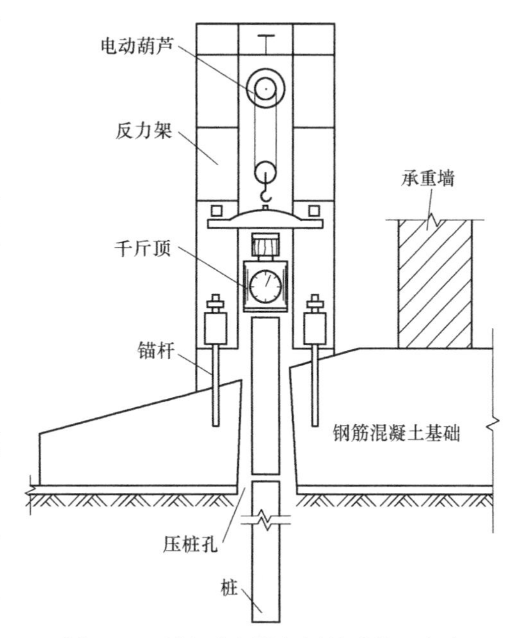

图 4.16　锚杆静压桩加固基础施工方法

一般静压桩设计应符合下列要求：

① 桩身材料可采用钢筋混凝土预制桩、钢管桩或钢管混凝土和钢管砂浆桩；

② 对钢筋混凝土桩宜采用方形或圆形，其边长为 200～300mm 或桩径 300～400mm；

③ 每段桩节长度应根据施工净空高度及机具条件确定，一般宜为 1.0～2.5m；

④ 桩内主筋应按计算确定。当方桩截面边长为 200mm 时，配筋不应少于 4Φ14；当边长为 250mm 时，配筋不应少于 4Φ16，当边长为 300mm 时，配筋不应少于 4Φ20；

⑤ 桩身混凝土强度等级不应低于 C30；

图 4.17　锚杆静压桩施工图片

⑥ 当采用硫磺胶泥接头时，其桩节两端应采用焊接，其桩节两端采用焊接钢筋网片，一端埋插筋，另一端应预留插筋孔和吊装孔。当桩身承受拉应力时，应采用焊接接头，其他情况可采用硫磺胶泥连接，当采用硫磺胶泥接头时，桩节的两端应设置预埋连接铁件；

⑦ 原基础承台除应满足有关承载力要求外，承台周边至边桩的净距不宜小于 200mm，承台厚度不宜小于 350mm，桩顶嵌入承台内长度应为 50～100mm。当桩承受拉力或有特殊要求时，应在桩顶四角增设锚固筋，伸入承台内的锚固长度应满足钢筋锚固要求，压桩孔内应采用高一级强度的微膨胀早强混凝土浇筑密实。当原基础厚度小于 350mm 时，封桩孔应用 2Φ16 钢筋交叉焊接于锚杆上，并应在浇筑压桩混凝土的同时，在桩孔顶面以上浇筑桩帽，厚度不得小于 150mm（图 4.19）。

（2）锚杆静压桩的施工

锚杆静压桩施工前应做好准备工作。清理压桩孔和锚杆孔施工作业面，制作锚杆螺栓和桩节的准备工作。开凿压桩孔，并将孔壁凿毛，清理干净压桩孔，将原承台钢筋割断后弯起，待压桩后再焊接。开凿锚杆孔，应确保锚杆孔内清洁干燥后再埋设锚杆，并以胶粘剂加以封固。

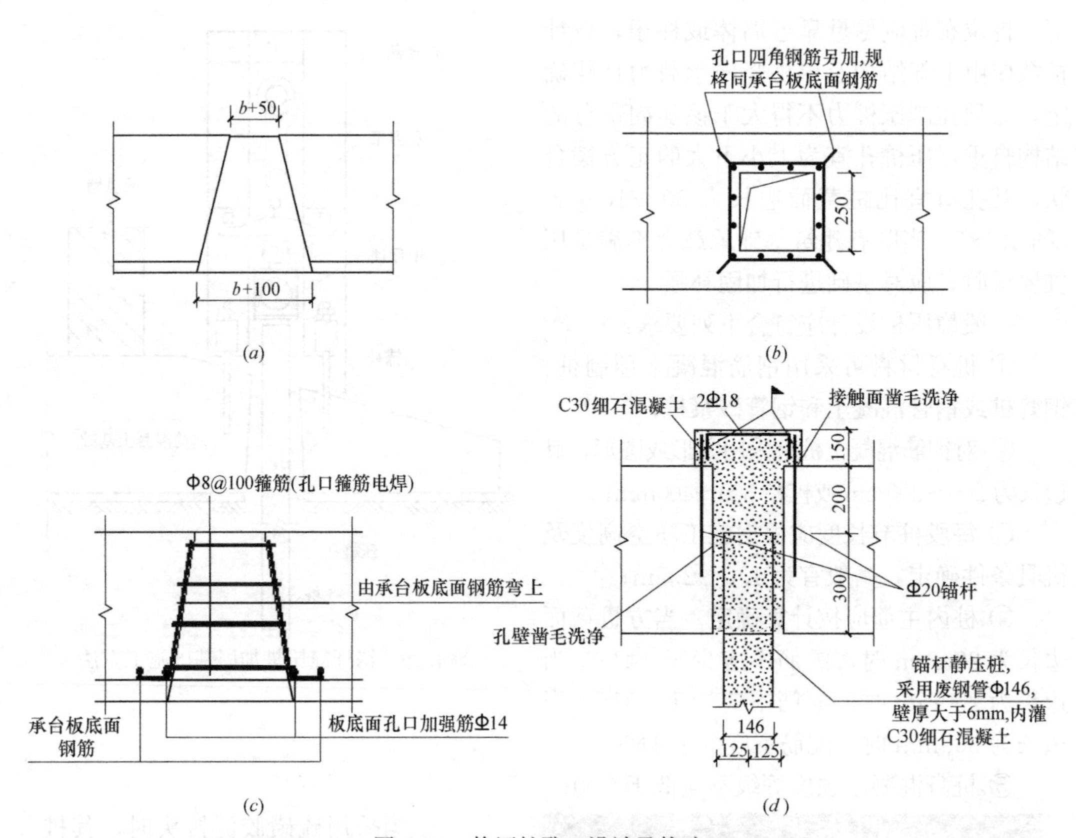

图 4.18　静压桩孔口设计及构造

(*a*) 压桩孔大样图；(*b*) 压桩孔口竖向钢筋配筋图；(*c*) 压桩孔配筋剖面；(*d*) 封桩大样

图 4.19　静压桩桩帽

压桩施工时应符合下列规定：

① 压桩架应保持竖直，锚固螺栓的螺帽或锚具应均衡紧固，压桩过程中应随时拧紧松动的螺帽。

② 就位的桩节应保持竖直，使千斤顶、桩节及压桩孔轴线重合，不得偏心加压，压桩时应垫钢板或麻袋，套上钢帽后再进行压桩，桩位平面偏差不得超过±20mm，桩节垂直度偏差不得大于1%的桩长。

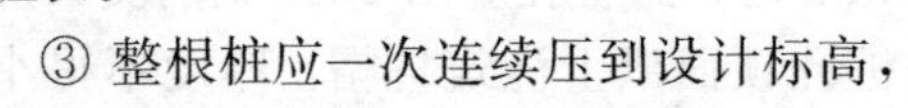

③ 整根桩应一次连续压到设计标高，当必须中途停压时，桩端应停留在软弱土层中，且停压的时间间隔不宜超过24h。

④ 压桩施工时应对称进行，不应数台压桩机在同一个独立基础上同时加压。

⑤ 焊接接桩前，应对准上下桩的垂直轴线，清除焊面铁锈后进行满焊。采用硫磺胶泥接桩时，应按现行《建筑地基基础工程施工质量验收规范》GB 50202的有关规定执行。

⑥ 桩尖应达到设计持力层深度，且压桩力应达到单桩竖向承载力特征值的2倍，压桩力持续时间不应少于5min时停止压桩。

⑦ 封桩前应凿毛和刷洗干净桩顶侧表面后再涂混凝土界面胶粘剂。封桩可分不施加预应力法和施加预应力法的两种方法。当封桩不施加预应力时，在桩端达到设计压桩力和深度后。即可使千斤顶卸载，拆除压桩架，焊接锚杆交叉钢筋，清除桩孔内杂物、积水和浮浆，然后与桩帽梁一起浇筑微膨胀早强混凝土。当施加预应力时，采用型钢托换支架，应在千斤顶不卸载条件下进行施工。清理干净压桩孔后立即将桩与压桩孔锚固。当封桩混凝土达到设计强度后方可卸载。

(3) 锚杆静压桩适用范围

与其他加固方法相比锚杆静压桩有很多优点，主要是受力明确；桩基质量有保证；加固后迅速稳定；施工机具轻巧；操作方便；施工时无振动、无噪声、无环境污染；加固费用低廉。当前在我国地基加固和纠偏工程中广泛使用，尤其在软土地区和黄土地区的托换加固工程中得到了广泛应用。

锚杆静压桩的适用范围较为广泛。以下仅举不同工程类别分别阐明其适用性。

① 天然地基上的建筑的基础托换加固

在大厚度软土天然地基或大厚度湿陷性黄土地基上建造多层住宅，其沉降量和不均匀沉降量较大时，为尽快控制建筑物的沉降和不均匀沉降，锚杆静压桩一般都布置在建筑物外挑基础上，用以减少基础边缘应力，消除下卧层土的剪切变形，使建筑物恢复到正常固结变形。

② 天然地基上多层建筑的基础托换止倾加固

天然地基上多层建筑沉降尚未稳定，倾斜仍在发展的基础托换止倾加固可采用本方法。加固桩同样布置在外挑基础上，如外挑基础宽度不足，可预先进行基础拓宽加固，然后再进行补桩加固。经补桩加固后，可在 3～6 月内达到稳定。

③ 加层工程的基础托换加固

当建筑物增层改造时，地基承载力不能满足要求时，基础形式为独立基础或条形基础，可采用锚杆静压桩加固。

④ 设备基础的托换加固

当大型设备在大厚度软土天然地基或大厚度湿陷性黄土地基上时，对其基础沉降要求很严，原基础不能满足沉降控制的要求，可采用锚杆静压桩对原基础补桩加固。

⑤ 电梯井基础补桩加固

某商城酒店高 18 层，需增加一部电梯，由于拟建场地狭小，天然地基无法满足设计要求，后采用基础补桩加固，建成后使用情况良好。

⑥ 基坑周围的相邻建筑的基础托换加固

深基坑开挖施工过程中，由于基坑围护的变形及地下水位的下降，将造成相邻建筑的沉降和倾斜，为确保相邻建筑安全，应对相邻建筑作适当补桩加固。

⑦ 抗浮加固工程中应用

地下室不能满足抗浮要求，导致地板开裂浮起，为满足地下工程抗浮要求，可在底板上开凿出上大下小的压桩孔，桩身设计成下大上小，形成抗浮桩满足抗浮要求。

⑧ 锚杆静压桩应用于纠倾加固工程

目前有两种较为成熟的迫降纠偏方法。一种为锚杆静压桩加沉井掏土纠倾法，它适合回倾率较大的纠倾工程。先在沉降大的一侧用桩对基础加固，有效制止沉降多的一侧不再发生大的沉降，然后再在沉降小的一侧开挖沉井，当沉井下沉到设计深度后，最后在原有基础下一定深度的软土中进行水平冲水掏土，使该侧基础缓慢下沉。用这种方法纠倾，沉降比较均匀，对既有建筑的上部结构不会产生较大的次应力。当即将达到要求倾斜率时，在沉降小的一侧再压入一定数量的保护桩，起到稳定的作用。另一种为锚杆静压桩加钻孔取土纠倾法，这种方法适用于回倾率较小的纠倾工程。在沉降小的一侧用钻机进行垂直或斜向取土，调整该侧基底应力，使建筑物回倾。锚杆静压桩的补桩要求与沉井掏土纠倾法相同。

⑨ 锚杆静压钢管桩应用于高层建筑补桩工程

在高层建筑桩基（打入桩或灌注桩）工程中，由于多种原因，经常会发生断桩、缩颈、偏斜、接头脱开、大位移等桩基质量事故。特别是深基坑已开挖，检测出部分桩基出现质量事故时，大型桩基施工设备已无法进入坑内施工，而相邻建筑的沉降有可能再发展。基坑也可能继续发生位移，如采用常规的桩基事故处理方案需要较长工期，加剧基坑危险程度，工期也会延长，此时可采取锚杆静压钢管桩的补桩措施。

4.4.6 坑式静压桩法

坑式静压桩法（也称压入桩法或顶承静压桩法）是在已开挖的基础下托换坑内，利用建筑物上部结构自重作支承反力，用千斤顶将预制好的钢管桩或钢筋混凝土桩段接长后逐段压入土中的托换方法（图 4.20）。坑式静压桩法是将千斤顶的顶升原理和静压桩技术融为一体的新托换技术。

图 4.20 坑式静压桩

(1) 适用范围

坑式静压桩法适用于淤泥、淤泥质土、黏性土、粉土和人工填土等地层，及地下水位较低的情况。

当地基土中含有较多的大块石、坚硬黏性土或密实的砂土夹层时，由于桩可能较难压入，应根据现场试验确定其适用性。

(2) 坑式静压桩设计

① 桩的材料和尺寸规格

桩的材料最好选用直径大于 168mm 的无缝钢管，对贯入容易的软弱土层，桩径还可适当加大。桩管内应灌满素混凝土（如遇难压入的砂层、硬土层或夹硬层时，可采用开口压入钢管或边压入桩管边从管内掏土，达到设计深度后再向管内灌注混凝土成桩）。桩管外应作防腐处理。桩段与桩段间用电焊接桩，为保证垂直度，可加导向管焊接。

也可用钢筋混凝土方桩，断面尺寸一般是 200mm×200mm 或 250mm×250mm，底节桩尖制成 60°的四棱锥角。下节桩长一般为 1.3～1.5m，其余各节一般为 0.4～1.0m。接桩方法为：可对底节桩的上端及中间各节预留孔和预埋插筋进行装配，再采用硫磺胶泥接桩；也可用预埋铁件焊接成桩。

② 单桩承载力的确定

坑式静压桩的单桩竖向承载力特征值应按《建筑地基基础设计规范》GB 50007 进行估算。

③ 桩的平面布置

桩的平面布置应根据原建筑物的墙体和基础形式及需要增补荷载的大小而定。长条形基础下的桩可布置成一字形，对荷载小的可布置成单排桩，对荷载大的可布置成等距离的双排桩，独立基础下桩可布置成正方形或梅花形，在工程实践中如遇需要纠倾调整不均匀沉降或对地基加固要求不一样时，还可将桩布置成不同桩距。另外，布桩时应避开门窗等墙体薄弱部位，布置在结构受力节点处。

当既有建筑基础结构的强度不能满足压桩反力时，应在原基础加固部位加设钢筋混凝土地梁或型钢梁，以加强基础结构的强度和刚度，确保工程安全。

(3) 坑式静压桩施工

① 开挖竖向导坑和基础下托换坑

先在贴近被托换既有建筑物的一侧，人工开挖一个长约 1.5m 宽约 1.0m 的竖向导坑，深度为原有基础底面以下 1.5m 处，再将竖向导坑朝横向扩展到基础梁、承台梁或基础板下，垂直开挖尺寸约为 0.8m×0.5m×1.8m 的托换坑，对坑壁不能直立的砂土或软弱土，坑壁要进行适当支护。为保护既有建筑物的安全，托换坑不能连续开挖，必须进行间隔式的开挖和托换加固。

② 托换压桩

压桩托换时，先在托换坑内垂直放正第一节桩，并在桩顶上加钢垫板，再在钢垫板上安装千斤顶及压力传感器，校正好桩的垂直度后驱动千斤顶加荷（千斤顶的荷载反力即为建筑物的重量）。每压入一节桩，再接其上的另一节桩。

钢管桩的桩管连接可用套管接头或电焊焊接，当钢管桩很长或土中有障碍物时需采用焊接接头。整个焊口（包括套管接头）应为满焊。对预制钢筋混凝土方桩，桩尖可将主筋合拢焊在桩尖辅助钢筋上，在密实砂和碎石类土中，可在桩尖处包以钢板桩靴，桩与桩间接头可采用焊接或硫磺胶泥接头。

在压桩过程中，应随时记录压入深度及相应的阻力，并须随时校正桩的垂直度。

应注意当日开挖的托换坑应当日托换完毕，在不得已的情况下，当日施工不完，不可撤除千斤顶，决不可使基础和承台梁处于悬空状态。

桩经交替顶进和接高后，直至桩端到达设计深度或桩阻力达到单桩竖向承载力的 2 倍，且持续时间不应少于 5min。

③ 封顶和回填

对钢筋混凝土方桩，顶进至设计深度后即可取出千斤顶，再用微膨胀早强混凝土将桩与原基础浇筑成整体。当取出千斤顶时桩身会产生卸载回弹，为消除这种回弹，可采取在桩顶上预先安放钢制托换支架，在支架上设置两台并排的同吨位千斤顶，垫好垫块后同步压至桩的终止压力后，将已截好的钢管或工字钢的桩柱塞入桩顶与原基础底面间，并打入钢楔挤紧后，千斤顶同步卸荷至零，取出千斤顶，拆除托换支架，焊牢填塞钢柱的上下两端钢板周边，最后用较高强度等级混凝土将其与原基础浇筑成整体。

对钢管桩应根据工程要求，在钢管内浇筑较高强度微膨胀早强混凝土，最后用较高强度等级混凝土将其与原基础浇筑成整体，回填和封顶可同时进行，也可先回填后封顶，即从坑底回填夯实到一定深度后，再支模浇筑混凝土托换（图 4.21）。

4.4.7 树根桩加固法

图 4.21 预压桩托换图

树根桩是一种小直径的钻孔灌注桩。其直径通常为100～250mm，有时也为300mm，其长度最大达30m。

施工时一般先利用钻机成孔，当在基础上钻进时，需采用带有合金钢的钻头，钻穿原有基础进入到基础下面的地基土层中。到达设计标高后，进行清孔、下放钢筋笼和注浆管。再用压力注入水泥浆或水泥砂浆，边灌、边振、边拔管（升浆法）而成桩。也可放入钢筋笼后再投放碎石，然后用压力注入水泥浆或水泥砂浆而成桩。国外是在钢套管的导向下用旋转法钻进，国内绝大多数地区施工都是不带套管的，树根桩可以是直桩型的或斜桩型的、单根的或成排的、摩擦桩型的或端承桩型的。其桩基形状可布置成如“树根”（图 4.22），由于桩和土共同工作，所以国外将树根桩列入地基处理中的加筋法范畴。

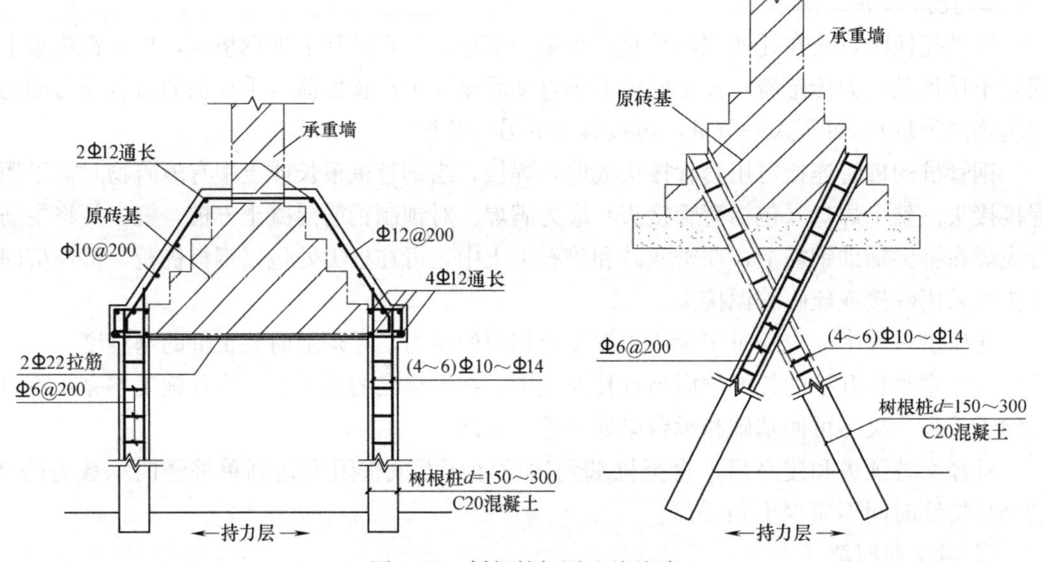

图 4.22 树根桩加固地基基础

树根桩如布置成三维结构系统的网状体系，则称为网状结构树根桩（图 4.23），日本简称为RRP工法。树根桩在滑坡加固中应用较多。

(1) 树根桩加固地基基础的优点

① 由于使用小型钻机所需施工场地较小。在平面尺寸为1.0m×1.5m，净空高度为2.5m即可施工。

② 施工时噪声和振动小，又因桩孔小，故对基础和地基土几乎都不产生应力，被加固的建筑物比较安全。

③ 所有操作都在地面上进行，施工较为方便，且没有从基础下面开挖的风险，无须临时支撑结构和没有大量的改建和修复工作。

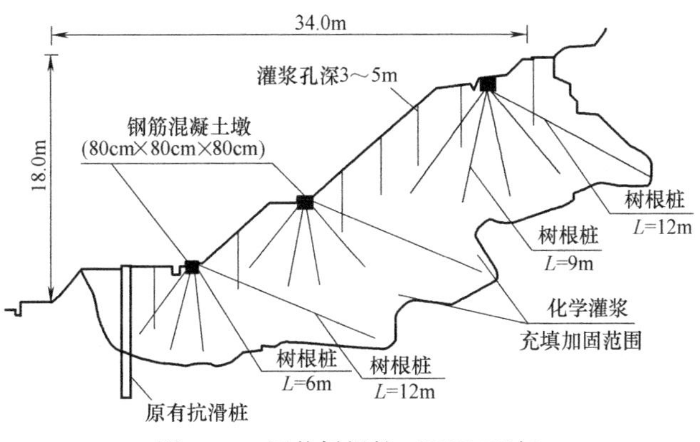

图 4.23　网状树根桩（RRP 工法）

④ 桩、承台和墙身连成一体，加固后整体性好。

⑤ 可用于碎石土、砂土、粉土和黏性土等各种不同土质条件，使用范围较广。

⑥ 竣工后不会损伤既有建筑物的外貌，这对保护性建筑地基加固尤为重要。

(2) 树根桩的施工工艺

① 钻机和钻头选择、钻机定位

根据钻孔孔径大小和场地施工条件选择钻机机型。对斜桩可选择能任意调整立轴角度的油压岩芯回转钻机。由于施工钻进时往往受到净空低的条件限制，因而需配制一定数量的短钻具和短钻杆。

在混凝土基础上钻进开孔时可采用牙轮钻头、合金钢钻头或钢粒钻头；在软黏土中钻进可选用合金肋骨式钻头，使岩芯管与孔壁间增大一级环状间隙，防止软黏土缩径造成卡钻事故。

② 成孔

钻机钻进成孔时，在软黏土中成孔钻头可采用平口合金钻，钻机液压的压力为 1.5～2.5MPa，配套供水压力为 0.1～0.3MPa，钻机转速一般为 220r/min。不用套管钻孔时，应在孔口处设置长 1.0～2.0m 的套管，以保证孔口处土方不掉落。

③ 清孔

钻孔时可采用泥浆或清水护壁，清孔时应始终观察泥浆溢出的情况，控制供水压力，直至孔口溢出清水为止。

④ 吊放钢筋笼和埋设注浆管

钢筋笼外径应小于设计桩径 40～50mm，钢筋笼的每节长度取决于起重机械性能和起吊空间。施工时分节吊放钢筋笼，节间钢筋搭接必须错开，焊缝长度不小于 10 倍钢筋直径（双面焊），注浆管采用直径 20mm 无缝铁管。搬运钢筋笼时防止扭转和弯曲，下放钢筋笼时要对准孔位、吊直扶稳，缓缓下沉，避免碰撞孔壁，施工时应尽量缩短钢筋笼吊放和焊接时间。

⑤ 填灌骨料

一般采用 15～30mm 粒径的碎石料，石子过细对桩身强度有一定的影响，过粗则不宜填灌；填灌前石子必须清洗，并保持一定的湿度，计量后缓慢投入孔口填料漏斗内，并轻摇钢筋笼促使石子下沉和密实，直至灌满桩孔，在填灌过程中应始终利用注浆管注水清孔。

⑥ 浆液配制与注浆

根据设计要求，浆液可采用纯水泥浆或水泥砂浆。通常采用 42.5 级或 52.5 级普通硅酸盐水泥，砂料需过筛，配制中可加入适量减水剂及早强剂；纯水泥浆的水灰比一般采用 0.4～0.5；水泥砂浆的配合比一般为水泥：砂：水＝1.0：0.3：0.4。

应选用能兼注水泥浆和水泥砂浆的注浆泵，采用 UBJ2 型挤压式灰浆泵时，最大工作压力为 2.5MPa。注浆开始工作时，由于注浆管底部设置管帽，其注浆压力需较大，一般控制在 2.0MPa；正常情况时，工作压力必须控制在 0.3～0.5MPa，使浆液均匀上冒，直至灌满。由于压浆过程会引起振动，桩顶部石子有一定数量沉落，故在整个压浆过程中，应逐步灌入石子至桩顶，浆液泛出孔口，压浆才能结束。

⑦ 浇筑承台

树根桩用作承重、支护或托换时，为使各根桩能联系成整体和加强刚度，通常都需浇筑承台。此时应凿开树根桩桩顶混凝土，露出钢筋，锚入所浇筑的承台内。

树根桩施工注意事项如下：

① 下套管施工时如出现缩颈或塌孔现象，应将套管下到产生缩颈或塌孔的土层深度以下。

② 注浆管的埋设应离孔底标高 200mm，从开始注浆起，对注浆管要进行不定时上下松动。在注浆结束后要立即拔注浆管，每拔 1m 必须补浆一次，直至拔出为止。为防止出现窜孔和浆液沿砂层大量流失的现象，可采用跳孔施工、间歇施工或增加速凝剂等措施。额定注浆量应不超过桩身体体积计算量的 3 倍，当注浆量达到额定注浆量时应停止注浆。用作防渗漏的树根桩，允许在水泥浆液中掺入不大于 30％水泥用量的细粉煤灰。

③ 注浆后由于水泥浆收缩较大，故在控制桩顶标高时，应根据桩截面和桩长，采用高于设计标高 5％～10％的施工标高。

4.5 偏移建筑物的纠倾技术

建筑物纠倾是指既有建筑物偏离垂直位置发生倾斜而影响正常使用时所采取的托换措施。由于建筑物的地基不均匀变形产生了基础倾斜，从而使得墙和柱倾斜、结构裂缝开展、建筑物功能受损等，常引起人们的关注，甚至恐慌。另外，由于倾斜使结构产生附加力矩，从而扩大了上部荷载的偏心，导致地基应力的更大差异，这样就会进一步加剧倾斜值，使造成的危害进一步扩大。因此，对已经倾斜的建筑物进行纠倾是这类工程事故分析与处理的必然途径。

建筑物的倾斜是一个在全世界范围内存在的问题，意大利比萨斜塔是最有名的倾斜建筑物，中国的苏州虎丘塔也发生过倾斜，现代民用建筑中存在为数不少的倾斜案例。由于勘察失误、设计不当、施工质量低劣、使用维护以及自然灾害等原因常使建筑物发生不均匀下沉，造成倾斜、挠曲、开裂、下沉等病害现象。此外城市建筑鳞次栉比，地下空间开发、深基坑工程开挖也常使邻近地面建筑物发生不均匀下沉，造成地面建筑物开裂、倾斜等现象，这些病害轻者影响建筑物的正常使用，严重时使其丧失使用功能，甚至倒塌破坏，造成重大经济损失和人员伤亡。著名的意大利比萨斜塔、加拿大特郎斯康谷仓等都是典型案例。此类危险建筑物的病害治理是当前工程研究的重要课题之一。

改革开放后，我国的建筑业迅速崛起，城市化建设取得了令人瞩目的成就，但也产生了一批劣质工程。另外，一批服役多年的既有建筑物在使用过程中也产生了病害，其中不乏倾斜、下沉、开裂的事故。建筑物的病害成为建筑工程中颇受关注的重大质量问题。例如，武汉市汉口区苑新村 B 楼 18 层钢筋混凝土剪力墙结构住宅楼，建筑面积 1.46 万 m^2，总高度 56.6m。1995 年 12 月发现该楼向东北方向倾斜达 470mm，为了控制该楼不再倾斜，采用加载、注浆、高压喷粉、锚杆静压桩等措施，倾斜一度得到控制，但之后又突然向西北方向倾斜，虽经纠倾挽救也无济于事。该楼顶端水平位移发展到 2.884m，全楼重心偏移了 1442mm，已无法挽救且对相邻建筑造成威胁，于 1995 年 12 月 26 日予以爆破拆除，损失达 2000 余万元，该楼严重倾斜是由于基础群桩整体失稳造成。广东省深圳市龙岗腾龙宾馆 11 层框架结构，1995 年 3 月主体封顶之后，基础就发生不均匀沉降，造成建筑物倾斜，部分墙体开裂。1996 年 5 月，建筑物最大倾斜量已达 420mm，不均匀沉降速率仍在加大。1996 年 5 月 24 日，用人工从顶层开始逐层拆除，引起各方面的关注，事故原因是多方面的，主要是桩基施工质量问题、设计布桩不均匀及没有及时正确地进行纠倾加固。

对于在倾斜后整体性仍很好的建筑物，如果照常使用，总有不安全之感，如果弃之不用，则甚感可惜，而将其拆除则浪费很大。因此，对建筑物进行纠倾，并稳定其不均匀沉降是经济合理的方法。另外，对有些建筑物，如意大利比萨斜塔、苏州虎丘塔等名胜古迹，只能使其倾斜停止和进行纠倾，保护文物而不能拆掉重建。

建筑物由于黄土湿陷引起的工程事故极为普遍，主要是建筑物的倾斜和地基的不均匀沉降，对于黄土湿陷引起的建（构）筑物的倾斜，地基塌陷引起建（构）筑物的开裂等破坏，最可行的方法就是进行建（构）筑物的纠倾和地基加固，这样可以保证建筑物的正常运行并减小经济损失。

4.5.1 建筑物倾斜的原因

建（构）筑物发生倾斜的原因是复杂的，既有外部的诱发条件，也有其内在的因素，可能是一种原因，也可能是由许多问题共同促成的。建（构）筑物倾斜的原因主要如下：

(1) 建（构）筑物地基土层厚薄不均，软硬不均

在山坡、河漫滩、回填土等地基上建造的建筑物，其地基土一般有厚薄不均、软硬不均的现象。若对地基处理不当，或所选用的基础形式不对，很容易造成建筑物倾斜。如苏州虎丘塔塔基下土层划分为五层，每层的厚度不同，因而导致塔身向东北方向倾斜。1957 年塔顶位移 1.7m，1978 年达到 2.3m，塔的重心偏离基础轴线 0.924m。后采用 44 个人工挖孔桩进行基础加固。桩的直径为 1.4m，深入基岩 0.5m，桩顶部浇筑钢筋混凝土圈梁，使其连成整体，塔的倾斜趋势得到控制。

(2) 地基稳定性差，受环境影响大

湿陷性黄土浸水后产生大量的附加沉降，且超过正常压缩变形的几倍甚至十几倍。当黄土地基的土层分布较深，湿陷面积较大，同时建筑物的刚度较好且重心与基础形心不重合时，会引起建筑物的倾斜。山西长治某工厂的 100m 高烟囱，因一侧的黄土地基浸水湿陷，烟囱倾斜达 1530mm。

(3) 勘察不准、设计有误、地基承载力不足

对于软土地基、可塑性黏土、高压缩性淤泥质土等地质条件，荷载对其沉降的影响较大。若在勘察时过高地估计地基土的承载力或设计时漏算荷载，或设计的基础过小，都会导致地基承载力不足，引起地基失稳，使建筑物倾斜甚至倒塌。青岛某烟囱，设计时选择了错误的基础方案，桩数过少，并有许多断桩，导致50m高烟囱倾斜1120mm。

(4) 建筑物重心和基础反力形心不重合

一般多层建筑物的北侧有厨房、卫生间、楼梯间，装饰荷重偏大，从而造成建筑物重心偏移，使基底应力不均匀，所以即使地质条件均匀，而地基基础沉降也可能不同，进而产生沉降差，导致建筑物倾斜。

(5) 由于山体滑坡、地震液化等自然灾害引起建筑物的倾斜

如日本神户大地震使位于山坡上的大批建筑物滑塌破坏。

(6) 其他原因

1) 沉降缝处两相邻单元或邻近的两座建筑物，由于地基应力变形的重叠作用，会导致相邻单元（建筑物）的倾斜；

2) 由于施工质量差，造成局部基础损坏而使建筑物倾斜；

3) 水平外力引起的建筑物倾斜；

4) 地基上冻胀引起的倾斜；

5) 地基中有古墓穴、土洞、溶洞、人防工程等引起地面塌陷，从而引起建筑物倾斜；

6) 在室外靠近建筑物墙体大量长期堆载，造成建筑物倾斜下沉等。

4.5.2 建筑物纠倾加固工程的技术特点

纠倾加固是一项综合性技术，与许多学科有关，目前该技术的发展水平还不尽如人意，一些技术在理论和实践上还都不十分成熟，导致一些建筑物的纠倾与加固工程相继出现事故或越纠越偏，造成较大的经济损失与人员伤亡。所以，建（构）筑物的纠倾与加固工程技术需要进一步的试验研究与工程实践。建（构）筑物纠倾工程的技术特点可以概括为以下几个方面：

① 建（构）筑物倾斜原因复杂

查明倾斜原因是成功纠倾加固倾斜建（构）筑物的先决条件。引起建（构）筑物倾斜的原因通常是多方面的，其中有的原因可能是十分隐蔽的。但是如果找不到倾斜的真正原因，或者是原因分析的不够全面，都会导致倾斜建（构）筑物纠倾加固工程的失败，甚至弄巧成拙。

② 选择正确的纠偏加固方法

查明建（构）筑物的倾斜原因后，必须因地制宜地对其采用有效的纠倾加固措施。如果措施不利，将导致倾斜建（构）筑物越纠越偏或纠而不动。相反，如果因地制宜地进行纠倾与加固，会收到事半功倍的效果。

③ 纠偏加固技术难度高

建（构）筑物的纠倾与加固不仅要对各种纠倾与加固方法了如指掌，还必须善于灵活运用。但最重要的是善于对各种监测数据进行综合分析，准确判断倾斜建筑物的受力情况，回倾状态，并确定下一步的措施。所以，建（构）筑物的纠倾加固不仅要求技术人员要有比较深厚的力学基础、较强的综合能力，还要有丰富的纠倾与加固经验，能应对纠倾过程中的千变万化的情况，要精心设计、组织和施工。建（构）筑物的纠倾加固工程难在如何使其按照设计者的意愿，缓慢地起步，有规律地回倾，平稳地停驻在竖直的位置上，从此不再变化。

④ 纠偏加固风险大

建（构）筑物的纠倾加固是一项风险较大的工作，一旦纠倾的措施失控，或加固措施不当，很难阻止其继续倾斜，倾斜一般是一种加速度状态，失控时后果不堪设想。另外，如果纠倾的措施控制不当，建筑物受力不均，会导致上部的结构开裂甚至破坏。

4.5.3 建筑物纠倾方法分类

目前，我国常用的建（构）筑物纠倾方法分顶升纠倾、迫降纠倾及综合纠倾等。常见的建（构）筑物纠倾加固见表 4.2。

既有建筑常用纠倾加固方法 **表 4.2**

类别	方法名称	基本原理	适用范围
迫降纠偏	人工降水纠倾法	利用降低地下水位后出现水力坡降，产生附加应力差，使该侧地基变形，调整倾斜	地基土渗透性大于 10^{-4}cm/s，而不均匀沉降较小，且降水不影响邻近建筑物
	堆载纠倾法	通过堆载增加沉降较小一侧的地基附加应力，使该侧地基变形，调整倾斜	适用于软土及松散填土等软弱地基，且基底附加应力较小的小型建（构）筑物
	地基部分加固纠倾法	通过沉降较大一侧的地基加固，减少该侧沉降，而另一侧让其继续下沉，调整倾斜	适用于软土地基初期沉降尚未稳定，而建筑物倾斜率不大的建筑物
	浸水（注水沉降）纠倾法	通过在沉降较小侧土体内成孔（或槽），向孔内浸水，地基土湿陷，迫使该侧建筑物下沉，调整倾斜	适用于湿陷性黄土地基
	钻孔取土法	采用钻机钻去地基底下或侧面地基土，使地基土产生侧向挤压变形	适用于软土地基
	水冲掏土纠倾法	在沉降较小的一侧利用压力水冲刷，使地基土局部掏空，增加地基土的附加应力，使该侧地基土下沉，调整倾斜	适用于砂性土地基或有砂垫层基础
	人工掏土纠倾法	对沉降较小一侧局部取土，迫使该侧地基土附加应力局部增加，产生侧向变形	适用于软土、黄土地基
	井式纠倾法	在沉降较小一侧设置若干沉井，待沉井达到设计深度后，通过设在井壁上的射水孔用高压水枪对深度地基进行水平向冲孔，解除部分地基承载力后，调整倾斜	适用于黏性土、粉土、砂土、淤泥、淤泥质土或填土等地基
顶升纠偏	砌体结构顶升纠倾法	通过结构墙体的托换梁进行抬升	适用于各种地基土、标高过低而需要整体抬升的砌体建筑物
	框架结构顶升纠倾法	在框架结构中设置牛腿进行抬升	适用于各种地基土、标高过低而需要整体抬升的框架结构

续表

类别	方法名称	基本原理	适用范围
顶升纠偏	其他结构顶升纠倾法	利用结构的基础作反力对上部结构进行托换抬升	适用于各种地基土、标高过低而需要整体抬升的建筑物
	压板反力顶升纠倾法	先在基础中压足够的桩，利用桩竖向力作为反力，将建筑物抬升	适用于较小型建筑物
	高压注浆顶升纠倾法	利用压力注浆在地基土中产生的顶托力将建筑物顶托抬升	适用于较小型建筑物和筏形基础
	生石灰膨胀顶升纠倾法	利用生石灰桩在与水消化时的体积膨胀力，将建筑物抬升	适用于较小型建筑物

(1) 顶升纠倾法

顶升纠倾法是采用千斤顶将倾斜建筑物顶起和用锚杆静压桩将建筑物提拉起的纠倾方法。若建筑物提拉起后其全部或部分被支承在增设的桩基或其他新加的基础上，则称为顶升托换法；若建筑物被顶起后，仅将其缝隙填塞，则称为顶升补偿法。顶升纠倾具有可以不降低原建筑物标高和不影响使用功能、对地基扰动少及纠倾速度快等优点，从而避免因迫降纠倾而降低建筑物标高所诱发的排污困难和减少使用面积等，但要求原建筑物整体性较好以外，还需要一个与上部结构连成一体具有较大刚度及足够支撑力的支撑体系。顶升纠倾适用于经过多年使用且沉降已趋稳定的多层房屋。如果倾斜不超过危险限度，可不进行地基加固，因而可利用原地基基础作为顶升反力支座。顶升纠倾方法包括地基注入膨胀剂抬升法、墩式顶升法、地圈梁顶升法、抬墙梁法、基础上部锚杆静压桩抬升法等，这种方法适合层数较少的建筑物。这种纠倾方法适用于1～5层较轻建筑的纠倾加固。

(2) 迫降纠倾法

迫降纠倾是指在倾斜建筑物基础沉降多的一侧采取阻止下沉的措施，而在沉降少的一侧地基施加强制性的沉降措施，使其在短期内产生局部下沉，以扶正建筑物的一种纠倾方法。迫降纠倾方法包括直接掏土纠倾法、钻孔取土纠倾法、地基应力解除纠倾法、辐射井射水取土纠倾法、加压纠倾法、降水纠倾法、浸水纠倾法和桩基础托换纠倾法等。其中浸水纠倾法可选用注水坑、注水孔或注水槽等不同方式进行注水，如图4.24所示。这种方法适合于各种建筑物的纠倾加固。

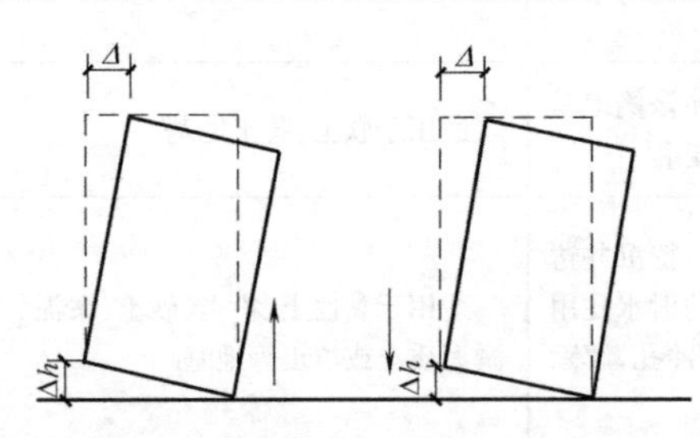

图4.24　顶升法与迫降法示意图

(3) 应力解除法

地基应力解除法的理论是刘祖德教授于1989年首先提出的。该法是针对国内许多在软土地基上兴建的民用住宅楼倾斜的案例，提出的一种垂直向深部掏土进行纠倾处理的新方法。该法在倾斜建筑物沉降少的一侧布设密集的垂直钻孔，有计划、有次序、分期分批地在钻孔适当深度处掏出适量的软弱基土，使地基应力在局部范围内得到解除和转移，促使软土向该侧移动，增大该侧的沉降量。与此同时，对另一侧的地基土则严加保护，不予扰动，最终达到纠倾目的。地基应力解除法的工作原理可归结为以下几点：

① 解除建筑物原沉降较小一侧沿应力解除孔周的径向应力，应力解除孔附近的地基土向孔方向水平侧移，将应力解除孔由圆形挤压成不规则椭圆形；

② 解除建筑物原沉降较小一侧沿应力解除孔孔身的竖向抗力，有利于建筑物沿应力解除孔一侧与土体产生竖向错移；

③ 利用软土变形性能强的特点，钻孔的扰动可以大大降低应力解除孔周围土体的抗剪强度；

④ 通过一定规律的清孔（辅之以孔内降水，临时降低孔壁水压力），有利于软土向其中移动填空；

⑤ 应力解除孔一侧的基底压力得以局部解除，使该处地基土处于卸载回弹状态；

⑥ 基本不扰动原沉降较大一侧的地基土；

⑦ 地基土变形模量与基底应力均匀化。

应力解除法纠倾过程中，原沉降较小一侧的硬土产生一定的剪切变形，其切线变形模量有所降低，趋向于另一侧未被扰动的软土的初始变形模量，使整个建筑物两侧地基土的变形模量均匀化。另外，基底压力不断调整趋于均匀，促使纠倾呈良性循环。采用应力解除法对软土地区体型简单、整体刚度好的倾斜建筑物进行纠倾具有安全可靠、经济合理、施工方便、容易控制、见效迅速及施工过程中基本不影响住户的正常使用等优点。利用应力解除法对软土地区的倾斜建筑物进行纠倾有很多的成功案例。如武汉市木材公司 6 层宿舍楼，倾斜度为 14.27‰，1990 年 12 月应用此法进行纠倾，6 个月后，该楼的东西平均倾斜率已降至 5‰以内，满足了工程验收标准；上海莘庄开发区某住宅楼，6 层混合结构，1999 年向北倾斜了 9.7‰～10.3‰，应用该法进行纠倾，72 天后该住宅楼整体均匀向北平均回倾值为 7‰，纠倾施工达到预期的目的。这种方法适合软土地区，多（高）层浅基础建筑纠倾。

(4) 钻孔掏土纠倾法

大部分建筑倾斜是由于地基土的不均匀沉降引起，故在各种纠倾方法中，水平掏土迫降纠倾法适用范围广，纠倾沉降量容易控制，适用于软土地基、黄土地基、片筏基础上的倾斜建筑物。科研人员通过大量的工程实践，获得了许多关于掏土纠倾法的有价值的结论，但由于建筑物掏土纠倾的特殊性，此方法还大多以借鉴以往设计经验，来指导工程实践，至今尚无成套的、系统的理论体系，对该方法的应用和推广造成较大阻碍。目前针对水平掏土纠倾的理论研究还存在以下问题：

① 针对纠倾过程中孔间土的破坏模式、损伤机理尚无系统研究，尚无合理的计算掏土成孔后地基土附加沉降的计算方法，从而无法精确计算掏土量及附加沉降；

② 由于掏土孔的存在，相当于孔间土侧限解除，土体产生部分滑移剪切破坏，这与传统的地基土附加沉降计算方法有较大区别。

针对以上主要问题，通过理论研究、结合具体工程实例等方法，运用经典土力学方法，提出能够适用于水平掏土纠倾法的附加沉降计算方法，并应用于实际纠倾工程中进行验证，为今后采用此法的纠倾加固工程提供理论依据，具有广阔应用前景和学术价值。

水平掏土迫降纠倾法是指在倾斜建（构）筑物沉降较少的一侧基础底部，采用人工或机械按照设计的次序和掏土量进行水平掏土，以消减基底的承压面积，增大其附加应力；随着基底附加应力的增大，基底土体由压密变形向塑性变形发展，同时辅以锚索加压进一步增加基地应力，使土体再次被压缩而引起建（构）筑物下沉，如图 4.25 所示。

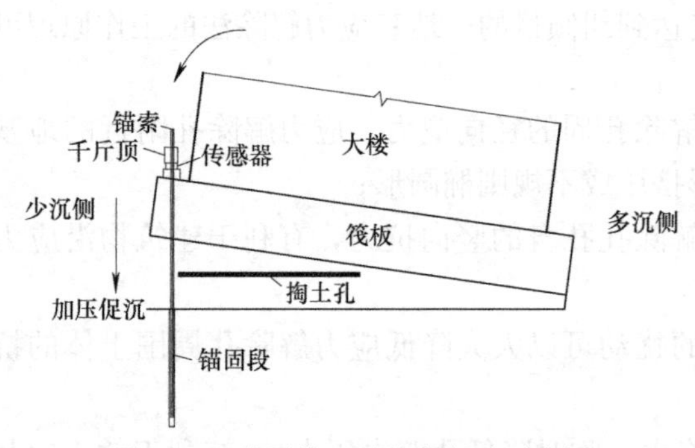

图 4.25　水平掏土迫降纠倾法示意图

（5）辐射井射水取土纠倾法

我国成功纠倾加固的最高的倾斜构筑物为山西化肥厂水泥分厂 100m 高烟囱（钢筋混凝土结构，钢筋混凝土独立基础，Ⅱ级自重湿陷性黄土地基，倾斜量达 1.55m），成功纠倾加固的最高的倾斜建筑物为哈尔滨齐鲁大厦（框剪结构，钢筋混凝土箱形基础，粉质黏土基础，建筑高度 96.6m，倾斜量 640mm）。这两个纠倾实例是在唐业清教授的主持下分别于 1993 年和 1997 年完成的。唐业清教授发明该法并获国家专利。该法属于迫降法，它是在倾斜建（构）筑物原沉降较小一侧的全部或部分开间内设置沉井，在建（构）筑物基础下一定深度处的沉井壁上预留射水孔和回水孔，通过高压射水，在原沉降较小的基础下的地基中形成若干水平孔洞，使部分地基应力解除，引起周围地基土一系列变形，产生新的沉降，达到建（构）筑物纠倾的目的，如图 4.26 所示。该方法对于黏性土、粉土、淤泥质土、砂性土等地基土，对于刚性基础、扩展基础、柱下钢筋混凝土条形基础、筏形基础有较好的纠倾效果。利用此方法对上述两个建筑物和构筑物进行纠倾获得成功。此外还有许多其他的成功案例。如温州乐清市环城东路 309 号和 313 号住宅楼，由于地基软弱或其他原因，1988 年发生倾斜，309 号和 313 号楼倾斜量分别达到 300mm 和 380mm，对这两栋住宅楼应用此法进行纠倾，使两栋建筑物在有人居住的条件下缓慢地回倾，达到规范的要求。位于长春的吉林新立采油厂 6 号楼倾斜量最大达到 470mm，利用该法对此楼进行了纠倾加固，使其已不属于危险房屋。对于安全度要求较高的建（构）筑物，由于这种纠倾方法风险较高，因此，这种方法不适合于湿陷性黄土地区安全度要求高的建（构）筑物的纠倾加固。

（6）锚杆静压桩纠倾法

锚杆静压桩纠倾法是利用建（构）筑物自重，在原建（构）筑物沉降较大一侧基础上埋设锚杆，借助锚杆反力，通过反力架用千斤顶将预制桩逐节压入基础中开凿好的桩孔内，当压桩力达到 1.5 倍桩的设计荷载时，将桩与基础用膨胀混凝土填封，达到设计强度后，该桩便能立即承受上部荷载，并能及时阻止建（构）筑物的不均匀沉降，迅速起到纠倾加固作用（图 4.16）。该法适用于地基土层较软弱、持力层埋藏较浅的独立基础、柱下钢筋混凝土条形基础、筏形基础等。一般地，锚杆静压桩与其他纠倾方法联合使用时，可取得纠倾与加固两种效应，例如常见的锚杆静压桩掏土纠倾法、锚杆静压桩降水纠倾法、锚杆静压

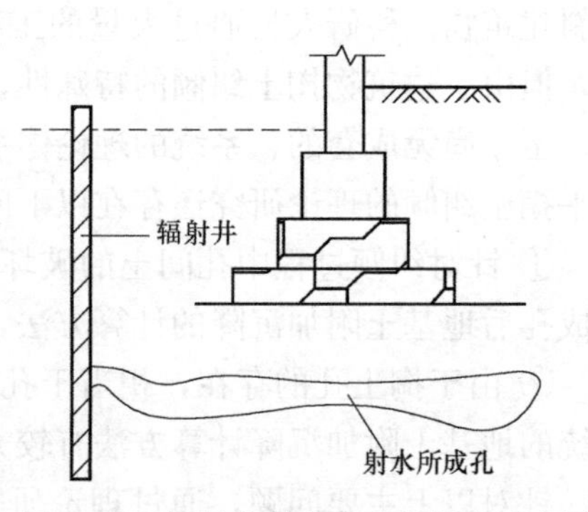

图 4.26　辐射井射水取土纠倾法示意图

桩加配重纠倾法等。该方法已用于很多建筑物和构筑物的纠倾加固，效果显著。如杭州市文三路西端西部开发区的某7层住宅楼，1995年最大不均匀沉降84mm，1996年采用该法对其进行纠倾加固，不均匀沉降得到控制，加固效果很好。对于结构自重较轻的低层建（构）筑物，这种方法加固纠倾风险较低，采用这种方法进行纠倾加固可以达到满意的效果。

(7) 地基注入膨胀剂抬升纠倾法

注入膨胀剂抬升纠倾法是在建（构）筑物原沉降较大一侧地基土层中根据设计布置若干注浆管，有计划地注入规定的化学浆液，使其在地基土中迅速发生膨胀反应，起抬升作用，从而达到建（构）筑物纠倾扶正的目的；或者高压注入水泥浆，对土体进行挤压，同时起到纠倾加固的作用。如图4.27所示，膨胀剂采用建筑行业常用的材料，如生石灰、混凝土膨胀剂、混凝土泡沫剂、有机轻质填料、聚氨酯等。兰州某学校教学楼建于1986年，因多年雨水排水不畅，2003年经观测该楼最大沉降达到341mm，倾斜率最大达到20‰，采用机械成孔，注入生石灰、掺合料及少量外加剂，夯实形成石灰桩进行纠偏，有效地控制了墙体裂缝的进一步开展，各部分的沉降得到了很好的控制。黄土在非饱和状态下压缩性较小，采用膨胀材料法能有效顶升建（构）筑物，因此，这种方法适合于多层建（构）筑物的纠倾加固。

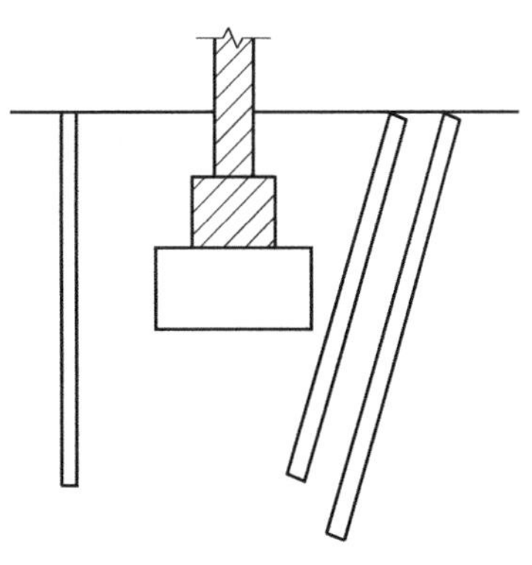

图4.27 地基注入膨胀剂抬升纠倾法示意图

1）膨胀法纠偏和地基土加固基本原理

地处湿陷性黄土地区的建（构）筑物，当在受水不均匀浸泡时，产生不均匀沉降。沉降产生后将影响建筑物的正常使用。膨胀法纠偏的基本思路是采用人工或机械在土体中成孔，然后灌入一定比例混合的生石灰混合料，经夯实后形成的一根桩体。桩身还可掺入其他活性与非活性材料。其加固和纠偏机理包括打桩挤密、吸水消化、消化膨胀、升温作用、离子交换、胶凝作用、碳化作用。

膨胀法纠偏加固的基本方法是用机械或人工的方法成孔，然后将不同比例的生石灰（块或粉）、掺合料（粉煤灰、炉渣、矿渣、钢渣等）及少量外加剂（石膏、水泥等）灌入，并进行振密或夯实形成石灰桩桩体，桩体与桩间土形成复合地基的地基处理方法。石灰桩法具有施工简单、工期短和造价低等优点，混合膨胀材料的方法对于湿陷性黄土地区偏移建筑物的纠偏和地基加固，具有明显的技术效果和经济效益，目前已在我国得到广泛应用。尽管石灰桩法已列入《建筑地基处理技术规范》JGJ 79—2012中，但对石灰桩复合地基理论尚缺乏系统深入的研究。本书首先基于弹性理论得出石灰桩膨胀桩径的计算公式，然后根据地基土孔隙比变化给出了基础下纠偏用石灰桩的体积计算公式，使石灰桩膨胀挤密法从经验提高到理论。

生石灰桩是用人工或机械的方法在土体中成孔，然后灌入生石灰块混合填料，经夯实后形成的一个完整桩体。其加固机理包括打桩挤密、吸水熟化、消化膨胀、升温作用、离子交换、胶凝作用、碳化作用。可将其概括为：

① 桩挤密作用

生石灰桩的成孔工艺有不排土成孔工艺和排土成孔工艺。在非饱和黏性土和其他渗透性较大的地基中采用不排土成孔工艺施工时，由于在成孔的过程中，桩管将桩孔处的土体挤进桩周土层，使桩周土层孔隙比减小，密实度增大，承载力提高，压缩性降低。土的挤密效果与土的性质、上覆压力和地下水位状况等密切相关。一般而言，地基土的渗透系数越大，挤密的效果就越明显，地下水位以上土体比地下水位以下土体的挤密效果明显。

② 桩间土的脱水挤密作用

a. 吸水作用

生石灰填入桩孔后，吸收桩周土的水分发生熟化反应，并生成熟石灰，同时桩身体积膨胀并释放出大量的热量，反应方程式为：

$$CaO+H_2O \longrightarrow Ca(OH)_2+15.6cal/mol$$

对于渗透系数小于桩体材料渗透系数的土体，由于桩周边土中被生石灰吸收的水分得不到迅速补充，再加上消化反应释放的热量的蒸发作用，在桩周约 0.3 倍于桩径的范围内出现脱水现象。在脱水区内，土体的含水量下降，孔隙比减小，土颗粒密实度增大。生石灰的吸水量随着桩周土围压的增大而降低。实际工程中，生石灰桩的桩都不长（一般在 8m 左右），土体对桩体的围压大致在 50～100kPa。在 50kPa 的压力下，1kg 生石灰可吸水 0.8～0.9kg，其中约 0.25kg 为生石灰熟化吸水，其余熟石灰熟化后继续吸水。若采用 10%的置换率进行加固，桩间土的平均失水量为 8%～9%；在桩体置换率为 9%、桩间距为 3 倍桩体直径的软基上实测的失水量约 5%。5%～9%含水量的降低值，可使土的承载力得到 15%～20%的增长。

b. 胀发挤密作用

生石灰吸水熟化后，桩体体积发生膨胀。生石灰体积膨胀的主要原因是固体崩解，孔隙体积增大，颗粒比表面积增大，表面附着物增多，固相颗粒体积也得到增大。大量室内试验表明，在 50～100kPa 的围压下，生石灰熟化后桩体体积的胀发量为 1.2～1.5，相当于桩径胀发量 1.1～1.2 倍。在渗透系数大于桩体材料渗透系数的土层中，土层因生石灰桩膨胀挤压所产生的超孔隙水压力能迅速消散，桩周边土得以迅速固结。在渗透系数小于桩体材料渗透系数的土层中，由于石灰桩的吸水蒸发，在桩周边形成脱水区，脱水区内含水量下降，饱和度减小。随着桩体的吸水膨胀，桩周边土层得以挤密压实。

c. 升温加热作用

伴随着生石灰的熟化反应，释放出大量的热量，使桩周土的温度升高 200～600℃，桩周土中水分产生一定程度的汽化。由于水化反应释放出了大量的热能，从而大大促进了土层中的胶凝反应。

③ 桩体的置换作用

a. 离子交换作用

生石灰熟化后进一步吸水，并在一定的条件下电解成 Ca^{2+} 和 OH^-。Ca^{2+} 与黏土颗粒表面的阴离子交换，并吸附在土颗粒表面，由 1～4μm 的粒径形成 10μm 甚至 30μm 的大团粒，使土中黏粒的颗粒含量大大减小，土的力学性质有所改善。

b. 胶凝反应的作用

随着溶液中电离出的钙离子 Ca^{2+} 数量增多，并且超过上述离子交换所需要的数量后，在碱性的环境中，钙离子 Ca^{2+} 能与石灰桩围边土中的二氧化硅（SiO_2）和胶质的氧化铝（Al_2O_3）发生反应，生成复杂的硅酸钙水化物（$CaO \cdot SiO_2 \cdot nH_2O$）和铝氧钙水化物（$CaO \cdot Al_2O_3 \cdot nH_2O$）以及钙铝黄长石水化物（$CaO \cdot Al_2O_3 \cdot SiO_2 \cdot 6H_2O$）。这种水化物形成一种管状的纤维胶凝物质，牢牢地把周围土颗粒胶结在一起，形成网状结构，使土颗粒连接得更加牢固，土的强度大大提高。纯石灰桩周边的胶凝反应需经历很长的时间，才能形成 2～10cm 厚的胶凝硬壳。在掺以粉煤灰、火山灰、钢渣、黏土等活性掺料的生石灰桩中，掺料中所含的可溶性 SiO_2 和 Al_2O_3 等离子首先与吸附在其表面的 $Ca(OH)_2$ 进行水化反应，生成水化硅酸钙（$CaO \cdot SiO_2 \cdot nH_2O$）、水化铝酸钙（$CaO \cdot Al_2O_3 \cdot nH_2O$）及水化铁酸钙（$CaO \cdot Fe_2O_3 \cdot nH_2O$）等硬性胶凝物。在粉煤灰玻璃体表面及其界面处形成纤维状、针状、蜂窝状及片状结晶体，互相填充于未完全水化的粉煤灰孔隙间，胶结成密实而坚硬的水化物。使未完全水化的粉煤灰颗粒间由摩擦和咬合变成主要靠胶结，从而使颗粒间的强度大幅提高。由于掺活性掺料的生石灰桩的胶凝反应发生在整个桩身内，因而桩身的后期强度高于纯生石灰桩。

④ 碳化作用

生石灰与土中的二氧化碳气体反应，可生成不溶的碳酸钙。这一反应虽不如凝硬反应明显，但碳酸钙的生成也起到了使桩身硬壳形成的作用。

2）生石灰桩加固地基的基本理论

生石灰桩成桩过程及生石灰吸水后固结崩解，孔隙体积增大，同时颗粒的比表面积增大，表面附着物增多，使固相颗粒体积也增大，在成桩过程中会产生强大的膨胀力，挤压桩周土体。假设桩周土体为理想弹性体，E 和 μ 分别为土体弹性模量和泊松比。石灰桩体的膨胀力为 p，桩体设计直径为 d，将其视为具有圆形孔道的无限大弹性体承受内压 p 的轴对称平面问题。其平衡方程为：

$$\frac{d\sigma_r}{dr}+\frac{\sigma_r-\sigma_\theta}{r}=0 \tag{4.1}$$

几何方程为：

$$\varepsilon_r=\frac{du_r}{dr},\varepsilon_\theta=\frac{u_r}{r} \tag{4.2}$$

物理方程为：

$$\varepsilon_r=\left[\frac{(1-\mu^2)}{E}\right]\left[\sigma_r-\frac{\mu\sigma_\theta}{(1-\mu)}\right],\varepsilon_\theta=\left[\frac{(1-\mu^2)}{E}\right]\left[\sigma_\theta-\frac{\mu\sigma_r}{(1-\mu)}\right] \tag{4.3}$$

由式（4.1）～式（4.3）可求出径向位移为：

$$u_r=\left[\frac{(1-\mu)d^2}{4E}\right]\Big/\left(\frac{p}{r}\right) \tag{4.4}$$

石灰桩桩体膨胀后的直径为：

$$d_1=d[1+p(1+\mu)/E] \tag{4.5}$$

生石灰桩膨胀压力通常与生石灰掺量有关，大致范围为0.5～10MPa，土体的弹性模量通常在2～10MPa，μ 的取值范围通常为0.3～0.45。若能从生石灰掺量估算出石灰桩膨胀压力，即可得出石灰桩的膨胀桩径。工程实践中，石灰桩的膨胀量在1.2～1.5倍，桩径膨胀量一般为设计桩径的1.1～1.3倍。

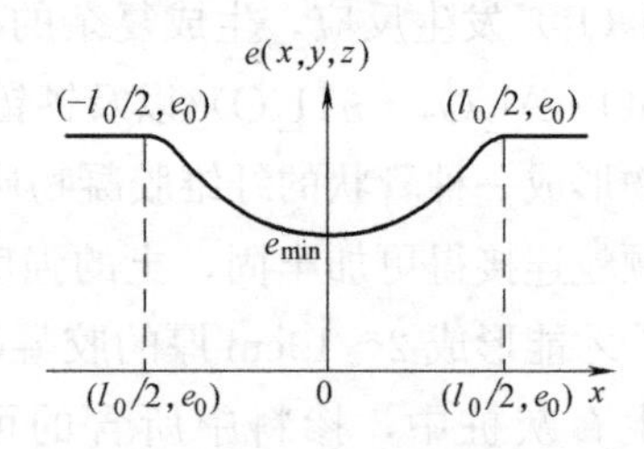

图4.28　生石灰桩周土体密实度分布函数

① 石灰桩周围土体挤压密实度的确定

石灰桩周围土体在桩膨胀后的孔隙比变化应符合以下函数规律（图4.28）：

$$e=e(x,y,z) \tag{4.6}$$

当 $x=0$ 时，$e=e_{\min}$，$e_{\min}$ 为土体最小孔隙比；

当 $x=\pm l_0/2$ 时，$e=e_0$，e_0 为原地基土体的孔隙比；

l_0 为膨胀挤压影响范围。

如假定原基础下土体孔隙比相等，膨胀挤压完成后孔隙比在单位长度范围内沿 x 轴方向呈二次抛物线分布，则孔隙比的分布方程为：

$$e=e(x,y,z)=\frac{4(e_0-e_{\min})}{l_0^2}x^2+e_{\min} \tag{4.7}$$

② 单位面积内所需生石灰桩的横截面积

设 V_0、V_1 分别为处理前后土的体积；V_{V_0}、V_{V_1}、e_0、$e_{\min}$ 分别为处理前、后土的孔隙体积及孔隙比；V_s 为固体颗粒体积，处理前后不变；V_p 为桩膨胀后所占的体积；A 为生石灰桩复合地基的加固面积；h 为处理深度（桩的长度）；ξ 为生石灰桩的面积和加固面积之比。

$$V_0=V_s+V_{V_0}=V_s(1-e_0) \tag{4.8}$$

$$V_1=V_s+V_{V_1}=V_s(1+e_{\min}) \tag{4.9}$$

由式（4.8）、式（4.9）得：

$$V_0-V_1=\frac{e_0-e_{\min}}{1+e_0} \tag{4.10}$$

上式两边除以 V_0，注意到 $V_0=hA$，可得：

$$\xi=\frac{e_0-e_{\min}}{1+e_0} \tag{4.11}$$

式（4.11）中，e_0 可测得，$e_{\min}$ 可根据设计要求取值，这样可以求出 ξ，从而可以计算出单位面积内所需生石灰桩的横截面积。

③ 加固面积内生石灰桩的根数确定

根据已知的生石灰桩膨胀后的桩径和上式所求的 ξ 值，便可以算出桩数。

$$\begin{cases}\xi A = N \times \pi d_1^2/4 \\ N = 4\xi A/(\pi d_1^2)\end{cases} \tag{4.12}$$

将式（4.5）代入式（4.12），可求得加固面积内生石灰桩的面积：

$$N = 4\xi A/(\pi(d[1+p(1+\mu)/E])^2) \tag{4.13}$$

3）膨胀材料用量计算

① 石灰桩的体积膨胀量计算

石灰桩桩体材料生石灰吸水后固结崩解，孔隙体积增大，同时颗粒的比表面积增大，表面附着物增多，使固相颗粒体积也增大，在成桩过程中会产生强大的膨胀力，挤压桩周土体。

② 基础下纠偏用石灰桩的体积计算

要使纠偏量在设计控制范围内，首先必须计算出在基础下布置的石灰桩的体积，现根据加固深度和加固范围确定计算石灰桩的体积。

石灰桩周围土体纠偏所需挤压顶升量的曲线如图4.29所示。基础下地基土的沉降量即为纠偏所需的顶升量，即在加混合生石灰桩膨胀挤压地基土并顶升基础时，顶升量应与基础不均匀沉降量 Δ 相等，基础两侧膨胀量应符合如下曲线规律：

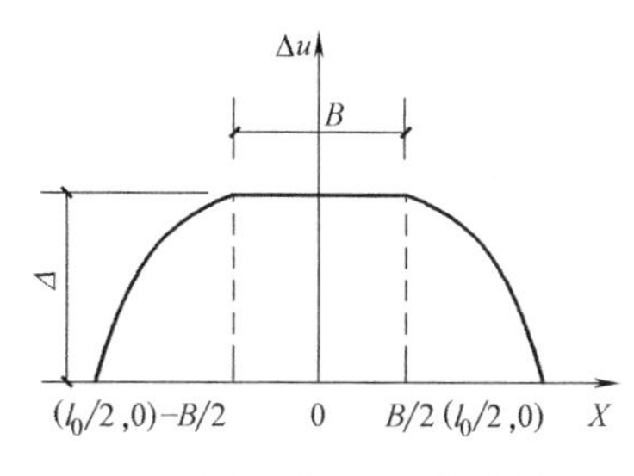

图 4.29　基础顶升量曲线

$$\Delta u = \begin{cases}\Delta, & -\dfrac{B}{2} \leqslant x \leqslant \dfrac{B}{2} \\ \dfrac{\Delta}{B^2 - l_0^2}(4x^2 - l_0^2), & -\dfrac{l_0}{2} \leqslant x \leqslant -\dfrac{B}{2}, \dfrac{B}{2} \leqslant x \leqslant \dfrac{l_0}{2}\end{cases} \tag{4.14}$$

式中　Δu——基础下土体顶升量；

Δ——基础下土体的最大顶升量；

B——基础宽度。

基础下膨胀材料使用量的计算：石灰桩在横向压力和基础的竖向压力作用下，若压力为50～100kPa时石灰桩产生的膨胀量为原体积的1.3～1.5倍，挤密顶升后基础底部土体产生的体积增大量如图4.29所示。为了计算石灰桩的使用量，现作如下假定：

① 根据基础下地基土的层理分布，持力层所处位置来确定挤密石灰桩的深度 h；

② 由于挤密石灰桩以下土层密实度较高，其压缩性较小，因此假定石灰桩以下土层是不可压缩的；

③ 假定基础下原土体的压实系数和孔隙比相等；

④ 假定基础下地基土原孔隙率与挤密后的孔隙率之差沿深度方向呈线性分布。

根据基础下土体的原单位孔隙的变化，以及地基土的顶升量，石灰桩挤密后土体体积缩小量应为：

$$\Delta V = \iiint_v (n_0 - n)\frac{h+y}{h}\mathrm{d}v = \iiint_v \left(\frac{V_{V_0}}{V_0} - \frac{V_V}{V}\right)\frac{h+y}{h}\mathrm{d}v = \iiint_v \left(\frac{V_{V_0}}{V_{s_0} + V_{V_0}} - \frac{V_V}{V_s + V_V}\right)\frac{h+y}{h}\mathrm{d}v$$

$$\cdot \iiint_v \left(\frac{e_0}{1+e_0}-\frac{e(x,y,z)}{1+e(x,y,z)}\right)\times\frac{h+y}{h}\mathrm{d}v = 2\left\{\int_0^1\int_{-l_0/2}^{-B/2}\int_{-h}^{\frac{\Delta}{B^2-l_0^2}(4x^2-l_0^2)}\right.$$

$$\left[\frac{e_0}{1+e_0}-\frac{1}{[1+(e_0+e_{\min})/2]}\left(\frac{4(e_0-e_{\min})}{l_0^2}x^2+e_{\min}\right)\right]\frac{h+y}{h}\mathrm{d}y\mathrm{d}x\mathrm{d}z+\int_0^1\int_{-B/2}^{0}\int_{-h}^{\Delta}$$

$$\left[\frac{e_0}{1+e_0}-\frac{1}{[1+(e_0+e_{\min})/2]}\left(\frac{4(e_0-e_{\min})}{l_0^2}x^2+e_{\min}\right)\right]\frac{h+y}{h}\mathrm{d}y\mathrm{d}x\mathrm{d}z-\int_0^1\int_{-V_{ql}/2(h+\Delta)}^{0}\int_{-h}^{\Delta}$$

$$\left.\left[\frac{e_0}{1+e_0}-\frac{1}{[1+(e_0+e_{\min})/2]}\left(\frac{4(e_0-e_{\min})}{l_0^2}x^2+e_{\min}\right)\right]\frac{h+y}{h}\mathrm{d}y\mathrm{d}x\mathrm{d}z\right\} \quad (4.15)$$

式中 n_0——原基础下地基土的孔隙率；

n——挤压后基础下地基土的孔隙率；

V_{V_0}——原基础下地基土的孔隙体积；

V_0——原基础下地基土的总体积；

V_{s_0}——原基础下地基土的土颗粒体积；

V_V——挤压后基础下地基土的孔隙体积；

V——挤压后基础下地基土的总体积；

V_s——挤压后基础下地基土的土颗粒体积。

设单位长度上所需石灰桩的体积为 V_{ql}，则膨胀后石灰桩的体积为 βV_{ql}，故石灰桩膨胀后的体积膨胀量为（$\beta-1)V_{ql}$，于是单位长度范围内基础下需补加固顶升生石灰桩的体积由式（$\beta-1)V_{ql}=\Delta V$ 可得：

$$V_{ql}=\frac{1}{(\beta-1)}\times 2\left\{\int_0^1\int_{-l_0/2}^{-B/2}\int_{-h}^{\frac{\Delta}{B^2-l_0^2}(4x^2-l_0^2)}\left[\frac{e_0}{1+e_0}-\frac{1}{[1+(e_0+e_{\min})/2]}\right.\right.$$

$$\left.\cdot\left(\frac{4(e_0-e_{\min})}{l_0^2}x^2+e_{\min}\right)\right]\frac{h+y}{h}\mathrm{d}y\mathrm{d}x\mathrm{d}z+\int_0^1\int_{-B/2}^{0}\int_{-h}^{\Delta}\left[\frac{e_0}{1+e_0}-\frac{1}{[1+(e_0+e_{\min})/2]}\right.$$

$$\left.\cdot\left(\frac{4(e_0-e_{\min})}{l_0^2}x^2+e_{\min}\right)\right]\frac{h+y}{h}\mathrm{d}y\mathrm{d}x\mathrm{d}z-\int_0^1\int_{-V_{ql}/2(h+\Delta)}^{0}\int_{-h}^{\Delta}\left[\frac{e_0}{1+e_0}-\frac{1}{[1+(e_0+e_{\min})/2]}\right.$$

$$\left.\left.\cdot\left(\frac{4(e_0-e_{\min})}{l_0^2}x^2+e_{\min}\right)\right]\frac{h+y}{h}\mathrm{d}y\mathrm{d}x\mathrm{d}z\right\} \quad (4.16)$$

由式（4.16）可确定单位长度基础下纠偏所需石灰桩的体积。

(8) 浸水纠倾法

湿陷性黄土地基在浸水后会产生下陷，当地面渗水或地下管道漏水时会引起建（构）筑物地基含水量的不均匀，从而导致地基不均匀沉降、建（构）筑物倾斜或开裂。浸水纠倾法就是根据上述原理设法使沉降小的一侧地基浸水，迫使其下沉，达到建（构）筑物纠倾扶正的目的。如图 4.30 所示，浸水纠倾可选用注水坑、注水孔或注水槽等不同方式进行注水。湿陷性黄土地区建筑纠倾，采用注水诱使沉降法，是一种非常有效的纠倾加固方法，这种方法是在基础沉降小的一侧开槽，打水平注水孔使孔周土湿陷沉降达到纠偏的目的（图 4.31）。

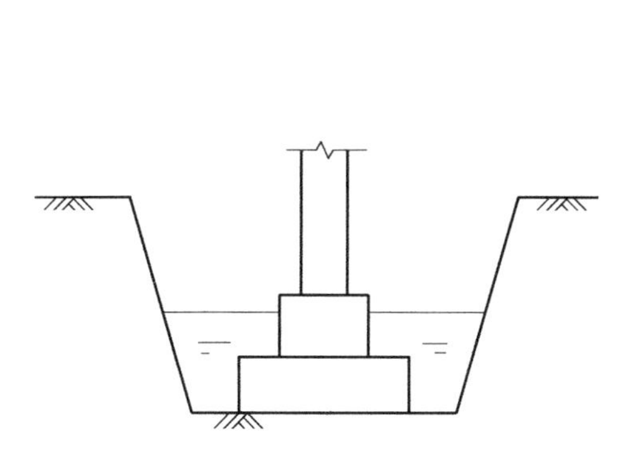

图 4.30　注水槽浸水纠倾法示意图

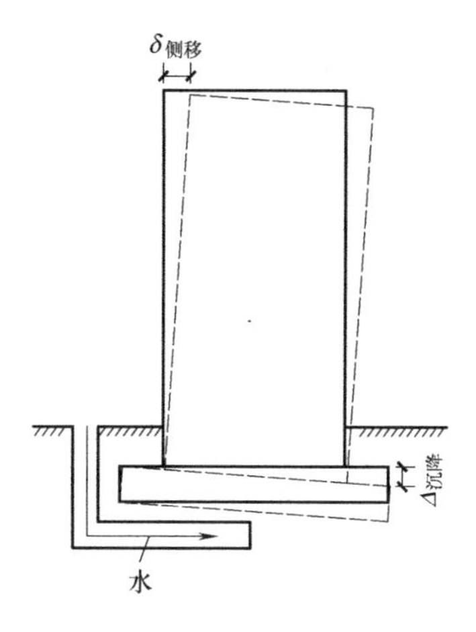

图 4.31　注水诱使沉降法

(9) 摩擦桩基础纠倾法

桩基础由于承载力大、适应性广，能适应复杂地质条件和不同规模的建（构）筑物，在高层建筑等的基础工程中得到了广泛应用。但是，由于桩基础的施工过程无法观察，成桩质量也不能完全保证，尤其对于长桩、大直径桩，其施工难度更大，易发生质量事故。近年来由于设计、施工等原因引起建（构）筑物桩基承载力不足、地基基础过量沉降或不均匀沉降的事故屡有发生；导致建筑结构上部损坏、整体倾斜，影响正常使用，甚至丧失使用功能，造成了很大的损失。由于高层建筑体量大、牵涉范围广，建筑倾斜等事故造成的社会影响和经济损失很明显，应在建筑倾斜事故发生后立即采取行之有效的加固纠倾措施，保证人民生命财产安全。

在整个基础范围内增补静压桩，增补筏板与基桩（原桩和新补静压桩），形成复合地基，在复合地基作用下，沉降较大侧达到加固目的，沉降逐步稳定；同时，在建筑自重作用下，沉降较小侧继续沉降；达到预留沉降量要求时，立即将沉降较小侧增补静压桩与筏板锚固锁定封桩，使整个基础形成一个整体复合地基；由于筏板对土体的压缩使原摩擦桩承载力得到很大程度提高，结合筏板的平衡协调作用，整个基础在纠倾的同时达到了加固的目的，在加固的同时达到了纠倾的目的，完成了加固纠倾的目标。

在整个纠倾过程中，加强对建筑物沉降、倾斜速率监测，确保整个加固纠倾过程安全可控。

根据纠偏后沉降、倾斜监测情况，沉降、倾斜达到规范要求后，截去多余压入桩，将压桩锚栓交叉焊接“[”形钢筋，浇筑微膨胀细石混凝土进行封桩。

(10) 桩基础截桩纠倾法

在整个基础范围内增补微型桩（静压桩），增补筏板与基桩（原桩和新补静压桩），形成复合地基，在复合地基作用下，沉降较大侧达到加固目的，沉降逐步稳定；同时，在建筑自身自重作用下，沉降较小侧采用应力释放法增加沉降；达到预期沉降量时，立即将沉降较小侧增补静压桩与筏板锚固锁定封桩，当沉降较小一侧桩基础沉降达不到纠倾要求时，可采用截桩达到纠倾目的（图 4.32），当完成加固纠倾的目标后，再将截断桩接桩恢复工作。

(11) 桩基础加桩调整反力中心纠倾

桩基反力指的是桩基中所有单桩所能提供的最大应力集合，以各桩之间变形能够协调一致、基础承受最大上部荷载为原则，因而其大小等于所有桩承载力的总和，方向竖直向上，反力中心位置在所有桩承载力合力的作用点处。

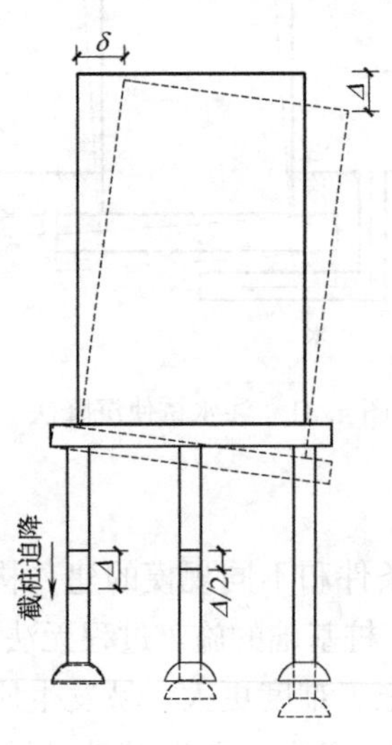

图 4.32 截桩法纠倾

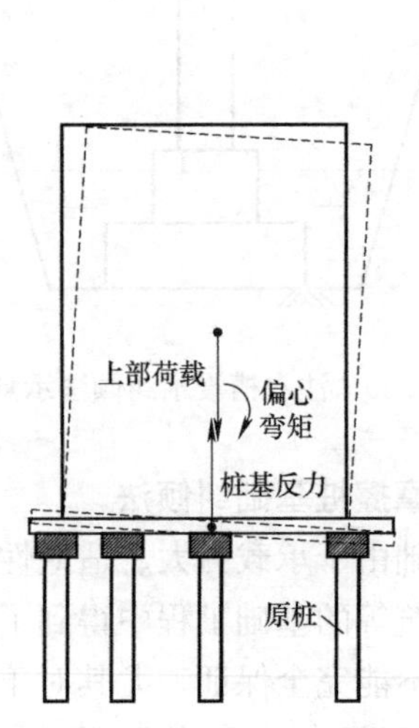

图 4.33 倾斜建筑物示意图

然而，实际工程中每根桩的受力情况是不确定的，各桩之间变形也不协调统一，如图 4.33 所示，由于设计、施工等诸多因素的影响，建筑物上部结构质量中心与桩基反力中心并未处在同一铅垂线上，各桩受力情况相差较大。当桩基承载力不足及偏心效应的作用下，桩基受力将会不均匀，受力大的一侧将产生较大沉降，引起建筑物的整体倾斜，而建筑物的整体倾斜将使上部荷载产生新的偏心距增量，从而产生新的力矩增量，这又增大了建筑物的整体倾斜，建筑物越高，这种现象越明显。

为了使桩基能够承受较大的上部荷载，应尽量使各桩之间变形能够协调一致，即使得桩基反力中心尽量与上部结构质量中心重合。采用桩基反力中心原理进行纠偏的基本思路就是遵循这一原则，根据桩基反力中心与上部结构质量中心的偏移程度，在考虑偏心弯矩的基础上，对桩基受力进行重新分配，根据重新分配后的各桩受力情况进行补桩处理，最终实现建筑物上部质量中心与桩基反力中心的重合以及建筑物的纠偏。

① 桩基反力中心确定

桩基反力中心是所有单桩反力的合力中心，下面以图 4.34 中的桩基布置来简要介绍桩基反力中心的确定方法，首先每根桩的单桩反力为该桩的单桩竖向极限承载力标准值，计算时应按照现行《建筑桩基技术规范》JGJ 94 所提供的式（4.17）进行。

$$Q_{uki}=u\sum q_{sik}l_i+q_{pk}A_P \tag{4.17}$$

式中 Q_{uki}——第 i 根桩的单桩竖向极限承载力标准值；

u——桩身周长；

q_{sik}——桩侧第 i 层土的极限侧摩阻力标准值；

l_i——第 i 层土中桩身长度；

q_{pk}——极限端阻力标准值；

A_P——桩端面积。

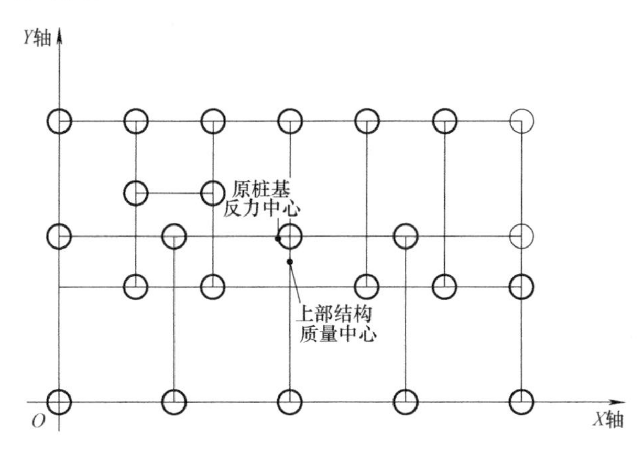

图 4.34　桩基布置平面图

在求得桩基中所有桩的单桩竖向极限承载力标准值的基础上，以桩基平面布置图中建立的平面直角坐标系为参考，根据力矩平衡原理由式（4.18）计算求得桩基反力中心。

$$X=\frac{\sum_{i=1}^{n}Q_{uki}x_i}{\sum_{i=1}^{n}Q_{uki}},Y=\frac{\sum_{i=1}^{n}Q_{uki}y_i}{\sum_{i=1}^{n}Q_{uki}} \tag{4.18}$$

式中　X、Y——分别为反力中心在平面直角坐标系中的坐标值；

x_i、y_i——分别为第 i 根桩的坐标值。

② 考虑偏心附加弯矩作用下基桩承载力计算

当桩基反力中心与上部结构质量中心不重合时，将产生偏心效应，引起附加弯矩，使得桩基受力重新分配，为考虑偏心效应所带来的桩基受力不均匀，按式（4.19）对受力分配后的各桩承载力进行重新计算。

$$N_i=\frac{G}{n}\pm\frac{G(X-X')y_i'}{\sum y_j'^2}\pm\frac{G(Y-Y')x_i'}{\sum x_j'^2} \tag{4.19}$$

式中　N_i——考虑附加弯矩后的单桩所需承载力特征值；

G——建筑物总重；

n——基桩数量；

X'、Y'——分别为上部结构质量中心在平面直角坐标系中的坐标值；

x_i'、x_j'、y_i'、y_j'——分别为第 i、j 桩基至 y 轴及 x 轴的距离。

4.5.4　建筑物纠倾方法的合理选择

建（构）筑物纠倾工程是一项风险性大、难度较高、技术性较强的工作，应该在认真调查研究的基础上制定设计方案，应充分掌握建（构）筑物的重要程度、倾斜程度和开裂情况、结构形式、基础类型、地质情况、地下管道分布、周围环境、倾斜原因等条件，按照安全可靠、经济合理、施工简便的原则，反复比选各种技术方案，做到因地制宜，对症下药。纠倾加固是一项综合性、技术难度大的工作，它需要对已有建（构）筑物结构、基础和地基以及相邻建（构）筑物作详细了解，与岩土、结构、力学、地质、建筑、历史等专业有关。纠倾技术人员应具有较强的综合分析能力，建筑物纠倾过程中的影响因素很多，精细的力学分析很困难，技术性很强。但目前该技术的发展水平还不尽如人意，一些技术在理论和实践上还都不十分成熟，导致一些建筑物的纠倾与加固工程相继出现事故或越纠越偏，造成较大的经济损失与人员伤亡。所以，建筑物的纠倾与加固工程技术需要进一步的试验研究与工程实践。一般建筑物要根据其倾斜的原因，选择合理的纠倾方法，是制定好纠倾技术方案，确保纠倾工程成功的重要前提。因此，选择建筑物纠倾加固方法的原则如下：

① 为避免采用迫降法造成的室内净空减少、室内外管线标高改变所带来的一系列问题，应选用顶升法。

② 对因管道漏水或其他原因地基渗水而引起建（构）筑物的倾斜，可采用浸水法或掏土法。浸水时要控制浸水量，掏土时要避免突然下沉现象。

③ 由于建筑物自重偏心引起倾斜时，可采用增层（或加载）反压纠倾法。

④ 如地基下沉量过大，黄土层较厚，建筑物又具有较好的整体刚度，应采用顶升法或诱使沉降法。

⑤ 当建（构）筑物不均匀沉降复杂，墙体开裂严重，根据其倾斜和地基土层特征，可采用两种或多种并用的方法。

4.6 建筑地基加固及纠倾工程案例

4.6.1 诱使沉降法纠倾及地基加固工程案例

兰州西固福利路一旧住宅楼建于1982年，建筑所在地为Ⅲ级自重湿陷性黄土，住宅楼由三部分组成（即A楼、B楼和C楼），为6层砖混结构，建筑物占地面积为1258m^2，每层面积为750m^2，建筑物居室外内地坪高度为17m，如图4.35所示。原地基处理方法如下所述：首先开挖4.6m深基坑，分层碾压回填1m，压实系数$\lambda_c=0.93$，然后碾压0.5m厚的3∶7灰土，压实系数$\lambda_c=0.93$，再做0.5m厚毛石混凝土基础垫层，垫层上为砖砌条形基础，如图4.36所示。

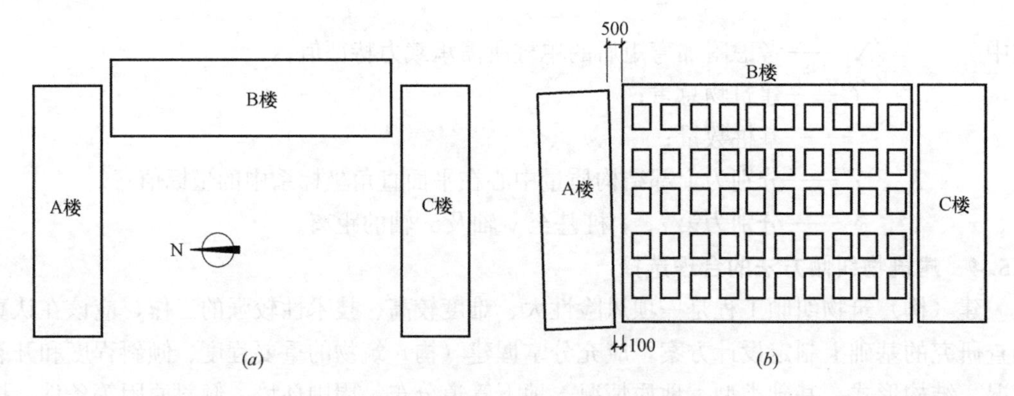

图4.35　A楼发生了不均匀沉降和倾斜

(a) 住宅楼平面布置；(b) 住宅楼立面及倾斜示意

由于基础下黄土的湿陷性没有消除，使用过程中受雨水渗漏和下水管道破裂的浸泡等影响，使基础发生了不均匀沉降并导致A楼倾斜，最大沉降差和最大水平位移分别达到210mm和400mm，倾斜率达到2.4%（倾斜率为建筑物顶部水平位移和建筑物的高度之比）（图4.35）。建筑纠偏按照下列步骤进行：

（1）加固A楼沉降较大一侧和B楼端部地基

为了保证在纠偏A楼时B楼的安全稳定，首先对B楼端部和A楼沉降较大一侧用石灰桩进行加固，加固方法如图4.37所示。

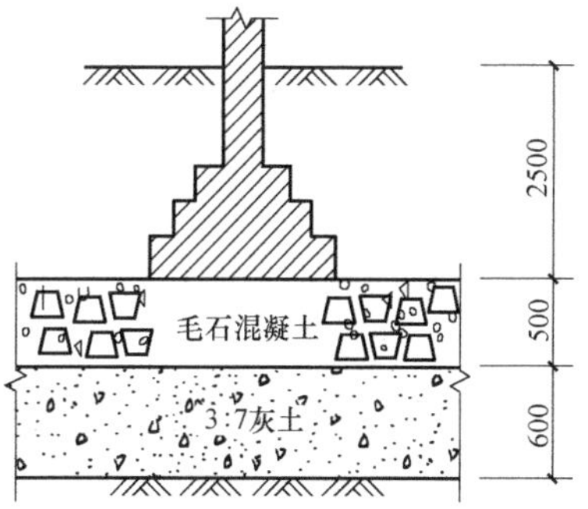

（2）纠偏A楼

建筑结构检验表明上部结构是可靠的。如果A楼的不均匀沉降和倾斜能够得到纠正，建筑物还可以正常安全使用，因此，业主决定对此建筑物进行纠偏和对建筑物的基础进行加固。基础下土样参数见表4.3。

图4.36　住宅楼基础剖面图

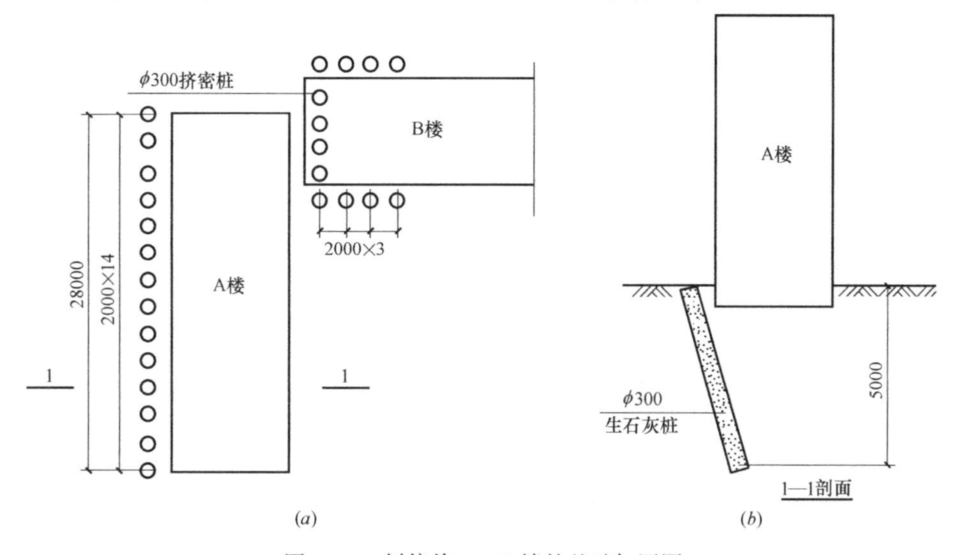

图4.37　纠偏前A、B楼的基础加固图

（a）A、B楼基础加固平面；（b）A楼加固剖面

基础下土的相关参数　　**表4.3**

重度（kN·m^{-3}）	湿陷性系数δ_s	压实系数λ_c	相对密度	含水量（%）	黏聚力（kPa）	内摩擦角（°）
17.6	0.08	0.93	27.1	15	17	18

注水诱使沉降法纠偏过程如下：首先在沉降较小的一侧，室外基础旁边开挖一个1m宽的沟至基础底部1m以下，然后在沟底垂直方向基础下开挖直径250mm、间距为2.42m、深度为6m的水平洞（为模型尺寸的5倍），如图4.38所示。经过44天注水、地基土的软化纠偏，在最初的14天中，每天每个水平洞注水660L（45.5L/m^2），每天2～3h内保持地基土的含水量在15%～20%；到了第15～17天，每天每个水平洞注水806L（55.5L/m^2），每天2～3h内保持地基土的含水量在20%～25%；在第18～25天，每天每个水平洞注水660L（45.5L/m^2），每天2～3h内保持地基土的含水量在15%～20%，

每天注入的水基本被周围土体消散和蒸发；在第 26～30 天，每天每个水平洞注水 806L ($55.5L/m^2$)，每天 2～3h 内保持地基土的含水量在 20%～25%；到了第 31 天，注水停止，在第 31～44 天之间检测基础沉降变化、建筑顶部水平位移变化和墙体裂缝变化等，然后根据这些变化给有关水平洞注水以调整基础沉降和建筑物的顶部水平位移等，建筑物基础各检测点沉降量变化见图 4.39。

建筑物纠偏结束 3 个月以后，经测试建筑物的不均匀沉降减少到 32mm，水平位移减少到 132mm，基础转动角减少到 0.3%，建筑倾斜率减少到 0.64%，达到我国规范的建筑物安全使用要求。最后，用混合生石灰填充水平洞并捣实，在这个工程中，填实水平洞后不均匀沉降又增加了 2mm，但这已不影响工程的安全使用，说明纠偏是成功的。到目前纠偏工程已完成 6 年，建筑物完好且使用正常。

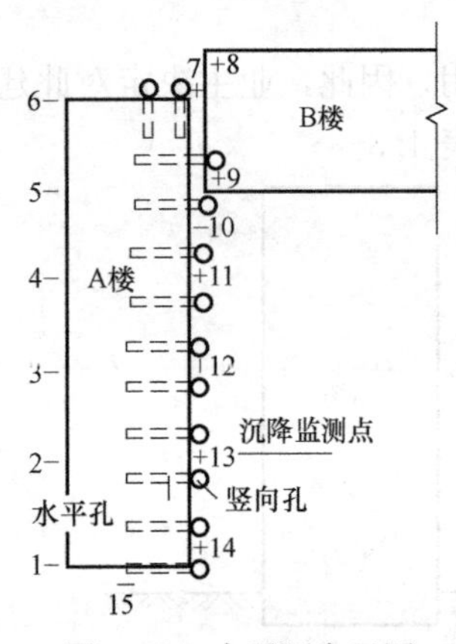

图 4.38　水平洞布置图

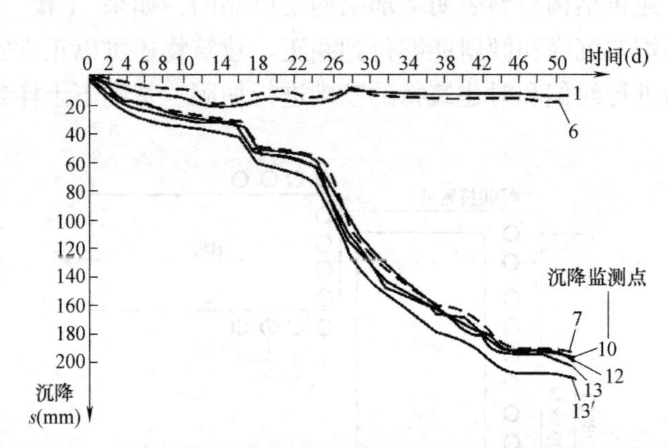

图 4.39　沉降量测点布置和纠偏过程各测点沉降量变化曲线

湿陷性黄土基础上的纠偏模型两阶段试验，分别在两阶段经历了释放侧向约束应力，水平掏孔增加地基土竖向应力，慢速均匀注水软化地基土诱使黄土湿陷沉降三个步骤。由试验研究可得出以下结论：

① 侧向约束应力释放产生竖向旋转沉降和建筑物的侧移仅占纠偏总沉降和总侧移量的 1%左右，对建筑纠偏影响很小。因此，在湿陷性黄土地区采用侧应力释放不能达到纠偏的目的。

② 水平掏孔增加地基应力，在地基掏孔占基础沉降侧底面积的 12%～20%时，产生的侧移占总纠偏侧移量的比例小于 1%，基础产生的竖向旋转沉降占纠偏总沉降量的比例也在 1%以内，对湿陷性黄土地区建筑纠偏影响很小，也不能达到纠偏的目的。

③ 注水软化地基并诱使地基湿陷，是侧移和沉降产生的主要原因，侧移和竖向旋转沉降占总纠偏侧移和纠偏总沉降的 98%～99%，因此，对湿陷性黄土地区建筑纠偏，采用软化地基诱使地基湿陷是建筑纠偏的关键。

④ 对兰州地区Ⅲ级自重湿陷性黄土，当土压力在 0.02～0.05MPa 时，其湿陷初始含水量为 12%，但当含水量达到 25%时湿陷速度明显加剧，采用注水诱使沉降法纠偏，软化地基土时建议使注水孔周围含水量控制在 20%～35%之间，含水量保持在这个范围的时间为每天 2～3h，纠偏进程可以控制并可达到较好纠偏效果。

⑤ 试验和案例证明，在湿陷性黄土上纠正偏移建筑采用地基土中掏水平孔注水，诱

使地基沉降纠偏是可行的，但是纠偏过程要仔细设计，要采用现代化的跟踪检测技术随时检测建筑物各点的沉降量、各顶点水平位移、墙体裂缝的变化，随时调整纠偏的注水过程和注水量以保证纠偏过程的安全。

4.6.2 湿陷性黄土地区膨胀法纠偏加固的工程案例

西北黄土高原及相邻地区大部分土质为湿陷性黄土，在20世纪60～90年代，这些地区大量的多层建（构）筑物基本上都采用了天然地基或简单地基处理的浅基础。随着时间的推移，由于地下管线漏水或受雨水长期浸泡而造成地基不均匀沉降，建筑物和构造物出现倾斜。由于这些建筑物上部结构基本完好，远没有到达设计基准期，但基础不均匀沉降导致建筑物出现安全隐患，为了保证这些建筑物和构造物的安全和正常使用，应使其倾斜得到纠偏并使原基础得到加固。

对一般倾斜建筑物的纠偏可以采用常用的静压桩法、刚性加固顶升法等，这些方法由于造价较高，施工要求难度大，并要采用多种技术配合使用的方法才能成功。对结构材料比较离散的建（构）筑物（如砌体结构），采用这两种方法风险较大，一不小心可能将整个建筑物破坏，使其不能使用，将失去纠偏的目的。湿陷性黄土地区建筑纠偏也可利用湿陷性黄土遇水湿陷（自重湿陷性黄土）的特点，采用挖孔取土释放未沉降部分地基的应力，并利用注水沉降法实现建筑物的纠偏。但是这种纠偏方法所需时间长，给使用者带来不便，纠偏时需要全面监控，不能出现半点差错。另外这种方法所冒风险较大，若纠偏失控可能带来无法控制的后果，甚至导致纠偏失败。

通过对湿陷性黄土地区的建（构）筑物的纠偏方法和地基加固技术的研究，技术人员提出了利用混合膨胀材料纠偏和加固地基的方法，并根据膨胀材料的膨胀量，应用孔隙挤密原理推导出了膨胀材料使用量的计算公式，通过多项工程的实践，并运用控制监测技术，使膨胀法纠偏和加固地基技术在多项工程中得到了成功的应用，实现了建（构）筑物的纠偏与加固。

此方法与国内外已使用的纠偏方法相比技术简单，概念清楚，安全可靠，采用的孔隙挤密原理推导的计算公式在理论上有所突破，有一定的理论意义和实用价值。特别是在我国西北湿陷性黄土地区采用这种方法，可以使大量的由于黄土湿陷产生了不均匀沉降和倾斜的建筑物，实现加固和纠偏，并能基本消除建筑基础的湿陷性，达到长久安全使用的目的，因而具有很大的经济效益和社会效益。下面通过一个案例分析，让工程技术人员更加深入的理解这种方法，以利于推广和应用。

(1) 工程概况

某学校教学楼建成于1986年，总建筑面积约4800m^2。原设计包括4部分，其中教师办公楼3层砖混结构由于地基湿陷、墙体裂缝等原因已经拆除。现在仅存3部分：①门厅部分为5层框架结构；②教学楼部分为4层砖混结构；③电教室部分为3层框架结构。此3部分结构用沉降缝分隔，原设计中教室部分采用砖砌条形基础，门厅和电教室采用柱下条形基础。地基处理采用大开挖后整片土垫层增湿强夯方案。地基土处理范围超出建筑物外墙3m，有效处理深度自基础底面以下3m。设计要求处理后的地基土的压实系数$\lambda_c \geq$ 0.90～0.95。

(2) 现场勘察情况

相关技术人员对该教学楼进行了实地测绘勘察。该建筑物所处场地土为Ⅲ级自重湿陷性黄土，虽经人工处理仍未能消除该地基土的湿陷性。实地勘察表明，该建筑因为雨水排水不畅导致地基不均匀下沉。勘察中发现，该建筑物东南面雨水井存在积水现象，由于防水措施年久失修，雨水井抹灰层出现开裂，雨水向地下渗流，该建筑东北方向雨水井未能打开观察，估计存在相似问题。另外表现比较明显的，教学楼背面雨水沟排水不畅，只有当雨水量聚集到一定程度时积水才能从原设计的下水通道排走。各部分勘察结果分述如下：①教学楼部分。该建筑物教学楼部分外墙出现明显裂缝，并有相互错动痕迹，内墙许多门窗洞口上角出现常见的由于地基沉降不均匀而产生的斜向裂缝，裂缝方向不一致表明其不均匀沉降情况复杂，并有扭转现象发生。教学楼内外有多处抹灰层脱落，多数并非地基沉降引起；②电教室部分。电教室部分外填充墙出现方向一致的明显开裂，表明楼身整体发生不均匀沉降，并伴有楼身扭转现象；电教室柱子抹灰层也有剥离现象，通过剥离位置观察柱身并未发现混凝土开裂现象；③门厅部分。门厅办公部分在屋面处有多处裂缝，办公墙体未见开裂，门厅外部柱也存在粉刷层剥落现象，未发现柱本身开裂情况。

通过全站仪观测，绘出整个大楼各个控制点的沉降量和位移量如图 4.40 和图 4.41 所示。各控制点数据统计如表 4.4 所示。

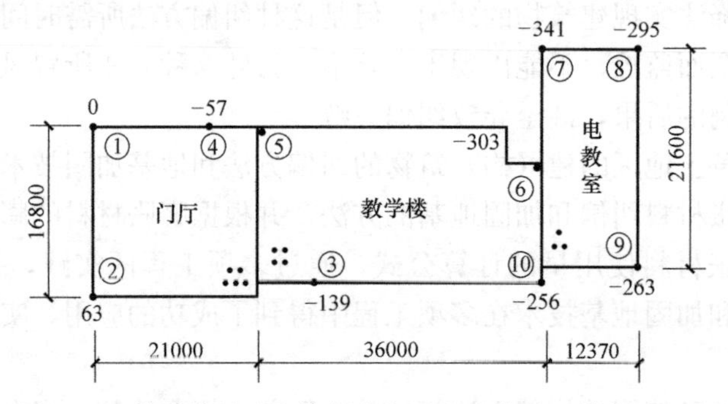

图 4.40 教学楼基础各控制点相对竖向位移（单位：mm）

另外对基础施工情况、基础结构的完整性、基础下土的物理力学性能和湿陷性等进行勘查。其勘察的结果是：基础下 3∶7 灰土垫层和条形基础整体性良好，条形基础梁随地基存在变形，地基土经测试评定为Ⅲ级自重湿陷性黄土。基础下土体的物理力学性能如表 4.5 所示。

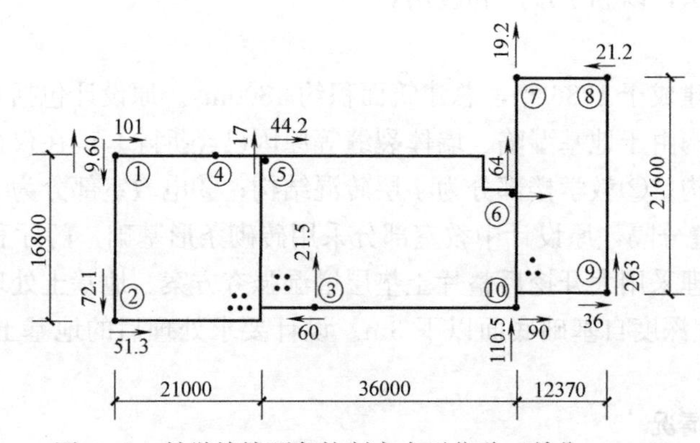

图 4.41 教学楼楼顶各控制点水平位移（单位：mm）

经过与建筑结构鉴定标准对照，该建筑物基础危险等级为C，上部结构大部分承重墙体、梁、柱存在危险点，危险等级为B。教学楼以及门厅部分危险等级为B，需要修缮；电教室部分危险等级为C，需要加固。

某学校教学楼各控制点位移一览表　　表4.4

部位	控制点	相对沉降(mm)	水平位移量			
			纵向		横向	
			绝对值(mm)	倾斜率(%)	绝对值(mm)	倾斜率(%)
门厅部分框架总高度18.25m	1	0	101.0	0.6	96.0	0.5
	2	63	51.3	0.3	72.1	0.4
	4	−57	—	—	—	—
教学楼砖混14.39m	3	−139	60.0	0.4	21.5	0.1
	5	—	44.2	0.3	17.0	0.1
	10	−256	90.0	0.6	110.5	0.8
电教室框架13.08m	6	−303	264.0	2.0	64.0	0.5
	7	−341	—	—	19.2	0.1
	8	−295	21.2	0.2	—	—
	9	−263	36.0	0.3	−263.0	−2.0

基础下土体的物理力学性能　　表4.5

土的重度 (kN/m^3)	土的干重度 γ_{d1} (kN/m^3)	黄土的湿陷性系数 δ_s	黄土的压实系数 λ_c	黄土的相对密度 G_s	黄土的含水率 w(%)	黄土的孔隙比 e_0
18.0	15.65	0.08	0.93	2.71	15	0.73

(3) 膨胀法基础顶升加固设计计算

根据现场试验，经计算黄土的最大干重度为 $\rho_{dmax}=16.83kN/m^3$，基础下挤密加固石灰桩周围土体的最大压实系数可达到 $\lambda_{cmax}=0.97$，相应的黄土干重度为 $\rho_{d2}=16.33kN/m^3$，最小孔隙比为 $e_{min}=0.66$。试验证明石灰桩的膨胀系数 $\beta=1.25$，沉降量为240mm，设计灰土顶升挤密桩自基础下长为5m，基础宽度为1.8m，挤密影响范围为基础宽度的2倍，即3.6m，则单位长度基础下计算所需石灰桩体积为：

$$
\begin{aligned}
V_{ql} = & \frac{1}{(1.25-1)}\times 2\left\{\int_0^1\int_{-3.6/2}^{-3.6/2}\int_{-5}^{\frac{0.24}{1.8^2-3.6^2}(4x^2-3.6^2)}\left[\frac{0.73}{1+0.73}-\frac{1}{1+\frac{0.73+0.66}{2}}\right.\right.\\
& \cdot\left.\left(\frac{4(0.73-0.66)}{3.6^2}x^2+0.66\right)\right]\frac{5+y}{5}\mathrm{d}x\mathrm{d}x\mathrm{d}z-\int_0^1\int_{-1.8/2}^{1}\int_{-5}^{0.24}\left[\frac{0.73}{1+0.73}-\frac{1}{1+\frac{0.73+0.66}{2}}\right.\\
& \cdot\left.\left(\frac{4(0.73-0.66)}{3.6^2}x^2+0.66\right)\right]\frac{5+y}{5}\mathrm{d}x\mathrm{d}y\mathrm{d}z-\int_0^1\int_{-V_0/2(5.24)}^{0}\int_{-5}^{0.24}\left[\frac{0.73}{1+0.73}-\frac{1}{1+\frac{0.73+0.66}{2}}\right.\\
& \left.\cdot\left.\left(\frac{4(0.73-0.66)}{3.6^2}x^2+0.66\right)\right]\frac{5+y}{5}\mathrm{d}y\mathrm{d}x\mathrm{d}z\right\}
\end{aligned}
$$

得：

$$V_{ql}=0.1584m^3$$

根据以上计算进行了基础加固顶升设计，采用生石灰桩加固顶升沉降量较大的部分基础，加固具体施工顺序及方法是：首先挖开条形基础使基础加固部分全部暴露，并用机械钻孔斜向开洞，开洞角度为15°，深度为5m，孔径150mm，孔距为600mm，每米长度上生石灰用量为0.1524m³。开洞应先从沉降量最大处开始，花插开洞；然后用生石灰按一定比例混合黄土、水泥、砂子夯填斜洞，石灰桩顶要封顶，并用相应配重压顶；等第一轮施工结束后，暂停6～7天观察基础沉降变化和建筑物的侧移变化，再对下一步基础顶升加固设计进行调整，以弥补加固顶升理论和试验的不足。基础膨胀顶升及加固具体做法如图4.42和图4.43所示。

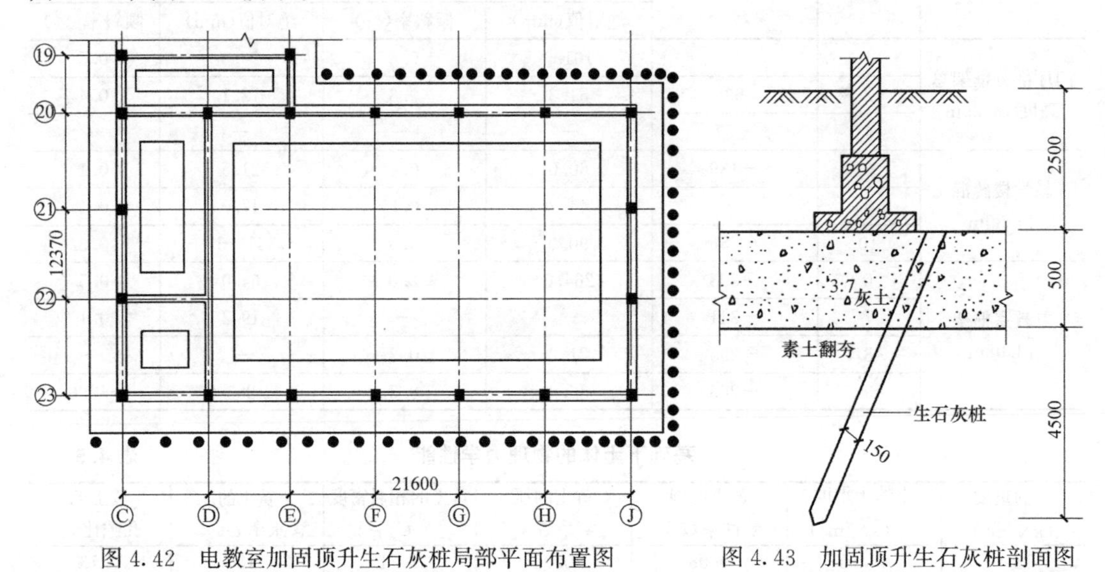

图4.42　电教室加固顶升生石灰桩局部平面布置图　　图4.43　加固顶升生石灰桩剖面图

(4) 加固施工后各观测点的位移及结果分析

根据顶升加固设计方案，施工结束后，适时记录各观测点的位移变化情况，由于基础顶升加固是一个发展变化的过程，施工1周和6周后屋顶各控制点水平位移和基础各沉降观测点位移记录见表4.6和表4.7。

从以上观测结果可以看出，除个别点由于施工过程破坏未取得最后观测数据外，经过顶升加固后建筑物各部分的沉降均得到了很好的恢复，最大恢复量达193mm，倾斜率也得到了很大的改善，水平位移最大恢复量252mm，可以使上部结构减轻由于地基沉降引起的附加应力，从而有效控制了上部结构墙体裂缝的进一步扩展，同时地基也得到了很好的加固，使建筑物更加安全可靠。加固顶升施工结束后，将对建筑物的周边排水系统进行全面改建，使得建筑物在以后的使用过程中不会由于地面渗水造成地基不均匀沉降，最后教学楼由危房变为符合国家安全使用标准的建筑，最大侧移由2%降为0.4%。

施工1周后各控制点位移　　表4.6

部位	控制点	相对沉降(mm)	水平位移量			
			纵向		横向	
			绝对值(mm)	倾斜率(%)	绝对值(mm)	倾斜率(%)
门厅部分框架总高度18.25m	1	0	45.0	0.20	21.0	0.1
	2	47	48.0	0.30	17.0	0.1
	4	−15	—	—	—	—

续表

部位	控制点	相对沉降(mm)	水平位移量			
			纵向		横向	
			绝对值(mm)	倾斜率(%)	绝对值(mm)	倾斜率(%)
教学楼砖混 14.39m	3	−143	10.0	1.00	10.0	0.1
	5	—	17.0	0.30	3.0	0.0
	10	−174	44.0	8.30	83.0	0.6
电教室框架 13.08m	6	−287	35.0	3.00	30.0	0.2
	7	−277	21.0	—	—	—
	8	−238	—	3.20	32.0	0.2
	9	−190	55.0	1.00	10.0	0.1

施工 6 周后各控制点位移一览表 **表 4.7**

部位	控制点	相对沉降(mm)	水平位移量			
			纵向		横向	
			绝对值(mm)	倾斜率(%)	绝对值(mm)	倾斜率(%)
门厅部分框架 总高度 18.25m	1	0	11.0	0.1	18.0	0.1
	2	40	10.0	0.1	12.0	0.1
	4	−54	25.0	0.1	—	—
教学楼砖混 14.39m	3	−25	18.0	0.1	15.0	0.1
	5	−23	—	—	—	—
	10	−58	36.0	0.3	62.0	0.4
电教室框架 13.08m	6	—	—	—	—	—
	7	−155	26.0	0.2	—	—
	8	−102	—	—	10.0	0.1
	9	−72	38.0	0.3	11.0	0.1

本章针对湿陷性黄土地区的建筑物和构筑物，由于地基不均匀沉降而导致建筑物的偏移的纠偏方法和地基加固技术进行了研究，提出了利用混合膨胀材料纠偏建筑物和加固地基的方法，采用膨胀法纠偏和加固地基技术，并在多项工程中得到了应用，成功地实现了建筑物的纠偏，通过理论研究和工程实践可以得出以下结论：

① 经过大量的工程实践，采用膨胀材料顶升纠偏加固湿陷性黄土地区偏移建筑物工程多项，加固顶升效果良好，建筑物纠偏部分的沉降基本上都能按设计预测要求得到恢复，各监测点水平位移都能达到较小值，满足了现行规范的建筑物正常使用要求，减小了裂缝的宽度并抑制了裂缝的进一步发展。同时对地基基础进行了全面加固，保证了建筑物在正常使用条件下不会发生新的地基沉降、上部结构倾斜及墙体裂缝等工程问题，顶升纠偏达到或基本达到了预期的目标。说明在湿陷性黄土地区采用生石灰桩这种膨胀材料顶升纠偏加固偏移建筑物是可行的。

② 推导的单位长度基础下顶升膨胀材料体积用量的计算公式对加固顶升具有理论指

导意义，计算结果准确可靠，施工中仅需根据工程实际情况进行适当调整即可。

③ 采用膨胀材料顶升纠偏加固湿陷性黄土地区偏移建筑物是一项细致的工作，需要采用现代信息技术，对各控制点的位移和裂缝宽度进行全面测控，以保证施工安全可靠。

④ 采用膨胀材料顶升纠偏加固湿陷性黄土地区偏移建筑物仅适用于基础不均匀沉降和建筑物偏移量相对较小的建筑物，对建筑物偏移量较大的建筑物进行纠偏建议使用其他方法。

4.6.3 基于桩基反力中心原理的微型钢管桩纠偏加固案例

近年来，笔者在以上原理、技术的指导下进行了多项纠偏加固工程的实践，取得了很好的效果，下面仅举一例进行说明，为类似桩基倾斜建筑物纠偏加固工程提供思路及借鉴。

(1) 工程概况

某高层建筑物位于甘肃省兰州市某小区（图 4.44*a*），地处黄河北岸高阶地，罗锅沟台地部位。场地原为罗锅沟支沟，南侧为山坡，北侧为深沟谷，后经人工挖填整平作为建筑场地，填土深度高达 30m，主要由粉土及泥质砂岩组成，局部含有卵砾及极少量的生活及建筑垃圾，场地土土层特性指标如表 4.8 所示。

试验场地的土层特性指标 **表 4.8**

土层编号	土层特性	土层埋深(m)
填土 1	三七灰土,夹杂卵石	0～3.5
填土 2	饱和粉土,土质均匀,可塑	3.5～19.1
填土 3	粉土,软塑,土质均匀,红褐色,呈岩芯柱状	19.1～29.2
砂岩	强风化岩,岩芯呈松散状或短柱状,遇水或暴露地表极易软化崩解或风化	29.2～33.4

建筑长度 49.0m，宽度 13.0m，高度 35.5m，总质量约 1.6 万 t，框架剪力墙结构，地下 1 层，地上 12 层。基础原设计为人工挖孔灌注桩基础，后因人工成孔困难，将基础形式变更为机械成孔灌注桩，桩径分别为 800mm、1000mm，桩底扩大头直径分别为 1400mm、1600mm，桩端持力层为中风化砂岩。住宅楼于 2008 年 1 月开工建设，2010 年 6 月竣工。2015 年开始出现倾斜现象，如图 4.44（*b*）所示，地下室部分剪力墙及框架柱开裂，上部填充墙及梁柱表面抹灰层出现裂缝。

(*a*)

(*b*)

图 4.44 倾斜建筑物现场图

(*a*) 倾斜建筑物全景图；(*b*) 倾斜建筑物局部裂缝

监测发现楼顶部测点与底部测点间位移值为225～357mm，楼体整体向南倾斜变形，最大倾斜度12.75‰，超过了《建筑地基基础设计规范》GB 50007—2011对多层和高层建筑整体倾斜允许值的要求，结构整体安全性受到严重影响。

（2）倾斜原因分析

经过现场实地勘察，原桩基钢筋混凝土灌注桩总数为52根，平面布置如图4.45所示，北侧桩基数量较南侧明显增多，桩基反力中心与上部结构的质量中心存在一定的偏移，具有明显的偏心效应，且52根钢筋混凝土灌注桩桩端均未进入持力层，且桩底未做扩大头，不符合现行规范《建筑桩基技术规范》JGJ 94规定的必须保证桩端进入持力层一定深度和钻孔需做扩底的要求。另一方面，沉降较大一侧（即南侧）填方黄土不均匀，土质存在较大的湿陷性，探井达到一定深度以后探测到积水淤积泥，说明原灌注桩桩侧摩阻力已发生削弱，故初步判断楼体沉降倾斜的主要原因是由于桩基反力中心与上部结构质量中心不重合，引起较大偏心弯矩，并在桩基承载力不足的情况下使得桩基产生不均匀沉降，建筑物整体向南侧倾斜，最终使建筑物倾斜变形和填充墙开裂变形。

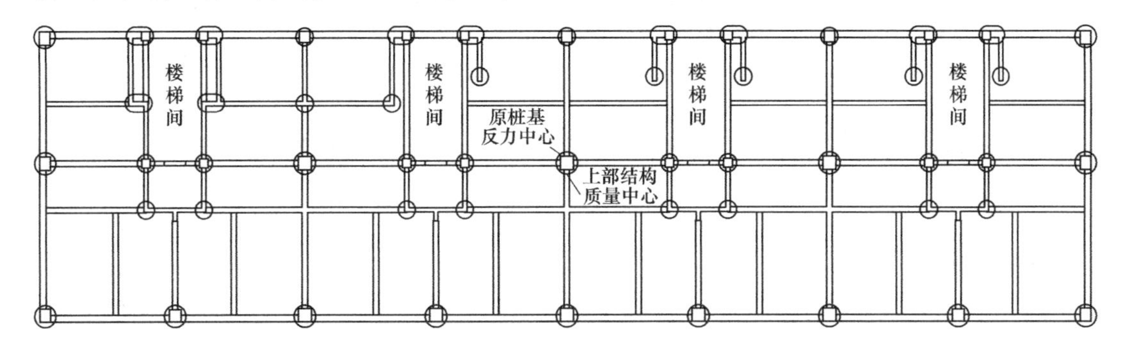

图4.45　原桩基平面图

（3）基于桩基反力中心原理的纠偏加固设计计算

根据倾斜方向、差异沉降量将桩基础分为南北两部分，北侧为诱降区，南侧为调整区，采用微型钢管桩对整栋建筑物进行纠偏与加固一体化设计，即在微型钢管桩顶部增设承台与原柱及底板连接，将原灌注桩钻孔进行截桩诱降以达到纠偏加固的目的，如图4.46所示。

根据地质勘察资料确定各类土层信息，取素填土极限侧阻力标准值为24kPa，回填粉土极限侧阻力标准值为52kPa，按式（4.19）对每根桩的单桩竖向极限承载力标准值进行计算，计算的原桩最小承载力特征值为2054kN，最大承载力特征值为3081kN，桩基总承载力为131466kN，小于建筑物总重160000kN，基桩竖向承载力不满足设计要求。再利用式（4.20）求得原桩基的反力中心为（−290.6，980.9），相对于上部结构质量中心（0，0）发生了明显偏移。考虑偏心附加弯矩后按式（4.21）对重新受力分配后的各桩承载力进行计算，计算的单桩反力最小值出现在西北方向，

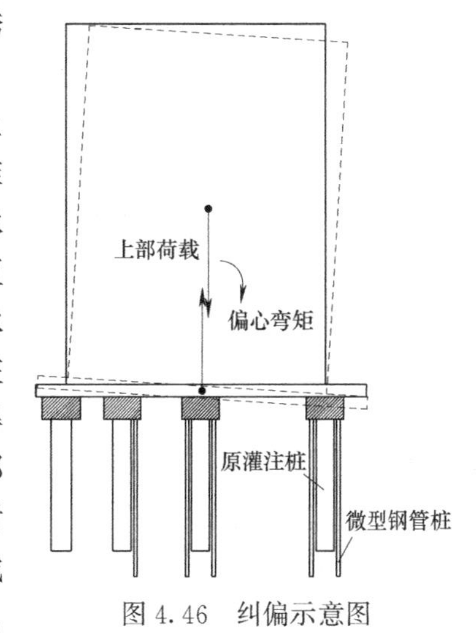

图4.46　纠偏示意图

为 2126.1kN，小于该桩实际承载力值 2558.8kN，单桩反力最大值出现在东南方向，为 4344.5kN，大于该桩原承载力特征值 3081kN，不满足承载力要求，故需进行补桩加固。

补桩所选桩型为微型钢管桩，桩端进入中风化砂岩深 2m，钢管混凝土桩内灌注 M50 水泥砂浆，钢管外包裹 15mm 厚的 M50 水泥砂浆，单桩承载力特征值取静载荷试验测得的单桩极限承载力特征值的 1/2，即 800kN。

根据所需单桩反力及原灌注桩承载力求得每根桩所需承载力，按式（4.21）进行补桩数量确定，经统计该住宅楼布置微型钢管桩数量 58 根，承台共 36 个，平面布置如图 4.47 所示。补桩后按式（4.20）再次求得桩基反力中心坐标为（−31.9，37.5），极大减小了桩基反力中心与上部结构质量中心不重合造成的桩基附加弯矩，满足纠偏要求。

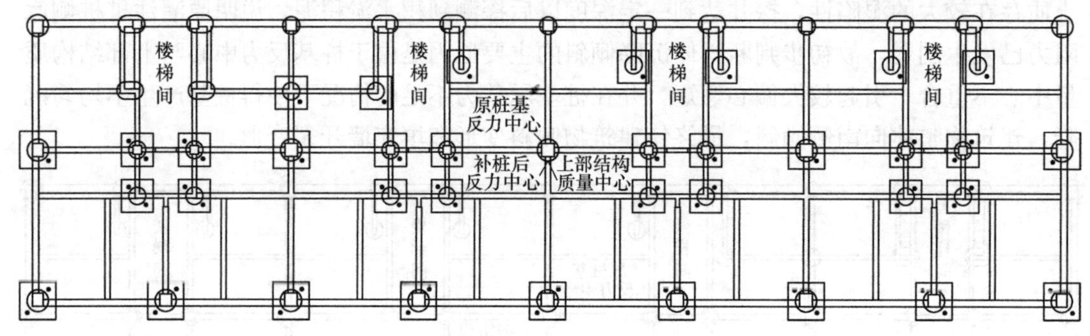

图 4.47　补桩后桩基平面图

(4) 结论

在深入分析桩基建筑物倾斜的基础上提出了一种基于桩基反力中心原理的纠偏加固理论，并在其指导下结合微型钢管桩进行纠偏及基础加固，该方法成功实现了某桩基建筑物纠偏与加固的一体化。通过理论研究、现场试验和工程实践得出了以下几点结论：

① 基于桩基反力中心原理的纠偏加固思想是在深入分析桩基建筑物倾斜原因的基础上提出的，其以减小基底附加压力分布的不均匀程度为出发点，能够较好指导桩基建筑物纠偏工程。

② 微型钢管桩纠偏加固方法可实现建筑物纠偏和地基加固的一体化，并达到原灌注桩加固在建筑物诱降纠倾之前完成的效果，在黄土填方地基中具有可行性。

③ 现场静载荷试验结果表明，本书所采用的微型钢管桩具有较高的承载力，单桩竖向极限承载力标准值不小于 1600kN，其实现建筑物纠偏和地基加固的关键技术分别为微型钢管桩的成桩工艺、微型钢管桩顶部增设承台和原柱及底板连接、原灌注桩钻孔截桩诱降措施。

④ 微型钢管桩进行桩基建筑物的纠偏加固在湿陷性黄土地区尚属首次，且桩土作用机理复杂，还需要进一步探索，所以对于不同地区、场地条件的桩基建筑物纠偏加固是否也可应用此方法还有待进一步验证和完善。

4.6.4　水平掏土法纠倾加固工程案例

(1) 工程概况

某高层商住楼为地下 1 层，主楼地上 17 层，裙楼 3 层，主楼总高度为 50m。其中主楼为剪力墙结构，裙楼均为框架剪力墙结构；基础形式均为平板式筏形基础，且主楼与裙楼筏板相连。筏板东西向最大长度 43m，南北向宽度 36m。筏板埋深−5.2m，筏板板厚 1.0m，筏板外伸 1.2m，筏板下为厚 150mm 的 C20 素混凝土垫层，垫层与筏板之间做建筑防水，防水层上为 50mm 厚 C20 混凝土保护层，垫层下为厚 500mm 的 3∶7 灰土垫层。

该楼所在场地属于关川河西岸二级阶地后缘。根据详勘报告及后期勘察资料，场地地层自上而下主要由黄土、角砾及泥岩三层组成，由于对湿陷性黄土进行了孔内深层强夯法（DDC 法）整片处理，该楼基础位于黄土复合地基土地层之上，复合地基土物理力学指标见表 4.9，倾斜变形情况见图 4.48。

复合地基土物理力学参数 **表 4.9**

地层名称	承载力特征值(kPa)	压缩模量 E(MPa)	黏聚力 c(kPa)	内摩擦角(°)
复合地基土	280	10.2	42	30

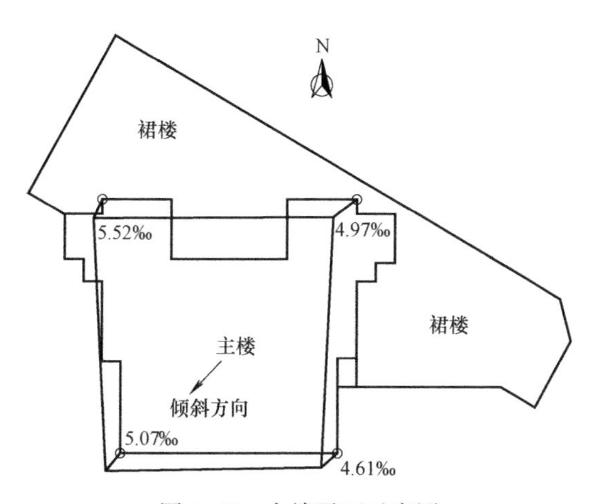

图 4.48 大楼平面示意图

(2) 掏土成孔相关参数计算

由于大楼存在设计缺陷，导致大楼偏心严重，建筑物基础底面的压应力可按式 (4.20) 计算：

$$p_{\text{kmin}}^{\text{kmax}}=\frac{F_{\text{k}}+G_{\text{k}}}{A}\pm\frac{M_{\text{p}}}{W} \tag{4.20}$$

式中，p_{kmax} 为荷载效应标准组合时，基础底面边缘最大压应力；p_{kmin} 为荷载效应标准组合时，基础底面边缘最小压应力；F_{k} 为上部结构活荷载标准值；G_{k} 为上部结构恒载标准值；M_{p} 为偏心荷载产生的总弯矩；A 为基础底面面积（m^2）；W 为基础底面抵抗矩（m^3）。

通过计算可得掏土前各区域地基应力分布等势图，如图 4.49 所示。

结合钻孔机械特点，一般可供选择钻孔孔径为 130mm 或 150mm，由于大楼东北侧筏板边缘目标沉降量为 70～80mm，目标沉降量较大，而孔周土破坏压缩后需占用部分体积，故选择钻机孔径为 150mm 较为合适。

结合式 (4.20) 及各相关物理参数进行计算，各区域达到临界状态时所需最小土条宽度 L_{cr} 如图 4.50 所示。

结合式 (4.20) 及各相关物理参数进行计算，各区域达到全塑性区状态时所需最小土条宽度 L_{qr} 如图 4.51 所示。

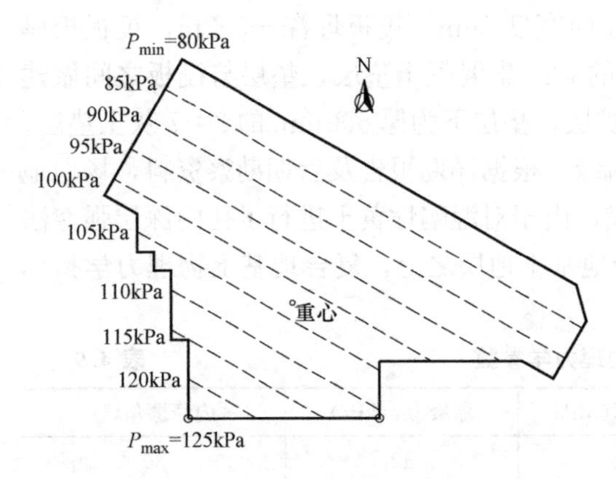

图 4.49　掏土前各区域地基应力等势图

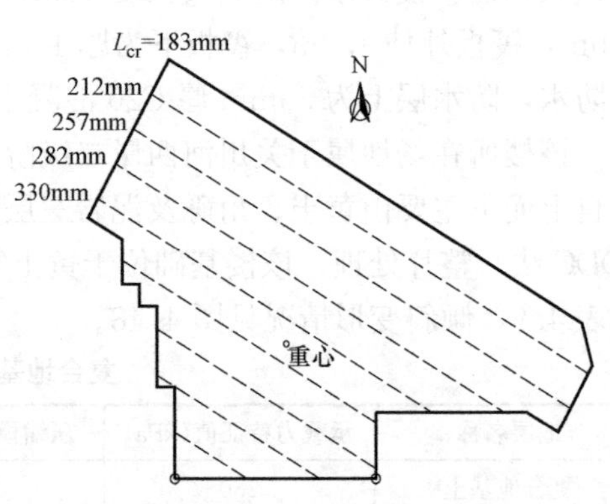

图 4.50　各区域达到临界状态时所需最小土条宽度

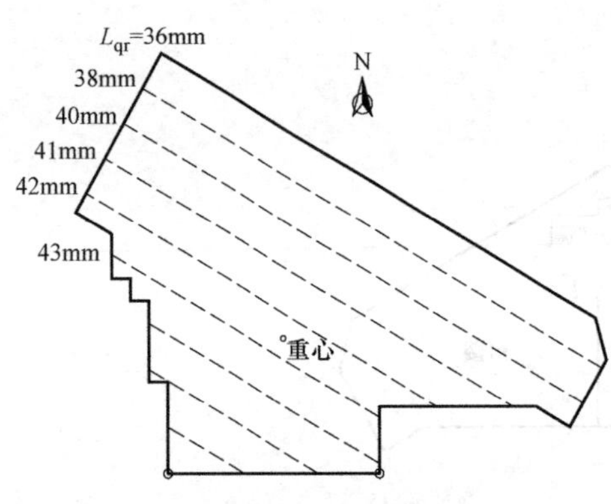

图 4.51　各区域达到全塑性状态时所需最小土条宽度

本着“掏土至临界，锚索加压至破坏”的原则，并使东北侧塑性区范围适当扩大，甚至达到全塑性区，西南侧介于全弹性区与全塑性区之间，掏土区范围为重心东南 1～2m，根据纠倾目标，东北边缘所需沉降量为 70～80mm，重心附近所需沉降量为 40～50mm，故设计东北侧边缘掏土孔土条宽度为 40mm，计算可得孔间土压缩变形量为 65mm，设计重心东南边缘掏土孔土条宽度为 60mm，计算可得孔间土压缩变形量为 28mm，基本与大楼纠倾目标值相吻合。

(3) 纠倾效果验证

2014 年 11 月 1 日开始对大楼进行纠倾，历时 4 个多月，大楼最大倾斜率由原来 5.52‰降到 2.54‰，达到我国规范的建筑物安全使用要求，监测点布置及沉降曲线分别见图 4.52、图 4.53。

由图 4.53 可知，大楼沉降基本趋于稳定，位于东北侧的 1、2、3 号观测点沉降值为 60～70mm 之间，西南角的 6 号点沉降最小，约 10mm，为加固侧竖井开挖影响所致，大楼附加沉降量与计算结果基本一致，说明所提出的计算方法有较好的实用性。

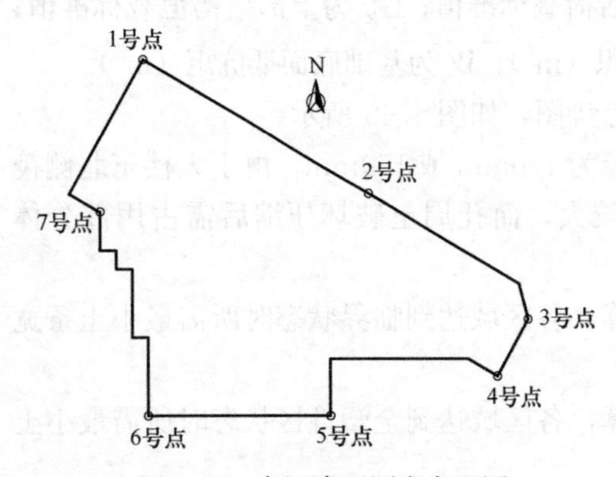

图 4.52　各沉降观测点布置图

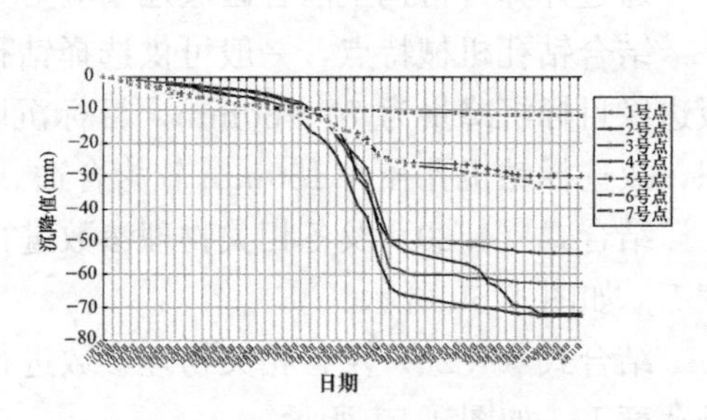

图 4.53　各观测点沉降曲线图

(4) 结论

通过将经典土力学与现代损伤力学结合，构建出简单实用的针对掏土迫降纠偏附加沉降的计算方法，并成功应用于纠偏工程实例，得出以下结论：

① 基于摩尔-库伦准则，分析孔间土的应力分布特点，得出孔间土塑性区范围，以及达到临界状态时所对应的土条宽度，为纠倾设计提供依据；

② 引入损伤力学观点，根据设计参数预测出最终附加沉降量，填补了以往纠偏只能依靠经验，不能准确计算的空白；

③ 将所提出的计算方法应用于基础形式复杂的纠偏工程中，计算结果与实际沉降量基本吻合；

④ 计算方法需确定的材料参数较少，且都是土力学最基本的物理参数，简单实用；

⑤ 计算方法没有考虑损伤区所承担荷载，而实际上，损伤区也承担一定荷载，服从特定的屈服准则，后续应加强研究，以建立更加符合掏土纠偏实际的计算方法。

思 考 题

1. 常见的软土地基工程事故有哪些？
2. 常见的湿陷性黄土工程事故有哪些？
3. 简述地基失稳工程事故的类型和产生的原因。
4. 简述加拿大特朗斯康谷仓地基失稳产生的原因。
5. 简述比萨斜塔地基失稳产生的原因。
6. 简述上海莲花河畔景苑 7 号楼地基失稳产生的原因。
7. 简述基础事故的特征和类型。
8. 简述基础事故的原因。
9. 简述地基基础加固方法。
10. 什么是扩大基础底面积加固法？
11. 什么是地基灌（注）浆加固法？
12. 简述加深墩式基础托换加固法。
13. 简述锚杆静压桩基础加固法。
14. 简述坑式静压桩法。
15. 简述树根桩加固法。
16. 建筑物倾斜的原因有哪些？
17. 建筑物纠倾加固工程有哪些技术特点？
18. 常用建筑物纠倾方法有哪些？
19. 如何合理选择建筑物纠倾方法？
20. 简述诱使沉降法纠倾加固方法的适用范围。
21. 简述膨胀法纠偏加固方法的适用条件和范围。
22. 简述基于桩基反力中心微型钢管桩纠偏加固的基本原理。

第5章　基坑工程事故分析与案例

20世纪90年代以来，随着我国经济建设的迅猛发展，城市可用土地资源日益紧张，向高空及地下争取建筑空间自然成为一个发展趋势。在此背景下，高层、超高层建筑以及地下工程在城镇建设中大量涌现，深基坑工程越来越多，深基坑工程的规模之大、深度之深前所未有，随之成为岩土工程中事故最为频发的领域，给岩土工程界提出了许多技术难题。

此外，受城市建筑场地的限制，深基坑工程往往需要考虑对邻近建筑物及地下管线的影响，基坑开挖的条件愈发复杂，对基坑开挖与支护的计算与设计理论、施工技术等的要求也越来越高。受深基坑工程建设环境和施工管理的独特性等不确定因素影响，深基坑工程势必存在较大的安全事故风险。一般深基坑工程事故的最大风险源是设计失误和施工质量问题。事故一旦发生将产生严重的损失，带来不良的社会影响。因此最大程度减少深基坑施工过程中的安全事故及造成的损失，是急需解决的问题。

为了解决深基坑工程事故频发的问题，我国住房和城乡建设部颁布了《危险性较大的分部分项工程安全管理规定》（中华人民共和国住房和城乡建设部令第37号）规定了危险性较大的分部分项工程，将“开挖深度超过5m（含5m）或地下室3层以上（含3层），或深度虽未超过5m，但地质条件和周围环境及地下管线特别复杂的基坑土方开挖、支护、降水工程”的深基坑工程列入其中，这就充分说明了深基坑工程的复杂性和危险性。

5.1　基坑工程特点

随着高层、超高建筑、地铁、地下商业和地下管廊的建设，我国地下工程的建设规模之大、数量之多达到了空前水平，深基坑工程也成为常见的工程项目。深基坑工程是一个工程地质、水文地质、基坑环境、岩土工程和结构工程相关的复杂岩土工程理论和技术问题。基坑支护结构的作用主要是承受基坑开挖卸载后所产生的土体压力和地下水压力，对基坑上部、侧壁和周边环境进行加固、封闭、隔离、支撑和保护，并将此压力传递到支护结构，以此来确保地下施工及周边环境的安全，是稳定基坑的一种临时施工措施。

深基坑工程主要有以下特点：

① 深基坑支护属临时性工程，设计的安全储备相对较小；

② 深基坑距离周边建筑越来越近。由于城市的改造与开发，基坑四周往往紧贴各种重要的建筑物，如轨道交通设施、地下管线、隧道、天然地基民宅、大型建筑物等，设计或施工不当，均会对周边建筑造成不利影响。施工场地越来越紧张（图5.1），给基坑支护设计和施工带来了很大的困难。例如宁波春江花城二期项目基坑，地下室距离外墙用地红线仅3.5m（图5.2）。

③ 基坑开挖正向大深度、大面积方向发展，基坑支护愈发困难。随着地下空间的开发利用，基坑越来越深，对设计理论与施工技术都提出了更高要求。如无锡恒隆广场基坑深近 27m，上海中心基坑深达 30m，均已挖入了承压水层。宁波嘉和中心二期项目基坑，平均开挖深度 18.3m，最大挖深 25.9m，整体为 3 层地下室布局，局部有夹层（图 5.3）。天津西站二期项目基坑，总面积为 39000m^2，基坑周长达 855m（图 5.4）。

④ 场地工程地质及水文地质条件的复杂不均匀性，导致勘察数据难以全面反映建筑场地的情况，增加了支护工程的设计、施工难度。例如，兰州地铁遇到了具有透水性、易风化崩解的红砂岩，给基坑设计和施工带来了很大的困难（图 5.5、图 5.6）。

图 5.1　深基坑紧邻重要建筑物

图 5.2　宁波春江花城二期项目基坑

图 5.3　宁波嘉和中心二期基坑

图 5.4　天津西站二期项目基坑

图 5.5　兰州地铁红砂岩基坑渗流引起风化

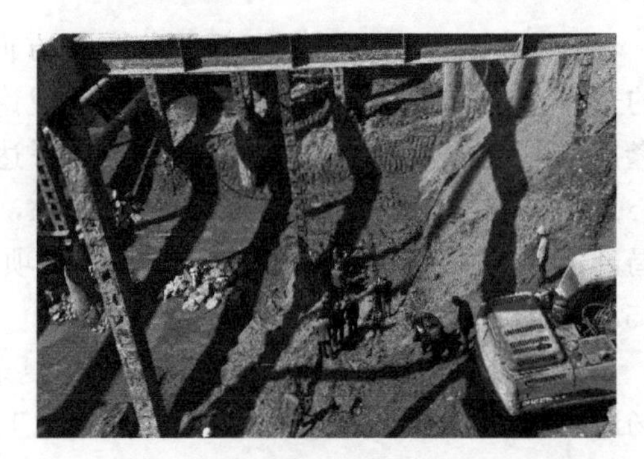

图 5.6　兰州地铁基坑红砂岩风化崩解

5.2　基坑工程事故的类型

深基坑工程事故类型很多，成因也较为复杂。在水土压力共同作用下，支护结构可能发生破坏，支护结构形式不同，破坏形式也有差异。渗流可能引起流土、流砂、突涌，造成破坏。围护结构变形过大及地下水流失，引起周围建筑物及地下管线破坏也属基坑工程事故。粗略地划分，深基坑工程事故形式可分为以下三类：

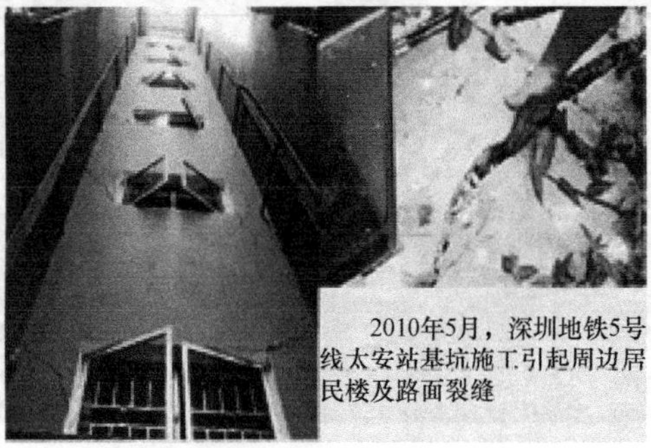

2010年5月，深圳地铁5号线太安站基坑施工引起周边居民楼及路面裂缝

图 5.7　某深基坑开挖引起周边建筑开裂

(1) 基坑周边环境破坏

在深基坑工程施工过程中，会对周围土体有不同程度的扰动，一个重要影响表现为引起周围地表不均匀下沉，从而影响周围建筑物、构筑物及地下管线的正常使用，严重的造成工程事故（图 5.7）。引起周围地表沉降的因素有：基坑墙体变位；基坑回弹、隆起；井点降水引起的地层固结；抽水造成砂土损失、管涌流砂等。因此如何预测和减小施工引起的地面沉降已成为深基坑工程界急需解决的难点问题。

(2) 深基坑支护体系破坏

深基坑支护体系破坏形式很多，下面主要介绍几种常见的破坏形式。

① 基坑围护体系失稳事故

此类事故主要是由于施工抢进度，超量挖土，支撑架设跟不上，围护体系缺少支撑或锚固，或者由于施工单位不按图施工，少加支撑和锚杆，致使围护体系的支撑或锚杆应力过大而折断或支撑轴力过大而失稳（图 5.8）。2011 年杭州某深基坑围护桩折断事故（图 5.9）、某支护内撑失稳引起的支护结构破坏（图 5.10），均属这种破坏。

② 基坑围护整体失稳事故

在软土、高地下水位及其他复杂场地条件下开挖基坑，易引发土体滑移、基坑失稳、支护结构严重漏水、流土等病害（图 5.11），对周边建筑物及地下管线造成严重影响。深基坑开挖后，土体沿围护墙体下形成的圆弧滑面或软弱夹层发生整体滑动失稳的破坏。2009 年 3 月 19 日，青海省西宁市商业巷深基坑坍塌事故，就是深基坑土钉墙围护整体失稳破坏事故（图 5.12）。

图 5.8　某基坑支撑断裂导致基坑失稳

图 5.9　杭州某深基坑围护桩折断事故

图 5.10　某支护内撑失稳引起的支护结构破坏

图 5.11　某深基坑支护结构漏水、流土事故

图 5.12　深基坑土钉墙整体失稳破坏

图 5.13　某深基坑发生“踢脚”破坏

③ 基坑围护踢脚破坏

由于深基坑围护墙体插入基坑底部深度较小，同时底部土体强度较低，从而发生围护墙底向基坑内发生较大的“踢脚”变形，同时引起坑内土体隆起。图 5.13 为某深基坑发生“踢脚”破坏。

④ 坑内滑坡导致基坑内撑失稳

在火车站、地铁车站等长条形深基坑内放坡挖土时，由于基坑超挖、降雨或其他原因引起的滑坡可能冲毁基坑内先期施工的支撑及立柱，导致基坑破坏。2009 年杭州某基坑土体失稳引起了支撑体系破坏（图 5.14）。

(3) 地下水渗流引起的基坑破坏

地下水渗流破坏有以下几种：

① 基坑壁水土流失破坏

在饱和含水地层（特别是有砂层、粉砂层或者其他的夹层等透水性较好的地层），由于围护墙的止水效果不好或止水结构失效，致使大量的水夹带砂粒涌入基坑，严重的水土流失会造成地面塌陷。某深基坑止水帷幕渗漏、桩间流土事故，导致基坑支护失效（图 5.14）。

② 基坑底突涌破坏

由于对承压水的降水不当，在隔水层中开挖基坑时，当基底以下承压含水层的水头压力冲破基坑底部土层，将导致坑底突涌破坏。上海某深基坑坑底内发生承压水突涌，导致基坑工程出现险情（图 5.15）。

图 5.14　某深基坑止水帷幕渗漏、桩间流土事故

图 5.15　上海某深基坑出现承压水突涌事故

③ 基坑底管涌破坏

在砂层或粉砂地层中开挖基坑时，在不打井点或井点失效后，会产生冒水翻砂（即管涌），严重时会导致基坑失稳。当建筑基坑坑底出现管涌时，可能会导致基坑支护结构整体失稳（图 5.16）。

图 5.16　某深基坑发生坑底管涌事故

深基坑工程事故问题，从形式上看表现为基坑破坏或周边建筑物、管线破坏等，实际上深基坑工程事故发生的原因往往是多方面的，具有复杂性。

5.3　深基坑常见事故原因分析

大部分深基坑事故是基坑支护结构承载力、稳定性不足，或由于基坑变形过大而引起周边建筑物和管线破坏，发生基坑支护事故的原因复杂多样。究其原因主要有以下几点。

(1) 勘测资料不全或不详细

一方面，勘测点过少，易忽略某些软弱土层，以此提供的土质、土壤分层和地下水位等情况与实际情况有较大差别，易导致错选支护形式。另一方面，勘察资料不详细，重要的数据不全，设计人员缺乏设计依据，最后套用或乱估数据，特别是对于经验不足的设计人员，事故风险更高。

(2) 设计缺陷

由于深基坑工程涉及多门学科，设计人员经验不足，易导致支护事故的发生，如珠海某深基坑事故，采用了不合理的支护方案从而造成大面积坍塌。部分设计人员为了简便，套用参数、漏选参数或折减土压力，最后导致支护结构安全储备不够从而发生较大变形。

(3) 施工问题

由于深基坑一般位于中心城区，施工场地狭窄，开挖的土石方、建筑材料、施工机械和车辆常放置在基坑周边，导致基坑土侧压力大于设计值而造成支护结构产生过大变形甚至破坏。施工质量未达到设计要求也是大量深基坑事故的主要原因。另外，有时施工顺序错误也会导致基坑工程事故，施工方面可能引起的原因很多，主要原因有以下几方面：

① 土方开挖较深，放坡不够或没有按照土的特性分别放坡，致使边坡失稳而坍塌。

② 在有地表水、地下水作用的土层开挖基坑时，未采用有效的排水、降水措施，土层受到地表水和地下水的影响而使黏聚力及内摩擦角降低，造成边坡在土体重力作用下失稳。集水坑设置在透水性大的土层上，从而导致流砂现象。

③ 降水措施不当引发的事故。在地下水位较高的地区，若未做好止水帷幕或止水帷幕存在缺陷，由于降水漏斗曲线的作用和降水带出较多土粒而使土体产生固结沉降，导致基坑周围建筑物、道路出现不均匀沉降、开裂，甚至破坏。有些工程即使做好了止水帷幕，但由于大量坑内降水，导致坑内外水位差大于坑底土体的浮密度，从而产生管涌现象。

④ 开挖次序、方法不当造成边坡失稳，施工时违反施工规程，在支撑系统上随意增加施工荷载或施工机械，任意碰撞支撑系统而引发支撑系统失稳。

⑤ 挡土结构嵌入深度不足，使结构内倾或基脚不稳，地下连续墙或灌注桩出现严重蜂窝孔洞、灌注桩缩径断桩、钢筋笼长度不足、钢板桩咬合不良及搅拌桩入土深度不足。

⑥ 基坑周边不合理的动荷载及超荷载引起挡土结构侧压力过大。

⑦ 挖土时未按照有关规定分层分段开挖而出现超挖，挖土时未预留坡肩或集水坑沟开挖过深造成基坑失稳。

⑧ 锚杆成孔时清孔不彻底，致使锚杆抗拔力降低。注浆压力不足、浆液流失，使固结体强度不足，降低了锚杆的抗拔力。

⑨ 支撑系统的围檩背填不密实，致使围檩被压坏、扭曲变形或翼缘局部失稳，从而引起挡土结构失稳。钢筋混凝土支撑混凝土质量不好或强度不足而被压坏。

(4) 监测不到位引起的事故

基坑工程在施工期间，要做到信息化施工，其正确的监测预警是保证基坑工程安全的重要方面，由于监测原因也会引起基坑工程事故，一般监测事故的主要原因有：

① 基坑监控目的和监测项目不明确。

② 监控报警装置陈旧。

③ 监测方法及监测精度不符合有关要求。

④ 监测点的布置不合理。

⑤ 监测周期、工序管理和记录制度以及信息反馈系统不合理。

5.4 案例分析

5.4.1 案例一——青岛某广场深基坑坍塌事故

青岛某广场改造工程，地下4层，主体结构28层，框架剪力墙结构，西侧和南侧临近道路和建筑，通行车辆较多。建设、施工、监理和监测单位均为本地公司。该工程在进行地下室施工时，突然发生基坑坍塌事故，造成南侧路面塌陷，影响了交通（图5.17）。

(1) 事故主要原因

事故发生后，当地相关部门立即进行了调查。本事故主要有以下三方面直接原因：

① 施工单位未严格按设计方案对基坑土石方和支护结构进行作业，施工工序颠倒，

图 5.17　青岛某基坑坍塌事故

支护不到位，在未做好支护的情况下继续下挖，导致超挖。

② 个别锚杆的张拉预应力不足，导致支护的抵抗力偏小。

③ 在基坑边坡上有不明水管漏水，未及时发现，造成土质松软。

（2）事故主要责任

① 建设单位对深基坑现场的安全防护不够重视，未组织施工单位、监理单位等相关单位对施工现场安全进行定期巡视；没有认真查看监测报告。

② 施工单位现场管理混乱，不按支护设计方案施工，违规操作，存在超挖现象；安全管理人员未定期对现场进行安全巡视和未对施工员进行安全技术交底，安全制度落实不到位。

③ 监理单位对建设单位和施工单位的安全规范落实的监督力度不够，对违章施工行为未进行监督整改；对易引发深基坑事故的风险源没有重点监督检查。

④ 监测单位未认真履行职责，未有效地设置监测点并监测；监测报告未及时向建设单位和施工单位申报。

5.4.2　案例二——黑龙江省哈尔滨市“01.04”基坑坍塌事故

2006 年 1 月 4 日，黑龙江省哈尔滨市某勘察设计院经济适用住房工程发生基坑土方坍塌事故，造成 3 人死亡、3 人轻伤。该工程在建设单位未获得施工许可证，未确定工程监理单位，未办理建设工程安全监督手续等情况下开工。事发当日 18 时左右，施工单位项目部在组织施工人员挖掘基坑时，靠近周边小区锅炉房一侧的杂填土发生滑落。为保证毗邻建筑物锅炉房和烟囱安全，21 时，施工单位开始埋设帷幕桩进行防护。23 时，2 名施工人员在基坑内进行帷幕桩作业时，突然发生土方坍塌，将其中 1 人埋入坍塌土方中，坑上人员立即下坑抢救，抢救过程中发生二次土方坍塌，导致人员伤亡（图 5.18）。

（1）事故原因分析

① 直接原因

施工单位未按施工程序埋设帷幕桩，帷幕桩抗弯强度及刚度均未达到《建筑基坑支护技术规程》JGJ 120 的要求。在进行帷幕桩作业时，未采取安全防范措施，毗邻建筑物（锅炉房）一侧杂填土密度低于其他部位，在开挖土方和埋设帷幕桩时，对杂填土层产生

图 5.18 黑龙江省哈尔滨市某勘察设计院经济适用住房工程基坑事故

了扰动，进一步降低了基坑土壁的强度，导致坍塌事故发生；施工单位在抢险救援过程中措施不力，致使事故灾害进一步扩大。

② 间接原因

建设单位未按照《中华人民共和国建筑法》等有关法律法规要求认真履行职责，在未取得施工许可证、未委托工程监理、未向施工单位提供工程毗邻建筑物保护和深基坑支护等安全防护设计方案、未办理建设工程安全监督手续等施工手续的情况下，默许施工单位进行施工，对施工单位超范围违规作业制止不力，导致工程管理和施工现场安全监管失控。

施工单位未按照《建设工程安全生产管理条例》等有关法律法规的要求履行职责，未严格落实安全生产责任制和建立健全安全生产制度。在未取得施工许可证和制定毗邻建筑物保护及深基坑支护等安全防护施工方案，没有办理建设工程安全监督手续及未与建设单位签订工程合同的情况下超范围违规作业。施工现场管理混乱，安全检查和安全防范措施不到位，安全培训教育工作不到位，从业人员缺乏应有的安全意识和自我保护能力；未能认真制定和实施事故后应急救援预案，致使抢险救援过程中发生二次坍塌，导致事故灾害进一步扩大。

(2) 事故责任

建设单位作为一个省级的勘察设计院，一是未向施工单位提供工程毗邻建筑物保护、深基坑支护等安全防护设计方案；二是设计的帷幕桩抗弯强度及刚度均未达到现行规范《建筑基坑支护技术规程》JGJ 120 的要求；三是未要求施工单位组织专家对深基坑工程专项施工方案进行论证审查；四是未能认真审查基坑工程等危险性较大工程的安全专项施工方案并监督实施。加之没有对深基坑开挖深度 3 倍以上范围附近的地质状况、建筑物、构筑物等情况进行调查，就盲目组织开工建设，甚至放弃对工程的监督管理，默许施工单位不按要求实施先治理后开挖，盲目进行深基坑人工挖掘，导致技术防范缺失、工程管理混乱、安全监管失控。

施工单位未建立健全安全生产保障体系，安全生产基础管理工作滞后。施工单位违背《中华人民共和国安全生产法》《建设工程安全生产管理条例》以及《黑龙江省建设工程安全生产管理办法》的要求，未遵守安全施工的强制性标准，未严格落实安全生产责任制和建立健全安全生产管理制度，未办理建设工程安全监督手续，未与建设单位签订工程合同的情况下超范围违规作业，颠倒了帷幕桩的施工程序，在基坑部分形成后才进行帷幕桩施工，失去其支挡作用。

(3) 经验教训

这是一起由于违反施工技术规程、施工单位安全生产保障体系不健全而引发的安全生产责任事故。事故的发生暴露出建设工程各方主体责任不明确、安全监管缺失等问题。我们应认真吸取事故教训做好以下几方面的工作：

① 进一步强化工程建设各方主体责任。这起事故中，工程建设各方主体管理不到位。建设单位违法擅自组织开工建设，且未委托有资质的单位进行监理，甚至放弃对工程的监督管理。施工单位不履行职责，施工现场管理混乱，安全检查和安全防范措施不到位，安全培训教育工作不到位；未能认真制定和实施应急救援预案，从业人员缺乏应有的安全意识和自我保护能力，野蛮施工，盲目抢险导致事故灾害进一步扩大。

② 重点加强基础工程安全技术保障。基坑坍塌是容易发生群死群伤的事故类型，近年来为减少这类事故的发生，国家相继颁布了《建筑工程预防坍塌事故若干规定》等文件。但是基坑施工的安全隐患在许多施工现场屡见不鲜，未能引起相关单位和人员重视。因此，还要加强建筑基坑安全管理工作。

③ 健全完善安全生产责任追究制度。目前，有关安全生产的法律、法规、标准、规范以及各级的规章制度比较健全，关键是“执行力”不足，有法不依，有章不循。在经济利益的驱动下，个别企业和领导置施工人员生命安全于不顾，将“以人为本”的要求仅仅停留在口头上。当一个企业对各种标准、规定、要求不贯彻、不执行，施工中出现事故就有其必然性；一个不懂法的领导或不掌握规范、标准的管理者指挥安全生产，那就是最大的隐患。

④ 严格按照施工规范、程序组织施工。施工单位要建立和完善安全生产保障体系，建立健全安全生产责任制；施工作业过程中严格按照施工方案进行作业，要加强现场安全检查，不违章指挥，不超范围违规作业；认真制定和实施事故应急救援预案；强化安全培训教育，提高从业人员的安全意识和自我保护能力，尤其是应对突发事件的处理能力。建筑施工必须按照规范要求对危险性较大的分部分项工程编制专项施工方案。

⑤ 强化各方安全生产责任。建设、设计、施工、监理单位要严格按照有关的建筑安全法律法规的要求，承担各自的安全生产责任。施工单位对基坑工程等危险性较大的分部分项工程编制专项施工方案，经相关方审查同意签字后，方可进行施工，对达到论证规模的基坑应组织专家进行审查论证，进一步加强对危险性较大工程的安全管理。

5.4.3 案例三——广州海珠城广场基坑坍塌

(1) 事故概况

海珠城广场基坑周长约 340m，原设计地下室 4 层，基坑开挖深度为 17m。该基坑东侧为江南大道，江南大道下为广州地铁二号线，二号线隧道结构边缘与本基坑东侧支护结构距离为 5.7m；基坑西侧、北侧邻近河涌，北面河涌范围为 22m 宽的渠箱；基坑南侧东部距离海员宾馆 20m，海员宾馆楼高 7 层，采用 ϕ340 锤击灌注桩基础；基坑南侧距离隔山一号楼 20m，楼高 7 层，基础也采用 ϕ340 锤击灌注桩。

该工程地质情况从上至下依次为：填土层，厚 0.7～3.6m；淤泥质土层，层厚 0.5～

2.9m；细砂层，个别孔揭露，层厚 0.5～1.3m；强风化泥岩，顶面埋深为 2.8～5.7m，层厚 0.3m；中风化泥岩，埋深 3.6～7.2m，层厚 1.5～16.7m；微风化岩，埋深 6.0～20.2m，层厚 1.8～12.84m。由于本工程岩层埋深较浅，因此原设计支护方案如下：基坑东侧、基坑南侧偏东 34m、北侧偏东 30m 范围内，上部 5.2m 采用喷锚支护方案，下部采用挖孔桩结合钢管内支撑的方案，挖孔桩底标高为－20.00m。基坑西侧上部采用挖孔桩结合预应力锚索方案，下部采用喷锚支护方案。基坑南侧、北侧的剩余部分，采用喷锚支护方案。后由于±0.00 标高调整，实际基坑开挖深度调整为 15.30m。

基坑在 2002 年 10 月 31 日开始施工，2003 年 7 月施工至设计深度 15.3m，后由于上部结构重新调整，地下室从原设计 4 层改为 5 层，地下室开挖深度从原设计的 15.3m 增至 19.6m。由于地下室周边地梁高为 0.7m，因此，实际基坑开挖深度为 20.3m，比原设计挖孔桩桩底深 0.3m。

新的基坑设计方案确定后，2004 年 11 月重新开始从地下 4 层基坑底往地下 5 层施工。2005 年 7 月 21 日上午，基坑南侧东部桩加钢支撑部分最大位移约为 40mm，其中从 7 月 20 日～21 日位移增大 18mm，基坑南侧中部喷锚支护部分，最大位移约为 150mm。2005 年 7 月 21 日 12 时左右，广州海珠区江南大道南珠城海广场深基坑发生滑坡，导致 3 人死亡，4 人受伤，地铁二号线停运近 1 天，7 层的海员宾馆倒塌，多家商铺失火被焚，一栋 7 层居民楼受损，3 栋居民被迫转移（图 5.19）。基坑东侧、南侧坍塌事故照片如图 5.20、图 5.21 所示。

图 5.19 基坑东侧坍塌照片

图 5.20 基坑东侧坍塌照片

图 5.21 基坑南侧坍塌照片

(2) 事故原因

① 基坑原设计深度只有 16.2m，而实际开挖深度为 20.3m，超深 4.1m，造成原支护桩成为吊脚桩，尽管后来设计有所变更，但对已施工的围护桩和锚索等构件已无法调整，成为隐患。

② 根据地质勘察资料和实际开挖情况，南边地层向坑内倾斜，并存在软弱透水夹层，随着开挖深度增大，导致深部滑动。

③ 基坑施工时间长达 2 年 9 个月，基坑暴露时间大大超过临时支护为 1 年的时间，导致开挖地层软化渗透水，已施工构件的锈蚀和锚索预应力的损失，强度降低，甚至失效。

④ 事故发生前在南边坑顶因施工而造成东段严重超载，成为基坑滑坡的导火线。

⑤ 从施工纪录和现场监测结果分析，在基坑滑坡前已有明显预兆，但没有引起应有的重视，更没有采取针对性的措施，也是导致事故的原因之一。

5.4.4 案例四——青海省西宁市某深基坑事故分析

(1) 事故概况

2009 年 3 月 19 日，青海省西宁市商业巷南市场的某工程深基坑施工现场发生坍塌事故，20 多名工人在施工现场为基坑边坡喷浆时，基坑突然坍塌，8 人被埋入土中当场死亡，坍塌基坑（图 5.22）事故造成了重大生命和财产损失及不良的社会影响，事后有关部门组织专家组对事故产生的原因进行了分析和处理，本书作者参与了事故处理的全过程，以下是对事故产生原因的分析。

施工的基坑开挖深度为 12m，从地面到基坑底部依次为填土层，填土厚度约 2.4m，以下为砂砾层，厚度大于 10m，土层基本物理参数见表 5.1。

土层的基本物理参数 **表 5.1**

土层名称	土层平均厚度 (m)	重度 γ(kN・m^{-3})	黏聚力 c(kPa)	内摩擦角 φ(°)	界面黏结强度 τ(kPa)
①回填土	2.4	16	10	22.0	40
②砂砾石	>10	20.0	0	35.0	180

事故调查发现本工程无完整的基坑支护设计图，仅有一个支护剖面图。基坑支护是由施工单位自行设计并施工，采用土钉墙的支护方法，土钉的长度、间距、注浆体的直径和面板的厚度均不符合承载力和稳定性的计算要求，具体基坑支护立面和剖面分别见图 5.23 和图 5.24。

(2) 事故原因分析

工程事故分析专家组认为，造成坍塌的原因是施工单位在基坑设计和施工过程中，基坑支护土钉长度不足、土钉注浆孔注浆不饱满、面板厚度不够等，而施工期处于冻融交替

图 5.22 深基坑坍塌

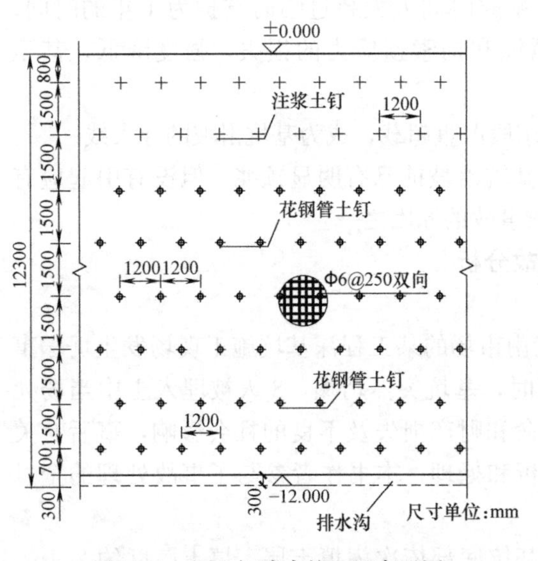

图 5.23 原土钉墙支护立面布置图

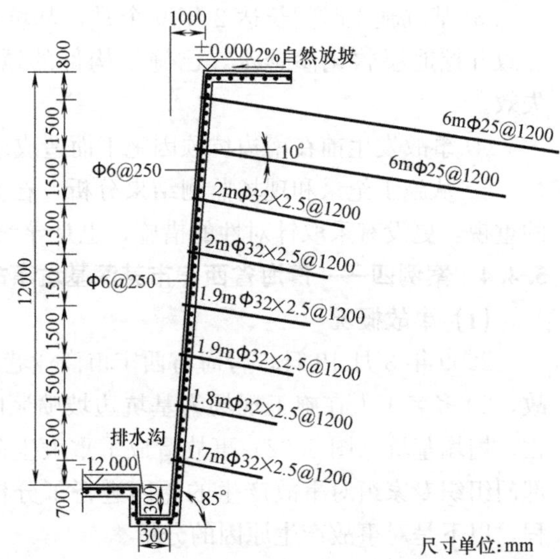

图 5.24 原土钉墙支护剖面图

期及施工中的震动是造成坍塌的诱发因素。现场调查发现，事故现场砂砾层中的锚杆长度未达到设计要求，花钢管土钉设计长度为3～5m，而在事故现场随机抽样3根钢管平均长度仅为1.82m，最长的为1.93m，最短的仅有1.64m。同时，原设计方案中，基坑开挖前要先在边缘打下竖向超前微型柱，起到支撑与固定作用，但是经现场查看证实无微型桩。此外，边坡上喷射的混凝土面层设计厚度为80mm，现场随机抽查实际为55～66mm。而基坑上部边缘，施工单位设置的临时彩板房，也增加了地面的堆载。本文作者对此次事故进行了全面的分析，认为事故原因有设计、施工和管理三方面的原因，现就这三方面的原因分析如下。

1）设计方面

① 设计方案选择有误

按照我国《建筑基坑支护技术规程》JGJ 120 土钉墙设计应考虑以下内容：土钉支护可用于边坡的稳定，特别适用于黏性土、弱胶结砂土以及破碎软弱岩质路堑边坡加固，不宜用于含水丰富的粉细砂层、砂砾卵石层和淤泥质土，对安全等级为一级的土钉墙支护高度不得大于8m。本工程工程地质条件见表5.1，以砂砾土为主，基坑深度为12m，基坑四周离既有建筑距离很近，最近仅4m。因此，基坑安全等级应为一级，选择土钉墙支护技术存在风险。

② 土钉墙设计不能满足承载力和稳定性要求

对基坑的施工方案进行承载力和稳定性分析，按照施工单位给定的设计条件，取基坑安全等级为2级，基坑重要性系数取1.0，整体滑移分项系数取1.3，土钉抗拉分项系数取1.3，地表作用满布均布荷载10kN/m^2，坡面与水平面夹角85°，土钉与水平面夹角10°。根据现场地质情况，第一、二排土钉采用HRB335级钢筋，钢筋直径为25mm，第三～八排土钉采用D32花钢管土钉，具体设计见图5.23、图5.24和表5.2。经过对本基坑工程原设计进行验算，稳定性安全系数仅为0.449，承载力和稳定性计算结果见表5.2。从计算结果分析，原设计施工的土钉墙支护均不能满足承载力和稳定性要求。

原土钉墙支护结构承载力和稳定性验算结果 **表 5.2**

土钉排数	抗拉荷载标准值(kN)	抗拉承载力设计值(kN)	原设计长度(m)
1	0	0.966615	6
2	9.56877	13.0493	6
3	99.6707	125.273	2
4	138.926	173.991	2
5	178.182	224.1	1.9
6	217.437	272.818	1.9
7	256.693	321.536	1.8
8	295.949	370.253	1.7
稳定性系数 F_s			0.449208

③ 土钉墙钉头设计不能满足冲切要求

我国现行规范《建筑基坑支护技术规程》JGJ 120 中的土钉墙钉头设计未给出设计计算方法，土钉墙钉头出现冲切和剪切破坏是土钉墙支护结构常见的破坏形态，事实上在西北黄土地区土钉墙支护常见的破坏形态一般有 2 种，一是滑移稳定性破坏，另一个就是钉头冲切拔出破坏。本工程顶部两层注浆土钉的破坏就是钉头拔出破坏（图 5.25），本工程土钉墙面板厚度仅为 60mm，钉头连接本身就不牢靠，经验算钉头的抗冲切能力仅为土钉承载力的 30%左右，远不能满足钉头强度要求。

图 5.25 钉头冲切拔出破坏

2）施工方面

① 土钉注浆问题

经现场检查，顶部两层注浆土钉底部 3m 左右注浆孔满浆，外部 3m 范围均不满浆，使土钉不能处于良好的工作状态，下部 6 层花钢管土钉管内无注浆痕迹，不能使土钉与土体很好的黏结，也是基坑支护破坏的重要原因之一。

② 土钉钉头连接问题

本工程土钉与混凝土面板为可靠连接，现场勘察发现仅采用 2 根 HPB235 级Φ10 钢筋与土钉钉头点焊，抗冲切能力与焊接工人焊接方法密切相关，有很大的随机性，不能保证钉头连接质量。

③ 土钉墙面板厚度问题

现场随机抽查面板实际厚度为55～66mm，未达到我国《建筑基坑支护技术规程》JGJ 120中土钉墙面板厚度最小为80mm的规定，且不能满足钉头抗冲切和抗剪切的要求。

3）管理方面的原因

事实上，深基坑支护工程在我国事故不断，有地铁车站施工时引起的重大事故，也有类似本工程的重大事故，原因比较复杂。但是，本工程事故完全是由于设计、施工和管理原因造成的，是完全可以避免的，管理方面主要问题有：

① 深基坑工程未纳入设计管理范围，我国幅员辽阔，省市地区众多，技术水平参差不齐，有些省、市、自治区没有把基坑工程纳入设计管理，多数由施工单位自行设计施工，设计单位对基坑工程不设计或者有些设计单位不会设计；

② 由于政府管理不到位，很多建设工程开工前五证不全，给工程施工带来了很大的隐患；

③ 基坑工程设计和施工人员的水平有待进一步提高。

(3) 经验教训

随着建筑、地铁建设规模的不断加大，基坑的深度和规模也在不断地扩大，基坑工程的事故也越来越多，通过本工程事故分析，可以得到以下结论和启示：

① 与原设计进行对比，可以看出原设计方案中基坑的稳定性安全系数远小于《深基坑工程技术规程》JGJ 120所规定的1.3的要求，设计和施工存在重大技术问题。

② 基坑工程虽为临时支护工程，但是出现问题会造成重大的生命和财产损失。

③ 基坑工程地域特点非常明显，我国幅员辽阔，各地应研究和摸索适合当地特点的深基坑支护方法，这样才会做到经济、安全。

④ 基坑工程风险性很大，各地政府管理部门应该纳入设计管理，以保证基坑工程的经济和安全。

思 考 题

1. 现代深基坑工程特点有哪些？
2. 简述深基坑工程事故的类型。
3. 常见深基坑事故的主要原因有哪些？
4. 深基坑工程事故是工程安全事故还是工程质量事故？为什么说减少深基坑工程事故是保证施工安全的重要方面？
5. 分析近期发生的一例基坑工程事故原因和处理方法。

第6章 结构工程事故类型及发生原因

随着国家经济的持续高速发展，土建工程建设也保持高速增长，国家对工程建设质量的重视程度也在逐步提高，国家颁布了一系列新的法律、法规、规范、规程，研究如何控制提高工程建设质量具有重要意义。但是，大量的工程建设，无法避免工程结构质量问题的产生，因此，研究各种结构工程事故的分析与处理方法，对提高工程使用寿命，减少工程浪费意义重大。我国土木工程结构主要以钢筋混凝土结构、钢结构和砌体结构为主，这些结构由于勘察设计、材料的生产、施工过程的管理均可能出现工程质量问题，因而产生结构工程质量事故。

结构工程事故种类繁多，由于产生事故的原因复杂，导致这些事故原因千变万化。有勘察设计、施工和不当使用引起的，也有地基基础承载力不足，不均匀变形和使用环境变化引起的。一般主要有结构承载力不足产生的安全问题，也有结构产生过大变形、过大裂缝或者过大振动而不满足正常使用要求等事故。

6.1 工程结构质量事故的主要类型

土木工程是人类生存、生活、工作的重要物质基础，是创造世界、改造世界不可缺少的设施，土木工程质量一直是社会关注的一个热点问题。近年来，我国土木工程的质量总体不断在提高，但工程质量事故还时有发生，给人民生命财产造成了很大损失，引起了业内人士的高度重视。本书在广泛调查、收集案例的基础上，按照钢结构、混凝土结构和砌体结构等不同结构种类，分析了不同工程结构工程事故的种类，可为工程事故分析与处理提供方便。

6.1.1 混凝土工程结构事故的主要类型

混凝土工程结构因其优越的综合性能，在土建工程中被广泛应用，已成为重要的工程结构。混凝土工程使用的材料来源广泛，施工工序多，制作工期长，其中某一环节出错都会引起质量事故。从已有混凝土结构质量事故统计分析来看，施工不良引起的事故占较高比例，是造成混凝土结构质量事故的一个重要原因。

按照工程事故性质可将混凝土事故分为土木工程功能事故、混凝土外观质量缺陷、混凝土强度不足引起的承载力问题、裂缝和变形等事故类型。

(1) 钢筋混凝土结构功能事故

钢筋混凝土结构功能事故包括房屋漏水、渗水、隔热或隔声要求达不到设计要求、装饰工程质量达不到标准等。虽说这些事故还不至于造成安全问题，但严重影响工程结构的使用功能，给业主使用造成极大的不便。

① 保温隔热事故

冬季的内墙面结露回霜和保温板的虚贴，面层的开裂和空鼓，裂缝渗水导致保温层失效等都会影响到建筑物的保温隔热性能。

② 渗漏工程事故

渗漏工程事故一般包括屋面渗漏，外墙面渗漏，外门窗口渗漏，厨房及卫生间渗漏，地下结构渗漏等。该事故可能是防水层未按国家标准施工，防水层老化或管道漏水等原因导致的。

(2) 混凝土外观质量缺陷

混凝土外观质量缺陷是混凝土结构的一项常见通病，如蜂窝、麻面、孔洞、露筋、缺棱掉角、表面酥松和收缩裂缝等。

(3) 混凝土强度不足问题

混凝土强度不足是工程质量的大问题，往往会影响结构或构件的承载力，主要表现为：

① 混凝土结构强度低，不满足设计强度和承载力要求；

② 混凝土抗裂性能差，过早地产生过多、过宽的裂缝，影响结构的耐久性和正常使用；

③ 构件刚度下降，变形过大影响其正常使用等。

依据混凝土结构设计原理分析，混凝土强度不足对不同结构强度的影响程度是不一样的。对于轴心受压构件、小偏心受压或受拉钢筋配置较多的构件，通常按混凝土承受全部或大部分荷载进行设计，如混凝土强度不足，可能发生混凝土受压破坏，因此混凝土强度不足对构件承载力影响明显。

此外，构件的冲切承载能力与混凝土抗拉强度成正比，混凝土强度不足时，构件的抗冲切能力明显下降。对于轴心受拉构件、受弯构件、大偏心受压且受拉钢筋配置不多的构件，在受拉、受弯构件强度计算中，不考虑混凝土的作用，因此混凝土强度不足时，对受拉部位或受拉构件承载力影响不大。

(4) 混凝土裂缝问题

混凝土结构构件的裂缝是材料中某种不连续的现象，是一个普遍的技术问题。混凝土结构或构件出现裂缝，有的破坏结构整体性，降低构件刚度，影响结构承载力；有的会引起钢筋锈蚀，降低耐久性；有的会发生渗漏，影响正常使用。

混凝土结构裂缝可以分为：塑性收缩裂缝、变形裂缝、混凝土徐变变形裂缝、设计构造不当造成的裂缝、施工不当引起的裂缝。

塑性收缩裂缝：塑性收缩是指混凝土在凝结之前，表面因失水较快而产生的收缩。塑性收缩裂缝一般在干热或大风天气出现，裂缝多呈中间宽，两侧细且长短不一，互不连贯状态。影响混凝土塑性收缩开裂的主要因素有水灰比、混凝土的凝结时间、环境温度、风速、相对湿度等。

变形裂缝：变形裂缝又分为温度变形裂缝、沉降变形裂缝、干缩变形裂缝。

温度变形裂缝：因混凝土内部和表面的散热条件不同，就会在混凝土内部产生温度变形和温度应力。当这种温度应力超过混凝土的抗拉强度时，就会产生裂缝。大体积混凝土、纵长的混凝土结构及大面积混凝土工程，易产生温度裂缝。

沉降变形裂缝：由于地基不均匀沉降而引起，裂缝的大小、形状、方向决定于地基变形的情况，由于地基变形造成的应力相对较大，使得沉降变形裂缝一般是贯穿性的。

干缩变形裂缝：因混凝土表层和内部水分损失快慢不同，导致其收缩变形不一致，进而在表面混凝土形成拉力，当其超过抗拉强度时，便产生收缩裂缝。实践表明，混凝土的干燥收缩和用水量成正比，同时也随砂率的增大而增大，但增大的数值并不显著。

混凝土徐变变形裂缝：混凝土在长期荷载作用下会发生徐变现象，一般要延续2～3年或者更久才逐渐趋向稳定。混凝土不论是受压、受拉或受弯时，均会产生徐变现象。这种变形产生的应力超过混凝土抗拉强度时，就可能产生裂缝。

设计构造不当造成裂缝：结构构件断面突变或因开洞、留槽引起应力集中；构造处理不当、现浇主次梁处如没有设附加箍筋或附加吊筋以及各种结构缝设置不当等因素均容易导致混凝土开裂。

施工不当引起的裂缝：模板构造不当，漏水、漏浆、支撑刚度不足、过早拆模等都可能造成混凝土开裂；混凝土养护不当，特别是早期养护不好可能要形成裂缝；钢筋表面污染，混凝土保护层太薄或太厚，浇筑中碰撞钢筋使其移位等都可能引起裂缝。

(5) 混凝土结构耐久性问题

在土木工程结构服役期内，由于耐久性设计或者施工问题而导致的混凝土碳化和钢筋锈蚀严重，当碳化和锈蚀超过一定量值时，会导致混凝土结构开裂，结构将不能满足承载力和适用性要求。

(6) 建筑物倒塌事故

工程结构的倒塌事故是指建筑物整体或局部倒塌，一般会造成严重人员伤亡，属于重大事故或灾害性事故。建筑结构倒塌的原因可分为三种，第一是由于施工或设计的失误，第二是由于地震、火灾和飓风等偶然荷载作用，第三是由于煤气爆炸、炸弹爆炸、飞行器撞击等偶然事件产生的作用。

建筑物按最终倒塌模式一般可分为倾覆倒塌和竖向倒塌，2020年3月7日泉州欣欣宾馆倒塌就是竖向倒塌（图6.1），而2009年6月27日上海闵行区"莲花河畔景苑"7号楼倒塌事件属倾覆倒塌。倾覆倒塌主要是在结构抗侧强度和刚度退化后由重力二阶效应，即 P-Δ 效应引起的过大层间变形所致，而竖向倒塌主要是由结构各承重构件失效所致，实际工程的倒塌破坏兼有两种典型破坏特征。

图6.1　建筑竖向倒塌

各国研究者主要借助于以下研究手段进行事故分析：灾害调查评估、试验研究和非线性数值分析。抗倒塌设计策略应该是：通过加强结构系统的整体性，增加结构的延性、连续性和赘余度，当部分构件破坏后能改变传力路线，将破坏限制在允许的范围内，达到避免建筑倒塌的目的。

混凝土结构在广泛应用的同时，其事故也引起了普遍关注。混凝土结构事故可以从结构设计、施工、维修、材料以及对外因的考虑不周等方面进行防治，以提高钢筋混凝土结构质量。

6.1.2 钢结构工程事故的主要类型

钢结构在土木工程结构的使用量在快速增加，工程事故也在不断增多，一般钢结构工程事故主要有材料自身缺陷、结构承载力和刚度不足、构件连接及耐久性方面的问题，使结构的承载力和适用性存在问题等，钢结构工程事故的类型主要包括以下几种：

(1) 设计失误

由于设计失误造成钢结构承载力和刚度不足，而产生的结构倒塌破坏、变形过大等问题。

(2) 钢材材料自身缺陷

钢材的质量主要取决于冶炼、浇铸和轧制过程中的质量控制，如果某些环节出现问题将会使钢材质量下降并含有缺陷。常用的钢材缺陷有：断裂、夹层、微孔、白点、内部破裂、氧化铁皮、斑疤、夹杂、划痕、切痕、过热、过烧、脱炭、机械性能不合格、化学成分不合格或严重偏析，或者钢材尺寸不足而导致的承载力不足等问题。

(3) 加工制作过程中可能存在的缺陷

构件加工制作可能产生的各种缺陷主要有：

① 选用钢材的性能不合格；切割、冲孔、冷加工带来的硬化及微裂纹；构件热加工引起的残余应力；放样尺寸存在误差。

② 焊接工艺中可能存在的缺陷，其缺陷主要有热影响区母材的塑性、韧性降低，钢材硬化、变脆和开裂；焊接残余应力和残余应变；各种焊接缺陷，如裂纹、气孔、夹渣、焊瘤、烧穿、弧坑、咬边、未熔等。

(4) 钢结构运输、安装和使用维护中可能存在的缺陷

① 运输中引起结构或其构件产生的较大变形和损伤；

② 结构吊装过程中引起的结构或其构件生较大的变形和局部失稳；

③ 安装过程中没有设置或没有设置足够的临时支撑或锚固，导致结构或其构件产生较大的变形、丧失稳定性，甚至倾覆；

④ 施工连接的质量不满足设计要求；

⑤ 使用期间由于地基的不均匀沉降等原因造成的结构损坏。

(5) 基础不均匀沉降导致上部结构破坏

钢结构在使用期间由于地基基础产生过大的不均匀沉降，使结构整体或者局部失去承载力或稳定性。

(6) 耐久性问题

钢结构在服役期维护不到位而导致钢材锈蚀，使结构或部分构件不能满足承载力、稳定性和适用性的要求。

6.1.3 砌体结构工程事故的类型

虽然现在混凝土结构和钢结构发展十分迅速，但是由于其成本高，施工工艺复杂，大型设备较多，在现阶段还不能完全替代砌体结构，而砌体结构的材料来源广泛，施工设备和施工工艺较简单，可以不用大型机械，能较好地连续施工，还可以大量地节约木材、水泥和钢材，相对造价低廉，因而在小城镇得到广泛应用。但是由于砌体的抗拉、抗弯、抗剪性能较差，并且由设计、施工以及建筑材料等原因引发的砌体结构的质量事故也较多，其中砌体出现裂缝是非常普遍的质量事故。砌体中出现的裂缝不仅影响建筑物的美观，而且还造成房屋渗漏，甚至会影响到建筑物的结构强度、刚度、稳定性和耐久性，也会给房屋使用者造成较大的心理压力和负担。在很多情况下，裂缝的发生与发展还是大事故的先兆，对此必须认真分析，妥善处理。砌体工程常见的工程质量事故有以下几种：

(1) 砌体强度不足

① 设计截面太小，承载力不足

有一些砌体结构的房屋设计图纸应用时未经校核；或者参考了别的图纸，但荷载增加了或截面减少了而未作计算；或者虽然作了计算，但因少算或漏算荷载，使实际设计的砌体承载力不足；也有的虽然进行了墙体总的承载力计算，但忽视了墙体高厚比和局部承压的计算。如果砌体的承载力不足，则在荷载作用下将出现各种裂缝，以致出现压碎、断裂、倒塌等现象，这类裂缝的出现，很可能导致结构失效。

② 水、电、暖、卫设备留洞留槽削弱墙截面太多；

③ 材料质量不合格，如砌体用砖和砂浆强度等级不符合设计要求，采用不符合标准的水泥和掺合料等；

④ 施工质量差，砂浆饱满度严重不足，施工时砖没有浸水，引起灰缝强度不足等。

(2) 砌体错位变形

① 砌体墙高厚比过大导致使用阶段失稳变形；

② 施工质量问题，如墙体出现竖向偏斜，使用后受力导致变形增加，甚至错动；

③ 施工顺序不当，如纵横墙不同时咬槎砌筑，导致新砌体墙平面外变形失稳；

④ 施工工艺不当，如灰砂砖砌筑，导致砌筑时失稳。

(3) 局部损伤或倒塌

① 墙体由于施工或使用中的碰撞冲击而掉角、穿洞，甚至局部倒塌；

② 墙体在使用过程中受到酸碱腐蚀，使得部分墙体严重损伤；

③ 冬期采用冻结法施工，解冻期无适当措施，导致砌体墙倒塌。

(4) 基础不均匀沉降导致墙体开裂

在使用期间由于地基基础产生过大的不均匀沉降，使砌体结构墙体开裂产生过大裂缝，失去承载力或稳定性。

当地基发生不均匀沉降后，沉降大的砌体与沉降小的砌体会产生相对位移，从而使砌体中产生附加拉应力或剪应力，当这种附加应力超过砌体的强度时，砌体中便产生相对裂缝。这种裂缝一般都是斜向的，且多发生在门窗洞口上下。这种裂缝的特点是：

① 裂缝一般呈倾斜状，说明因砌体内主拉应力过大而使墙体开裂；

② 裂缝较多出现在纵墙上，较少出现在横墙上，说明纵墙的抗弯刚度相对较小；

③ 在房屋空间刚度被削弱的部位，裂缝比较集中。

6.2 工程结构质量事故产生的主要原因

6.2.1 混凝土工程结构事故的原因

混凝土是一种由砂石集料、水泥、水及其他外加材料混合而形成的非均质脆性材料。由于混凝土施工和本身变形、约束等一系列问题，硬化成形的混凝土中存在着众多的微孔隙、气穴和微裂缝，这些混凝土建筑和构件通常都是带缝工作的，裂缝的存在和发展通常会使内部的钢筋等材料产生腐蚀，降低钢筋混凝土材料的承载能力、耐久性及抗渗能力，影响建筑物的外观、使用寿命，严重者将会威胁到人的安全。混凝土裂缝产生的原因很多，有变形引起的裂缝，如温度变化、收缩、膨胀、不均匀沉陷等原因引起的；有外载作用引起的裂缝；有养护环境不当和化学作用引起的裂缝等。在实际工程中要区别对待，根据实际情况解决问题。产生混凝土结构工程事故的原因主要有：

(1) 设计原因

混凝土工程事故中由于设计引起的问题相对较少，一般设计原因主要有以下几方面：

① 设计承载力不足

由于分析计算失误，导致构件或者结构承载力不足，而导致混凝土结构出现较大裂缝和变形、构件破坏或结构整体倒塌等事故。

② 设计中对混凝的收缩和温度应力考虑不足

设计中未考虑混凝土收缩问题，设计过长结构体系和超长构件，导致混凝土产生较大裂缝。设计中对温度应力考虑不足，特别是大体积混凝土的水化温度对混凝土结构的影响，局部高温工作状态的构件，而导致构件产生过大裂缝。

③ 设计中对结构耐久性考虑不周

设计中对处于腐蚀环境中的混凝土未提出耐腐蚀要求，导致混凝土碳化、开裂和钢筋锈蚀，使结构承载力不足，构件或结构破坏。

(2) 施工原因

混凝土结构施工过程繁杂，每一个环节出现问题，则会导致工程质量事故，混凝土结构在施工过程容易出现事故的原因主要有以下几方面：

① 混凝土原材料问题

原材料质量差，如水泥出厂期过长或受潮变质，外加剂质量不稳定，粗、细集料级配不良或含泥量较多等；混凝土配合比不当，如配合比设计计算错误，随意套用配合比，用水量加大，砂石含水率未调整等；施工工艺问题，如混凝土拌制不佳，浇筑方法不当，振捣不够密实，运输条件差，养护不到位等。

② 模板施工问题

对于模板的要求是坚固、严密、平整、光滑，但由于现场施工把控不严，往往发生许多质量问题。例如：模板强度、整体稳定性不足引起的塌模；刚度不足、变形过大造成的构件扭曲；模板拼缝不严引起漏浆造成的蜂窝麻面；混凝土强度不足过早拆模引起的构件损坏等。

③ 钢筋施工问题

钢筋作为钢筋混凝土结构的主要受力材料，虽然其施工质量必须严格把控，但在多种因素作用下，现场施工时往往得不到有效控制。例如：现场防护不到位，露天堆放而未进行必要的遮盖，受雨水浸泡而严重锈蚀，未经除锈直接使用；钢筋质量存在问题，在强度、延伸率、冷弯性能、硫磷含量等方面达不到设计使用要求，或存在缺陷，影响施工质量；施工人员不看图或对图纸不详细，不按图施工，错误布筋，严重影响了钢筋的使用效果；不按操作规范施工，关键受力连接部位接头过于集中；钢筋接头绑扎、焊接不牢，绑扎松扣、虚焊、漏焊等。

④ 混凝土施工问题。

混凝土施工质量问题比较常见也比较严重，从已有的混凝土施工质量事故来看，其原因是多方面的。

混凝土配合比问题。主要包括混凝土配合比不对和不按配合比设计配料两个方面。为增加混凝土的流动性，操作人员盲目多加水；偷工减料降低成本，减少水泥用量，缩小混凝土使用面积，或降低混凝土浇筑厚度；材料质量把控不严，以次充好采用劣质甚至过期水泥，以假充真采用假冒伪劣产品；施工要求不严，搁置时间过长，搅拌的混凝土超过初凝时间后才进行浇筑，影响混凝土质量，导致其承载力不足引发事故。

混凝土振捣不实。为使混凝土密实结合，消除混凝土蜂窝麻面等现象，提高其强度，保证混凝土构件的质量，在浇筑混凝土时必须排除其中的气泡，进行捣固，振捣密实。对于新浇筑的混凝土，不管采用什么样的振捣方法，振捣不实都会导致混凝土构件出现蜂窝、麻面、孔洞及漏筋等质量问题，对混凝土构件的质量造成不利影响。

混凝土浇筑顺序不当。混凝土构件浇筑过程中，由于浇筑顺序不当，往往容易使模板产生不利变形，因此，现场浇筑时必须按照规定的顺序进行浇筑。对于一些大体积、大规模的混凝土，由于易产生收缩裂缝，在浇筑混凝土时还应注意按照规定要求，在适当部位预留好施工缝，否则也会埋下质量事故隐患。

混凝土养护不当。对于新浇筑的混凝土构件，应当按照规范要求细心养护，保持必要的温湿环境。夏天应注意保持新浇筑混凝土构件的湿润，防止过早失水；冬季应注意冻害影响。

从施工不良方面来看，引起钢筋混凝土结构质量事故的原因是多方面的，具体包括建筑工程管理方面、现场施工方面。

6.2.2 钢结构事故的原因

钢结构的事故按破坏形式大致可分为：钢结构承载力和刚度失效；钢结构失稳；钢结构疲劳；钢结构脆性断裂和钢结构的腐蚀等。

(1) 钢结构承载力和刚度失效

钢结构承载力失效指正常使用状态下结构构件或连接材料强度被超越而导致破坏。其主要原因为：

① 钢材的强度指标不合格。合格钢结构设计中有两个重要强度指标：屈服强度 f_y；另外，当结构构件承受较大剪力或扭矩时，钢材抗剪强度 f_v 也是重要指标。

② 连接强度不满足要求。焊接连接的强度取决于是否与母材匹配的焊接材料强度、焊接工艺、焊缝质量和缺陷及其检查控制、焊接对母材热影响区强度的影响等；螺栓连接强度的影响因素为：螺栓及其附件材料的质量以及热处理效果（高强度螺栓）、螺栓连接的施工技术工艺的控制，特别是高强度螺栓预应力控制和摩擦面的处理、螺栓孔引起被连接构件截面的削弱和应力集中等。

③ 使用荷载和条件的变化。包括计算荷载的超载、部分构件退出工作引起其他构件荷载增加、意外冲击荷载、温度变化引起的附加应力、基础不均匀沉降引起的附加应力等。

钢结构刚度问题指钢结构产生影响其继续承载或正常使用的塑性变形或振动。其主要原因为：

① 结构或构件的刚度不满足设计要求，如轴压构件不满足长细比要求；受弯构件不满足允许挠度要求；压弯构件不满足上述两方面要求等。

② 结构支撑体系不足。支撑体系是保证结构整体和局部稳定的重要组成部分，它不仅对抵制水平荷载、抗振动有利，而且直接影响结构正常使用（如工业厂房整体刚度不足时，在吊车运行过程中会产生振动和摇晃）。

(2) 钢结构失稳

钢结构的失稳主要发生在轴压、压弯和受弯构件。它可分为两类：丧失整体稳定性和丧失局部稳定性。两类失稳都将影响结构构件的正常使用，也可能引发其他形式的破坏。影响结构构件整体稳定性的主要原因有：

① 构件整体稳定不满足要求。影响它的主要参数为长细比（$\lambda=l/r$），其中 l 为构件的计算长度，r 为构件截面的回转半径。应注意截面两个主轴方向的计算长度可能有所不同，以及构件两端实际支承面情况与计算支承面间的区别。

② 构件有各类初始缺陷。在构件的稳定分析中，各类初始缺陷对其极限承载力的影响比较显著。这些初始缺陷主要包括：初弯曲、初偏心（轴压构件）、热轧和冷加工产生的残余应力和残余变形及其分布、焊接残余应力和残余变形等。

③ 构件受力条件的改变。钢结构使用荷载和使用条件的改变，如超载、节点的破坏、温度的变化、基础的不均匀沉降、意外的冲击荷载等，引起受压构件应力增加，或使受拉构件转变为受压构件，从而导致构件整体失稳。

④ 施工临时支撑体系不够。在构件的安装过程中，由于结构并未完全形成一个设计要求的受力整体或其整体刚度较弱，因而需要设置一些临时支撑体系来维持结构或构件的整体稳定。若临时支撑体系不完善，轻则会使部分构件丧失整体稳定性，重则造成整个结构的倒塌或倾覆。

影响结构构件局部稳定性的主要原因有：

① 构件局部稳定不满足要求。如构件T形、槽形截面翼缘的宽厚比和腹板的高厚比大于允许偏差值时，易发生局部失稳现象；在组合截面构件设计中应特别注意。

② 局部受力部位加劲肋构造措施不合理。当在构件的局部受力部位，如支座、较大集中荷载作用点，没有设支承加劲肋，使外力直接传给较薄的腹板而产生局部失稳。构件运输单元的两端以及较长构件的中间如没有设置横隔，截面的几何形状不变难以保证且易丧失局部稳定性。

③ 吊装时吊点位置选择不当。在吊装过程中，由于吊点位置选择不当会造成构件局部较大的压应力，从而导致局部失稳。所以钢结构在设计时，图纸中应详细说明正确的起吊方法和吊点位置。

(3) 钢结构疲劳破坏

钢结构疲劳分析时，习惯上当循环次数 $N<10^5$ 时称为低周疲劳，$N>10^5$ 时称为高周疲劳。经常承受动力荷载的钢结构，如吊车梁、桥梁等在工作期限内经历的循环应力次

数往往超过 10^5 次。钢结构构件的实际循环应力特征和实际循环次数超过设计时所采取的参数，就可能发生疲劳破坏。此外影响钢结构疲劳破坏的因素还有：所用钢材的抗疲劳性能差；结构构件中较大应力集中区；钢结构构件加工制作时有缺陷，其中裂纹缺陷对钢材疲劳强度的影响比较大；钢材的冷热加工、焊接工艺所产生的残余应力及残余变形对钢材疲劳强度的影响。

(4) 钢结构脆性断裂

钢结构脆性破坏是极限状态中最危险的破坏形式之一。它的发生往往很突然，没有明显的塑性变形，而破坏时构件的应力很低，有时只有其屈服强度的 0.2 倍。影响钢结构脆性断裂的因素主要有：

① 钢材抗脆性断裂性能差。钢材的塑性、韧性和对裂纹的敏感性都影响其抗脆性断裂性能，其中冲击韧性起决定作用。

② 构件制作加工缺陷。构件的高应力集中会使构件在局部产生复杂应力状态，它们也将影响构件局部韧性，限制其塑性变形，从而提高构件脆性断裂的可能。

③ 低温和动载。随着温度降低，钢材的屈服强度 f_y 和抗拉强度 f_u 会有所升高，而钢材的塑性指标截面收缩率 Φ 却有所降低，使钢材变脆。通常把钢结构构件在低温下的脆性破坏称为“低温冷脆现象”。至于动载对钢结构脆性破坏的影响则可解释为：钢材在循环应力反复作用下生成疲劳裂纹，裂纹的扩展直至整个截面的破坏往往是很突然的，无明显塑性变形，即疲劳裂纹的扩展破坏呈脆性破坏特征。

(5) 钢结构腐蚀破坏

普通钢材的抗腐蚀能力比较差，这一直是工程上关注的重要问题。腐蚀使钢结构杆件净截面面积减小，降低结构承载力和可靠度，腐蚀形成的“锈蚀”使钢结构脆性破坏的可能性增大，尤其是抗冷脆性能下降。一般来说钢结构的下列部位容易发生锈蚀：埋入地下及地面附近部位，如柱脚可能遭受水或水蒸气侵蚀，干湿交替又未包混凝土的构件；易集灰又湿度大的构件部位；组合截面净空小于 12mm，难于涂刷油漆的部位；屋盖结构、柱与屋架节点、吊车梁与柱节点部位等。

钢结构在工程建设中已经得到广泛使用，钢结构的跨度大、有效利用空间宽广、施工进度快、工期短且经济实用。目前，钢结构已经成为与混凝土结构并列的一大建筑结构体系。实践证明，钢结构的制作工艺严格、施工要求精度高，工程实施过程中应严格控制好钢结构构件的选材、加工制作与安装。工程技术管理人员要做好分部分项工程的检查验收工作，加强施工过程中关键部位及工序的监督检查，以保证工程质量，满足工程建设的使用功能。

6.2.3 砌体结构事故的原因

砌体结构具有造价低廉，易于就地取材，有良好的耐火性、较好的化学及大气稳定性，并有较好的保温隔热性能，施工可以不需用大型机械设备，施工操作简便等特点。目前，在全国各地的中、小城市和农村仍有广泛应用。然而，近年来由于种种原因，砌体结构发生的质量事故比较频繁，引起人们的关注，工程技术及管理人员对其产生的原因必须认真分析总结。

(1) 设计方面引起结构质量事故的主要因素

① 不精心设计，图纸内容粗糙、不准确。

有些工程甚至是套用旧图纸，使用时也未经校核，有时参照别的图纸，但荷载增加了，而未作计算。有的虽然作了计算，但因少算或者漏算荷载，使得砌体承载力不足，如再遇上施工质量不佳，常常引起房屋倒塌。如某小学教学楼，二层砖混结构，工程接近完工时，突然倒塌，造成多人伤亡。事后查明，该工程只是参考一般混合结构布置，画了几张平面、立面、剖面草图就进行施工，而且使用低质小窑砖，经事后测定砖的强度不足，等级为 MU5，砂浆只有 M0.4，结构承载力严重不足，房屋倒塌成为必然。

② 不进行方案优化，尤其不考虑空旷房屋承载力降低因素。

一些礼堂、食堂、车间，层高大、横墙少，导致房屋的空间刚度很差、大梁下局部压力大，很容易引起质量事故。一般情况下大梁支承于砖墙上，可按简支梁进行内力分析。构造上做成能实现铰接（梁端可有微小转动）的条件，比较好的做法是梁垫预制，而不是与梁整体现浇。再就是遇到空旷房屋，可按框架结构计算内力来复核墙体承载力，若墙体不足以承受由此而引起的约束弯矩，建议采用钢筋混凝土框架结构，或者将窗间墙改为加垛的 T 形截面。有的设计人员注意了墙体总的承载力计算，但忽略了墙体高厚比和局部承压问题。高厚比不足会引起失稳破坏，而局压不足，又未设梁垫，或梁垫尺寸过小，则会引起局部砌体压碎，进而造成整个墙体倒塌。

③ 重计算、轻构造。

圈梁、构造柱的设置可以提高砌体结构的整体性，在意外事故发生时可避免或减轻人员伤亡及财产损失，尤其是抗震设防地区。

（2）施工方面引起结构质量事故的主要因素

① 原材料质量好坏，直接影响砌体结构的施工质量及其承载力。水泥（灰）、砂子、水、掺合料等组分的成分、含量以及配合比的准确性，都会严重影响到砂浆的使用性能和强度，导致砌体承载力下降，施工中必须按照国家现行规范严格控制，块体材料的等级（强度）也必须满足设计和相关标准的规定。实际工程中原材料的质量问题，导致砌体结构质量事故的概率约占 30%以上，必须引起高度重视。

② 砌体质量好坏很大程度上取决于砌筑质量，施工中除应掌握正确砌筑方法外，还须做到灰缝横平竖直、砂浆饱满、组砌得当、接槎可靠，以保证砌体有足够的强度与稳定性。施工管理不善、工序不到位、质量把关不严是造成砌体结构事故的重要原因。其中砌体接槎不正确、灰浆不饱满、组砌不当及砖柱采用包芯砌法等引起的结构事故频率很高。

③ 砌筑时在墙上任意开洞、留设脚手眼及沟槽等，砌体上施加了荷载或脚手架拆除后未及时填补洞（槽）、脚手眼等，都会过多地削弱墙体的有效面积，影响其承载力和稳定性。再者，墙体前期强度较低，而施工荷载又大，很容易造成墙体失稳倒塌。施工中应严格按照工程设计图纸及《砌体结构工程施工质量验收规范》GB 50203 的具体要求和规定进行洞口留设。有的墙体比较高、横墙间距又大，当楼（屋）面结构未施工时，墙体处于悬臂状态，且砌体初期强度又不高，施工中如不注意临时支撑加固，遇上大风或水平施工荷载等不利因素时，必将造成失稳破坏和伤亡事故发生。

④采用冻结法施工的砌体，解冻前应制定切实可行的观测、加固措施，留置在砌体中的洞（槽）、脚手眼等应及时填砌完毕，并清除房屋中剩余的建筑材料、机具等施工荷载。有条件时，解冻期间应暂停振动作业，保证砌体对强度、稳定和沉降等的要求，防止砌体发生位移、倾斜及倒塌事故。

(3) 其他因素引起的砌体质量事故

① 地基不均匀沉降引起的裂缝

地基发生不均匀沉降后，沉降大的部分与沉降小的部分砌体之间产生相对位移，从而使砌体中产生附加的拉力或者剪力，当附加内力超过砌体的强度时，砌体中便产生了裂缝（图 6.2）。

图 6.2　地基不均匀沉降引起的墙体开裂

② 地基冻胀引起的裂缝。

地基土层温度降到 0℃以下时，冻胀土中的上部开始冻结，体积膨胀，向上隆起产生冻胀应力，而这种应力大小又是不均匀的，从而引起砌体开裂。

③ 温差引起的裂缝。

由于温度变化不均匀使砌体产生不均匀收缩，或者砌体的伸缩受到约束时，都会引起砌体开裂。此外由于混凝土屋盖、圈梁与砌体的温度线膨胀系数不同，在温度变化时，也会引起裂缝，砌体结构纵墙上产生的“八字形”裂缝，则是典型的温度缝（图 6.3）。

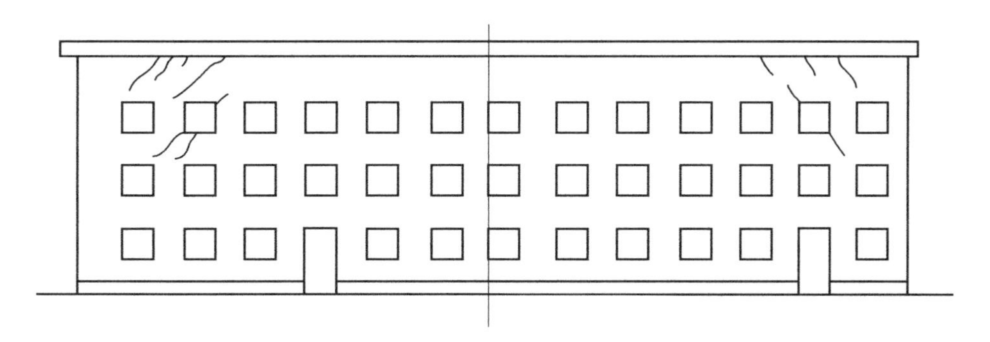

图 6.3　温度差引起的墙体开裂

(4) 地震作用引起的裂缝

与钢结构和混凝土结构相比，砌体结构的抗震性是较差的，地震时会产生 X 形裂缝（图 6.4）。应严格遵守抗震规范，按规定设置圈梁及构造柱及其他抗震措施。

(5) 因承载力不足引起的裂缝

如果砌体的承载力不足，在荷载作用下，将出现各种裂缝，以致砌体被压碎、劈裂，

图 6.4　地震引起的 X 形裂缝

产生竖向裂缝等现象，导致结构失效（图 6.5）。因承载力不足而产生的裂缝必须作加固处理。

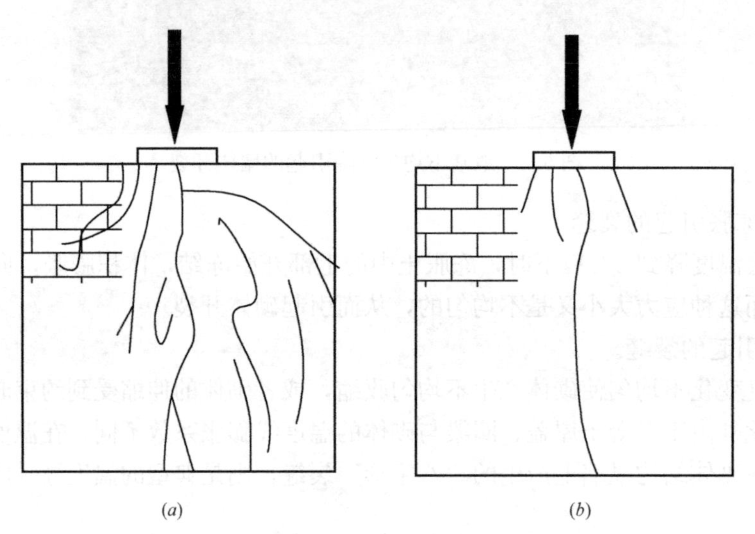

图 6.5　墙体承载力不足引起的开裂

（*a*）竖向裂缝发展而破坏；（*b*）劈裂破坏

6.3　工程结构质量事故分析与处理

6.3.1　钢筋混凝土工程结构事故的分析与处理

对于混凝土工程中常见的质量问题，不同的事故类型可以采用不同的处理方法。

(1) 裂缝的处理

① 对承载能力无影响的表面裂缝和大面积细裂缝，防渗漏水处理时可采用表面修补方法。一般采用的表面处理方法有表面涂抹砂浆法、表面涂抹环氧胶泥法、表面凿槽嵌补法和表面贴条法等。

② 当裂缝对结构整体性有影响时，或者结构有防水和防渗要求时，可采用内部修补法，一般采用水泥灌浆和化学灌浆两种方法。

③ 对于结构整体性、承载能力有较大影响的裂缝，一般采用结构加固方法处理。通常有围攻套加固、钢箍加固、预应力加固、黏结钢板加固、碳纤维布加固和喷浆加固等方法。

④ 对于结构耐久性有影响的纵向锈蚀裂缝，应把主筋周围含盐混凝土凿除，用喷砂法清除铁锈，然后用喷浆或加围套方法修补。

⑤ 对于地基基础不均匀沉降产生的裂缝，应对地基基础进行加固纠偏，然后对结构构件裂缝根据对结构受力的影响采用墙体加固、灌缝和表面修复的方法进行处理。

(2) 混凝土强度不足事故的处理方法

对于混凝土强度不足的补救和处理一般采用以下方法：

① 测定混凝土的实际强度：可用非破损检验、钻孔取样等方法，测定混凝土实际强度，作为事故处理的依据。

② 利用混凝土后期强度：混凝土强度随龄期增加而提高，所以可以采用加强养护、利用混凝土后期强度的原则，处理强度不足事故。

③ 减少结构荷载：当不便采用加固补强方法处理时，通常采用减少结构荷载的方法，如采用高效轻质的材料及降低建筑物的总高度等。

④ 结构加固：梁混凝土强度低导致抗剪能力不足时，可采用外包钢筋混凝土及粘贴碳纤维和钢板方法加固。柱混凝土强度不足时，可采用外包钢筋混凝土或外包钢加固，也可采用螺旋筋约束柱法加固。

⑤ 分析验算：当混凝土实际强度与设计要求相差不多时，一般通过分析验算，多数可不做专门加固处理。

⑥ 拆除重建：由于原材料质量问题严重和混凝土配合比错误，造成混凝土不凝结或强度较低时，通常都采用拆除重建的方法。

6.3.2 钢结构事故的分析与处理

钢结构失稳事故应以防范为主，应该遵守以下原则。

(1) 强化稳定设计理念

结构的整体布置必须考虑整体体系及组成部分的稳定性要求，尤其是支撑体系的布置。结构稳定计算方法的前提假定必须符合实际受力情况，尤其是支座约束的影响。

① 构件的稳定计算与细部构造的稳定计算必须协调，尤其要有强节点的概念。

② 强度问题通常采用一阶分析，而稳定问题原则应采用二阶分析。

③ 叠加原理适用于强度问题，不适用于稳定问题。

④ 处理稳定问题应有整体观点，应考虑整体稳定和局部稳定的相关影响。

(2) 制作安装应力求减少缺陷

在常见的缺陷中，初弯曲、初偏心、残余应力对稳定承载力影响最大。因此，应通过合理工艺和质量控制措施将制作安装的缺陷降到最低。

(3) 施工应确保安装过程中的安全

施工过程只有制定科学的施工组织设计，采用合理的吊装方案，精心布置临时支撑，才能防止钢结构在安装过程中失稳，确保结构安全。

(4) 使用单位应正确使用钢结构建筑物

使用单位要注意对已建钢结构的定期检查和维护，当需要进行工艺流程和使用功能改造时，必须与设计单位或有关专业人士协商，不得擅自增加负荷或改变构件受力。

6.3.3 砌体结构事故的分析与处理

(1) 处理砌体裂缝的常用方法

处理砌体裂缝的常用方法有：①表面修补，如填缝封闭、加筋嵌缝等，校正变形；②加大砌体截面；③灌浆封闭或补强；④增设卸载结构；⑤改变结构方案，如增加横墙，将弹性方案改为刚性方案，将柱承重改为墙承重，将砌体结构改为混凝土结构等；⑥砌体外包钢丝网水泥，或钢筋混凝土和钢结构；⑦加强整体性，如增设构造柱、钢拉杆等；⑧表面覆盖，对建筑物正常使用无明显影响的裂缝，为了美观的需要，可以采用表面覆盖装饰材料，而不封堵裂缝；⑨将裂缝转为伸缩缝：在外墙出现随环境温度而周期性变化且较宽的裂缝时，封堵效果往往不佳，有时可将裂缝边缘修直后，作为伸缩缝处理；⑩其他方法：若因梁下未设混凝土垫块，导致砌体局部承压强度不足而产生裂缝，可采用后加垫块方法处理，对裂缝较严重的砌体有时还可以采用局部拆除重砌等。

(2) 砌体的加固方法

1）扩大砌体的截面加固法

该方法适用于砌体承载力不足但裂缝尚属轻微，要求扩大面积不是很大的情况。该方法要求砖的强度等级与原砌体相同，而砂浆宜提高一级同时强度等级大于等于 M5。加固后通常可考虑新旧砌体共同工作，这就要求新旧砌体有良好的结合。为了达到共同工作的目的，常采用以下两种方法：

① 新、旧砌体结合方法

如图 6.6、图 6.7（*a*）所示，在旧砌体上每隔 4～5 皮砖，设穿墙钢筋形成双夹板加固，或者植入拉结筋形成单夹板加固，浇筑扩大砌体时应将新混凝土板与原墙体仔细连接，保证混凝土夹板与旧砌体共同工作。

② 钢筋连接法

在原有砌体上每隔 5～6 皮砖在灰缝植入 Φ6 钢筋，也有用冲击钻在砖上打洞，然后用建筑胶裹着插入 ϕ6 钢筋，浇筑混凝土板时，将钢筋嵌于灰缝之中，如图 6.7（*b*）所示。

无论如何连接，原砌体上的面层必须剥去，凿口后的粉尘必须冲洗干净并湿润后再浇筑混凝土夹板。

图 6.6 砖墙扩大截面加固

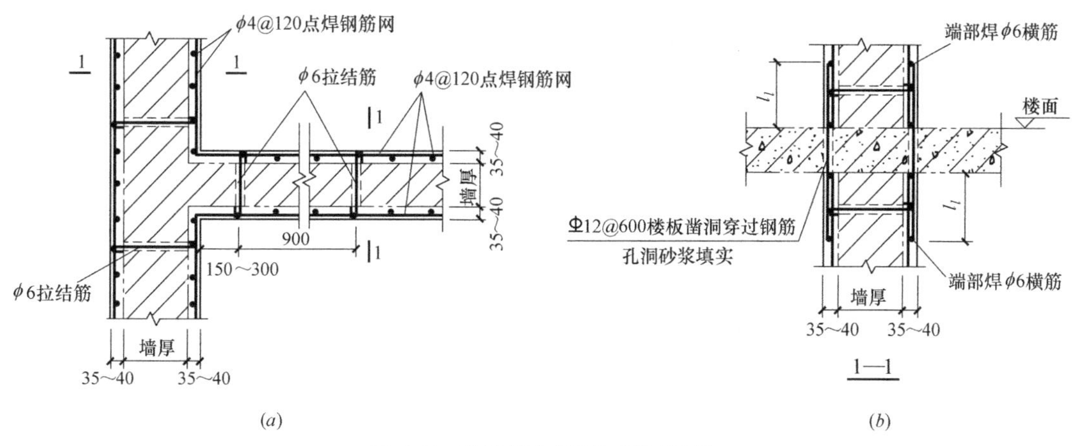

(a)　　(b)

图 6.7　砖墙扩大截面加固示意图

(a) 扩大截面法加固示意图；(b) 扩大截面法穿楼板加固示意图

2）加固后的承载力计算

考虑原砌体已处于承载状态，后加砌体存在应力滞后，在原砌体达到极限应力状态时，后加砌体一般达不到强度设计值，为此，对后加砌体的设计抗压强度值 f，应乘以 0.9 的系数。加固后的砌体承载力可按下式计算：

$$N \leqslant \phi(fA + f_1 A_1) \tag{6.1}$$

式中　N——荷载产生的轴向力设计值；

ϕ——高厚比以及偏心距 e 对受压构件承载力影响系数，可按《砌体结构设计规范》GB 50003—2011 附录 D 取用；

f、f_1——分别为原砌体和扩大砌体的抗压强度设计值；

A、A_1——分别为原砌体和扩大砌体的截面面积。

但在验算加固后的高厚比及正常使用极限状态时，不必考虑新加砌体的应力滞后影响，可按一般砌体计算公式进行计算。

(3) 外加钢筋混凝土加固

该方法一般适用于砖柱。外加钢筋混凝土可以是单面的、双面的和四面包围的。竖向受压钢筋可用 $\phi8 \sim \phi12$，横向钢箍可用 $\phi4 \sim \phi6$。

(4) 钢筋网水泥砂浆层加固

首先在整个墙体两侧面绑扎钢筋（丝）网片，并用穿墙筋对拉固定后再抹水泥砂浆层，形成组合墙体，用以提高砌体的承载力及延性。必要时水泥砂浆保护层可根据设计要求厚度用支模灌注的细石混凝土层代替，加固效果更好。总之，只要我们不断分析总结，认真按建设程序办事，精心设计施工，严格执行国家现行的建筑规范，严把设计、施工质量关，进一步加强施工现场管理，降低人民生命、财产的损失。

6.4　工程结构质量事故分析与处理案例

6.4.1　混凝土结构质量事故分析与实例

(1) 某市工人活动中心礼堂混凝土构件质量缺陷事故

1）工程事故基本概况

某市工人活动中心礼堂为混凝土框架结构，高 12m，共 2 层，一层为舞台表演区、核心观众区域，二层局部设置观众看台区。该结构有立柱 18 根，底层柱从基础顶起到一层大梁止，高 8.2m，断面为 800mm×800mm。混凝土构件浇筑完毕后，拆模时发现所有立柱均存在严重的蜂窝、麻面、孔洞和漏筋现象，且在距离地面 1.5m 处尤为集中。

2）工程事故分析

经过调查分析，导致上述混凝土构件质量事故的主要原因如下：

① 施工队伍不专业。具体施工队伍由市场无证临工拼凑组建，技术水平差，无施工质量意识，操作不规范，为整个工程的施工质量埋下隐患。

② 混凝土配合比把控不严。钢筋混凝土框架柱原设计为 C20 的混凝土，水灰比 0.53。虽然现场配置有磅秤，但施工期间基本未使用过，只有在做试块时才按配合比称重配料，具体施工时仅凭经验、感觉控制配合比，配料比例控制不严，达不到设计要求。

③ 混凝土浇筑高度超限。该工程柱高 8m，施工时并未在柱子模板上设置浇灌洞口，也未采用溜管等设备，混凝土由 8m 高的洞口直接倾倒，致使混凝土离析，导致混凝土振捣不密实。一般混凝土自由倾落高度不宜超过 2m，对于柱子应分段灌筑混凝土，且高度不应大于 3.5m。

④ 混凝土分层浇筑厚度太厚，振捣不密实。施工时每层混凝土的浇筑厚度达到 500mm，而现场又未配备机械振捣设备，仅靠人工用木棍捣固，整个混凝土的振捣质量得不到有效保障，出现了后期的蜂窝麻面。

3）事故结论及处理措施

综合以上分析，本次事故主要原因是施工人员综合素质低，缺乏专业技术，不按操作规程施工，混凝土配合比控制不严，浇筑高度超限，分层浇筑厚度太厚，振捣不密实，混凝土整体浇筑质量得不到有效控制。对此事故应采用以下处理措施：

① 清理缺陷部位。凿除混凝土构件上蜂窝、麻面、孔洞范围内的混凝土，将粉尘清理干净，并用水将上述部位湿润。

② 局部支模。在待处理缺陷部位附加支模，并预留混凝土浇筑喇叭口。

③ 浇筑补填混凝土。采用较高强度等级的混凝土并加入早强剂，将缺陷部位填实并振捣密实。

④ 加强新浇混凝土的养护。保持新浇混凝土湿润 2 周以上，防止新、旧混凝土产生收缩裂缝，结合面失效。

⑤ 拆模找平。待新浇混凝土强度满足要求后，拆除模板，剔除修补部位多余的混凝土并磨平。

(2) 西北地区某高层综合办公楼混凝土工程质量事故分析与处理

1）工程概况

西北地区某高层综合办公楼，主楼为钢筋混凝土框-筒结构，地下 1 层，地上 18 层，总高度 76.8m，总建筑面积 36482m^2。该建筑基础为灌注群桩，地下室外墙采用 300mm 厚 C30 自防水混凝土。标高 13.6m 以上混凝土强度等级均为 C40，楼板厚度 120mm。

2）工程事故概况

该工程于 1998 年 6 月开工，1998 年 9 月中旬施工地下室外墙，1999 年 1 月 19 日施工到结构 6 层梁板。施工该层梁板时就发现板面出现少量不规则细微裂缝，到 2 月 24 日该层梁板底模拆除时，发现板底出现裂缝。从渗漏水线和现场钻芯取样分析，裂缝均为贯通性裂缝。之后又对全楼已施工完毕的混凝土工程进行了详细观察，在地下室外墙外侧上部发现数条长度不等的竖向裂缝（其中有两条为贯通性裂缝）。在 5、6 层核心筒的电梯井洞口上部连梁上的同一部位也发现两条裂缝。而在其他的柱、墙、梁、板上则未发现裂缝。

经现场实测，第 6 层现浇板上的裂缝均为贯通性裂缝，最大裂缝长度约 4.5m（直线距离），最大裂缝宽度 0.27mm。地下室外墙竖向裂缝的最大长度约 1.9m，最大裂缝宽度 0.2mm，核心筒连梁上的裂缝最大长度 0.3m，裂缝最大宽度约 0.18mm。经过近 1 个月的现场连续监控，未发现以上裂缝的进一步发展和新的裂缝出现。

3）事故原因分析

① 在施工的各种条件未变的情况下，从裂缝仅在 6 层现浇板上出现，而未在其他层现浇板上出现的事实来分析，唯一不同的是施工作业时的气候变化。如前所述，该层现浇板施工时是该地区冬季最寒冷、干燥的一个时期，最高气温仅 1℃，当时的最大风速 7m/s，湿度仅有 30%～40%，特别是每天 21 时施工完毕后，混凝土正处于初凝期，强度尚未有大的发展，作业面又没有防风措施，导致混凝土失去水分过快，引起表面混凝土干缩，产生裂缝。根据有关资料记载，当风速为 7m/s 时，水分的蒸发速度为无风时的 2 倍；当相对湿度为 30%时，蒸发速度为相对湿度 90%时的 3 倍以上。假如将施工时的风速和湿度影响叠加，则可推算出此时的混凝土干燥速度为通常条件下的 6 倍以上。另外，从裂缝绝大多数集中在构件较薄及与外界接触面积最大的楼板上这一现象也可证实，开裂与其使用的材料关系不大，而受气象条件的影响大些。与楼板厚度接近的墙肢之所以未裂，是因为墙肢两面都有模板，不直接受大气的影响。由此可以基本断定，天气因素是导致混凝土现浇板出现干缩裂缝的主要因素。地下室外墙由于本身体积较大，又长期暴露在温湿度变化较大的环境中，特别到了 1999 年 1 月下旬，温度较施工时降低近 30℃，导致混凝土温度收缩而产生裂缝。

② 梁板所用混凝土均为 C40 混凝土，而根据设计院进行的技术交底要求，梁板混凝土只要达到 C30 强度即可，施工单位为了施工中更容易控制墙柱的质量，统一按照 C40 混凝土标准进行施工，而 C40 混凝土的水泥用量为 $480kg/m^3$，相对于 C30 混凝土，单位水泥用量增加约 70kg，这样，混凝土的收缩将增加 0.4×10^{-4} 左右，无形中又增加了裂缝出现的可能。

③ 进入冬期施工以后，混凝土中又添加了 Q 型防冻膏和 wp-x 减水剂，施工用水相对减少，混凝土强度增长较快，加剧了混凝土水分的蒸发和裂缝的发展。同时，由于天气寒冷，担心养护用水结冰而仅采用覆盖双层布帘保温的措施也对混凝土抗裂强度的发展不利。

④ 梁板结构在⑨、⑫和Ⓒ、Ⓚ轴线处平面发生突变，截面削弱达 50%以上，而且核心筒和墙肢集中处刚度非常大，对现浇板的约束较强，核心筒四角和墙肢两端内部应力非常集中。从现浇板最初出现裂缝的位置来看，干缩裂缝首先在核心筒的四角，之后出现在板的中部，这是现浇板内部应力最集中、最复杂和最薄弱的部位。由于墙肢和核心筒刚度的强烈约束作用，当混凝土的收缩应力大于其抗拉强度时，裂缝便沿此位置出现、发展。本次发现核心筒连梁上出现的两条裂缝，也是相同因素引起的。

4）混凝土结构裂缝成因

① 材料方面

有些构件裂缝是由材料质量引发的，如水泥安定性差，两种水泥混用，砂、石含泥量大，骨料粒径过小，外加剂质量差或加入量过大等。

② 地基变形

当地基发生不均匀下沉时，在结构内部必然产生极大的应力。当应力超过构件抗力时，将不可避免地出现裂缝，裂缝的形状、方向、宽度取决于地基变形的情况。

③ 设计方面

构造处理不当，主次梁交合处主梁未设加强箍筋或附加吊筋；大截面梁未设腰筋；构件断面突变或因开洞、留槽引起应力集中等因素，均可导致构件裂缝的出现。

④ 结构荷载方面

结构因承受荷载而产生裂缝的原因很多，施工中或使用中都可能出现。例如构件早期受到震伤，拆除承重模板过早，施工荷载过大，构件堆放、运输、吊装时，垫木或吊点位置不当，预应力张拉值过大或放张不规范等，均可能产生裂缝。较为常见的是钢筋混凝土梁、板等受弯构件，在使用荷载作用下，出现不同程度的裂缝。早期微裂一般不易发现，规范规定有些构件允许出现宽度不大于0.3mm的裂缝。对裂缝宽度超过规范规定的，以及不允许出现裂缝的构件出现裂缝，则应属于有害裂缝，须加以认真分析，慎重处理。

⑤ 温度应力裂缝

混凝土具有热胀冷缩的物理性质，其线膨胀系数约为1×10^{-5}/℃，当环境温度发生变化时，就会产生温度变形，在构件受到约束不能自由变形时，构件内就会产生附加应力，当温度应力超过混凝土的抗拉强度时，必将出现裂缝。常见的裂缝如现浇屋面板垂直于肋梁方向的裂缝，大体积混凝土表面裂缝、烟囱外壁的竖向裂缝等。

⑥ 湿度变形裂缝

普通混凝土在空气中硬结时，体积会发生收缩，由此在构件内产生拉应力，在早期混凝土强度较低时，混凝土收缩值最大。因此，若构件早期养护不良，极易产生收缩裂缝。这类裂缝，在现浇剪力墙、水池底、壁等工程结构中最为常见。

⑦ 徐变裂缝

结构构件在内应力的作用下，除瞬时弹性变形外，其变形值随时间的延长而增加的现象称为徐变变形。据文献记载受弯构件由于徐变变形的作用，其长期变形值可增加2～3倍，因变形量加大而使拉区混凝土承受拉应力，造成裂缝的出现。预应力构件因徐变会产生较大的应力损失，降低了结构的抗裂性能。此类裂缝常见于受弯构件的拉区，其特征与承受荷载出现裂缝相同。

⑧ 施工方面

由于施工原因造成裂缝出现的因素很多。如混凝土结构养护不良或养护时间不够；水灰比过大、水泥或外加剂加入量过大；搅拌时间不够、振捣不实；钢筋表面污染，保护层过小或过大；任意留置施工缝且不按规定处理；后期施工扰动前期混凝土；构件内外温差大，未采取有效措施；在不宜施工的气候条件下，勉强施工；冬期施工未采取防冻措施等。

5）事故处理

① 在冬期混凝土施工中，一般都采取了防冻措施，而对于作业面的防风措施大多未予以高度重视。在冬期施工中，温度的骤降往往伴随着强烈寒流的出现，空气异常干燥，混凝土容易产生干缩裂缝。特别是高层建筑的施工，作业面处于距地面几十米甚至上百米的高空，风速更大，对混凝土的影响更大，施工单位对此应予以警惕。

② 在高层建筑的施工中，混凝土墙、柱的设计强度较高，梁、板的设计强度相对较低，施工单位为了施工方便，大多把梁、板的混凝土等级提高到与墙、柱相同，无形中提高了混凝土的收缩应力，而楼板面又较薄，与空气的接触面较大，更容易产生收缩。因此，在条件许可的情况下，施工单位尽量不要随意提高混凝土等级。

③ 一般民用建筑的梁板不做抗裂设计，施工单位在做混凝土配合比的试配过程中，也多对强度、和易性、是否泵送、早强等方面提出要求（除非大体积混凝土），对施工过程中的温度收缩考虑较少，当外界数种不利因素同时发生时，配合比方面的潜在影响就暴露出来了，所以，对重要建筑物，无论是否做抗裂设计，混凝土试配时都应考虑这种因素。

6.4.2 钢结构质量事故分析与实例——某钢结构厂房设计事故分析与加固处理

(1) 工程事故概况

某钢结构厂房由高低两跨框架组成，高跨部分共 5 层，跨度 9m，高 26m；低跨部分为单层，跨度 21m，高 10m，柱距 8m。根据工艺设备要求，高跨分别在＋5m、＋10.3m、＋16.15m、＋20.7m 标高处设置检修平台钢梁，其中＋5.0m 处钢梁需在设备安装就位后再完成装配。原设计将所有检修平台钢梁与钢柱的连接做成铰接，高跨柱脚为刚接，低跨柱脚为铰接，钢结构计算简图及梁柱节点连接如图 6.8 所示。

本工程在施工完成但尚未进行设备安装期间，遇强台风袭击后，发现高跨地脚锚栓出现明显拉松现象，且相应部位的外瓷砖也出现明显裂纹，工程质检部门对松动的锚栓进行“金属结构超声波探伤”检测，发现部分锚栓已产生屈服破坏。

(2) 事故原因分析

根据原设计图纸并按照实际情况，我们对本工程进行了分析计算，弯矩包络图及构件应力比图略。由于本工程风荷载计算不符合《门式刚架轻型房屋钢结构技术规范》GB 51022 的取用范围，故风载按《建筑结构荷载规范》GB 50009 的规定计算，经计算分析及校核设计图纸后发现如下问题：

① 柱顶位移偏大，达 522mm，超出规范允许值；

② 部分构件应力比较大，远大于 1，最大应力达 891MPa（Q345），超出设计允许值；

③ 柱底固接锚栓规格太小，其应力超出设计允许值；

④原设计柱脚采用 M22，但施工时为 M20；

⑤ 柱脚底板与混凝土柱之间未采用二次灌浆，柱底板与混凝土柱之间连接不紧，各锚栓受力不均；

⑥ 柱脚底板未设置抗剪连接件，本工程高 26m，由风荷载产生的柱底剪力较大，造成锚栓需承受柱底弯矩产生的拉力和柱底的剪力作用；

⑦ 柱脚未采取双螺帽防松措施。

将原设计计算简图中所有检修平台钢梁与钢柱的连接由铰接改为刚接，重新分析计算得出的结构弯矩如图 6.9 所示，可见钢梁与钢柱铰接时柱底最大弯矩为刚接时的 2 倍以

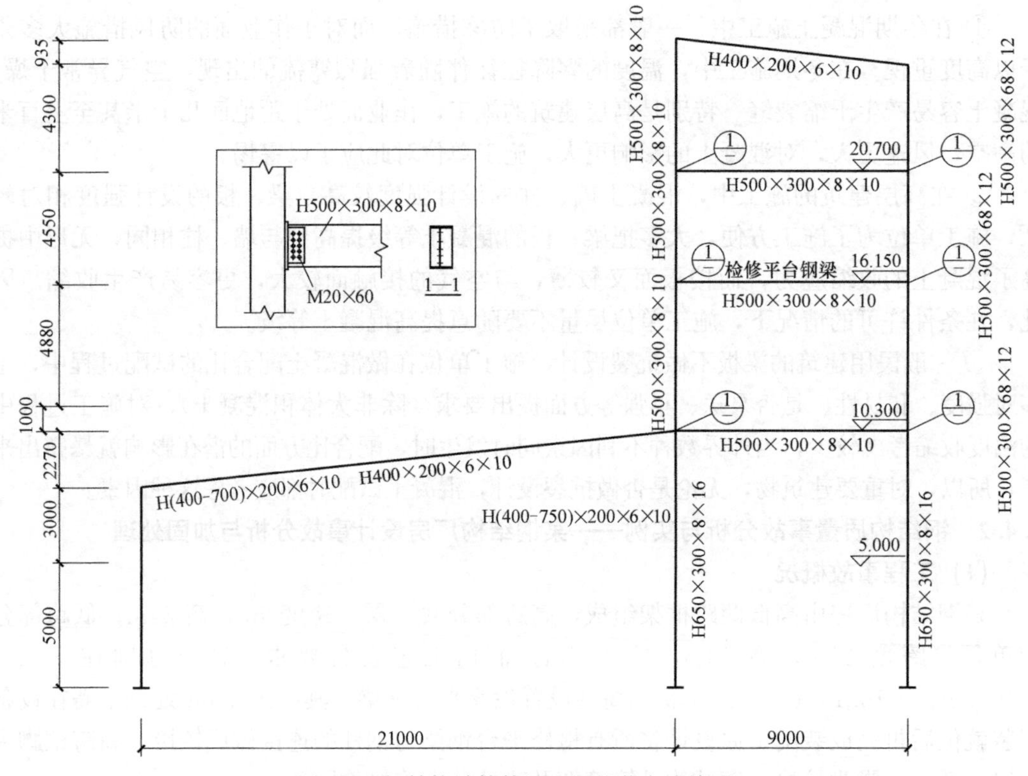

图 6.8　钢结构计算简图和梁柱节点连接图

上。因此，原设计采用的地脚锚栓规格过小，检修平台钢梁与钢柱做成铰接，造成柱底弯矩明显增大，是地脚锚栓产生屈服破坏的主要原因。柱脚处理不满足规范的构造要求，未采用二次灌浆和未设置抗剪连接件等也是其发生破坏原因。

(3) 加固处理方法

根据现场检测报告，本工程在遭受强台风袭击后，除了地脚锚栓产生屈服破坏外，其余构件均无损伤。综合以上分析中发现的问题，决定对本工程进行以下的加固处理：

① 检修平台钢梁与钢柱接头均改为刚接，以加强刚性节点构造处理。

② 恢复＋5.0m 处检修平台钢梁，2 个边段采用 H800×300×8×10 与钢柱刚接，中段采用 6.0m 长的 H600×300×8×10 与边段钢梁刚性拼接，设备安装时可拆卸，待设备就位后再及时重新拼接。

③ 为了解决部分检修平台钢梁整体稳定及上、下翼缘受拉时应力比偏大（1.02～1.03）的问题，加固时在钢梁 2 个边段均加设钢腋，由于设备是隔跨布置，故在未布置设备的跨内每 2 根钢梁之间加设 2 根 H300×200×6×8 次梁。

④ 为减小柱顶位移，在＋16.15m 及＋20.7m 钢梁之间采用 ϕ140×7 钢管加设 1 道反人字形柱撑。

⑤ 对高跨刚架柱脚采用刚性固定脚式柱脚进行加固，加固时将所有未屈服的柱脚锚栓拧紧，用压力灌浆填缝，使钢板与混凝土柱面结合紧密，短柱的纵筋按承受刚架柱底弯矩、剪力作用由计算确定，柱纵筋采用植筋法植入承台内。

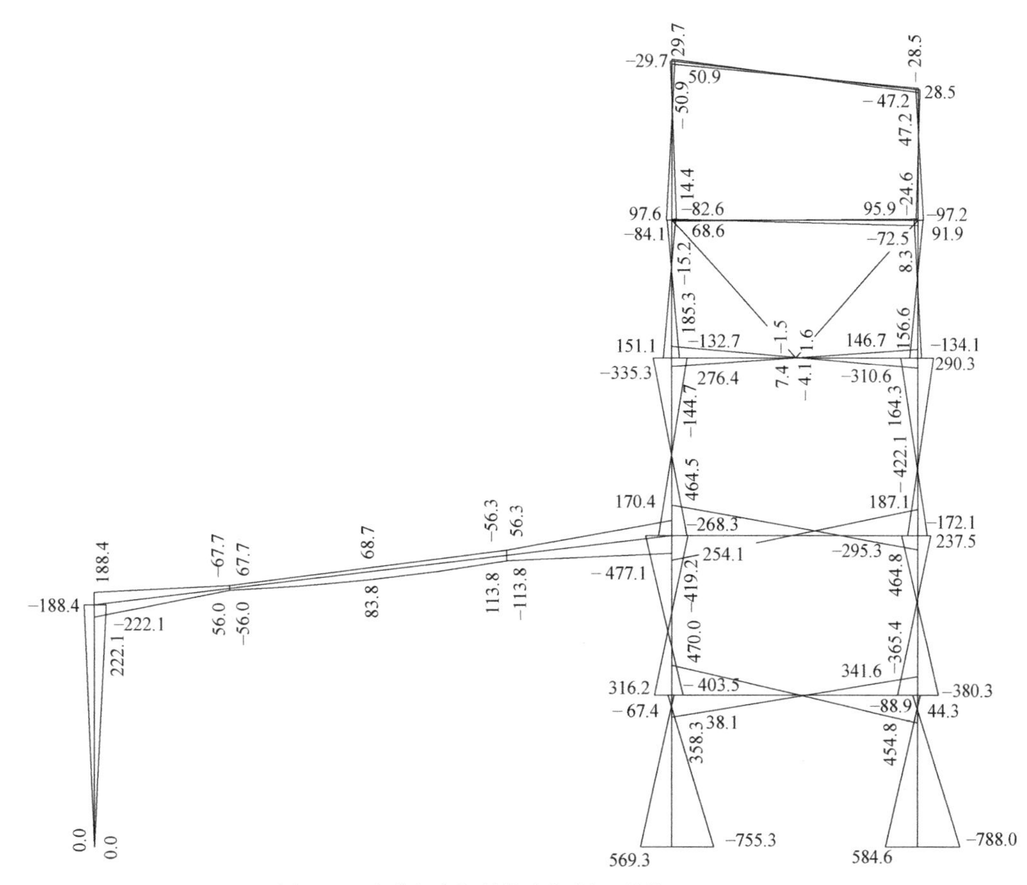

图 6.9 改进方案钢结构弯矩图（单位：kN・m）

加固整改方案如图 6.10 所示，本工程经加固改造后已投入使用多年，经历了数次台风考验，使用正常，用户反映良好。

(4) 经验教训

通过对本工程钢结构事故的分析和处理，得到以下经验教训：

① 钢结构的连接节点设计正确合理是保证建筑物受力合理和安全可靠的前提，本工程错误地将钢梁与钢柱的连接做成铰接，不仅使柱底弯矩及柱顶位移成倍增大，还使许多构件的应力超出设计强度。

② 柱脚的锚栓数量及直径应通过计算确定，并应严格按规范要求的构造进行设计及施工，避免锚栓承受柱底水平剪力作用。本工程锚栓直径与数量与实际相差较大，明显未经过计算确定，而柱脚底部的水平剪力 163kN，明显大于柱脚底板与其下部混凝土之间的摩擦力 $0.4\mu=94$kN，应通过设置抗剪连接件来抵抗多余的柱底水平剪力。

③ 钢结构厂房在未全部装配完成，自身抗侧刚度及承载力未全面形成时，应尽量避免承受外力作用，应采取临时措施加强框架抗侧刚度，以防出现类似的安全事故。如本工程在+5.0m 处钢梁还未装配完成就遭受了强台风的袭击，以致产生不良后果。

④在不影响使用的情况下，钢结构厂房设计可以考虑在适当部位加设一些斜撑，有助于提高抗侧刚度，经济效果良好。

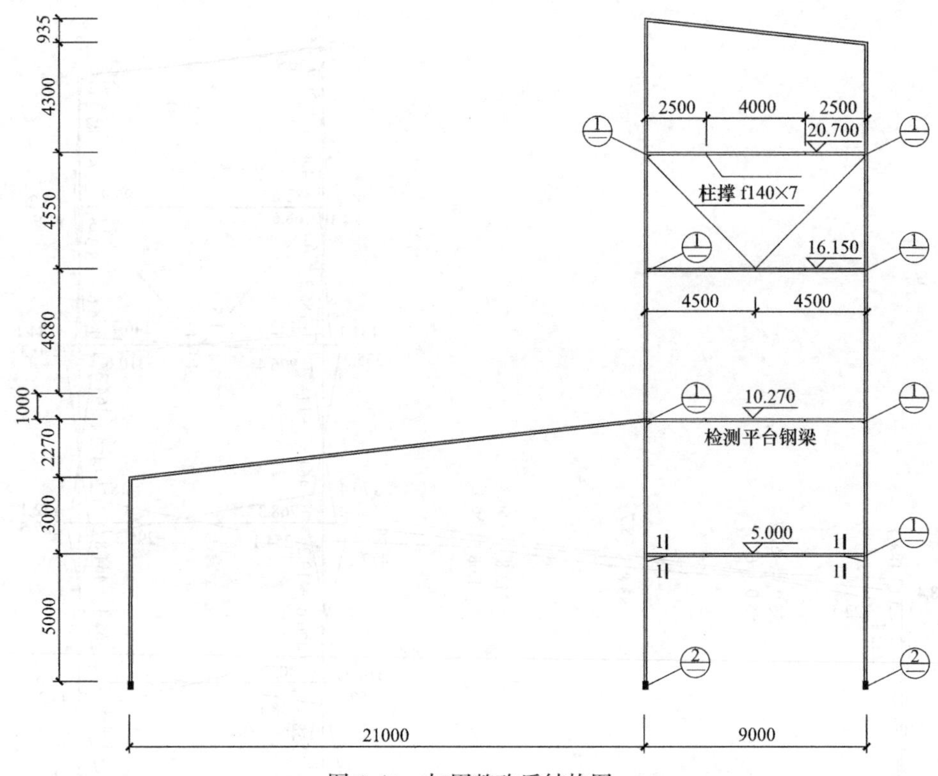

图 6.10 加固整改后结构图

6.4.3 砌体结构质量事故分析与实例——甘肃省自行车赛场赛道下砖混房屋墙体裂缝的分析与处理

(1) 工程事故概况

甘肃省自行车赛场位于兰州市近郊，赛道平面为椭圆形，赛道总周长为 333m，由 46 块赛道板拼成，道面宽度从长轴中点的 9.14m 到短轴中点的 8.00m 变化，水平投影宽度从 9.046m 到 6.510m 变化，赛道长轴中点横向坡度最小为 8.53°，短轴中点坡度最大为 35.53°，两轴之间横向坡度由小到大变化，其结构平面、剖面图如图 6.11 所示。

工程于 2000 年动工兴建，2001 年竣工前正值盛夏，赛车跑道下砖混房内墙体出现数量较多的规则裂缝。由于设计时已按常规考虑了温度、收缩等问题，将赛道分成了 46 块，每块赛道板下都有一个砖混结构的房间，且每块之间留有缝隙，赛道两条缝隙之间结构单元平面及剖面如图 6.11 所示。因此，裂缝的成因问题引起有关专家的争论。

由于赛道沿环向留有温度缝和收缩缝，基本解决了环向温度膨胀和收缩问题，但由于混凝土于 2000 年 10 月浇筑，当时兰州地区气温约 7～15℃，在 2001 年 6～7 月整个工程即将完工时，赛道下几乎所有的砖混房内墙体均出现了数量较多的规则裂缝，每个房间墙体裂缝开展方式示意如图 6.12 所示。

发现裂缝后，施工单位、建设单位会同监理公司对不同天气特别是高温天气时的温度与裂缝的关系进行了全面观测，并根据预先布置的±0.000 标志对沉降情况进行了观测。通过观测得到裂缝出现的规律及表现如下：

① 裂缝宽度随温度的升高不断变化，当温度高于 25℃时出现，低于 20℃时完全闭

合，随着温度升高至室外35～36℃时，裂缝最宽达到$\delta_{max}=1mm$。

② 裂缝表现形式规则，仅有图6.12所示的裂缝形式，无其他形式的裂缝。

③ 整个赛道下46间房屋均有裂缝出现，且形状相似，宽度大小随赛道的坡度变化，即坡度大的裂缝较小，而坡度小的裂缝较大。

④ 赛道内、外环境±0.000标志处均无沉降。

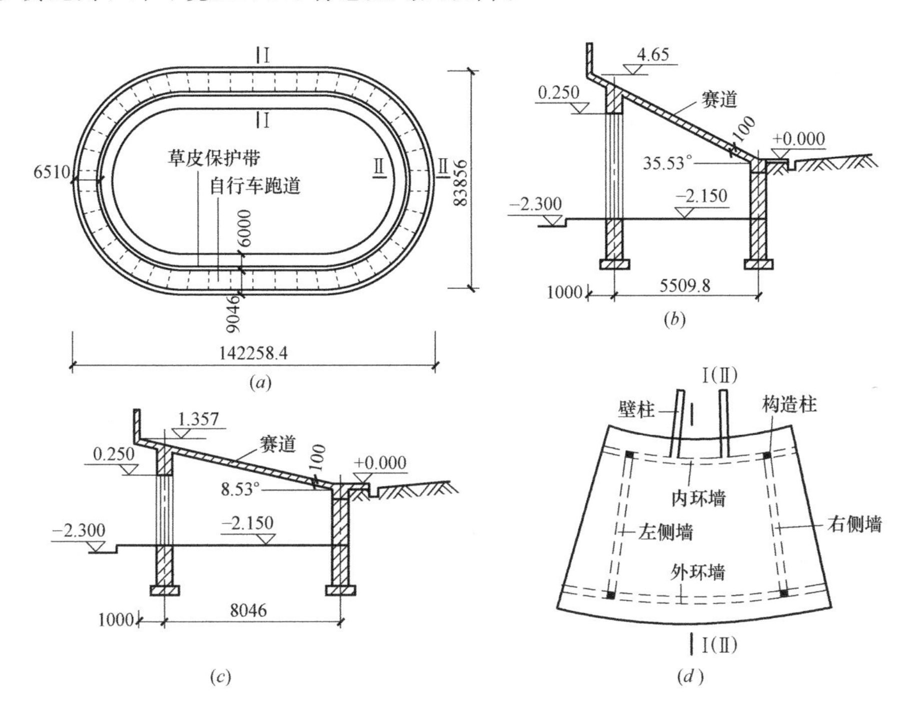

图6.11　赛道结构平面与剖面图

(a) 总平面图；(b) II—II剖面（坡度最陡处）；(c) I—I剖面（坡度最平缓处）；

(d) 赛道两条缝隙之间结构单元平面图

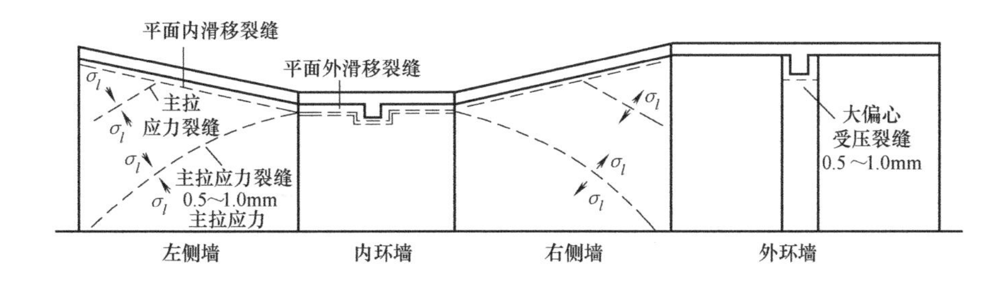

图6.12　每个房间墙体裂缝开展方式展开示意图

(2) 事故分析与处理

根据以上情况，会同现场施工人员在赛道各房间的不同部位及赛道表面进行了温度测试，并按照温度变化观测了裂缝的变化规律，得到了空气温度、赛道各部位温度与裂缝宽度情况，如表 6.1 所示。

根据记录的赛道各点空气温度与裂缝宽度，仔细分析最高温度时赛道上的温度分布与裂缝之间的关系，并对赛道下砖房墙体的各项应力进行了计算，求出了其主拉应力，明确了裂缝发生的原因，具体计算分析如下：

1）赛道上温度场的分析及膨胀差计算

从赛道下房间的剖面分析其温度场，当空气温度达到最高时温度场分布如图 6.13 所示。其他情况产生的裂缝基本相似。从温度分区关系上可以看出，内环墙外侧为土体，与地面同属低温区，而赛道属于高温区，外环墙属于次高温区，因此，混凝土赛道构造柱在高温下膨胀较大，而砖墙多属低温区，相应的膨胀量较小。另外，混凝土的线膨胀系数是砖墙的 2 倍，造成赛道与砖墙产生较大的膨胀差，其大小计算如下：

① 混凝土板产生的膨胀量

板顶面温度 $t_1=52℃$，板底面温度 $t_2=35℃$，板中平均温度 $t=(t_1+t_2)/2=43.5℃$，混凝土相对于 2000 年 10 月施工时的温度（$t_3=10℃$）差值为：

$$\Delta t_1=43.5-10=33.5℃$$

则混凝土板（砖墙裂缝最大处）产生的线膨胀增量为：

$$\Delta l_1=\alpha_1 L\Delta t_1=10\times10^{-6}\times(8.046/\cos9.57°)\times33.5=2.7334\text{mm}$$

其中混凝土的线膨胀系数 $\alpha_1=10\times10^{-6}$ mm/℃，混凝土赛道总宽度 $L=8046$mm。

2001 年 8 月实测赛道各点空气温度与裂缝宽度　　表 6.1

测试时间	空气温度（℃）	赛道上表面温度(℃)	赛道下表面温度(℃)	地面温度（℃）	裂缝开展状况	裂缝宽度（mm）
2 日 8 时	19	27	26	23	无裂缝	—
2 日 14 时	44	47	33	24	开裂	0.5～1
2 日 19 时	39	40	36.5	25	开裂	0.5～1
3 日 5 时	17	23	30	25	无裂缝	—
3 日 8 时	19	27	28.5	24.3	无裂缝	—
3 日 14 时	44	52	35	25	开裂	0.5～1
3 日 19 时	39	39	37.5	27.5	开裂	0.5～1
4 日 5 时	17	22	30	25	无裂缝	—
4 日 8 时	21	24	29	25	无裂缝	—
4 日 14 时	50	52	35	25	开裂	0.5～1
4 日 19 时	35	38	38	26.5	开裂	0.5～1
5 日 5 时	19	23	30	25	无裂缝	—
5 日 8 时	21	26.5	29	25	无裂缝	—
5 日 14 时	37	42	33	26	开裂	0.5～1
5 日 19 时	27	30	33	26	无裂缝	—

② 砖墙产生的膨胀量

墙顶部温度 $t_1=34℃$，墙底部温度 $t_2=24℃$，墙中平均温度 $\bar{t}=(t_1+t_2)/2=29℃$，则墙体相对于 2000 年 10 月施工时的温度（$t_3=10℃$）差值为：

$$\Delta t_2=29-10=19℃$$

则墙体产生的线膨胀增量为：

$$\Delta l_2=\alpha_2 L\Delta t_2=5\times10^{-6}\times8046\times19=0.7644\text{mm}$$

其中砖墙的线膨胀系数 $\alpha_2=5\times10^{-6}$ mm/℃。

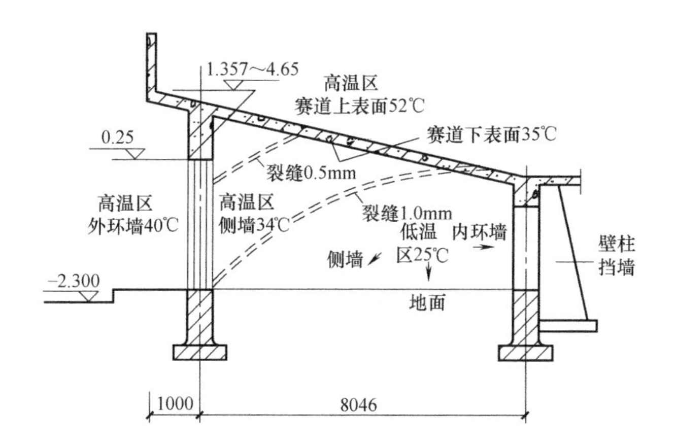

图 6.13　室外气温 44℃时赛道各温度场与裂缝关系

③ 混凝土赛道与砖墙之间的膨胀差为：

$$\Delta l=\Delta l_1-\Delta l_2=2.7334-0.7644=1.97\text{mm}$$

2）赛道下砖墙的主拉应力计算

根据文献推荐的计算方法，先将赛道与砖墙之间的剪应力 τ 计算出来，再求出其主拉应力，即可确定裂缝的分布规律。混合结构房屋混凝土板与砖墙之间的温度剪应力 $\tau_{\max}$ 可按下式计算：

$$\tau_{\max}=\frac{C_X\alpha_t}{\beta}\tan\left(\beta\frac{L}{2}\right) \tag{6.2}$$

式中，C_X 为水平阻力系数，混凝土板带圈梁时取 $C_X=1.0\text{N/mm}^3$。

$$\alpha_t=\alpha_1\Delta t_1-\alpha_2\Delta t_2=10\times10^{-6}\times33.5-5\times10^{-6}\times19=0.000240 \tag{6.3}$$

$$\beta=\sqrt{C_Xd/(bhE_C)}=\sqrt{\frac{1240}{4000\times100\times2.55\times10^4}}=0.000153 \tag{6.4}$$

式中，d 为砖墙厚度，本工程取为 240mm；b 为面墙负担的楼板宽度，本工程为 4000mm；h 为顶板厚度，本工程为 100mm；E_C 为混凝土弹性模量，C20 混凝土 $E_C=2.55\times10^4\text{N/mm}^2$。

则主拉应力为：

$$\sigma_l=\tau_{\max}=\frac{C_X\alpha_t}{\beta}\tan\left(\beta\frac{L}{2}\right)=\frac{1\times0.00024}{0.000153}\tan\left(0.000153\times\frac{8046}{2}\right)=1.1112\text{MPa}>f_t=0.21\text{MPa}$$

墙体（MU10 砖，M5 砂浆）必然开裂。

3）构造柱与砖墙之间的膨胀差计算

① 构造柱平均温度为：

$$t=(40+33)/2=36.5℃$$

与 10 月份施工时的温度（$t_2=10℃$）差值为：

$$\Delta t_1=36.5-10=26.5℃$$

则构造柱的膨胀增量为：

$$\Delta l_1=\alpha_1H\Delta t_1=10\times10^{-6}\times3870\times26.5=1.0255\text{mm}$$

其中，构造柱总高度取 $H=3870\text{mm}$。

② 砖墙竖向膨胀量计算

砖墙平均温度为：

$$t=(34+25)/2=29.5℃$$

与10月施工时的温度（$t_3=10℃$）差值为：

$$\Delta t_2=29.5-10=19.5℃$$

则砖墙的竖向膨胀增量为：

$$\Delta l_2=\alpha_2 H\Delta t_2=5\times10^{-6}\times3670\times19.5=0.3578\mathrm{mm}$$

其中，砖墙总高度为 $H=3670\mathrm{mm}$。

③ 混凝土构造柱与砖墙之间的膨胀差为：

$$l=\Delta l_1-\Delta l_2=1.0255-0.3578=0.6677\mathrm{mm}$$

若赛道所有荷载传给构造柱，则构造柱的轴力为：

$$N=3\times5\times25\times0.14=52.5\mathrm{kN}$$

构造柱在轴向力作用下的轴向压缩变形为：

$$\Delta l_3=\frac{NH}{EA}=\frac{52.5\times10^3\times3670}{2.55\times10^4\times240\times240}=0.1312\mathrm{mm}<\Delta l=0.6677\mathrm{mm}$$

故角裂缝是由构造柱与赛道变形差引起的，而在构造柱以外，由于赛道未考虑沿侧墙的弯曲，因此，赛道必与墙体接触，但其压应力较小，可以忽略不计。这时墙体的主拉应力可按图6.14计算。主拉应力 $\sigma_1=\tau=\tau_{\max}\cos9.57°=0.971\mathrm{MPa}>f_t=0.21\mathrm{MPa}$，墙体开裂。

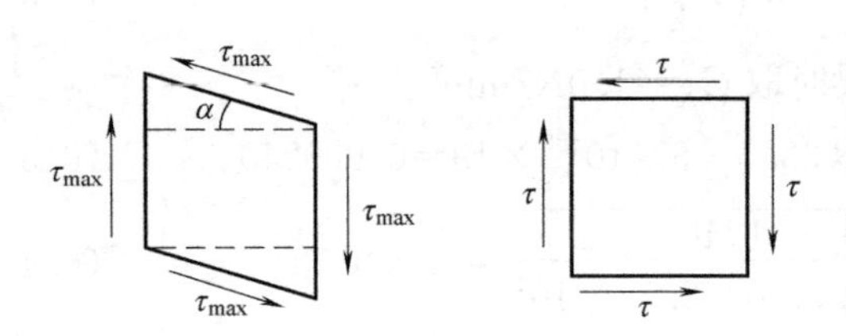

图6.14 主拉应力计算示意图

以上分析表明，由于赛道下房间温度场变化，造成赛道与砖墙之间及构造柱与砖墙之间均产生较大的膨胀差，因此产生墙体裂缝，分析得到的裂缝分布规律与实际情况完全一致。

由于内环墙增加了大截面壁柱，且埋于土中，不可能产生向内环外的移动，相应的侧墙也不可能向内环移动，因此不会产生另一方向的八字形裂缝，赛道向外环整体移动，因此只在墙体上产生外八字裂缝。另外，裂缝随温度变化开闭，说明裂缝主要是温度裂缝，而非其他因素造成的。

由于此裂缝属温度裂缝，因此每年夏天高温时必然出现，但由于赛道荷载较小，裂缝不会对结构造成安全问题，因此建议选用具有较大变形能力的胶粘剂进行堵裂处理，工程即可投入使用。经过省建设专家委员会多次讨论，裂缝经用弹性环氧注浆处理后通过了国家体育局和甘肃省质量监督站的验收，并于2001年10月投入使用。

(3) 工程事故的启示

本工程赛道虽然在设计时考虑了温度和收缩等问题，但最终还是在赛道下房间内出现了数量较多的温度裂缝，虽然这些裂缝对赛道这种使用荷载较小的结构不会构成安全隐患，但使人产生一种不安全感。因此，这项工程给西北及温差较大地区的建筑设计带来如下启示，供设计人员参考：

① 对自行车赛道这种特殊结构应采用框架结构，而不宜采用砖混结构。

② 在温差较大的地区，对未做保温处理而且采用砖混结构的房屋，应认真进行温度影响下的墙体抗裂验算，这样会使设计更加完善，特别对于采用黑色表面而吸热较强的结构应更加慎重。

③ 近年来，西部多数地区设计的砖混结构，虽然按照规范要求设置了温度和收缩缝，但在夏天高温季节仍有众多建筑物的顶层乃至倒数第 2、3 层出现了大量由于温度膨胀引起的“八字形”裂缝，给住户带来许多不便，也给房地产开发带来了损失。因此，设计人员应在屋面保温和檐口保温的计算及构造方面认真考虑、精心设计，同时应适当减少建筑物的温度缝间距。

④ 绝大多数钢筋混凝土结构屋顶上，若有砖女儿墙，则在女儿墙底与混凝土相接处必然产生温度裂缝，而采用钢筋混凝土女儿墙则情况较好，几乎无裂缝。建议女儿墙与结构采用同一材料，以防止墙上裂缝出现，同时增加保温层，在挑檐上下进行保温处理，这样将会有效地减少裂缝数量和宽度。

⑤ 建议将温度膨胀抗裂验算引入砌体结构规范，以引起设计者重视，确保工程满足各项使用要求。

思 考 题

1. 简述混凝土工程结构事故的主要类型。
2. 简述钢结构工程事故的主要类型。
3. 简述砌体结构工程事故的类型。
4. 简述混凝土工程结构事故的原因。
5. 简述钢结构事故的原因。
6. 简述砌体结构事故的原因。
7. 简述钢筋混凝土工程结构事故的分析与处理方法。
8. 简述钢结构事故的分析与处理方法。
9. 简述砌体结构事故的分析与处理方法。

第7章 工程结构维修加固与改造

工程事故原因分析清楚以后，对事故结构大多数要采取结构的方法，解决结构的安全性、适用性和耐久性问题，结构加固方法与结构的材料和结构的形式有关，本章将针对钢结构、混凝土结构和砌体结构三种常见结构给出加固方法。

7.1 结构加固的基本原则

建筑结构是否需要加固及加固的深广度、加固的范围和内容，应经结构可靠性鉴定确认。加固方案和加固设计应以具有相应资质的鉴定机构出具的鉴定报告为依据。加固施工则应按照具有资质的设计单位完成的施工图组织现场施工。

结构鉴定、加固设计和加固施工三者是互相联系并有先后次序，缺一不可，是构成结构加固工程的系统工程。只有遵循这一原则，才能确保结构加固工程的质量和安全。

当前，结构加固工程市场尚不完善，有的业主仅考虑眼前利益，急于求成，不按鉴定、加固设计和施工的科学程序进行，有些跨越鉴定与设计，直接找加固施工单位，要求加固施工，或边设计边施工，给工程加固带来问题。

结构加固是对事故结构实施的修复，加固修复必须达到预期承载力、适用性和耐久性要求。加固设计和施工是比新建结构更为复杂的技术工作，因此，修复加固设计和施工应按照国家有关规范和标准进行，应遵循科学规律，使用新技术、新理论和专家经验，必要时还要进行相关试验研究，以实现加固的目标。

7.1.1 结构的加固设计和施工应遵循国家有关标准

结构加固设计必须遵守现行国家有关标准、规范或规程，但由于结构加固工程的特殊性和复杂性，结构加固工程设计时，设计人员要正确理解国家有关规范的规定，由于标准的滞后性，造成加固设计人员必须在执行国家有关标准的同时在加固方法上有所创新，加固设计尽可能地减少对原结构创伤，计算时应正确选取结构加固的计算模型。

结构加固施工必须遵守现行国家有关标准、规范或规程，但由于结构加固工程的特殊性和复杂性，更应强调这一点，当前在结构加固工程施工现场，时有发生为赶进度，图方便而不遵守有关标准、规范的情况。因此需指出，遵守国家有关标准、规范是结构加固施工的重要原则。在施工过程中，对有关现行国家标准和规范的规定，正确理解执行，避免产生新的工程质量事故和安全问题。

7.1.2 结构的加固设计和施工应由富有经验的工程师负责

结构是否需要加固，应经结构可靠性鉴定，专家依据有关规范、规程、标准提出鉴定意见，鉴定意见书可作为结构加固设计的依据之一，由于结构加固设计所面临的不确定因素远比新建工程多而复杂，另外，还要考虑新的结构特性和设计目标的要求，因此，承担加固设计和施工的人员除具有较强的结构理论、明晰的结构概念外，还应具备较为丰富的工程经验，才能够全面系统地分析工程事故，提出较为合理的结构加固设计方案，实现加固设计的目标。

7.1.3　加固设计应处理好构件、结构局部与整体、临时与永久的关系

当某些构件不满足承载力和刚度等要求时必须进行加固，但结构体系的加固往往会被忽视，加固设计应从整个结构体系安全的角度考虑问题，当个别构件加固不影响整体结构体系的受力性能时，可进行局部加固。当结构整体不满足承载力、稳定性和整体刚度等要求时，应对结构进行整体加固。结构和构件的临时加固可适当降低要求。结构的修复加固应在尽量少停产、不影响或少影响工作和生活的条件下进行。

7.1.4　结构加固必须按照先后顺序科学实施

结构加固应遵循先治理后加固的原则。由高温、高湿、冻融、冷脆、腐蚀、振动、温度应力、收缩应力、地基不均匀沉降等原因造成的结构损坏，在结构加固前，应采取有效的治理对策，从源头上消除或限制其不利作用，确定加固处理时机，使之不致对加固后的结构重新造成损伤。

结构的修复加固一般应先卸载或部分卸载，卸载后按一定顺序实施加固。一般而言，应先加固后拆除；先加固后开洞；先加固基础，后加固柱、梁和板；先加固重要构件，后加固次要构件，在后期加固时要做好对前期加固构件的保护与防护工作。

7.1.5　加固设计还应注意复核结构的抗震能力和抗震加固设计

地震区的结构或构件加固，除应满足承载力要求外，还应复核其抗震性能，结构加固后不应存在因局部加强或刚度突变而形成新的薄弱部位，同时还应考虑结构刚度增大或变化而导致地震作用效应增大或变化的影响。

在进行抗震加固设计时还应注意以下一些问题：结构的刚度和承载力的分布要均匀，避免出现新的薄弱层；竖向构件要连续，保证传力途径明晰与简单直接；增强构件或加固原有构件，均要考虑减少整个结构扭转效应；加强薄弱部位的抗震构造；要使结构的受力状态更加合理，防止构件发生脆性破坏，消除不利于抗震的强梁弱柱、强构件弱节点等不良受力状态；考虑建设场地的影响；加固后的结构要选择地震反应小的结构体系；对原有的不合理结构体系、传力途径等应尽量进行改良。

7.1.6　采用成熟的结构修复加固改造方法与技术

在混凝土结构改造或修复加固设计时，要注意选用新材料、新工艺，应用成熟的新技术。应注意，必须采用经过正式鉴定的技术和产品，对于其他一些新产品和新技术应经过慎重研究和试验确定可靠后方可采用。

7.1.7　消除被加固结构的应力、应变滞后现象

为适应被加固结构应力应变滞后现象，较为充分地发挥后加固部分的潜力，加固结构所用钢材，一般应选用比例极限变形较小的低强度钢材（HPB300、HRB335 级）。为提高二次组合结构结合面的黏结性能，保证新旧两部分能整体工作、共同受力，加固结构所用水泥及混凝土要求收缩性小、微膨胀、与原构件的黏结性好、早期强度高，对加固结构所用化学灌浆材料及胶粘剂，要求黏结强度高、可灌性好、收缩性小、耐老化、无毒或低毒。

从受力情况分析，加固结构的新加部分，因应力、应变滞后而不能充分发挥其效能，尤其是当结构工作的应力应变值较高时，受压构件和受剪构件，往往会出现原结构与后加部分先后破坏的现象，致使结构加固效果不理想或不起作用。但是，加固时若进行卸荷，情况则不同，应力、应变滞后现象得以降低乃至消失。破坏时新旧两部分可同时进入各自的极限状态，结构总的承载力可显著提高。

卸荷加固承载力的计算，原则上仍按二次受力进行，但当卸荷达到一定程度，可近似简化为按一次受力组合结构计算，特别是以钢筋为主要承力的受拉、受弯及大偏心受压构件。

卸荷可以是直接卸荷，也可以是间接卸荷。直接卸荷是全部或部分直接搬走作用于原结构上的可卸荷载；间接卸荷是用反向力施加于原结构，以抵消或降低原有作用效应。直接卸荷直观、准确，但可卸荷载量有限，一般只限于活荷载；间接卸荷量值无限，甚至可以使作用效应出现负值。间接卸荷有楔升卸荷和顶升卸荷，前者以变形控制，后者以应力控制。预应力加固法与卸荷合二为一，是将结构所受荷载，通过预应力手段部分转移到新加结构上的一种方法。

7.1.8　区别对待加固设计与新建筑的结构设计的不同

加固设计计算时，可考虑楼面活荷载的折减。钢筋混凝土现浇板的梁，核算其受弯承载力时，跨中应考虑现浇板有效受压翼缘宽度，跨中和梁端受压区钢筋的双筋梁作用，框架梁核算端部承载力和裂缝时的弯矩值应取柱边值而不应取柱中值，各构件混凝土强度应按检测的实测值换算为设计值，采用计算机软件做整体内力分析后，必须对构件做局部验算。

进行加固设计时，力求与承担施工的单位进行配合，根据该施工单位的经验和水平确定更合理的设计实施方案。如果在设计时不能确定施工单位，开工之前应就设计中的构造做法和施工要求与施工单位作交底和讨论，必要时进行方案调整和修改设计，以确保工程质量和降低造价。

7.2　砌体结构加固方法

砌体结构是由块体和砂浆砌筑而成的，以墙、柱作为建筑物主要受力构件的结构，和钢筋混凝土结构相比，可以节约水泥和钢筋，降低造价，但砌体结构承载力较低。在实际工程中，砌体结构工程事故较多，常常会遇到砌体工程加固问题，对砌体结构进行加固的方法虽然很多，但可划分为整体加固和构件加固两种。其中，整体加固方法有增设抗侧力结构、捆绑法增设构件、改变受力形式加固等。构件加固方法有钢筋混凝土面层加固法、水泥砂浆面层加固法、混凝土加大截面法、外包型钢加固法、砌体托换加固法、外黏纤维材料加固法。

7.2.1　钢筋混凝土面层加固方法

该方法就是通常所说的钢筋网夹板墙，加固砌体墙后可大幅度提高墙体的受压、受剪承载力，大幅度提高刚度和抗震性能。该法施工工艺简单，并具有成熟的设计和施工经验，是砌体结构加固最常用的方法，但现场施工的湿作业时间长，对生产和生活有一定的影响，且加固后的建筑物面积有一定的减少（图 7.1～图 7.3）。

7.2.2　水泥砂浆面层加固方法

该方法属于复合截面加固法的一种，其优点与钢筋混凝土面层加固法相近，但提高承载力不如前者，适用于砌体墙的加固。砂浆面层加固按材料组成分为三种，即高强度等级

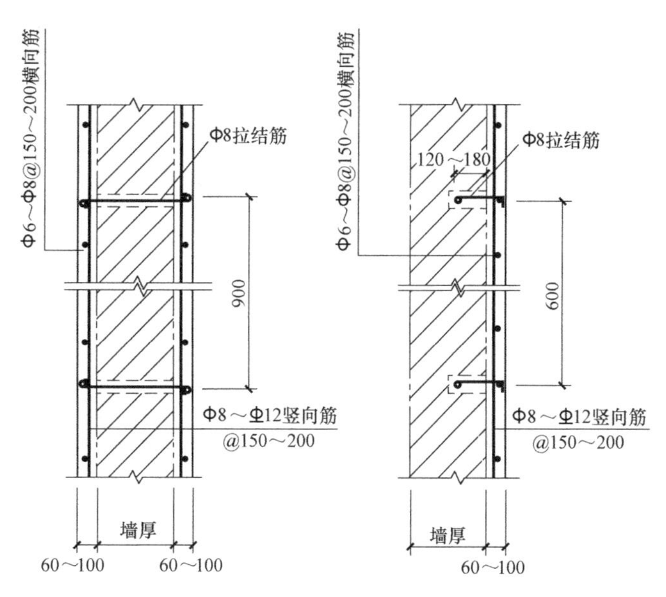

图 7.1　混凝土夹板墙加固的两种构造形式

图 7.2　混凝土夹板墙加固

图 7.3　混凝土夹板墙加构造柱加固

的水泥砂浆面层、水泥砂浆内配置钢筋网面层、聚合物砂浆钢绞线面层，三种方法均可不同程度地提高墙体的受压、受剪承载力，提高砌体刚度及抗震性能。砂浆面层施工可采用喷涂，也可采用手工抹制，是砌体结构加固中较常用的方法。在水泥砂浆中如果掺入短玻璃纤维丝，形成具有较高抗拉强度和抗裂性能的复合材料，经济合理，便于施工，增强加固效果（图 7.4、图 7.5）。

7.2.3　混凝土加大截面方法

该方法是用钢筋混凝土、钢筋网砂浆围套加固砌体柱，从而加大砌体柱的截面面积，显著提高构件承载能力和变形能力。常用的是外加钢筋混凝土加固，包括侧面外加混凝土层加固和四周外包混凝土加固两类。

（1）侧面外加混凝土加固：当砖柱承受较大的弯矩时，通常在受压区增设混凝土层或混凝土双面层的方法予以加固（图 7.6*a*、*b*）。采用侧面加固时，新旧柱的连接结合非常重要，应采取措施保证两者能可靠的共同工作。因此，两侧加固应采用连通的箍筋；单侧加

图 7.4　聚合物砂浆钢绞线加固——布置钢绞线

图 7.5　聚合物砂浆钢绞线加固——抹聚合物砂浆

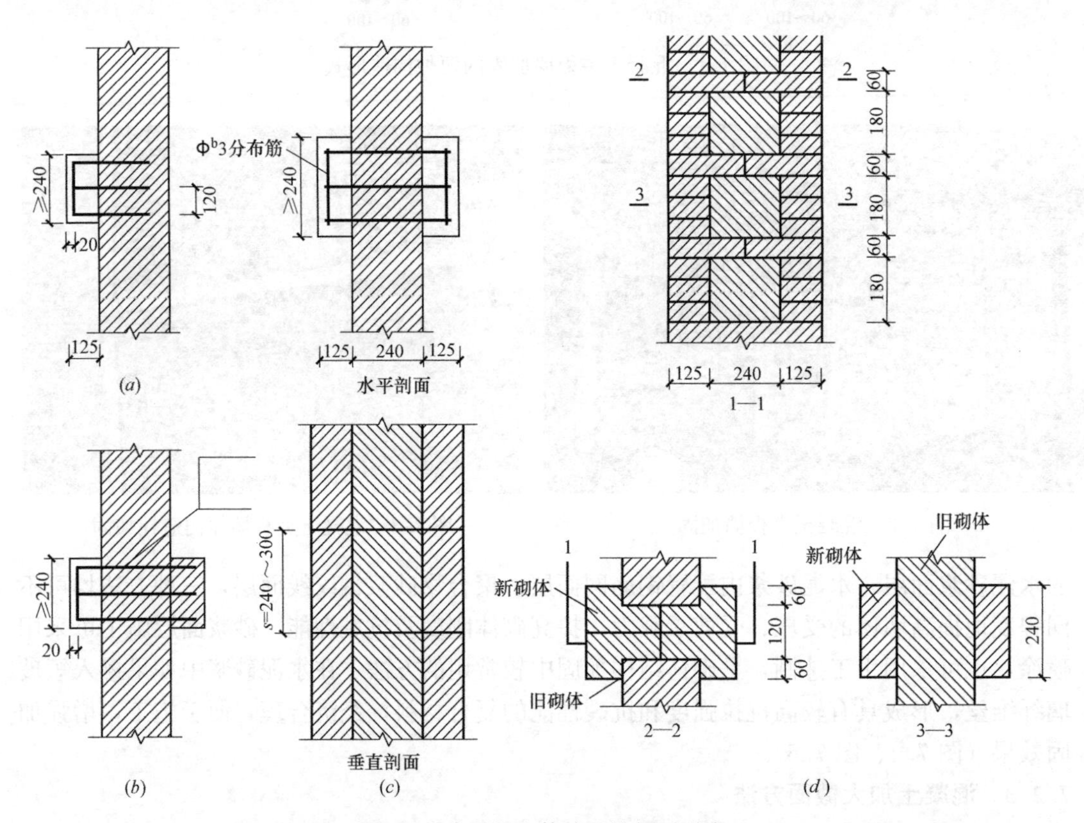

图 7.6　常用的砌体扶壁柱加固形式

固时应在原砖柱上打入混凝土钉或膨胀螺栓等物件，以加强两者的连接。此外，为了使混凝土与砖柱更好地黏结，无论单侧加固还是两侧加固，均应将原砖柱的角砖每隔 300mm 打掉一块，使后浇混凝土嵌入砖柱内。施工时，各角部被打去的角砖应上下错开，并施加预应力顶撑，以保证安全。混凝土强度等级宜为 C20 或 C30，受力钢筋距砖柱的距离不应小于 50mm，受压钢筋的配筋率不应小于 0.2%，直径不应小于 8mm。侧面外加混凝土层加固后的砖柱成为组合砖砌体。

（2）四周外包混凝土加固：四周外包混凝土加固砖柱的效果较好，对于轴心受压砖柱及小偏心受压砖柱，其承载力的提高尤为显著。外包层较薄时也可采用砂浆，砂浆的强度等级不宜低于 M10。外包层内应设置 ϕ6～ϕ8 的封闭箍筋，间距不宜超过 150mm。由于封闭箍筋的作用，使砖柱的侧向变形受到约束，其受力类似网状配筋砖砌体（图 7.6）。

外加圈梁的混凝土强度不应低于 C20，钢筋可采用 HPB300 或 HRB335 级热轧钢筋，圈梁截面尺寸不小于 240mm×125mm。纵向钢筋可采用 4ϕ12，箍筋可采用 ϕ6，间距为 200mm。钢筋混凝土圈梁与墙体的连接可采用销键、螺栓、锚栓或锚筋连接（图 7.6*a*）。

7.2.4 砌体托换加固方法

该方法是指构件有严重缺陷和裂缝的部分用新的砌体代替，适用于砌体墙的加固。必要时托换前应对原构件施加有效的支顶，应对原结构、构件在施工全过程中的承载状态进行验算、观测和控制。托换部分的材料强度等级不应低于建造时的强度等级，砂浆强度宜比原设计提高一级，用整砖填砌。

7.2.5 外包型钢加固方法

该方法也称湿式外包钢加固法，在构件四周或两个角部包以型钢并焊接缀板，对原柱形成约束，提高砌体柱承载力和抗变形能力，受力可靠、施工简便、现场工作量较小，但用钢量较大，且不宜在无防护的情况下用于 60°以上高温场所。适用于使用上不允许显著增大原构件截面尺寸，但又要大幅度提高其承载能力的钢筋混凝土楼板、梁和柱的加固。该法属于传统加固方法，其优点是施工简便、现场工作量和湿作业少，受力较为可靠，但需采用类似钢结构的防护措施（图 7.7）。

图 7.7　常用的梁板黏钢加固形式

7.2.6 外黏纤维材料加固方法

纤维增强复合材料主要应用在砌体结构的梁、板、柱加固，环绕形粘贴在构件四周或 U 形粘贴在梁的两个侧面和底面或粘贴在构件侧面，提高抗剪承载力和抗震能力，提高柱的延性。抗震墙加固方法是纵横向或斜向交叉分条粘贴在墙的侧面，与水平力作用下砌体中的主应力方向对应，使砌体受力更均匀，对砌体的有效约束面积增大，有利于维持砌体的整体性，提高砌体的抗剪能力，从而使得砌体加固效果更明显（图 7.8）。

粘贴碳纤维复合材料加固法主要适用于钢筋混凝土受压（轴心受压、大偏心受压）、受弯、受拉构件的加固，同时广泛用于各类工业与民用建筑物、构造物的防震、防裂、防腐的补强。碳纤维复合材料具有极高的抗拉强度，用胶粘剂将碳纤维复合材料沿受拉方向或者裂缝处粘贴在需要加固的构件上，形成新的整体，使碳纤维复合材料与原钢筋混凝土构件共同受力，增大构件的抗弯、抗剪、抗扭、抗拉承载力和抗震性能，提高构件的强度、刚度、抗裂性和延伸性（图 7.9、图 7.10）。

这种加固方法施工简便，节省空间，可以确保施工质量。由于碳纤维复合材料重量

图 7.8 常用的梁板碳纤维加固形式

轻，密度是普通钢材的四分之一，被加固构件的尺寸和自重不受影响，碳纤维复合材料的耐久性、腐蚀性较好，可以减少化学腐蚀、恶劣天气等对构件的影响。该方法可以大幅度提高构件的承载能力、抗震性能和耐久性能。

砌体结构加固除以上方法外，还有其他加固方法，如组合加固法等，总体来说，这些加固方法在工程实践中都有可行性，通过这些方法处理后的砌体结构房屋，其结构的安全性、耐久性和适用性都能得到提高，从而满足建筑物的使用功能。

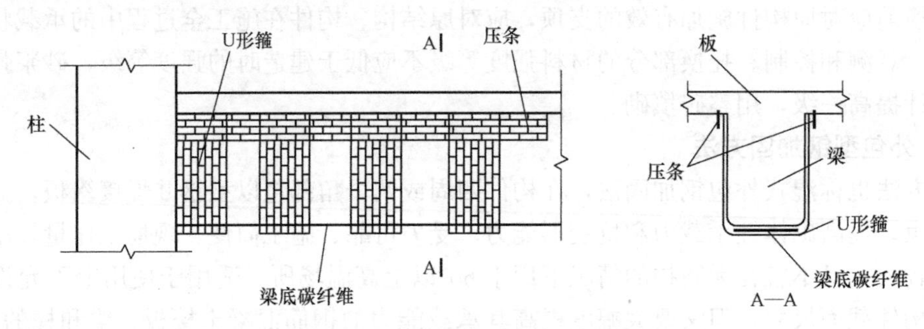

图 7.9 粘贴碳纤维复合材料加固混凝土梁

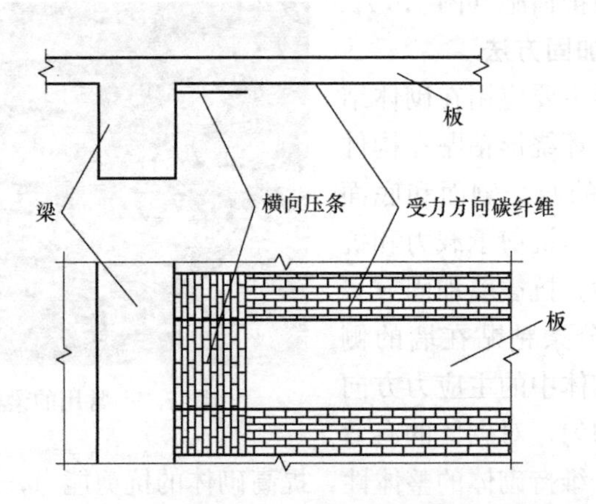

图 7.10 粘贴碳纤维复合材料加固混凝土楼板

7.2.7 加固砌体计算方法

砌体结构加固一般要求在同一楼层中进行。对建筑结构的承重墙体进行加固后，提高了其承载力，加固后的自承重墙体要满足抗震能力要求。非刚性结构体系的现有砌体结构建筑，在制定相应的加固方案时，要考虑消除一切砌体结构受力的不利因素，加固后在保持非刚性结构体系的同时，采用加固柱或墙垛、增设支撑或支架等方式，保证该砌体建筑结构的层间位移满足抗震要求，并且使其变形能力有所提高。对现有建筑进行区段加固时，要加固如楼梯间墙体等薄弱部位结构，保证足够的抗震承载力。

现有砌体建筑结构的层高和层数不满足相应规范鉴定标准的要求时，要采取一系列加固措施，保证其与现行规范相符或达到现行规范要求的承载力和抗震目标。当既有砌体建筑的总高度满足规范要求但层数不满足规范要求时，要采取一系列有效措施，并加强该建筑物墙体的约束。当既有砌体建筑的总高度不满足规范要求但层数满足规范要求时，可以改变建筑结构的结构体系，或减少层数。若改变结构体系，可在两个方向上新增钢筋混凝土墙体，由于新增墙体起到了承重的作用，并且承担了结构的全部地震作用，应计入竖向压应力滞后的影响。建筑结构为乙类设防时，则可以改变其使用功能来按照丙类设防的建筑使用，但是层数限制要求按照乙类设防。当现有建筑结构设防要求为丙类设防，横墙布置较少、超出规范要求（1 层和 3m 以内）且在不减少层数和高度时，应通过新增构造柱、圈梁等来达到现行规范《建筑抗震设计规范》GB 50011 的要求。

加固后楼层和墙体承载力和变形计算，主要是要满足地震工况下的承载力和变形要求，计算方法见本书抗震加固计算。

7.3 混凝土结构加固法

通过分析不同年代的现有建筑，结合我国现行钢筋混凝土结构及砌体结构加固规范，在结构体系与抗震承载力不满足规定时，对建筑结构中容易倒塌的部位和有局部损伤的构件，在框架梁、柱、板等不满足承载力和适用性要求时，需进行必要的加固。

本章主要针对以上结构或构件的加固构件承载力计算进行讨论。本章主要的研究内容有：混凝土结构加固设计的基本规定、材料、增大截面加固法、置换混凝土加固法、外加预应力加固法、外黏型钢加固法、粘贴纤维复合材料加固法、粘贴钢板加固法、增设支点加固法、钢丝绳网片-复合砂浆外加层加固法等的设计、计算与构造规定等。此外，还有与各种加固方法配套使用的植筋技术、锚栓技术、混凝土裂缝修补技术和钢筋阻锈技术等。混凝土加固设计应遵循现行规范《混凝土结构加固设计规范》GB 50367 的相关规定。

7.3.1 混凝土结构加固一般规定

混凝土结构经可靠性鉴定确认需要加固时，应根据鉴定结论和委托方提出的要求，由有资质的专业技术人员按规范的规定和业主的要求进行加固设计。加固设计的范围，可以是整幢建筑物或其中某独立区段，也可以是指定的结构、构件或连接，但均应考虑该结构的整体性是否需要加强。

加固后混凝土结构的安全等级，应根据结构破坏后果的严重性、结构的重要性和加固设计使用年限，由委托方与设计方按实际情况共同商定。

混凝土结构的加固设计，应与实际施工方法紧密结合，采取有效措施，保证新增构件和部件与原结构连接可靠，新增截面与原截面黏结牢固，形成整体共同工作；并应避免对未加固部分，以及相关的结构、构件和地基基础造成不利的影响。

对高温、高湿、低温、冻融、化学腐蚀、振动、温度应力、地基不均匀沉降等影响因素引起的原结构损坏，应在加固设计中提出有效的防治对策，并按设计规定的顺序进行治理和加固。

混凝土结构的加固设计，应综合考虑其技术经济效果，避免不必要的拆除或更换。

对加固过程中可能出现倾斜、失稳、过大变形或坍塌的混凝土结构，应在加固设计中提出相应的临时性安全措施，并明确要求施工单位严格执行。

混凝土结构的加固设计使用年限，应由业主和设计单位共同商定，一般情况下，宜按30～50年考虑，到期后，若重新进行的可靠性鉴定认为该结构工作正常，仍可继续延长其使用年限，对使用胶粘方法或掺有聚合物加固的结构、构件，尚应定期检查其工作状态。检查的时间间隔可由设计单位确定，但第一次检查时间不应迟于10年。

未经技术鉴定或设计许可，不得改变加固后结构的用途和使用环境。

7.3.2 混凝土结构加固设计计算原则

混凝土结构加固设计采用的结构分析方法，应遵守现行国家标准《混凝土结构设计规范》GB 50010规定的结构分析基本原则，且在一般情况下，应采用线弹性分析方法计算结构的作用效应。

加固混凝土结构时，应按下列规定进行承载能力极限状态和正常使用极限状态的设计、验算：

（1）结构上的作用，应经调查或检测核实，并按加固规范的规定和要求确定其标准值或代表值，若此项工作已在可靠性鉴定中完成，宜加以引用。

（2）被加固结构、构件的作用效应，应按作用效应组合和组合值系数以及作用的分项系数，根据现行国家标准《建筑结构荷载规范》GB 50009确定，并应考虑由于实际荷载偏心、结构变形、温度作用等造成的附加内力。

（3）验算结构、构件承载力时，应考虑原结构在加固时的实际受力状况，即加固部分应变滞后的特点，以及加固部分与原结构共同工作程度。

（4）加固后改变传力路线或使结构质量增大时，应对相关结构、构件及建筑物地基基础进行验算。

（5）地震区结构、构件的加固，除应满足承载力要求外，尚应复核其抗震能力；不应存在因局部加强或刚度突变而形成的新薄弱部位；同时，还应考虑结构刚度增大而导致地震作用效应增大的影响。

结构、构件的尺寸，对原有部分应采用实测值，对新增部分，可采用加固设计文件给出的名义值。原结构、构件的混凝土强度等级和受力钢筋抗拉强度标准值应按下列规定取值：

① 当原设计文件有效，且不怀疑结构有严重的性能退化时，可采用原设计的标准值；

② 当结构可靠性鉴定认为应重新进行现场检测时，应采用检测结果推定的标准值；

③ 当原构件混凝土强度等级的检测受实际条件限制而无法取芯时，允许采用回弹法检测。

加固材料性能的标准值f_k，应根据抽样检验结果按式（7.1）确定：

$$f_k = m_f - k \cdot s \tag{7.1}$$

式中 m_f——按n个试件算得的材料强度平均值；

s——按n个试件算得的材料强度标准差；

k——与α、c和n有关的材料强度标准值计算系数，由表7.1查得。

α——正态概率分布的分位值；根据材料强度标准值所要求的95%保证率，取$\alpha=0.05$；

c——检测加固材料性能所取的置信水平（置信度），由有关章节作出规定。

材料强度标准值计算系数 k 值 **表 7.1**

n	$\alpha=0.05$ 时的 k 值				n	$\alpha=0.05$ 时的 k 值			
	$c=0.99$	$c=0.95$	$c=0.90$	$c=0.75$		$c=0.99$	$c=0.95$	$c=0.90$	$c=0.75$
4	—	5.145	3.957	2.680	15	3.102	2.566	2.329	1.991
5	—	4.202	3.400	2.463	20	2.807	2.396	2.208	1.933
6	5.409	3.707	3.092	2.336	25	2.632	2.292	2.132	1.895
7	4.730	3.399	2.894	2.250	30	2.516	2.220	2.080	1.869
10	3.739	2.911	2.568	2.103	50	2.296	2.065	1.965	1.811

为防止结构加固部分意外失效而导致的坍塌，在使用胶粘剂或掺有聚合物（如改性混凝土、复合砂浆等）的加固方法时，其加固设计除应按现行《混凝土结构加固设计规范》GB 50367 的规定进行外，尚应对原结构进行验算。验算时，应要求原结构、构件能承担 n 倍恒载标准值的作用。当可变荷载（不含地震作用）标准值与永久荷载标准值之比值不大于 1 时，取 $n=1.2$；当该比值大于或等于 2 时，取 $n=1.5$；其间按线性内插法确定。

7.3.3 混凝土结构加固方法

混凝土结构的加固分为直接加固与间接加固两类，设计时，可根据实际条件和使用要求选择适宜的加固方法及配合使用的技术。

(1) 直接加固采用的方法

① 增大截面加固法

该方法可用于梁、板、柱、墙等构件和一般构筑物的加固，其优点为施工工艺简单、适应性强，且有长期的使用经验；其缺点是施工湿作业时间长，在混凝土养护期间需限制荷载，且加固后结构自重增大、建筑使用空间减小。

② 置换混凝土加固法

该方法可用于各种结构构件的局部加固处理，其优点为构件加固后能恢复原貌，不改变原使用空间；缺点是剔除旧混凝土的工作量大，易伤及原构件的钢筋，且湿作业时间较长。

③ 外黏型钢加固法

该方法可用于柱、桁架、梁和一般构筑物的加固，其优点为受力可靠、能显著提高结构、构件的承载能力、对使用空间影响小、施工简便且湿作业少；缺点是对使用环境的温度有限制，且加固费用较高。

④ 外黏钢板加固法

该方法可用于受弯及受压构件的加固，其优点为施工工期短、加固后几乎不改变构件外形和使用空间；缺点是对使用环境的温度有限制，对弧形构件表面的粘贴不易保证质量；且钢板较薄，需作防锈处理等。

⑤ 粘贴纤维复合材料加固法

该方法可用于钢筋混凝土受弯构件及受压构件的加固，其优点为轻质高强，一般无需搭接，能适应曲面形状混凝土的粘贴要求，耐腐蚀、耐潮湿、施工便捷；缺点是对使用环境的温度有限制，且需作专门的防护处理。若防护不当，易遭受火灾和人为损坏。

⑥ 高强钢丝绳网片-复合砂浆外加层加固法

该方法可用于钢筋混凝土受弯构件及大偏心受压构件，其优点为原构件的修补和界面处理较为简便；网片的受力性能较好；若采用高强度不锈钢丝绳，还能耐腐蚀介质作用；缺点是对复合砂浆性能和质量的要求较高，而市场上供应的产品（聚合物砂浆）一般性能较差，若不专门配制，容易发生安全质量问题；另外，高强度不锈钢丝及高性能的复合砂浆的单价较高，使用前，需做较细致的技术经济综合评估才能确定其适用性。

(2) 间接加固采用的方法

① 预应力加固法

该方法可用于大跨度结构以及处于高应力、应变状态下大型结构的加固，其优点是能改变原结构内力分布、降低原构件的应力水平、消除新加杆件的应变滞后现象并显著改善结构的使用功能；缺点是在有生产性热源且结构表面温度经常大于 60℃ 的环境中使用时，其防护处理较难，且费用较高。

② 增设支点加固法

该方法可用于对使用条件和外观要求不高的场所，以及抢险工程的临时性支顶，其优点为受力明确、简便可靠，且易拆卸、复原；其缺点是显著影响使用空间。

(3) 与结构加固方法配合使用的技术

① 裂缝修补技术

主要有两类：一是以保护钢筋不受侵蚀、混凝土不渗漏为目的的表面封闭法和填充密封法；另一是在保护钢筋的同时，还要求通过注入补强作用的胶粘剂以恢复混凝土强度的压力注浆法或注射法。

② 锚固技术

锚固技术主要指植筋技术和锚栓技术。前者适用于承重结构加固中的构件连接、接长以及施工漏埋钢筋或钢筋偏离设计位置的补救；后者适用于金属构件（如钢部件、幕墙龙骨等）与混凝土结构的连接、紧固；也用于其他加固材料（如黏钢、外包钢和纤维复合材料粘贴等）与混凝土基层粘结的附加锚固。其优点是定位准确、施工方便；缺点是增加加固工程造价。

③ 阻锈技术

防治已有混凝土结构、构件的钢筋锈蚀，宜采用能有效抑制或阻断有害离子对钢筋侵蚀的化学物质即阻锈剂，通过喷涂与渗透，使阻锈剂吸附于钢筋表面或在混凝土中形成低渗透率、高透气性的隔离层，在阻断有害离子和水分与钢筋接触的同时，使腐蚀电流的下降速率显著加快，从而起到阻锈作用。在结构加固中，可根据不同品种阻锈剂的阻锈能力和适用范围进行选择。

7.3.4 混凝土结构加固用材料

(1) 水泥

混凝土结构加固用的水泥，应优先采用强度等级不低于 42.5 级的硅酸盐水泥和普通硅酸盐水泥；也可采用矿渣硅酸盐水泥或火山灰质硅酸盐水泥，但其强度等级不应低于 42.5 级；必要时，还可采用快硬硅酸盐水泥。当混凝土结构有耐腐蚀、耐高温要求时，应采用相应的特种水泥。配制复合砂浆用的水泥，其强度等级不应低于 42.5 级，且应符合复合砂浆产品说明书的规定。

(2) 混凝土

结构加固用的混凝土，其强度等级应比原结构、构件提高一级，且不得低于C20；其性能和质量应符合现行国家标准《混凝土结构设计规范》GB 50010 的规定。

结构加固用的混凝土，可使用商品混凝土，但所掺的粉煤灰应为Ⅰ级灰，且烧失量不应大于5%。当结构加固工程选用聚合物混凝土、减缩混凝土、微膨胀混凝土、钢纤维混凝土、合成纤维混凝土或喷射混凝土时，应在施工前进行试配，经检验其性能符合设计要求后方可使用。

(3) 钢材及焊接材料

混凝土结构加固用的钢筋，其品种、质量和性能应符合下列规定：

① 宜选用 HRB335 级或 HPB300 级普通钢筋；当有工程经验时，可使用 HRB400 级钢筋；也可采用 HRB500 级和 HRBF500 级的钢筋。对体外预应力加固，宜使用 UPS15.2-1860 低松弛无黏结钢绞线。

② 混凝土结构加固用的钢板、型钢、扁钢和钢管，应采用 Q235 级或 Q345 级钢材；对重要结构的焊接构件，当采用 Q235 级钢，应选用 Q235-B 级钢。

③ 当混凝土结构的后锚固件为植筋时，应使用热轧带肋钢筋，不得使用光圆钢筋。混凝土结构加固用的焊接材料、焊条型号应与被焊接钢材的强度相适应。

④ 当后锚固件为钢螺杆时，应采用全螺纹的螺杆，不得采用锚入部位无螺纹的螺杆。

⑤ 当承重结构的后锚固件为锚栓时，其钢材的性能指标必须符合现行《混凝土结构加固设计规范》GB 50367 的规定。

(4) 纤维和纤维复合材料

纤维复合材料的纤维必须为连续纤维，承重结构加固用的碳纤维，应选用聚丙烯腈基不大于15K 的小丝束纤维。承重结构加固用的芳纶纤维，应选用饱和吸水率不大于4.5%的对位芳香族聚酰胺长丝纤维，且经人工气候老化5000h后，1000MPa 应力作用下的蠕变值不应大于0.15mm。承重结构加固用的玻璃纤维，应选用高强度玻璃纤维、耐碱玻璃纤维或碱金属氧化物含量低于0.8%的无碱玻璃纤维，严禁使用高碱的玻璃纤维和中碱的玻璃纤维。承重结构加固工程，严禁采用预浸法生产的纤维织物。

纤维复合材料抗拉强度标准值，应根据置信水平为0.99、保证率为95%的要求确定。不同品种纤维复合材料的抗拉强度标准值应按表7.2的规定采用。

纤维复合材料抗拉强度标准值 **表7.2**

品种	等级和代号	抗拉强度标准值(MPa)	
		单向织物(布)	条形板
碳纤维复合材料	高强度Ⅰ级	3400	2400
	高强度Ⅱ级	3000	2000
	高强度Ⅲ级	1800	—
芳纶纤维复合材料	高强度Ⅰ级	2100	1200
	高强度Ⅱ级	1800	800
玻璃纤维复合材料	高强玻璃纤维	2200	—
	无碱玻璃纤维、耐碱玻璃纤维	1500	—

不同品种纤维复合材料的抗拉强度设计值，应分别按表 7.3～表 7.5 采用。

碳纤维复合材料抗拉强度设计值（MPa） **表 7.3**

强度级别 结构类型	单向织物(布)			条形板	
	高强度Ⅰ级	高强度Ⅱ级	高强度Ⅲ级	高强度Ⅰ级	高强度Ⅱ级
重要构件	1600	1400	—	1150	1000
一般构件	2300	2000	1200	1600	1400

芳纶纤维复合材料抗拉强度设计值（MPa） **表 7.4**

强度级别 结构类型	单向织物(布)		条形板	
	高强度Ⅰ级	高强度Ⅱ级	高强度Ⅰ级	高强度Ⅱ级
重要构件	960	800	560	480
一般构件	1200	1000	700	600

玻璃纤维复合材料抗拉强度设计值（MPa） **表 7.5**

强度级别 结构类型	单向织物(布)	
	高强度Ⅰ级	高强度Ⅱ级
重要构件	500	700
一般构件	350	500

纤维复合材料的弹性模量及拉应变设计值应按表 7.6 采用。

纤维复合材料弹性模量及拉应变设计值 **表 7.6**

性能项目 品种	等级和代号	抗拉强度标准值(MPa)		拉应变设计值	
		单向织物(布)	条形板	重要构件	一般构件
碳纤维复合材料	高强度Ⅰ级	2.3×10^5	1.6×10^5	0.007	0.01
	高强度Ⅱ级	2.0×10^5	1.4×10^5		
	高强度Ⅲ级	1.8×10^5	—	—	—
芳纶纤维复合材料	高强度Ⅰ级	1.1×10^5	0.7×10^5	0.008	0.01
	高强度Ⅱ级	0.8×10^5	0.6×10^5		
高强玻璃纤维复合材料	代号 S	0.7×10^5	—	0.007	0.01
无碱或耐碱玻璃纤维复合材料	代号 E、AR	0.5×10^5	—	—	—

对符合安全性要求的纤维织物复合材料或纤维复合板材，当与其他结构胶粘剂配套使用时，应对其抗拉强度标准值、纤维复合材料与混凝土正拉黏结强度和层间剪切强度重新做适配性检验。承重结构采用纤维织物复合材料进行现场加固时，其织物的单位面积质量应符合表 7.7 的规定。

(5) 结构加固用胶粘剂

承重结构用的胶粘剂，按其基本性能分为 A 级胶和 B 级胶；对重要结构、悬挑构件、承受动力作用的结构、构件，以及业主要求使用优质胶的场合，应采用A级胶；对一般结构可采用A级胶或B级胶。

不同品种纤维复合材料单位面积质量限值（g/m^2）　　表7.7

施工方法	碳纤维织物	芳纶纤维织物	玻璃纤维织物	
			高强玻璃纤维	无碱或耐碱玻璃纤维
现场手工涂布胶粘剂	≤300	≤450	≤450	≤600
现场真空灌注胶粘剂	≤450	≤650	≤550	≤750

承重结构用的胶粘剂，必须进行黏结抗剪强度检验。检验时，其黏结抗剪强度标准值，应满足置信水平为0.90、保证率为0.95的要求。

承重结构加固工程中严禁使用不饱和聚酯树脂和醇酸树脂作为胶粘剂。当结构锚固工程需采用快固结构胶时，其安全性能应符合表7.8的规定。

锚固型快固结构胶安全性能鉴定标准　　表7.8

<table>
<tr><th colspan="2">检验项目</th><th colspan="2">性能要求</th><th>检验方法</th></tr>
<tr><td rowspan="3">胶体性能</td><td>劈裂抗拉强度(MPa)</td><td colspan="2">≥8.5</td><td>GB 50728</td></tr>
<tr><td>抗弯强度(MPa)</td><td colspan="2">≥500，且不得
呈碎裂状破坏</td><td>GB/T 2567</td></tr>
<tr><td>抗压强度(MPa)</td><td colspan="2">≥60</td><td>GB/T 2567</td></tr>
<tr><td rowspan="4">黏结能力</td><td>钢对钢(钢套筒法)
拉伸抗剪强度标准值</td><td colspan="2">≥16</td><td>GB 50367 附录C</td></tr>
<tr><td>钢对钢(钢片单剪法)
拉伸抗剪强度平均值</td><td colspan="2">≥6.5</td><td>GB/T 7124</td></tr>
<tr><td rowspan="2">与混凝土的正拉
黏结强度(MPa)</td><td>C30
ϕ25
埋深150mm</td><td>≥12</td><td rowspan="2">GB 50728</td></tr>
<tr><td>C60
ϕ25
埋深125mm</td><td>≥18</td></tr>
<tr><td colspan="2">经90d湿热老化后的钢套筒黏
结抗剪强度降低率(%)</td><td colspan="2"><15</td><td>GB 50728</td></tr>
<tr><td colspan="2">经低周反复拉力作用后的试件
黏结抗剪强度降低率(%)</td><td colspan="2">≤50</td><td>GB50367 附录D</td></tr>
</table>

注：1. 快固结构胶系指在16～25℃环境中，其固化时间不超过45min的胶粘剂，且应按A级的要求采用；
2. 检验抗剪强度标准值时，取强度保证率为95%；置信水平为0.90，试件数量不应少于15个；
3. 当快固结构胶用于锚栓连接时，不需做钢片单剪法的抗剪强度检验。

（6）钢丝绳

采用钢丝绳网-聚合物砂浆面层加固钢筋混凝土结构、构件，重要结构、构件，或结构处于腐蚀介质环境、潮湿环境和露天环境时，应选用高强度不锈钢丝绳制作的网片。处于正常温度、湿度环境中的一般结构、构件，可采用高强度镀锌钢丝绳制作的网片，但应采取有效的阻锈措施。

制绳用的钢丝采用高强度不锈钢丝时，应采用碳含量不大于0.15%及硫、磷含量不大于0.025%的优质不锈钢制丝；采用高强度镀锌钢丝时，应采用硫、磷含量均不大于0.03%的优质碳素结构钢制丝。

钢丝绳的抗拉强度标准值（f_{rtk}）应按其极限抗拉强度确定，且应具有不小于95%的保证率以及不低于90%的置信水平。不锈钢丝绳和镀锌钢丝绳的强度标准值和设计值应按表7.9采用。

高强度钢丝绳抗拉强度设计值（MPa） **表7.9**

种类	符号	高强度不锈钢丝绳			高强度镀锌钢丝绳		
		钢丝绳公称直径(mm)	抗拉强度标准值 f_{rtk}	抗拉强度设计值 f_{rtk}	钢丝绳公称直径(mm)	抗拉强度标准值 f_{rtk}	抗拉强度设计值 f_{rtk}
6×7+IWS	Φ^{r}	2.4～4.0	1600	1200	2.5～4.5	1650	1100
1×19	Φ^{s}	2.5	1470	1100	2.5	1580	1050

高强度不锈钢丝绳和高强度镀锌钢丝绳的弹性模量及拉应变设计值应按表7.10采用。

高强度钢丝绳弹性模量及拉应变设计值 **表7.10**

类别		弹性模量设计值 E_{rw}(MPa)	拉应变设计值 ε_{rw}
高强度不锈钢丝绳	6×7+IWS	1.2×10^{5}	0.01
	1×19	1.1×10^{5}	0.01
高强度镀锌钢丝绳	6×7+IWS	1.4×10^{5}	0.008
	1×19	1.3×10^{5}	0.008

(7) 聚合物改性水泥砂浆

采用钢丝绳网-聚合物改性水泥砂浆（以下简称聚合物砂浆）面层加固钢筋混凝土结构时，对重要结构的加固，应选用改性环氧类聚合物配制；对一般结构的加固，可选用改性环氧类、改性丙烯酸酯类、改性丁苯类或改性氯丁类聚合物乳液配制；不得使用聚乙烯醇类、氯偏类、苯丙类聚合物以及乙烯-醋酸乙烯共聚物配制；在结构加固工程中不得使用聚合物成分及主要添加剂成分不明的任何型号聚合物砂浆；不得使用未提供安全数据清单的任何品种聚合物；也不得使用在产品说明书规定的储存期内已发生分相现象的乳液。

承重结构用的聚合物砂浆分为Ⅰ级和Ⅱ级，在板和墙的加固时，当原构件混凝土强度等级为C30～C50时，应采用Ⅰ级聚合物砂浆；当原构件混凝土强度等级为C25及其以下时，可采用Ⅰ级或Ⅱ级聚合物砂浆。梁和柱的加固，均应采用Ⅰ级聚合物砂浆。Ⅰ级和Ⅱ级聚合物砂浆的安全性能应分别符合现行国家标准《工程结构加固材料安全性鉴定技术规范》GB 50728的规定。

7.3.5 增大截面加固法

增大截面法适用于钢筋混凝土受弯和受压构件的加固，采用增大截面法时，按现场检测结果确定的原构件混凝土强度等级不应过低。当被加固构件界面处理及其黏结质量能够得到保证，可按整体截面计算。

采用增大截面加固钢筋混凝土结构构件时，其正截面承载力应按现行国家标准《混凝土结构设计规范》GB 50010的基本假定进行计算，对混凝土结构进行加固施工时，应采取措施卸除或大部分卸除作用在结构上的活荷载，以保证二次受力后加固混凝土结构与原结构能够同步工作。

(1) 受弯构件正截面加固计算

采用增大截面加固受弯构件时，应根据原结构构造和受力的实际情况，选用在受压区或受拉区增设现浇钢筋混凝土外加层的加固方式。

当仅在受压区加固受弯构件时，其承载力、抗裂度、钢筋应力、裂缝宽度及挠度的计算和验算，可按现行国家标准《混凝土结构设计规范》GB 50010 关于叠合式受弯构件的规定进行。当验算结果表明，仅需增设混凝土叠合层即可满足承载力要求时，也应按构造要求配置受压钢筋和分布钢筋。

当在受拉区加固矩形截面受弯构件时（图 7.11），其正截面受弯承载力应按式（7.2）～式（7.4）确定：

$$M \leqslant \alpha_s f_y A_s \left(h_0 - \frac{x}{2}\right) + f_{y0} A_{s0} \left(h_{01} - \frac{x}{2}\right) + f'_{y0} A'_{s0} \left(\frac{x}{2} - a'\right) \tag{7.2}$$

$$\alpha_1 f_{c0} bx = f_{y0} A_{s0} + \alpha_s f_y A_s - f'_{y0} A'_{s0} \tag{7.3}$$

$$2a' \leqslant x \leqslant \xi_b h_0 \tag{7.4}$$

式中 M——构建加固后弯矩设计值（kN·m）；

α_s——新增钢筋强度利用系数；$\alpha_s = 0.9$；

f_y——新增钢筋的抗拉强度设计值（N/mm^2）；

A_s——新增受拉钢筋的截面面积（mm^2）；

h_0、h_{01}——构件加固后和加固前的截面有效高度（mm）；

x——混凝土受压区高度（mm）；

f_{y0}、f'_{y0}——原钢筋的抗拉、抗压强度设计值（N/mm^2）；

A_{s0}、A'_{s0}——原受拉钢筋和原受压钢筋的截面面积（mm^2）；

a'——纵向受压钢筋合力点至混凝土受压区边缘的距离（mm）；

α_1——受压区混凝土矩形应力图的应力值与混凝土轴心抗压强度设计值的比值；当混凝土强度等级不超过 C50 时，$\alpha_1 = 1.0$；当混凝土强度等级为 C80 时，取 $\alpha_1 = 0.94$；其间按线性内插法确定；

f_{c0}——原构件混凝土轴心抗压强度设计值（N/mm^2）；

b——矩形截面宽度（mm）；

ξ_b——构件增大截面加固后的相对界限受压区高度，按式（7.5）计算。

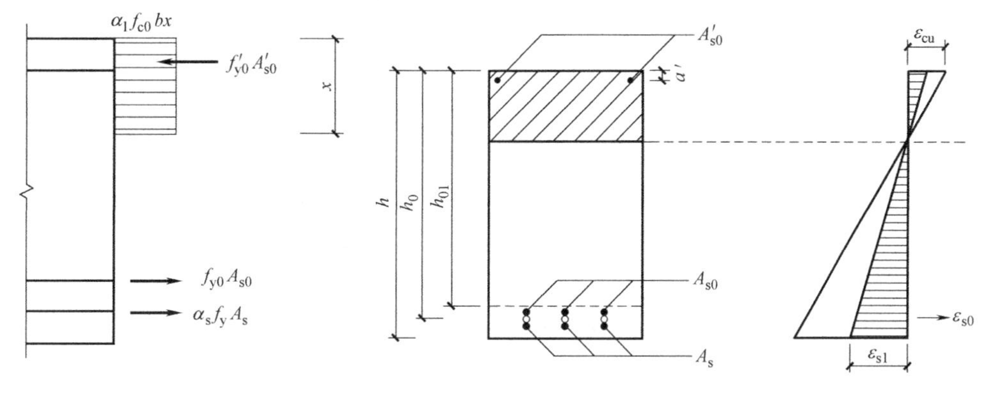

图 7.11 矩形截面受弯构件正截面加固计算简图

受弯构件增大截面加固后的相对界限受压区高度 ξ_b，应按式（7.5）确定：

$$\xi_b=\frac{\beta_1}{1+\frac{\alpha_s f_y}{\varepsilon_{cu}E_s}+\frac{\varepsilon_{s1}}{\varepsilon_{cu}}} \tag{7.5}$$

$$\varepsilon_{s1}=\left(1.6\frac{h_0}{h_{01}}-0.6\right)\varepsilon_{s0} \tag{7.6}$$

$$\varepsilon_{s0}=\frac{M_{0k}}{0.85h_{01}A_{s0}E_{s0}} \tag{7.7}$$

式中 β_1——计算系数，当混凝土强度等级不超过 C50 时，β_1 值取为 0.80；当混凝土强度等级为 C80 时，β_1 值取为 0.74，其间按线性内插法确定；

ε_{cu}——混凝土极限压应变，取 $\varepsilon_{cu}=0.0033$；

ε_{s1}——新增钢筋位置处，按平截面假设确定的初始应变值；当新增主筋与原主筋的连接采用短钢筋焊接时，可近似取 $h_{01}=h_0$，$\varepsilon_{s1}=\varepsilon_{s0}$；

M_{0k}——加固前受弯构件验算截面上原作用的弯矩标准值；

ε_{s0}——加固前，在初始弯矩 M_{0k} 作用下原受拉钢筋的应变值。

当按式（7.1）及式（7.2）算得的加固后混凝土受压区高度 x 与加固前原截面有效高度 h_{01} 之比 x/h_{01} 大于原截面相对界限受压区高度 ξ_{b0} 时，应考虑原纵向受拉钢筋应力 σ_{s0} 尚达不到 f_{y0} 的情况。此时，应将上述两公式中的 f_{y0} 改为 σ_{s0}，并重新进行验算。验算时，σ_{s0} 值可按式（7.8）确定：

$$\sigma_{s0}=\left(\frac{0.8h_{01}}{x}-1\right)\varepsilon_{cu}E_s\leqslant f_{y0} \tag{7.8}$$

对翼缘位于受压区的 T 形截面受弯构件，其受拉区增设现浇配筋混凝土层的正截面受弯承载力，应按以上计算原则和现行国家标准《混凝土结构设计规范》GB 50010 关于 T 形截面受弯承载力的规定进行计算。

(2) 受弯构件斜截面加固计算

受弯构件加固后的斜截面应符合下列条件：

当 $h_w/b\leqslant4$ 时

$$V\leqslant0.25\beta_c f_c bh_0 \tag{7.9}$$

当 $h_w/b\geqslant6$ 时

$$V\leqslant0.20\beta_c f_c bh_0 \tag{7.10}$$

当 $4<h_w/b<6$ 时，按线性内插法确定。

式中 V——构件加固后剪力设计值（kN）；

β_c——混凝土强度影响系数；按现行国家标准《混凝土结构设计规范》GB 50010 的规定值采用；

b——矩形截面的宽度或 T 形、I 形截面的腹板宽度（mm）；

h_w——截面的腹板高度（mm）；对矩形截面，取有效高度；对 T 形截面，取有效高度减去翼缘高度；对 I 形截面，取腹板净高。

采用增大截面法加固受弯构件时，其斜截面受剪承载力应符合下列规定：

当受拉区增设配筋混凝土层，并采用 U 形箍与原箍筋逐个焊接时：

$$V \leqslant \alpha_{cv}[f_{t0}bh_{01}+\alpha_c f_t b(h_0-h_{01})]+f_{yv0}\frac{A_{sv0}}{s_0}h_0 \tag{7.11}$$

当增设钢筋混凝土三面围套，并采用加锚式或胶锚式箍筋时：

$$V \leqslant \alpha_{cv}(f_{t0}bh_{01}+\alpha_c f_t A_c)+\alpha_s f_{yv}\frac{A_{sv}}{s}h_0+f_{yv0}\frac{A_{sv0}}{s_0}h_{01} \tag{7.12}$$

式中 α_{cv}——斜截面混凝土受剪承载力系数，对一般受弯构件取0.7；对集中荷载作用下（包括作用有多种荷载，其中集中荷载对支座截面或节点边缘所产生的剪力值占总剪力的75%以上的情况）的独立梁，取α_{cv}为$\frac{1.75}{\lambda+1}$，λ为计算截面的剪跨比，可取$\lambda=a/h_0$，当λ小于1.5时，取1.5；当λ大于3时，取3；a为集中荷载作用点至支座截面或节点边缘的距离；

α_c——新增混凝土强度利用系数，取$\alpha_c=0.7$；

f_t、f_{t0}——新、旧混凝土轴心抗拉强度设计值（N/mm^2）；

A_c——三面围套新增混凝土截面面积（mm^2）；

α_s——新增箍筋强度利用系数，取$\alpha_s=0.9$；

f_{yv}、f_{yv0}——新箍筋和原箍筋的抗拉强度设计值（N/mm^2）；

A_{sv}、A_{sv0}——同一截面内新箍筋各肢截面面积之和及原箍筋各肢截面面积之和（mm^2）；

s、s_0——新增箍筋或原箍筋沿构件长度方向的间距（mm）。

(3) 受压构件正截面加固计算

采用增大截面加固钢筋混凝土轴心受压构件（图7.12）时，其正截面受压承载力应按式（7.13）确定：

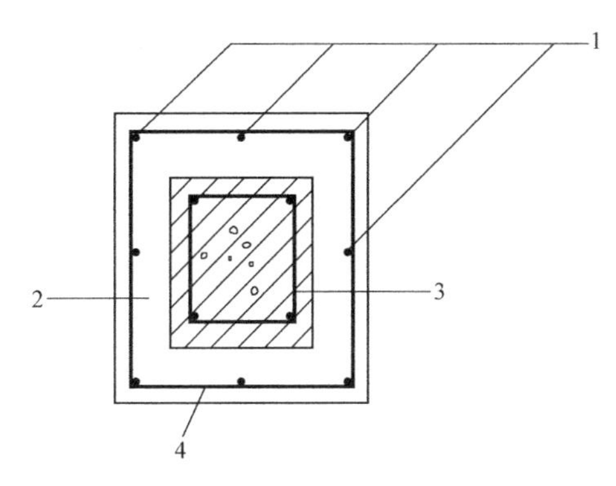

图7.12 轴心受压构件增大截面加固

1—新增纵向受力钢筋；2—新增截面；3—原柱截面；4—新加箍筋

$$N \leqslant 0.9\varphi[f_{c0}A_{c0}+f'_{y0}A'_{s0}+\alpha_{cs}(f_c A_c+f'_y A'_s)] \tag{7.13}$$

式中 N——构件加固后的轴向压力设计值（kN）；

φ——构件稳定系数，根据加固后的截面尺寸，按现行国家标准《混凝土结构设计规范》GB 50010的规定值采用；

A_{c0}、A_c——构件加固前混凝土截面面积和加固后新增部分混凝土截面面积（mm^2）；

f'_y、f'_{y0}——新增纵向钢筋和原纵向钢筋的抗压强度设计值（N/mm^2）；

A'_s——新增纵向受压钢筋的截面面积（mm^2）；

α_{cs}——综合考虑新增混凝土和钢筋强度利用程度的降低系数，取 $\alpha_{cs}=0.8$。

采用增大截面加固钢筋混凝土偏心受压构件时，其矩形截面正截面承载力应按式（7.14）～式（7.17）确定（图 7.13）：

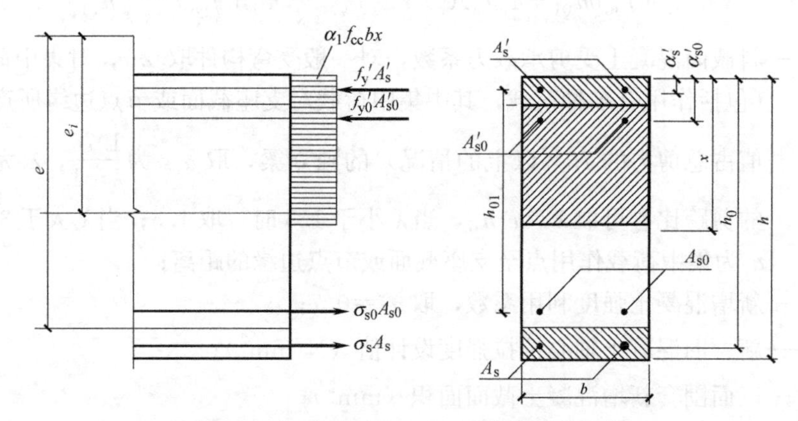

图 7.13　矩形截面偏心受压构件加固的计算

$$N \leqslant \alpha_1 f_{cc}bx + 0.9f'_yA'_s + f'_{y0}A'_{s0} - \sigma_sA_s - \sigma_{s0}A_{s0} \tag{7.14}$$

$$Ne \leqslant \alpha_1 f_{cc}bx\left(h_0 - \frac{x}{2}\right) + 0.9f'_yA'_s(h_0 - a'_s) + f'_{y0}A'_{s0}(h_0 - a'_{s0}) - \sigma_{s0}A_{s0}(a_{s0} - a_s) \tag{7.15}$$

$$\sigma_{s0} = \left(\frac{0.8h_{01}}{x} - 1\right)E_{s0}\varepsilon_{cu} \leqslant f_{y0} \tag{7.16}$$

$$\sigma_s = \left(\frac{0.8h_0}{x} - 1\right)E_s\varepsilon_{cu} \leqslant f_y \tag{7.17}$$

式中　f_{cc}——新旧混凝土组合截面的混凝土轴心抗压强度设计值（N/mm^2），可近似按 $f_{cc}=\frac{1}{2}(f_{c0}+0.9f_c)$ 确定；若有可靠试验数据，也可按试验结果确定；

f_c、f_{c0}——分别为新、旧混凝土轴心抗压强度设计值（N/mm^2）；

σ_{s0}——原构件受拉边或受压较小边纵向钢筋应力，当计算得 $\sigma_{s0}>f_{y0}$ 时，取 $\sigma_{s0}=f_{y0}$；

σ_s——受拉边或受压较小边的新增纵向钢筋应力（N/mm^2）；当计算得 $\sigma_s>f_y$ 时，取 $\sigma_s=f_y$；

A_{s0}——原构件受拉边或受压较小边纵向钢筋截面面积（mm^2）；

A'_{s0}——原构件受压较大边纵向钢筋截面面积（mm^2）；

e——偏心距，为轴向压力设计值 N 的作用点至纵向受拉钢筋合力点的距离，按式（7.18）确定（mm）；

a_{s0}——原构件受拉边或受压较小边纵向钢筋合力点到加固后截面近边的距离（mm）；

a'_{s0}——原构件受压较大边纵向钢筋合力点到加固后截面近边的距离（mm）；

a_s——受拉边或受压较小边新增纵向钢筋合力点至加固后截面近边的距离（mm）；

a'_s——受压较大边新增纵向钢筋合力点至加固后截面近边的距离（mm）；

h_0——受拉边或受压较小边新增纵向钢筋合力点至加固后截面受压较大边缘的距

离（mm）；

h_{01}——原构件截面有效高度（mm）。

轴向压力作用点至纵向受拉钢筋的合力作用点的距离（偏心距）e 应按下列规定确定：

$$e=e_i+\frac{h}{2}-a \tag{7.18}$$

$$e_i=e_0+e_a \tag{7.19}$$

式中 e_i——初始偏心距；

a——纵向受拉钢筋的合力点至截面近边缘的距离；

e_0——轴向压力对截面重心的偏心距，取为 M/N；当需要考虑二阶效应时，M 应按国家标准《混凝土结构设计规范》GB 50010—2010（2015 年版）第 6.2.4 条规定的 $C_m\eta_{ns}M_2$，乘以修正系数 ψ 确定，即取 M 为 $\psi C_m\eta_{ns}M_2$；

ψ——修正系数，当为对称形式加固时，取 ψ 为 1.2；当为非对称加固时，取 ψ 为 1.3；

e_a——附加偏心距，按偏心方向截面最大尺寸 h 确定；当 $h\leqslant600$mm 时，取 e_a 为 20mm；当 $h>600$mm 时，取 $e_a=h/30$。

(4) 加大截面法构造做法

增大截面加固法的新增截面部分，可用现浇混凝土、自密实混凝土或喷射混凝土浇筑而成。也可用掺有细石混凝土的水泥基灌浆料灌注而成。

增大截面加固法施工时，原构件混凝土表面应经处理，一般情况下，混凝土表面除应打毛外，应涂刷结构界面胶、种植剪切销钉或增设剪力键等，以保证新旧混凝土共同工作。

新增混凝土层的最小厚度，板不应小于 40mm；梁、柱采用现浇混凝土、自密实混凝土或灌浆料施工时，不应小于 60mm，采用喷射混凝土施工时，不应小于 50mm。

加固用的钢筋应采用热轧钢筋。板的受力钢筋直径不应小于 8mm，梁的受力钢筋直径不应小于 12mm；柱的受力钢筋直径不应小于 14mm；加锚式箍筋直径不应小于 8mm；U 形箍直径应与原箍筋直径相同；分布筋直径不应小 6mm。

新增受力钢筋与原受力钢筋的净间距不应小于 25mm，并应采用短筋或箍筋与原钢筋焊接；新增受力钢筋与原受力钢筋的连接采用短筋（图 7.14*a*）焊接时，短筋的直径不应小于 25mm，长度不应小于其直径的 5 倍，各短筋的中距不应大于 500mm。

当截面受拉区一侧加固时，应设置 U 形箍筋（图 7.14*b*），U 形箍筋应焊在原有箍筋上，单面焊的焊缝长度应为箍筋直径的 10 倍，双面焊的焊缝长度应为箍筋直径的 5 倍；当用混凝土围套加固时，应设置环形箍筋或加锚式箍筋（图 7.14*d*、*e*），当受构造条件限制而需采用植筋方式埋设 U 形箍（图 7.14*c*）时，应采用锚固型结构胶种植，不得采用未改性的环氧类胶粘剂和不饱和聚酯类的胶粘剂种植，也不得采用无机锚固剂（包括水泥基灌浆料）种植。梁的新增纵向受力钢筋，其两端应可靠锚固；柱的新增纵向受力钢筋的下端应伸入基础并应满足锚固要求；上端应穿过楼板与上层柱脚连接或在屋面板处封顶锚固。

7.3.6 置换混凝土加固法

置换混凝土加固法适用于承重构件受压区混凝土强度偏低或有严重缺陷的局部加固。

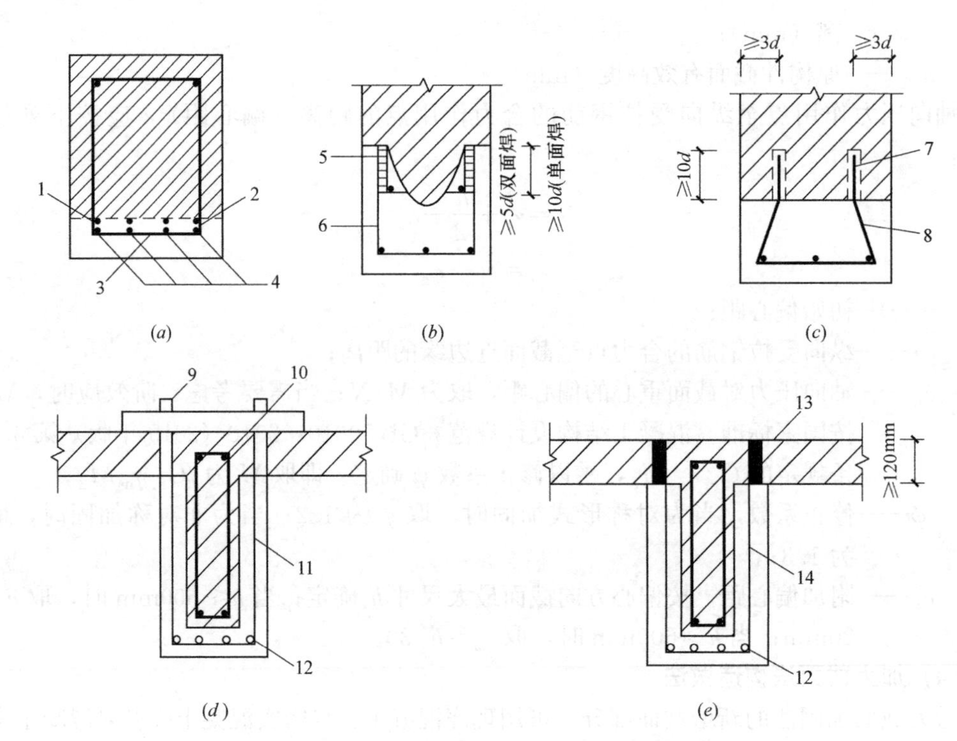

图 7.14　增大截面配置新增箍筋的连接构造

(a) 短筋焊接连接构造；(b) 设置 U 形箍筋构造；(c) 植筋埋设 U 形箍构造；

(d)、(e) 环形箍筋或加锚式箍筋构造

1—原钢筋；2—连接短筋；3—ϕ6 连系钢筋，对应在原箍筋位置；4—新增钢筋；5—焊接于原箍筋上；6—新加 U 形箍；7—植箍筋用结构胶锚固；8—新加箍筋；9—螺栓，螺帽拧紧后加点焊；10—钢板；11—加锚式箍筋；12—新增受力钢筋；13—孔中用结构胶锚固；14—胶锚式箍筋；d—箍筋直径

采用本方法加固梁式构件时，应对原构件加以有效支顶。当采用本方法加固柱、墙等构件时，应对原结构、构件在施工全过程中的承载状态进行验算、观测和控制，置换界面处的混凝土不应出现拉应力，当控制有困难，应采取支顶等措施进行卸荷。置换混凝土加固法加固混凝土结构构件时，其非置换部分的原构件混凝土强度等级，按现场检测结果不应低于该混凝土结构建造时规定的强度等级。当混凝土结构构件置换部分的界面处理及其施工质量符合要求时，其结合面可按整体受力计算。

(1) 置换混凝土加固法的计算

置换法加固钢筋混凝土轴心受压构件时，其正截面承载力应符合式（7.20）规定：

$$N \leqslant 0.9\varphi(f_{c0}A_{c0} + \alpha_c f_c A_c + f'_{y0}A'_{s0}) \tag{7.20}$$

式中　N——构件加固后的轴向压力设计值（kN）；

φ——受压构件稳定系数，按现行国家标准《混凝土结构设计规范》GB 50010 的规定值采用；

α_c——置换部分新增混凝土的强度利用系数，当置换过程无支顶时，取 $\alpha_c = 0.8$；当置换过程采取有效的支顶措施时，取 $\alpha_c = 1.0$；

f_{c0}、f_c——分别为原构件混凝土和置换部分新混凝土的抗压强度设计值（N/mm^2）；

A_{c0}、A_c——分别为原构件截面扣去置换部分后的剩余截面面积和置换部分的截面面积（mm^2）。

置换法加固钢筋混凝土偏心受压构件时，其正截面承载力应按下列两种情况分别计算：

受压区混凝土置换深度 $h_n \geqslant x_n$，按新混凝土强度等级和现行国家标准《混凝土结构设计规范》GB 50010 的规定进行正截面承载力计算。

受压区混凝土置换深度 $h_n < x_n$，其正截面承载力应符合式（7.21）、式（7.22）规定：

$$N \leqslant \alpha_1 f_c b h_n + \alpha_1 f_{c0} b (x_n - h_n) + f'_{y0} A'_{s0} - \sigma_{s0} A_{s0} \tag{7.21}$$

$$Ne \leqslant \alpha_1 f_c b h_n h_{0n} + \alpha_1 f_{c0} b (x_n - h_n) h_{00} + f'_{y0} A'_{s0} (h_0 - a'_s) \tag{7.22}$$

式中 N——构件加固后轴向压力设计值（kN）；

e——轴向压力作用点至受拉钢筋合力点的距离（mm）；

f_c——构件置换用混凝土抗压强度设计值（N/mm^2）；

f_{c0}——原构件混凝土的抗压强度设计值（N/mm^2）；

x_n——加固后混凝土受压区高度（mm）；

h_n——受压区混凝土的置换深度（mm）；

h_0——纵向受拉钢筋合力点至受压区边缘的距离（mm）；

h_{0n}——纵向受拉钢筋合力点至置换混凝土形心的距离（mm）；

h_{00}——受拉区纵向钢筋合力点至原混凝土（$x_n - h_n$）部分形心的距离（mm）；

A_{s0}、A'_{s0}——分别为原构件受拉区、受压区纵向钢筋的截面面积（mm^2）；

b——矩形截面的宽度（mm）；

a'_s——纵向受压钢筋合力点至截面近边的距离（mm）；

f'_{y0}——原构件纵向受压钢筋的抗压强度设计值（N/mm^2）；

σ_{s0}——原构件纵向受拉钢筋的应力（N/mm^2）。

当采用置换法加固钢筋混凝土受弯构件时，其正截面承载力应按下列两种情况分别计算：

受压区混凝土置换深度 $h_n \geqslant x_n$，按新混凝土强度等级和现行国家标准《混凝土结构设计规范》GB 50010 的规定进行正截面承载力计算。

受压区混凝土置换深度 $h_n < x_n$，其正截面承载力应按式（7.23）、式（7.24）计算：

$$M \leqslant \alpha_1 f_c b h_n h_{0n} + \alpha_1 f_{c0} b (x_n - h_n) h_{00} + f'_{y0} A'_{s0} (h_0 - a'_s) \tag{7.23}$$

$$\alpha_1 f_c b h_n + \alpha_1 f_{c0} b (x_n - h_n) = f_{y0} A_{s0} - f'_{y0} A'_{s0} \tag{7.24}$$

式中 M——构件加固后的弯矩设计值（kN·m）；

f_{y0}、f'_{y0}——原构件纵向钢筋的抗拉、抗压强度设计值（N/mm^2）。

（2）置换混凝土构造规定

置换用混凝土的强度等级应比原构件混凝土提高一级，且不应低于 C25。混凝土的置换深度，板不应小于 40mm；梁、柱采用人工浇筑时，不应小于 60mm，采用喷射法施工时，不应小于 50mm。置换长度应按混凝土强度和缺陷的检测及验算结果确定，但对非全长置换的情况，其两端应分别延伸不小于 100mm 的长度。

梁的置换部分应位于构件截面受压区内，沿整个宽度剔除（图 7.15*a*），或沿部分宽度对称剔除（图 7.15*b*），但不得仅剔除截面的一隅（图 7.15*c*）。

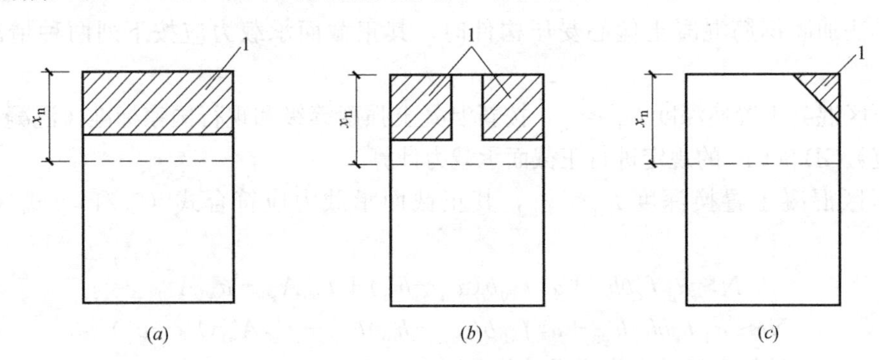

图 7.15　梁置换混凝土的剔除部位

（*a*）沿整个宽度剔除；（*b*）沿部分宽度对称剔除；（*c*）仅剔除截面一隅

1—剔除区；x_n—受压区高度

置换范围内的混凝土表面处理，应符合现行国家标准《建筑结构加固工程施工质量验收规范》GB 50550 的规定；对既有结构，旧混凝土表面尚应涂刷界面胶，以保证新旧混凝土的协同工作。

7.3.7　体外预应力加固法

体外预应力加固法适用于下列钢筋混凝土结构构件的加固：以无黏结钢绞线为预应力下撑式拉杆时，宜用于连续梁和大跨简支梁的加固；以普通钢筋为预应力下撑式拉杆时，宜用于一般简支梁的加固；以型钢为预应力撑杆时，宜用于柱的加固。采用体外预应力方法对钢筋混凝土结构、构件进行加固时，其原构件的混凝土强度等级不宜低于 C20。采用体外预应力方法加固的混凝土结构，其长期使用的环境温度不应高于 60℃，加固构件的表面有防火要求时，应按现行国家标准《建筑设计防火规范》GB 50016 规定的耐火等级及耐火极限要求，对预应力杆件及其连接进行防护。

体外预应力加固法不适用于素混凝土构件（包括纵向受力钢筋一侧配筋率小于 0.2%的构件）的加固。

(1) 无黏结钢绞线体外预应力的加固计算

采用无黏结钢绞线预应力下撑式拉杆加固受弯构件时，除应符合现行国家标准《混凝土结构设计规范》GB 50010 正截面承载力计算的基本假定外，尚应符合下列规定：

构件达到承载能力极限状态时，假定钢绞线的应力等于施加预应力时的张拉控制应力，即假定钢绞线的应力增量与预应力损失值相等。当采用一端张拉，而连续跨的跨数超过两跨，或当采用两端张拉，而连续跨的跨数超过四跨时，距张拉端两跨以上的梁，其由摩擦力引起的预应力损失有可能大于钢绞线的应力增量。此时可采用下列两种方法加以弥补：

① 在跨中设置拉紧螺栓，采用横向张拉的方法补足预应力损失值；

② 将钢绞线的张拉预应力提高至 $0.75f_{ptk}$，计算时仍按 $0.70f_{ptk}$ 取值。

无黏结钢绞线体外预应力产生的纵向压力在计算中不考虑，仅作为安全储备。在达到受弯承载力极限状态前，无黏结钢绞线锚固可靠。

受弯构件加固后的相对界限受压区高度 ξ_{pb} 可采用式（7.25）计算，即加固前控制值的 0.85 倍：

$$\xi_{pb}=0.85\xi_b \tag{7.25}$$

式中 ξ_b——构件加固前的相对界限受压区高度，按现行国家标准《混凝土结构设计规范》GB 50010 的规定计算。

当采用无黏结钢绞线体外预应力加固矩形截面受弯构件时（图 7.16），其正截面承载力应按式（7.26）～式（7.28）确定：

$$M\leqslant\alpha_1 f_{c0}bx\left(h_p-\frac{x}{2}\right)+f'_{y0}A'_{s0}(h_p-a')-f_{y0}A_{s0}(h_p-h_0) \tag{7.26}$$

$$\alpha_1 f_{c0}bx=\sigma_p A_p+f_{y0}A_{s0}-f'_{y0}A'_{s0} \tag{7.27}$$

$$2a'\leqslant x\leqslant\xi_{pb}h_0 \tag{7.28}$$

式中 M——弯矩（包括加固前的初始弯矩）设计值（kN·m）；

α_1——计算系数：当混凝土强度等级不超过 C50 时，取 $\alpha_1=1.0$；当混凝土强度等级为 C80 时，取 $\alpha_1=0.94$；其间按线性内插法确定；

f_{c0}——混凝土轴心抗压强度设计值（N/mm^2）；

x——混凝土受压区高度（mm）；

b、h——分别为矩形截面的宽度和高度（mm）；

f_{y0}、f'_{y0}——分别为原构件受拉钢筋和受压钢筋的抗拉、抗压强度设计值（N/mm^2）；

A_{s0}、A'_{s0}——分别为原构件受拉钢筋和受压钢筋的截面面积（mm^2）；

a'——纵向受压钢筋合力点至混凝土受压区边缘的距离（mm）；

h_0——构件加固前的截面有效高度（mm）；

h_p——构件截面受压边至无黏结钢绞线合力点的距离（mm），可近似取 $h_p=h$；

σ_p——预应力钢绞线应力值（N/mm^2），取 $\sigma_p=\sigma_{p0}$；

σ_{p0}——预应力钢绞线张拉控制应力（N/mm^2）；

A_p——预应力钢绞线截面积（mm^2）。

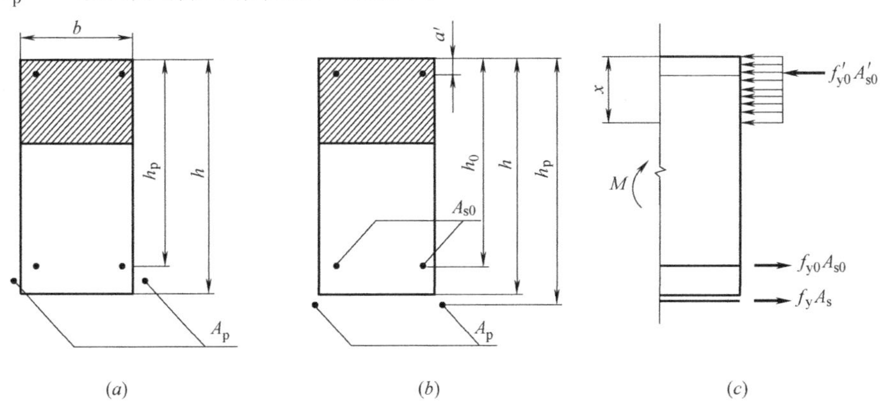

图 7.16 矩形截面正截面受弯承载力计算

（a）钢绞线位于梁底以上；（b）钢绞线位于梁底以下；（c）对应于（b）的计算简图

一般加固设计时，可根据式（7.26）计算出混凝土受压区的高度 x，然后代入式（7.27），即可求出预应力钢绞线的截面面积 A_p。

当采用无黏结钢绞线体外预应力加固矩形截面受弯构件时，其斜截面承载力应按式（7.29）、式（7.30）确定：

$$V \leqslant V_{b0} + V_{bp} \tag{7.29}$$

$$V_{bp} = 0.8\sigma_p A_p \sin\alpha \tag{7.30}$$

式中 V——支座剪力设计值（kN）；

V_{b0}——加固前梁的斜截面承载力，应按现行国家标准《混凝土结构设计规范》GB 50010 计算（kN）；

V_{bp}——采用无黏结钢绞线体外预应力加固后，梁的斜截面承载力的提高值（kN）；

α——支座区段钢绞线与梁纵向轴线的夹角（rad）。

（2）普通钢筋体外预应力的加固计算

采用普通钢筋预应力下撑式拉杆加固简支梁时，应按下列规定进行计算：

估算预应力下撑式拉杆的截面面积 A_p：

$$A_p = \frac{\Delta M}{f_{py}\eta h_{02}} \tag{7.31}$$

式中 A_p——预应力下撑式拉杆的总截面面积（mm^2）；

f_{py}——下撑式钢拉杆抗拉强度设计值（N/mm^2）；

h_{02}——由下撑式拉杆中部水平段的截面形心到被加固梁上缘的垂直距离（mm）；

η——内力臂系数，取 0.80。

计算在新增外荷载作用下该拉杆中部水平段产生的作用效应增量 ΔN。

确定下撑式拉杆应施加的预应力值 σ_p 时，除应按现行国家标准《混凝土结构设计规范》GB 50010 规定控制张拉应力并计入预应力损失值外，尚应按式（7.32）进行验算：

$$\sigma_p + (\Delta N / A_p) < \beta_1 f_{py} \tag{7.32}$$

式中 β_1——下撑式拉杆的协同工作系数，取 0.80。

另外，应按照式（7.26）～式（7.30）验算梁的正截面及斜截面承载力。

预应力张拉控制量应按所采用的施加预应力方法计算。当采用千斤顶纵向张拉时，可按张拉力 $\sigma_p A_p$ 控制；当要求按伸长率控制时，伸长率中应计入裂缝闭合的影响。当采用拉紧螺杆进行横向张拉时，横向张拉量应按式（7.33）确定。

当采用两根预应力下撑式拉杆进行横向张拉时，其拉杆中部横向张拉量 ΔH 可按下式验算：

$$\Delta H \leqslant (L_2/2)\sqrt{2\sigma_p/E_s} \tag{7.33}$$

式中 L_2——拉杆中部水平段的长度（mm）。

加固梁挠度 ω 的近似值，可按式（7.34）进行计算：

$$\omega = \omega_1 - \omega_p + \omega_2 \tag{7.34}$$

式中 ω_1——加固前梁在原荷载标准值作用下产生的挠度（mm）；计算时，梁的刚度 B_1 可根据原梁开裂情况，近似取为 $0.35E_cI_0$～$0.5E_cI_0$；

ω_p——张拉预应力引起的梁的反拱（mm）；计算时，梁的刚度 B_p 可近视取

为 $0.75E_cI_0$；

ω_2——加固结束后，在后加荷载作用下梁所产生的挠度（mm）；计算时，梁的刚度 B_2 可取等于 B_p；

E_c——原梁的混凝土弹性模量（MPa）；

I_0——原梁的换算截面惯性矩（mm^4）。

(3) 型钢预应力撑杆的加固计算

采用预应力双侧撑杆加固轴心受压的钢筋混凝土柱时，应计算确定加固后轴向压力设计值 N。

原柱的轴心受压承载力 N_0 设计值按式（7.35）计算：

$$N_0=0.9\varphi(f_{c0}A_{c0}+f'_{y0}A'_{s0}) \tag{7.35}$$

式中 φ——原柱的稳定系数；

A_{c0}——原柱的截面面积（mm^2）；

f_{c0}——原柱的混凝土抗压强度设计值（N/mm^2）；

A'_{s0}——原柱的纵向钢筋总截面面积（mm^2）；

f'_{y0}——原柱的纵向钢筋抗压强度设计值（N/mm^2）。

按式（7.36）计算撑杆承受的轴向压力 N_1 设计值：

$$N_1=N-N_0 \tag{7.36}$$

式中 N——柱加固后轴向压力设计值（kN）。

预应力撑杆的总截面面积：

$$N_1\leqslant\varphi\beta_2 f'_{py}A'_p \tag{7.37}$$

式中 β_2——撑杆与原柱的协同工作系数，取 0.9；

f'_{py}——撑杆钢材的抗压强度设计值（N/mm^2）；

A'_p——预应力撑杆的总截面面积（mm^2）。

柱加固后轴心受压承载力设计值可按式（7.38）验算：

$$N\leqslant 0.9\varphi(f_{c0}A_{c0}+f'_{y0}A'_{s0}+\beta_3 f'_{py}A'_p) \tag{7.38}$$

设计应规定撑杆安装时需预加的压应力值 σ'_p，并可按式（7.39）验算：

$$\sigma'_p\leqslant\varphi_1\beta_3 f'_{py} \tag{7.39}$$

式中 φ_1——撑杆的稳定系数；确定该系数所需的撑杆计算长度，当采用横向张拉方法时，取其全长的 1/2；当采用顶升法时，取其全长，按格构式压杆计算其稳定系数；

β_3——经验系数，取 0.75。

设计规定的施工控制量，应按采用的施加预应力方法计算。

① 当用千斤顶、楔子等进行竖向顶升安装撑杆时，顶升量 ΔL 可按式（7.40）计算：

$$\Delta L=\frac{L\sigma'_p}{\beta_1 E_a}+a_1 \tag{7.40}$$

式中 E_a——撑杆钢材的弹性模量；

L——撑杆的全长；

a_1——撑杆端顶板与混凝土间的压缩量，取 2～4mm；

β_1——经验系数，取 0.90。

② 当用横向张拉法（图 7.17）安装撑杆时，横向张拉量 ΔH 按式（7.41）验算：

$$\Delta H \leqslant \frac{L}{2}\sqrt{\frac{2.2\sigma_p'}{E_a}} + a_2 \tag{7.41}$$

式中 a_2——综合考虑各种误差因素对张拉量影响的修正项，可取 $a_2=5\sim7\text{mm}$。

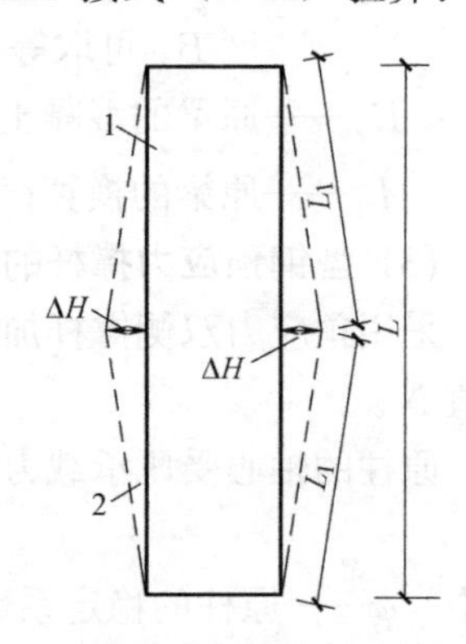

图 7.17 预应力撑杆横向张拉量计算图

1—被加固柱；2—撑杆

实际弯折撑杆肢时，宜将长度中点处的横向弯折量取为 $\Delta H+(3\sim5\text{mm})$，但施工中只收紧 ΔH，使撑杆处于预压状态。

单侧预应力撑杆加固弯矩不变号的偏心受压柱时，应首先确定该柱加固后轴向压力 N 和弯矩 M 的设计值。再确定撑杆肢承载力，可使用两根较小的角钢或一根槽钢作撑杆肢，其有效受压承载力取为 $0.9f'_{py}A'_p$。

原柱加固后需承受的偏心受压荷载应按式（7.42）、式（7.43）计算：

$$N_{01}=N-0.9f'_{py}A'_p \tag{7.42}$$

$$M_{01}=M-0.9f'_{py}A'_p a/2 \tag{7.43}$$

原柱截面偏心受压承载力应按式（7.44）～式（7.47）验算：

$$N_{01}\leqslant\alpha_1 f_{c0}bx+f'_{y0}A'_{s0}-\sigma_{s0}A_{s0} \tag{7.44}$$

$$N_{01}e\leqslant\alpha_1 f_{c0}bx(h_0-0.5x)+f'_{y0}A'_{s0}(h_0-a'_{s0}) \tag{7.45}$$

$$e=e_0+0.5h-a'_{s0} \tag{7.46}$$

$$e_0=M_{01}/N_{01} \tag{7.47}$$

式中 b——原柱宽度（mm）；

x——原柱的混凝土受压区高度（mm）；

σ_{s0}——原柱纵向受拉钢筋的应力（N/mm^2）；

e——轴向力作用点至原柱纵向受拉钢筋合力点之间的距离（mm）；

a'_{s0}——纵向受压钢筋合力点至受压边缘的距离（mm）。

当原柱偏心受压承载力不满足上述要求时，可加大撑杆截面面积，并重新验算。缀板的设计应符合现行国家标准《钢结构设计标准》GB 50017 的有关规定，并应保证撑杆肢或角钢在施工时不失稳。撑杆施工时应预加的压应力值 σ'_p 宜取为 50～80MPa。

采用双侧预应力撑杆加固弯矩变号的偏心受压钢筋混凝土柱时，可按受压荷载较大一侧用单侧撑杆加固的步骤进行计算。选用的角钢截面面积应能满足柱加固后需要承受的最不利偏心受压荷载；柱的另一侧应采用同规格的角钢组成压杆肢，使撑杆的双侧截面对称。

缀板设计预加压应力值 σ_p 按式（7.39）确定，横向张拉量 ΔH 或竖向顶升量 ΔL 可按式（7.40）、式（7.41）计算。

(4) 无黏结钢绞线体外预应力构造规定

钢绞线应成对布置在梁的两侧，其外形应为设计所要求的折线形，钢绞线形心至梁侧面的距离宜取为 40mm（图 7.18）。

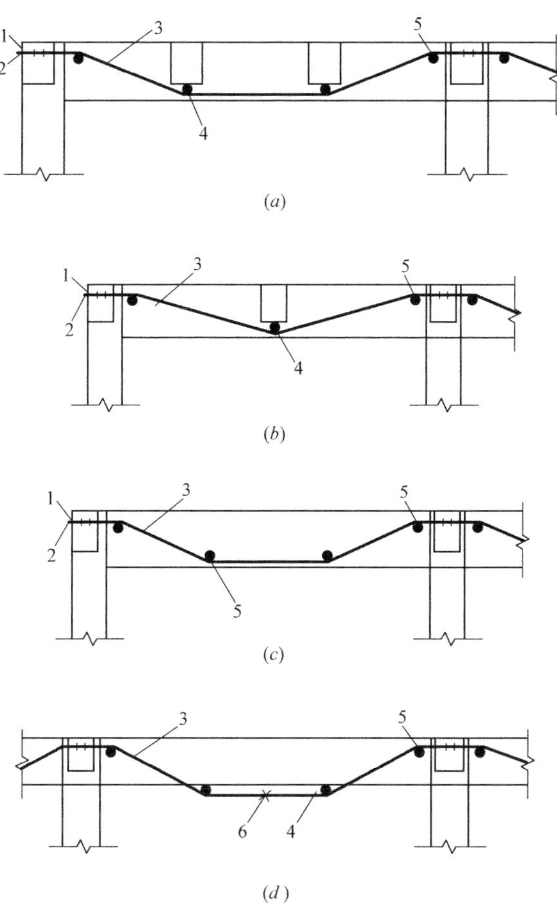

图 7.18　钢绞线的几种布置方式

(*a*) 钢绞线布置形式 1；(*b*) 钢绞线布置形式 2；(*c*) 钢绞线布置形式 3；(*d*) 钢绞线布置形式 4

1—钢垫板；2—锚具；3—无黏结钢绞线；4—支承垫板；5—钢吊棍；6—拉紧螺栓

钢绞线跨中水平段的支承点，对纵向张拉，宜设在梁底以上的位置；对横向张拉，应设在梁的底部；若纵向张拉的应力不足，尚应依靠横向拉紧螺栓补足时，则支承点也应设在梁的底部。

当中柱侧面至梁侧面的距离不小于 100mm 时，可将钢绞线直接支承在柱上（图 7.19*a*）。当中柱侧面至梁侧面的距离小于 100mm 时，可将钢绞线支承在柱侧的梁上（图 7.19*b*）。柱侧无梁时可用钻芯机在中柱上钻孔，设置钢吊棍，将钢绞线支承在钢吊棍上（图 7.19*c*）。

当钢绞线在跨中的转折点设在梁底以上位置时，应在中间支座的两侧设置钢吊棍（图 7.20*a*～*c*），以减少转折点处的摩擦力。若钢绞线在跨中的转折点设在梁底以下位置，则中间支座可不设钢吊棍（图 7.20*d*）。

若支座负弯矩承载力不足需要加固时，中间支座水平段钢绞线的长度应按计算确定。若梁端截面的受剪承载力不足，可采用粘贴碳纤维 U 形箍或粘贴钢板箍的方法解决。

钢绞线端部的锚固宜采用圆套筒三夹片式单孔锚。端纵向张拉，尚应在梁端上部支承，可采用下列四种方法：

① 当边柱侧面至梁侧面的距离不小于 100mm 时，可在柱钻孔，将钢绞线穿过柱，其

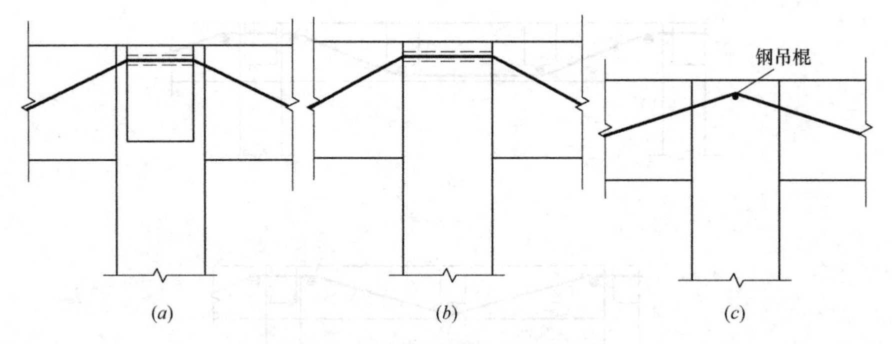

图 7.19　中间连续节点构造方法

（a）钢绞线直接支承在柱上；（b）钢绞线支承在柱侧的梁上；（c）钢绞线支承在铜吊棍上

锚具通过钢垫板支承于边柱外侧面；可不设钢吊棍，以减少张拉的摩擦力（图 7.20*a*）；

② 当边柱侧面至梁侧面距离小于 100mm 时，对纵向张拉，宜将锚具通过槽钢垫板支承于边柱外侧面，并在梁端上方设钢吊棍（图 7.20*b*）；

③ 当柱侧有次梁时，对纵向张拉，可将锚具通过槽钢垫板支承于次梁的外侧面，并在梁端上方设钢吊棍（图 7.20*c*）；对横向张拉，可将槽钢改为钢板，并可不设钢吊棍；

④ 当无法设置钢垫板时，可用钻芯机在梁端或边柱上钻孔，设置圆钢销棍，将锚具通过圆钢销棍支承于梁端（图 7.20*d*）或边柱上（图 7.20*e*）。圆钢销棍可采用直径为 60mm 的 45 号钢制作，锚具支承面处的圆钢销棍应加工成平面。

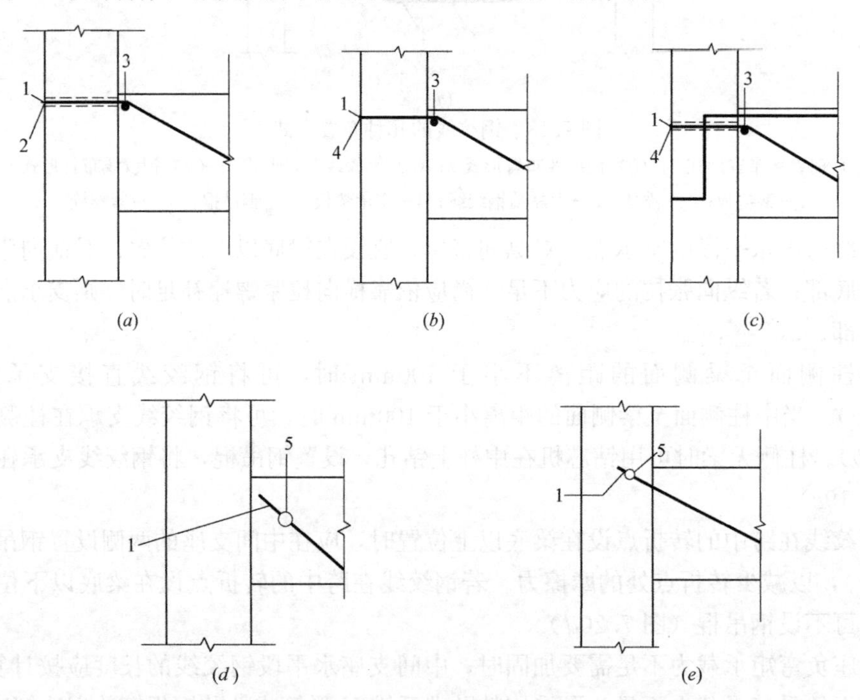

图 7.20　端部锚固构造示意图

（a）端部钻孔锚固于柱侧面；（b）端部不钻孔锚固于柱；（c）端部锚固于梁侧面；

（d）端部锚固于自身梁端；（e）端部锚固于边柱之上

1—锚具；2—钢板垫板；3—圆钢吊棍；4—槽钢垫板；5—圆钢销棍

钢绞线的张拉应力控制值，对纵向张拉，宜取 $0.70f_{ptk}$；当连续梁的跨数较多时，可取为 $0.75f_{ptk}$，其中 f_{ptk} 为钢绞线抗拉强度标准值。对横向张拉，钢绞线的张拉应力控制值宜取 $0.60f_{ptk}$。

采用横向张拉时，每跨钢绞线被支撑垫板、中间撑棍和拉紧螺栓分为若干个区段（图7.21）。中间撑棍的数量应通过计算确定，对跨长 6～9m 的梁，可设置 1 根中间撑棍和两根拉紧螺栓；对跨长小于 6m 的梁，可不设中间撑棍，仅设置 1 根拉紧螺栓；对跨长大于 9m 的梁，宜设置 2 根中间撑棍及 3 根拉紧螺栓。

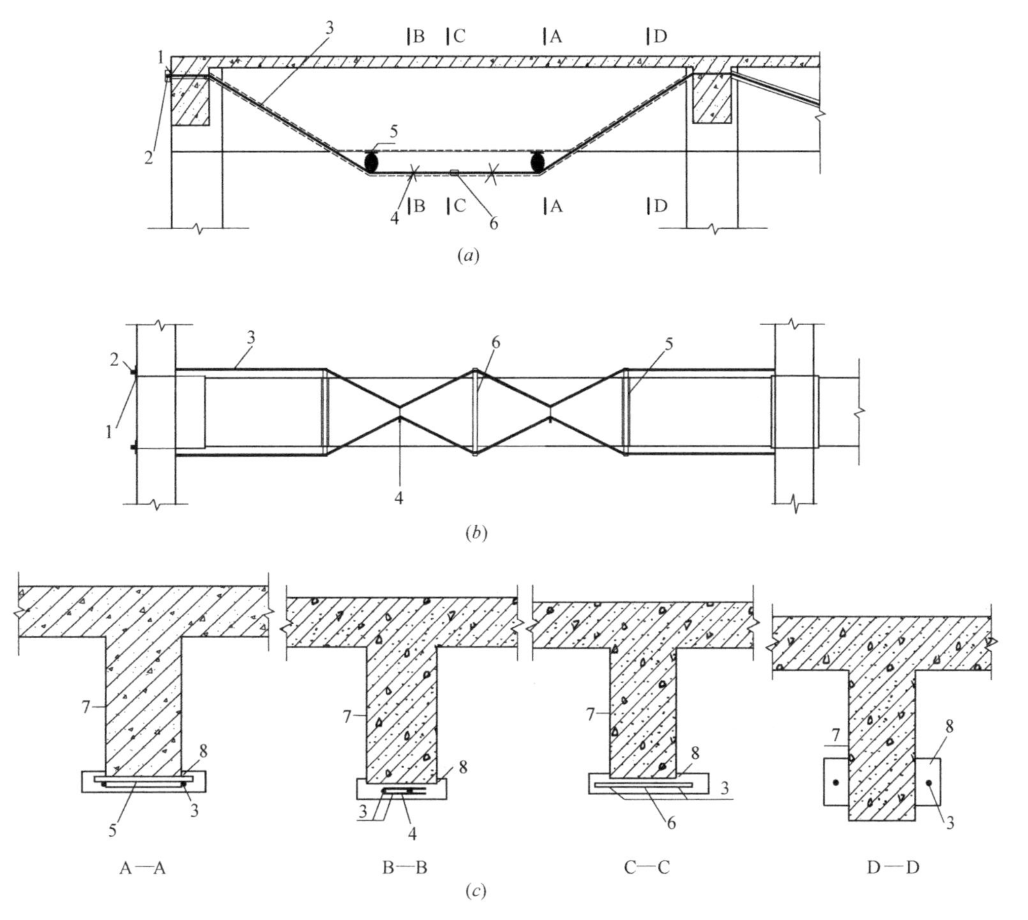

图 7.21 采用横向张拉法施加预应力

（a）正视图；（b）仰视图；（c）剖面图

1—钢垫板；2—锚具；3—无黏结钢绞线，成对布置在梁侧；4—拉紧螺栓；5—支承垫板；6—中间撑棍；7—加固梁；8—C25 混凝土

钢绞线横向张拉后的总伸长量，应根据中间撑棍和拉紧螺栓的设置情况，按下列规定计算。

当不设中间撑棍，仅有 1 根拉紧螺栓时，其总伸长量可按式（7.48）计算：

$$\Delta l=2(c_1-a_1)=2\times(\sqrt{a_1^2+b^2}-a_1) \tag{7.48}$$

式中 a_1——拉紧螺栓至支承垫板的距离（mm）；

b——拉紧螺栓处钢绞线的横向位移量（mm），可取为梁宽的 1/2；

c_1——a_1 与 b 的几何关系连线（图 7.22）（mm）。

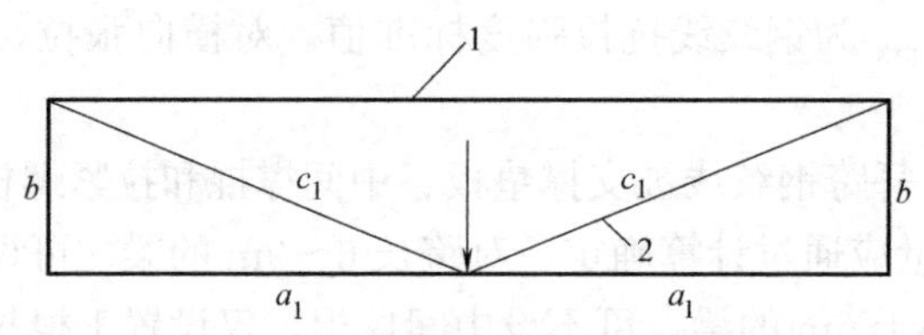

图 7.22 不设中间撑棍时总伸长量的计算简图

1—钢绞线横向拉紧前；2—钢绞线横向拉紧后

当设 1 根中间撑棍和 2 根拉紧螺栓时，其总伸长量 Δl 按式（7.49）计算：

$$\Delta l=2\times(\sqrt{a_1^2+b^2}+\sqrt{a_2^2+b^2}-a_1-a_2) \tag{7.49}$$

式中 a_2——拉紧螺栓至中间撑棍的距离（mm）；

c_2——a_2 与 b 的几何关系连线（图 7.23）（mm）。

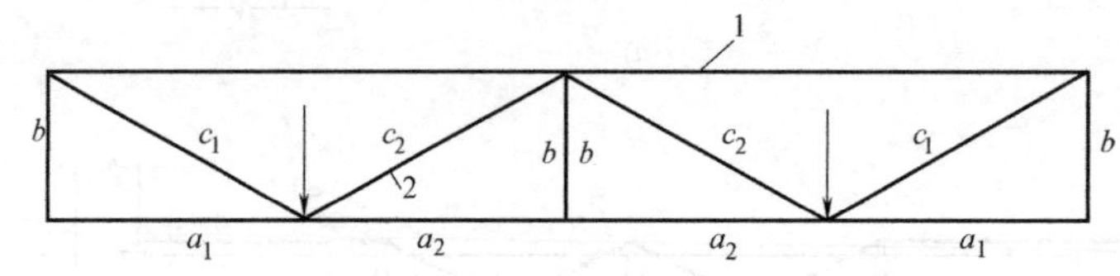

图 7.23 设 1 根中间撑棍时总伸长量的计算简图

1—钢绞线横向拉紧前；2—钢绞线横向拉紧后

当设 2 根中间撑棍和 3 根拉紧螺栓时，其总伸长量 Δl 应按式（7.50）计算（图 7.24）：

$$\Delta l=2\sqrt{a_1^2+b^2}+4\sqrt{a_2^2+b^2}-2a_1-4a_2 \tag{7.50}$$

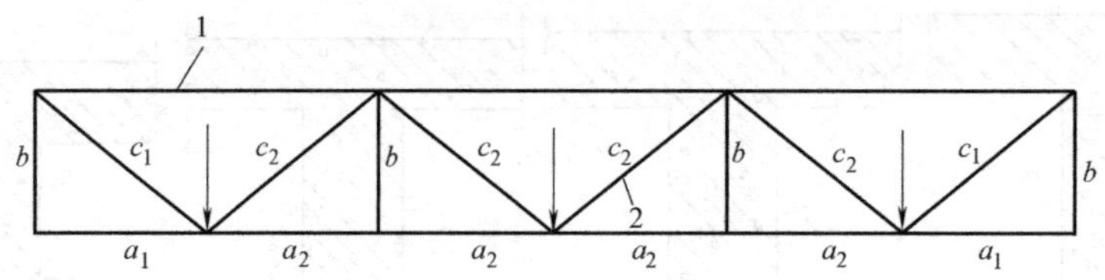

图 7.24 设 2 根中间撑棍时总伸长量的计算简图

1—钢绞线横向拉紧前；2—钢绞线横向拉紧后

当不设中间撑棍时，可将拉紧螺栓设在中点位置。当设 1 根中间撑棍时，为使拉紧螺栓两侧的钢绞线受力均衡，减少钢绞线在拉紧螺栓处的纵向滑移量，应使 $a_1<a_2$，并符合式（7.51）的要求。

$$\frac{c_1-a_1}{0.5l-a_2}\approx\frac{c_2-a_2}{a_2} \tag{7.51}$$

式中 l——梁的跨度（mm）。

当设有 2 根中间撑棍时，为使拉紧螺栓至中间撑棍的距离相等，并使两边拉紧螺栓至支撑垫板的距离靠近，应符合式（7.52）的要求。

$$\frac{c_2-a_2}{a_2}\approx\frac{c_1-a_1}{0.5l-a_2} \tag{7.52}$$

当采用横向张拉方式来补偿部分预应力损失时，其横向手工张拉引起的应力增量应控制在 $0.05f_{\text{ptk}}\sim0.15f_{\text{ptk}}$，而横向手工张拉引起的应力增量应按式（7.53）计算。

$$\Delta\sigma = E_s \frac{\Delta l}{l} \tag{7.53}$$

式中　Δl——钢绞线横向张拉后的总伸长量；

l——钢绞线在横向张拉前的长度；

E_s——钢绞线弹性模量。

（5）普通钢筋体外预应力构造规定

采用普通钢筋预应力下撑式拉杆加固梁，当其加固的张拉力不大于150kN，可用两根HPB300级钢筋，当加固的预应力较大，宜用HRB400级钢筋。预应力下撑式拉杆中部的水平段距被加固梁下缘的净空宜为30～80mm。预应力下撑式拉杆（图7.25）的斜段宜紧贴在被加固梁的梁肋两旁；在被加固梁下应设厚度不小于10mm的钢垫板，其宽度宜与被加固梁宽相等，其梁跨度方向的长度不应小于板厚的5倍；钢垫板下应设直径不小于20mm的钢筋棒，其长度不应小于被加固梁宽加2倍拉杆直径再加40mm；钢垫板宜用结构胶固定位置，钢筋棒可用点焊固定位置。

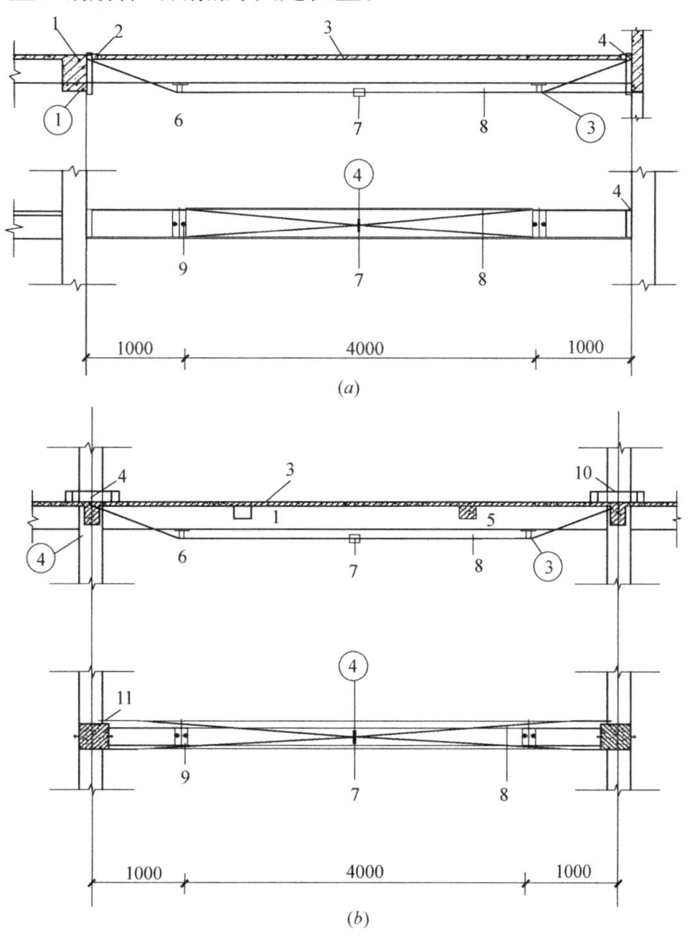

图7.25　预应力下撑式拉杆构造（一）

（a）次梁处预应力下撑式拉杆构造；（b）主梁处预应力下撑式拉杆构造

1—主梁；2—挡板；3—楼板；4—钢套箍；5—次梁；6—支撑垫板及钢筋棒；7—拉紧螺栓；8—拉杆；9—螺栓；10—柱；11—钢托套；12—双帽螺栓；13—L形卡板；14—弯钩螺栓

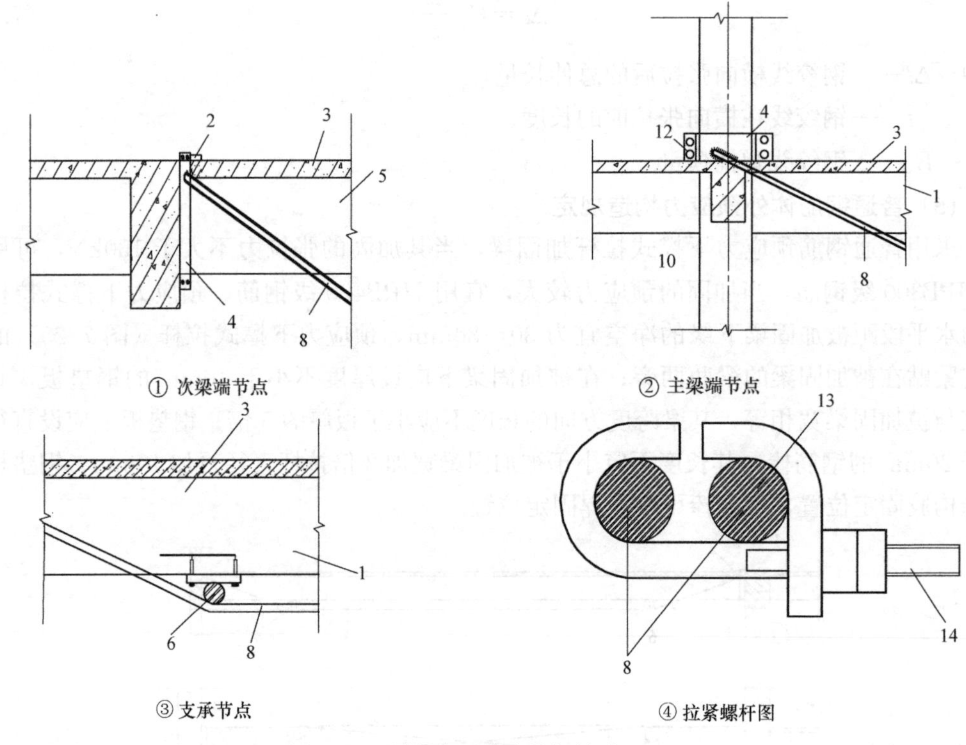

图 7.25　预应力下撑式拉杆构造（二）

被加固构件端部有传力预埋件可利用时，可将预应力拉杆与传力预埋件焊接，通过焊缝传力。当无传力预埋件时，宜焊制专门的钢套箍，套在梁端，与焊在负筋上的钢挡板相抵承，也可套在混凝土柱上与拉杆焊接。钢套箍可用型钢焊成，也可用钢板加焊加劲肋制成（图 7.25 中②）。钢套箍与混凝土构件间的空隙，应用细石混凝土或自密实混凝土填塞。钢套箍与原构件混凝土间的局部受压承载力应经验算合格。横向张拉宜采用工具式拉紧螺杆（图 7.25 中④）。拉紧螺杆的直径应按张拉力的大小计算确定，但不应小于 16mm，其螺帽的高度不得小于螺杆直径的 1.5 倍。

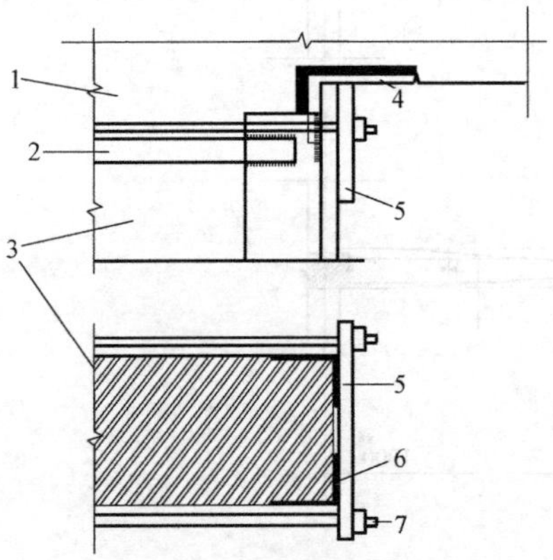

(6) 型钢预应力撑杆构造规定

预应力撑杆用的角钢，其截面不应小于 50mm×50mm×5mm。压杆肢的两根角钢用缀板连接，形成槽形的截面；也可用单根槽钢作压杆肢。缀板的厚度不得小于 6mm，其宽度不得小于 80mm，其长度应按角钢与被加固柱之间的空隙大小确定。相邻缀板间的距离应保证单个角钢的长细比不大于 40。

压杆肢末端的传力构造（图 7.26），应采用焊在压杆肢上的顶板与承压角钢顶紧，通过抵承传力。承压角钢嵌入被加固柱的柱身混凝土或柱头混凝土内不应少于 25mm。传力顶板宜用厚度不小于 16mm 的钢板，其与角钢肢焊接的板面及与承压角

图 7.26　撑杆端传力构造

1—安装用螺杆；2—箍板；3—原柱；4—承压角钢，用结构胶加锚栓黏锚；5—传力顶板；6—角钢撑杆；7—安装用螺杆

钢抵承的面均应刨平。承压角钢截面不得小于100mm×75mm×12mm。

当预应力撑杆采用螺栓横向拉紧施工方法时，双侧加固的撑杆，其两个压杆肢的中部应向外弯折，并应在弯折螺杆处采用工具式拉紧螺杆建立预应力并复位（图7.27）。单侧加固的撑杆只有一个压杆肢，仍应在中点处弯折，并应采用工具式拉紧螺杆进行横向张拉与复位（图7.28）。

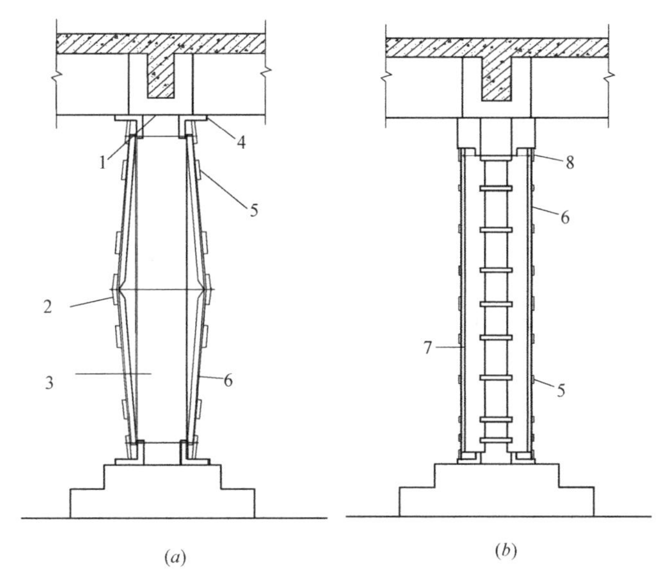

图7.27 钢筋混凝土柱双侧预应力加固撑杆构造

（a）未施加预应力；（b）已施加预应力

1—安装螺栓；2—工具式拉紧螺杆；3—被加固柱；4—传力角钢；5—箍板；6—角钢撑杆；7—加宽箍板；8—传力顶板

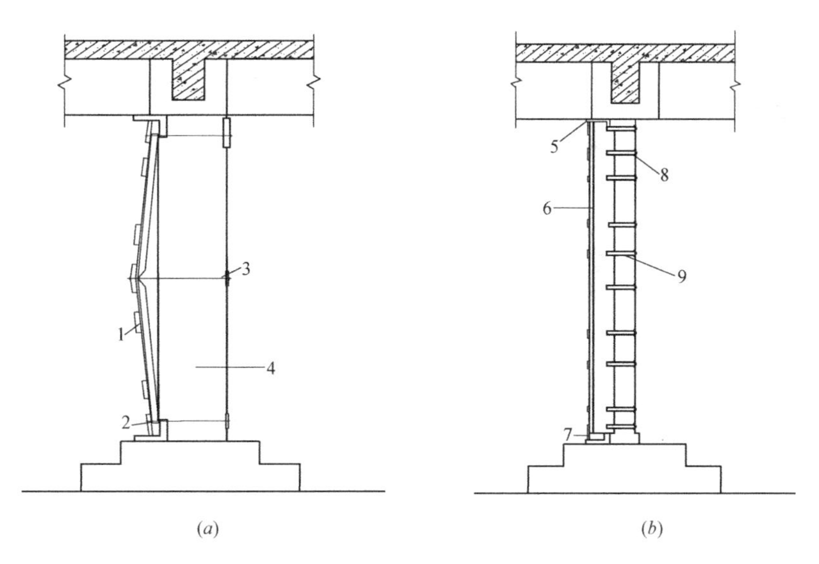

图7.28 钢筋混凝土柱单侧预应力加固撑杆构造

（a）未施加预应力；（b）已施加预应力

1—箍板；2—安装螺栓；3—工具式拉紧螺栓；4—被加固柱；5—传力角钢；6—角钢撑杆；7—传力顶板；8—短角钢；9—加宽箍板

弯折压杆之前，应在角钢的侧立肢上切出三角形缺口。缺口背面，应补焊钢板予以加强（图 7.29），弯折压杆肢的复位应采用工具式拉紧螺杆，其直径应按张拉力的大小计算确定，但不应小于 16mm，其螺帽高度不应小于螺杆直径的 1.5 倍。

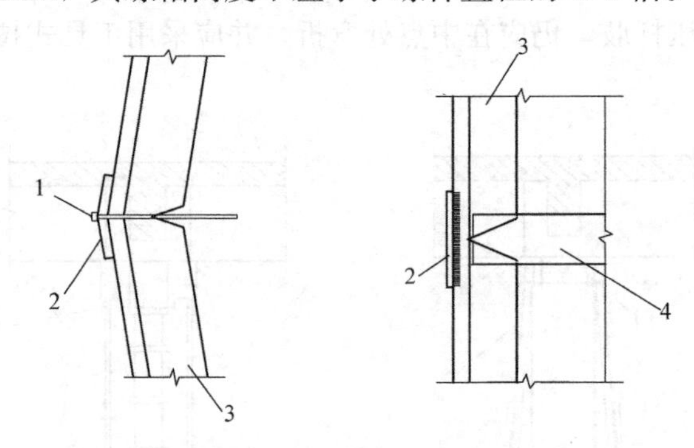

图 7.29 角钢缺口处加焊钢板补强

1—工具式拉紧螺杆；2—补强钢板；3—角钢撑杆；4—剖口处箍板

7.3.8 外包型钢加固法

外包型钢加固法，按其与原构件连接方式分为外黏型钢加固法和无黏结外包型钢加固法，两种加固法均适用于需要大幅度提高截面承载能力和抗震能力的钢筋混凝土柱及梁的加固。当工程要求不使用结构胶粘剂时，宜选用无黏结外包型钢加固法，也称干式外包钢加固法。

当原柱完好，但需提高其设计荷载时，可按原柱与型钢构架共同承担荷载进行计算。此时，型钢构架与原柱所承受的外力，可按各自截面刚度比例进行分配。柱加固后的总承载力为型钢构架承载力与原柱承载力之和。

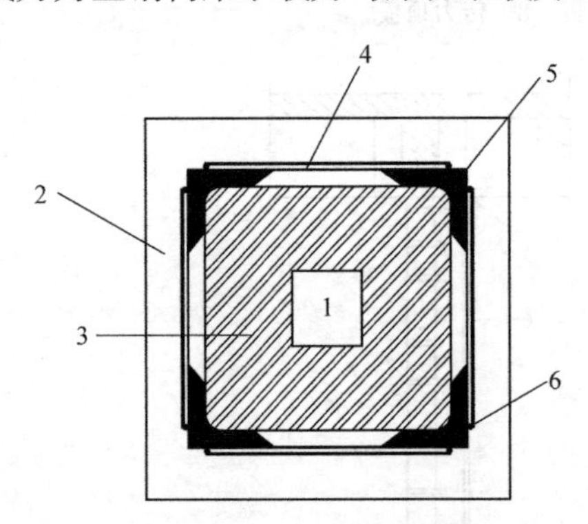

图 7.30 外黏型钢加固

1—原柱；2—防护层；3—注胶；4—缀板；5—角钢；6—缀板与角钢焊缝

当原柱尚能工作，但需降低原设计承载力时，原柱承载力降低程度应由可靠性鉴定结果进行确定；其不足部分由型钢构架承担。

当原柱存在不适于继续承载的损伤或严重缺陷时，可不考虑原柱的作用，其全部荷载由型钢骨架承担。

型钢构架承载力应按现行国家标准《钢结构设计标准》GB 50017 规定的格构式柱进行计算，并乘以与原柱协同工作的折减系数 0.9。型钢构架上下端应可靠连接、支承牢固。当工程允许使用结构胶粘剂，且原柱状况适于采取加固措施时，宜选用外黏型钢加固法（图 7.30）。

混凝土结构构件采用外黏型钢加固时，其加固后的承载力和截面刚度可按整截面计算，其截面刚度 EI 的近似值，可按式（7.54）计算。

$$EI=E_{c0}I_{c0}+0.5E_{a}A_{a}a_{a}^{2} \tag{7.54}$$

式中 E_{c0}、E_{a}——分别为原构件混凝土和加固型钢的弹性模量（MPa）；

I_{c0}——原构件截面惯性矩（mm^4）；

A_a——加固构件一侧外黏型钢截面面积（mm^2）；

a_a——受拉与受压两侧型钢截面形心间的距离（mm）。

采用外包型钢加固法对钢筋混凝土结构进行加固时，应采取措施卸除或大部分卸除作用在原结构上的活荷载。对型钢构架的涂装工程（包括防腐涂料涂装和防火涂料涂装）的设计，应符合现行国家标准《钢结构设计标准》GB 50017 及《钢结构工程施工质量验收规范》GB 50205 的规定。

（1）外黏型钢加固计算

采用外黏型钢（角钢或扁钢）加固钢筋混凝土轴心受压构件时，其正截面承载力应按式（7.55）验算：

$$N \leqslant 0.9\varphi(\psi_{sc} f_{c0} A_{c0} + f'_{y0} A'_{s0} + \alpha_a f'_a A'_a) \tag{7.55}$$

式中 N——构件加固后轴向压力设计值（kN）；

φ——轴心受压构件的稳定系数，应根据加固后的截面尺寸，按现行国家标准《混凝土结构设计规范》GB 50010 采用；

ψ_{sc}——考虑型钢构架对混凝土约束作用引入的混凝土承载力提高系数：对圆形截面柱，取为 1.15；对截面高宽比 $h/b \leqslant 1.5$、截面高度 $h \leqslant 600$mm 的矩形截面柱，取为 1.1；对不符合上述规定的矩形截面柱，取为 1.0；

α_a——新增型钢强度利用系数，除抗震计算取为 1.0 外，其他计算均取为 0.9；

f'_a——新增型钢抗压强度设计值（N/mm^2），应按现行国家标准《钢结构设计标准》GB 50017 的规定采用；

A'_a——全部受压肢型钢的截面面积（mm^2）。

采用外黏型钢加固钢筋混凝土偏心受压构件时（图 7.31），其矩形截面正截面承载力应按式（7.56）～式（7.59）计算：

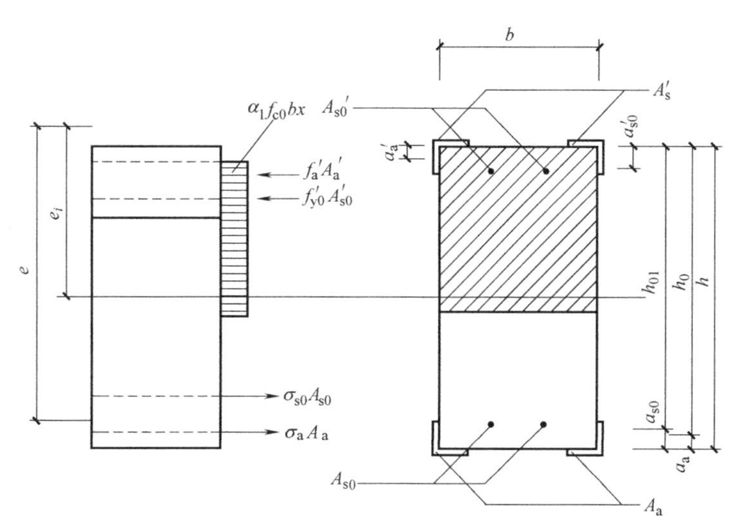

图 7.31 外黏型钢加固偏心受压柱的截面计算简图

$$N \leqslant \alpha_1 f_{c0} bx + f'_{y0} A'_{s0} - \sigma_{s0} A_{s0} + \alpha_a f'_a A'_a - \sigma_a A_a \tag{7.56}$$

$$Ne \leqslant \alpha_1 f_{c0} bx\left(h_0 - \frac{x}{2}\right) + f'_{y0} A'_{s0}(h_0 - a'_{s0}) - \sigma_{s0} A_{s0}(a_{s0} - a_a) + \alpha_a f'_a A'_a (h_0 - a'_a) \tag{7.57}$$

$$\sigma_{s0} = \left(\frac{0.8h_{01}}{x} - 1\right) E_{s0} \varepsilon_{cu} \tag{7.58}$$

$$\sigma_a = \left(\frac{0.8h_0}{x} - 1\right) E_a \varepsilon_{cu} \tag{7.59}$$

式中 N——构件加固后轴向压力设计值（kN）；

b——原构件截面宽度（mm）；

x——混凝土受压区高度（mm）；

f_{c0}——原构件混凝土轴心抗压强度设计值（N/mm^2）；

f'_{y0}——原构件受压区纵向钢筋抗压强度设计值（N/mm^2）；

A'_{s0}——原构件受压较大边纵向钢筋截面面积（mm^2）；

σ_{s0}——原构件受拉边或受压较小边纵向钢筋应力（N/mm^2），当为小偏心受压构件时，图中 σ_{s0} 可能变号，当 $\sigma_{s0} > f_{y0}$ 时，应取 $\sigma_{s0} = f_{y0}$；

A_{s0}——原构件受拉边或受压较小边纵向钢筋截面面积（mm^2）；

α_a——新增型钢强度利用系数，除抗震设计取 $\alpha_a = 1.0$ 外，其他取 $\alpha_a = 0.9$；

f'_a——型钢抗压强度设计值（N/mm^2）；

A'_a——全部受压肢型钢截面面积（mm^2）；

σ_a——受拉肢或受压较小肢型钢的应力（N/mm^2），可按式（7.59）计算，也可近似取 $\sigma_a = \sigma_{s0}$；

A_a——全部受拉肢型钢截面面积（mm^2）；

e——偏心距（mm），为轴向压力设计值作用点至受拉区型钢形心的距离，按式（7.46）计算确定；

h_{01}——加固前原截面有效高度（mm）；

h_0——加固后受拉肢或受压较小肢型钢的截面形心至原构件截面受压较大边的距离（mm）；

a'_{s0}——原截面受压较大边纵向钢筋合力点至原构件截面近边的距离（mm）；

a'_a——受压较大肢型钢截面形心至原构件截面近边的距离（mm）；

a_{s0}——原构件受拉边或受压较小边纵向钢筋合力点至原截面近边的距离（mm）；

a_a——受拉肢或受压较小肢型钢截面形心至原构件截面近边的距离（mm）；

E_a——型钢的弹性模量（MPa）。

采用外黏型钢加固钢筋混凝土梁时，应在梁截面的四隅粘贴角钢，当梁的受压区有翼缘或有楼板时，应将梁顶面两隅的角钢改为钢板。当梁的加固构造符合要求时，其正截面及斜截面的承载力可按 7.3.9 节进行计算。

(2) 构造规定

采用外黏型钢加固法时，应优先选用角钢；角钢的厚度不应小于 5mm，角钢的边长，对梁和桁架，不应小于 50mm，对柱不应小于 75mm。沿梁、柱轴线方向应每隔一定距离用扁钢制作的箍板（图 7.32）或缀板（图 7.33*a*、*b*）与角钢焊接。当有楼板时，U 形箍板或其附加的螺杆应穿过楼板，与另加的条形钢板焊接（图 7.32*a*、*b*）或嵌入楼板后予以胶锚（图 7.32*c*）。箍板与缀板均应在粘贴前与加固角钢焊接。当钢箍板需穿过楼板或胶锚时，可采用半重叠钻孔法，将圆孔扩成矩形扁孔；待箍板穿插安装、焊接完毕后，再用结构胶注入孔中予以封闭、锚固。箍板或缀板截面不应小于 40mm×4mm，其间距不大于 $20r$（r 为单根角钢截面的最小回转半径），且不应大于 500mm，在节点区，其间距应适当加密。

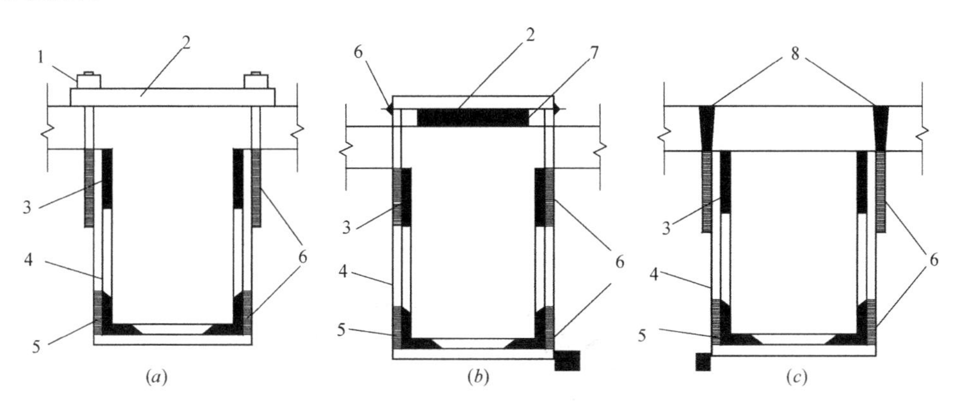

图 7.32　加锚式箍板

（*a*）端部栓焊连接加锚式箍板；（*b*）端部焊缝连接加锚式箍板；（*c*）端部胶连接加锚式箍板

1—与钢板点焊；2—条形钢板；3—钢垫板；4—箍板；5—加固角钢；6—焊缝；7—加固钢板；8—嵌入箍板后胶锚

外黏型钢的两端应有可靠的连接和锚固（图 7.33）。对柱的加固，角钢下端应锚固于基础，中间应穿过各层楼板，上端应伸至加固层的上一层楼板底或屋面板底；当相邻两层柱的尺寸不同时，可将上下柱外黏型钢交汇于楼面，并利用其内外间隔嵌入厚度不小于 10mm 的钢板焊成水平钢框，与上下柱角钢及上柱钢箍相互焊接固定。对梁的加固，梁角钢（或钢板）应与柱角钢焊接。必要时，可加焊扁钢带或钢筋条，使柱两侧的梁相互连接（图 7.33*c*），对桁架的加固，角钢应伸过该杆件两端的节点，或设置节点板将角钢焊在节点板上。

当按构造要求采用外黏型钢加固排架柱时，应将加固的型钢与原柱顶部的承压钢板相互焊接。对于二阶柱，上下柱交接处及牛腿处的连接构造应加强。外黏型钢加固梁柱时，应将原构件截面的棱角打磨成半径 r 大于等于 7mm 的圆角。应在型钢构架焊接完成后进行外黏型钢注胶。外黏型钢的胶缝厚度宜控制在 3～5mm；局部允许有长度不大于 300mm，厚度不大于 8mm 的胶缝，但不得出现在角钢端部 600mm 范围内。采用外包型钢加固钢筋混凝土构件时，型钢表面（包括混凝土表面）应抹厚度不小于 25mm 的高强度等级水泥砂浆（应加钢丝网防裂）作防护层，也可采用其他具有防腐蚀和防火性能的饰面材料加以保护。若外包型钢构架的表面防护按钢结构的涂装工程（包括防腐涂料涂装和防火涂料涂装）设计时，应符合现行国家标准《钢结构设计标准》GB 50017 及《钢结构工程施工质量验收规范》GB 50205 的规定。

7.3.9　粘贴钢板加固法

粘贴钢板加固法适用于对钢筋混凝土受弯、大偏心受压和受拉构件的加固。本方法不

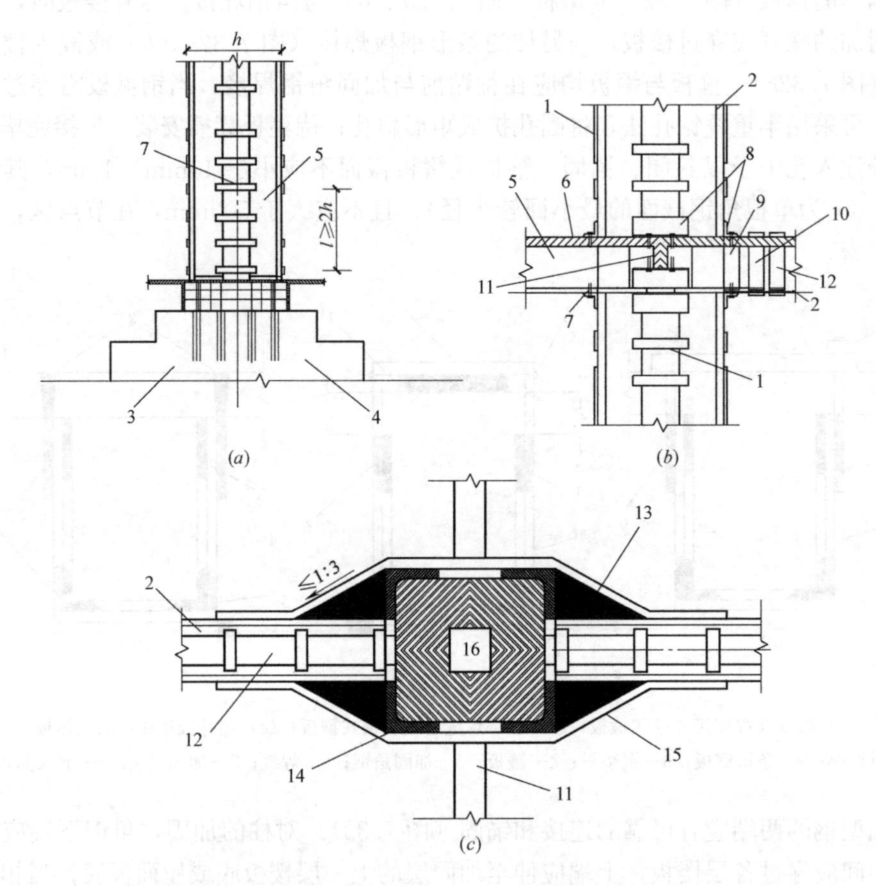

图 7.33 外黏型钢梁、柱、基础节点构造

(a) 外黏型钢柱——基础节点构造；(b)、(c) 外黏型钢梁——柱节点构造

1—缀板；2—加固角钢；3—原基础；4—植筋；5—不加固主梁；6—楼板；7—胶锚螺栓；8—柱加强角钢箍；9—梁加强扁钢箍；10—箍板；11—次梁；12—加固主梁；13—环氧砂浆填实；14—角钢；15—扁钢带；16—柱；l—缀板加密区长度

适用于素混凝土构件，包括纵向受力钢筋一侧配筋率小于 0.2%的构件加固。被加固的混凝土结构构件，其现场实测混凝土强度等级不得低于 C15，且混凝土表面的正拉黏结强度不得低于 1.5MPa。粘贴钢板加固钢筋混凝土结构构件时，应将钢板受力方式设计成仅承受轴向应力作用。粘贴在混凝土构件表面上的钢板，其外表面应进行防锈蚀处理。表面防锈蚀材料对钢板及胶粘剂应无害。

粘贴钢板加固法的胶粘剂粘贴钢板加固混凝土结构时，其长期使用的环境温度不应高于 60℃；处于特殊环境（如高温、高湿、介质侵蚀、放射等）的混凝土结构采用本方法加固时，除应按国家现行有关标准的规定采取相应的防护措施外，尚应采用耐环境因素作用的胶粘剂，并按专门的工艺要求进行粘贴。

粘贴钢板加固法对钢筋混凝土结构进行加固时，应采取措施卸除或大部分卸除作用在结构上的活荷载。当被加固构件的表面有防火要求时，应按现行国家标准《建筑设计防火规范》GB 50016 规定的耐火等级及耐火极限要求，对胶粘剂和钢板进行防护。

(1) 粘贴钢板加固受弯构件正截面的计算

采用粘贴钢板对梁、板等受弯构件进行加固时，除应符合现行国家标准《混凝土结构设计规范》GB 50010 正截面承载力计算的基本假定外，尚应符合下列规定：

① 构件达到受弯承载能力极限状态时，外贴钢板的拉应变 ε_{sp} 应按截面应变保持平面的假设确定；

② 钢板应力 σ_{sp} 等于拉应变 ε_{sp} 与弹性模量 E_{sp} 的乘积；

③ 当考虑二次受力影响时，应按构件加固前的初始受力情况，确定粘贴钢板的滞后应变；

④ 在达到受弯承载能力极限状态前，外贴钢板与混凝土之间不出现黏结剥离破坏。

受弯构件加固后的相对界限受压区高度 $\xi_{b,sp}$，应按加固前控制值的 0.85 倍采用，即：

$$\xi_{b,sp}=0.85\xi_b \tag{7.60}$$

式中 ξ_b——构件加固前的相对界限受压区高度，按现行国家标准《混凝土结构设计规范》GB 50010 的规定计算。

在矩形截面受弯构件的受拉面和受压面粘贴钢板进行加固时（图 7.34），其正截面承载力应按式（7.61）～式（7.64）计算：

$$M\leqslant\alpha_1 f_{c0}bx\left(h-\frac{x}{2}\right)+f'_{y0}A'_{s0}(h-a')+f'_{sp}A'_{sp}h-f_{y0}A_{s0}(h-h_0) \tag{7.61}$$

$$\alpha_1 f_{c0}bx=\psi_{sp}f_{sp}A_{sp}+f_{y0}A_{s0}-f'_{y0}A'_{s0}-f'_{sp}A'_{sp} \tag{7.62}$$

$$\psi_{sp}=\frac{(0.8\varepsilon_{cu}h/x)-\varepsilon_{cu}-\varepsilon_{sp,0}}{f_{sp}/E_{sp}} \tag{7.63}$$

$$x\geqslant 2a' \tag{7.64}$$

式中 M——构件加固后弯矩设计值（kN·m）；

x——混凝土受压区高度（mm）；

b、h——分别为矩形截面宽度和高度（mm）；

f_{sp}、f'_{sp}——分别为加固钢板的受拉、受压强度设计值（N/mm^2）；

A_{sp}、A'_{sp}——分别为受拉钢板和受压钢板的截面面积（mm^2）；

A_{s0}、A'_{s0}——分别为原构件受拉和受压钢筋的截面面积（mm^2）；

a'——纵向受压钢筋合力点至截面近边的距离（mm）；

h_0——构件加固前的截面有效高度（mm）；

ψ_{sp}——考虑二次受力影响时，受拉钢板抗拉强度有可能达不到设计值而引用的折减系数；当 $\psi_{sp}>1.0$ 时，取 $\psi_{sp}=1.0$；

ε_{cu}——混凝土极限压应变，取 $\varepsilon_{cu}=0.0033$；

$\varepsilon_{sp,0}$——考虑二次受力影响时，受拉钢板的滞后应变，按式（7.68）计算；若不考虑二次受力影响，取 $\varepsilon_{sp,0}=0$。

当受压面没有粘贴钢板（即 $A'_{sp}=0$），可根据式（7.61）计算出混凝土受压区的高度 x，按式（7.63）计算出强度折减系数 ψ_{sp}，然后代入式（7.62），求出受拉面应粘贴的加固钢板量 A_{sp}。

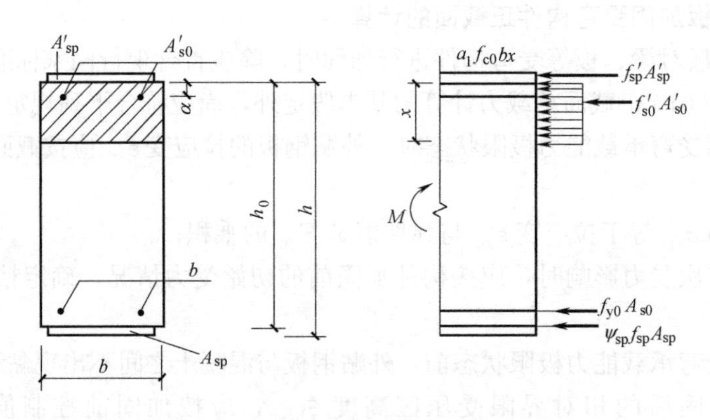

图 7.34 矩形截面正截面受弯承载力计算

对受弯构件正弯矩区的正截面加固，其受拉面沿轴向粘贴的钢板的截断位置，应从其强度充分利用的截面算起，取不小于按式（7.65）确定的粘贴延伸长度：

$$l_{sp} \geqslant (f_{sp} t_{sp} / f_{bd}) + 200 \tag{7.65}$$

式中 l_{sp}——受拉钢板粘贴延伸长度（mm）；

t_{sp}——粘贴的钢板总厚度（mm）；

f_{sp}——加固钢板的抗拉强度设计值（N/mm^2）；

f_{bd}——钢板与混凝土之间的粘结强度设计值（N/mm^2），取 $f_{bd}=0.5f_t$；f_t 为混凝土抗拉强度设计值，按现行国家标准《混凝土结构设计规范》GB 50010 的规定值采用；当 f_{bd} 计算值低于 0.5MPa 时，取 f_{bd} 为 0.5MPa；当 f_{bd} 计算值高于 0.8MPa 时，取 f_{bd} 为 0.8MPa。

对框架梁和独立梁的梁底进行正截面黏钢加固时，受拉钢板的粘贴应延伸至支座边或柱边，且延伸长度 l_{sp} 应满足式（7.65）规定。当受实际条件限制无法满足此规定时，可在钢板的端部锚固区加贴 U 形箍板（图 7.35）。此时 U 形箍板数量的确定应符合下列规定：

当 $f_{sv} b_1 \leqslant 2 f_{bd} h_{sp}$ 时

$$f_{sp} A_{sp} \leqslant 0.5 f_{bd} l_{sp} b_1 + 0.7 n f_{sv} b_{sp} b_1 \tag{7.66}$$

当 $f_{sv} b_1 > 2 f_{bd} h_{sp}$ 时

$$f_{sp} A_{sp} \leqslant 0.5 f_{bd} l_{sp} b_1 + n f_{bd} b_{sp} h_{sp} \tag{7.67}$$

式中 f_{sv}——钢对钢黏结强度设计值（N/mm^2），对 A 级胶取为 3.0MPa，对 B 级胶取为 2.5MPa；

A_{sp}——加固钢板的截面面积（mm^2）；

n——加固钢板每端加贴 U 形箍板的数量；

b_1——加固钢板的宽度（mm）；

b_{sp}——U 形箍板的宽度（mm）；

h_{sp}——U 形箍板单肢与梁侧面混凝土黏结的竖向高度（mm）。

对受弯构件负弯矩区的正截面加固，钢板的截断位置距充分利用截面的距离，除应根据负弯矩包络图按式（7.65）确定外，还应按构造规定进行设计。

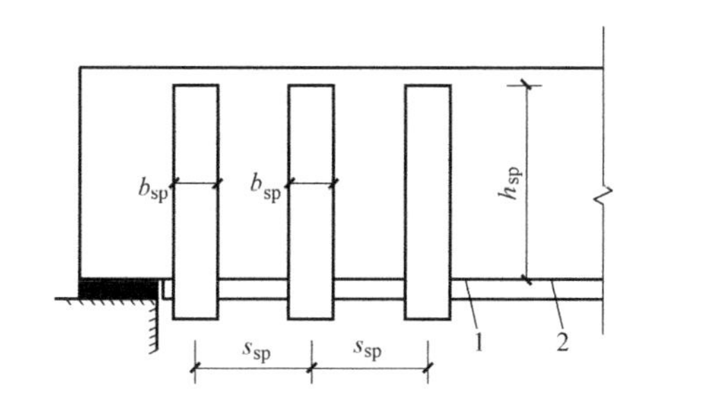

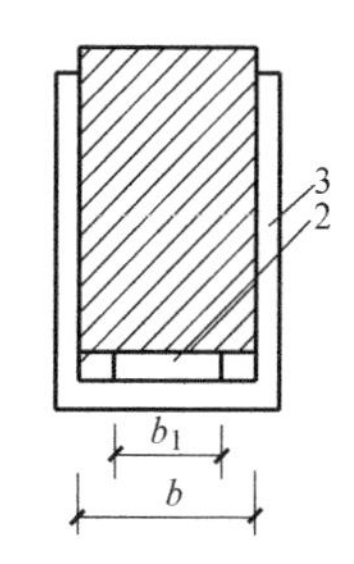

图 7.35　梁端增设 U 形板锚固

1—胶层；2—加固钢板；3—U 形箍板

对翼缘位于受压区的 T 形截面受弯构件的受拉面粘贴钢板进行受弯加固时，应按现行国家标准《混凝土结构设计规范》GB 50010 中关于 T 形截面受弯承载力的计算方法进行计算。

当考虑二次受力影响时，加固钢板的滞后应变 $\varepsilon_{sp,0}$ 应按式（7.68）计算：

$$\varepsilon_{sp,0}=\frac{\alpha_{sp}M_{0k}}{E_s A_s h_0} \tag{7.68}$$

式中　M_{0k}——加固前受弯构件验算截面上作用的弯矩标准值（kN・m）；

α_{sp}——综合考虑受弯构件裂缝截面内力臂变化、钢筋拉应变不均匀以及钢筋排列影响的计算系数，按表 7.11 采用。

计算系数 α_{sp} 值　　**表 7.11**

ρ_{te}	≤0.007	0.010	0.020	0.030	0.040	≥0.060
单排钢筋	0.07	0.09	1.15	1.20	1.25	1.30
双排钢筋	0.75	1.00	1.25	1.30	1.35	1.40

原有混凝土有效受拉截面的纵向受拉钢筋配筋率 $\rho_{te}=A_s/A_{te}$；A_{te} 为有效受拉混凝土截面面积，按现行国家标准《混凝土结构设计规范》GB 50010 规定计算。当原构件钢应力 $\sigma_{s0}\leqslant 150$MPa，且 $\rho_{te}\leqslant 0.05$ 时，表 7.11 中 α_{sp} 值可乘以调整系数 0.9。

当钢板全部粘贴在梁底面（受拉面）有困难时，允许将部分钢板对称地粘贴在梁的两侧面。此时，侧面粘贴区域应控制在距受拉边缘 1/4 梁高范围内，且应按下式计算确定梁的两侧面实际需粘贴的钢板截面面积 $A_{sp,1}$。

$$A_{sp,1}=\eta_{sp}A_{sp,b} \tag{7.69}$$

式中　$A_{sp,b}$——按梁底面计算确定的，但需改贴到梁的两侧面的钢板截面面积；

η_{sp}——考虑改贴梁侧面引起的钢板受拉合力及其力臂改变的修正系数，应按表 7.12 采用。

修正系数 η_{sp} 值　　**表 7.12**

h_{sp}/h	0.05	0.10	0.15	0.20	0.25
η_{sp}	1.09	1.20	1.33	1.47	1.65

表中，h_{sp} 为从梁受拉边缘算起的侧面粘贴高度；h 为梁截面高度。钢筋混凝土结构构件加固后，其正截面受弯承载力的提高幅度，不应超过 40%，并应验算其受剪承载力，避免受弯承载力提高后导致构件受剪破坏先于受弯破坏。粘贴钢板的加固量，对受拉区和受压区，分别不应超过 3 层和 2 层，且钢板总厚度不应大于 10mm。

(2) 受弯构件斜截面加固计算

受弯构件斜截面受剪承载力不足应采用胶粘的箍板进行加固，箍板宜设计成加锚封闭箍、胶锚 U 形箍或钢板锚 U 形箍的构造方式（图 7.36*a*），当受力很小时，也可采用一般 U 形箍。箍板应垂直于构件轴线方向粘贴（图 7.36*b*），不得斜向粘贴。

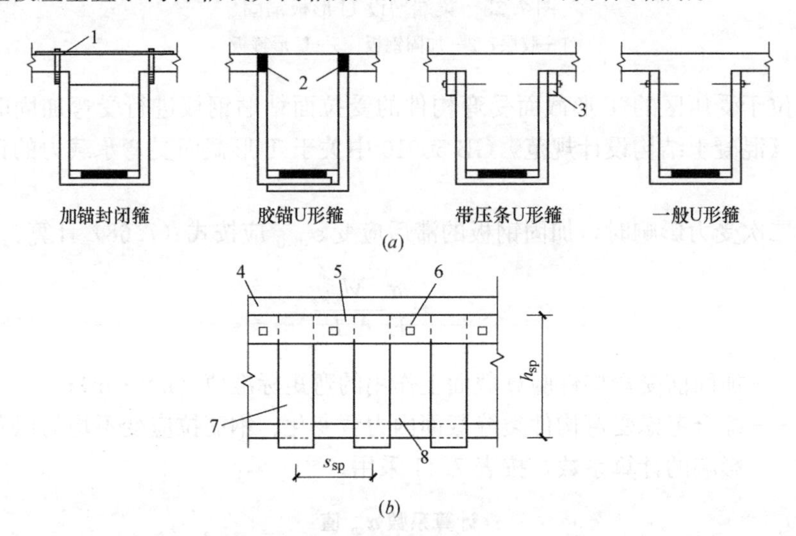

图 7.36　扁钢抗剪箍及其粘贴方式

（*a*）构造方式；（*b*）U 形箍加纵向钢板压条

1—扁钢；2—胶锚；3—粘贴钢板压条；4—板；5—钢板底面空鼓处应加钢垫板；6—钢板压条附加锚栓锚固；7—U 形箍接；8—梁

受弯构件加固后的斜截面应符合下列规定：

当 $h_w/b \leqslant 4$ 时

$$V \leqslant 0.25\beta_c f_{c0} bh_0 \tag{7.70}$$

当 $h_w/b \geqslant 6$ 时

$$V \leqslant 0.2\beta_c f_{c0} bh_0 \tag{7.71}$$

当 $4 < h_w/b < 6$ 时，按线性内插法确定。

式中　V——构件斜截面加固后的剪力设计值；

β_c——混凝土长度影响系数，按现行国家标准《混凝土结构设计规范》GB 50010 规定值采用；

b——矩形截面的宽度，T 形或 I 形截面的腹板宽度；

h_w——截面的腹板高度：对矩形截面，取有效高度，对 T 形截面，取有效高度减去翼缘高度，对 I 形截面取腹板净高。

采用加锚封闭箍或其他 U 形箍对钢筋混凝土梁进行抗剪加固时，其斜截面承载力应符合式（7.72）、式（7.73）规定：

$$V \leqslant V_{b0} + V_{b,sp} \tag{7.72}$$

$$V_{b,sp} = \psi_{vb} f_{sp} A_{b,sp} h_{sp} / s_{sp} \tag{7.73}$$

式中 V_{b0}——加固前梁的斜截面承载力（kN），按现行国家标准《混凝土结构设计规范》GB 50010 计算；

$V_{b,sp}$——粘贴钢板加固后，对梁斜截面承载力的提高值（kN）；

ψ_{vb}——与钢板的粘贴方式及受力条件有关的抗剪强度折减系数，按表 7.13 确定；

$A_{b,sp}$——配置在同一截面处箍板各肢的截面面积之和（mm^2），即 $2b_{sp}t_{sp}$，b_{sp} 和 t_{sp} 分别为箍板宽度和箍板厚度；

h_{sp}——U 形箍板单肢与梁侧面混凝土黏结的竖向高度（mm）；

s_{sp}——箍板的间距（图 7.36）（mm）。

抗剪强度折减系数 ψ_{vb} 值 **表 7.13**

箍板构造		加锚封闭箍	胶锚或钢板锚 U 形箍	一般 U 形箍
受力构件	均布荷载或剪跨比 $\lambda \geqslant 3$	11.00	00.92	00.85
	剪跨比 $\lambda \leqslant 1.5$	00.68	00.63	00.58

(3) 大偏心受压构件正截面加固计算

粘贴钢板加固大偏心受压钢筋混凝土柱时，应将钢板粘贴于构件受拉区，且钢板长向应与柱的纵轴线方向一致。在矩形截面大偏心受压构件受拉边混凝土表面上粘贴钢板加固时，其正截面承载力应按式（7.74）~式（7.77）确定（图 7.37）：

$$N \leqslant \alpha_1 f_{c0} bx + f'_{y0} A'_{s0} - f_{y0} A_{s0} - f_{sp} A_{sp} \tag{7.74}$$

$$Ne \leqslant \alpha_1 f_{c0} bx \left(h_0 - \frac{x}{2}\right) + f'_{y0} A'_{s0} (h_0 - a') + f_{sp} A_{sp} (h - h_0) \tag{7.75}$$

$$e = e_i + \frac{h}{2} - a \tag{7.76}$$

$$e_i = e_0 + e_a \tag{7.77}$$

式中 N——加固后轴向压力设计值（kN）；

e——轴向压力作用点至纵向受拉钢筋和钢板合力作用点的距离（mm）；

e_i——初始偏心距（mm）；

e_0——轴向压力对截面重心的偏心距（mm），取为 $e_0 = M/N$；当需要考虑二阶效应时，M 取为 $\psi C_m \eta_{ns} M_2$；

e_a——附加偏心距（mm），按偏心方向截面最大尺寸 h 确定，当 $h \leqslant 600$mm 时，$e_a = 20$mm；当 $h > 600$mm 时，$e_a = h/30$；

a、a'——分别为纵向受拉钢筋和钢板合力点、纵向受压钢筋合力点至截面近边的距离（mm）；

f_{sp}——加固钢板的抗拉强度设计值（N/mm^2）。

(4) 受拉构件正截面加固计算

采用外贴钢板加固钢筋混凝土受拉构件时，应按原构件纵向受拉钢筋的配置方式，将钢板粘贴于相应位置的混凝土表面上，且应处理好端部的连接构造及锚固。轴心受拉构件

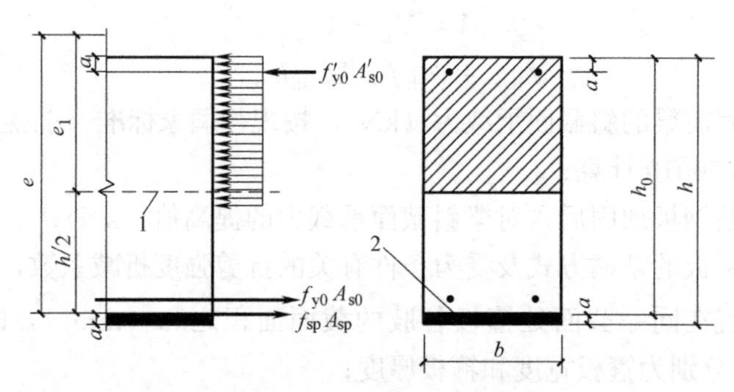

图 7.37　矩形截面大偏心受压构件黏钢加固承载力计算

1—界面重心轴；2—加固钢板

的加固，其正截面承载力应按式（7.78）确定：

$$N \leqslant f_{y0}A_{s0} + f_{sp}A_{sp} \tag{7.78}$$

式中　N——加固后轴向拉力设计值；

f_{sp}——加固钢板的抗拉强度设计值。

矩形截面大偏心受拉构件的加固，其正截面承载力应按式（7.79）、式（7.80）计算：

$$N \leqslant f_{y0}A_{s0} + f_{sp}A_{sp} - \alpha_1 f_{c0}bx - f'_{y0}A'_{s0} \tag{7.79}$$

$$Ne \leqslant \alpha_1 f_{c0}bx\left(h_0 - \frac{x}{2}\right) + f'_{y0}A'_{s0}(h_0 - a') + f_{sp}A_{sp}(h - h_0) \tag{7.80}$$

式中　N——加固后轴向拉力设计值（kN）；

e——轴向拉力作用点至纵向受拉钢筋合力点的距离（mm）。

(5) 构造要求

粘贴加固的钢板宽度不宜大于 100mm。采用手工涂胶粘贴的钢板厚度不应大于 5mm；采用压力注胶粘贴的钢板厚度不应大于 10mm，且应按外黏型钢加固法的焊接节点构造进行设计。对钢筋混凝土受弯构件进行正截面加固时，均应在钢板的端部（包括截断处）及集中荷载作用点的两侧，对梁设置 U 形钢箍板，对板应设置横向钢压条进行锚固。当粘贴的钢板延伸至支座边缘仍不满足延伸长度的规定时，应采取下列锚固措施：对梁应在延伸长度范围内均匀设置 U 形箍（图 7.38），且应在延伸长度的端部设置一道加强箍。U 形箍的粘贴高度应为梁的截面高度；梁有翼缘（或有现浇楼板），应伸至其底面。U 形箍的宽度，对端箍不应小于加固钢板宽度的 2/3 且不应小于 80mm，对中间箍不应小于加固钢板宽度的 1/2，且不应小于 40mm。U 形箍的厚度不应小于受弯加固钢板厚度的 1/2，且不应小于 4mm。U 形箍的上端应设置纵向钢压条。压条下面的空隙应加胶黏钢垫块填平。对板应在延伸长度范围内通长设置垂直于受力钢板方向的钢压条。钢压条一般不宜少于 3 条，钢压条应在延伸长度范围内均匀布置，且应在延伸长度的端部设置一道。压条的宽度不应小于受弯加固钢板宽度的 3/5，钢压条的厚度不应小于受弯加固钢板厚度的 1/2。

当采用钢板对受弯构件负弯矩区进行正截面承载力加固时，支座处无障碍时，钢板应在负弯矩包络图范围内连续粘贴。在端支座无法延伸的一侧，尚应按构造方式（图 7.40）进行锚固处理。支座处虽有障碍，但梁上有现浇板时，允许绕过柱位，在梁侧 4 倍板厚（4h）范围内，将钢板粘贴于板面上（图 7.39）。

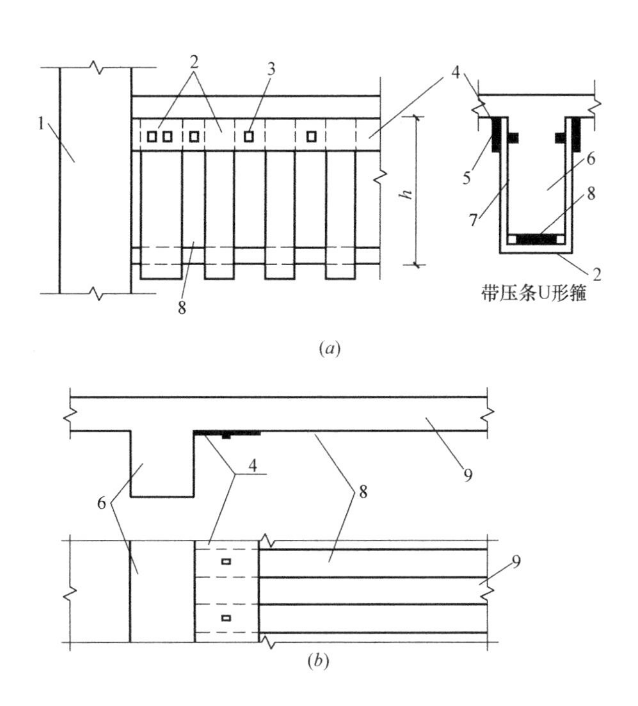

图 7.38 梁粘贴钢板端部锚固措施

(*a*) U 形钢；(*b*) 横向钢压条

1—柱；2—U 形箍；3—压条与梁之间的空隙应加垫板；4—钢压条；5—化学锚拴；6—梁；7—胶层；8—加固钢板；9—板

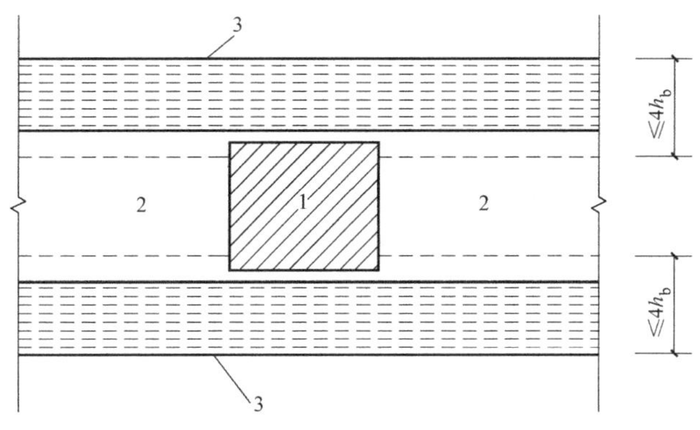

图 7.39 绕过柱位粘贴钢板

1—柱；2—梁；3—板顶面粘贴的钢板；h_b—板厚

当梁上负弯矩区的支座处需采取加强的锚固措施时，可采用图 7.40 的构造方式进行锚固处理。

当加固的受弯构件粘贴不止一层钢板时，相邻两层钢板的截断位置应错开不小于 300mm，并应在截断处加设 U 形（对梁）或横向压条（对板）进行锚固。当采用粘贴钢板箍对钢筋混凝土梁或大偏心受压构件的斜截面承载力进行加固时，其构造应符合下列规定：

① 宜选用封闭箍或加锚的 U 形箍；若仅按构造需要设箍也可采用一般 U 形箍；

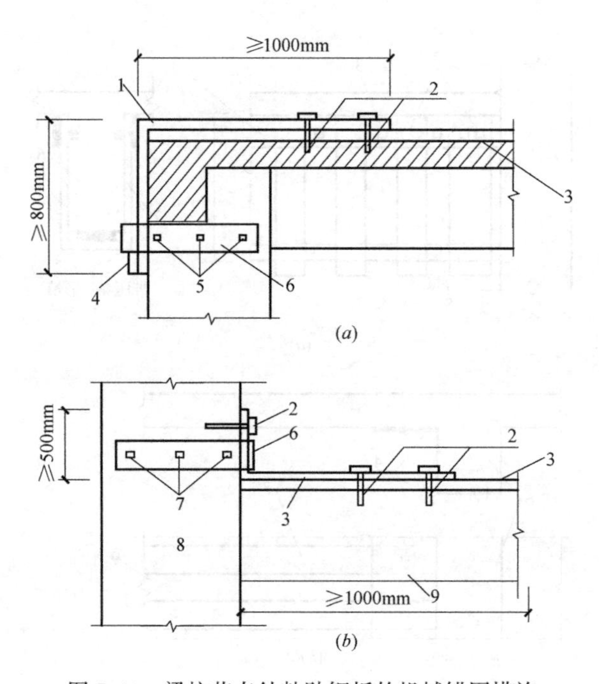

图 7.40　梁柱节点处粘贴钢板的机械锚固措施

（a）柱顶加贴 L 形钢板的构造；（b）柱中部加贴 L 形钢板的构造

1—粘贴 L 形钢板；2—M12 栓；3—加固钢板；4—加焊顶板（预焊）；5—$d \geqslant$M16 的 6.8 级锚栓；6—胶黏于柱上的 U 形钢箍板；7—$d \geqslant$M22 的 6.8 级锚栓及其钢垫板；8—柱；9—梁

② 受力方向应与构件轴向垂直；

③ 封闭箍及 U 形箍的净间距 $s_{sp,n}$ 不应大于现行国家标准《混凝土结构设计规范》GB 50010 规定的最大箍筋间距的 0.70 倍，且不应大于梁高的 0.25 倍；

④ 箍板的粘贴高度应符合（图 7.38）规定，一般 U 形箍的上端应粘贴纵向钢压条予以锚固，钢压条下面的空隙应加胶粘钢垫板填平；

⑤ 当梁的截面高度（或腹板高度）h 大于等于 600mm 时，应在梁的腰部增设一道纵向腰间钢压条（图 7.41）。

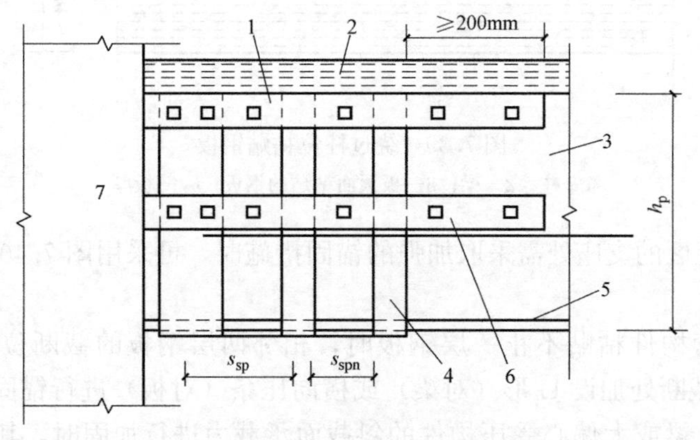

图 7.41　纵向腰间钢压条

1—纵向钢压条；2—楼板；3—梁；4—U 形箍板；5—加固钢板；6—纵向腰间钢压条；7—柱

当采用粘贴钢板加固大偏心受压钢筋混凝土柱时，柱的两端应增设机械锚固措施，柱上端有楼板时粘贴的钢板应穿过楼板，并应有足够的延伸长度。

7.3.10　粘贴纤维复合材料加固法

粘贴纤维复合材料加固法适用于钢筋混凝土受弯、轴心受压、大偏心受压及受拉构件的加固，不适用于素混凝土构件，包括纵向受力钢筋一侧配筋率小于0.2%的构件加固。被加固的混凝土结构构件，其现场实测混凝土强度等级不得低于C15，且混凝土表面的正拉黏结强度不得低于1.5MPa。

外贴纤维复合材料加固钢筋混凝土结构构件时，应将纤维受力方式设计成仅承受拉应力作用。粘贴在混凝土构件表面上的纤维复合材料，不得直接暴露于阳光或有害介质中，其表面应进行防护处理。表面防护材料应对纤维及胶粘剂无害，且应与胶粘剂有可靠的黏结强度及相互协调的变形性能。

采用粘贴纤维复合材料加固法加固的混凝土结构，其长期使用的环境温度不应高于60℃，处于特殊环境（如高温、高湿、介质侵蚀、放射等）的混凝土结构采用本方法加固时，除应按国家现行有关标准的规定采取相应的防护措施外，尚应采用耐环境因素作用的胶粘剂，并按专门的工艺要求进行粘贴。

采用纤维复合材料对钢筋混凝土结构进行加固时，应采取措施卸除或大部分卸除作用在结构上的活荷载。

当被加固构件的表面有防火要求时，应按现行国家标准《建筑设计防火规范》GB 50016规定的耐火等级及耐火极限要求，对纤维复合材料进行防护。

（1）受弯构件正截面加固计算

采用纤维复合材料对梁、板等受弯构件进行加固时，除应符合现行国家标准《混凝土结构设计规范》GB 50010正截面承载力计算的基本假定外，尚应符合下列规定：

① 纤维复合材料的应力与应变关系取直线时，其拉应力 σ_f 等于拉应变 ε_f 与弹性模量 E_f 的乘积；

② 当考虑二次受力影响时，应按构件加固前的初始受力情况，确定纤维复合材料的滞后应变；

③ 在达到受弯承载能力极限状态前，加固材料与混凝土之间不致出现黏结剥离破坏。

受弯构件加固后的相对界限受压区高度 $\varepsilon_{b,f}$，应按下式计算，即按构件加固前控制值的0.85倍采用：

$$\xi_{b,f}=0.85\xi_b \tag{7.81}$$

式中　ε_b——构件加固前的相对界限受压区高度，按现行国家标准《混凝土结构设计规范》GB 50010的规定计算。

在矩形截面受弯构件的受拉边混凝土表面上粘贴纤维复合材料进行加固时（图7.42），其正截面承载力应按式（7.82）～式（7.85）确定：

$$M\leqslant\alpha_1 f_{c0}bx\left(h-\frac{x}{2}\right)+f'_{y0}A'_{s0}(h-a')-f_{y0}A_{s0}(h-h_0) \tag{7.82}$$

$$\alpha_1 f_{c0}bx=f_{y0}A_{s0}+\psi_f f_f A_{fe}-f'_{y0}A'_{s0} \tag{7.83}$$

$$\psi_f=\frac{(0.8\varepsilon_{cu}h/x)-\varepsilon_{cu}-\varepsilon_{f0}}{\varepsilon_f} \tag{7.84}$$

$$x \geqslant 2a' \tag{7.85}$$

式中 M——构件加固后弯矩设计值（kN·m）；

x——混凝土受压区高度（mm）；

b、h——分别为矩形截面宽度和高度（mm）；

f_{y0}、f'_{y0}——分别为原截面受拉钢筋的抗拉强度设计值和受压钢筋抗压强度设计值（N/mm²）；

A_{s0}、A'_{s0}——分别为原截面受拉钢筋和受压钢筋的截面面积（mm²）；

a'——纵向受压钢筋合力点至截面近边的距离（mm）；

h_0——构件加固前的截面有效高度（mm）；

f_f——纤维复合材料的抗拉强度设计值（N/mm²），应根据纤维复合材料的品种，按表 7.2～表 7.4 采用；

A_{fe}——纤维复合材料的有效截面面积（mm²）；

ψ_f——考虑纤维复合材料实际抗拉应变达不到设计值而引入的强度利用系数，当 $\psi_f > 1.0$ 时，取 $\psi_f = 1.0$；

ε_{cu}——混凝土极限压应变，取 $\varepsilon_{cu} = 0.0033$；

ε_f——纤维复合材料拉应变设计值，应根据纤维复合材料的品种，按现行国家规范《混凝土结构加固设计规范》GB 50367 采用；

ε_{f0}——考虑二次受力影响时纤维复合材料的滞后应变，应按式（7.89）计算，若不考虑二次受力影响，取 $\varepsilon_{f0} = 0$。

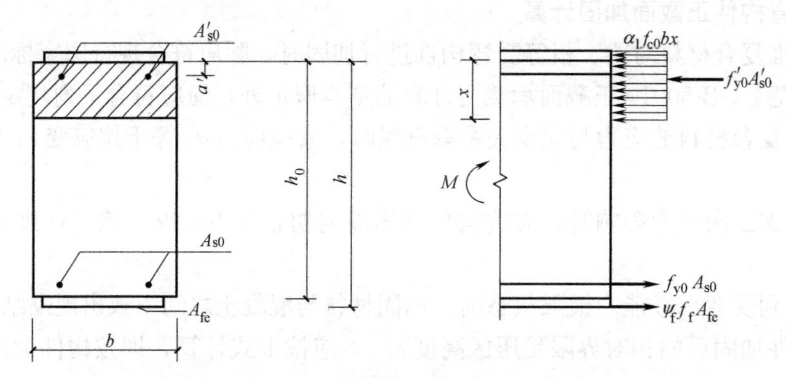

图 7.42　矩形截面构件正截面受弯载力计算

实际应粘贴的纤维复合材料截面面 A_f，应按式（7.86）计算：

$$A_f = A_{fe}/k_m \tag{7.86}$$

纤维复合材料厚度折减系数 k_m，当采用预成型板时，$k_m = 1.0$；当采用多层粘贴的纤维织物时，k_m 值按式（7.87）计算：

$$k_m = 1.16 - \frac{n_f E_f t_f}{308000} \leqslant 0.90 \tag{7.87}$$

式中 E_f——纤维复合材料弹性模量设计值（MPa），应根据纤维复合材料的品种，按表 7.2 采用；

n_f——纤维复合材料（单向织物）层数；

t_f——纤维复合材料（单向织物）的单层厚度（mm）。

对受弯构件正弯矩区的正截面加固，其粘贴纤维复合材料的截断位置应从其强度充分利用的截面算起，取不小于式（7.88）确定的粘贴延伸长度（图7.43）：

$$l_c = \frac{f_f A_f}{f_{f,v} b_f} + 200 \tag{7.88}$$

式中 l_c——纤维复合材料粘贴延伸长度（mm）；

b_f——对梁为受拉面粘贴的纤维复合材料的总宽度（mm）；对板为1000mm板宽范围内粘贴的纤维复合材料总宽度；

f_f——纤维复合材料抗拉强度设计值（N/mm^2），按表7.2～表7.4采用；

$f_{f,v}$——纤维与混凝土之间的黏结抗剪强度设计值（MPa），取 $f_{f,v}=0.40f_t$，f_t 为混凝土抗拉强度设计值，按现行国家标准《混凝土结构设计规范》GB 50010规定值采用；当 $f_{f,v}$ 计算值低于0.40MPa时，取 $f_{f,v}=0.40$MPa；当 $f_{f,y}$ 计算值高于0.70MPa时，取 $f_{f,v}=0.70$MPa。

对受弯构件负弯矩区的正截面加固，纤维复合材料的截断位置距支座边缘的距离，除应根据负弯矩包络图按式（7.89）确定外，尚应满足构造规定。

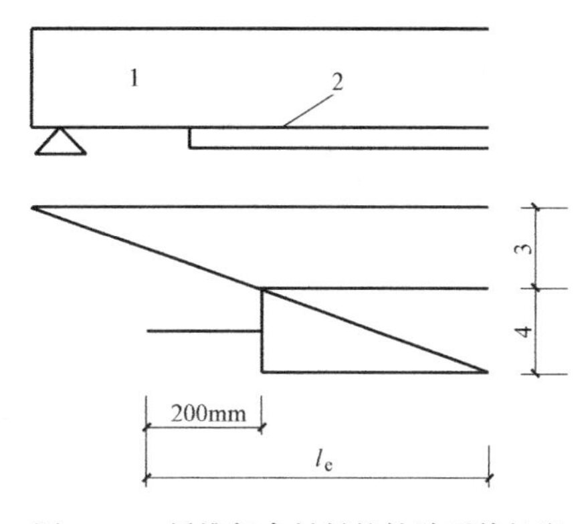

图7.43 纤维复合材料的粘贴延伸长度

1—梁；2—纤维复合材料；3—原钢筋承担的弯矩；4—加固要求的弯矩增量

对翼缘位于受压区的T形截面受弯构件的受拉面粘贴纤维复合材料进行受弯加固时，应按式（7.82）～式（7.86）的计算原则和现行国家标准《混凝土结构设计规范》GB 50010中关于T形截面受弯承载力的计算方法进行计算。

当考虑二次受力影响时，纤维复合材料的滞后应变 ε_{f0} 应按下式计算：

$$\varepsilon_{f0} = \frac{\alpha_f M_{0k}}{E_s A_s h_0} \tag{7.89}$$

式中 M_{0k}——加固前受弯构件验算截面上原作用的弯矩标准值；

α_f——综合考虑受弯构件裂缝截面内力臂变化、钢筋拉应变不均匀以及钢筋排列影响等的计算系数，应按表7.14采用。

计算系数 α_f 值 **表7.14**

ρ_{te}	≤0.007	0.010	0.020	0.030	0.040	≥0.060
单排钢筋	0.70	0.90	1.15	1.20	1.25	1.30
双排钢筋	0.75	1.00	1.25	1.30	1.35	1.40

ρ_{te} 为混凝土有效受拉截面的纵向受拉钢筋配筋率，$\rho_{te}=A_s/A_{te}$，A_{te} 为有效受拉混凝土截面面积，按现行国家标准《混凝土结构设计规范》GB 50010的规定计算。

当构件钢筋应力 $\sigma_{s0}\leqslant 150$MPa，且 $\rho_{te}\leqslant 0.05$ 时，表中 α_f 值可取0.9。

当纤维复合材料全部粘贴在梁底面（受拉面）有困难时，允许将部分纤维复合材料对称地粘贴在梁的两侧面。此时，侧面粘贴区域应控制在距受拉区边缘 1/4 梁高范围内，且应按下式计算梁的两侧面实际需要粘贴的纤维复合材料截面面积 $A_{f,1}$：

$$A_{f,1}=\eta_f A_{f,b} \tag{7.90}$$

式中 $A_{f,b}$——按梁底面计算确定的，但需改贴到梁的两侧面的纤维复合材料截面积；

η_f——考虑改贴梁侧面引起的纤维复合材料受拉合力及其力臂改变的修正系数，应按表 7.15 采用。

修正系数 η_f 值　　表 7.15

h_{sp}/h	0.05	0.10	0.15	0.20	0.25
η_{sp}	1.09	1.19	1.30	1.43	1.59

注：h_f 为从梁受拉边缘算起的侧面粘贴高度；h 为梁截面高度。

钢筋混凝土结构构件加固后，其正截面受弯承载力的提高幅度，不应超过 40%，并应验算其受剪承载力，避免因受弯承载力提高后而导致构件受剪破坏先于受弯破坏。

纤维复合材料的加固量，对预成型板，不宜超过 2 层，对湿法铺层的织物，不宜超过 4 层，超过 4 层时，宜改用预成型板，并采取可靠的加强锚固措施。

(2) 受弯构件斜截面加固计算

采用纤维复合材料条带（以下简称“条带”）对受弯构件的斜截面受剪承载力进行加固时，应粘贴成垂直于构件轴线方向的环形箍或其他有效的 U 形箍（图 7.44），不得采用斜向粘贴方式。

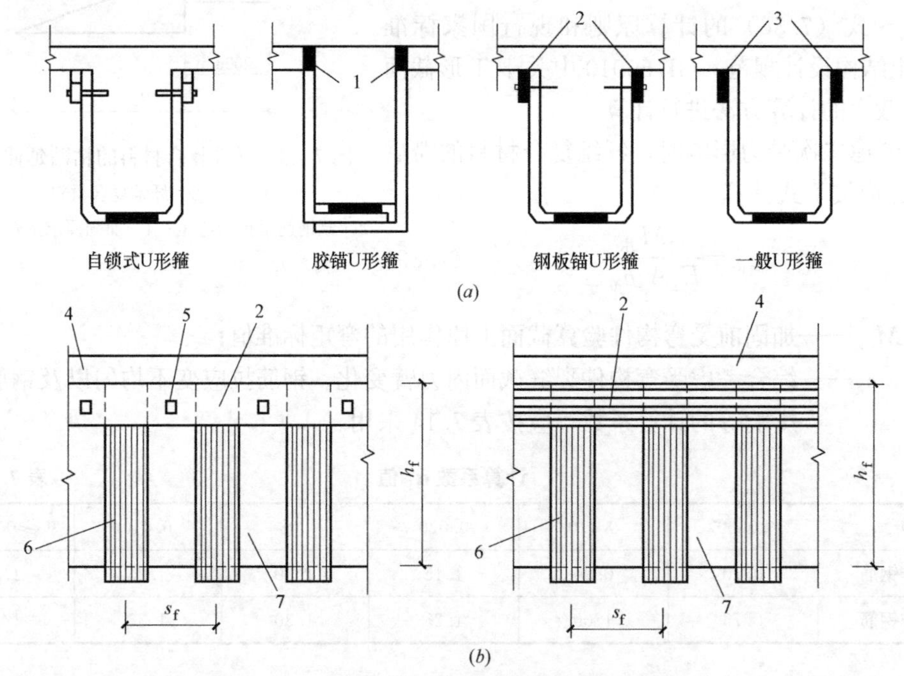

图 7.44 纤维复合材料抗剪箍及其粘贴方式

(a) 条带构造方式；(b) U 形箍及纵向压条粘贴方式

1—胶锚；2—钢板压条；3—纤维织物压条；4—板；5—锚栓加胶黏锚固；6—U 形箍；7—梁

受弯构件加固后的斜截面应符合下列规定：

当 $h_w/b \leqslant 4$ 时

$$V \leqslant 0.25\beta_c f_{c0} b h_0 \tag{7.91}$$

当 $h_w/b \geqslant 6$ 时

$$V \leqslant 0.2\beta_c f_{c0} b h_0 \tag{7.92}$$

当 $4 < h_w/b < 6$ 时，按线性内插法确定。

式中 V——构件斜截面加固后的剪力设计值（kN）；

β_c——混凝土长度影响系数，按现行国家标准《混凝土结构设计规范》GB 50010 规定值采用；

f_{c0}——原构件混凝土轴心抗压强度设计值（N/mm^2）；

b——矩形截面的宽度、T 形或 I 形截面的腹板宽度（mm）；

h_0——截面有效高度（mm）；

h_w——截面的腹板高度（mm），对矩形截面，取有效高度；对 T 形截面，取有效高度减去翼缘高度；对 I 形截面，取腹板净高。

当采用条带构成的环形（封闭）箍或 U 形箍对钢筋混凝土梁进行抗剪加固时，其斜截面承载力应按式（7.93）、式（7.94）确定：

$$V \leqslant V_{b0} + V_{bf} \tag{7.93}$$

$$V_{bf} = \psi_{vb} f_f A_f h_f / s_f \tag{7.94}$$

式中 V_{b0}——加固前梁的斜截面承载力（kN），按现行国家标准《混凝土结构设计规范》GB 50010 计算；

V_{bf}——粘贴条带加固后，对梁斜截面承载力的提高值（kN）；

ψ_{vb}——与条带加锚方式及受力条件有关的抗剪强度折减系数，按表 7.16 确定；

f_f——受剪加固采用的纤维复合材料抗拉强度设计值（N/mm^2），应根据纤维复合材料品种按表 7.2～表 7.4 规定的抗拉强度设计值乘以调整系数 0.56 确定；当为框架梁或悬挑构件时，调整系数改取 0.28；

A_f——配置在同一截面处构成环形或 U 形箍的纤维复合材料条带的全部截面面积（mm^2）；$A_f = 2n_f b_f t_f$，n_f 为条带粘贴的层数，b_f 和 t_f 分别为条带宽度和条带单层厚度；

h_f——梁侧面粘贴的条带竖向高度（mm）；对环形箍，取 $h_f = h$；

s_f——纤维复合材料条带的间距（图 7.44b）（mm）。

抗剪强度折减系数 ψ_{vb} 值 **表 7.16**

条带加锚方式		环形箍及自锁式 U 形箍	胶锚或钢板锚 U 形箍	加织物压条的一般 U 形箍
受力条件	均布荷载或剪跨比 $\lambda \geqslant 3$	1.00	0.88	0.75
	剪跨比 $\lambda \leqslant 1.5$	0.68	0.60	0.50

注：当 λ 为中间值时，按线性内插法确定 ψ_{vb} 值。

（3）受压构件正截面加固计算

轴心受压构件可采用沿其全长无间隔地环向连续粘贴纤维织物的方法（简称环向围束法）进行加固。采用环向围束法加固轴心受压构件仅适用于下列情况：

① 长细比 $l/d \leqslant 12$ 的圆形截面柱；

② 长细比 $l/d \leqslant 14$、截面高宽比 $h/b \leqslant 1.5$、截面高度 $h \leqslant 600$，且截面棱角经过圆化打磨的正方形或矩形截面柱。

采用环向围束的轴心受压构件，其正截面承载力应符合式（7.95）、式（7.96）：

$$N \leqslant 0.9[(f_{c0}+4\sigma_l)A_{cor}+f'_{y0}A'_{s0}] \tag{7.95}$$

$$\sigma_l = 0.5\beta_c k_c \rho_f E_f \varepsilon_{fe} \tag{7.96}$$

式中 N——加固后轴向压力设计值（kN）；

f_{c0}——原构件混凝土轴心抗压强度设计值（N/mm^2）；

σ_l——有效约束应力（N/mm^2）；

A_{cor}——环向围束内混凝土面积（mm^2）；圆形截面：$A_{cor}=\frac{\pi D^2}{4}$；正方形和矩形截面：$A_{cor}=bh-(4-\pi)r^2$；

D——圆形截面柱的直径（mm）；

b——正方形截面边长或矩形截面宽度（mm）；

h——矩形截面高度（mm）；

r——截面棱角的圆化半径（倒角半径）；

β_c——混凝土强度影响系数：当混凝土强度等级不大于 C50 时，$\beta_c=1.0$；当混凝土强度等级为 C80 时，$\beta_c=0.8$；其间按线性内插法确定；

k_c——环向围束的有效约束系数，按式（7.97）规定采用；

ρ_f——环向围束体积比，按式（7.98）规定计算；

E_f——纤维复合材料的弹性模量（N/mm^2）；

ε_{fe}——纤维复合材料的有效拉应变设计值；重要构件 $\varepsilon_{fe}=0.0035$；一般构件取 $\varepsilon_{fe}=0.0045$。

环向围束的计算参数 k_c 和 ρ_f，应按下列规定确定：

有效约束系数 k_c 取值，圆形截面柱：$k_c=0.95$；正方形和矩形截面柱（图 7.45），应按下式计算：

$$k_c = 1-\frac{(b-2r)^2+(h-2r)^2}{3A_{cor}(1-\rho_s)} \tag{7.97}$$

式中 ρ_s——柱中纵向钢筋的配筋率。

环向围束体积比 ρ_f 值的确定：

对圆形截面柱：

$$\rho_f = 4n_f t_f / D \tag{7.98}$$

对正方形和矩形截面柱（图 7.45）：

$$\rho_f = 2n_f t_f (b+h)/A_{cor} \tag{7.99}$$

式中 n_f——纤维复合材料的层数；

t_f——纤维复合材料每层的厚度（mm）。

(4) 框架柱斜截面加固计算

当采用纤维复合材料的条带对钢筋混凝土框架柱进行受剪加固时，应粘贴成环形箍，且

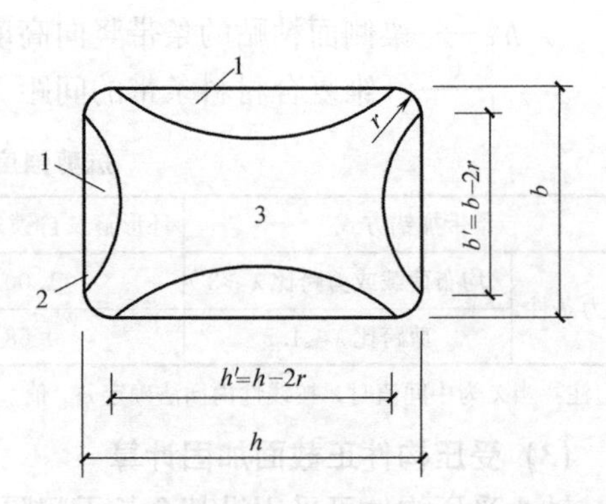

图 7.45 环向围束内矩形截面有效约束面积
1—无效约束面积；2—环向围束；3—有效约束面积

纤维方向应与柱的纵轴线垂直。采用环形箍加固的柱，其斜截面受剪承载力应符合式(7.100)～式(7.102)规定。

$$V \leqslant V_{c0} + V_{cf} \tag{7.100}$$

$$V_{cf} = \frac{\psi_{vc} f_f A_f h}{s_f} \tag{7.101}$$

$$A_f = 2 n_f b_f t_f \tag{7.102}$$

式中　V——构件加固后剪力设计值(kN)；

V_{c0}——加固前原构件斜截面受剪承载力(kN)，按现行国家标准《混凝土结构设计规范》GB 50010 的规定计算；

V_{cf}——粘贴纤维复合材料加固后，对柱斜截面承载力的提高值(kN)；

ψ_{vc}——与纤维复合材料受力条件有关的抗剪强度折减系数，按表 7.17 的规定值采用；

f_f——受剪加固采用的纤维复合材料抗拉强度设计值(N/mm^2)值乘以调整系数 0.5 确定；

A_f——配置在同一截面处纤维复合材料环形箍的全截面面积(mm)；

n_f——纤维复合材料环形箍的层数；

b_f、t_f——分别为纤维复合材料环形箍的宽度和每层厚度(mm)；

h——柱的截面高度(mm)；

s_f——环形箍的中心间距(mm)。

抗剪强度折减系数 ψ_{vc} 值　　**表 7.17**

轴压比		≤0.1	0.3	0.5	0.7	0.9
受力条件	均布荷载或 $\lambda_c \geqslant 3$	0.95	0.84	0.72	0.62	0.51
	$\lambda_c \leqslant 1$	0.90	0.72	0.54	0.34	0.16

注：λ_c 为柱的剪跨比；对框架柱 $\lambda_c = H_n/2h_0$；H_n 为柱的净高；h_0 为柱截面有效高度。中间值按线性内插法确定。

(5) 大偏心受压构件加固计算

当采用纤维增强复合材料加固大偏心受压的钢筋混凝土柱时，应将纤维复合材料粘贴于构件受拉区边缘混凝土表面，且纤维方向应与柱的纵轴线方向一致。矩形截面大偏心受压柱的加固，其正截面承载力应符合式(7.103)～式(7.105)规定：

$$N \leqslant \alpha_1 f_{c0} bx + f'_{y0} A'_{s0} - f_{y0} f_{s0} - f_f A_f \tag{7.103}$$

$$Ne \leqslant \alpha_1 f_{c0} bx \left(h_0 - \frac{x}{2}\right) + f'_{y0} A'_{s0} (h_0 - a'_s) + f_f A_f (h - h_0) \tag{7.104}$$

$$e = e_i + \frac{h}{2} - a \tag{7.105}$$

$$e_i = e_0 + e_a \tag{7.106}$$

式中　e——轴向压力作用点至纵向受拉钢筋 A_s 合力点的距离(mm)；

e_i——初始偏心距(mm)；

e_0——轴向压力对截面重心的偏心距(mm)，取为 M/N；当需考虑二阶效应时，M 应由国家标准《混凝土结构设计规范》GB 50010 确定；

e_a——附加偏心距（mm），按偏心方向截面最大尺寸 h 确定：当 $h \leqslant 600$mm 时，$e_a = 20$mm；当 $h > 600$mm 时，$e_a = h/30$；

a——纵向受拉钢筋合力点至截面近边的距离（mm）；

f_f——纤维复合材料抗拉强度设计值（N/mm^2）应根据其品种，按表 7.2～表 7.4 采用。

(6) 受拉构件正截面加固计算

当采用外贴纤维复合材料加固环形或其他封闭式钢筋混凝土受拉构件时，应按原构件纵向受拉钢筋的配置方式，将纤维织物粘贴于相应位置的混凝土表面上，且纤维方向应与构件受拉方向一致，并处理好围拢部位的搭接和锚固问题。轴心受拉构件的加固，其正截面承载力应按式（7.107）确定：

$$N \leqslant f_{y0} A_{s0} + f_f A_f \tag{7.107}$$

式中 N——轴向拉力设计值；

f_f——纤维复合材料抗拉强度设计值，应根据其品种，按表 7.2～表 7.4 的规定采用。

矩形截面大偏心受拉构件的加固，其正截面承载力应符合式（7.108）、式（7.109）规定：

$$N \leqslant f_{y0} A_{s0} + f_f A_f - \alpha_1 f_{c0} b x - f'_{y0} A'_{s0} \tag{7.108}$$

$$Ne \leqslant \alpha_1 f_{c0} b x \left(h_0 - \frac{x}{2}\right) + f'_{y0} A'_{s0} (h_0 - a'_s) + f_f A_f (h - h_0) \tag{7.109}$$

式中 N——加固后轴向拉力设计值（kN）；

e——轴向拉力作用点至纵向受拉钢筋合力点的距离（mm）；

f_f——纤维复合材料抗拉强度设计值（N/mm^2），应根据其品种，按表 7.2～表 7.4 采用。

(7) 提高柱的延性的加固计算

钢筋混凝土柱因延性不足而进行抗震加固时，可采用环向粘贴纤维复合材料构成的环向围束作为附加箍筋。当采用环向围束作为附加箍筋时，应按下列公式计算柱箍筋加密区加固后的箍筋体积配筋率 ρ_v 且应满足现行国家标准《混凝土结构设计规范》GB 50010 的要求：

$$\rho_v = \rho_{v,e} + \rho_{v,f} \tag{7.110}$$

$$\rho_{v,f} = k_c \rho_f \frac{b_f f_f}{s_f f_{yv0}} \tag{7.111}$$

式中 $\rho_{v,e}$——被加固柱原有箍筋的体积配筋率；当需重新复核时，应按箍筋范围内的核心截面进行计算；

$\rho_{v,f}$——环向围束作为附加箍筋算得的箍筋体积配筋率的增量；

ρ_f——环向围束体积比，应按式（7.98）、式（7.99）计算；

k_c——环向围束的有效约束系数，圆形截面 $k_c = 0.90$；正方形截面 $k_c = 0.66$；矩形截面 $k_c = 0.42$；

b_f——环向围束纤维条带的宽度（mm）；

s_f——环向围束纤维条带的中心间距（mm）；

f_f——环向围束纤维复合材料的抗拉强度设计值（N/mm^2），应根据其品种，按表 7.2～表 7.4 采用；

f_{yv0}——原箍筋抗拉强度设计值（N/mm^2）。

（8）构造规定

对钢筋混凝土受弯构件正弯矩区进行正截面加固时，其受拉面沿轴向粘贴的纤维复合材料应延伸至支座边缘，且应在纤维复合材料的端部（包括截断处）及集中荷载作用点的两侧，设置纤维复合材料的 U 形箍（对梁）或横向压条（对板）。当纤维复合材料延伸至支座边缘仍不满足延伸长度的规定时，应采取下列锚固措施：

① 对于梁，应在延伸长度范围内均匀设置不少于 3 道 U 形箍锚固（图 7.46*a*），其中一道应设置在延伸长度端部。U 形箍采用纤维复合材料制作；U 形箍的粘贴高度应为梁的截面高度；当梁有翼缘或有现浇楼板，应伸至其底面。U 形箍的宽度，对端箍不应小于 2/3 倍加固纤维复合材料宽度，且不应小于 150mm；对中间箍不应小于 1/2 倍加固纤维复合材料条带宽度，且不应小于 100mm。U 形箍的厚度不应小于 1/2 倍受弯加固纤维复合材料厚度。

② 对于板，应在延伸长度范围内通长设置垂直于受力纤维方向的压条（图 7.46*b*）。压条采用纤维复合材料制作。除应在延伸长度端部布置 1 道压条外，尚宜在延伸长度范围内再均匀布置 1～2 道。压条采用纤维复合材料制作。压条的宽度不应小于 3/5 倍受弯加固纤维复合材料条带宽度，压条的厚度不应小于 1/2 倍受弯加固纤维复合材料厚度。

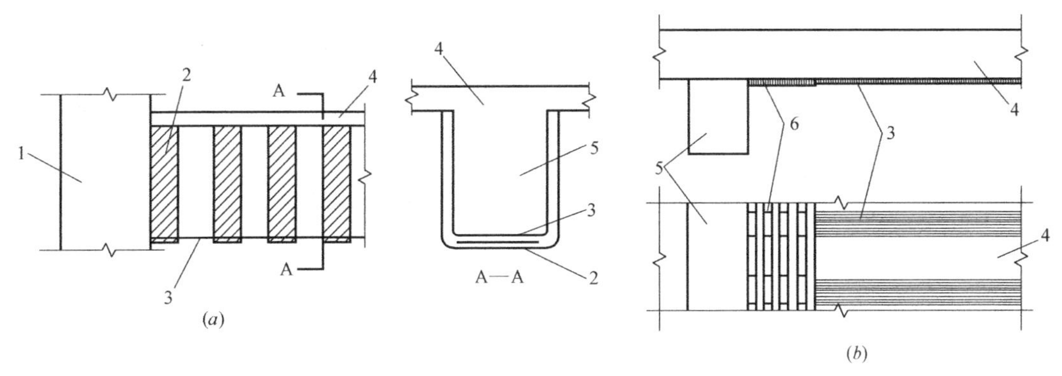

图 7.46　梁、板粘贴纤维复合材料端部锚固措施

（*a*）U 形箍筋；（*b*）横向压条

1—柱；2—U 形箍；3—纤维复合材料；4—板；5—梁；6—横向压条

注：（*a*）图中未画压条

当纤维复合材料延伸至支座边缘，遇到下列情况，应将端箍（或端部压条）改为钢材制作，传力可靠的机械锚固措施为：

① 可延伸长度小于按式（7.88）计算长度的一半；

② 加固用的纤维复合材料为预成型板材。

当采用纤维复合材料对受弯构件负弯矩区进行正截面承载力加固时，应采取下列构造措施：

① 支座处无障碍时，纤维复合材料应在负弯矩包络图范围内连续粘贴，其延伸长度

的截断点应位于正弯矩区，且距正负弯矩转换点不应小于1m。

② 支座处虽有障碍，但梁上有现浇板，且允许绕过柱位时，宜在梁侧4倍板厚（h_b）范围内，将纤维复合材料粘贴于板面上（图7.47）。

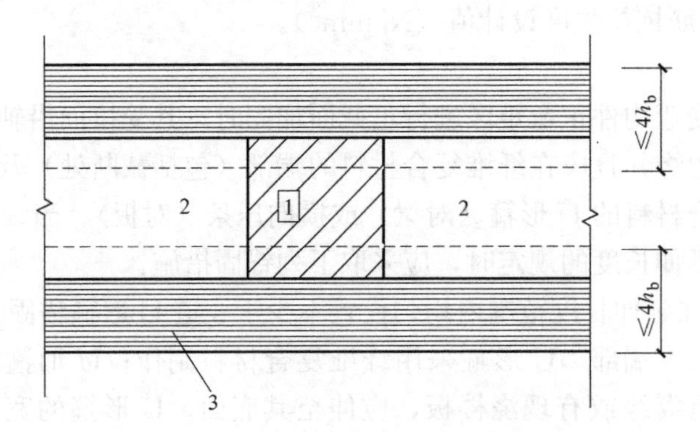

图7.47　绕过柱位粘贴纤维复合材料

1—柱；2—梁；3—板顶面粘贴的纤维复合材料；h_b—板厚

在框架顶层梁柱的端节点处，纤维复合材料只能贴至柱边缘而无法延伸时，应采用结构胶加贴L形碳纤维板或L形钢板进行黏结与锚固（图7.48）。L形钢板的总截面面积应按式（7.112）进行计算：

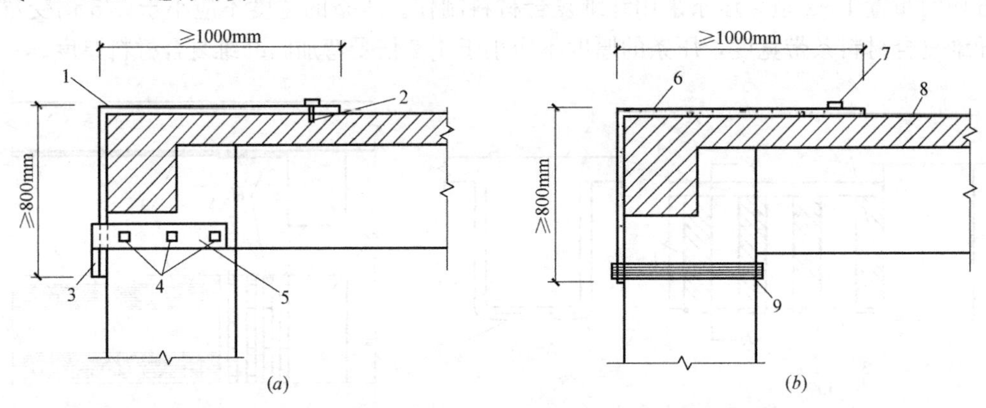

图7.48　柱顶加贴L形碳纤维板或钢板锚固构造

（a）柱顶加贴L形碳纤维板锚固构造；（b）柱顶加贴L形钢板锚固构造

1—粘贴L形钢板；2—M12锚栓；3—加焊顶板（预焊）；4—直径大于16mm的6.8级锚栓；5—胶黏于柱上的U形钢箍板；6—粘贴L形碳纤维板；7—横向压条；8—纤维复合材料；9—纤维复合材料围束

$$A_{a,1}=1.2\psi_f f_f A_f / f_y \qquad (7.112)$$

式中　$A_{a,1}$——支座处需粘贴的L形钢板截面面积；

ψ_f——纤维复合材料的强度利用系数；

f_f——纤维复合材料的抗拉强度设计值；

A_f——支座处实际粘贴的纤维复合材料截面面积；

f_y——L形钢板抗拉强度设计值。L形钢板总宽度不宜小于0.9倍梁宽，且宜由多条L形钢板组成。

当梁上无现浇板，或负弯矩区的支座处需采取加强的锚固措施时，可采用胶黏L形钢板（图7.49）的构造方式。但柱中箍板的锚栓等级、直径及数量应经计算确定。当梁上有现浇板，也可采取这种构造方式进行锚固，其U形钢箍穿过楼板处，应采用半叠钻孔法，在板上钻出扁形孔以插入箍板，再用结构胶予以封固。

当加固的受弯构件为板、壳、墙和筒体时，纤维复合材料应选择多条密布的方式进行粘贴，每一条带的宽度不应大于200mm；不得使用未经裁剪成条的整幅织物满贴。当受弯构件粘贴的多层纤维织物允许截断时，相邻两层纤维织物宜按内短外长的原则分层截断；外层纤维织物的截断点宜越过内层截断点200mm以上，并应在截断点加设U形箍。

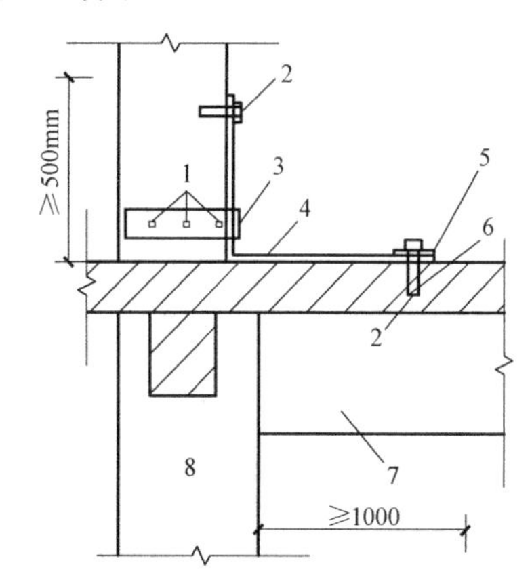

图7.49　柱中部加贴L形钢板及U形钢箍板的锚固构造示例

1—直径大于22mm的6.8级锚栓；2—M12锚栓；3—U形钢箍板，胶黏于柱上；4—胶粘L形钢板；5—横向钢压条，锚于楼板上；6—加固粘贴的纤维复合材料；7—梁；8—柱

当采用纤维复合材料对钢筋混凝土梁或柱的斜截面承载力进行加固时，其构造应符合下列规定：

① 宜选用环形箍或端部自锁式U形箍；当仅按构造需要设箍时，也可采用一般U形箍；

② U形箍的纤维受力方向应与构件轴向垂直；

③ 当环形箍、端部自锁式U形箍或一般U形采用纤维复合材料条带时，其净间距$s_{f,n}$（图7.50）不应大于现行国家标准《混凝土结构设计规范》GB 50010规定的最大箍筋间距的0.70倍，且不应大于梁高的0.25倍；

④ U形箍的粘贴高度应符合图7.46（*a*）的规定，当U形箍的上端无自锁装置，应粘贴纵向压条予以锚固；

⑤ 当梁的高度h大于或等于60mm时，应在梁的腰部增设一道纵向腰压带（图7.50）；必要时也可在腰压带端部增设自锁装置。

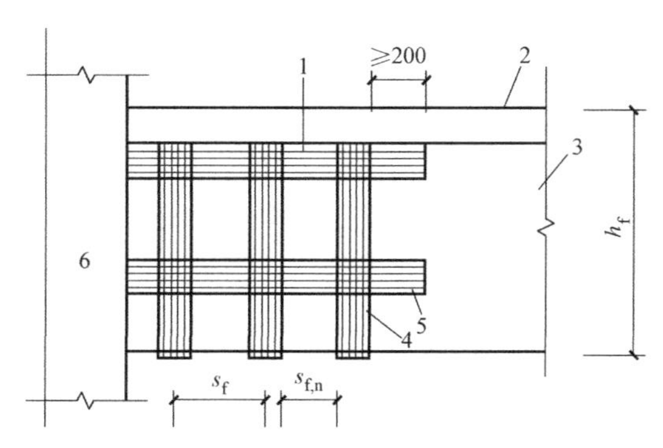

图7.50　纵向腰压带

1—纵向压条；2—板；3—梁；4—U形箍；5—纵向腰压条；6—柱；

s_f—U形箍的中心间距；$s_{f,n}$—U形箍的净间距；h_f—梁侧面粘贴的条带竖向高度当采用纤维复合材料的环向围束对钢筋混凝土柱进行正截面加固或提高延性的抗震加固时，环向围束的纤维织物层数，对圆形截面不应少于 2 层；对正方形和矩形截面柱不应少于 3 层；当有可靠的经验时，对采用芳纶纤维织物加固的矩形截面柱，其最少层数可取为 2 层。环向围束上下层之间的搭接宽度不应小于 50mm，纤维织物环向截断点的延伸长度不应小于 200mm，且各条带搭接位置应相互错开。

当沿柱轴向粘贴纤维复合材料对大偏心受压柱进行正截面承载力加固时，纤维复合材料应避开楼层梁，沿角穿越楼层，且纤维复合材料宜采用板材；其上下端部锚固构造应采用机械锚固时，应设法避免在楼层处截断纤维复合材料。

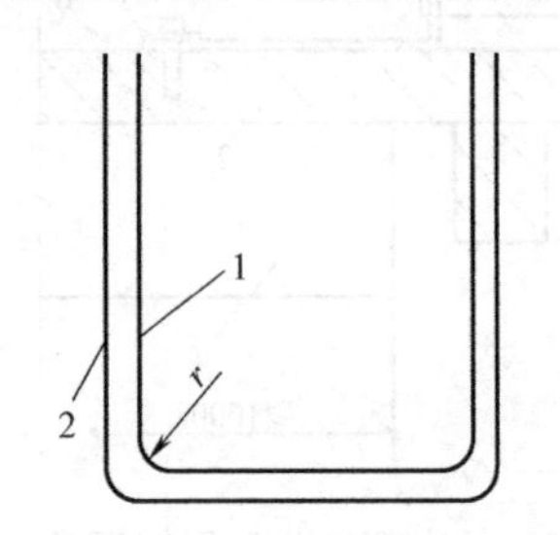

图 7.51　构件截面棱角的圆化打磨
1—构件截面外表面；2—纤维复合材料；
r—角部圆化半径

当采用 U 形箍、L 形纤维板或环向围束进行加固而需在构件阳角处绕过时，其截面棱角应在粘贴前通过打磨加以圆化处理（图 7.51）。梁的圆化半径 r，对碳纤维和玻璃纤维不应小于 20mm，对芳纶纤维不应小于 15mm，柱的圆化半径，对碳纤维和玻璃纤维不应小于 25mm，对芳纶纤维不应小于 20mm。

当采用纤维复合材料加固大偏心受压的钢筋混凝土柱时，柱的两端应增设可靠的机械锚固措施，柱上端有楼板时，纤维复合材料应穿过楼板，并应有足够的延伸长度。

7.3.11　预应力碳纤维复合板加固法

预应力碳纤维复合板加固法适用于截面偏小或配筋不足的钢筋混凝土受弯、受拉和大偏心受压构件的加固，不适用于素混凝土构件，包括纵向受力钢筋一侧配筋率低于 0.2% 的构件加固。被加固的混凝土结构构件，其现场实测混凝土强度等级不得低于 C25，且混凝土表面的正拉黏结强度不得低于 2.0MPa。

粘贴在混凝土构件表面上的预应力碳纤维复合板，其表面应进行防护处理。表面防护材料应对纤维及胶粘剂无害。

粘贴预应力碳纤维复合板加固钢筋混凝土结构构件时，应将碳纤维复合板受力方式设计成仅承受拉应力作用。

预应力碳纤维复合板对钢筋混凝土结构进行加固时，碳纤维复合板张拉锚固部分以外的板面与混凝土之间也应涂刷结构胶粘剂。

采用预应力碳纤维复合板法加固的混凝土结构，其长期使用的环境温度不应高于 60℃，处于特殊环境（如高温、高湿、动荷载、介质侵蚀、放射等）的混凝土结构采用本方法加固时，除应按国家现行有关标准的规定采取相应的防护措施外，尚应采用耐环境因素作用的结构胶粘剂，并按专门的工艺要求施工。当被加固构件的表面有防火要求时，应按现行国家标准《建筑设计防火规范》GB 50016 规定的耐火等级及耐火极限要求，对胶粘剂和碳纤维复合板进行防护。

预应力碳纤维复合板加固混凝土结构构件时，纤维复合板宜直接粘贴在混凝土表面，不推荐采用嵌入式粘贴方式。设计应对所用锚栓的抗剪强度进行验算，锚栓的设计剪应力不得大于锚栓材料抗剪强度设计值的 0.6 倍。采用预应力碳纤维复合板对钢筋混凝土结构进行加固时，其锚具（图 7.52～图 7.55）的张拉端和锚固端至少应有一端为自由活动端。

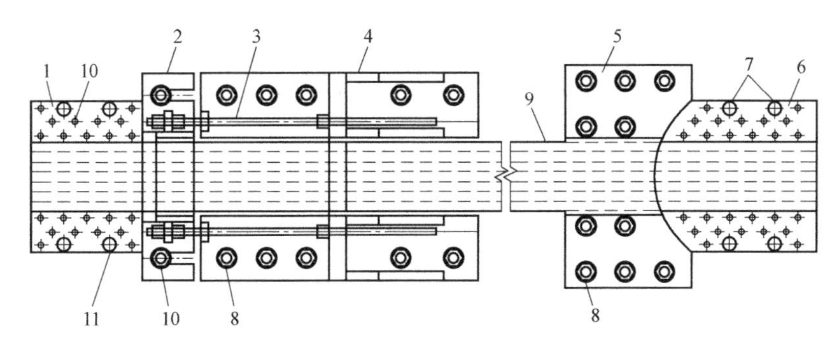

图 7.52　张拉前锚具平面示意图

1—张拉端锚具；2—推力架；3—导向螺杆；4—张拉支架；5—固定端定位板；6—固定端锚具；7—M20 胶锚螺栓；8—M16 螺栓；9—碳纤维复合板；10—M12 螺栓；11—预留孔，张拉完成后植入 M20 胶锚螺栓

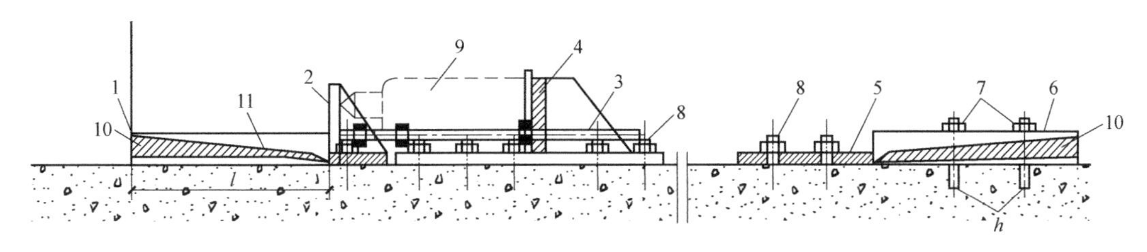

图 7.53　张拉前锚具纵向剖面示意图

1—张拉端锚具；2—推力架；3—导向螺杆；4—张拉支架；5—固定端定位板；6—固定端锚具；7—M20 胶锚螺栓；8—M16 螺栓；9—千斤顶；10—楔形锁固；11—6°倾斜角；l—张拉行程；h—锚固深度，取为 170mm

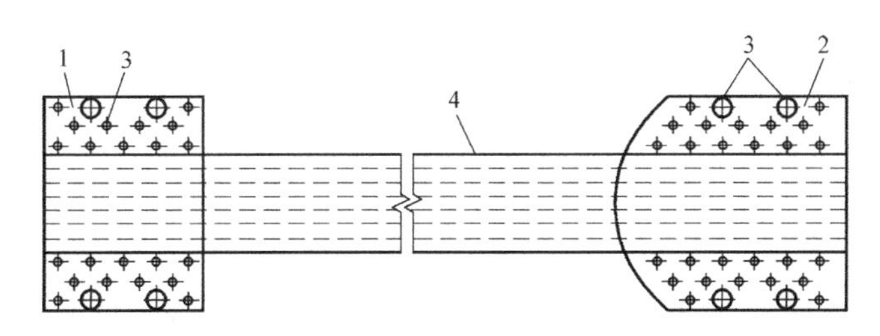

图 7.54　张拉完成锚具平面示意图

1—张拉端锚具；2—固定端锚具；3—胶锚螺栓；4—碳纤维复合板

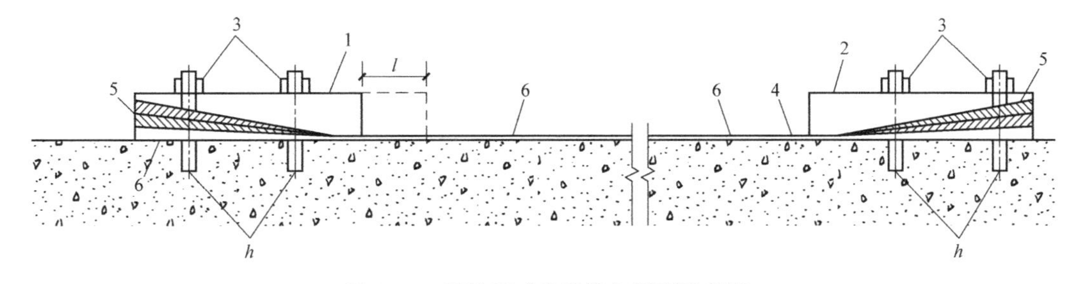

图 7.55　张拉完成锚具纵向剖面示意图

1—张拉端锚具；2—固定端锚具；3—M20 胶锚螺栓；4—碳纤维复合板；5—楔形锁固；6—结构胶粘剂；l—张拉位移；h—锚固深度，取为 170mm

(1) 预应力碳纤维复合板加固受弯构件计算

采用预应力碳纤维复合板对梁、板等受弯构件进行加固时，其预应力损失应按

式（7.113）～式（7.116）计算：

① 锚具变形和碳纤维复合板内缩引起的预应力损失值 σ_{l1}

$$\sigma_{l1}=\frac{a}{l}E_{\mathrm{f}} \tag{7.113}$$

式中 a——张拉锚具变形和碳纤维复合板内缩值（mm），应按表7.18采用；

l——张拉端至锚固端之间的净距离（mm）；

E_{f}——碳纤维复合板的弹性模量（MPa）。

锚具类型和预应力碳纤维复合板内缩值 a（mm）　　表7.18

锚具类型	a
平板锚具	2
波形锚具	1

② 预应力碳纤维复合板的松弛损失 σ_{l2}

$$\sigma_{l2}=r\sigma_{\mathrm{con}} \tag{7.114}$$

式中 r——松弛损失率，可近似取2.2%。

③ 混凝土收缩和徐变引起的预应力损失值 σ_{l3}

$$\sigma_{l3}=\frac{55+300\sigma_{\mathrm{pc}}/f'_{\mathrm{cu}}}{1+15\rho} \tag{7.115}$$

式中 σ_{pc}——预应力碳纤维复合板处的混凝土法向压应力；

ρ——预应力碳纤维复合板和钢筋的配筋率，其计算公式为：$\rho=(A_{\mathrm{f}}E_{\mathrm{f}}/E_{\mathrm{s0}}+A_{\mathrm{s0}})/(bh_{0})$；

f'_{cu}——施加预应力时的混凝土立方体抗压强度。

④ 由季节温差造成的温差损失 σ_{l4}

$$\sigma_{l4}=\Delta T|\alpha_{\mathrm{f}}-\alpha_{\mathrm{c}}|E_{\mathrm{f}} \tag{7.116}$$

式中 ΔT——年平均最高（或最低）温度与预应力碳纤维复合材料张拉锚固时的温差；

α_{f}、α_{c}——分别为碳纤维复合板、混凝土的轴向温度膨胀系数。α_{f} 可取为 $1\times10^{-6}/℃$；α_{c} 可取为 $1\times10^{-5}/℃$。

受弯构件加固后的相对界限受压区高度 $\xi_{\mathrm{b,f}}$ 可采用式（7.117）计算，即取加固前控制值的0.85倍：

$$\xi_{\mathrm{b,f}}=0.85\xi_{\mathrm{b}} \tag{7.117}$$

式中 ξ_{b}——构件加固前的相对界限受压区高度，按现行国家标准《混凝土结构设计规范》GB 50010的规定计算。

采用预应力碳纤维复合板对梁、板等受弯构件进行加固时，应符合现行国家标准《混凝土结构设计规范》GB 50010正截面承载力计算的基本假定，构件达到承载能力极限状态时，粘贴预应力碳纤维复合板的拉应变 ε_{f} 应按截面应变保持平面的假设确定，碳纤维复合板应力 σ_{f} 等于拉应变 ε_{f} 与弹性模量 E_{f} 的乘积。在达到受弯承载力极限状态前，预应力碳纤维复合板与混凝土之间的黏结不出现剥离破坏。

在矩形截面受弯构件的受拉边混凝土表面上粘贴预应力碳纤维复合板加固时，其锚具设计所采取的预应力纤维复合板与混凝土相黏结的措施，仅作为安全储备，不考虑其在结

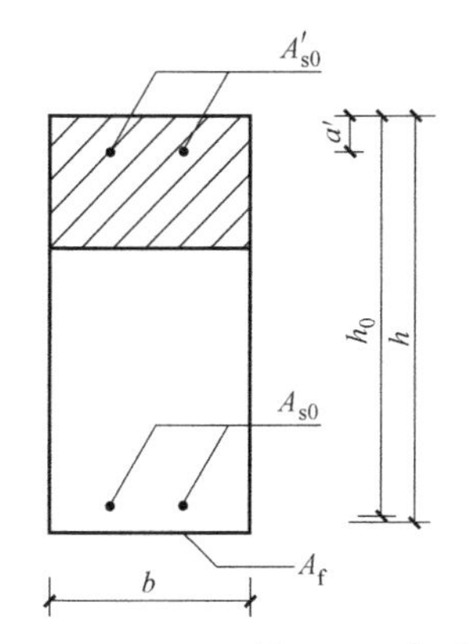

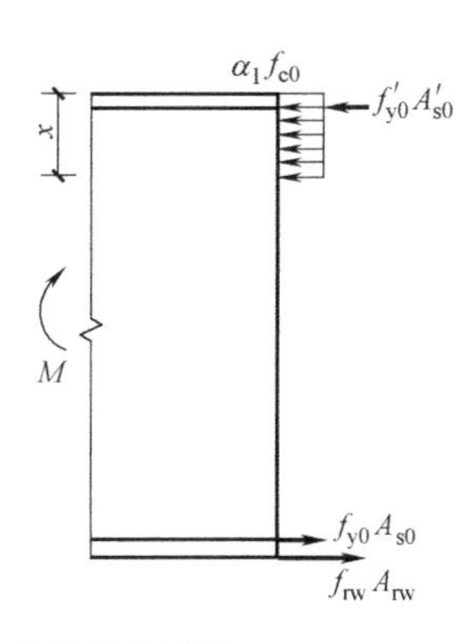

图 7.56　矩形截面正截面受弯承载力计算

构计算中的黏结作用。其正截面承载力应按式（7.118）～式（7.120）计算（图 7.56）：

$$M \leqslant \alpha_1 f_{c0} bx\left(h_0-\frac{x}{2}\right)+f'_{y0}A'_{s0}(h_0-a')-f_{y0}A_{s0}(h-h_0) \tag{7.118}$$

$$\alpha_1 f_{c0} bx = f_f A_f + f_{y0}A_{y0} - f'_{y0}A'_{s0} \tag{7.119}$$

$$2a' \leqslant x \leqslant \xi_{b,f} h_0 \tag{7.120}$$

式中　M——弯矩（包括加固前的初始弯矩）设计值（kN·m）；

α_1——计算系数；当混凝土强度等级不超过 C50 时，取 $\alpha_1=1.0$，当混凝土强度等级为 C80 时，取 $\alpha_1=0.94$，其间按线性内插法确定；

f_{c0}——混凝土轴心抗压强度设计值（N/mm^2）；

x——混凝土受压区高度（mm）；

b、h——分别为矩形截面的宽度和高度（mm）；

f_{y0}、f'_{y0}——分别为受拉钢筋的抗拉强度设计值和受压钢筋的抗压强度设计值（N/mm^2）；

A_{s0}、A'_{s0}——分别为受拉钢筋和受压钢筋的截面面积（mm^2）；

a'——纵向受压钢筋合力点至混凝土受压区边缘的距离（mm）；

h_0——构件加固前的截面有效高度（mm）；

f_f——碳纤维复合板的抗拉强度设计值（N/mm^2）；

A_f——预应力碳纤维复合材料的截面面积（mm^2）。

加固设计时，可根据式（7.118）计算出混凝土受压区的高度 x，然后代入式（7.119），即可求出受拉面应粘贴的预应力碳纤维复合板的截面面积 A_f。

对翼缘位于受压区的 T 形截面受弯构件的受拉面粘贴预应力碳纤维复合板进行受弯加固时，应按式（7.117）～式（7.120）和现行国家标准《混凝土结构设计规范》GB 50010 中关于 T 形截面受弯承载力的计算方法进行计算。

采用预应力碳纤维复合板加固的钢筋混凝土受弯构件，应进行正常使用极限状态的抗裂和变形验算，并进行预应力碳纤维复合板的应力验算。受弯构件的挠度验算和裂缝宽度验算按现行国家标准《混凝土结构设计规范》GB 50010 的规定进行。

在荷载效应的标准组合下，当受拉边缘混凝土名义拉应力 $\sigma_{ck}-\sigma_{pc} \leqslant f_{tk}$ 时，抗裂验算可按现行国家标准《混凝土结构设计规范》GB 50010 的方法进行；当受拉边缘混凝土

名义拉应力 $\sigma_{ck}-\sigma_{pc}>f_{tk}$ 时，在荷载效应的标准组合并考虑长期作用影响的最大裂缝宽度应按式（7.121）~式（7.127）计算：

$$\omega_{max}=1.9\psi\frac{\sigma_{sk}}{E_s}\left(1.9c+0.08\frac{d_{eq}}{\rho_{te}}\right) \tag{7.121}$$

$$\psi=1.1-0.65\frac{f_{tk}}{\rho_{te}\sigma_{sk}} \tag{7.122}$$

$$d_{eq}=\frac{\sum n_i d_i^2}{\sum n_i v_i d_i} \tag{7.123}$$

$$\rho_{te}=\frac{A_s+A_f E_f/E_s}{A_{te}} \tag{7.124}$$

$$\sigma_{sk}=\frac{M_k\pm M_2-N_{p0}(z-e_p)}{(A_f E_f/E_s+A_s)z} \tag{7.125}$$

$$z=\left[0.87-0.12(1-\gamma'_f)\left(\frac{h_0}{e}\right)^2\right]h_0 \tag{7.126}$$

$$e=e_p+\frac{M_k\pm M_2}{N_{p0}} \tag{7.127}$$

式中 ψ——裂缝间纵向受拉钢筋应变不均匀系数：当 $\psi<0.2$ 时，取 $\psi=0.2$；当 $\psi>1.0$ 时，取 $\psi=1.0$；对直接承受重复荷载的构件，取 $\psi=1.01$；

σ_{sk}——按荷载准永久组合计算的受弯构件纵向受拉钢筋的等效应力（N/mm^2）；

E_s——钢筋的弹性模量（N/mm^2）；

E_f——预应力碳纤维复合板的弹性模量（N/mm^2）；

c——最外层纵向受拉钢筋外边缘至受拉区底边的距离（mm）：当 $c<20$mm 时，取 $c=20$mm；当 $c>65$mm 时，取 $c=65$mm；

ρ_{te}——按有效受拉混凝土截面面积计算的纵向受拉钢筋的等效配筋率；

A_f——预应力碳纤维复合板的截面面积（mm^2）；

A_{te}——有效受拉混凝土截面面积（mm^2），受弯构件取 $A_{te}=0.5bh+(b_f-b)h_f$，其中 b_f、h_f 分别为受拉翼缘的宽度、高度；

d_{eq}——受拉区纵向钢筋的等效直径（mm）；

d_i——受拉区第 i 种纵向钢筋的公称直径（mm）；

n_i——受拉区第 i 种纵向钢筋的根数；

v_i——受拉区第 i 种纵向钢筋的相对黏结特性系数：光圆钢筋为 0.7；带肋钢筋为 1.0；

M_k——效应的标准组合计算的弯矩值（kN·m）；

M_2——后张法预应力混凝土超静定结构构件中的次弯矩（kN·m），应按国家标准《混凝土结构设计规范》GB 50010 第 10.1.5 条确定；

N_{p0}——纵向钢筋和预应力碳纤维复合板的合力（kN）；

z——受拉区纵向钢筋和预应力碳纤维复合板合力点至截面受压区合力点的距离（mm）；

γ'_f——受压翼缘截面面积与腹板有效截面面积的比值；计算公式为 $\gamma'_f=\frac{(b'_f-b)h'_f}{bh_0}$；

b'_f、h'_f——分别为受压区翼缘的宽度、高度（mm），当 $h'_f>0.2h_0$ 时，取 $h'_f=0.2h_0$；

e_p——混凝土法向预应力等于零时，N_{p0} 的作用点至受拉区纵向钢筋合力点的距离（mm）。

采用预应力碳纤维复合板加固的钢筋混凝土受弯构件，其抗弯刚度 B_s 应按式（7.128）、式（7.129）计算：

不出现裂缝的受弯构件：

$$B_s=0.85E_cI_0 \tag{7.128}$$

出现裂缝的受弯构件：

$$B_s=\frac{0.85E_cI_0}{k_{cr}+(1-k_{cr})\omega} \tag{7.129}$$

$$k_{cr}=\frac{M_{cr}}{M_k} \tag{7.130}$$

$$\omega=\left(1.0+\frac{0.21}{\alpha_E\bar{\rho}}\right)(1.0+0.45\gamma_f)-0.7 \tag{7.131}$$

$$M_{cr}=(\sigma_{pc}+\gamma f_{tk})W_0 \tag{7.132}$$

式中 E_c——混凝土的弹性模量（N/mm^2）；

I_0——换算截面惯性矩（mm^4）；

α_E——纵向受拉钢筋弹性模量与混凝土弹性模量的比值，计算公式为：$\alpha_E=E_s/E_c$；

$\bar{\rho}$——纵向受拉钢筋的等效配筋率，$\bar{\rho}=(A_fE_f/E_s+A_s)/(bh_0)$；

γ_f——受拉翼缘截面面积与腹板有效截面面积的比值；

k_{cr}——受弯构件正截面的开裂弯矩 M_{cr} 与弯矩 M_k 的比值，当 $k_{cr}>1.0$ 时，取 $k_{cr}=1.0$；

σ_{pc}——扣除全部预应力损失后，预加力在抗裂边缘产生的混凝土预压应力（N/mm^2）；

γ——混凝土构件的截面抵抗矩塑性影响系数，应按现行国家标准《混凝土结构设计规范》GB 50010 的规定计算；

f_{tk}——混凝土抗拉强度标准值（N/mm^2）。

(2) 构造要求

预应力碳纤维复合板加固锚具可采用平板锚具，也可采用带小齿齿纹锚具（尖齿齿纹锚具和圆齿齿纹锚具）等。设计普通平板锚具的构造时，其盖板和底板的厚度应分别不小于 14mm 和 10mm；其加压螺栓的公称直径不应小于 2mm（图 7.57、图 7.58）。

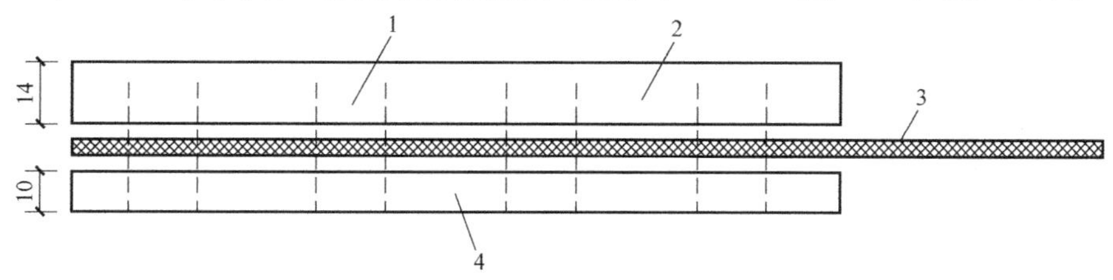

图 7.57 碳纤维板平板锚具

1—螺栓孔；2—盖板；3—碳纤维板；4—底板

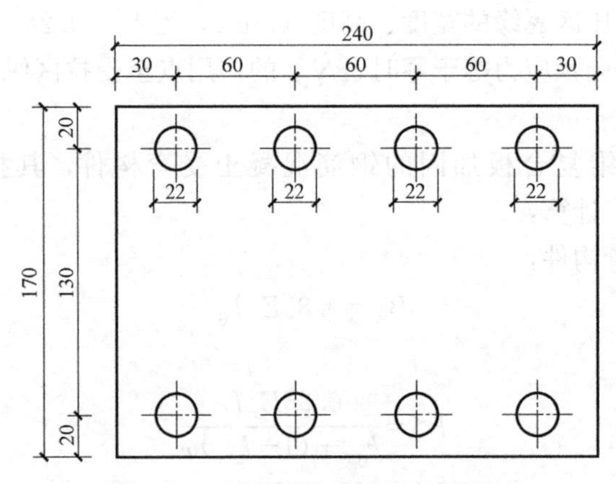

图 7.58　平板锚具盖板和底板平面

设计尖齿齿纹锚具的构造时，其齿深宜为 0.3～0.5mm，齿间距宜为 0.6～1.0mm（图 7.59、图 7.60）。

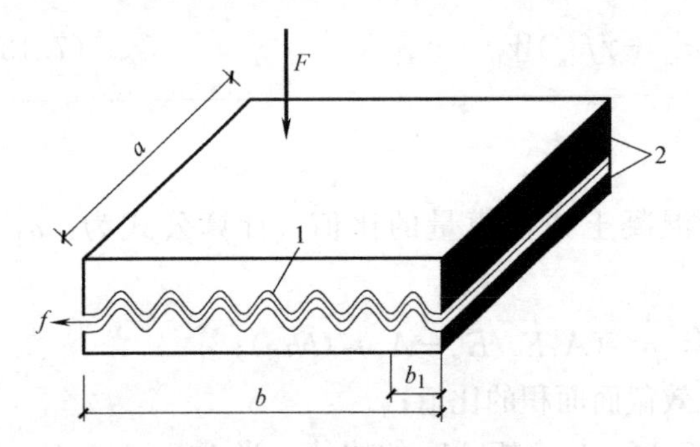

图 7.59　尖齿齿纹锚具示意图

1—碳纤维复合板；2—夹具；F—锚具的夹紧力；f—锚具摩擦力；a—锚具宽度；b—锚具齿纹长度；b_1—齿间距

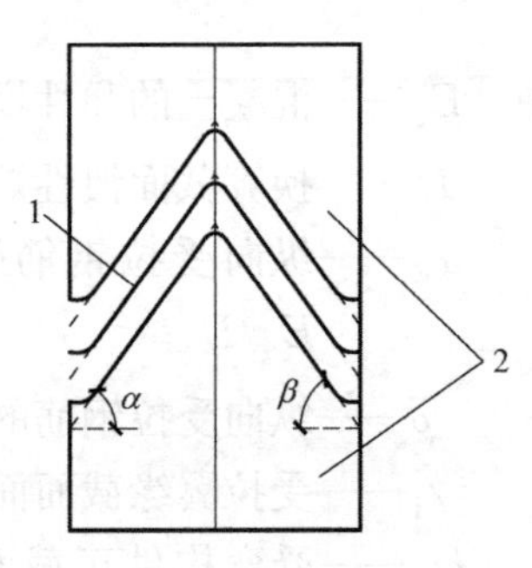

图 7.60　尖齿齿纹锚具单齿示意图

1—碳纤维复合板；2—锚具；α—左侧齿纹与水平方向的夹角；β—右侧齿纹与水平方向的夹角

尖齿齿纹锚具摩擦力可按式（7.133）计算：

$$f=2\mu F\frac{\sin\alpha+\sin\beta}{\cos\alpha\cdot\sin\beta+\cos\beta\cdot\sin\alpha} \tag{7.133}$$

式中　F——锚具的夹紧力（kN）；

μ——碳纤维板与锚具之间的摩擦系数；

α——左侧齿纹与水平方向的夹角；

β——右侧齿纹与水平方向的夹角。

设计圆齿齿纹锚具的构造时，其齿深宜为 0.3～0.5mm，齿间距宜为 0.6～1.0mm（图 7.61、图 7.62）

圆齿齿纹锚具摩擦力可按式（7.134）计算：

$$f=\mu F\frac{\alpha}{\sin(\alpha/2)} \tag{7.134}$$

式中　F——锚具的夹紧力（kN）；

μ——碳纤维板与锚具之间的摩擦系数；

α——齿纹弧度圆心角。

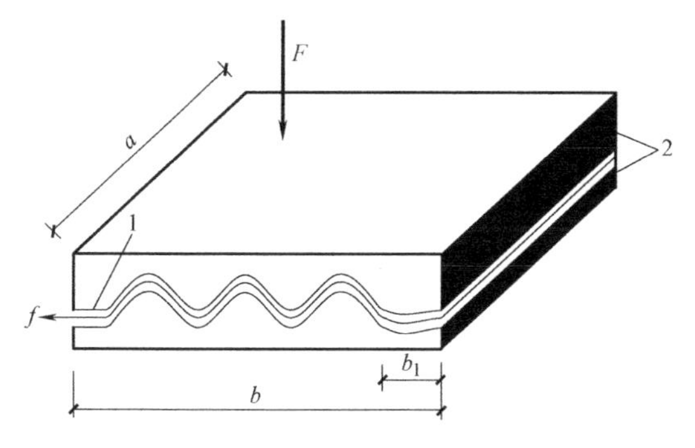

图 7.61　圆齿齿纹锚具示意图

1—碳纤维复合板；2—锚具；F—锚具的夹紧力；f—锚具摩擦力；b—锚具齿纹长度；b_1—齿间距

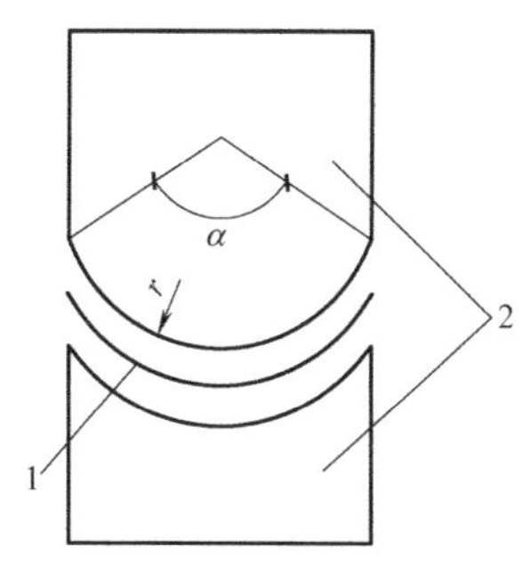

图 7.62　圆齿齿纹锚具单齿示意图

1—碳纤维复合板；2—锚具；α—齿纹弧度圆心角；r—齿纹半径

预应力碳纤维复合材料的宽度宜为 100mm，对截面宽度较大的构件，可粘贴多条预应力碳纤维复合材料进行加固。

锚具的开孔位置和孔径应根据实际工程确定，孔距和边距应符合国家现行有关标准的规定。对于平板锚具，锚具表面粗糙度 $25\mu m \leqslant R_a \leqslant 50\mu m$，$80\mu m \leqslant R_y \leqslant 150\mu m$，$60\mu m \leqslant R_z \leqslant 100\mu m$。为了防止尖齿齿纹锚具将预应力碳纤维复合板剪断，该类锚具在尖齿处应进行倒角处理（图 7.62）。对圆齿齿纹锚具，为防止预应力碳纤维复合板在锚具出口处因摩擦而产生断丝现象，锚具在端部切线方向应与预应力碳纤维复合板受拉力方向平行。现场施工时，在锚具与预应力碳纤维复合材料之间宜粘贴 2～4 层碳纤维织物作为垫层（图 7.63），并在锚具、预应力碳纤维复合材料以及垫层上均应涂刷高强快固型结构

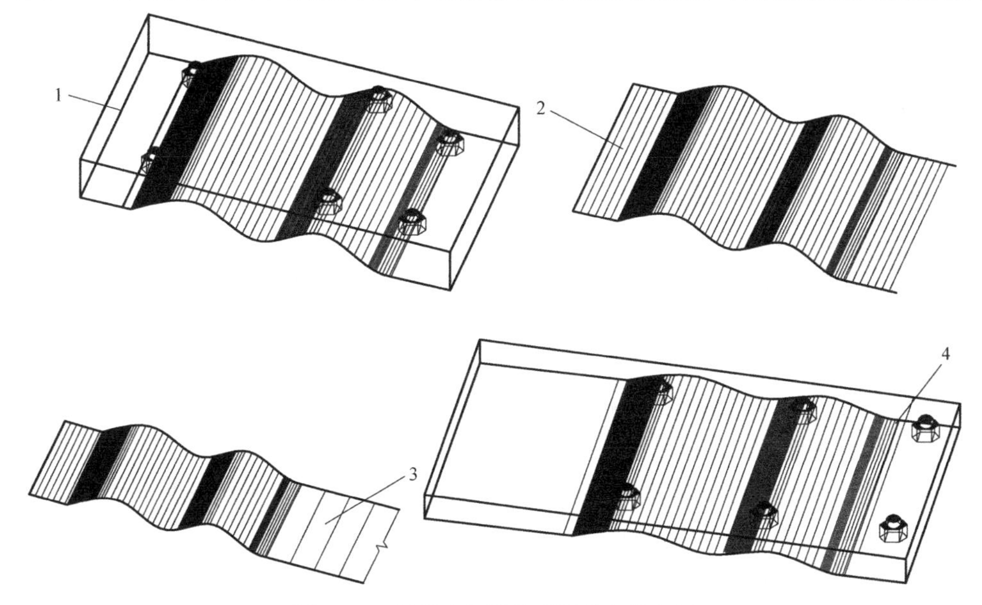

图 7.63　锚具内加贴的碳纤维织物垫层

1—盖板；2—碳纤维布垫片；3—预应力碳纤维板；4—底板

胶，并在凝固前迅速将夹具锚紧，以防止预应力碳纤维复合板与锚具间的滑移。

(3) 设计对施工的要求

预应力碳纤维复合板加固法加固时，在施加预应力前，可不采取卸除作用在被加固结构上活荷载的措施。预应力碳纤维复合材料的张拉控制应力值 σ_{con} 宜为碳纤维复合材料抗拉强度设计值 f_f 的 0.6～0.7 倍。

对外露的锚具应采取防腐措施。锚固和张拉端的碳纤维应平直、无表面缺陷。当张拉过程中发现有明显滑移现象或达不到设计张拉应力时，应调整螺栓紧固力后重新张拉。当张拉过程顺利且达到设计应力后，松开张拉装置，涂布胶粘剂，二次张拉至设计应力值。

7.3.12 增设支点加固法

增设支点加固法适用于梁、板、桁架等结构的加固，按支承结构受力性能的不同可分为刚性支点加固法和弹性支点加固法两种。设计时，应根据被加固结构的构造特点和工作条件选用其中一种。设计支承结构或构件时，宜采用有预加力的方案。预加力的大小，应以支点处被支顶构件表面不出现裂缝和不增设附加钢筋为宜。制作支承结构和构件的材料，应根据被加固结构所处的环境及使用要求确定。当在高湿度或高温环境中使用钢构件及其连接时，应采用有效的防锈、隔热措施。

(1) 加固计算

采用刚性支点加固梁、板时，其结构计算应按下列步骤进行：

① 计算并绘制原梁的内力图；

② 初步确定预加力（卸荷值），并绘制在支承点预加力作用下梁的内力图；

③ 绘制加固后梁在新增荷载作用下的内力图；

④ 将上述内力图叠加，绘出梁各截面内力包络图；

⑤ 计算梁各截面实际承载力；

⑥ 调整预加力值，使梁各截面最大内力值小于截面实际承载力；

⑦ 根据最大的支点反力，设计支承结构及其基础。

采用弹性支点加固梁时，应先计算出所需支点弹性反力的大小，然后根据此力确定支承结构所需的刚度，并应按下列步骤进行：

① 计算并绘制原梁的内力图；

② 绘制原梁在新增荷载下的内力图；

③ 确定原梁所需的预加力（卸荷值），并由此求出相应的弹性支点反力值 R；

④ 根据所需的弹性支点反力 R 及支承结构类型，计算支承结构所需的刚度；

⑤ 根据所需的刚度确定支承结构截面尺寸，并验算其地基基础。

(2) 构造规定

采用增设支点加固法新增的支柱、支撑，其上端应与被加固的梁可靠连接，一般可采用湿式连接和干式连接。

湿式连接：当采用钢筋混凝土支柱、支撑为支承结构时，可采用钢筋混凝土套箍湿式连接（图 7.64*a*）；被连接部位梁的混凝土保护层应全部凿掉，露出箍筋；起连接作用的钢筋箍可做成 U 形，也可做成 T 形，但应卡住整个梁截面，并与支柱或支撑中的受力筋焊接。钢筋箍的直径应由计算确定，但不应少于 2 根直径为 12mm 的钢筋。节点处后浇混凝土的强度等级不应低于 C25。

干式连接：当采用型钢支柱、支撑为支承结构时，可采用型钢套箍干式连接（图 7.64*b*）。

增设支点加固法新增的支柱、支撑，其下端连接，当直接支承于基础上时，可按一般地基基础构造进行处理；当斜撑底部以梁、柱为支承时，对钢筋混凝土支撑，可采用湿式钢筋混凝土围套连接（图 7.65*a*）。对受拉支撑，其受拉主筋应绕过上、下梁（柱），并采用焊接。对钢支撑，可采用型钢套箍干式连接（图 7.65*b*）。

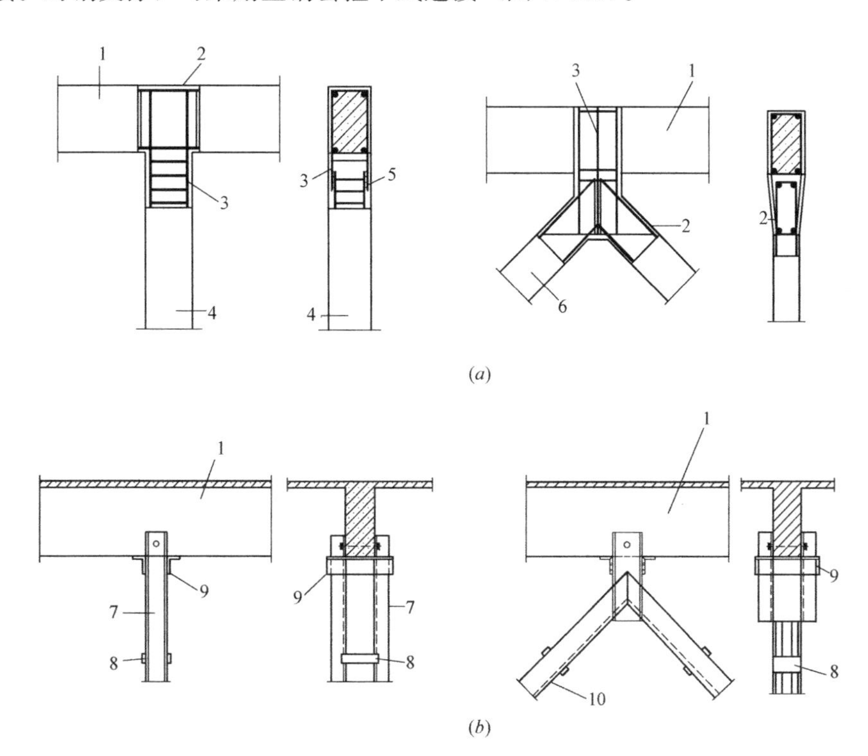

图 7.64　支柱、支撑上端与原结构的连接构造

（*a*）钢筋混凝土套箍湿式连接；（*b*）型钢套箍干式连接

1—被加固梁；2—后浇筑混凝土；3—连接筋；4—混凝土支柱；5—焊缝；

6—混凝土斜撑；7—钢支柱；8—缀板；9—短角钢；10—钢斜撑

7.3.13　预张紧钢丝绳网片聚合物砂浆面层加固法

预张紧钢丝绳网片聚合物砂浆面层加固法适用于钢筋混凝土梁、柱、墙等构件的加固，但现行规范《混凝土结构加固设计规范》GB 50367 仅对受弯构件的加固作出规定，本加固方法不适用于素混凝土构件，包括纵向受拉钢筋一侧配筋率小于 0.2%的构件加固。采用本加固方法时，原结构、构件按现场检测结果推定的混凝土强度等级不应低于 C15 级，且混凝土表面的正拉黏结强度不应低于 1.5MPa。

采用钢丝绳网片聚合物砂浆面层加固混凝土结构构件时，应将网片设计成仅承受拉应力作用，并能与混凝土变形协调、共同受力。采用钢丝绳网片聚合物砂浆面层对混凝土结构构件进行加固时，梁和柱应采用三面或四面围套的面层构造（图 7.66*a*、*b*）。板和墙宜采用对称的双面外加层构造（图 7.66*d*）。当采用单面的面层构造（图 7.66*c*）时，应加强面层与原构件的锚固与拉结。

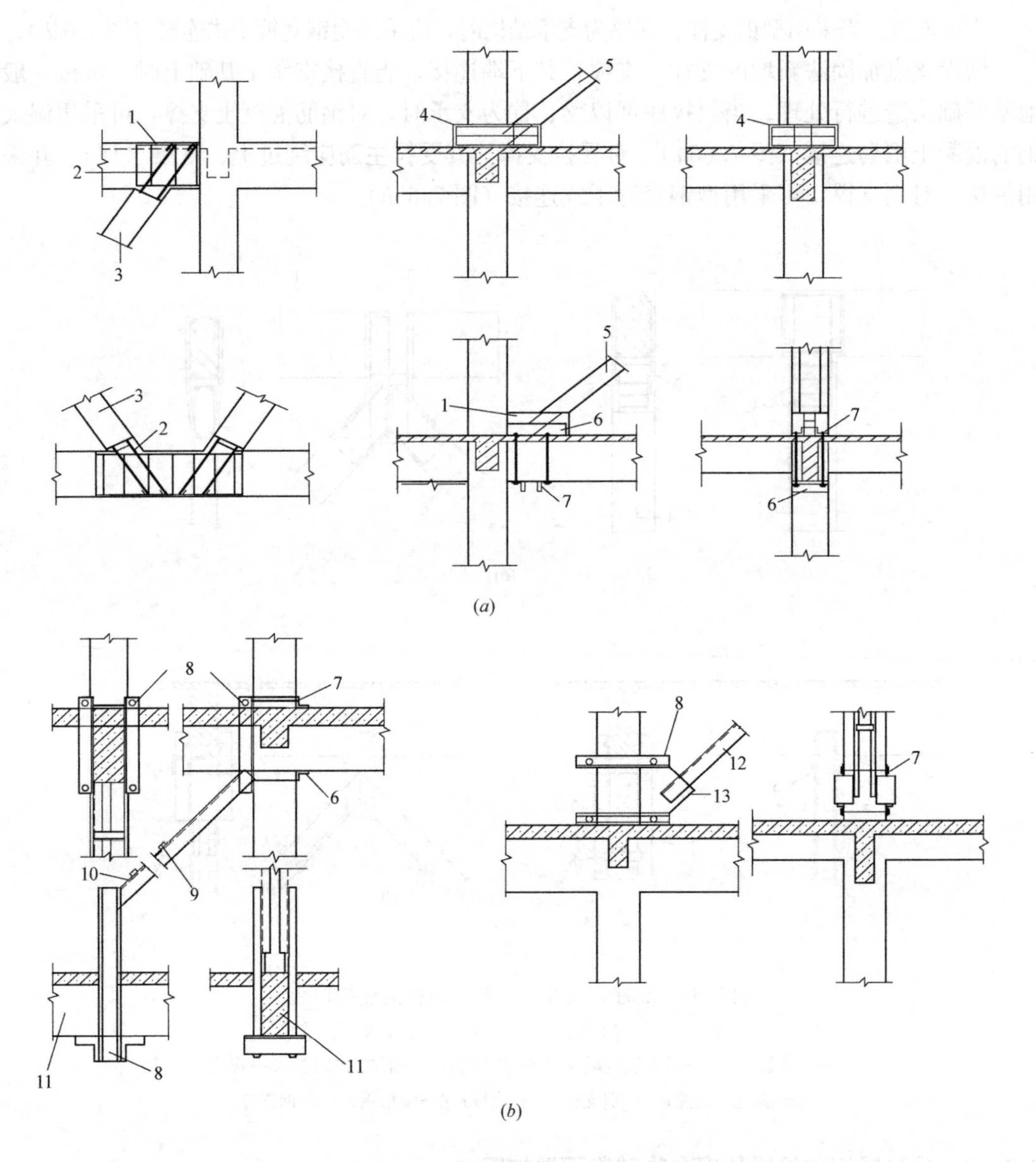

图 7.65 斜撑底部与梁柱的连接构造

(a) 钢筋混凝土围套湿式连接；(b) 型钢套箍干式连接

1—后浇筑混凝土；2—受拉钢筋；3—混凝土拉杆；4—后浇筑混凝土套箍；5—混凝土斜撑；6—短角钢；7—螺栓；8—型钢套箍；9—缀板；10—钢斜拉杆；11—被加固梁；12—钢斜撑；13—节点板

钢丝绳网片安装时，应施加预张紧力，预张紧应力大小取 $0.3f_{rw}$，允许偏差为 ±10%，f_{rw} 为钢丝绳抗拉强度设计值。施加预张紧力的工序及其施力值应标注在设计、施工图上，以确保其安装后能立即与原结构共同工作。

采用本方法加固的混凝土结构，其长期使用的环境温度不应高于 60℃。处于特殊环境下（如介质腐蚀、高温、高湿放射等）的混凝土结构，其加固除应采用耐环境因素作用的聚合物配制砂浆外，尚应符合现行国家标准《工业建筑防腐蚀设计标准》GB/T 50046 的规定，并采取相应的防护措施。

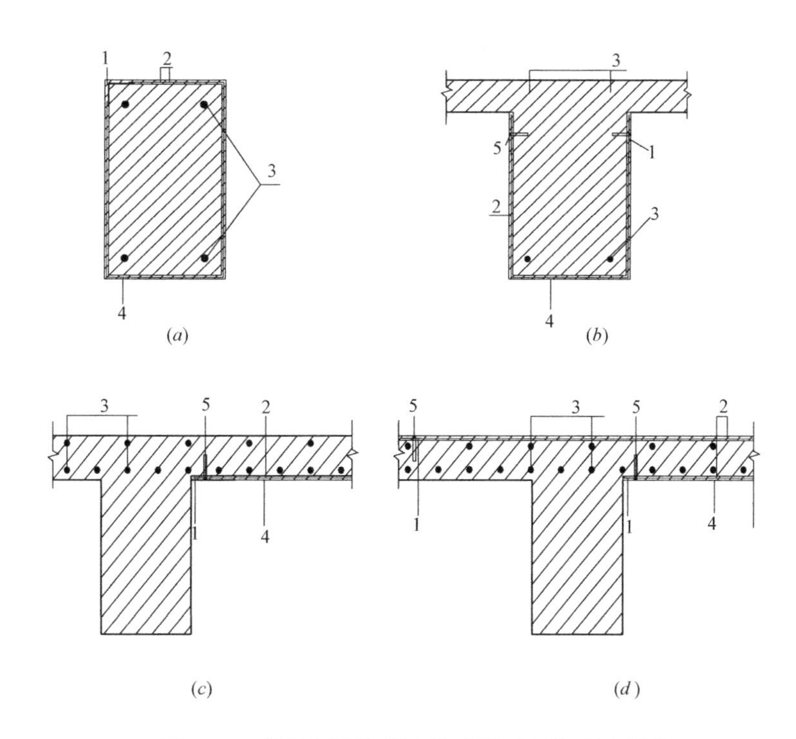

图 7.66 钢丝绳网片-聚合物砂浆面层构造示意图

(a) 四面围套面层；(b) 三面围套面层；(c) 单面层；(d) 双面层

1—固定板；2—钢丝绳网片；3—原钢筋；4—聚合物砂浆面层；5—胶黏型锚栓

采用本方法加固时，应采取措施卸除或大部分卸除作用在结构上的活荷载。当被加固结构、构件的表面有防火要求时，应按现行国家标准《建筑设计防火规范》GB 50016 规定的耐火等级及耐火极限要求，对钢丝绳网片聚合物改性水泥砂浆外加层进行防护。

(1) 受弯构件正截面加固计算

采用钢丝绳网片聚合物砂浆面层对受弯构件进行加固时，除应符合现行国家标准《混凝土结构设计规范》GB 50010 正截面承载力计算的基本假定外，尚应符合下列规定：

① 构件达到受弯承载能力极限状态时，钢丝绳网片的拉应变 ε_{rw} 可按截面应变保持平面的假设确定；

② 钢丝绳网片应力 σ_{rw} 可近似等于拉应变 ε_{rw} 与弹性模量 E_{rw} 的乘积；

③ 当考虑二次受力影响时，应按构件加固前的初始受力情况，确定钢丝绳网片的滞后应变；

④ 在达到受弯承载能力极限状态前，钢丝绳网与混凝土之间不出现黏结剥离破坏；

⑤ 对梁的不同面层构造，统一采用按梁的受拉区底面有面层的计算简图，但在验算梁的正截面承载力时，应引入修正系数考虑梁侧面围套内钢丝绳网片对提高承载力的作用。

受弯构件加固后的相对界限受压区高度 $\xi_{b,rw}$ 应按式（7.135）计算，即按加固前控制值的 0.85 倍采用：

$$\xi_{b,rw}=0.85\xi_b \tag{7.135}$$

式中 ξ_b——构件加固前的相对界限受压区高度，按现行国家标准《混凝土结构设计规范》GB 50010 的规定计算。

矩形截面受弯构件采用钢丝绳网片-聚合物砂浆面层进行加固时（图 7.67），其正截面承载力应按式（7.136）～式（7.139）确定：

$$M \leqslant \alpha_1 f_{c0} bx\left(h-\frac{x}{2}\right)+f'_{y0}(h-a')-f_{y0}A_{s0}(h-h_0) \tag{7.136}$$

$$\alpha_1 f_{c0} bx = f_{y0}A_{s0}+\eta_{rl}\psi_{rw}f_{rw}A_{rw}-f'_{y0}A'_{s0} \tag{7.137}$$

$$\psi_{rw}=\frac{(0.8\varepsilon_{cu}h/x)-\varepsilon_{cu}-\varepsilon_{rw,0}}{f_{rw}/E_{rw}} \tag{7.138}$$

$$2a' \leqslant x \leqslant \xi_{b,rw}h_0 \tag{7.139}$$

式中 M——构件加固后的弯矩设计值（kN·m）；

x——等效矩形应力图形的混凝土受压区高度（mm）；

b、h——分别为矩形截面的宽度和高度（mm）；

f_{rw}——钢丝绳网片抗拉强度设计值（N/mm^2）；

A_{rw}——钢丝绳网片受拉截面面积（mm^2）；

a'——纵向受压钢筋合力点至混凝土受压区边缘的距离（mm）；

h_0——构件加固前的截面有效高度（mm）；

η_{rl}——考虑梁侧面围套 h_{rl} 高度范围内配有与梁底部相同的受拉钢丝绳网片时，该部分网片对承载力提高的系数：对围套式面层按表 7.19 的规定值采用；对单面面层，取 $\eta_{r,l}$；

h_{rl}——自梁侧面受拉区边缘算起，配有与梁底部相同的受拉钢丝绳网片的高度（mm），设计时应取 h_{rl} 小于等于 $0.25h$；

ψ_{rw}——考虑受拉钢丝绳网片的实际拉应变可能达不到设计值而引入的强度利用系数；当 ψ_{rw} 大于 1.0 时，取 ψ_{rw} 等于 1.0；

ε_{cu}——混凝土极限压应变，取 $\varepsilon_{cu}=0.0033$；

$\varepsilon_{rw,0}$——考虑二次受力影响时，钢丝绳网片的滞后应变，按式（7.140）计算。若不考虑二次受力影响，取 $\varepsilon_{rw,0}=0$。

梁侧面 h_{rl} 高度范围配置网片的承载力提高系数 **表 7.19**

h_{rl}/h \ h/b	1.00	1.50	2.00	2.50	3.00	3.50	4.00	4.5
0.05	1.09	1.14	1.18	1.23	1.28	1.32	1.37	1.41
0.10	1.17	1.25	1.34	1.42	1.50	1.59	1.67	1.76
0.15	1.23	1.34	1.46	1.57	1.69	1.80	1.92	2.03
0.20	1.28	1.42	1.56	1.70	1.83	1.97	2.11	2.25
0.25	1.32	1.47	1.63	1.79	1.95	2.10	2.26	2.42

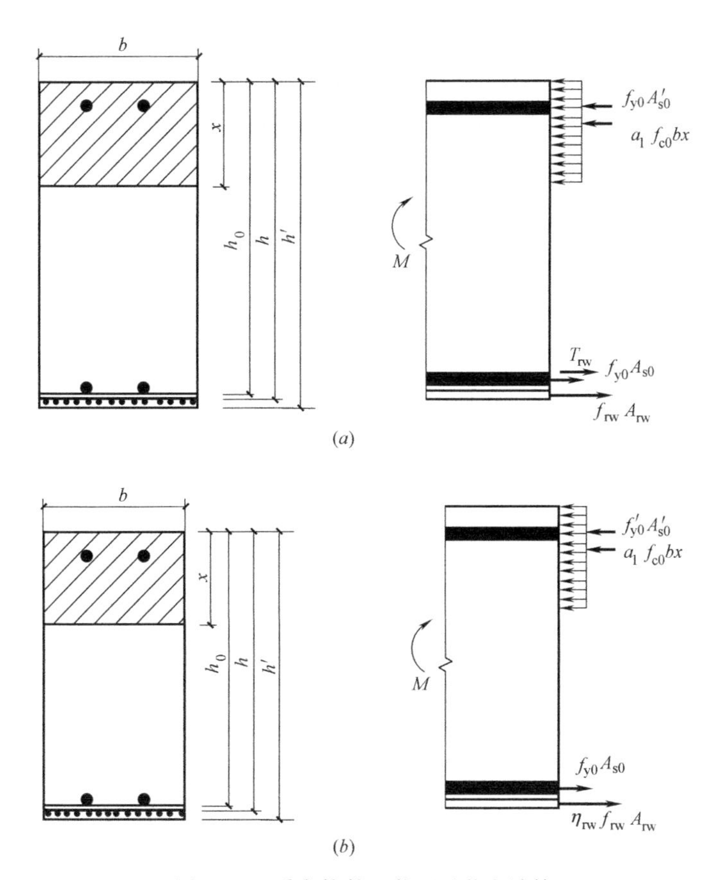

图 7.67 受弯构件正截面承载力计算

（a）围套式外加层原计算图；（b）GB 50367 采用的计算图

当考虑二次受力影响时，钢丝绳网片的滞后应变 $\varepsilon_{rw,0}$ 应按下式计算：

$$\varepsilon_{rw,0}=\frac{\alpha_{rw}M_{0k}}{E_{s0}A_{s0}h_0} \tag{7.140}$$

式中 M_{0k}——加固前受弯构件验算截面上原作用的弯矩标准值；

E_{s0}——原钢筋的弹性模量；

α_{rw}——综合考虑受弯构件裂缝截面内力臂变化、钢筋拉应变不均匀以及钢筋排列影响的计算系数，按表 7.20 的规定采用。

计算系数 α_{rw} 值 **表 7.20**

ρ_{te}	≤0.007	0.010	0.020	0.030	0.040	≥0.060
单排钢筋	0.70	0.90	1.15	1.20	1.25	1.30
双排钢筋	0.75	1.00	1.25	1.30	1.35	1.40

注：ρ_{te} 为混凝土有效受拉截面的纵向受拉钢筋配筋率，$\rho_{te}=A_{s0}/A_{te}$，A_{te} 为有效受拉混凝土截面面积，按现行国家标准《混凝土结构设计规范》GB 50010 的规定计算。当原构件钢筋应力 $\sigma_{s0}\leqslant150$MPa，且 $\rho_{te}\leqslant0.05$ 时，表中 α_{rw} 值可乘以调整系数 0.9。

对翼缘位于受压区的 T 形截面受弯构件的受拉面黏结钢丝绳网聚合物砂浆面层进行受弯加固时，应按式（7.135）～式（7.139）及现行国家标准《混凝土结构设计规范》GB

50010 中关于 T 形截面受弯承载力的计算方法进行计算。

钢筋混凝土结构构件加固后，其正截面受弯承载力的提高幅度，不宜超过 30%，当有可靠试验依据时，也不应超过 40%；并且应验算其受剪承载力，避免因受弯承载力提高而导致构件受剪破坏先于受弯破坏。

钢丝绳计算用的截面面积及参考质量，可按表 7.21 的规定值采用。

钢丝绳计算用截面面积及参考重量 **表 7.21**

种类	钢丝绳公称直径（mm）	钢丝直径（mm）	计算用截面面积（mm^2）	参考质量（kg/100m）	种类	钢丝绳公称直径（mm）	钢丝直径（mm）	计算用截面面积（mm^2）	参考质量（kg/100m）
6×7+IWS	2.4	(0.27)	2.81	2.40	6×7+IWS	3.6	0.40	6.16	6.20
	2.5	0.28	3.02	2.73		4.0	(0.44)	7.45	6.70
	3.0	0.32	3.94	3.36		4.2	0.45	7.79	7.05
	3.05	(0.34)	4.45	3.83		4.5	0.50	9.62	8.70
	3.2	0.35	4.71	4.21	1×19	2.5	0.50	3.73	3.10

采用钢丝绳网片聚合物砂浆面层加固的钢筋混凝土矩形截面受弯构件，其短期刚度 B_s 应按式（7.141）～式（7.146）确定：

$$B_s=\frac{E_{s0}A_s h_0^2}{1.15\psi+0.2+0.6\alpha_E\rho} \tag{7.141}$$

$$A_s=A_{s0}+A'_{rw}=A_{s0}+\frac{E_{rw}}{E_{s0}}A_{rw} \tag{7.142}$$

$$\psi=1.1-\frac{0.65f_{tk}}{\rho_{te}\sigma_{ss}} \tag{7.143}$$

$$\rho=\frac{A_s}{bh_0} \tag{7.144}$$

$$\rho_{te}=\frac{A_s}{0.5bh}=\frac{A_s}{0.5b(h_1+\delta)} \tag{7.145}$$

$$\sigma_{ss}=\frac{M_k}{0.87h_0A_s} \tag{7.146}$$

式中 E_{s0}——原构件纵向受力钢筋的弹性模量（N/mm^2）；

A_s——结构加固后的钢筋换算截面面积（mm^2）；

h_0——加固后截面有效高度（mm）；

ψ——原构件纵向受拉钢筋应变不均匀系数：当 $\psi<0.2$ 时，取 $\psi=0.2$；当 $\psi>1.0$ 时，取 $\psi=1.0$；

α_E——钢筋弹性模量与混凝土弹性模量比值，$\alpha_E=E_{s0}/E_c$；

ρ_{te}——按有效受拉混凝土截面面积计算，并按纵向受拉配筋面积 A_s 确定的配筋率；当 ρ_{te} 小于 0.01 时，取 ρ_{te} 等于 0.01；

A_{s0}——原构件纵向受拉钢筋的截面面积（mm^2）；

A_{rw}——新增纵向受拉钢丝绳网片截面面积（mm^2）；

A'_{rw}——新增钢丝绳网片换算成钢筋后的截面面积（mm^2）；

E_{rw}——钢丝绳弹性模量（N/mm^2）；

h——加固后截面高度（mm）；

h_1——原截面高度（mm）；

δ——截面外加层厚度（mm）；

σ_{ss}——截面受拉区纵向配筋合力点处的应力（N/mm^2）；

M_k——按荷载效应标准组合计算的弯矩值（kN/m）。

(2) 受弯构件斜截面加固计算

采用钢丝绳网片聚合物砂浆面层对受弯构件斜截面进行加固时，应在围套中配置由钢丝绳构成的“环形箍筋”或“U形箍筋”（图7.68）。

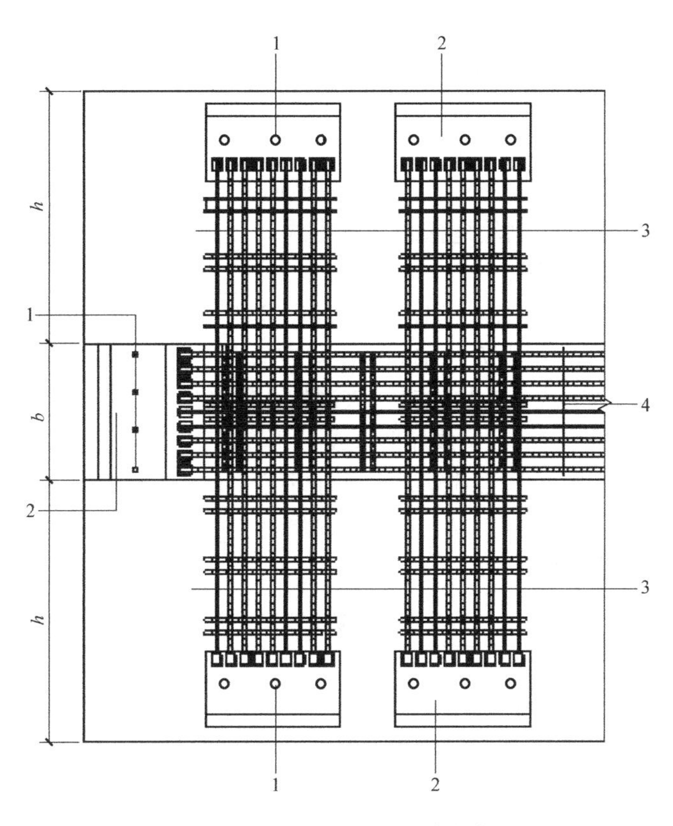

图7.68　采用钢丝绳网片加固的受弯构件三面展开图

1—胶黏型锚栓；2—固定板；3—抗剪加固钢筋网（横向网）；

4—抗弯加固钢筋网片（主网）；b—梁宽；h—梁高

受弯构件加固后的斜截面剪力设计值应符合式（7.147）、式（7.148）规定：

当$h_w/b \leqslant 4$时

$$V \leqslant 0.25\beta_c f_{c0} b h_0 \tag{7.147}$$

当$h_w/b \geqslant 6$时

$$V \leqslant 0.20\beta_c f_{c0} b h_0 \tag{7.148}$$

当$4 < h_w/b < 6$时，按线性内插法确定。

式中　V——构件斜截面加固后的剪力设计值（kN）；

β_c——混凝土强度影响系数，当原构件混凝土强度等级不超过C50时，取$\beta_c=1.0$；当混凝土强度等级为C80时，取$\beta_c=0.8$；其间按直线内插法确定；

f_{c0}——原构件混凝土轴心抗压强度设计值（N/mm^2）；

b——矩形截面的宽度或T形截面的腹板宽度（mm）；

h_0——截面有效高度（mm）；

h_w——截面的腹板高度（mm）：对矩形截面，取有效高度；对T形截面，取有效高度减去翼缘高度。

采用钢丝绳网片-聚合物砂浆面层对钢筋混凝土梁进行抗剪加固时，其斜截面承载力按式（7.149）、式（7.150）计算。

$$V \leqslant V_{b0}+V_{br} \tag{7.149}$$

$$V_{br} \leqslant \psi_{vb} f_{rw} A_{rw} h_{rw} / s_{rw} \tag{7.150}$$

式中　V_{b0}——加固前，梁的斜截面承载力（kN），按现行国家标准《混凝土结构设计规范》GB 50010计算；

V_{br}——配置钢丝绳网片加固后，对梁斜截面承载力的提高值（kN）；

ψ_{vb}——计算系数，与钢丝绳箍筋构造方式及受力条件有关的抗剪强度折减系数，按表7.22采用；

f_{rw}——受剪加固采用的钢丝绳网片强度设计值（N/mm^2），按现行规范《混凝土结构加固设计规范》GB 50367规定的强度设计值乘以调整系数0.50确定；当为框架梁或悬挑构件时，该调整系数取为0.25；

A_{rw}——配置在同一截面处构成环形箍或U形箍的钢丝绳网的全部截面面积（mm^2）；

h_{rw}——梁侧面配置的钢丝绳箍筋的竖向高度（mm）：对矩形截面，$h_{rw}=h$；对T形截面，$h_{rw}=h_w$；h_w为腹板高度；

s_{rw}——钢丝绳箍筋的间距（mm）。

抗剪强度折减系数 ψ_{vb} 值　　　　**表7.22**

钢丝绳箍筋构造		环形箍筋	U形箍筋
受力条件	均布荷载或剪跨比 $\lambda \geqslant 3$	1.0	0.80
	$\lambda \leqslant 1.5$	0.65	0.50

注：当λ为中间值时，按线性内插法确定ψ_{vb}值。

(3) 构造规定

网片应采用小直径不松散的高强度钢丝绳制作；绳的直径宜为2.5～4.5mm，当采用航空用高强度钢丝绳时，可使用规格为2.4mm的高强度钢丝绳。绳的结构形式（图7.69）应为6×7+IWS金属股芯右交互捻钢丝绳或1×19单股左捻钢丝绳。

钢丝绳网的主筋（即纵向受力钢丝绳）与横向筋（即横向钢丝也称箍筋），应采用同品种钢材制作的绳扣束紧，主筋的端部应采用固定结固定在固定板上，固定板以胶黏型锚栓锚于原结构上，胶黏型锚栓的材质和型号，应经计算确定。预张紧钢丝绳网片的固定构造应按图7.70设计，当钢丝绳采用锥形锚头紧固时，其端部固定板构造应按图7.71设计。

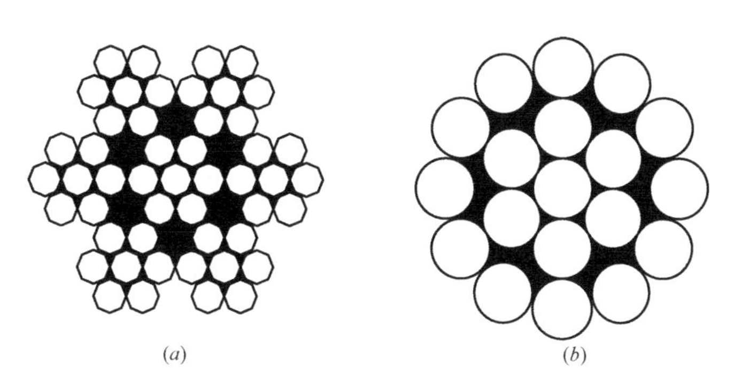

图 7.69　钢丝绳的结构形式

（a）6×7＋IWS 钢丝绳；（b）1×19 钢绞线

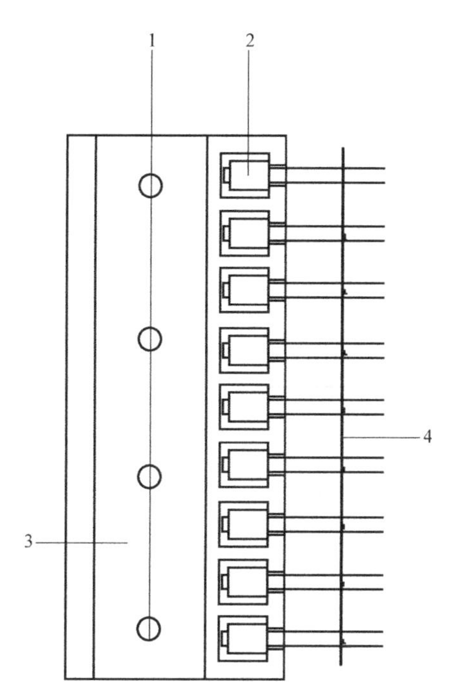

图 7.70　采用固定结紧固钢丝绳的端头锚固构造

1—胶黏型锚栓；2—固定结；3—固定板；4—钢丝绳

网中受拉主筋的间距应经计算确定，但不应小于 20mm，也不应大于 40mm。网中横向筋的间距应经计算确定，当用作梁、柱承受剪力的箍筋时，不应大于 50mm，当用作构造箍筋时，梁、柱不应大于 150mm，板和墙可按实际情况取为 150～200mm。

网片应在工厂使用专门的机械和工艺制作。板和墙加固用的网，宜按标准规格成批生产，梁和柱加固用的围套网，宜按设计图纸专门生产。

采用钢丝绳网聚合物砂浆面层加固钢筋混凝土构件前，应先清理、修补原构件，并按产品使用说明书的规定进行界面处理；当原构件钢筋有锈蚀现象时，应对外露的钢筋进行除锈及阻锈处理；当原构件钢筋经检测认为已处于“有锈蚀可能”的状态，但混凝土保护层尚未开裂时，宜采用喷涂型阻锈剂进行处理。

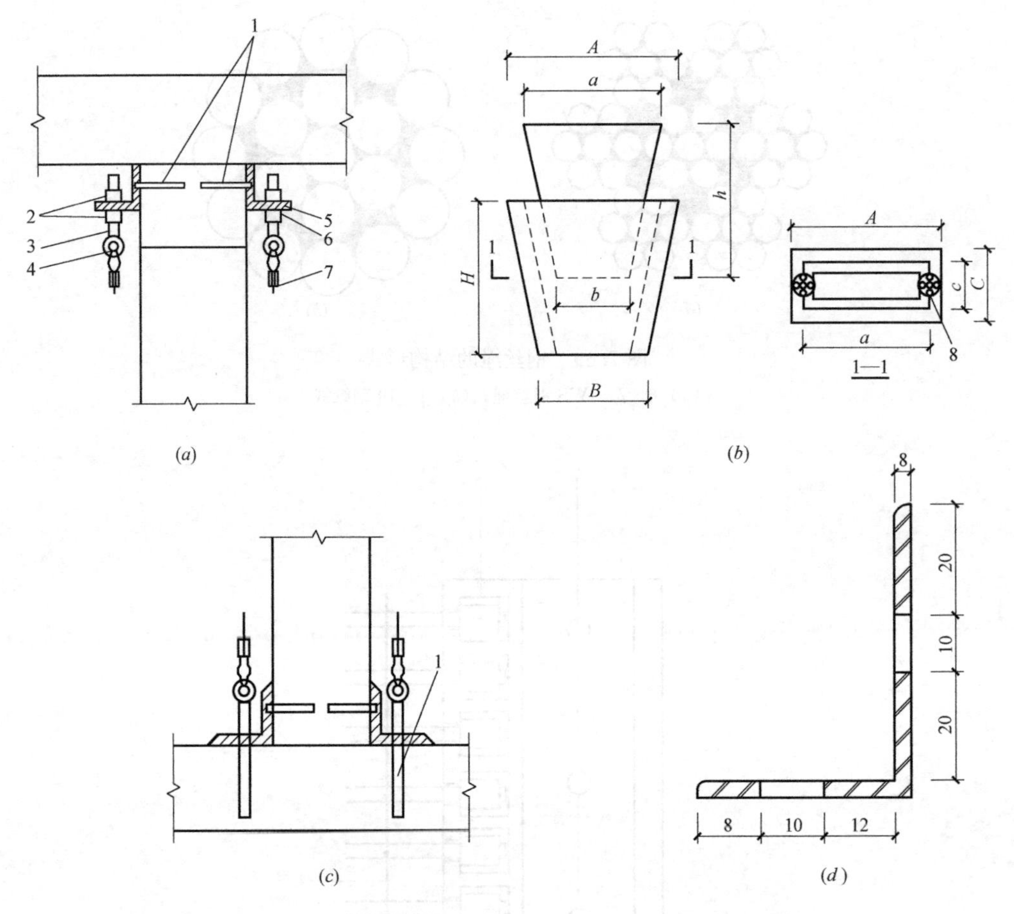

图 7.71　采用锥形锚头紧固钢丝绳的端部锚固构造

(*a*) 张拉端示意图；(*b*) Pm 钢制锥形锚头；(*c*) 固定端示意图；(*d*) 角钢固定板

1—锚栓或植筋；2—Pm 调节螺母；3—Pm 调节螺杆；4—穿绳孔；5—角钢固定板；

6—张拉端角钢锚固；7—锥形锚头；8—钢丝绳

钢丝绳网与基材混凝土的固定，应在网片就位并张拉绷紧的情况下进行。一般情况下，应采用尼龙锚栓或胶黏螺杆植入混凝土中作为支点，以开口销作为绳卡与网连接。锚栓或螺杆的长度不应小于 55mm，其直径 d 不应小于 4.0mm，净埋深不应小于 40mm，间距不应大于 150mm。构件端部固定套环用的锚栓，其净埋深不应小于 60mm。当钢丝绳网的主筋需要接长时，应采取可靠锚固措施保证预张紧应力不受损失（图 7.72），且不应位于最大弯矩区。

聚合物砂浆面层的厚度，不应小于 25mm，也不宜大于 35mm。当采用镀锌钢丝绳时，其保护层厚度尚不应小于 15mm。聚合物砂浆面层的表面应喷涂一层与该品种砂浆相适配的防护材料，提高面层耐环境因素作用的能力。

7.3.14　绕丝加固法

绕丝加固法适用于提高钢筋混凝土柱的位移延性的加固。采用绕丝法时，原构件按现场检测结果推定的混凝土强度等级不应低于 C15 级，但也不得高于 C50 级。采用绕丝法时，若柱的截面为方形，其长边尺寸 h 与短边尺寸 b 之比应不大于 1.5。当绕丝的构造符

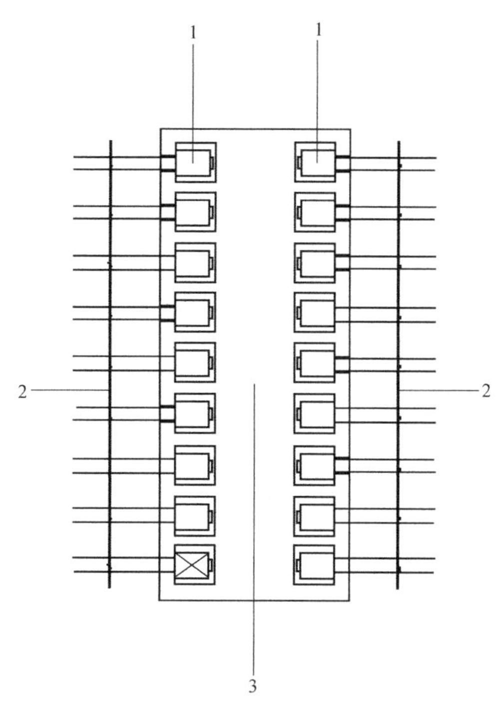

图 7.72　主绳连接锚固构造示意图

1—固定结或锥形锚头；2—钢丝绳；3—连接型固定板

合规定时，采用绕丝法加固的构件可按整体截面进行计算。

(1) 柱的抗震加固计算

采用环向绕丝法提高柱的延性时，其柱端箍筋加密区的总折算体积配箍率 ρ 应按式（7.151）、式（7.152）计算：

$$\rho_{v}=\rho_{v.e}+\rho_{v.s} \tag{7.151}$$

$$\rho_{v.s}=\psi_{v.s}\frac{A_{ss}l_{ss}}{s_{s}A_{cor}}\frac{f_{ys}}{f_{yv}} \tag{7.152}$$

式中　$\rho_{v.e}$——被加固柱原有的体积配箍率，当需重新复核时，应按原箍筋范围内核心面积计算；

$\rho_{v.s}$——以绕丝构成的环向围束作为附加箍筋计算得到的箍筋体积配箍率的增量；

A_{ss}——单根钢丝截面面积（mm^2）；

A_{cor}——绕丝围束内原柱截面混凝土面积（mm^2），按现行《混凝土结构加固设计规范》GB 50367 计算；

f_{yv}——原箍筋抗拉强度设计值（N/mm^2）；

f_{ys}——绕丝抗拉强度设计值（N/mm^2），取 $f_{ys}=300N/mm^2$；

l_{ss}——绕丝周长（mm）；

s_{s}——绕丝间距（mm）；

$\psi_{v,s}$——环向围束的有效约束系数：对圆形截面，$\psi_{v,s}=0.75$；对正方形、矩形截面，$\psi_{v,s}=0.55$。

(2）构造规定

绕丝加固法的基本构造方式是将钢丝绕在 4 根直径为 25mm 专设的钢筋上（图 7.73），然后再浇筑细石混凝土或喷抹 M15 水泥砂浆。绕丝用的钢丝应为直径 4mm 的冷拔钢丝，经退火处理后方可使用。

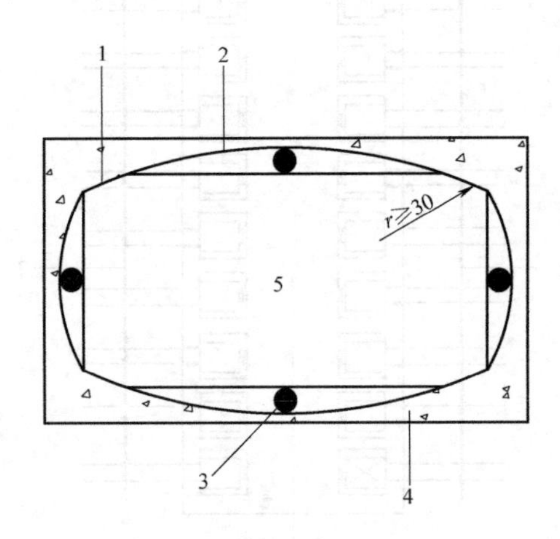

图 7.73 绕丝构造示意图

1—圆角；2—直径 4mm，间距 5～30mm 的钢丝；3—直径 25mm 的钢筋；
4—细石混凝土或高强度等级水泥砂浆；5—原柱；r—圆角半径

原构件截面的四角保护层应凿除，并应磨成圆角（图 7.73），圆角的半径 r 不应小于 30mm。绕丝加固用的细石混凝土应优先采用喷射混凝土，但也可采用现浇混凝土；混凝土的强度等级不应低于 C30。绕丝的间距，对重要构件，不应大于 15mm；对一般构件，不应大于 30mm。绕丝的间距应分布均匀，绕丝的两端应与原构件主筋焊牢。绕丝的局部绷不紧时，应加钢楔绷紧。

7.3.15 植筋技术

植筋技术适用于钢筋混凝土结构构件以结构胶种植带肋钢筋和全螺纹螺杆的后锚固设计，不适用于素混凝土构件，及纵向受力钢筋一侧配筋率小于 0.2%的构件后锚固设计。素混凝土构件及低配筋率构件的植筋应按锚栓进行设计。采用植筋技术，包括种植全螺纹螺杆技术时，当新增构件为悬挑结构构件时，其原构件混凝土强度等级不得低于 C25；当新增构件为其他结构构件时，其原构件混凝土强度等级不得低于 C20。

植筋用的胶粘剂应采用改性环氧类结构胶粘剂或改性乙烯基酯类结构胶粘剂。当植筋的直径大于 22mm 时，应采用 A 级胶。锚固用胶粘剂的质量和性能应符合 7.3.4 节的要求。采用植筋锚固的混凝土结构，其长期使用的环境温度不应高于 60℃；处于特殊环境（如高温、高湿、介质腐蚀等）的混凝土结构采用植筋技术时，除应按国家现行有关标准的规定采取相应的防护措施外，尚应采用耐环境因素作用的胶粘剂。

(1）锚固计算

承重构件的植筋锚固计算和构造上要防止混凝土发生劈裂破坏。植筋仅承受轴向力，且仅允许按充分利用钢材强度的计算模式进行设计，抗震设防区的承重结构，其锚固深度设计值应乘以考虑位移延性要求的修正系数。

单根植筋锚固的承载力设计值应按式（7.153）、式（7.154）计算：

$$N_t^b = f_y A_s \tag{7.153}$$

$$l_d \geqslant \psi_N \psi_{de} l_s \tag{7.154}$$

式中 N_t^b——植筋钢材轴向受拉承载力设计值（kN）；

f_y——植筋用钢筋的抗拉强度设计值（mm^2）；

A_s——钢筋截面面积（mm^2）；

l_d——植筋锚固深度设计值（mm）；

l_s——植筋的基本锚固深度（mm），按现行《混凝土结构加固设计规范》GB 50367 确定；

ψ_N——考虑各种因素对植筋受拉承载力影响而需加大锚固深度的修正系数，按现行《混凝土结构加固设计规范》GB 50367 确定；

ψ_{de}——考虑植筋位移延性要求的修正系数：当混凝土强度等级不高于C30时，对6度区及7度区一、二类场地，取 $\psi_{de}=1.10$；对7度区三、四类场地及8度区，取 $\psi_{de}=1.25$。当混凝土强度等级高于C30时，取 $\psi_{de}=1.00$。

植筋的基本锚固深度 l_s 应按式（7.155）计算：

$$l_s = 0.2\alpha_{spt} d f_y / f_{bd} \tag{7.155}$$

式中 α_{spt}——为防止混凝土劈裂引用的计算系数，按表7.23的确定；

d——植筋公称直径（mm）；

f_{bd}——植筋用胶粘剂的黏结抗剪强度设计值（N/mm^2），按表7.24的规定值采用。

考虑混凝土劈裂影响的计算系数 α_{spt}　　表7.23

混凝土保护层厚度 c(mm)		25		30		35	≥40
箍筋设置情况	直径 ϕ(mm)	6	8或10	6	8或10	≥6	≥6
	间距 s(mm)	在植筋锚固深度范围内，s 不应大于100mm					
植筋直径 d(mm)	≤20	1.00		1.00		1.00	1.00
	25	1.10	1.05	1.05	1.00	1.00	1.00
	32	1.25	1.15	1.15	1.10	1.10	1.05

当植筋直径介于表列数值之间时，可按线性内插法确定 α_{spt} 值。

植筋用结构胶粘剂的黏结抗剪强度设计值 f_{bd} 应按表7.24的规定值采用。当基材混凝土强度等级大于C30，且采用快固结型胶粘剂时，其黏结抗剪强度设计值 f_{bd} 应乘以调整系数0.8。

黏结抗剪强度设计值 f_{bd}　　表7.24

胶粘剂等级	构造条件	基材混凝土的强度等级				
		C20	C25	C30	C40	≥C60
A级胶或B级胶	$s_1 \geqslant 5d$；$s_2 \geqslant 2.5d$	2.3	2.7	3.7	4.0	4.5
A级胶	$s_1 \geqslant 6d$；$s_2 \geqslant 3.0d$	2.3	2.7	4.0	4.5	5.0
	$s_1 \geqslant 7d$；$s_2 \geqslant 3.5d$	2.3	2.7	4.5	5.0	5.5

当使用表 7.24 中的 f_{bd} 值时，其构件的混凝土保护层厚度，不应低于现行国家标准《混凝土结构设计规范》GB 50010 的规定值，s_1 为植筋间距，s_2 为植筋边距，f_{pd} 值仅适用于带肋钢筋或全螺纹螺杆的黏结锚固。

考虑各种因素对植筋受拉承载力影响而需加大锚固深度的修正系数 ψ_N，应按式（7.156）计算：

$$\psi_N = \psi_{br}\psi_w\psi_T \tag{7.156}$$

式中 ψ_{br}——考虑结构构件受力状态对承载力影响的系数：当为悬挑结构构件时，$\psi_{br}=1.50$；当为非悬挑的重要构件接长时，$\psi_{br}=1.15$；当为其他构件时，$\psi_{br}=1.00$；

ψ_w——混凝土孔壁潮湿影响系数，对耐潮湿型胶粘剂，按产品说明书的规定值采用，但不得低于 1.1；

ψ_T——使用环境的温度 T 影响系数：当 $T \leqslant 60℃$时，取 $\psi_T=1.0$；当 $60℃ < T \leqslant 80℃$时，应采用耐中温胶粘剂，并应按产品说明书规定的 ψ_T 值采用；当 $T > 80℃$时，应采用耐高温胶粘剂，并应采取有效的隔热措施。

(2) 构造规定

当按构造要求植筋时，其最小锚固长度 l_{min} 应符合下列构造规定：

① 受拉钢筋锚固：max $\{0.3l_s；10d；100mm\}$；

② 受压钢筋锚固：max $\{0.6l_y；10d；100mm\}$；

③ 对悬挑结构、构件尚应乘以 1.5 的修正系数。

当植筋与纵向受拉钢筋搭接（图 7.74）时，其搭接接头应相互错开。其纵向受拉搭接长度 $l_l=0.42$，应根据位于同一连接区段内的钢筋搭接接头面积百分率，按式（7.157）确定：

$$l_1 = \zeta_l l_d \tag{7.157}$$

式中 ζ_l——纵向受拉钢筋搭接长度修正系数，按表 7.25 取值。

纵向受拉钢筋搭接长度修正系数 **表 7.25**

纵向受拉钢筋搭接接头面积百分率(%)	≤25	50	100
ζ_l	1.2	1.4	1.6

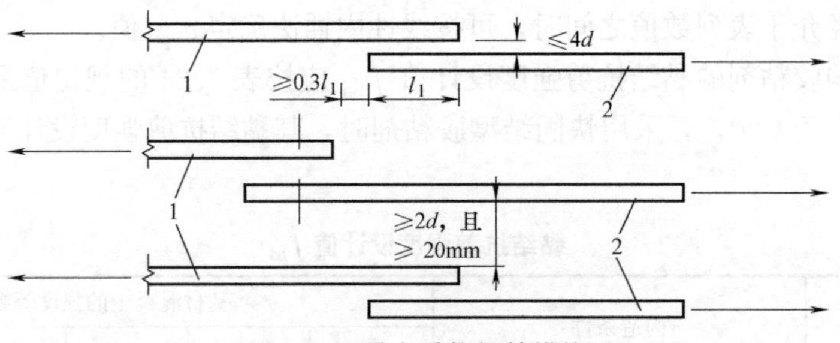

图 7.74 纵向受拉钢筋搭接

1—纵向受拉钢筋；2—植筋

钢筋搭接接头面积百分率定义按现行国家标准《混凝土结构设计规范》GB 50010 的规定采用，当实际搭接接头面积百分率介于表列数值之间时，按线性内插法确定 ζ_l 值；

对梁类构件，纵向受拉钢筋搭接接头面积百分率不应超过 50%。

当植筋搭接部位的箍筋间距 s 不符合表 7.26 的规定时，应进行防劈裂加固。此时，可采用纤维织物复合材料的围束作为原构件的附加箍筋进行加固。围束可采用宽度为 150mm、厚度不小于 0.165mm 的条带缠绕而成，缠绕时，围束间应无间隔，且每一围束，其所粘贴的条带不应少于 3 层。对方形截面尚应打磨棱角，打磨的质量应符合现行《混凝土结构加固设计规范》GB 50367 的规定。若采用纤维织物复合材料的围束有困难，也可剔去原构件混凝土保护层，增设新箍筋（或钢箍板）进行加密（或增强）后再植筋。

植筋与纵向受拉钢筋在搭接部位的净间距，应按图 7.74 的标示值确定。当净间距超过 $4d$ 时，则搭接长度 l_1 应增加 $2d$，但净间距不得大于 $6d$。用于植筋的钢筋混凝土构件，其最小厚度 h_{min} 应符合下式规定：

$$h_{min} \geqslant l_d + 2D \tag{7.158}$$

式中 D——钻孔直径（mm），应按表 7.26 确定。

植筋直径与对应的钻孔直径设计值 **表 7.26**

钢筋直径 d(mm)	钻孔直径设计值 D(mm)	钢筋直径 d(mm)	钻孔直径设计值 D(mm)
12	15	22	28
14	18	25	32
16	20	28	35
18	22	32	40
20	25		

植筋时，其钢筋宜先焊后种植，当有困难而必须后焊时，其焊点距基材混凝土表面应大于 $15d$，且应采用冰水浸渍的湿毛巾多层包裹植筋外露部分的根部。

7.3.16 锚栓技术

锚栓技术适用于普通混凝土承重结构，不适用于轻质混凝土结构及严重风化的结构。混凝土结构采用锚栓技术时，其混凝土强度等级，对重要构件不应低于 C25；对一般构件不应低于 C20。

承重结构用的机械锚栓，应采用有锁键效应的后扩底锚栓。这类锚栓按其构造方式的不同，又分为自扩底（图 7.75*a*）、模扩底（图 7.75*b*）和胶黏-模扩底（图 7.75*c*）三种，承重结构用的胶黏型锚栓，应采用特殊倒锥形胶黏型锚栓（图 7.76）。自攻螺钉不属于锚栓体系，不得按锚栓进行设计计算。

在抗震设防区的结构，以及直接承受动力荷载的构件中，不得使用膨胀锚栓作为承重结构的连接件。当在抗震设防区承重结构中使用锚栓时，应采用后扩底锚栓或特殊倒锥形胶黏型锚栓，且仅允许用于设防烈度不高于 8 度并建于Ⅰ、Ⅱ类场地的建筑物。用于抗震设防区承重结构或承受动力作用的锚栓，其性能应通过现行行业标准《混凝土用机械锚栓》JG/T 160—2017 的低周反复荷载作用或疲劳荷载作用的检验。

承重结构锚栓连接的设计计算，应采用开裂混凝土的假定，不得考虑非开裂混凝土对其承载力的提高作用。

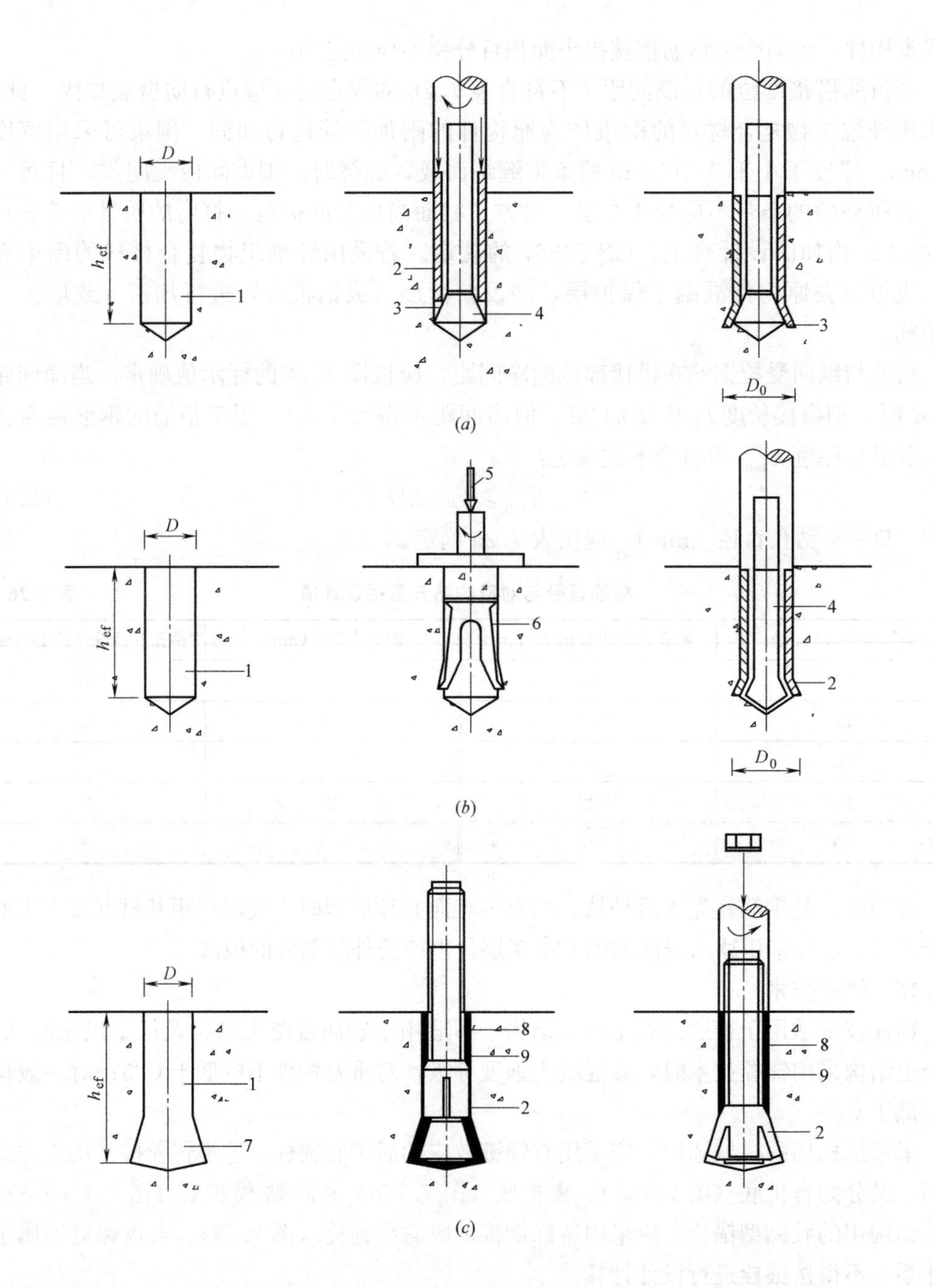

图 7.75　后扩底锚栓

（a）自扩底锚栓；（b）模扩底锚栓；（c）胶黏-模扩底锚栓

1—直径；2—扩张套筒；3—扩底刀头；4—柱锥杆；5—压力直线推进；6—模具式刀具；7—扩底孔；8—胶粘剂；9—螺纹杆；h_{ef}—锚栓的有效锚固深度；D—钻孔直径；D_0—扩底直径

（1）锚栓钢材承载力验算

锚栓钢材的承载力验算，应按锚栓受拉、受剪及同时受拉剪作用等三种受力情况分别进行。锚栓钢材受拉承载力设计值，应按式（7.159）计算：

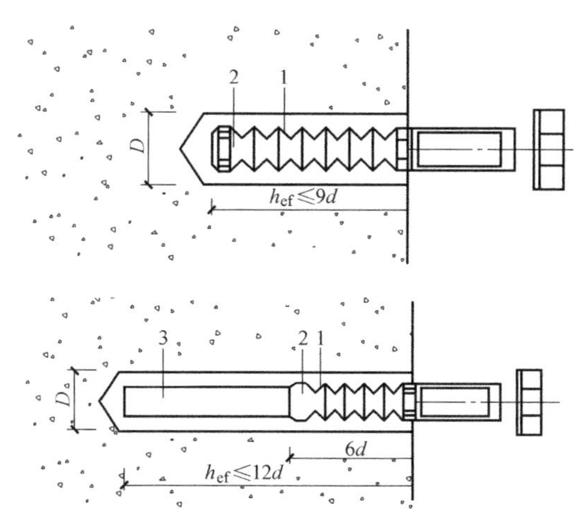

图 7.76 特殊倒锥形胶黏型锚栓

1—胶粘剂；2—倒锥形螺纹套管；3—全螺纹螺杆；

D—钻孔直径；d—全螺纹螺杆直径；h_{ef}—锚栓的有效锚固深度

$$N_t^a=\psi_{E,t}f_{ud,t}A_s \tag{7.159}$$

式中 N_t^a——锚栓钢材受拉承载力设计值（N/mm²）；

$\psi_{E,t}$——锚栓受拉承载力抗震折减系数：对6度区及以下取 $\psi_{E,t}=1.00$；对7度区，取 $\psi_{E,t}=0.85$；对8度区Ⅰ、Ⅱ、Ⅲ类场地，取 $\psi_{E,t}=0.75$；

$f_{ud,t}$——锚栓钢材用于抗拉计算的强度设计值（N/mm²），应按表7.27和表7.28采用；

A_s——锚栓有效截面面积（mm²）。

锚栓钢材受剪承载力设计值，应区分无杠杆臂和有杠杆臂两种情况（图7.77）按式(7.160)、式（7.161）进行计算：

① 无杠杆臂受剪

$$V^a=\psi_{E,v}f_{ud,v}A_s \tag{7.160}$$

② 有杠杆臂受剪

$$V^a=1.2\psi_{E,v}W_{el}f_{ud,t}\left(1-\frac{\sigma}{f_{ud,f}}\right)\frac{\alpha_m}{l_0} \tag{7.161}$$

式中 V^a——锚栓钢材受剪承载力设计值（kN）；

$\psi_{E,v}$——锚栓受剪承载力抗震折减系数：对6度区及以下，取 $\psi_{E,v}=1.00$；对7度区，取 $\psi_{E,v}=0.80$；对8度区Ⅰ、Ⅱ、Ⅲ类场地，取 $\psi_{E,v}=0.70$；

A_s——锚栓的有效截面面积（mm²）；

W_{el}——锚栓截面抵抗矩（mm²）；

σ——被验算锚栓承受的轴向拉应力（N/mm²），其值按 N_t^a/A_s 确定；N_t^a 和 A_s 的意义见式（7.159）；

α_m——约束系数，对图7.77（a）的情况，取 $\alpha_m=1$；对图7.77（b）的情况，取 $\alpha_m=2$；

l_0——杠杆臂计算长度（mm）：当基材表面有压紧的螺帽时，取 $l_0 = l$；当无压紧螺帽时，取 $l_0 = l + 0.5d$。

碳钢及合金钢锚栓钢材强度设计指标　　表 7.27

性能等级		4.8	5.8	6.8	8.8
锚栓强度设计值(MPa)	用于抗拉计算 $f_{ud,t}$	250	310	370	490
	用于抗剪计算 $f_{ud,v}$	150	180	220	290

不锈钢锚栓钢材强度设计指标　　表 7.28

性能等级		50	70	80
螺纹直径(mm)		≤32	≤24	≤24
锚栓强度设计值(MPa)	用于抗拉计算 $f_{ud,t}$	175	370	500
	用于抗剪计算 $f_{ud,v}$	105	225	300

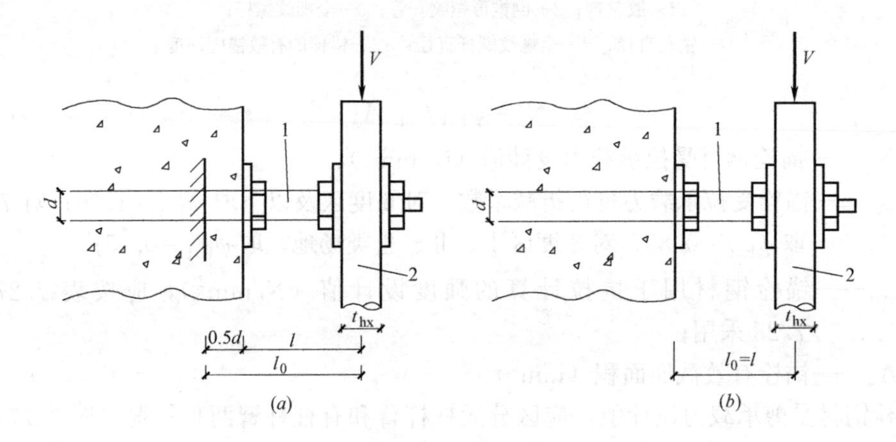

图 7.77　锚栓杠杆臂计算长度的确定

1—锚栓；2—固定件；l_0—杠杆臂计算长度

(2) 基材混凝土承载力验算

基材混凝土的承载力验算，应考虑三种破坏模式：混凝土呈锥形受拉破坏（图 7.78）、混凝土边缘呈楔形受剪破坏（图 7.79）以及同时受拉、剪作用破坏。对混凝土剪

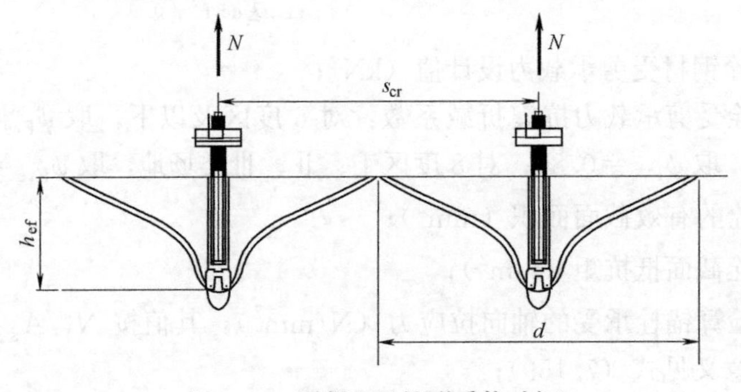

图 7.78　混凝土呈锥形受拉破坏

撬破坏（图 7.80）、混凝土劈裂破坏，以及特殊倒锥形胶黏锚栓的组合破坏，应通过采取构造措施予以防止，不参与验算。

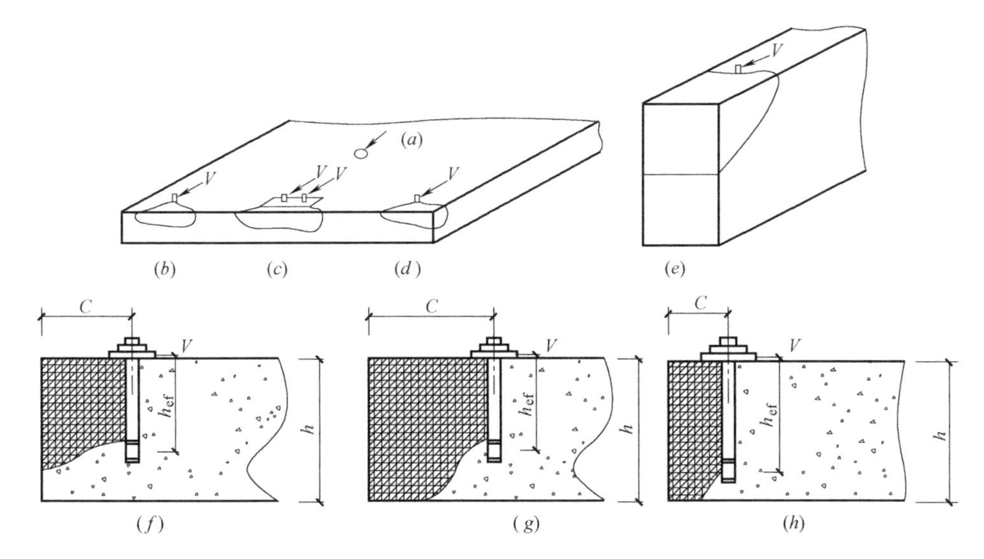

图 7.79　混凝土边缘呈楔形受剪破坏

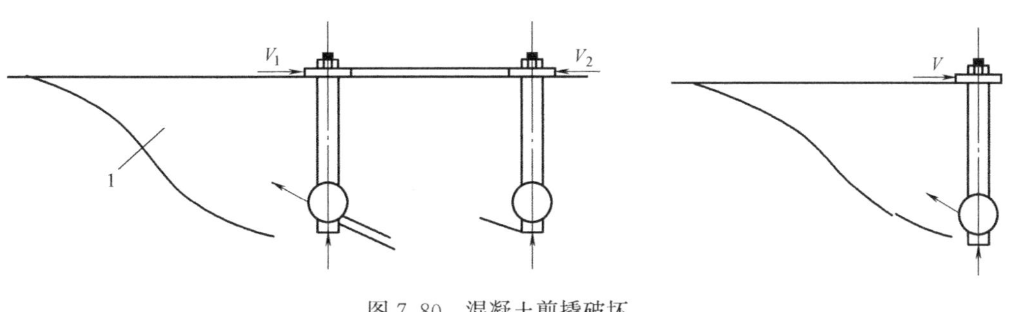

图 7.80　混凝土剪撬破坏

1—混凝土锥体

基材混凝土的受拉承载力设计值，应按式（7.162）、式（7.163）进行验算：

①对后扩底锚栓

$$N_t^c = 2.8\psi_a\psi_N\sqrt{f_{cu,k}}h_{ef}^{1.5} \tag{7.162}$$

② 对胶黏型锚栓

$$N_t^c = 2.4\psi_b\psi_N\sqrt{f_{cu,k}}h_{ef}^{1.5} \tag{7.163}$$

式中　N_t^c——锚栓连接的基材混凝土受拉承载力设计值（kN）；

$f_{cu,k}$——混凝土立方体抗压强度标准值（N/mm²），按现行国家标准《混凝土结构设计规范》GB 50010 的规定采用；

h_{ef}——锚栓的有效锚固深度（mm）；应按锚栓产品说明书标明的有效锚固深度采用；

ψ_a——基材混凝土强度等级对锚固承载力的影响系数：当混凝土强度等级不大于 C30 时，取 $\psi_a=0.90$；当混凝土强度等级大于 C30 时，对机械锚栓，取

$\psi_a=1.00$；对胶黏型锚栓，仍取 $\psi_a=0.90$；

ψ_b——胶黏型锚栓对黏结强度的影响系数：当 $d_0\leqslant16$mm 时，取 $\psi_b=0.90$；当 $d_0\geqslant24$mm 时，取 $\psi_b=0.80$；介于两者之间的 ψ_b 值，按线性内插法计算系数；

ψ_N——考虑各种因素对基材混凝土受拉承载力影响的修正系数，按式（7.164）计算。

$$\psi_N=\psi_{s,h}\psi_{e,N}A_{cN}/A_{c,N}^0 \tag{7.164}$$

$$\psi_{e,N}=\frac{1}{\left[1+\left(\frac{2e_N}{s_{cr,N}}\right)\right]}\leqslant1 \tag{7.165}$$

式中 $\psi_{s,h}$——构件边距及锚固深度等因素对基材受力的影响系数，取 $\psi_{s,h}=0.95$；

$\psi_{e,N}$——荷载偏心对群锚受拉承载力的影响系数；

$A_{cN}/A_{c,H}^0$——锚栓边距和间距对锚栓受拉承载力影响的系数；

$s_{cr,N}$——混凝土呈锥形受拉时，确保每一锚栓承载力不受间距和边距效应影响的最小间距（mm），按图 7.81、图 7.82 采用；

e_N——拉力（或其合力）对其受拉锚栓形心的偏心距（mm）。

当锚栓承载力不受其间距和边距效应影响时，由单个锚栓引起的基材混凝土呈锥形受拉破坏的锥体投影面积基准值 $A_{c,N}^0$（图 7.81）按式（7.166）确定：

$$A_{c,N}^0=s_{cr,N}^2 \tag{7.166}$$

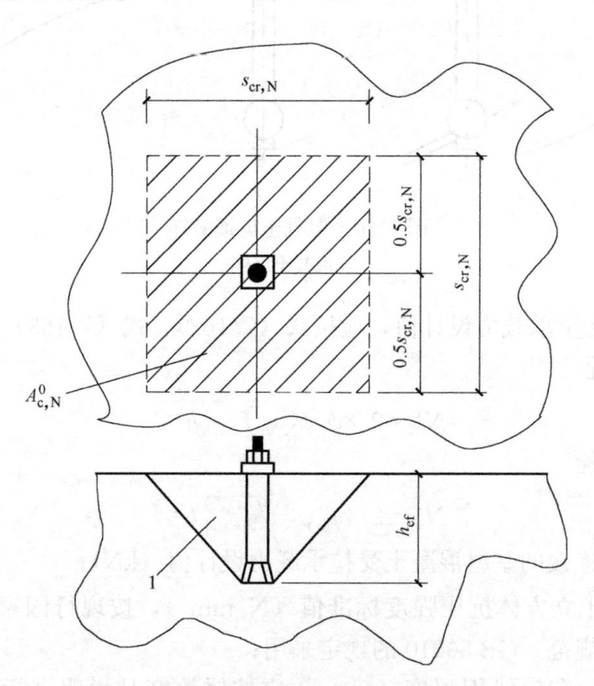

图 7.81 单锚混凝土锥形破坏理想锥体投影面积

1—混凝土锥体

混凝土呈锥形受拉破坏的实际锥体投影面积 $A_{c,N}$，可按式（7.167）计算：

① 当边距 $c > c_{cr,N}$ 且间距 $s > s_{cr,N}$ 时

$$A_{c,N} = nA_{c,N}^{0} \tag{7.167}$$

式中 n——参与受拉工作的锚栓个数。

② 当边距 $c \leqslant c_{cr,N}$ 时

对 $c_1 \leqslant c_{cr,N}$（图 7.82a）的单锚情形

$$A_{c,N} = (c_1 + 0.5s_{cr,N})s_{cr,N} \tag{7.168}$$

对 $c_1 \leqslant c_{cr,N}$，且 $s \leqslant s_{cr,N}$（图 7.82b）的双锚情形

$$A_{c,N} = (c_1 + s_1 + 0.5s_{cr,N})s_{cr,N} \tag{7.169}$$

对 $c_1 \leqslant c_{cr,N}$，$c_2 \leqslant c_{cr,N}$，且 $s_1 \leqslant s_{cr,N}$，$s_2 \leqslant s_{cr,N}$ 时（图 7.82c）的角部四锚情形

$$A_{c,N} = (c_1 + s_1 + 0.5s_{cr,N})(c_2 + s_2 + 0.5s_{cr,N}) \tag{7.170}$$

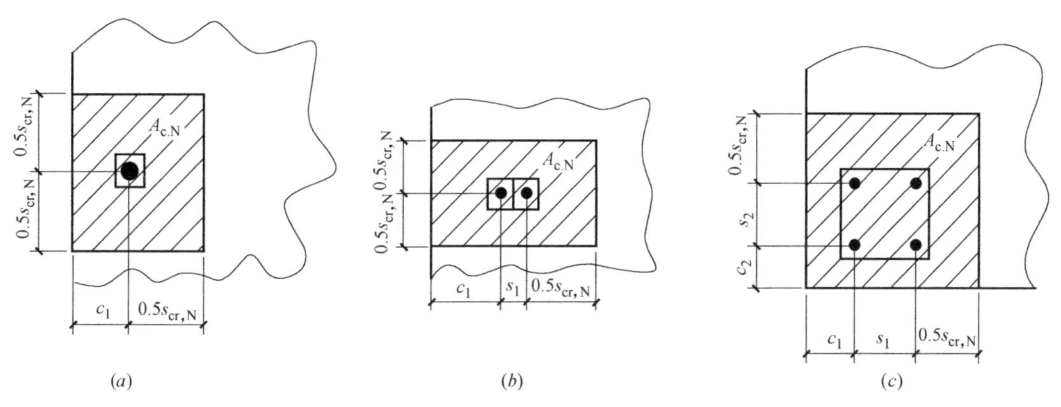

图 7.82 单锚和多锚混凝土锥形破坏理想锥体投影面积

（a）单锚情形；（b）双锚情形；（c）角部四锚情形

基材混凝土的受剪承载力设计值，应按式（7.171）计算。

$$V^{c} = 0.18\psi_{v}\sqrt{f_{cu,k}}\,c_1^{1.5}d_0^{0.3}h_{ef}^{0.2} \tag{7.171}$$

式中 V^{c}——锚栓连接的基材混凝土受剪承载力设计值（kN）；

ψ_{v}——考虑各种因素对基材混凝土受剪承载力影响的修正系数，应按式（7.172）计算；

c_1——平行于剪力方向的边距（mm）；

d_0——锚栓外径（mm）；

h_{ef}——锚栓的有效锚固深度（mm）。

基材混凝土受剪承载力修正系数 ψ_{v} 值，应按式（7.172）计算：

$$\psi_{v} = \psi_{s,v}\psi_{h,v}\psi_{a,v}\psi_{u,v}A_{cv}/A_{c,v}^{0} \tag{7.172}$$

$$\psi_{s,v} = 0.7 + 0.2\frac{c_2}{c_1} \leqslant 1 \tag{7.173}$$

$$\psi_{h,v} = (1.5c_1/h)^{1/3} \geqslant 1 \tag{7.174}$$

$$\psi_{a,v} = \begin{cases} 1.0 & (0^{\circ} < \alpha_{v} \leqslant 55^{\circ}) \\ 1/(\cos\alpha_{v} + 0.5\sin\alpha_{v}) & (55^{\circ} < \alpha_{v} \leqslant 90^{\circ}) \\ 2.0 & (90^{\circ} < \alpha_{v} \leqslant 180^{\circ}) \end{cases} \tag{7.175}$$

$$\psi_{e,v}=1/[1+(2e_v/3c_1)]\leqslant 1 \tag{7.176}$$

$$\psi_{u,v}=\begin{cases}1.0(\text{边缘没有配筋})\\1.2(\text{边缘配有直径 } d\geqslant 12\text{mm 钢筋})\\1.4(\text{边缘配有直径 } d\geqslant 12\text{mm 钢筋及 } s\geqslant 100\text{mm 箍筋})\end{cases} \tag{7.177}$$

式中 $\psi_{s,v}$——边距比 c_2/c_1 对受剪承载力的影响系数；

$\psi_{h,v}$——边距厚度比 c_1/h 对受剪承载力的影响系数；

$\psi_{a,v}$——剪力与垂直于构件自由边的轴线之间的夹角 α_v（图 7.83）对受剪承载力的影响系数；

$\psi_{e,v}$——荷载偏心对群锚受剪承载力的影响系数；

$\psi_{u,v}$——构件锚固区配筋对受剪承载力的影响系数；

$A_{cv}/A^0_{c,v}$——锚栓边距、间距等几何效应对受剪承载力的影响系数；

c_2——垂直于 c_1 方向的边距（mm）；

h——构件厚度（基材混凝土厚度）（mm）；

e_v——剪力对受剪锚栓形心的偏心距（mm）。

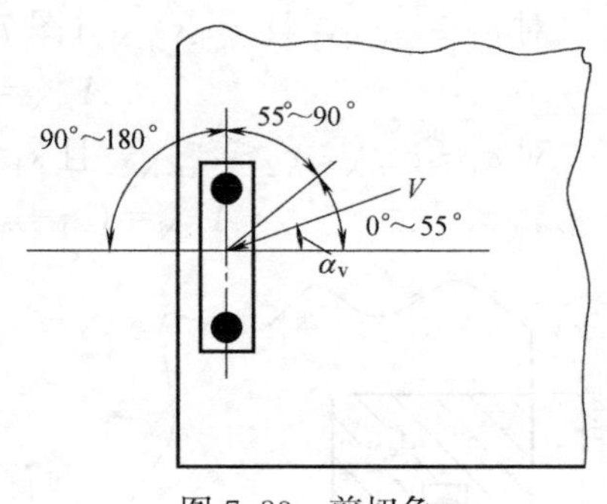

图 7.83 剪切角 α_v

当锚栓受剪承载力不受其边距、间距及构件厚度的影响时，其基材混凝土呈半锥体破坏的侧向投影面积基准值 $A^0_{c,v}$，可按式（7.178）计算（图 7.84）：

$$A^0_{c,v}=4.5c_1^2 \tag{7.178}$$

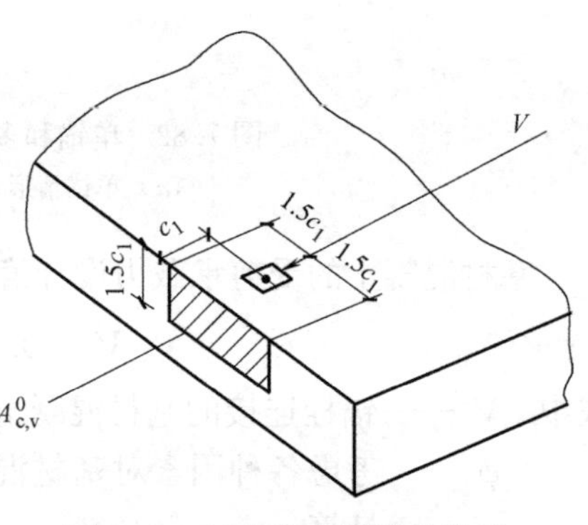

图 7.84 近构件边缘的单锚受剪混凝土楔形投影面积

当单锚或群锚受剪时，若锚栓间距 $s\geqslant 3c_1$、边距 $c_2\geqslant 1.5c_1$，且构件厚度 $h\geqslant 1.5c$ 时，混凝土破坏锥体的侧向实际投影面积 $A_{c,v}$，可按式（7.179）计算：

$$A_{c,v}=nA^0_{c,v} \tag{7.179}$$

式中 n——参与受剪工作的锚栓个数。

当锚栓间距、边距或构件厚度不满足以上要求时，侧向实际投影面积 $A_{c,v}$，应按下列公式确定（图 7.85）。

① 当 $h>1.5c_1$，$c_2\leqslant 1.5c_1$ 时

$$A_{c,v}=1.5c_1(1.5c_1+c_2) \tag{7.180}$$

② 当 $h\leqslant 1.5c_1$，$s_2\leqslant 3c_1$ 时

$$A_{c,v}=(3c_1+s_2)h \tag{7.181}$$

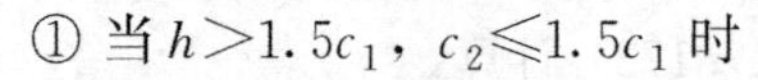

③ 当 $h\leqslant 1.5c_1$，$s_2\leqslant 3c_1$，$c_2\leqslant 1.5c_1$ 时

$$A_{c,v}=1.5(3c_1+s_2+c_2)h \tag{7.182}$$

对基材混凝土角部的锚固，应取两个方向计算承载力的较小值（图 7.86）。

当锚栓连接承受拉力和剪力复合作用时，混凝土承载力应符合式（7.183）的要求：

$$(\beta_N)^\alpha+(\beta_V)^\alpha\leqslant 1 \tag{7.183}$$

式中 β_N——拉力作用设计值与混凝土抗拉承载力设计值之比；

β_V——剪力作用设计值与混凝土抗剪承载力设计值之比；

α——指数，当两者均受锚栓钢材破坏模式控制时，取 $\alpha=2.0$；当受其他破坏模式控制时，取 $\alpha=1.5$。

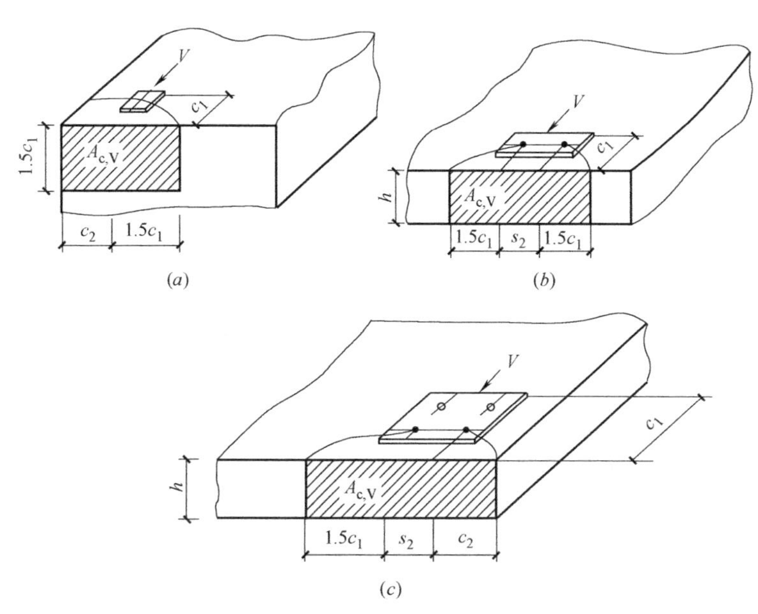

图 7.85 剪力作用下混凝土楔形破坏侧向投影面积

（a）角部单锚；（b）薄构件边缘双锚；（c）薄构件角部双锚

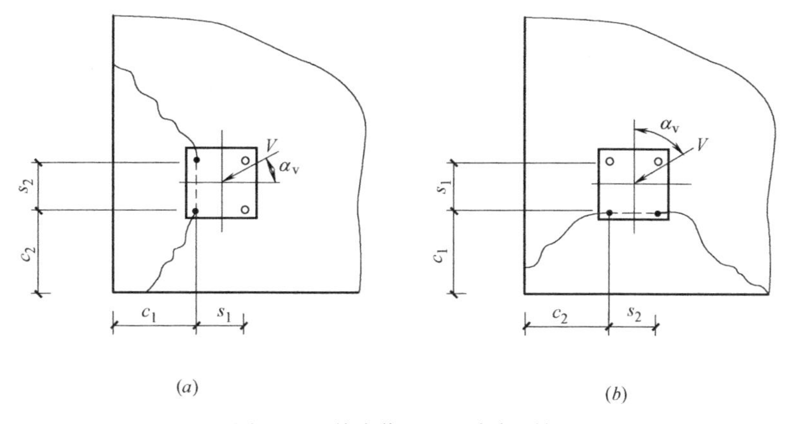

图 7.86 剪力作用下的角部群锚

（3）构造规定

混凝土构件的最小厚度 $h_{\min}$ 不应小于 $1.5h_{ef}$，且不应小于 100mm。承重结构用的锚栓，其公称直径不得小于 12mm；按构造要求确定的锚固深度 h 不应小于 60mm，且不应小于混凝土保护层厚度。在抗震设防区的承重结构中采用锚栓时，其埋深应分别符合表 7.29 和表 7.30 的规定。

考虑地震作用后扩底锚栓的埋深规定　　表 7.29

锚栓直径(mm)	12	16	20	24
有效锚固深度 h_{ef}(mm)	≥80	≥100	≥150	≥180

考虑地震作用胶黏型锚栓的埋深规定　　表 7.30

锚栓直径(mm)	12	16	20	24
有效锚固深度 h_{ef}(mm)	≥100	≥125	≥170	≥200

锚栓的最小边距 c_{min}、临界边距 $c_{cr,N}$ 和群锚最小间距 s_{min}、临界间距 $s_{cr,N}$ 应符合表 7.31 的规定。

锚栓的边距和间距　　表 7.31

c_{min}	$c_{cr,N}$	s_{min}	$s_{cr,N}$
$\geqslant 0.8h_{ef}$	$\geqslant 1.5h_{ef}$	$\geqslant 1.0h_{ef}$	$\geqslant 3.0h_{ef}$

锚栓防腐蚀标准应高于被固定物的防腐蚀要求。

7.3.17　裂缝修补技术

裂缝修补技术适用于承重构件混凝土裂缝的修补，对承载力不足引起的裂缝，除应按本方法进行修补外，尚应采用适当的加固方法进行加固。经可靠性鉴定确认为必须修补的裂缝，应根据裂缝的种类进行修补设计，确定其修补材料、修补方法和时间。

改性环氧树脂类、改性丙烯酸酯类、改性聚氨酯类等的修补胶液，包括配套的打底胶、修补胶和聚合物注浆料等的合成树脂类修补材料，适用于裂缝的封闭或补强，可采用表面封闭法、注射法或压力注浆法进行修补。

修补裂缝的胶液和注浆料的安全性能指标，应符合现行国家标准《工程结构加固材料安全性鉴定技术规范》GB 50728 的规定。

无流动性的有机硅酮、聚硫橡胶、改性丙烯酸酯、聚氨酯等柔性的嵌缝密封胶类修补材料，适用于活动裂缝的修补，以及混凝土与其他材料接缝界面干缩性裂隙的封堵。

超细无收缩水泥注浆料、改性聚合物水泥注浆料以及不回缩微膨胀水泥等的无机胶凝材料类修补材料，适用于 ω 大于 1.0mm 的静止裂缝的修补。

无碱玻璃纤维、耐碱玻璃纤维或高强度玻璃纤维织物、碳纤维织物或芳纶纤维等的纤维复合材料与其适配的胶粘剂，适用于裂缝表面的封护与增强。

7.4　钢结构加固设计方法

钢结构是一种便于加固的结构，其加固相对简单。钢结构在服役期间，由于使用条件的变化，结构使用荷载增大，钢结构承载力不满足要求，或者由于设计或施工存在缺陷，结构整体或其局部的承载能力达不到要求，或者由于其他原因造成损坏，则结构必须进行加固。如果损坏起因是荷载超过设计值，或是材料质量低劣，或是构造处理不恰当，那么修复工作也带有加固性质。

钢结构的加固设计比新结构设计复杂得多。这是因为结构在加固时还承受着一部分荷载，结构加固的构造方案必须密切配合已有构件的具体情况，而且多数加固工程施工条件比较困难，工期需要尽量缩短等。如果把钢结构拆卸后在地面加固，然后重新安装，工作起来有许多方便之处，例如，2008 年 4 月上海外白渡桥钢结构桥身运往船厂进行维修，2009 年 3 月桥身整体又移到原位，桥梁维修后恢复原貌。但是这样的做法使结构很长时期不能使用，造成较大的使用不便和经济损失，所以应尽量避免。一般做法是在结构只承受永久荷载的情况下进行加固。但是，如果永久荷载作用下有些构件应力超过（0.6～0.8）f_y，那么还应考虑卸去一部分永久荷载。卸载的方法有加设临时支柱或利用其他构件。

7.4.1 钢结构受力体系改变加固法

钢结构加固的技术可以分为两大类，其一是改变结构的计算简图和进行内力调整，其二是对构件及连接做加固。加设辅助杆件以减小压杆的计算长度是改变结构计算简图的一种简单情况（图 7.87）。图 7.87（*a*）中用虚线所示的短斜杆可以把桁架端斜杆在桁架平面内的计算长度减小一半。图 7.87（*b*）虚线所示的再分体系可以减小上弦杆的计算长度。如果弦杆上作用有非节点荷载，则再分体系还可减小或消除弦杆的弯矩，桁架的全面加固可以采用加设第三根弦杆的办法，或是在下面加固形成下撑式体系（图 7.88*a*），或是在上面加固形成悬吊体系（图 7.88*c*），在净空和其他条件受到限制时则加固可在桁架高度范围内进行（图 7.88*b*）。

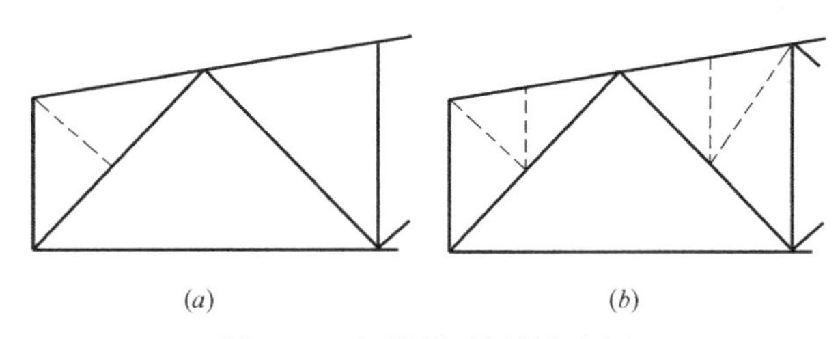

图 7.87 加设辅助杆件加固法

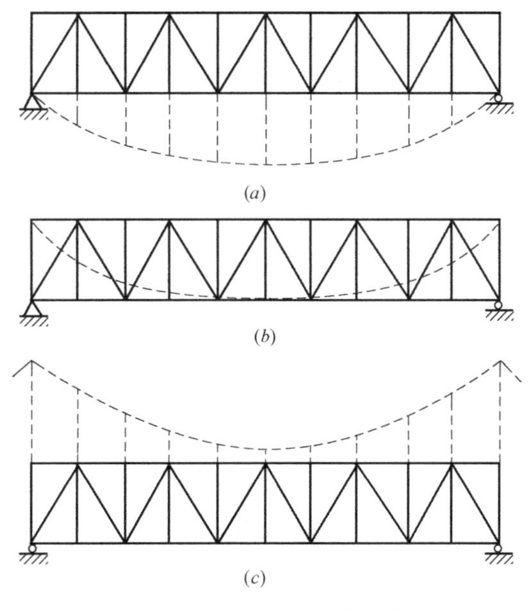

图 7.88 桁架体系全面加固法

将桁架和柱铰接的单层框架改变为和柱刚性连接体系（图 7.89），可以减小柱在水平荷载作用下的最大弯矩，不过柱的加长构造比较复杂，需要细致研究刚性连接方案。

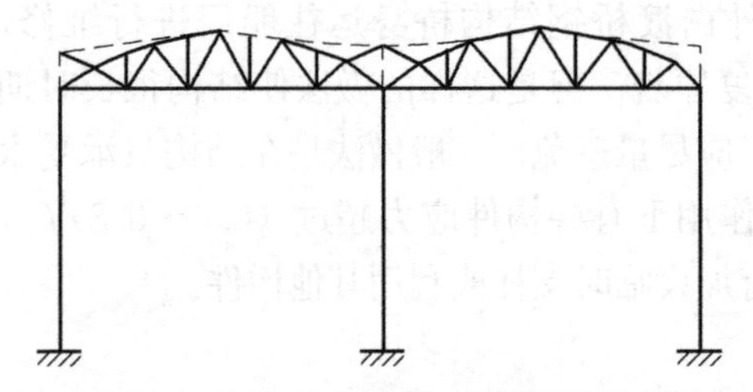

图 7.89 屋架和柱连接由铰接改为刚接

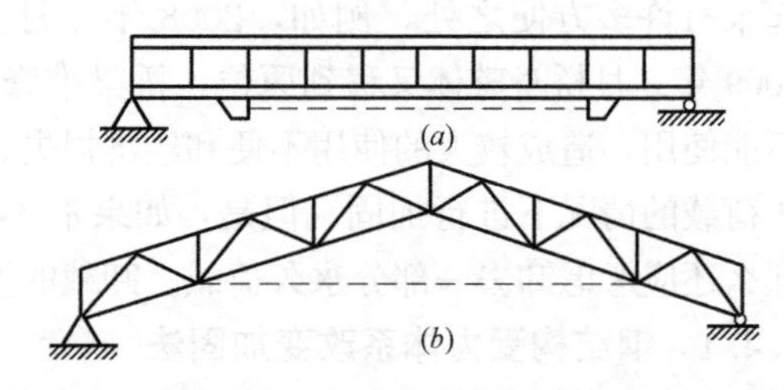

图 7.90 由预应力索调整内力

带天窗架的桁架，把天窗架的部分杆件加强，可以使它和桁架共同工作，以提高承载能力。桁架和梁还可以通过加设中间支柱或斜撑杆来减小计算跨度，提高承载能力。进行内力调整的一个有效办法是采用预应力技术。图 7.90 所示的桁架和梁是由高强钢做成的预应力索，通过张拉使结构获得和荷载效应相反的弯矩，可以有效地提高结构的承载能力。这种方案存在一个缺点，就是在使用期间锚头变形和钢索松弛引起的内力变化不容易检查和控制，为了弥补这一缺点，类似上述原理，还可以用推压装置来调整梁的内力。

7.4.2 钢结构构件加固法

对轴心受力构件加大截面的加固设计，应注意加固后的截面形心位置尽量和加固前一致，以免造成偏心，如果偏心不能避免，则应在计算时计入偏心受力的影响。

对于轴心受压的构件，在加大截面的同时应加大回转半径。控制杆件长细比的减小，提高杆件稳定性及承载能力。图 7.91（a）、（b）、（c）、（h）、（i）的方案都能增加截面绕 y 轴的回转半径，图 7.91（d）、（f）则能使绕 x 轴的回转半径略有增加，如轴心受力杆件原有截面在荷载增大时如果应力不超过设计强度，则加固件可以不必延伸到节点板范围内，是否需要延伸至节点，与选择的加固方案有直接关系，需要把加固材料延伸到节点板范围内时，图 7.91 中的有些方案就不适用了。

施焊对结构造成的变形在加固设计中应予以考虑。加固构件和原有构件之间的连接焊

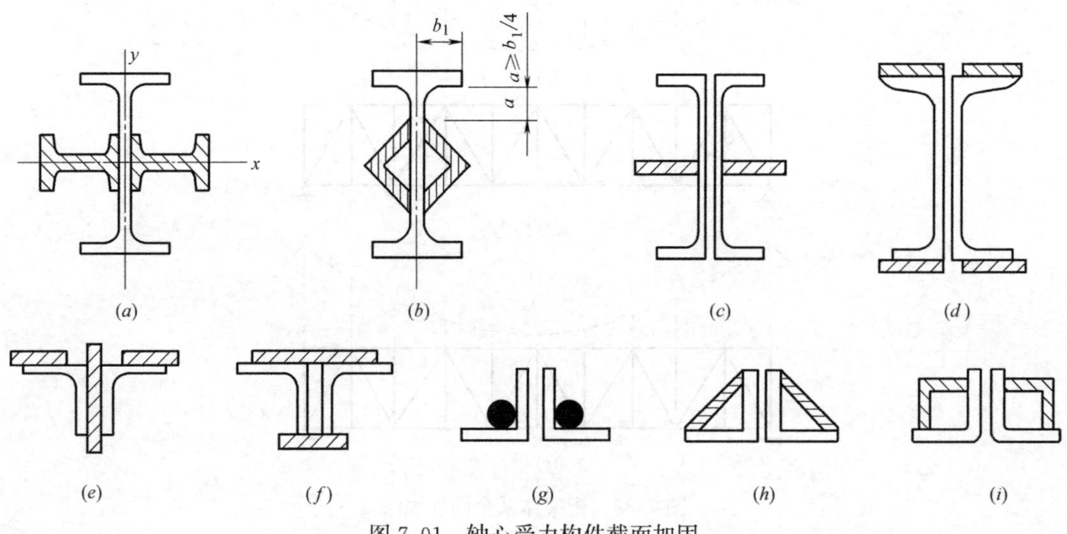

图 7.91 轴心受力构件截面加固

缝应该在满足传力需要条件下尽量小些。在节点板范围内，可以减小焊缝至 3.0mm，也可以考虑用间断焊缝。间断焊缝有造成应力集中的缺点，存在断裂可能性。桁架加固工程，应该先对下弦进行施焊，以避免出现残余变形。

轴心受力构件的加固计算，有几种不同的算法。比较保守的算法是以弹性工作阶段为准按容许应力法进行。试验表明，轴心拉杆在原有截面受力屈服后会出现内力重分布，使加固构件的应力逐渐和原有截面应力接近，因此，截面的新旧两部分在计算时可以同样看待。虽然平均应力点低于屈服点，但是试验表明加固后杆件的临界力，实际上和原有截面加固时应力大小无关。因此，临界应力也可以被认为在整个截面上均匀分布。

为了确保加固构件和原有构件应力一致，轴心受压柱可以采用预应力套管加固。图 7.92 所示工形截面柱，在翼缘外侧用两根预应力套管加固。套管由外管、内管和顶板组成，采用机械或加热的办法使外管伸长，然后把它和内管用焊缝连接牢固。外管产生的预应力，在内管则为预压应力。套管放在和柱相连的上、下两梁之间，并用垫板和楔塞顶紧，随后外管沿周长切断，其预拉应力得到释放。内管的预压应力作用于两梁上，使柱原有的压力分散一部分到内管上。最后，切断的外管用焊接重新连接，作为加固零件的组成部分。这一方法不仅能用于轴心受压柱，也可用于偏心受压柱。加固轴心受压柱时，套管对称放置，加固偏心柱时则可以非对称放置。

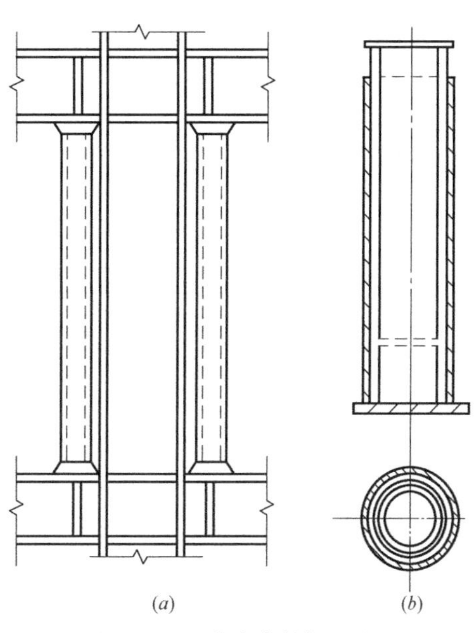

图 7.92 预应力套管加固柱子

梁截面的加固，可以在翼缘上加焊盖板（图 7.93*a*），也可以加设斜翼板、角钢、钢管（图 7.93*b*、*c*、*d*），如果净空不受限制，还可增大梁的高度，加设新的下翼缘（图 7.93*e*）。斜翼板适用于梁翼缘外侧不能加焊的

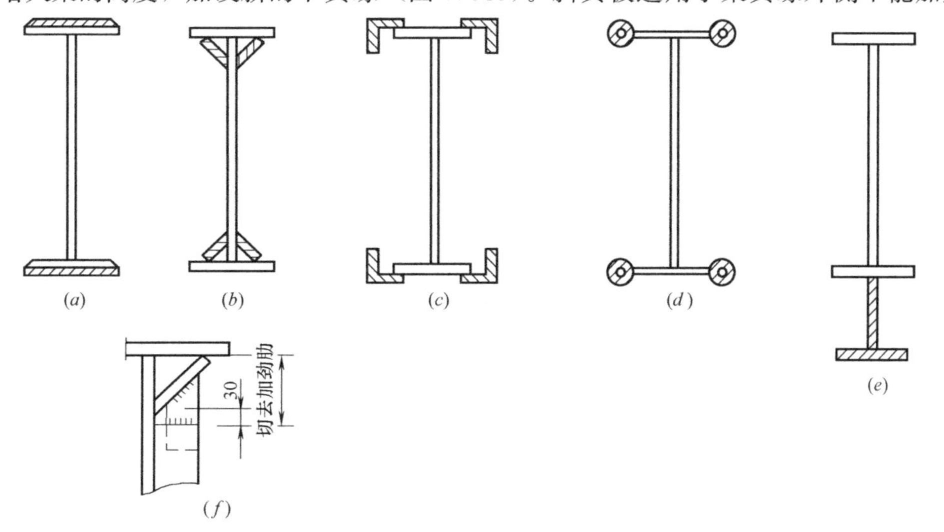

图 7.93 梁截面加固

情况，采用这种加固方式需要切断横向加劲肋，使加固材料沿全长连续（图 7.93f）。在上翼缘处，切断的加劲肋用小板重新接长，并和新加的翼缘板用焊缝连接。下翼缘处则不要接长，增大梁高度的方案通常用料比较多。如果加固时梁不拆下，主要焊缝都是仰焊。节点加固方法见图 7.94。

梁的加固计算和轴心受力构件类似，存在几种不同算法，包括弹性阶段的容许应力法和极限状态法，以及考虑应力重分布的极限状态法。

虽然经过塑性发展后加固材料的应力可以和原有材料接近，但塑性变形不宜过大。直接承受动力荷载的构件，考虑到可能疲劳控制，故不依靠加固材料分担原有荷载。拉杆、压杆的计算与梁相似。

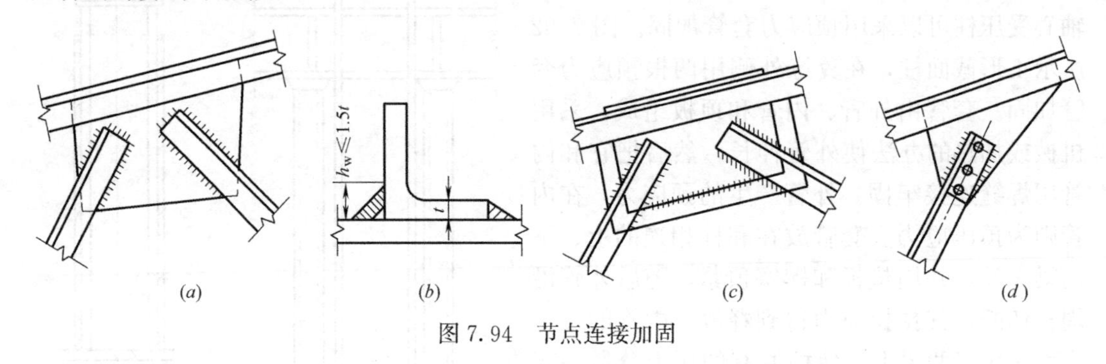

图 7.94　节点连接加固

思　考　题

1. 结构加固应遵循哪些基本原则？
2. 为什么结构的加固设计和施工应遵循国家有关标准？
3. 为什么结构的加固设计和施工应由经验丰富的工程师负责？
4. 加固设计如何处理好构件、结构局部与整体、临时与永久的关系？
5. 为什么结构加固必须按照先后顺序科学实施？
6. 为什么加固设计还应注意复核结构的抗震能力？
7. 为什么加固工程要采用成熟的结构修复加固改造方法与技术？
8. 为什么要消除被加固结构的应力、应变滞后现象？
9. 为什么要区别对待加固设计与新建筑的结构设计？
10. 简述砌体结构加固方法。
11. 简述钢筋混凝土的加固方法。
12. 简述水泥砂浆面层加固方法的使用条件和范围。
13. 简述混凝土加大截面法的使用条件和范围。
14. 简述外包型钢加固方法的使用条件和范围。
15. 简述外黏纤维材料加固方法的使用条件和范围。
16. 为什么结构加固要考虑加固材料的耐久性与结构耐久性之间的关系？

第 8 章　工程安全事故分析与处理

8.1　概述

工程安全事故是生产安全事故的一种。一般生产安全事故所包含的内容极其广泛，按照事故原因来分，可分为物体打击事故、车辆伤害事故、机械伤害事故、起重伤害事故、触电事故、火灾事故、灼烫事故、淹溺事故、高处坠落事故、坍塌事故、冒顶片帮事故、透水事故、放炮事故、火药爆炸事故、瓦斯爆炸事故、锅炉爆炸事故、容器爆炸事故、其他爆炸事故、中毒和窒息事故、其他伤害事故等 20 余种。工程安全事故中也有工程事故或工程质量事故。一般在工程施工和使用期间非工程质量问题引起的事故，都可以称为工程安全事故。比如火灾事故、坍塌事故、冒顶片帮事故、透水事故、不合理堆载或不合理施工引发倒塌造成伤害、伤亡的事故等。显然这些属于工程事故，是本课程研究对象。

在施工过程由于深基坑、边坡坍塌、脚手架、高大支模坍塌引起的安全事故，虽不属于工程本体事故的范畴，但属于土木工程专业技术问题引起的事故，这些事故也属本课程研究的范畴。由于基建工程量大，我国每年都有多起脚手架倒塌事故，2018 年 9 月 20 日晚，上海市安监局发布消息称，9 月 20 日 14 时 17 分左右，上海市北翟路一在建的虹桥污水处理厂工地内，作业人员在进行高效沉淀池区域钢管脚手架拆除时发生事故，造成 4 人死亡。2019 年 3 月 21 日 13 时 46 分左右，中航宝胜海底电缆项目主塔外墙喷涂粉刷作业脚手架发生坠落，造成涉险人员中有 6 人经抢救无效死亡，5 人受伤（图 8.1）。2019 年 1 月 5 日，福建省莆田市发生一起脚手架坍塌事故，造成 5 人死亡，7 人受伤（图 8.2）。纵观所有脚手架事故，一般都是分析计算错误和架体搭设不合理引起。

图 8.1　脚手架滑落情况

图 8.2　脚手架坍塌情况

图 8.3　模板坍塌事故

大跨度支模事故时有发生（图 8.3）。2010 年 3 月 19 日，昆明机场航站区停车楼以及高架桥工程 A-3 合同段东引桥第三联模板支架坍塌，该事故造成 7 人死亡，8 人重伤，26 人轻伤，直接经济损失 616.75 万元（图 8.4）。2007 年 2 月 12 日，广西医科大学图书馆二期工程在施工过程中，发生一起模板支撑系统坍塌事故，造成 7 人死亡、7 人重伤（图 8.5）。2008 年 4 月 30 日，湖南省长沙市上河国际商业广场工程在施工过程中，发生一起模板坍塌事故，造成 8 人死亡、3 人重伤，直接经济损失 339.4 万元。所有模板事故都是因为分析计算错误和模板搭设与计算模型不符，造成支撑杆体失稳。

图 8.4　昆明机场高架桥工程模板支架坍塌

图 8.5　广西医科大学图书馆模板支撑系统坍塌事故

在山区建筑、高速公路和高铁修建过程中，有大量边坡开挖和支护问题，有施工次序错误导致边坡失稳事故发生。例如，某高速公路在建设过程中，由于边坡开挖导致边坡失稳（图 8.6），或者由于开挖引起滑坡（图 8.7），这些都是建设过程中的安全事故。

城市建筑深基坑越来越深，工程地质、水文地质和环境条件越来越复杂，因而，基坑安全事故越来越多，特别是由于环境条件改变产生的安全事故层出不穷，由于环境条件复杂，对基坑变形的控制要求越来越高。例如，2019 年 6 月 8 日南宁某基坑坍塌就是一起安全事故，事故的原因是市政排水管破裂而未采取相关措施（图 8.8）。2018 年 12 月 29 日上午 9 时 10 分，上海市闵行区七宝镇新龙路近号文路口，上海七宝生态商务区 18-03 地块商办项目，上海建工七建公司工地发生泥土塌方事故，Ⅲb 区域北侧边坡发生坍塌，导致 3 名工人遇难。坑内临时边坡挖土作业未按照专项施工方案要求进行分级放坡，实际

图 8.6　某高速公路边坡由于开挖引起的失稳

图 8.7　某高速公路由于开挖引起的滑坡

放坡坡度未达到技术标准要求，当发现存在坍塌风险时采取措施不力，导致事故发生（图 8.9）。以上这些都是建设过程中的安全事故。这些事故的发生，一般都是相关单位安全生产主体责任、安全责任制不落实，从业人员未严格执行本单位的安全生产规章制度和安全操作规程，相关人员未履行安全生产管理职责，未督促检查本单位安全生产工作，及时消除事故隐患。

图 8.8　南宁某基坑坍塌事故

图 8.9　上海某基坑坍塌事故

8.2　生产安全事故的分类

生产安全事故一般分为特别重大事故、重大事故、较大事故和一般事故四个等级。2007 年 3 月 28 日国务院第 172 次常务会议通过《生产安全事故报告和调查处理条例》，自 2007 年 6 月 1 日起施行，条例共六章四十六条。此条例是为了规范生产安全事故的报告和调查处理，落实生产安全事故责任追究制度，防止和减少生产安全事故，根据《中华人民共和国安全生产法》和有关法律而制定。在《生产安全事故报告和调查处理条例》（中华人民共和国国务院令，第 493 号）条文说明提到，由于生产经营活动涉及众多行业和领域，各个行业和领域事故的情况都有各自的特点，发生事故的情形比较复杂，差别也比较大，很难用一个标准来划分各个行业或者领域事故的等级。按照《生产安全事故报告和调查处理条例》第三条关于生产安全事故的等级规定，具体为：

（1）特别重大事故，是指造成30人以上死亡，或者100人以上重伤（包括急性工业中毒，下同），或者1亿元以上直接经济损失的事故；

（2）重大事故，是指造成10人以上30人以下死亡，或者50人以上100人以下重伤，或者5000万元以上1亿元以下直接经济损失的事故；

（3）较大事故，是指造成3人以上10人以下死亡，或者10人以上50人以下重伤，或者1000万元以上5000万元以下直接经济损失的事故；

（4）一般事故，是指造成3人以下死亡，或者10人以下重伤，或者1000万元以下直接经济损失的事故。

8.3 生产安全事故的处理

8.3.1 生产安全事故处理原则

安全事故报告应当及时、准确、完整。安全事故调查处理应当坚持科学严谨、依法依规、实事求是、注重实效的原则，及时、准确地查清事故经过、事故原因和事故损失，查明事故性质，认定事故责任，总结事故教训，提出整改措施，并对事故责任者依法追究责任。

安全事故发生后，事故现场有关人员应当立即向本单位负责人报告；单位负责人接到报告后，应当于1小时内向事故发生地县级以上人民政府安全生产监督管理部门和负有安全生产监督管理职责的有关部门报告。

情况紧急时，事故现场有关人员可以直接向事故发生地县级以上人民政府安全生产监督管理部门和负有安全生产监督管理职责的有关部门报告。

安全生产监督管理部门和负有安全生产监督管理职责的有关部门接到事故报告后，应当依照下列规定上报事故情况，并通知公安机关、劳动保障行政部门、工会和人民检察院：

（1）特别重大事故、重大事故逐级上报至国务院安全生产监督管理部门和负有安全生产监督管理职责的有关部门；

（2）较大事故逐级上报至省、自治区、直辖市人民政府安全生产监督管理部门和负有安全生产监督管理职责的有关部门；

（3）一般事故上报至设区的市级人民政府安全生产监督管理部门和负有安全生产监督管理职责的有关部门。

安全生产监督管理部门和负有安全生产监督管理职责的有关部门依照前款规定上报事故情况，应当同时报告本级人民政府。国务院安全生产监督管理部门和负有安全生产监督管理职责的有关部门以及省级人民政府接到发生特别重大事故、重大事故的报告后，应当立即报告国务院。

必要时，安全生产监督管理部门和负有安全生产监督管理职责的有关部门可以越级上报事故情况。

安全生产监督管理部门和负有安全生产监督管理职责的有关部门逐级上报事故情况，

每级上报的时间不得超过 2 小时。

8.3.2 生产安全事故报告内容

生产安全事故报告的主要内容包括：

(1) 事故发生单位概况；

(2) 事故发生的时间、地点以及事故现场情况；

(3) 事故的简要经过；

(4) 事故已经造成或者可能造成的伤亡人数（包括下落不明的人数）和初步估计的直接经济损失；

(5) 已经采取的措施；

(6) 其他应当报告的情况。

事故报告后出现新情况的，应当及时补报。自事故发生之日起 30 日内，事故造成的伤亡人数发生变化的，应当及时补报。火灾事故自发生之日起 7 日内，事故造成的伤亡人数发生变化的，应当及时补报。

事故发生单位负责人接到事故报告后，应当立即启动事故相应应急预案，或者采取有效措施，组织抢救，防止事故扩大，减少人员伤亡和财产损失。

事故发生地有关地方人民政府、安全生产监督管理部门和负有安全生产监督管理职责的有关部门接到事故报告后，其负责人应当立即赶赴事故现场，组织事故救援。

事故发生后，有关单位和人员应当妥善保护事故现场以及相关证据，任何单位和个人不得破坏事故现场、毁灭相关证据。

因抢救人员、防止事故扩大以及疏通交通等原因，需要移动事故现场物件的，应当做出标志，绘制现场简图并做出书面记录，妥善保存现场重要痕迹、物证。

事故发生地公安机关根据事故的情况，对涉嫌犯罪的，应当依法立案侦查，采取强制措施和侦查措施。犯罪嫌疑人逃匿的，公安机关应当迅速追捕归案。

安全生产监督管理部门和负有安全生产监督管理职责的有关部门应当建立值班制度，并向社会公布值班电话，受理事故报告和举报。

8.3.3 生产安全事故的调查

特别重大事故由国务院或者国务院授权有关部门组织事故调查组进行调查。

重大事故、较大事故、一般事故分别由事故发生地省级人民政府、设区的市级人民政府、县级人民政府负责调查。省级人民政府、设区的市级人民政府、县级人民政府可以直接组织事故调查组进行调查，也可以授权或者委托有关部门组织事故调查组进行调查。

未造成人员伤亡的一般事故，县级人民政府也可以委托事故发生单位组织事故调查组进行调查。

上级人民政府认为必要时，可以调查由下级人民政府负责调查的事故。自事故发生之日起 30 日内（道路交通事故、火灾事故自发生之日起 7 日内），因事故伤亡人数变化导致事故等级发生变化，依照本条例规定应当由上级人民政府负责调查的，上级人民政府可以另行组织事故调查组进行调查。

特别重大事故以下等级事故，事故发生地与事故发生单位不在同一个县级以上行政区域的，由事故发生地人民政府负责调查，事故发生单位所在地人民政府应当派人参加。

事故调查组的组成应当遵循精简、效能的原则。根据事故的具体情况，事故调查组由有关人民政府、安全生产监督管理部门、负有安全生产监督管理职责的有关部门、监察机关、公安机关以及工会派人组成，并应当邀请人民检察院派人参加。事故调查组可以聘请有关专家参与调查。

事故调查组成员应当具有事故调查所需要的知识和专长，并与所调查的事故没有直接利害关系。事故调查组组长由负责事故调查的人民政府指定。事故调查组组长主持事故调查组的工作。

事故调查组履行下列职责：

（1）查明事故发生的经过、原因、人员伤亡情况及直接经济损失；

（2）认定事故的性质和事故责任；

（3）提出对事故责任者的处理建议；

（4）总结事故教训，提出防范和整改措施；

（5）提交事故调查报告。

事故调查组有权向有关单位和个人了解与事故有关的情况，并要求其提供相关文件、资料，有关单位和个人不得拒绝。

事故发生单位的负责人和有关人员在事故调查期间不得擅离职守，并应当随时接受事故调查组的询问，如实提供有关情况。

事故调查中发现涉嫌犯罪的，事故调查组应当及时将有关材料或者其复印件移交司法机关处理。

事故调查中需要进行技术鉴定的，事故调查组应当委托具有国家规定资质的单位进行技术鉴定。必要时，事故调查组可以直接组织专家进行技术鉴定。技术鉴定所需时间不计入事故调查期限。

事故调查组成员在事故调查工作中应当诚信公正、恪尽职守，遵守事故调查组的纪律，保守事故调查的秘密。

未经事故调查组组长允许，事故调查组成员不得擅自发布有关事故的信息。

事故调查组应当自事故发生之日起 60 日内提交事故调查报告；特殊情况下，经负责事故调查的人民政府批准，提交事故调查报告的期限可以适当延长，但延长的期限最长不超过 60 日。

事故调查报告应当包括下列内容：

（1）事故发生单位概况；

（2）事故发生经过和事故救援情况；

（3）事故造成的人员伤亡和直接经济损失；

（4）事故发生的原因和事故性质；

（5）事故责任的认定以及对事故责任者的处理建议；

（6）事故防范和整改措施。

事故调查报告应当附具有关证据材料。事故调查组成员应当在事故调查报告上签名。事故调查报告报送负责事故调查的人民政府后，事故调查工作即告结束。事故调查的有关资料应当归档保存。

8.3.4 生产安全事故的处理

重大事故、较大事故、一般事故，负责事故调查的人民政府应当自收到事故调查报告之日起 15 日内做出批复；特别重大事故，30 日内做出批复，特殊情况下，批复时间可以适当延长，但延长的时间最长不超过 30 日。

有关机关应当按照人民政府的批复，依照法律、行政法规规定的权限和程序，对事故发生单位和有关人员进行行政处罚，对负有事故责任的国家工作人员进行处分。

事故发生单位应当按照负责事故调查的人民政府的批复，对本单位负有事故责任的人员进行处理。

负有事故责任的人员涉嫌犯罪的，依法追究刑事责任。事故发生单位应当认真吸取事故教训，落实防范和整改措施，防止事故再次发生。防范和整改措施的落实情况应当接受工会和职工的监督。

安全生产监督管理部门和负有安全生产监督管理职责的有关部门应当对事故发生单位落实防范和整改措施的情况进行监督检查。

事故处理的情况由负责事故调查的人民政府或者其授权的有关部门、机构向社会公布，依法应当保密的除外。

8.4 减少工程安全事故的主要措施

近几年由于基建规模的扩大，建设市场不规范，工程安全事故频繁发生。特别是在施工过程中脚手架、模板、边坡开挖与支护、隧道涌水和深基坑降水与支护问题时有发生，给人民生命和财产带来了重大损失。

由于这类事故频发，给土木工程生产活动造成重大生命和财产损失，为了防止和减少这类安全事故的发生，2018 年 3 月 20 日，住房和城乡建设部发布了《危险性较大的分部分项工程安全管理规定》（中华人民共和国住房和城乡建设部 37 号，见附录 1），本规定自 2018 年 6 月 1 日起施行。本规定包括总则、前期保障、专项施工方案、现场安全管理、监督管理、法律责任和附件等内容。2018 年 5 月 17 日住房和城乡建设部办公厅关于实施《〈危险性较大的分部分项工程安全管理规定〉有关问题的通知》（建办质［2018］31 号，见附录 2）发布。

防止和减少以上安全事故发生的主要措施有以下几方面：

1）施工单位要加强施工过程的力学分析，特别是高支模、大跨度脚手架系统，要合理选取脚手架杆体和搭设方式。

2）对需要拆除的结构部分，应在制定安全措施后，才能开始拆除工作。

3）凡涉及结构安全的，都应对处理阶段的结构强度和稳定性进行验算，提出可靠的安全措施，并在处理中严密监视结构的稳定性。

4）重视处理中所产生的附加内力，以及由此引起的不安全因素。

5）在不卸荷条件下进行结构加固时，要注意加固方法对结构承载力的影响。

6）加强事故处理的检查验收工作，为确保事故处理的工程质量，必须从准备阶段开始，进行严格的质量检查验收。处理工作完成后，如有必要，还应对处理工程的质量进行全面检验，以确认处理效果。

以上全面系统地阐述了工程事故分析的步骤、事故处理的条件、原则和注意事项，目的在于尽量减少工程事故给国家和人民带来的损失，让一切隐患消灭在萌芽之中，交给人民安全、放心的建筑。

思 考 题

1. 简述生产安全事故的分类。
2. 简述生产安全事故处理原则。
3. 简述生产安全事故报告内容。
4. 简述生产安全事故的调查方法。
5. 简述生产安全事故的处理方法。
6. 减少工程安全事故的主要措施有哪些?
7. 了解附录1和附录2的主要内容。

第9章　结构火灾后受损鉴定与加固修复

建筑物遭受火灾后，除查明起火原因外，还必须对建筑物的受损程度进行详细检查，弄清火灾规模的大小和范围，建筑物受损部位和受损程度，根据火场各处温度，分析失火时和失火后结构的状况，对结构受损程度提出正确评估，以便确定建筑物的修复加固方案，保证结构的安全。建筑火灾事故属安全事故的一种。

一般火灾对钢结构影响比较直观，当钢结构在火灾后构件未发生变形，局部未发生翘曲，则对结构承载力影响不大，若构件发生变形可直接更换构件或更换局部结构，本书将不研究钢结构火灾后的鉴定与加固修复问题。

火灾后混凝土结构受损情况复杂，砌体结构火灾后受损的主要是混凝土楼盖等，因此，本书将混凝土结构火灾后的事故分析与鉴定加固作为主要研究内容。

9.1　火灾后的现场检查

火灾对建筑物的损伤是复杂的。由于火灾时着火的可燃物种类、数量各不相同，火灾的燃烧条件也各异，火场温度及变化情况就不相同，各种结构的特点不一样（受火条件和受力条件），火灾对结构的损伤就有轻有重，同一栋建筑物各处的受害程度也不一样。因此，对火灾现场要进行细致检查，认真地进行火灾后工程事故分析与鉴定，制定出安全、经济的加固修复方案。

9.1.1　火灾现场调查的内容

火灾发生后，首先要对火灾现场进行调查，检查受火部位建筑物的外观，收集建筑物的设计资料，对建筑受火部位进行检测和试验。

(1) 火灾事故的现场调查

火灾发生后，首先要对火灾现场进行调查，调查的主要内容包括：

① 火灾发生的时间、地点及起火至熄灭总的燃烧时间；

② 室内着火可燃物的种类、数量和分布情况；

③ 火灾蔓延途径。应注意耐火建筑的蔓延多以门窗、吊顶、耐火性差的内隔声、楼梯间等为突破路线；

④ 燃烧条件：当时风力、风向、气温等气候条件；消防灭火的方法和过程。

(2) 建筑物原始设计资料的收集

建筑物原始资料收集主要包括以下内容：

① 建筑物的建筑、结构、水、暖、电等全套设计图纸；

② 建筑消防设计、构造及防火分区；

③ 竣工时间、过去受灾史等；

④ 建筑结构使用条件，耐火保护材料厚度、种类及性能，壁面装修材料性能及种类；

⑤ 建筑物竣工图、施工日记等。

(3) 受灾部位的外观检查

受火后建筑物外观检查内容主要包括以下几方面：

① 火灾现场室内装修、油漆、家具、电器路线、设备和各种物品的变形、烧损及熔融情况；

② 构件的变形，倒塌情况；混凝土表面的颜色变化及范围，混凝土爆裂面积大小、深度和位置；

③ 混凝土构件的裂缝长度、宽度和分布；钢筋的变形、露筋部位及长度；

④ 钢构件的烧损破坏程度；

⑤防水层、隔热层等及其他破坏情况。

绘出建筑物受损、破坏的分布图，如有条件可进行拍照或录像。

(4) 受损部位的检测和构件试验

对于建筑物中比较重要部位的结构构件，或构件受损程度较难判断时，可对结构构件进行检测和实物试验或取样试验。检测和试验项目应根据需要、可能和经济等综合考虑来确定。一般包括下列内容：结构和构件的荷载试验，以确定构件受火后的剩余承载力和刚度；混凝土的强度及炭化检测；钢材的强度试验等。如对钢筋混凝土构件，当受损严重，钢筋外露时，可将部分钢筋截下，和预先制作的不同温度下钢筋的金相标本进行对比，即可确定该处钢筋和混凝土的受热温度。也可将截下的钢筋进行力学试验，测定其强度、延伸率等性能。确定了材料参数后，构件的剩余承载力即可通过计算求出。混凝土的强度，也可利用回弹、超声等非破损检测来确定。

对构件的试验可在现场进行，也可移至建筑物外或实验室进行。但必须有安全可靠的保证措施，以防发生事故。试验的取样要求和数量与常温情况相同。

9.1.2 火灾后混凝土构件的检查和试验

混凝土结构是常见耐火结构，火灾后其检查和试验较为常见。通过检测和试验可以确定火灾后结构能否继续使用，还有助于提出结构加固方案。

在检查时，首先应认真观察结构构件的受损情况，注意发现节点、支座、跨中及构件接合部的损伤或倒塌破坏。记录混凝土受压区有无压碎现象，保护层剥落的位置、程度，发现构件在火灾中的烧熔融部位，构件上有无烧穿的孔洞，接头处预埋件是否发生位移，检查钢筋有无烧断的情况，混凝土在火灾中发生爆裂的位置、大小、深度等。

其次，用简单工具，如卡尺、钢尺、量规、放大镜及测量仪器等，测量构件的变形及裂缝。对裂缝应测定其宽度、深度和长度。特别应注意构件上的贯穿性裂缝或沿钢筋的纵向撕裂裂缝。裂缝开展宽度大于 5mm，是混凝土构件的破坏标志之一。某些裂缝在观察时如果仍处于变化状态，这属于危险性大的裂缝，应设置仪器来观察。构件的变形测量不仅要测挠度，而且应注意构件是否产生出平面变形。简支受弯构件的跨中挠度达到构件计算长度的 1/20 时，表明该构件变形过大，已不能正常使用。柱子的牛腿也是火灾中易受损伤的部位，应注意观察。对结构的检查应在火灾后马上进行，检查之前不能对结构外观进行任何修补。

受火损伤的混凝土构件试验分为两种情况：一种是加载到使用荷载，如构件不破坏，即不再进行；另一种是试验至构件破坏为止。

试验构件的材料取样，多在受火损伤较重的部位及重损伤交界部位。一般在一个部位上取三个试样，用两个相近的试验结果作为评定结果。如果损伤严重的构件能取得满意的结果，则损伤较轻的构件可不再做试验。

构件试验方法同常温时的方法。只是这类构件拆下后，要清除表面的黑烟、尘埃，并刷白。

因受火损伤的构件混凝土和钢筋强度可能降低，构件试验时变形和裂缝发展较快。试验要有切实的措施，以保证人身安全及设备安全。

加荷要平稳，不能产生冲击。加荷后 2 分钟，方能靠近构件；达到设计荷载后 5 分钟再走近构件进行观测。如果发现构件斜歪，支座沉降过大，构件变形发展很快等破坏迹象，应立即停止加荷，并采取安全措施。

为防止构件试验中突然破坏，还应有技术措施以保证安全。如试验梁、板构件时，需在支座处、跨中、悬臂端等处设保险支座。保险支座顶面预留 20～50mm。

现场检测的方法见表 9.1，并应尽可能地采用多种方法检测，然后综合分析给出检测结果。因为遭受火灾后结构的损伤、材料性能的变化是复杂的，仅仅依靠某种单一的方法很难获得准确的结果。

火灾后建筑物现场检测方法 **表 9.1**

检测内容	检测方法	仪器及设备
混凝土构件烧伤深度	超声法	非金属超声仪
	凿孔法	小锤及凿子
混凝土爆裂	外观检查	
混凝土裂缝数量、走向、宽度、深度	外观检测法	直尺、刻度放大镜、裂缝对比卡
	超声法	非金属超声仪
混凝土强度	敲击法	小锤、凿
	回弹法	回弹仪
	超声法	非金属超声仪
	拔出法	拔出仪
	钻芯法	钻芯机
	超声回弹综合法	非金属超声仪和回弹仪
钢筋强度	现场取样法	
	化学分析法	
	电镜观察法	
构件变形	水准仪法	水准仪 标杆
	标杆法	
	拉线法	
构件性能试验	现场荷载试验	
钢筋位置及保护层厚度	仪器测定及凿孔法测定	保护层厚度测定仪 小锤子及凿子
钢筋型号及数量	凿开检测法	小锤及凿子

9.2 结构受损程度评定

对建筑结构火灾后受损程度给予正确评价，是修复加固建筑物的前提。根据火灾后结构的检查，火灾温度及火灾持续时间的推定，可以推断构件材料性能的变化和受损轻重，评定出结构受损程度等级。

建筑物受火后，无论受害轻重，均对结构的使用产生影响。受损程度不同，结构安全度下降程度也不同。为了既能安全使用，又减少经济损失，一般受损轻者，经修复加固可继续使用，对必须拆除的危险结构，应多方验证，以确保国家和劳动者生命财产的安全。

国内外有关资料根据结构受热温度、变形大小、裂缝分布及开展程度等，将结构受损程度分为四个等级。

（1）一级——轻度损伤

混凝土构件表面受热温度低于400℃，受力主筋温度低于100℃，构件表面颜色无明显变化，钢筋保护层基本完好，无露筋、空鼓现象。除装修层有轻微损伤，其他状态与未受火结构无明显差别。

（2）二级——中度损伤

混凝土构件表面受热温度约400～500℃，受力主筋温度低于300℃，混凝土颜色由灰色变为粉红色，有空鼓现象，使中等力锤击时，可打落钢筋保护层。构件表面有局部爆裂，其深度不超过20mm。构件露筋面积小于25%。混凝土表面有裂缝，纵向裂缝少，钢筋和混凝土之间黏结力损伤轻微。构件残余挠度不超过规范规定值。

（3）三级——严重损伤

混凝土构件表面温度约600～700℃，受力主筋温度约为350～400℃。钢筋保护层剥落，混凝土爆裂严重，深度可达30mm，露筋面积低于40%，构件空鼓现象较为严重，用锤敲击时声音发闷。混凝土裂缝多，纵向、横向裂缝均有，钢筋和混凝土之间的黏结力局部严重破坏。混凝土表面颜色呈浅黄色。构件变形较大，受弯构件挠度超过规范规定值1～3倍，受压构件约有30%的受压钢筋鼓出，混凝土有局部烧坏。

（4）四级——危险结构

混凝土构件表面温度达700℃以上，受力主筋温度达400～500℃，构件受到实质性破坏，有明显受火烧熔痕迹。钢筋保护层严重剥落，表面混凝土爆裂深度达30mm以上。露筋面积大于40%。构件纵向、横向裂缝多且密，钢筋和混凝土黏结力破坏严重。钢筋有烧熔、断裂现象。主筋有扭曲。受弯构件裂缝宽度可达1～5mm，受压区也有明显破坏特征；支座附近斜裂缝多，构件挠度达到破坏标准（$L/20$），且有平面外变形。构件沿垂直或水平面被分割成若干层。受压构件失去稳定，局部破坏，50%以上受压钢筋鼓出。柱牛腿烧损严重。

钢筋混凝土构件外观检查见表9.2，可供评定构件受损程度时参考。

钢筋混凝土构件外观检查一览表 **表 9.2**

受损构件名称	受损状态							受损等级
	表面颜色	爆裂	鼓起脱落	裂缝	露筋面积	变形	钢筋与混凝土黏结力	
柱	有黑烟	无	仅粉刷层脱落	有龟裂	无	无	完好	相当一级
板	有黑烟	无	仅粉刷层脱落	无	无	无	完好	
梁	有黑烟	无	仅粉刷层脱落	无	无	无	完好	
柱	粉红色	龟裂多 爆裂少	少量起鼓	微少裂缝	局部露筋 小于 25%	无	尚可	相当二级
板	黑烟	龟裂多	仅粉刷层脱落	无	无	无	完好	
梁	粉红色	龟裂较多	少量起鼓	少量裂缝	局部露筋 小于 10%	无	尚可	
柱	淡黄色	爆裂面积 小于 40%	混凝土脱落面积 小于 25%	有	小于 40%	较大，少量主筋变形	局部受损	相当三级
板	粉红色	大于 10%	混凝土脱落面积 小于 25%	有	小于 25%	不大，尚满足要求	局部破坏	
梁	淡黄色	下部爆裂	起鼓脱落面积 小于 25%	有	主筋暴露 约 40%	主筋挠曲多于一根，挠度稍大于规范值	破坏约 50%	
柱	浅黄色	范围大	起鼓脱落面积 大于 40%	裂缝多 而宽	大于 40%	主筋鼓起，扭曲	完全破坏	相当四级
板	粉红色	爆裂多而严重	脱落面积 大于 50%	裂缝严重	大于 40%	变形大，主筋弯曲	完全破坏	
梁	浅黄色	下部爆裂，能看见主筋，爆裂面积大	脱落面积 大于 40%	裂缝多 而宽	主筋 80% 暴露	挠度大于规范规定值数倍	完全破坏	

9.3 当量升温时间的推定

为了计算火灾后构件的剩余承载力，必须首先确定构件的温度场。由于火灾条件千变万化，构件温度场求解多以标准升温为条件。所以，应推定出室内一般火灾的标准当量升温时间，在此基础上确定温度场和剩余承载力。

9.3.1 实耗可燃物推定法

着火房间内存在可燃物才可能造成火灾。可燃物分为固定可燃物和容载可燃物。固定可燃物可通过建筑施工图查得。原有容载可燃物量应通过调查知情者获得，扣除火场烧剩的可燃物量即可估计出火灾实耗可燃物数量。实耗可燃物总发热量称为火灾实耗总热负荷，由下式求出：

$$L=\sum G_i H_i \tag{9.1}$$

式中 L——实耗热负荷，MJ；

G_i——第 i 种实耗可燃物质量，kg；

H_i——第 i 种可燃物单位发热量，MJ/kg。

求出火灾实耗热负荷后，可依据室内平均温度曲线，进而计算承载力。

9.3.2　残留物烧损特征推定法

各种材料都有各自的特征温度，如燃点、熔点等。因此，通过检查火场残留物的燃烧、熔化、变形和烧损程度即可估计火灾温度，进而推定当量升温时间。各种材料的燃点、熔点、变形、烧损状况见表 9.3～表 9.7。

玻璃的变态温度　　**表 9.3**

名称	代表制品	形态	温度(℃)
模制玻璃	玻璃砖、杯、缸、瓶，玻璃装饰物	软化或黏着	700～750
		变圆	750
		流动	800
片状玻璃	门、窗玻璃，玻璃板，增强玻璃	软化或黏着	700～750
		变圆	800
		流动	850

金属材料的变态温度　　**表 9.4**

材料名称	代表制品	形态	温度(℃)
铅	铅管子、蓄电池、玩具等	锐边变圆，有滴物状	300～350
锌	锚固件、测锤、其他镀锌材料	有滴物状形成	400
铝及其合金	机械部件、门窗及配件、支架装饰材料、厨房用具等	有滴物状形成	650
银	装饰物、餐具、银币	锐边变圆，有滴物状形成	950
黄铜	门拉手、锁、扣子机具、五金等	锐边变圆，有滴物状形成	950
青铜	窗框、艺术品等	锐边变圆，有滴物状形成	1000
紫铜	电线、铜币	方角变圆，有滴物状形成	1100
铸铁	管子、暖气片、机器支座等	有滴物状形成	1100～1200
低碳钢	管子、家具、支架等	扭曲变形	＞700

油漆的烧损状况　　**表 9.5**

温度(℃)		＜100	100～300	300～600	＞600
烧损状况	一般油漆	表面附着黑烟和油烟	有裂缝和脱皮	变黑，脱落	烧光
	防锈油漆	完好	完好	变色	除防火涂料外均烧光

部分材料燃点温度　　**表 9.6**

材料名称	燃点温度(℃)	材料名称	燃点温度(℃)
木材	240～270	麻绒	150
纸	130	树脂	300
棉花	150	黏胶纤维	235
棉布	200	涤纶纤维	390

续表

材料名称	燃点温度(℃)	材料名称	燃点温度(℃)
橡胶	130	丁烷	405
尼龙	424	聚乙烯	342
酚醛	571	聚四氟乙烯	550
乙烯	450	聚氯乙烯	454
乙炔	299	氯-酯共聚	433～557
乙烷	515	乙烯丙烯共聚	454
丁烯	210		

建筑用塑料的软化点 **表 9.7**

种类	软化点(℃)	主要制品
乙烯	50～100	地面,壁纸,防火材料
丙烯	60～95	装饰材料,涂料
聚苯乙烯	60～100	防热材料
聚乙烯	80～135	隔热、防潮材料
硅	200～215	防水材料
氟化塑料	150～290	配管支承板
聚酯树脂	120～230	地面材料
聚氨酯	90～120	防水、防热材料,涂料
环氧树脂	95～290	地面材料,涂料

检查火场残留物时，应注意以下几点：

(1) 现场残存物的原始位置

火灾发生后，由于扑救等原因，现场难以保存完好。因此，检查现场残存物要及时，并通过现场勘察和调查，确定残存物火灾前所处的位置、数量、形状等。要以火灾前的位置来推断该处温度。室内火灾中，一般楼板底、梁底、门窗洞口上方过梁处温度高，应注意检查。

(2) 火灾温度的取值

在火场检查残存物时要细致观察，可由已烧损的残存物推定火灾温度的下限，同时要以未烧损变形或未燃烧物来推定火灾温度的上限。如某次室内火灾后，检查发现室内楼板下铅电线烧熔流，估计该处温度为 650℃以上；钢窗框扭曲变形，估计该处温度为 700℃以上；玻璃窗玻璃熔流，估计温度为 800℃，但是黄铜制作的窗五金未烧损，估计该处温度低于 950℃。据此，可推断这次室内火灾温度约在 650～900℃之间。

(3) 火灾侵害的范围

发生火灾时建筑物各处损害的大小是不同的，即火灾温度各处并非都相同。在检查现场残存物时，要注意未燃物品的位置，以此来推断不同温度的范围。如某次火灾，烧损最严重处温度约 600～800℃，但距此 15m 的吊扇风叶（铝合金）仍完好，仅表面油漆龟裂。

确定了火灾温度后，可由下式推定当量升温时间：

$$t = \exp\left(\frac{T}{204}\right) \tag{9.2}$$

式中 T——构件表面的温度，℃；

t——当量升温时间，min。

式（9.2）是由标准耐火试验测得的混凝土构件表面温度与相应升温时间回归而得。

9.3.3 混凝土表面特征推定法

混凝土受到高温作用后，其表面颜色和外观特征均发生变化。据此，可大致推断出混凝土的表面温度。

混凝土的表面颜色随温度的变化情况列于表9.8。标准耐火试验中混凝土构件的颜色及其他外观特征列于表9.9。

确定了混凝土的表面温度后，可由式（9.2）推定当量升温时间。

总之，火灾当量升温时间的确定，应综合考虑各种因素，采用多种方法，通过分析比较，推定出较为合理的升温时间。

混凝土表面颜色随温度变化情况 **表9.8**

温度(℃)	<200	300～500	500～700	700～800	>800
颜色	灰青色，近似常温	浅灰，略显粉红色	浅灰白，显浅红色	灰白，显浅黄色	浅黄色

标准耐火试验中钢筋混凝土结构混凝土表面颜色及外观特征 **表9.9**

升温时间(min)	炉温(℃)	外观特征				锤击声音
		混凝土颜色	表面裂纹	疏松脱落	露筋	
20	790	灰白，略显黄色	棱角处有少许细裂纹	无	无	响亮
20～30	790～863	灰白，略显浅黄色	表面有较多细裂纹	棱角处有轻度脱落，可见部分石子石灰化	无	较响亮
30～45	863～910	灰白，显浅黄色	表面有少量贯穿裂纹	混凝土表面轻度起鼓，表层混凝土呈疏松状，角部脱落	无	沉闷
45～60	910～944	浅黄色	表面有少量细裂纹	角部疏松，严重炸裂脱落，集料石灰化	无	声哑
60～75	944～972	浅黄色	裂纹不清	表面起鼓，角部严重脱落	露筋	声哑
75～90	972～1001	浅黄色并显白色	裂纹不清	表层疏松脱落严重	露筋	声哑
100	1026	浅黄显白色	裂纹不清	表面混凝土严重脱落	严重露筋	声哑

9.4 混凝土构件截面温度场计算实用表格

为了计算构件受火后的剩余承载力，必须确定构件截面温度场分布。本节以表格形式给出通过差分法解出的在标准升温条件下常用钢筋混凝土构件截面温度场数值，计算中可直接查用。

9.4.1 实心板

板的温度值见附表9.1。表中给出了板厚度为80、100、120、150、200mm五种规格。使用时根据实际尺寸查用厚度接近的表格。表中温度值是厚为 10mm 区间中点处温度，以“℃计”。表中 s 为迎火距离，即某点至板下表面距离（mm），t 为标准升温时间（min）。

9.4.2　圆形柱

圆形柱截面温度值见附表 9.2。表中给出了半径为 150、170、200、220、250、270、300、320、350mm 九种规格。如果实际的柱半径与表中不符，按最接近的查用，在圆心部位增减必要尺寸。这些增减部位范围内的温度，取表中最接近圆心处的温度，即把表中最接近圆心的那个温度值重复使用多次，直至半径达到所需要的规格。例如求半径为 175mm 圆柱的温度分布，可查附表 9.2（b），其半径为 170mm，这时将半径增至 175mm，所增加的 5mm 范围内温度取迎火距离为 165mm 处温度，如受火时间为 90min，则为 137℃。

9.4.3　矩形截面

矩形截面的温度值见附表 9.3。表中的截面宽度 b=240～400mm，其间隔 40mm。在受火 1.5h 内，如截面宽度大于 400mm 仍采用 400mm 时的温度值，但把对称轴边上的一列温度值重复利用，直到满足所研究的宽度为止。应当注意，当受火时间更长，按 400m 宽度计算将使得误差过大。由于在 1.5h 内，梁下面所受热量对梁上部温度影响不大，所以表中仅给出梁下部 200mm 范围内的温度。当需求上部温度时，直接利用最上一行数值，即距梁下表面 190mm 处一行值。由于对称性，表中只给出了对称轴左侧部分的温度。表中温度是边长为 20mm 的正方形中心处的温度（℃），如图 9.1 所示。

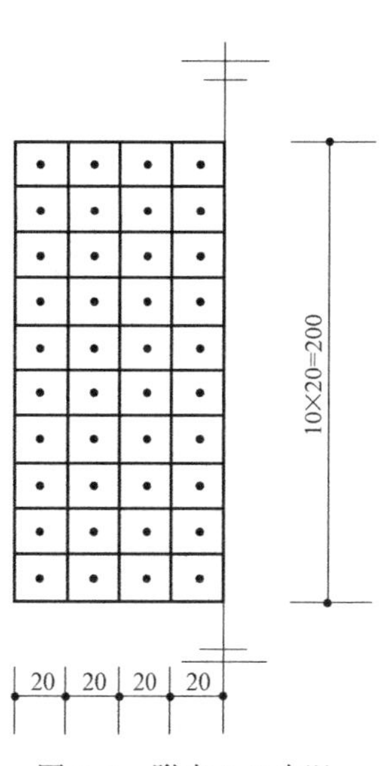

图 9.1　附表 9.3 中温度点位置示意

此外，当所研究的截面宽度不同于表中规格时，可查用其宽度最为接近的表格，并重复利用对称轴最近处一列温度值。对每一种截面，附表 9.3 给出了受火时间为 60、70、80、90 分钟时的温度。

9.5　火灾后钢筋、混凝土的力学性能及构件截面特征参数

9.5.1　材料性能

（1）混凝土

试验证明，混凝土受高温作用后冷却到室温时，其抗压强度呈降低趋势。定义混凝土试块在受到温度 T 作用而冷却后的抗压强度 f_{cuT} 与常温抗压强度 f_{cu} 之比为混凝土的强度折减系数 K_c，即

$$K_c=f_{cuT}/f_{cu} \tag{9.3}$$

根据四川消防科研所试验结果，K_c 取值见表 9.10。

K_c 值　　　　**表 9.10**

T(℃)	100	200	300	400	500	600	700	800
K_c	0.94	0.87	0.76	0.62	0.50	0.38	0.28	0.17

混凝土的弹性模量折减系数见表 9.11。

K_{cE} 值 **表 9.11**

T(℃)	100	200	300	400	500	600	700	800
K_{cE}	0.75	0.53	0.40	0.30	0.20	0.10	0.05	0.05

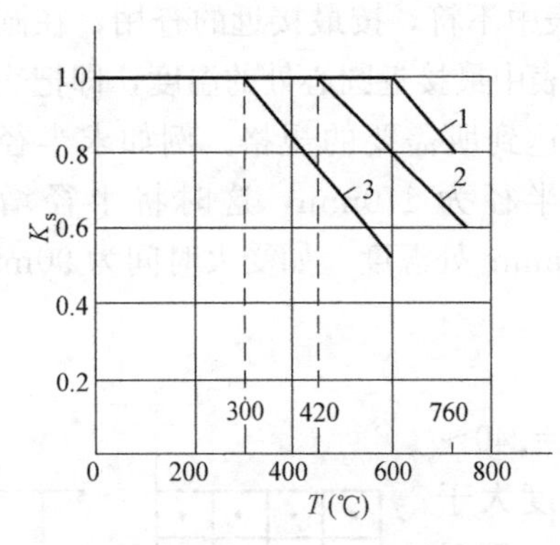

图 9.2 钢筋冷却后强度折减系数

1—热轧钢筋屈服强度；2—冷加工钢筋的屈服强度；3—预应力钢筋的屈服强度和抗拉强度

混凝土的应力-应变曲线和常温下相似，只是更为平缓，极限压应变值更大。

(2) 钢筋

试验表明，钢筋受高温作用冷却后，其强度有较大幅度恢复。图 9.2 是钢筋强度折减系数，计算时可直接查用。

根据四川消防科研所研究，也得到同样结论，且我国常用Ⅰ、Ⅱ级钢在 600℃以下冷却后各项物理、力学指标均满足工程要求。

应当注意，钢筋的抗压强度和抗拉强度折减系数取值相同。

钢筋的弹性模量折减系数按表 9.12 取值。

钢筋的弹性模量折减系数 K_{sE} 值 **表 9.12**

T(℃)	≤600	K_{sE}	1.0

(3) 黏结强度

高温冷却后钢筋与混凝土的黏结强度折减系数可按表 9.13 取值。

钢筋与混凝土的黏结强度折减系数 K_τ 值 **表 9.13**

T(℃)	100	200	300	400	500	600	700
变形钢筋	0.93	0.84	0.75	0.58	0.40	0.22	0.05
光圆钢筋	0.84～0.89	0.62～0.75	0.40～0.60	0.2～0.35	0～0.10	—	—

注：新轧光圆钢筋取下限，严重锈蚀者取上限。

9.5.2 构件截面特征参数

(1) 钢筋的缩减截面

在钢筋混凝土构件中，钢筋受火以后其强度降低。同一种钢筋（抗拉筋或抗压筋）达到极限时所受的力为：

$$\sum A_{si} f_{yTi} = f_y A_{sT} \tag{9.4}$$

$$A_{sT} = \sum K_{si} A_{si}$$

式中 A_{sT}——钢筋的缩减截面。即把受火后的钢筋强度视为不变，而把原有截面积视为减小；

A_{si}——第 i 根钢筋的截面面积；

K_{si}——第 i 根钢筋的强度折减系数，其值由钢筋温度查图 9.2 得出。

由于钢筋强度受火冷却后恢复较好，所以计算构件剩余承载时必须考虑黏结情况：

设火灾后冷却的钢筋强度折减系数为 K_s，黏结强度折减系数为 K_τ，实际锚固长度为 l'_a，则钢筋的最大工作应力 σ_{sT} 由平衡条件可得：

$$\sigma_{sT}=\frac{4l'_a}{d}K_\tau\tau_u \tag{9.5}$$

式中 d——钢筋直径；

τ_u——钢筋常温黏结强度。设常温下钢筋充分发挥作用时其最小锚固长度为 l_a（即规范规定值），由平衡条件有：

$$f_y=\frac{4l_a}{d}\tau_u \tag{9.6}$$

代入式（9.5）得：

$$\sigma_{sT}=\frac{4l'_a}{d}K_\tau\tau_u=\frac{4l'_a}{d}K_\tau\cdot\frac{d}{4l_a}f_y=\frac{l'_a}{l_a}K_\tau f_y \tag{9.7}$$

从钢筋强度本身来讲，即使黏结力足够，其强度值只能取 $f_{yT}=K_s f_y$。显然，钢筋的最大工作应力即强度取值应由两个条件控制：钢筋本身强度 $K_s f_y$ 和锚固情况 $K_s<\frac{l'_a}{l_a}K_\tau$。计算构件剩余承载力时只能从两者中取其小者：

$$f_{yT}=\min\left(K_s,\frac{l'_a}{l_a}K_\tau\right)f_y=k'f_y \tag{9.8}$$

上式表明，当 $K_s<\frac{l'_a}{l_a}K_\tau$ 时，由钢筋强度本身控制强度取值，当 $K_s>\frac{l'_a}{l_a}K_\tau$ 时，应由锚固情况控制钢筋强度取值。l'_a 为钢筋实际锚固长度，即计算截面到钢筋两个端头处的较小距离。当为焊接接头时，按连续整根钢筋考虑。当 $l'_a>1500\text{mm}$ 时取 $l'_a=1500\text{mm}$。

在下列情况下，可不考虑钢筋黏结强度的影响：

① 跨中钢筋通长布置时。此时，实际锚固长度 l'_a 较大，且断头又伸入支座。

② 钢筋断头伸入支座或节点长度大于等于 l_a 时，此时锚固区得到保护，只考虑另一端锚固情况。

③ 钢筋端部有可靠锚固措施时。

由于需考虑黏结力，所以式（9.4）应改为：

$$A_{sT}=\sum K'_i A_{si} \tag{9.9}$$

（2）矩形截面宽度折减系数 $K(s)$

如图 9.3 所示坐标系下的截面，把构件矩形截面按 $\Delta x\times\Delta y$ 划分成网格，取每一个小方块单元中心温度为该单元的温度，按表 9.14 求出相应的强度折减系数 K_{ci}，则该单元可抵抗的外力为：

$$\Delta x\cdot\Delta y\cdot f_{cT}=\Delta x\cdot\Delta y\cdot K_{ci}f_c \tag{9.10}$$

式中 f_c——混凝土常温抗压设计强度。在截面宽度 b 范围内求和，则高为 Δy 的混凝土小条可抵抗的外力为：

$$\sum_b \Delta y\cdot\Delta x\cdot K_{ci}f_c=K\cdot b\cdot\Delta y\cdot f_c \tag{9.11}$$

$$K=\frac{\sum_{b} K_{ci}\cdot \Delta x}{b} \tag{9.12}$$

式中，K 称为矩形截面宽度折减系数。由于 K 值随混凝土小条竖标 s 而变化，故改写为：

$$K(s)=\frac{\sum_{b} K_{ci}(s)\cdot \Delta x}{b} \tag{9.13}$$

式中　$\sum\limits_{b}$——表示在截面宽度 b 范围内求和。

(3) 阶梯形截面的面积系数 K_A (n)

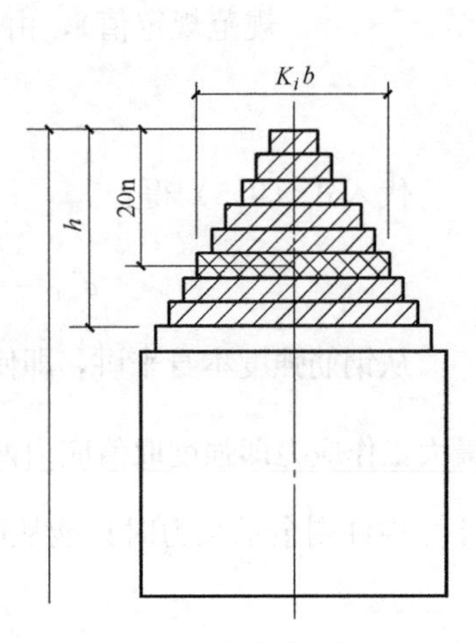

图 9.3　矩形截面受火后的有效截面

矩形截面受火后，混凝土强度降低，但可认为其强度没变而宽度缩减，则形心和合力不变。由于 K 值随竖标而变，可用 K 把原矩形截面化为阶梯形，如图 9.3 所示。每一小条高度取 20mm，宽为 $K_i b$。一个 n 阶阶梯形（即由 $n\times n$ 条混凝土小条组成）的总面积为：

$$A_{cT}=\sum_{1}^{n} K_i b\times 20=20b\sum_{1}^{n} K_i=20K_A(n)b \tag{9.14}$$

$$K_A(n)=\sum_{1}^{n} K_i \tag{9.15}$$

式中，$K_A(n)$ 为 n 阶阶梯形的面积系数，即图 9.3 阴影区内各混凝土小条宽度折减系数之和。

(4) 阶梯形面积形心距 $c(n)$

在承载力计算时需知道阶梯形形心位置。根据合力矩定理，阶梯形面积对受火边缘形心 c 可表达为：

$$c(n)=\frac{\sum_{1}^{n} K_i c_i}{\sum_{1}^{n} K_i} \tag{9.16}$$

式中　c_i——第 i 条混凝土小条到截面边缘的形心距。为使用方便，附表 9.4 给出了常用矩形截面的宽度折减系数 K、阶梯形面积系数 K_A 及形心距 c，计算时可直接查用。

(5) 圆形截面直径折减系数

圆形柱在四周受火时等温线是同心圆。把半径 R 按 ΔR 划分为一系列厚为 ΔR 的同心圆环，取圆环厚度中心温度为该环的温度，求出该环混凝土强度折减系数 K_{ci}；则该圆环可承担外力为 $\pi d\cdot\Delta R\cdot K_{ci} f_c$，其中 d 为第 i 个圆环的直径。对所有圆环求和则得圆形截面可承担的外力为：

$$\sum \pi d\cdot\Delta R\cdot K_{ci}\cdot f_c=\frac{1}{4}\pi(K_D\cdot D)^2 f_c$$

$$K_D=\frac{2\sqrt{\sum K_{ci}\Delta R\cdot d}}{D} \tag{9.17}$$

式中，K_D 为圆形截面直径折减系数，其值列于附表 9.5。

(6) 矩形板的 $\mathbf{K}$、$\mathbf{K_A}$、c

矩形板由于下面受火，板内同一深度处温度相等。与矩形截面相类似，其宽度折减系数 K、面积系数 K_A 和形心距 c 列于附表 9.4。

9.6 火灾后钢筋混凝土受弯构件剩余承载力计算

9.6.1 单筋矩形梁正截面承载力计算

(1) 基本假定

① 钢筋强度取 $f_{yT}=k'f_y$，k' 值按式（9.8）计算，其应力-应变曲线与常温时相似；

② 混凝土的应力-应变曲线如图 9.4 所示，并取 $\varepsilon_0=0.002$，$\varepsilon_{uT}=0.0033$；

③ 截面应变呈线性分布；

④ 截面受拉区拉力全由钢筋承担；

⑤ 用宽度折减系数把受压区折算成阶梯形（受压区受火）和矩形（受拉区受火），如图 9.5 所示。

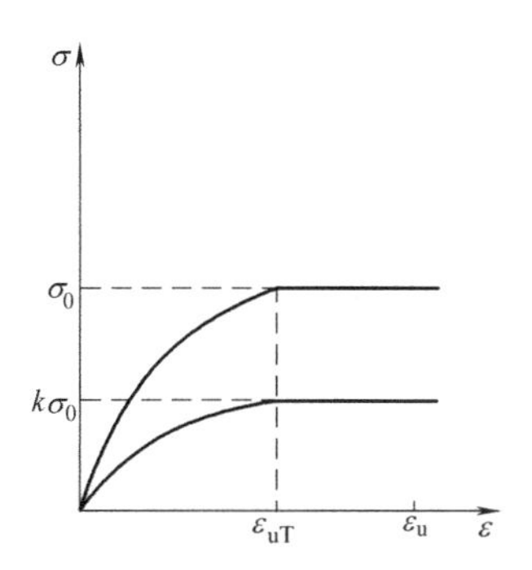

图 9.4 混凝土的应力-应变曲线

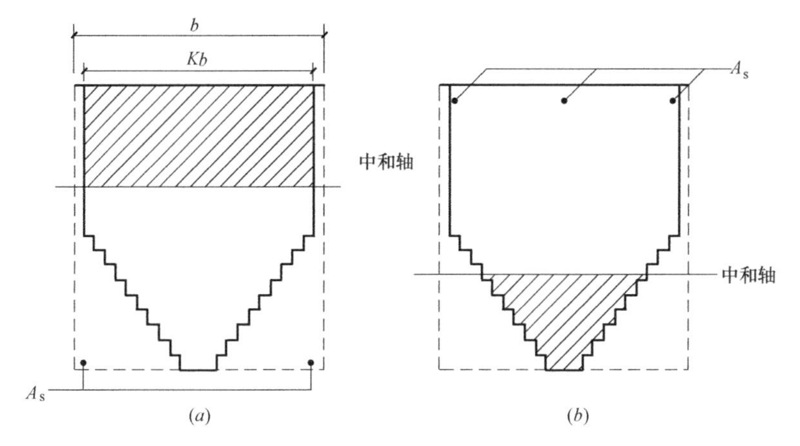

图 9.5 矩形受火后有效面积

（a）受拉区受火；（b）受压区受火

(2) 受拉区受火时抵抗弯矩的计算

由上述假定可见，火灾后剩余承载力计算与常温时的差别是：钢筋强度取值不同，受压区宽度由 b 变为 Kb，但仍为矩形。所以，抵抗弯矩计算与常温时相同。此处 K 为受压区宽度折减系数，取附表 9.4 中对应于 $s=190\text{mm}$ 处的值，b 为截面宽度。经矩形代换后，截面应力图形如图 9.6 所示。

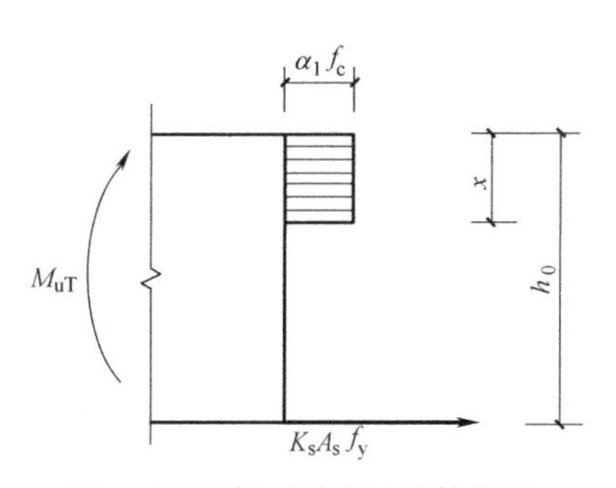

图 9.6 受拉区受火时计算简图

由平衡条件有

$$Kbx\alpha_1 f_c=A_{sT}f_y \tag{9.18}$$

$$M_{uT}=A_{sT}f_y(h_0-0.5x) \tag{9.19}$$

解式（9.18），如 $x\leqslant\xi_{bT}h_0$，由式（9.19）计算 M_{uT}；

如果 $x>\xi_{bT}h_0$，则由下式计算 M_{uT}：

$$M_{uT}=Kbx_{max}\alpha_1 f_c(h_0-0.5x_{max}) \tag{9.20}$$

$$x_{max}=\xi_{bT}h_0=\frac{0.8h_0}{1+\dfrac{f_{yT}}{0.0033E_{sT}}} \tag{9.21}$$

$$f_{yT}=K_s f_y \tag{9.22}$$

$$E_{sT}=K_{sE}E \tag{9.23}$$

式中 f_y——钢材设计强度；

E——弹性模量；

K_s、K_{sE}——分别为按角点处钢筋温度所确定的强度和弹性模量折减系数。

当为花篮形或十字形截面，由于上部受压区受到楼板保护，取 $K=1.0$。

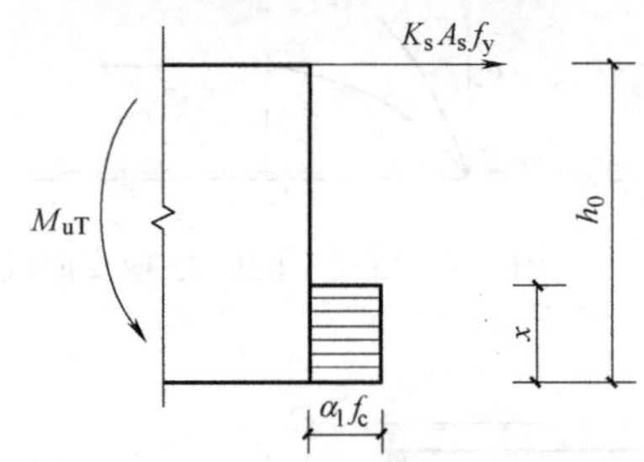

图 9.7 受压区受火时计算简图

（3）受压区受火时抵抗弯矩计算

对于支座截面，即受压受火时，受压区有效截面是阶梯形。作矩形代换，即在受压高度 x 范围内，混凝土应力均为 $\alpha_1 f_c$，只是受压区是由一组宽度为 $K_i b$ 的矩形小条构成。截面应力图形如图 9.7 所示。

由于前述计算的假定与常温下相同或相似，而常温下矩形梁抵抗弯矩计算可近似推广到圆形和 T 形截面，所以必然也能推广到受压区为阶梯形时的计算。

由平衡条件得：

$$\alpha_1 f_c b\sum_x \Delta h_i K_i=A_{sT}f_y \tag{9.24}$$

$$M_{uT}=b\alpha_1 f_c\sum_x \Delta h_i K_i(h_0-c_i) \tag{9.25}$$

式中 f_c——混凝土常温抗弯设计强度；

Δh_i——第 i 条混凝土小条高度；

K_i——第 i 条混凝土小条的宽度折减系数；

A_{sT}——钢筋的缩减截面；

f_y——钢筋常温设计强度；

M_{uT}——梁截面抵抗弯矩；

h_0——截面有效高度；

c_i——第 i 条混凝土小条对受压边缘的形心距。

直接按以上两式求解抵抗弯矩时，应从受压边缘起，对各条混凝土求和，直至满足式（9.24）时，即可求出受压高度 x。在 x 范围内各条混凝土对受拉钢筋形心的力矩之和即为抵抗弯矩。

应当注意，求出的 x 应满足：

$$x\leqslant x_{max}=\xi_{bT}h_0 \tag{9.26}$$

否则，抵抗弯矩应为：

$$M_{uT}=b\alpha_1 f_c \sum_{x_{max}} \Delta h_i K_i (h_0 - c_i) \tag{9.27}$$

式中，$\sum_{x_{max}}$ 弯矩只能在 x_{max} 范围内计算，超过此值的受压区高度将发生混凝土受压破坏。

当采用计算机计算时，上述公式较为方便。采用手算时显得太麻烦，为简化计算，可采用下述 3 个步骤：

①判断中和轴大致位置。

设
$$K_A(n)=\sum_1^n K_i$$
$$K_A(n+1)=\sum_1^{n+1} K_i$$

若下式成立

$$K_A(n) \leqslant \frac{A_{sT} f_y}{20 b\alpha_1 f_c} \leqslant K_A(n+1) \tag{9.28}$$

则必有

$$20n \leqslant x \leqslant 20(n+1) \tag{9.29}$$

② 求中和轴准确位置。设 $x=20n+x_1$，如图 9.8 所示。受压区由一个 n 阶阶梯和一个矩形构成。阶梯形高 $20n$，其面积系数为 $K_A(n)$，形心距为 $c(n)$，可由附表 9.4 查出。矩形高为 x_1，宽为 $K(n+1)b$，由平衡条件得：

$$20K_A(n)b\alpha_1 f_c + \alpha_1 f_c K(n+1) b x_1 = A_{sT} f_y$$

从而有

$$x_1 = \frac{A_{sT} f_y - 20K_A(n) b\alpha_1 f_c}{K(n+1) b\alpha_1 f_c} \tag{9.30}$$

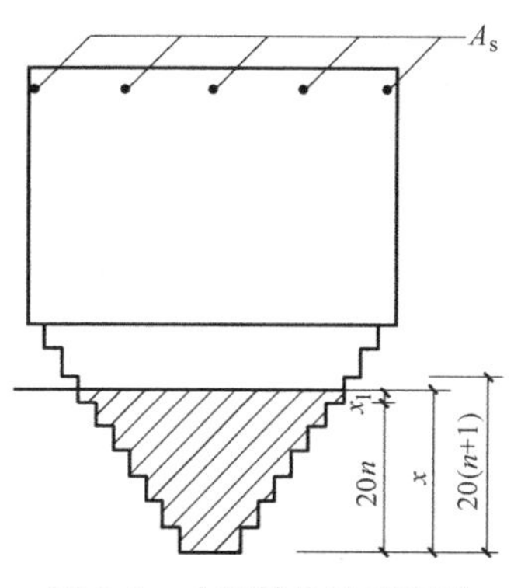

图 9.8 中和轴位置示意图

③ 求截面抵抗矩。把阶梯形和矩形受压面积上混凝土合力分别对受拉钢筋形心取矩后相加得抵抗弯矩。当 $x=20n+x_1 \leqslant x_{max}=\xi_{bT} h_0$ 时，抵抗弯矩为：

$$M_{uT}=20K_A(n)b\alpha_1 f_c[h_0 - c(n)] + K(n+1) b x_1 \alpha_1 f_c \left(h_0 - 20n - \frac{x_1}{2}\right) \tag{9.31}$$

当 $x=20n+x_1 > x_{max}=\xi_{bT} h_0$ 时，只能在 x_{max} 范围内把混凝土合力对钢筋形心取矩，即将 $x_1 = x_{max} - 20n$ 代入式（9.31）得抵抗弯矩为：

$$M_{uT}=20K_A(n)b\alpha_1 f_c[h_0 - c(n)] + K(n+1) b\alpha_1 f_c (x_{max} - 20n)\left(h_0 - 10n - \frac{x_{max}}{2}\right) \tag{9.32}$$

当为花篮形或十字形截面时，钢筋受到楼板保护，取 $A_{sT}=A_s$。

9.6.2 实心板正截面承载力计算

(1) 受压区受火时抵抗弯矩计算

板的承载力计算同梁一样，只是板仅在下面受火，截面内传热属一维传热。把受压区按高为 10mm 分条，每条内混凝土温度相同，所以混凝土强度折减系数即为该条混凝土

的宽度折减系数。不同受火时刻下截面参数 K、K_A、c 已列于附表 9.4。如果

$$K_A(n) \leqslant \frac{A_{sT} f_y}{10 b \alpha_1 f_c} < K_A(n+1) \tag{9.33}$$

则必有

$$10n \leqslant x < 10(n+1)$$

设 $x = 10n + x_1$，由平衡条件得

$$x_1 = \frac{A_{sT} f_y - 10 b \alpha_1 f_c K_A(n)}{\alpha_1 f_c K(n+1) b} \tag{9.34}$$

如果 $x = 10n + x_1 \leqslant x_{max} = \xi_{bT} h_0$，则

$$M_{uT} = 10 K_A(n) b \alpha_1 f_c [h_0 - c(n)] + \alpha_1 f_c K(n+1) b x_1 \left(h_0 - 10n - \frac{x_1}{2}\right) \tag{9.35}$$

如果 $x = 10n + x_1 > x_{max} = \xi_{bT} h_0$，则

$$M_{uT} = 10 K_A(n) b \alpha_1 f_c [h_0 - c(n)] + \alpha_1 f_c K(n+1) b (x_{max} - 10n) \left(h_0 - 5n - \frac{x_{max}}{2}\right) \tag{9.36}$$

(2) 受拉区受火时抵抗弯矩计算

跨中截面受火后，上部受压区也是一个阶梯形，但该阶梯形受压边缘处最宽，向内逐渐变窄，因而附表 9.4 中 K_A、c 都不再适用，仅可从该表查混凝土小条的宽度折减系数 K。中和轴位置只能逐条试算来确定。

9.6.3 T形梁正截面承载力计算

(1) T形支座截面

T形支座截面翼缘位于受拉区，受火的受压区仍为矩形。所以，正截面承载力计算和矩形梁支座截面一样，只是受拉钢筋的温度近似按一维导热计算。此时，钢筋的迎火距离按最近的距离取用，如图 9.9 所示。

(2) T形跨中截面

跨中截面翼缘位于受压区，其温度分布也较为复杂，这里对其作近似简化处理：对于腹板，用其高度中点处的宽度折减系数折减其宽度：对翼缘用板厚（整体式肋梁楼盖）中点或翼缘高度中点（T形独立梁）处宽度折减系数折减翼缘宽度。通过腹板和翼缘宽度折减系数把原T形截面折算成受火后的有效截面（仍为T形），考虑钢筋强度取值后，按常温计算公式求抵抗弯矩。折算截面如图 9.10 所示。

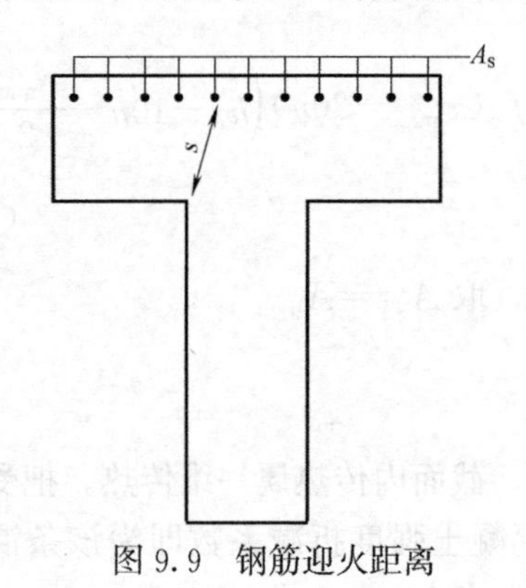

图 9.9　钢筋迎火距离

图 9.10　T形梁跨中折算截面

9.6.4 双筋矩形梁正截面承载力计算

(1) 受压区受火时抵抗弯矩计算

双筋梁承载力计算和单筋梁相同，只需考虑受压钢筋的作用即可。计算简图如图 9.11 所示。

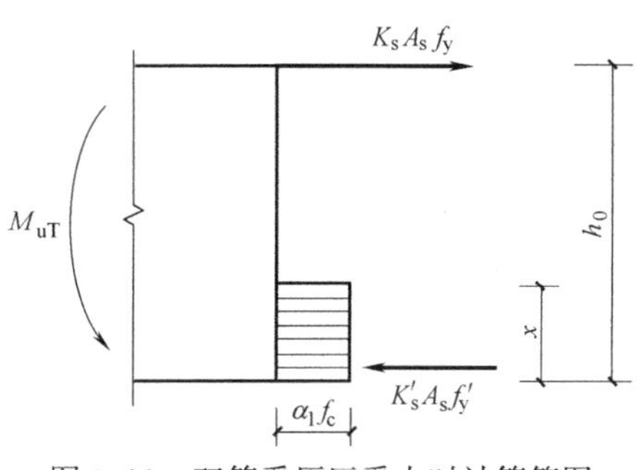

图 9.11 双筋受压区受火时计算简图

由平衡条件有

$$\alpha_1 f_c b \sum_x \Delta h_i K_i + A'_{sT} f'_y = A_{sT} f_y \tag{9.37}$$

$$M_{uT} = \alpha_1 f_c b \sum_x \Delta h_i K_i (h_0 - c_i) + A'_{sT} f'_y (h_0 - a'_s) \tag{9.38}$$

式中 A'_{sT}——受压钢筋缩减截面；

f'_y——受压钢筋常温设计强度；

a'_s——受压钢筋形心到受压边缘距离；

其余符号同单筋梁。

类似于单筋截面，设受压区由阶梯形组成，若

$$K_A(n) \leqslant \frac{A_{sT} f_y - A'_{sT} f'_y}{20 b \alpha_1 f_c} < K_A(n+1) \tag{9.39}$$

则必有

$$20n \leqslant x < 20(n+1)$$

可设 $x = 20n + x_1$

由平衡条件有

$$x_1 = \frac{A_{sT} f_y - A'_{sT} f'_y - 20 b \alpha_1 f_c K_A(n)}{b \alpha_1 f_c K n + 1} \tag{9.40}$$

如果 $x = 20n + x_1 \leqslant \xi_{bT} h_0$，则

$$M_{uT} = 20 K_A(n) b \alpha_1 f_c [h_0 - C(n)] + \alpha_1 f_c K(n+1) b x_1 \left(h_0 - 20n - \frac{x_1}{2}\right) + A'_{st} f'_y (h_0 - a'_s) \tag{9.41}$$

当 $x = 20n + x_1 > \xi_{bT} h_0$，则

$$M_{uT} = 20 K_A(n) b \alpha_1 f_c [h_0 - c(n)] + \alpha_1 f_c K(n+1) b (x_{max} - 20n) \left(h_0 - 10n - \frac{x_{max}}{2}\right) + A'_{sT} f'_y (h_0 - a'_s) \tag{9.42}$$

当 $x < 2a'_s$时，则

$$M_{uT} = A_{sT} f_y (h_0 - a'_s) \tag{9.43}$$

如果截面为花篮形或十字形，取 $A_{sT} = A_s$。

(2) 受拉区受火时抵抗弯矩计算

受拉区受火时，混凝土受压区为矩形，计算简图如图 9.12 所示。由平衡关系有

$$\alpha_1 f_c K b x + A'_{sT} f'_y = A_{sT} f_y \tag{9.44}$$

$$M_{uT}=\alpha_1 f_c Kbx(h_0-0.5x)+A'_{sT}f'_y(h_0-a'_s) \tag{9.45}$$

式中 K——受压区宽度折减系数，取附表9.4中 $n=10$ 一行的值；

其余符号意义同前。

解式（9.44），当 $x\leqslant\xi_{bT}h_0$ 时，由式（9.45）求抵抗弯矩；当 $x>\xi_{bT}h_0$ 时，则

$$M_{uT}=\alpha_1 f_c Kbx_{max}(h_0-0.5x_{max})+A'_{sT}f'_y(h_0-a'_s) \tag{9.46}$$

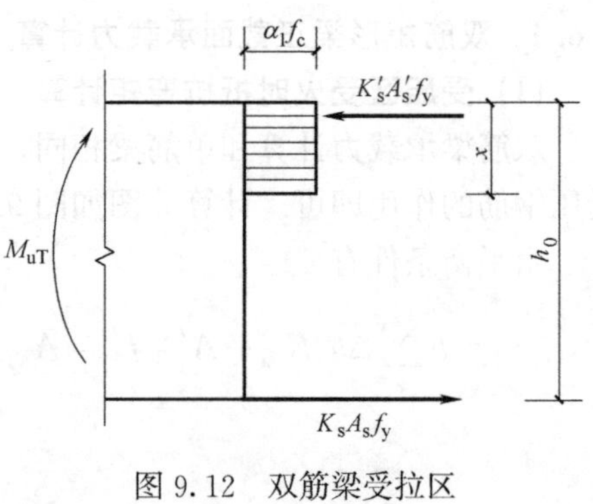

图9.12 双筋梁受拉区受火时计算简图

当 $x<2a'_s$ 时，由式（9.42）求 M_{uT}。

如果截面为花篮形或十字形，取 $A'_{sT}=A_s$，$K=1.0$。

9.6.5 矩形梁斜截面承载力计算

斜截面承载力由两部分构成：无腹筋梁的抗剪力和所配腹筋（箍筋和弯筋）的抗剪力。由于箍筋多为封闭状，与主筋形成骨架，而弯筋多由主筋弯起，锚固长度足够大，受力后不会发生滑移，所以计算抗剪承载力时不考虑黏结强度影响，只需按温度确定钢筋强度，即在常温计算公式中，引入钢筋强度折减系数即可。无腹筋梁的承载力随混凝土强度降低，原截面缩减成一个矩形和一个10阶的阶梯形。阶梯形面积为 $20K_Ab$，矩形面积为 $Kb(h_0-200)$。所以，在常温抗剪计算公式中用 $20K_Ab+Kb(h_0-200)$ 代替原截面 bh_0 即可求出抗剪承载力：

对承受均布荷载的梁：

$$V_{uT}=0.7f_t[20K_Ab+Kb(h_0-200)]+K_vf_{yv}\frac{A_{sv}}{s}h_0+0.8K_sf_yA_{sb}\sin\alpha \tag{9.47}$$

对承受集中荷载的梁：

$$V_{uT}=\frac{1.75}{\lambda+1.5}f_t[20K_Ab+Kb(h_0-200)]+K_vf_{yv}\frac{A_{sv}}{s}h_0+0.8K_sf_yA_{sb}\sin\alpha \tag{9.48}$$

式中 V_{uT}——梁受火后抗剪承载力；

f_t——混凝土常温轴心抗拉强度设计值；

b——截面宽度；

h_0——截面有效高度；

f_{yv}——箍筋常温设计强度；

A_{sv}——一道箍筋各肢总截面面积；

s——箍筋间距；

f_y——弯筋常温设计强度；

A_{sb}——弯起筋截面面积；

α——弯起筋与梁轴线夹角；

K_v——箍筋强度折减系数，按距下梁表面190mm处箍筋温度查图9.2；

K_s——弯筋强度折减系数；因其温度低，一般取1.0；

K_A——10阶阶梯形面积系数，查附表9.4；

K——梁上半部宽度折减系数，查附表9.4；

λ——计算截面剪跨比$\lambda=a/h_0$，a为集中荷载作用点至支座的距离。当$\lambda<1.4$时，取$\lambda=1.4$；当$\lambda>3$时，取$\lambda=3$。

为避免斜压破坏，应满足：

$$V_{uT}<V_{umax}=0.25f_c[20K_Ab+Kb(h_0-200)] \quad (9.49)$$

9.7 火灾后钢筋混凝土柱剩余承载力计算

9.7.1 轴心受压柱

(1) 矩形柱

钢筋混凝土受火烧以后，平截面假定依然成立。在达到承载力极限状态时，钢筋和混凝土柱在四面均匀受火时，混凝土有效截面不是矩形而是双轴对称阶梯形，计算简图如图9.13所示。

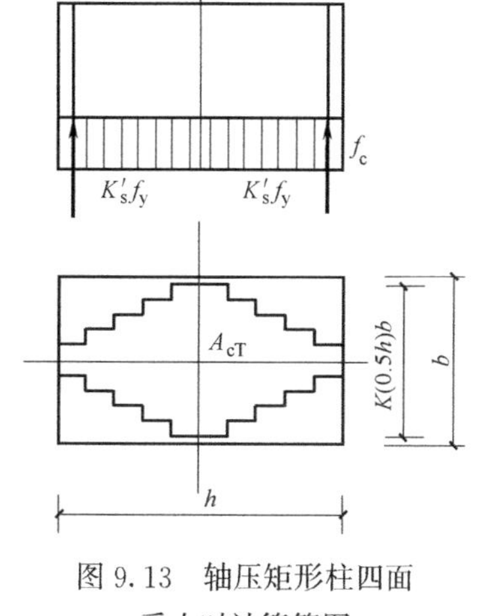

图9.13 轴压矩形柱四面受火时计算简图

由力的平衡，并引入纵向弯曲系数φ_T得

$$N_{uT}=0.9\varphi_T(A'_{sT}f'_y+A_{cT}f_c) \quad (9.50)$$

式中 N_{uT}——矩形柱四面受火时承载力；

A'_{sT}——纵向钢筋缩减截面，同前计算；

f'_y——纵向钢筋常温设计强度；

f_c——混凝土常温轴心受压强度；

φ_T——纵向受弯系数，由$\frac{l_0}{K(0.5h)b}$值查《混凝土结构设计规范》GB50010—2010（2015年版）得；

l_0——柱的计算长度；

$K(0.5h)$——柱截面形心处宽度折减系数；

A_{cT}——有效截面。

$$A_{cT}=b\sum_h K_i\Delta_h \quad (9.51)$$

即把截面按Δh划分为若干小条，每条宽为K_ib，高为Δh，然后在h方向求和。当然，A_{cT}也可直接查附表9.4中K_A值进行计算。

实际工程中，矩形柱往往非四面受火，常见的墙柱构造如图9.14所示。由于墙体保护部分柱不受火烧，柱受压变为偏心受压。现以图9.14（a）受火1.5h为例，研究这种

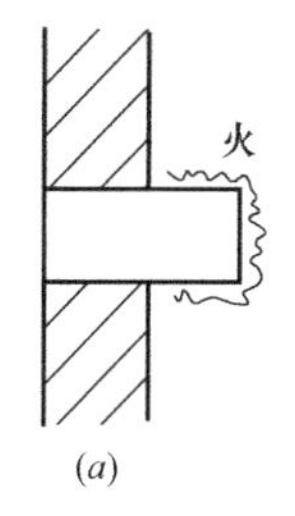

(a)

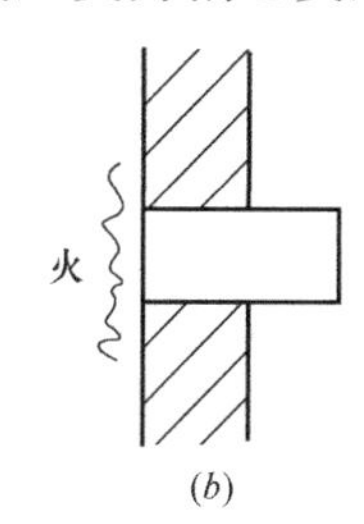

(b)

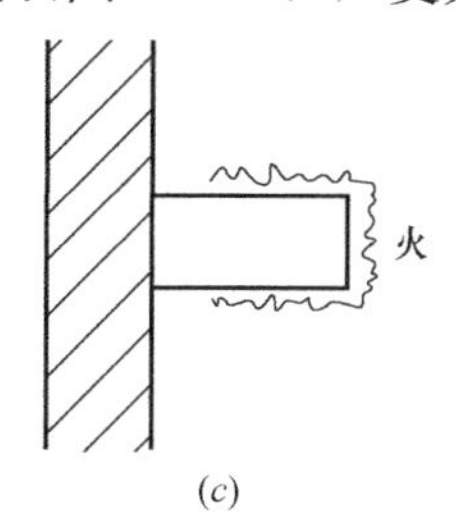

(c)

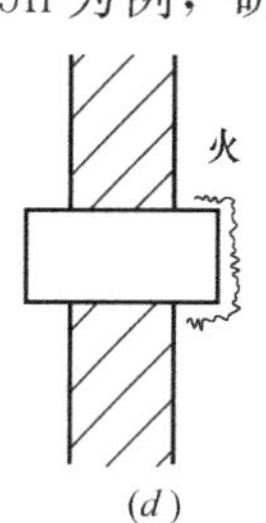

(d)

图9.14 非四面受火墙柱构造

偏心作用的大小。设柱截面 $b\times h=300\text{mm}\times400\text{mm}$，墙厚为 240mm。设柱背火面柱截面边缘宽度折减系数为 1.0，在墙厚度范围内宽度折减系数线性变化，查附表 9.4（f），在受火厚度 160mm 范围内，各混凝土小条的宽度折减系数列于图 9.15 中。

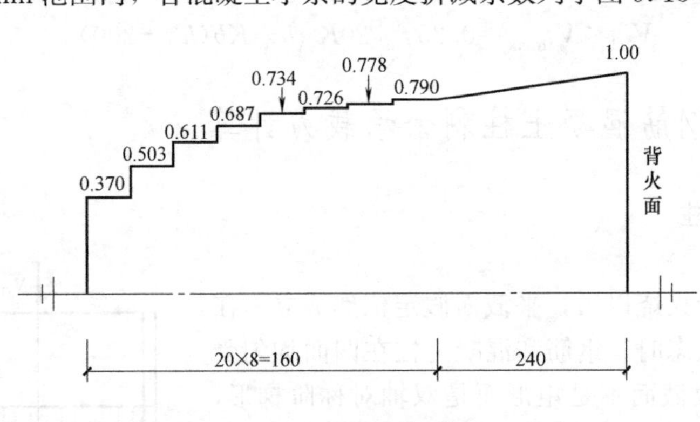

图 9.15　柱有效面积

由图 9.15 计算得知，有效截面形心距背火面距离为 182.5mm，偏心距 $e=200-182.5=17.5\text{mm}$，由于偏心距为 $17.5\text{mm}<0.1h=0.1\times400=40\text{mm}$，一般情况下计算承载力可不考虑形心的偏移，仍按轴心受压计算。

对于图 9.14 所示情况，承载力计算如下：

图 9.14（a）情况：背火面 K 取 1.0，墙厚范围内 K 按线性变化，其余部分查附表 9.4 确定 K 值；

图 9.14（b）情况：把柱高度视为板厚，按一维传热查附表 9.4 确定宽度折减系数；

图 9.14（c）情况：右侧高 200mm 范围内查附表 9.4 确定 K 值，其余部分均按附表 9.4 中 $n=10$ 时取用 K 值；

图 9.14（d）情况：背火面部分取 1.0，其余部分同图 9.14（a）处理。

（2）圆柱形

圆柱形一般均四面受火，等温线是一簇同心圆。附表 9.5 已给出了直径折减系数 K_D 以考虑混凝土强度的降低，承载力由下式计算：

$$N_{uT}=0.9\varphi_T\left[A'_{sT}f'_y+\frac{1}{4}\pi(K_DD)^2f_c\right] \tag{9.52}$$

式中，D 为柱直径，其余符号同前。

9.7.2　矩形偏心受压柱

（1）大偏心受压（$x\leqslant\xi_{bT}h_0$）

大偏心受压矩形柱受火后，与轴压柱一样，有效截面为双轴对称的阶梯形（四面受火），计算简图如图 9.16 所示。可用常温下的计算方法建立承载能力计算公式：设受压高度为 $20n$，即由 n 条高为 20mm 的小条组成，把各力对 N 作用线取矩。

$$K_A(n)\left[\eta e_i-\frac{h}{2}+c(n)\right]\leqslant\frac{A_{sT}f_y\left(\eta e_i+\frac{h}{2}-a_s\right)-A'_{sT}f'_y\left(\eta e_i-\frac{h}{2}+a'_s\right)}{20b\alpha_1f_c}$$

$$<K_A(n+1)\left[\eta e_i-\frac{h}{2}+c(n+1)\right] \tag{9.53}$$

则必有

$$20n \leqslant x < 20(n+1)$$

通过查附表 9.4 由式（9.53）试算可求出 n 值。

设 $x=20n+x_1$，则受压区由 n 阶阶梯形（高为 $20n$，形心为 $c(n)$，面积为 $20K_A(n)b$）和一个矩形（高为 x_1，宽为 $K(n+1)b$）构成。各力对 N 作用线取矩得：

$$20K_A(n)b\alpha_1 f_c\left[\eta e_i-\frac{h}{2}+c(n)\right]+\alpha_1 f_c K(n+1)bx_1\left(\eta e_i-\frac{h}{2}+20n+\frac{x_1}{2}\right)$$
$$+A'_{sT}f'_y\left(\eta e_i-\frac{h}{2}+a'_s\right)=A_{sT}f_y\left(\eta e_i+\frac{h}{2}-a_s\right) \tag{9.54}$$

解式（9.54），如果 $x=20n+x_1\leqslant\xi_{bT}h_0$，则为大偏心受压。当 $x=2a'_s$时，截面可抵抗的轴向压力为：

$$N_{uT}=20K_A(n)b\alpha_1 f_c+\alpha_1 f_c K(n+1)bx_1+A'_{sT}f'_y-A_{sT}f_y \tag{9.55}$$

当 $x<2a'_s$时，轴向压力为：

$$N_{uT}=\frac{A_{sT}f_y(h_0-a'_s)}{\eta e_i-\dfrac{h}{2}+a'_s} \tag{9.56}$$

截面可抵抗的弯矩为：

$$M_{uT}=N_{uT}e_0 \tag{9.57}$$

若 $x=20n+x_1>\xi_{bT}h_0$，则为小偏心受压。

以上各式中

A_{sT}——受拉钢筋缩减截面；

A'_{sT}——受压钢筋缩减截面；

$K_A(n)$——第 n 条混凝土小条以外面积的面积系数；

$K_A(n+1)$——第 $n+1$ 条混凝土小条以外面积的面积系数；

$c(n)$——n 阶阶梯形形心距；

$c(n+1)$——$n+1$ 阶阶梯形形心距；

$K(n+1)$——第 $n+1$ 条混凝土小条的宽度折减系数；

其他符号同常温。

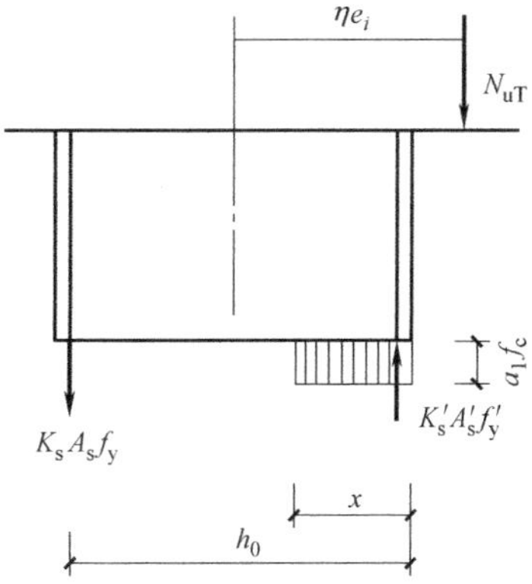

图 9.16 四面受火大偏心受压计算简图

(2) 小偏心受压（$x>\xi_{bT}h_0$）

小偏心受压计算简图如图 9.17 所示。随偏心距不同，受拉钢筋可能受拉，也可能受压，一般达不到设计强度，其应力为：

$$\sigma_s=\frac{0.8-x/h_0}{0.8-\xi_{bT}} \tag{9.58}$$

同时应满足

$$|\sigma_s|\leqslant f_y$$

当 σ_s 为正号时为拉力，负号为压力。

与常温情况不同的是，此时受压区是阶梯形而不是矩形，如图 9.18 所示。由于柱截面高度 h 较大，常温下的小偏心受压时 x 一般大于 200mm，设

$$x=200+x_1$$

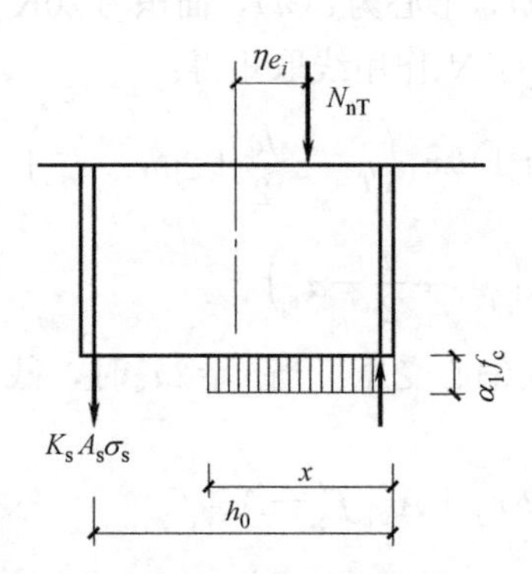

图 9.17　矩形四面受火小偏心受压计算简图

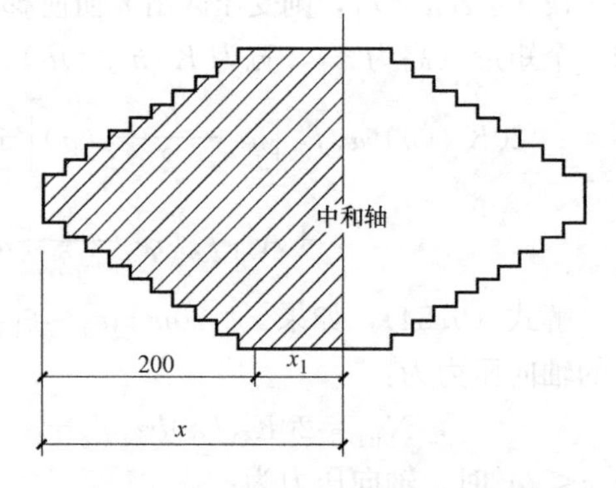

图 9.18　矩形受火小偏心受压柱中和轴

这样，把受压区分为两部分，一部分为 10 阶阶梯形，其面积为 $K_A(10)\times 20b$，形心为 c（10）；另一部分为矩形，其宽度为 $K(10)b$，高为 x_1。截面上各力对 N 作用线取矩：

$$20K_A(10)b\alpha_1 f_c\left[\eta e_i-\frac{h}{2}+c(10)\right]+\alpha_1 f_c K(10)bx_1\left(\eta e_i-\frac{h}{2}+200+\frac{x_1}{2}\right)+$$

$$A'_{sT}f'_y\left(\eta e_i-\frac{h}{2}+a'_s\right)=A_{sT}f_y\frac{0.8-\dfrac{200+x_1}{h_0}}{0.8-\xi_{bT}}\left(\eta e_i+\frac{h}{2}-a_s\right) \tag{9.59}$$

解上式求出 x_1。但应注意，中和轴不能进入另一侧阶梯形内，即在 x_1 范围内，宽度折减系数 K 应保持常数。如果 x 值较大，不能满足此条件，则应在式（9.59）基础上，对 x_1 以外的阶梯形逐条试算以确定 x 值。

求出 x 后，按下式求轴向压力：

$$N_{uT}=\sum_x \Delta h_i K_i b\alpha_1 f_c+A'_{sT}f'_y-A_{sT}\sigma_s \tag{9.60}$$

或当中和轴未进入另一侧阶梯形，则：

$$N_{uT}=20K_A(10)b\alpha_1 f_c+\alpha_1 f_c K(10)bx_1+A'_{sT}f'_y-A_{sT}\sigma_s \tag{9.61}$$

当 $x>h$ 时，式（9.60）、式（9.61）中只能取 $x=h$，但用式（9.58）求受拉筋 σ_s 时仍用原来求出的大于 h 的值。

截面所承担的弯矩计算同式（9.57）。以上各式中符号同大偏心受压。

此外，当 $e_0<0.1h$ 时，可近似按轴心受压计算，其中 h 为截面高度。

9.8　火灾损伤钢筋混凝土结构的加固补强

建筑物内发生火灾时，会对建筑物结构产生损伤及破坏。损伤的范围有大有小，损伤程度有轻有重。除少量建筑物被烧垮塌外（一般为钢结构和混凝土框架结构），损伤常常是局部的。如房屋的某一层或几层，或在大厅的某一部分，或只在某一承重构件中发生损

伤，而对其他部分没有损害。

一般来说，与新建相比 ，修复受损结构的费用少、工期短。所以，经过对火灾结构的检查和受损程度的评定，应提出适用的加固补强方案。

混凝土结构的修复方法很多，应根据各种结构的特点及火灾损伤程度，因地制宜地提出不同的修复方法。总的原则是：将严重损伤的混凝土铲除掉，修补空洞和缺损，采用等强原则对构件进行加固，保证构件原有承载力。加固前，应尽量使构件卸荷，使加固获得更好的效果。

9.8.1　按结构受损等级进行修复

（1）一级——轻度损伤

因结构受损较轻，仅粉刷层有轻度破坏，此类结构只需将其表面粉刷层或表面污物清理干净，重新进行装修粉刷即可。

（2）二级——中度损伤

这类构件应将烧松散的混凝土除掉，存留的混凝土表面清理干净，然后填补同等级混凝土，做成完好表面，保证钢筋不受锈蚀。对混凝土表面的细小裂缝，可采用水泥素浆，或以环氧树脂为基本组分的胶结材料来灌缝。水泥选用膨胀水泥或自应力水泥。灌缝方法的选择取决于裂缝宽度和深度。当裂缝深度小于等于 50mm，宽度小于等于 0.3mm，可采用平面式注浆机灌缝；较深裂缝开口两侧凿成 V 形再灌缝。将裂缝、孔洞、缺损修补好后，外部应抹灰，使构件满足外观要求。

此类构件在外部装修之前，应验算剩余承载力。如与构件设计承载力相差 5%以上，应对构件进行补强设计。

（3）三级——严重损伤

火灾后这类构件的承载力有不同程度降低，应根据剩余承载力计算结果，按等强原则进行加固。根据结构部位的不同，采用喷射混凝土或安装模板施工。用模板施工时应设法保证混凝土的密实性。为保证质量，新旧混凝土之间必须有良好的结合。在此结合面上涂刷环氧砂浆或水灰比为 0.4 的水泥浆。若需附加钢筋，则钢筋的保护层、锚固、搭接均应符合规范要求。

（4）四级——危险结构

因构件受火时间长，火灾温度高，结构受到实质性破坏。一般来讲，这类构件已在火灾时失去稳定性，且失去修复的可能性，应予拆除，另行更换新构件。拆换构件是一项较为困难而复杂的工作，必须对施工方案进行周密考虑，防止发生新的破坏。

9.8.2　柱子的加固

剩余承载力计算表明，钢筋混凝土构件承载力降低的主要原因是混凝土强度降低，加固应以提高混凝土抗压强度为主。加固时，应首先铲除受损严重的混凝土，由于柱断面临时减小，必要时应设支架，确保结构安全。柱子加固可采用增大截面法、角钢加固法和黏钢加固法。

（1）增大截面法

即在铲除原柱受损混凝土后，在柱周边用同等级的细石混凝土作外包层。新旧混凝土结合面上应清洗干净，涂刷环氧砂浆或水泥砂浆以增加黏结力。断面尺寸加大应适当，不仅应满足计算要求，还应有足够尺寸放置附加钢筋，并顺利浇筑混凝土。外包层厚度以不小于 60mm 为宜。在配置纵筋的同时应配置箍筋，其直径和间距应不小于原柱。

外包混凝土一方面可以帮助原柱承担荷载，同时对原柱产生环箍效应，提高其承载力。

外包层尺寸及配筋可按下述公式计算：

对轴心受压柱

$$0.8\varphi_T(A'_c f_c + A'_s f'_y) \geqslant N - N_{uT} \tag{9.62}$$

式中 φ_T——计算 N_{uT} 时采用的纵向弯曲系数；

A'_c——新增混凝土截面面积；

f_c——新增混凝土轴心抗压设计强度；

A'_s——附加纵筋截面面积；

f'_y——附加纵筋截抗压设计强度；

N——原柱承载力；

N_{uT}——柱剩余承载力；

0.8——后浇混凝土与原柱协同工作条件系数。

对偏心受压柱

$$0.8(A_c \alpha_1 f_c a_1 + A'_s f'_y a_2) \geqslant N - N_{uT}\left(\eta e_i + \frac{h}{2} - a_s\right) \tag{9.63}$$

式中 f_c——新增混凝土抗弯设计强度；

A_c——新增受压区混凝土面积，可近似取受压边缘一侧混凝土面积；

a_1——A_c 形心到原柱受拉钢筋形心的距离；

A'_s——新增受压区钢筋截面面积，只计受压边缘新布置的钢筋；

f'_y——新增受压钢筋抗压设计强度；

a_2——新增受压钢筋形心到原柱受拉钢筋形心的距离；

N——原柱承载力；

N_{uT}——柱剩余承载力；

ηe_i——原柱计算偏心距；

h——原柱截面高度；

a_s——原柱受拉钢筋净保护层厚度。

(2) 角钢加固法

即在柱四角用角钢进行加固，此法仅适用于承载力降低幅度较小时。因角钢和柱之间协同工作性能不好，提高承载力的途径主要是对混凝土产生侧向约束作用。角钢和柱应尽量结合紧密，柱凸出部分应打平，角钢连接可靠。焊接缀板时，应用临时夹具紧固，以取得较好的效果。角钢加固后刷漆。

(3) 粘贴钢板法

即用高强胶粘剂在柱外侧粘贴钢板。粘贴钢板后，钢板可与柱协同工作而分担荷载，同时对混凝土产生侧向约束作用。钢板外应挂钢丝网并粉刷，一则美观，二则可保护胶粘剂不老化。

钢板截面面积可按下式计算：

对轴心受压柱

$$0.8\varphi_T \cdot \min(L\delta f, A_\tau \tau) \geqslant N - N_{uT} \tag{9.64}$$

式中 0.8——协同工作条件系数；

φ_T——计算时采用的纵向弯曲系数；

L——钢板内表面周长；

δ——钢板厚度；

f——钢板抗压设计强度；

A_τ——钢板粘贴面面积；

τ——胶粘剂抗剪设计强度；

N——原柱承载力；

N_{uT}——柱剩余承载力。

对偏心受压柱

$$0.8\min(b\delta f, A_\tau \tau) \cdot a \geqslant N - N_{uT}\left(\eta e_i + \frac{h}{2} - a_s\right) \tag{9.65}$$

式中 0.8——工作条件系数；

b——受压边钢板宽度；

δ——受压边钢板厚度；

f——钢板抗压设计强度；

A_τ——受压边钢板粘贴面积；

τ——胶粘剂抗剪设计强度；

a——受压钢板内侧到原柱受拉钢筋形心的距离；

其余符号意义同式（9.63）。

9.8.3 梁的加固

在一般火灾条件下，梁中主筋强度在冷却后可恢复，梁承载力降低由混凝土强度降低引起。所以，加固应设法提高受压区抗压能力。在承载力降低不大，梁的配筋率较小时也可采用提高受拉主筋的方法来加固补强。梁的加固可采用下述各种方法：

（1）侧面加厚法

即把烧损严重的混凝土铲除后，在梁两侧用混凝土对称加厚，如图 9.19 所示。新旧混凝土结合面按前面所述方法处理。此法仅适用于支座及跨中截面的加固。新增混凝土厚度 δ 按式（9.66）计算：

$$\delta \geqslant 0.6(1-K)b \tag{9.66}$$

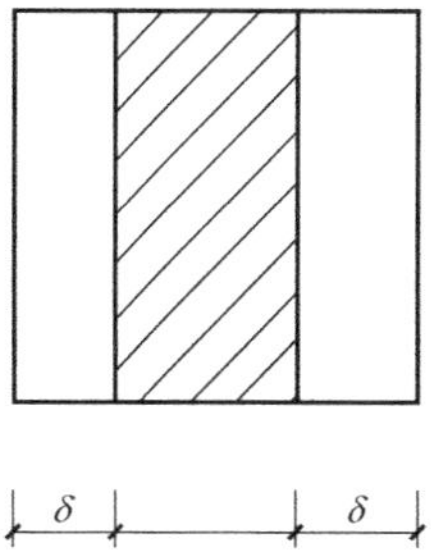

式中 b——梁宽度；

δ——新增混凝土每侧厚度，不包括铲除掉部分厚度；

K——剩余承载力计算时所采用的宽度折减系数，当为支座截面时，取受压区高度中点处折减系数。

δ δ

图 9.19 梁的加厚

式（9.66）适用于：①加固的混凝土强度等级大于等于原结构混凝土强度等级；②钢筋抗拉设计强度不降低。

同时，尚应按抗剪能力复核厚度：

$$0.7 \times 2\delta h_0 f_t \geqslant V - V_{uT} \tag{9.67}$$

式中　h_0——梁的计算高度；

f_t——新增混凝土的轴心抗拉设计强度；

V——梁的抗剪承载力；

V_{uT}——梁的剩余承载力。

（2）附加钢筋法

即在受拉区附加主筋以提高梁的抗弯能力。此法仅适用于跨中截面。附加钢筋应与原有钢筋焊接。所需钢筋截面面积按式（9.68）计算：

$$0.7h_0A_sf_y \geqslant M-M_{uT} \tag{9.68}$$

式中　A_s——附加钢筋截面面积；

f_y——附加钢筋抗拉设计强度；

$0.7h_0$——考虑协同工作条件后的近似内力臂；

h_0——截面有效高度；

M——梁的抵抗弯矩；

M_{uT}——梁的剩余抵抗弯矩。

当截面已成为超筋梁时此加固法不能采用。

（3）梁底贴钢板法

即铲除严重烧损的混凝土，复原截面，再在梁底面水平粘贴钢板当为支座截面，取 $0.8\min(b\delta f,\ bL\tau)$ 作为双筋梁的受压钢筋所能承担的压力，按前述方法核算承载力。当为跨中截面时，应满足

$$0.7\min(bdf, bL\tau)h_0 \geqslant M-M_{uT} \tag{9.69}$$

式中　b——钢板宽度，较梁宽稍窄；

d——钢板厚度；

f——钢板抗拉设计强度；

L——钢板长度；

τ——胶粘剂抗剪设计强度；

h_0——梁截面计算高度；

M——梁的原抵抗弯矩；

M_{uT}——梁的剩余抵抗弯矩。

（4）侧面粘贴钢板法

复原梁截面后，在梁侧粘贴钢板箍以提高抗剪能力。每侧所需钢板箍应满足式（9.70）或式（9.71）的要求。

对均布荷载：

$$3f\frac{b\delta}{s}h_0 \geqslant V-V_{uT} \tag{9.70}$$

对集中荷载：

$$2.5f\frac{b\delta}{s}h_0 \geqslant V-V_{uT} \tag{9.71}$$

式中　f——钢板箍抗拉设计强度；

b——钢板箍单肢宽度；

δ——钢板箍厚度；

s——钢板箍间距；

h_0——梁截面有效高度；

V——梁原截面抗剪承载力；

V_{uT}——梁剩余抗剪承载力。

粘贴钢板箍法应满足最小截面尺寸条件，否则，只能采用混凝土侧面加厚法加固。

9.8.4 楼板加固

楼板的跨中截面承载力一般降低不大，只需把烧损严重的混凝土铲除，然后用细石混凝土复原截面。必要时可在板底粘贴钢板。现浇连续板支座截面可用受压区粘贴钢板法加固。板的加固计算同梁。

9.8.5 桁架的加固

桁架烧损后，构件上出现裂缝，变形增大。由于钢筋强度恢复，拉杆承载力降低不大。压杆承载力降低较多。桁架的加固可采用粘贴钢板法。在构件侧面（连同节点）粘贴钢板。拉杆钢板厚度可不计算，压杆计算同轴心受压柱。钢板应在构件两侧对称粘贴。

9.9 火灾后砖砌体强度计算

在火灾事故中，砖砌体在较高的火灾温度下，由于砂浆和砖强度的下降，砖砌体的强度随之降低，从而影响砖砌体结构的承载能力。为了评估火灾后砖砌体承载力的损失，为火灾后砖混结构修复加固提供方案，有必要研究火灾后砖砌体强度的计算方法。

9.9.1 火灾后砖砌体强度计算

研究证明，火灾后砖砌体的抗压强度 f_{mt} 可以用式（9.72）计算：

$$f_{mt}=K_1(C_{t1}f_1)^{\alpha}(1+0.07C_{t2}f_2)K_2 \tag{9.72}$$

式中 f_1、f_2——分别为常温下砖和砂浆的抗压强度平均值；

α——参数，一般取 0.50；

K_1——无筋砖砌体抗压安全系数，$K_1=0.78$；

K_2——砂浆强度计算系数；当 $f_2\leqslant1$ 时，$K_2=0.6+0.4f_2$，当 $f_2>1$ 时，$K_2=1$；

C_{t1}、C_{t2}——分别为火灾后砖砌体中砖和砂浆的抗压强度折减系数。

f_{mt} 确认后，可以根据《砌体结构设计规范》GB 50003—2011，得到无筋砖砌体抗压承载力的计算公式为：

$$N\leqslant\varphi f_{mt}A \tag{9.73}$$

式中 φ——高厚比 β 和抗压承载力的偏心距 e 对抗压构件承载力影响系数；

A——砖砌体截面面积。

9.9.2 火灾后砖砌体中砖和砂浆的强度折减系数

火灾后砖砌体中砖和砂浆的强度折减情况可以根据试验结果获得。根据试验结果，确定火灾后 240mm 厚砖墙砌体中黏土砖和砂浆的强度折减系数，见表 9.14。

火灾后 240mm 厚砖墙砌体中黏土砖和砂浆的抗压强度折减系数　　表 9.14

火灾温度(℃)	C_{t1}(黏土砖)		C_{t2}(砂浆)		备注
	一面受火	两面受火	一面受火	两面受火	
500～700	1.0	1.0	1.0	1.0	当遇到消防救火喷水冷却时，表中砂浆的折减系数应减去 0.08，其他数据不变
750～850	1.0	1.0	1.0	0.95	
870～900	0.97	0.94	0.94	0.88	
925～1000	0.92	0.84	0.93	0.86	

思考题

1. 简述火灾现场调查的主要内容。
2. 简述火灾后混凝土构件检查和试验主要内容。
3. 如何评定火灾后结构受损程度？
4. 如何用当量升温时间推定结构受损程度？
5. 如何用实耗可燃物推定法确定结构受损程度？
6. 如何用残留物烧损特征推定法确定结构受损程度？
7. 如何用混凝土表面特征推定法确定结构受损程度？

第 10 章　自然灾害工程事故的分析与处理

10.1　概述

自然灾害像地震、滑坡、泥石流、暴雨等超过工程设计预定条件，例如超过地震设防烈度，暴雨、泥石流超过预定时间范围内的强度和时间长度等，造成工程结构破坏则属于自然灾害事故。而当地震未超过预定设防烈度而产生的工程结构破坏，暴雨、洪水、泥石流未超过预定时间范围内的强度和时间长度等发生的工程事故则属工程质量事故。

本章只研究超过预定条件而发生的事故，这种事故可用现行国家标准《民用建筑可靠性鉴定标准》GB 50292 进行鉴定并用相应的工程加固方法进行处理，对地震引起的工程事故，当工程结构有维修加固价值时，可采用现行国家标准《建筑抗震鉴定标准》GB 50023 进行鉴定，并按相应要求进行加固处理。工程达到设计基准期或者工程结构改变功能、未达到基准期但须加固维修的工程结构都可以采用现行国家标准《建筑抗震鉴定标准》GB 50023 进行鉴定，并进行相应的加固处理。本章就地震后或按需要进行抗震鉴定和加固处理的结构的鉴定和处理方法进行讨论。

10.2　建筑抗震鉴定范围及鉴定方法

地震后或需要进行抗震鉴定的建筑，其鉴定范围和鉴定方法在现行国家标准《建筑抗震鉴定标准》GB 50023 都有明确的规定，加固设计可遵循《建筑抗震加固建设标准》建标 158—2011 进行处理。

10.2.1　建筑抗震鉴定范围

符合现行国家标准《建筑抗震鉴定标准》GB 50023 要求的现有建筑，在预期的后续使用年限内具有相应的抗震设防目标，即后续使用年限 50 年的现有建筑，具有与现行国家标准《建筑抗震设计规范》GB 50011 相同的设防目标，后续使用年限少于 50 年的现有建筑，在遭遇同样的地震影响时，其损坏程度略大于按后续使用年限 50 年鉴定的建筑。

现行国家标准《建筑抗震鉴定标准》GB 50023 规定，此鉴定标准适用于抗震设防烈度为 6～9 度地区的现有建筑的抗震鉴定，不适用于新建建筑工程的抗震设计和施工质量的评定。抗震设防烈度一般情况下采用中国地震动参数区划图的地震基本烈度或现行国家标准《建筑抗震设计规范》GB 50011 规定的抗震设防烈度。古建筑和行业有特殊要求的建筑，应按专门的规定进行鉴定。

下列情况下，现有建筑应进行抗震鉴定：①接近或超过设计使用年限需要继续使用的建筑；②原设计未考虑抗震设防或抗震设防要求提高的建筑；③需要改变结构的用途和使用环境的建筑；④其他有必要进行抗震鉴定的建筑。

现有建筑的抗震鉴定，除应符合现行国家标准《建筑抗震鉴定标准》GB 50023 的规定外，尚应符合国家现行标准、规范的有关规定。

10.2.2 建筑抗震鉴定核查和验算方法

现有建筑按现行国家标准《建筑工程抗震设防分类标准》GB 50223 分为四类，其抗震措施核查和抗震验算的综合鉴定应下列要求进行：

① 丙类，应按本地区设防烈度的要求核查其抗震措施并进行抗震验算。

② 乙类，6～8 度应按比本地区设防烈度提高 1 度的要求核查其抗震措施，9 度时应适当提高要求；抗震验算应按不低于本地区设防烈度的要求采用。

③ 甲类，应经专门研究按不低于乙类的要求核查其抗震措施，抗震验算应按高于本地区设防烈度的要求采用。

④ 丁类，7～9 度时，应允许按比本地区设防烈度降低 1 度的要求核查其抗震措施，抗震验算应允许比本地区设防烈度适当降低要求；6 度时应允许不做抗震鉴定。

其中，甲类、乙类、丙类、丁类，分别为现行国家标准《建筑工程抗震设防分类标准》GB 50223 特殊设防类、重点设防类、标准设防类、适度设防类的简称。

10.2.3 建筑抗震鉴定和加固的后续使用年限

现有建筑应根据实际需要和可能，按下列规定选择其后续使用年限：

① 在 20 世纪 70 年代及以前建造经耐久性鉴定可继续使用的现有建筑，其后续使用年限不应少于 30 年；在 20 世纪 80 年代建造的现有建筑，宜采用 40 年或更长，且不得少于 30 年。

② 在 20 世纪 90 年代（按当时施行的抗震设计规范系列设计）建造的现有建筑，后续使用年限不宜少于 40 年，条件许可时应采用 50 年。

③ 在 2001 年以后（按当时施行的抗震设计规范系列设计）建造的现有建筑，后续使用年限宜采用 50 年。

不同后续使用年限的现有建筑，其抗震鉴定方法应符合下列要求：①后续使用年限 30 年的建筑（简称 A 类建筑），应采用 A 类建筑抗震鉴定方法；②后续使用年限 40 年的建筑（简称 B 类建筑），应采用 B 类建筑抗震鉴定方法；③后续使用年限 50 年的建筑（简称 C 类建筑），应按现行国家标准《建筑抗震设计规范》GB 50011 的要求进行抗震鉴定。

10.2.4 建筑抗震鉴定的主要内容

现有建筑的抗震鉴定的内容及要求有以下几方面：

(1) 抗震鉴定的主要内容

① 搜集建筑的勘察报告、施工和竣工验收的相关原始资料。当资料不全时，应根据鉴定的需要进行补充实测。

② 调查建筑现状与原始资料相符合的程度、施工质量和维护状况，发现相关的非抗震缺陷。

③ 根据各类建筑结构的特点、结构布置、构造和抗震承载力等因素，采用相应的逐级鉴定方法，进行综合抗震能力分析。

④ 对现有建筑整体抗震性能做出评价，对符合抗震鉴定要求的建筑应说明其后续使用年限，对不符合抗震鉴定要求的建筑提出相应的抗震减灾对策和处理意见。

(2) 抗震鉴定的要求

现有建筑的抗震鉴定，应根据下列情况区别对待：

① 建筑结构类型不同的结构，其检查的重点、项目内容和要求不同，应采用不同的鉴定方法。

② 对重点部位与一般部位，应按不同的要求进行检查和鉴定。重点部位指影响该类建筑结构整体抗震性能的关键部位和易导致局部倒塌伤人的构件、部件，以及地震时可能造成次生灾害的部位。

③ 对抗震性能有整体影响的构件和仅有局部影响的构件，在综合抗震能力分析时应分别对待。

10.2.5 建筑抗震鉴定方法

抗震鉴定分为两级。第一级鉴定应以宏观控制和构造鉴定为主进行综合评价，第二级鉴定应以抗震验算为主结合构造影响进行综合评价。

A 类建筑的抗震鉴定，当符合第一级鉴定的各项要求时，建筑可评为满足抗震鉴定要求，不再进行第二级鉴定；当不符合第一级鉴定要求时，除现行国家标准《建筑抗震鉴定标准》GB 50023 各章有明确规定的情况外，应由第二级鉴定做出判断。

B 类建筑的抗震鉴定，应检查其抗震措施和现有抗震承载力再做出判断。当抗震措施不满足鉴定要求而现有抗震承载力较高时，可通过构造影响系数进行综合抗震能力的评定；当抗震措施鉴定满足要求时，主要抗侧力构件的抗震承载力不低于规定的 95%、次要抗侧力构件的抗震承载力不低于规定的 90%，也可不要求进行加固处理。

C 类建筑的抗震鉴定应按现行国家标准《建筑抗震设计规范》GB 50011 的要求进行抗震鉴定。

(1) 第一级鉴定

第一级鉴定主要是对现有建筑宏观控制和构造是否满足要求进行鉴定，一级鉴定主要包括以下几方面。

① 当建筑的平面、立面，质量、刚度分布和墙体等抗侧力构件的布置在平面内明显不对称时，应进行地震扭转效应不利影响的分析；当结构竖向构件上下不连续或刚度沿高度分布突变时，应找出薄弱部位并按相应的要求鉴定。

② 检查结构体系，应找出其破坏会导致整个体系丧失抗震能力或丧失对重力的承载能力的部件或构件；当房屋有错层或不同类型结构体系相连时，应提高其相应部位的抗震鉴定要求。

③ 检查结构材料实际达到的强度等级，当低于规定的最低要求时，应提出采取相应的抗震减灾对策。

④ 多层建筑的高度和层数，应符合规范的最大值限值要求。

⑤ 当结构构件的尺寸、截面形式等不利于抗震时，宜提高该构件的配筋等构造抗震鉴定要求。

⑥ 结构构件的连接构造应满足结构整体性的要求；装配式厂房应有较完整的支撑系统。

⑦ 非结构构件与主体结构的连接构造应满足不倒塌伤人的要求；位于出入口及人流通道等处，应有可靠的连接。

⑧ 当建筑场地位于不利地段时，尚应符合地基基础的有关鉴定要求。

(2) 第二级鉴定

第二级鉴定主要是对现有建筑结构进行建筑抗震验算，验算要求应符合下列规定。

6 度和现行国家标准《建筑抗震鉴定标准》GB 50023 各章有具体规定时，可不进行抗震验算。当 6 度第一级鉴定不满足时，可通过抗震验算进行综合抗震能力评定。其他情况，至少在两个主轴方向分别按本标准各章规定的具体方法进行结构的抗震验算。

当现行国家标准《建筑抗震鉴定标准》GB 50023 未给出具体方法时，可采用现行国家标准《建筑抗震设计规范》GB 50011 规定的方法，按下式进行结构构件抗震验算：

$$S \leqslant R/\gamma_{Ra} \tag{10.1}$$

式中 S——结构构件内力（轴向力、剪力、弯矩等）组合的设计值；计算时，有关的荷载、地震作用、作用分项系数、组合值系数，应按现行国家标准《建筑抗震设计规范》GB 50011 的规定采用；其中，场地的设计特征周期可按表 10.1 确定，地震作用效应（内力）调整系数应按本规范各章的规定采用，8、9 度的大跨度和长悬臂结构应计算竖向地震作用；

R——结构构件承载力设计值，按现行国家标准《建筑抗震设计规范》GB 50011 的规定采用；其中，各类结构材料强度的设计指标应按《建筑抗震鉴定标准》GB 50023—2009 附录 A 采用，材料强度等级按现场实际情况确定；

γ_{Ra}——抗震鉴定的承载力调整系数，除现行《建筑抗震鉴定标准》GB 50023 各章节另有规定外，一般情况下，可按现行国家标准《建筑抗震设计规范》GB 50011 的承载力抗震调整系数值采用，A 类建筑抗震鉴定时，钢筋混凝土构件应按现行国家标准《建筑抗震设计规范》GB 50011 承载力抗震调整系数值的 0.85 倍采用。

特征周期值（s） **表 10.1**

设计地震分组	场地类别			
	Ⅰ	Ⅱ	Ⅲ	Ⅳ
第一、二组	0.20	0.30	0.40	0.65
第三组	0.25	0.40	0.55	0.85

现有建筑的抗震鉴定要求，可根据建筑所在场地、地基和基础等的有利和不利因素，作下列调整：

① Ⅰ类场地上的丙类建筑，7～9 度时，构造要求可降低 1 度。

② Ⅳ类场地、复杂地形、严重不均匀土层上的建筑以及同一建筑单元存在不同类型基础时，可提高抗震鉴定要求。

③ 建筑场地为Ⅲ、Ⅳ类时，对设计基本地震加速度 $0.15g$ 和 $0.30g$ 的地区，各类建筑的抗震构造措施要求宜分别按抗震设防烈度 8 度（$0.20g$）和 9 度（$0.40g$）采用。

④ 有全地下室、箱形基础、筏形基础和桩基础的建筑，可降低上部结构的抗震鉴定要求。

⑤ 对密集的建筑，包括防震缝两侧的建筑，应提高相关部位的抗震鉴定要求。

对不符合鉴定要求的建筑，可根据其不符合要求的程度、部位对结构整体抗震性能影响的大小，以及有关的非抗震缺陷等实际情况，结合使用要求、城市规划和加固难易等因素的分析，提出相应的维修、加固、改变用途或更新等抗震减灾对策。

10.3 不同类型建筑的抗震鉴定方法

10.3.1 A类建筑抗震鉴定方法

A类建筑主要采用的方法为两级鉴定法，第一级鉴定是指宏观控制和构造鉴定为主的抗震能力综合鉴定，一级鉴定可参见现行国家标准《建筑抗震鉴定标准》GB 50023的相关规定。第二级鉴定是指以构造抗震承载力验算为主并结合构造影响的综合鉴定。第一级鉴定内容比较少，主要针对建筑结构的构造措施，鉴定其变形能力，但能确保该建筑结构的安全。当第一级鉴定满足现行规范鉴定标准时，将不对该建筑结构进行第二级鉴定，这将减少工作量，简化鉴定程序，若不满足，则要进行第二级鉴定。该鉴定方法是将抗震构造要求和承载力验算要求联合起来，体现建筑结构的抗震能力是由承载能力和变形能力来反映的。

(1) 钢筋混凝土结构抗震鉴定

第一级鉴定主要对以下内容进行鉴定检查：①结构体系；②规则性；③材料强度；④结构构件的配筋与连接；⑤填充墙等与主体结构的连接。

第二级鉴定主要采用平面结构的楼层综合抗震能力指数进行鉴定，也可以按照我国现行规范《建筑抗震设计规范》GB 50011来进行抗震计算分析。该级鉴定对平面结构的选择有一定的要求，至少在两个主轴方向选取有代表性的平面结构，有明显的扭转效应时，选取计入扭转影响的边榀结构。通过计算罕遇地震对建筑结构的作用力大小来验算罕遇地震下建筑结构的塑性变形，即按构件实际配筋和材料强度标准值计算楼层所受承载力与按罕遇地震作用计算楼层弹性地震剪力，由式（10.3）来确定楼层屈服强度系数。楼层综合抗震能力指数由式（10.2）来确定，由于第一级鉴定对第二级鉴定有影响，通过体系影响系数和局部影响系数来进行调节。

$$\beta=\varphi_1\varphi_2\xi_y \tag{10.2}$$

$$\xi_y=\frac{V_y}{V_e} \tag{10.3}$$

式中 β——平面结构楼层综合抗震能力指数；

φ_1、φ_2——分别为体系影响系数、局部影响系数；

ξ_y——楼层屈服强度系数；

V_y——楼层现有受剪承载力；

V_e——楼层的弹性地震剪力。

其中：

① A类钢筋混凝土建筑结构的结构体系、框架梁及框架柱的箍筋、轴压比等符合第一级鉴定，则体系影响系数可根据以下情况进行取值：

a. 上述各项构造符合我国现行抗震设计规范，可取1.4；

b. 上述各项构造符合我国现行抗震鉴定标准中B类建筑的规定，可取1.25；

c. 上述各项构造符合我国现行抗震鉴定标准中A类建筑第一级鉴定的规定，可取1.0；

d. 上述各项构造符合非抗震设计规定，可取0.8；

e. 建筑结构受到损伤或者发生倾斜，但已经进行了修复，上述数值宜乘以0.8～1.0；

② A类钢筋混凝土建筑结构局部构造不满足第一级鉴定，局部影响系数选用下列三项中的最小值：

a. 框架结构的局部构造与承重砌体结构相连，可取0.8～0.95；

b. 填充墙与框架结构的连接不满足第一级抗震鉴定，可取0.7～0.95；

c. 抗震墙之间楼盖、屋盖长宽比超过表10.2的规定值，可按超过的程度，取0.6～0.9。

A类钢筋混凝土房屋抗震墙无大洞口的楼盖、屋盖的长宽比 **表10.2**

楼盖、屋盖类别	烈度	
	8度	9度
现浇、叠合梁板	3.0	2.0
装配式楼盖	2.5	1.5

③ 框架结构分布规则，可采用底部剪力法来计算楼层的弹性地震剪力，地震作用根据我国《建筑抗震鉴定标准》GB 50023—2009第3.0.5条的规定进行计算，地震作用分项系数取1.0。框架结构为边榀结构，且考虑其扭转影响，可根据我国现行抗震设计规范规定的方法进行地震作用计算。当场地处于我国《建筑抗震鉴定标准》GB 50023—2009第4.1.3条规定的不利地段，地震作用应乘以增大系数1.1～1.6。

④ 楼层现有受剪承载力

钢筋混凝土结构楼层现有受剪承载力应按式（10.4）计算：

$$V_y = \sum V_{cy} + 0.7\sum V_{my} + 0.7\sum V_{wy} \tag{10.4}$$

式中 V_y——楼层现有受剪承载力；

$\sum V_{cy}$——框架柱层间现有受剪承载力之和；

$\sum V_{my}$——砖填充墙框架层间现有受剪承载力之和；

$\sum V_{wy}$——抗震墙层间现有受剪承载力之和。

矩形框架柱层间现有受剪承载力可按式（10.5）和式（10.6）计算，并取较小值：

$$V_{cy} = \frac{M_{cy}^{U} + M_{cy}^{L}}{H_n} \tag{10.5}$$

$$V_{cy} = \frac{0.16}{\lambda + 1.5} f_{ck} b h_0 + f_{yvk} \frac{A_{sv}}{s} h_0 + 0.056N \tag{10.6}$$

式中 M_{cy}^{U}、M_{cy}^{L}——分别为验算层偏压柱上、下端的现有受弯承载力；

λ——框架柱的计算剪跨比，取 $\lambda = H_n / 2h_0$；

N——对应于重力荷载代表值的柱轴向压力，当 $N > 0.3 f_{ck} bh$ 时，取 $N = 0.3 f_{ck} bh$；

A_{sv}——配置在同一截面内箍筋各肢的截面面积；

f_{yvk}——箍筋抗拉强度标准值；

s——箍筋间距；

f_{ck}——混凝土轴心抗压强度标准值；

b——验算方向柱截面宽度；

h——验算方向柱截面高度；

h_0——验算方向柱截面有效高度；

H_n——框架柱净高。

对称配筋矩形截面偏压柱现有受弯承载力可按式（10.7）～式（10.9）计算：

当 $N \leqslant \xi_{bk} f_{ck} b h_0$ 时

$$M_{cy} = f_{yk} A_s (h_0 - \alpha_s) + 0.5Nh(1 - N/\alpha_1 f_{ck} bh) \tag{10.7}$$

当 $N > \xi_{bk} f_{ck} b h_0$ 时

$$M_{cy} = f_{yk} A_s (h_0 - \alpha_s) + \xi(1 - 0.5\xi) f_{ck} b h_0^2 - N(0.5h - \alpha_s) \tag{10.8}$$

$$\xi = [(\xi_{bk} - 0.8)N - \xi_{bk} f_{yk} A_s]/[(\xi_{bk} - 0.8) f_{ck} b h_0 - f_{yk} A_s] \tag{10.9}$$

式中　A_s——柱实有纵向受拉钢筋截面面积；

f_{yk}——现有钢筋抗拉强度标准值；

α_s——受压钢筋合力点至受压边缘的距离；

ξ_{bk}——界限相对受压区高度，HPB级钢取 0.6，HRB级钢取 0.55。

砖填充墙钢筋混凝土框架结构的层间现有受剪承载力可按式（10.10）、式（10.11）计算：

$$V_{cy} = \sum (M_{cy}^{U} + M_{cy}^{L})/H_0 + f_{vEk} A_m \tag{10.10}$$

$$f_{vEk} = \zeta_N f_{vk} \tag{10.11}$$

式中　ζ_N——砌体强度的正压力影响系数；

f_{vk}——砖墙的抗剪强度标准值；

A_m——砖填充墙水平截面面积，可不计入宽度小于洞口高度 1/4 的墙肢；

H_0——柱的计算高度，两侧有填充墙时，可采用柱净高的 2/3，一侧有填充墙时，可采用柱净高。

带边框柱的钢筋混凝土抗震墙的层间现有受剪承载力可按式（10.12）计算：

$$V_{wy} = \frac{1}{\lambda - 0.5}(0.04 f_{ck} A_w + 0.1N) + 0.8 f_{yvk} \frac{A_{sb}}{s} h_0 \tag{10.12}$$

式中　A_w——抗震墙的截面面积；

A_{sb}——配置在同一水平截面内的水平钢筋截面面积；

λ——抗震墙的设计剪跨比，其值可采用计算楼层至该抗震墙顶的 1/2 高度与抗震墙截面高度之比，当比值小于 1.5 时取 1.5，当比值大于 2.2 时取 2.2。

鉴定结果分析：

A 类建筑需要进行两级鉴定，在进行第一级鉴定后，鉴定结果满足抗震鉴定标准的规定，则除 9 度区外可不需再进行第二级鉴定；若第一级鉴定结果不满足各项要求，则需要进行二级鉴定。第二级鉴定结果满足楼层综合抗震能力指数不小于 1.0 或者抗震承载力验算并计入构造影响满足规范要求，该建筑结构可判定为满足抗震鉴定要求，若不满足，要对该建筑进行加固。

(2) 砌体结构抗震鉴定

第一级鉴定主要对以下内容进行鉴定检查：①层高与层数；②结构体系；③材料强度；④整体性连接构造；⑤易引起局部倒塌部件及其连接。

一级鉴定规定了A类砌体结构抗震墙最大间距，见表10.3，砌体结构最大高度限制见表10.4，构造柱设置要求见表10.5，圈梁的设置要求见表10.6。

A类砌体房屋刚性体系抗震横墙的最大间距（m）　　　表10.3

楼盖、屋盖类别	墙体类别	墙体厚度(mm)	6、7度	8度	9度
现浇或整体式混凝土	砖实心墙	≥240	15	15	11
	其他墙体	≥180	13	10	
装配式混凝土	砖实心墙	≥240	11	11	7
	其他墙体	≥180	10	7	
木、砖拱	砖实心墙	≥240	7	7	4

A类砌体房屋的最大高度（m）和层数限值　　　表10.4

墙体类别	墙体厚度(mm)	6度		7度		8度		9度	
		高度	层数	高度	层数	高度	层数	高度	层数
普通砖实心墙	≥240	24	八	22	七	19	六	13	四
	180	16	五	16	五	13	四	10	三
多孔砖墙	180～240	16	五	16	五	13	四	10	三
普通砖空心墙	420	19	六	19	六	13	四	10	三
	300	10	三	10	三	10	三		
普通砖空斗墙	240	10	三	10	三	10	三		
混凝土中砌块墙	≥240	19	六	19	六	13	四		
混凝土小砌块墙	≥190	22	七	22	七	16	五		
粉煤灰中砌块墙	≥240	19	六	19	六	13	四		
	180～240	16	五	16	五	10	三		

注：1. 房屋高度计算方法同现行国家标准《建筑抗震设计规范》GB 50011—2010（2016年版）的规定；
2. 空心墙指由两片120mm厚砖与240mm厚砖通过卧砌砖形成的墙体；
3. 乙类设防时应允许按本地区设防烈度查表，但层数应减少一层且总高度应降低3m；其抗震墙不应为180mm普通砖实心墙、普通砖空斗墙。

乙类设防时A类砖房构造柱设置要求　　　表10.5

房屋层数				设置部位	
6度	7度	8度	9度	外墙四角，错层部位横墙与外纵墙交接处，较大洞口两侧，大房间内外墙交接处	7、8度时，楼梯间，电梯间四角
四、五	三、四	二、三			隔开间横墙(轴线)与外墙交接处，山墙与内纵墙交接处；7～9度时，楼梯间，电梯四角
六、七	五、六	四	二		
		五	三		内墙(轴线)与外墙交接处，内墙的局部较小墙垛处；7～9度时，楼梯间四角；9度时内纵墙与横墙(轴线)交接处

注：横墙较少时，按增加一层的层数查表。砌块房屋按表中提高一度的要求检查芯柱或构造柱。

A 类砌体房屋圈梁的布置和构造要求 **表 10.6**

位置和配筋量		7 度	8 度	9 度
屋盖	外墙	除层数为两层的预制板或有木望板，木龙骨吊顶时，均应有	均应有	均应有
	内墙	同外墙，且纵横墙上圈梁的水平间距分别不应大于 8m 和 16m	纵横墙上圈梁的水平间距分别不应大于 8m 和 12m	纵横墙上圈梁的水平间距不应大于 8m
楼盖	外墙	横墙间距大于 8m 或层数超过四层时应隔层有	横墙间距大于 8m 时每层应有，横墙间距不大于 8m，层数超过三层时，应隔层有	层数超过两层且横墙间距大于 4m 时，每层应有
	内墙	横墙间距大于 8m 或层数超过四层时，应隔层有，圈梁的水平间距不应大于 16m	同外墙，且圈梁的水平间距不应大于 12m	同外墙，且圈梁的水平间距不应大于 8m
配筋量		4ϕ8	4ϕ10	4ϕ12

注：6 度时，同非抗震要求。

现有房屋的整体性连接构造，尚应满足下列要求：①纵横墙交接处应咬槎较好；当为马牙槎砌筑或有钢筋混凝土构造柱时，沿墙高每 10 皮砖（中型砌块每道水平灰缝）或 500mm 应设置 2ϕ6 拉结钢筋；空心砌块有钢筋混凝土芯柱时，芯柱在楼层上下应连通，且沿墙高每隔 600mm 应有 ϕ4 点焊钢筋网片与墙拉结。②楼盖、屋盖的连接应符合下列要求：混凝土预制构件应有坐浆，预制板缝应有混凝土填实，板上应有水泥砂浆面层。楼盖、屋盖构件的支承长度不应小于表 10.7 的规定。

楼盖、屋盖构件的最小支承长度（mm） **表 10.7**

构件名称	混凝土预制板		预制进深梁	木屋架、木大梁	对接檩条	木龙骨木檩条
位置	墙上	梁上	墙上	墙上	屋架上	墙上
支承长度	100	80	180 且有梁垫	240	60	120

第二级鉴定选用综合抗震能力指数的方法进行鉴定，通过分析第一级鉴定的结果，根据具体情况，分别选用楼层平均抗震能力指数方法、楼层综合抗震能力指数方法和墙段综合抗震能力指数方法，并且这三种方法应按横向和纵向分别进行计算。

① 楼层平均抗震能力指数方法

在进行第一级鉴定后，建筑结构的结构体系、整体性连接构造及易引起局部倒塌部件及其连接满足鉴定要求，但横墙的宽度和建筑宽度其中一项超过鉴定要求，一般选用楼层平均抗震能力指数方法进行第二级鉴定。

楼层平均抗震能力指数计算见式（10.13）：

$$\beta_i=\frac{A_i}{A_{bi}\xi_{0i}\lambda} \tag{10.13}$$

式中 β_i——第 i 层纵向或横向墙体平均抗震能力指数；

A_i——第 i 层纵向或横向抗震墙在层高 1/2 处净截面积的总面积，其中不包括高宽比大于 4 的墙段截面积；

A_{bi}——第 i 层建筑平面面积；

ξ_{0i}——第 i 层纵向或横向抗震墙的基准面积率；

λ——烈度影响系数。

其中，抗震墙的基准面积率按照我国《建筑抗震鉴定标准》GB 50023—2009 附录 B 取值。地震烈度为 6、7、8、9 度时，烈度影响系数取值分别为 0.7、1.0、1.5、2.5，设计基本地震加速度为 0.15g、0.30g 时，烈度影响系数取值分别为 1.25、2.0；当场地处于不利地段时，烈度影响系数应乘以增大系数 1.1～1.6。

② 楼层综合抗震能力指数方法

在进行第一级鉴定后，建筑结构的结构体系、楼盖整体性连接构造、圈梁布置和构造及易引起局部倒塌部件及其连接不满足鉴定要求，一般选用楼层综合抗震能力指数方法进行第二级鉴定。

楼层综合抗震能力指数计算见式（10.14）：

$$\beta_{ci}=\varphi_1\varphi_2\beta_i \tag{10.14}$$

式中 β_{ci}——第 i 层纵向或横向墙体综合抗震能力指数；

φ_1、φ_2——分别为体系影响系数、局部影响系数。

其中，体系影响系数的取值，在经过第一级鉴定后，建筑结构的不规则性、整体性连接及非刚性等方面不满足鉴定要求，经过综合分析后进行取值，或者由表 10.8 各项系数的乘积确定。体系影响系数要根据砌体材料的不同适当进行调整，砂浆强度等级为 M0.4 时，应乘以 0.9；当建筑结构有构造柱和芯柱时，对乙类设防建筑和丙类设防建筑也有要求，乙类设防的建筑结构，经过第一级鉴定，构造柱和芯柱不满足鉴定要求，则体系影响系数乘以 0.8～0.95，丙类设防的建筑结构，构造柱和芯柱满足 B 类建筑规范规定，则体系影响系数乘以 1.0～1.2。

体系影响系数值 **表 10.8**

项目	不符合程度	φ_1	影响范围
房屋高宽比 η	$2.2<\eta\leqslant2.6$	0.85	上部 1/3 楼层
	$2.6<\eta<3.0$	0.75	上部 1/3 楼层
横墙间距	超过表 10.3 最大值	0.90	楼层的 β_{ci}
	4m 以内	1.00	墙段的 β_{cij}
错层高度	>0.5m	0.90	错层上下
立面高度变化	超过 1 层	0.90	所有变化的楼层
相邻楼层的墙体刚度比 λ	$2<\lambda\leqslant3$	0.85	刚度小的楼层
	$\lambda>3$	0.75	刚度小的楼层
楼盖、屋盖构件的支撑长度	比规定少 15%以内	0.90	不满足的楼层
	比规定少 15%～25%	0.80	不满足的楼层
圈梁布置和构造	屋盖外墙不符合	0.70	顶层
	屋盖外墙一道不符合	0.90	缺圈梁的上、下楼层
	屋盖外墙二道不符合	0.80	所有楼层
	内墙不符合	0.90	不满足的上、下楼层

局部影响系数的取值，在经过第一级鉴定后，建筑结构易引起局部倒塌各部位不满足鉴定要求，经过综合分析后进行取值，或者由表 10.9 各项系数中的最小值确定。

体系影响系数值 **表 10.9**

项目	不符合的程度	φ_2	影响范围
墙体局部尺寸	比规定少 10%以内	0.95	不满足的楼层
	比规定少 10%～20%	0.90	不满足的楼层
楼梯间等大梁的支撑长度	$\lambda \leqslant 370$mm	0.80	该楼层的 β_{ci}
	370mm$<\lambda<$490mm	0.70	该墙段的 β_{ci}
出屋面小房间	—	0.33	出屋面小房间
支撑悬挑结构构件的承重墙体	—	0.80	该楼层和墙段
房屋尽端设过街楼或楼梯间	—	0.80	该楼层和墙段
有独立砌体柱承重的房屋	柱顶有拉结	0.80	楼层、柱两侧相邻墙段
	柱顶无拉结	0.60	楼层、柱两侧相邻墙段

③ 墙段综合抗震能力指数方法

在进行第一级鉴定后，建筑结构实际横墙间距超过刚性体系规定的最大值，有明显的扭转效应和易引起局部倒塌部件及其连接不满足鉴定要求，一般选用墙段综合抗震能力指数方法进行第二级鉴定。

楼层综合抗震能力指数计算公式见式（10.15）和式（10.16）：

$$\beta_{cij}=\varphi_1\varphi_2\beta_{ij} \tag{10.15}$$

$$\beta_{ij}=\frac{A_{ij}}{A_{bij}\xi_{0i}\lambda} \tag{10.16}$$

式中 β_{cij}——第 i 层第 j 墙段综合抗震能力指数；

β_{ij}——第 i 层第 j 墙段抗震能力指数；

A_{ij}——第 i 层第 j 墙段在层高 1/2 处净截面积；

A_{bij}——第 i 层第 j 墙段计及楼盖刚度影响的从属面积。

该建筑结构如果要考虑扭转效应时，那在计算楼层综合抗震能力指数时要乘以扭转效应系数，其值根据我国现行规范《建筑抗震设计规范》GB 50011 进行取值，即该墙段不考虑扭转与考虑扭转时的内力比。

砌体 A 类建筑进行鉴定也是采用两级鉴定法，第一级鉴定结果满足抗震鉴定标准的规定，则可不用进行第二级鉴定，若不满足，需要对该建筑进行第二级鉴定。第一级鉴定达不到鉴定要求，对建筑进行第二级鉴定，当最弱楼层平均抗震能力指数、最弱楼层综合抗震能力指数和最弱墙段综合抗震能力指数不小于 1.0 时，可判定该建筑结构满足抗震鉴定要求，当以上指数小于 1.0 时，要对该建筑结构进行加固。

10.3.2 B 类建筑抗震鉴定方法

B 类建筑的鉴定主要分为两部分，抗震措施鉴定和抗震承载力验算。

(1) 混凝土结构抗震鉴定

抗震措施鉴定：首先通过建筑结构的高度、设防烈度、设防类别和结构类型确定建筑结构的抗震等级，其次对以下内容进行鉴定检查：①结构体系；②混凝土强度等级；③框架梁和柱的配筋及构造；④框架节点核心区的配筋和构造；⑤填充墙。

抗震承载力验算主要依据我国现行抗震设计规范进行抗震分析，即基于反应谱分析法。该方法综合考虑了震级、震中距、场地类别及结构特性（自振周期及阻尼比等）等因素的影响，通过对大量不同周期的等效单自由度体系的动力时程分析，确定结构在不同水准地震作用下的最大反应，将计算结果进行统计分析，确定用于结构抗震设计所受到的地震作用。对于乙类建筑结构，除了要进行抗震承载力验算，还要进行变形验算。该方法可以采用我国现有的结构设计软件（如 PKPM）来对建筑结构在多遇烈度水准地震下的抗震能力进行详细的分析，例如位移比、剪重比、刚重比、周期、轴压比、超配筋情况等。

1）抗震承载力验算

对于B类建筑，抗震承载力验算一般采用现行《建筑抗震设计规范》GB 50011—2010（2016年版）中的方法，按式（10.17）进行验算：

$$S=R/\gamma_{\mathrm{Ra}} \tag{10.17}$$

式中 S——结构构件内力（轴向力、剪力、弯矩等）组合的设计值；

R——结构构件承载力设计值；

γ_{Ra}——抗震鉴定的承载力调整系数。

S、γ_{Ra} 的取值按照现行国家标准《建筑抗震设计规范》GB 50011—2010（2016年版）的规定取值。框架柱、梁端部截面组合剪力设计值应符合式（10.18）要求：

$$V\leqslant\frac{0.2f_{\mathrm{c}}bh_0}{\gamma_{\mathrm{Ra}}} \tag{10.18}$$

式中 V——端部截面组合剪力的设计值；

f_{c}——混凝土轴心抗压强度设计值；

b——梁、柱截面宽度；

h_0——截面有效高度。

框架梁的正截面抗震承载力应按式（10.19）计算：

$$M_{\mathrm{b}}\leqslant\frac{1}{\gamma_{\mathrm{Ra}}}\left[\alpha_1f_{\mathrm{c}}bx\left(h_0-\frac{x}{2}\right)+f'_{\mathrm{y}}A'(h_0-a'_{\mathrm{s}})\right] \tag{10.19}$$

式中 M_{b}——框架梁组合的弯矩设计值；

α_1——系数，按照《混凝土结构设计规范》GB 50010—2010（2015年版）取值；

f_{c}——混凝土弯曲抗压强度设计值；

f'_{y}——钢筋受压强度设计值；

a'_{s}——受压区纵向钢筋合力点至受压区边缘的距离；

x——混凝土受压区高度。

框架梁的斜截面抗震承载力应按式（10.20）计算：

$$V_{\mathrm{b}}=\frac{1}{\gamma_{\mathrm{Ra}}}\left(0.056f_{\mathrm{c}}bh_0+1.2f_{\mathrm{yv}}\frac{A_{\mathrm{sv}}}{s}h_0\right) \tag{10.20}$$

对集中荷载作用下的框架梁（包括有多种荷载，且其中集中荷载对节点边缘产生的剪力值占总剪力值的75%以上的情况），其斜截面抗震承载力应按式（10.21）计算：

$$V_{\mathrm{b}}=\frac{1}{\gamma_{\mathrm{Ra}}}\left(\frac{0.16}{\lambda+1.5}f_{\mathrm{c}}bh_0+f_{\mathrm{yv}}\frac{A_{\mathrm{sv}}}{s}h_0\right) \tag{10.21}$$

式中　V_b——框架梁组合的剪力设计值；

f_{yv}——箍筋的抗拉强度设计值；

A_{sv}——配置在同一截面内箍筋各肢的全部截面面积；

s——箍筋间距；

λ——计算截面的剪跨比。

框架柱的斜截面抗震承载力应按式（10.22）计算：

$$V_b=\frac{1}{\gamma_{Ra}}\left(\frac{0.16}{\lambda+1.5}f_c b h_0+f_{yv}\frac{A_{sv}}{s}h_0+0.156N\right) \tag{10.22}$$

当框架柱出现拉力时，其斜截面抗震承载力应按式（10.23）计算：

$$V_c=\frac{1}{\gamma_{Ra}}\left(\frac{0.16}{\lambda+1.5}f_c b h_0+f_{yv}\frac{A_{sv}}{s}h_0-0.16N\right) \tag{10.23}$$

式中　V_c——框架柱组合的剪力设计值；

λ——框架柱的计算剪跨比，$\lambda=H_n/2h_0$，当 $\lambda<1$ 时，取 $\lambda=1$；当 $\lambda>3$ 时，取 $\lambda=3$；

N——框架柱组合的轴向压力设计值，当 $N>0.3f_cA$ 时，取 $N=0.3f_cA$。

2）变形验算

乙类建筑需要进行变形验算，利用基于反应谱分析的方法进行多遇地震作用下的抗震变形验算和罕遇地震作用下薄弱层的弹塑性变形验算。

多遇地震作用下的抗震变形验算时，其楼层内最大的弹性层间位移应符合式（10.24）要求：

$$\Delta u_e=[\theta_e]h \tag{10.24}$$

式中　Δu_e——多遇地震作用下标准值产生的楼层内最大的弹性层间位移；

$[\theta_e]$——弹性层间位移角限值，对框架结构取 1/550；

h——计算楼层层高。

罕遇地震作用下的抗震变形验算时，结构薄弱层（部位）弹塑性层间位移应符合式（10.25）要求：

$$\Delta u_p=[\theta_p]h \tag{10.25}$$

式中　Δu_p——弹塑性层间位移；

$[\theta_p]$——弹塑性层间位移角限值，对框架结构取 1/50；

h——薄弱层楼层高度或单层厂房上柱高度。

3）当抗震构造措施不满足鉴定标准 B 类建筑的规定时，也可按照 A 类建筑计入构造影响对综合抗震能力进行评定。

对于 B 类建筑，抗震措施鉴定和承载力验算都要进行，在抗震措施鉴定不满足鉴定标准规定，而抗震承载力较高，则可对建筑结构通过构造影响系数进行综合抗震能力评定；在抗震措施鉴定满足鉴定标准规定，而主要抗侧力构件抗震承载力不低于规定的 95%，次要抗侧力构件的抗震承载力不低于规定的 90%，则可不对建筑结构进行加固。

（2）砌体结构抗震鉴定

砌体结构抗震措施鉴定主要对以下内容进行鉴定检查：①层高、层数与总高度；②结构体系；③材料强度；④整体性连接构造；⑤结构构件的构造、配筋与连接；⑥易引起局部倒塌部件及其连接。

抗震承载力验算主要采用底部剪力法进行抗震分析，按照我国现行抗震设计规范规定只选择从属面积较大或竖向应力较小的墙段进行抗震承载力验算。在抗震措施鉴定不满足要求时，可按鉴定标准A类建筑第二级鉴定的方法考虑构造的整体影响和局部影响，其中，当构造柱不满足规定时，体系影响系数应根据不满足程度乘以0.8～0.95。

各层的层高差距不大，并且结构规则均匀，采用楼层抗震能力指数的方法进行综合抗震能力验算，与A类建筑采用楼层抗震能力指数的方法相同。其中：公式中的烈度影响系数，6、7、8、9度时应分别按0.7、1.0、2.0和4.0采用，各级基本地震加速度为0.15g和0.30g时应分别按1.5和3.0采用。

各类砌体沿阶梯形截面破坏的抗震抗剪强度设计值按式（10.26）计算：

$$f_{vE}=\zeta_N f_v \tag{10.26}$$

式中 f_{vE}——砌体沿阶梯形截面破坏的抗震抗剪强度设计值；

ζ_N——砌体抗震抗剪强度的正应力影响系数；

f_v——非抗震设计的砌体抗剪强度设计值。

普通砖、多孔砖、粉煤灰中砌块和混凝土中砌块墙体的截面抗震承载力按式（10.27）验算：

$$V\leqslant\frac{f_{vE}A}{\gamma_{Ra}} \tag{10.27}$$

式中 V——墙体剪力设计值；

f_{vE}——砌体沿阶梯形截面破坏的抗震抗剪强度设计值；

A——墙体横截面面积；

γ_{Ra}——抗震鉴定的承载力调整系数。

当按上式验算不满足要求时，可计入设置于墙段中部、截面不小于240mm×240mm且间距不大于4m的构造柱对结构承载力的提高作用，按式（10.28）简化方法验算：

$$V\leqslant\frac{1}{\gamma_{Ra}}[\eta_c f_{vE}(A-A_c)+\xi f_t A_c+0.08f_y A_s] \tag{10.28}$$

式中 A_c——中部构造柱的横截面总面积；

f_t——中部构造柱的混凝土轴心抗拉强度设计值；

A_s——中部构造柱的纵向钢筋截面总面积；

f_y——钢筋抗拉强度设计值；

ξ——中部构造柱参与工作系数；

η_c——墙体修正系数。

横向配筋普通砖、多孔砖的截面抗震承载力按式（10.29）计算：

$$V\leqslant\frac{1}{\gamma_{Ra}}f_{vE}+0.15f_y A_s \tag{10.29}$$

式中 A_s——层间竖向截面中钢筋总截面面积。

混凝土小砌块墙体的截面抗震承载力按式（10.30）计算：

$$V\leqslant\frac{1}{\gamma_{Ra}}[f_{vE}A+(0.3f_t A_c+0.05f_y A_s)\xi_c] \tag{10.30}$$

式中 f_t——芯柱的混凝土轴心抗拉强度设计值；

A_c——芯柱截面总面积；

A_s——芯柱钢筋截面总面积；

ξ_c——芯柱影响系数，芯柱的影响系数按下列范围取值：孔隙率小于 0.15 时取 0；孔隙率在 0.15～0.25 范围内取 1.0；孔隙率在 0.25～0.5 范围内取 1.10；孔隙率大于 0.15 时取 1.15。

10.3.3 C 类建筑抗震鉴定方法

C 类建筑主要是依据《建筑抗震设计规范》GBJ 11—89 或者《建筑抗震设计规范》GB 50011 进行设计，建成较晚。根据我国现行规范抗震鉴定标准，对这类建筑的后续使用年限有明确的规定，后续使用年限不少于 50 年，对鉴定方法也有明确的规定，按照我国现行规范《建筑抗震设计规范》GB 50011 进行鉴定，即规范法。其鉴定流程与 B 类建筑的鉴定流程相同，分为两部分，即抗震措施鉴定和承载力鉴定，本节不再详细介绍。

10.4 建筑结构抗震鉴定与加固设计实例

10.4.1 既有钢筋混凝土框架结构建筑的抗震鉴定与加固案例分析

(1) 工程概况

本工程为酒泉市某小学教学楼，建于 1998 年，“一”字形布置，长 44.4m，宽 17.7m，层高 3.9m，结构总高为 18.6m，开间分别为 4.2m 和 3.6m，进深 6.6m，走廊宽度 2.4m，建筑面积 2599.84m^2，该教学楼主体为四层框架结构（局部五层），建筑平面布置如图 10.1～图 10.5 所示。柱截面尺寸：450mm×500mm，450mm×450mm，450mm×600mm；圆柱：直径 500mm；梁截面尺寸：250mm×500mm，250mm×600mm，370mm×600mm，370mm×500mm，250mm×400mm，楼面板采用预制板（部分现浇），厚度为 100mm。

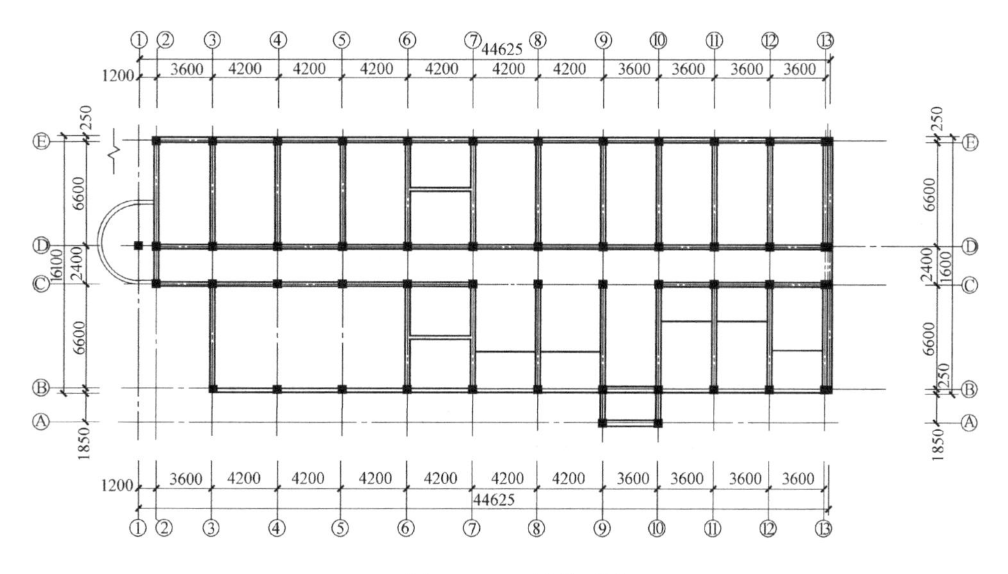

图 10.1 一层平面图

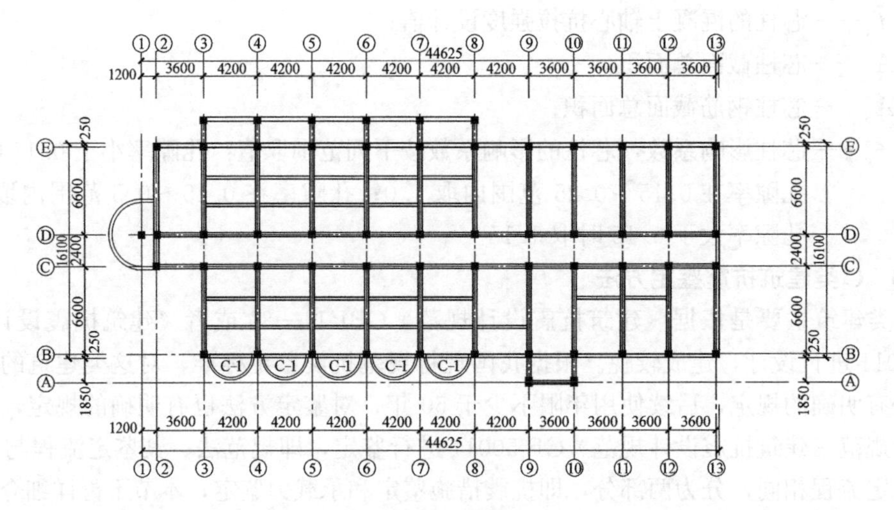

图 10.2 二层平面图

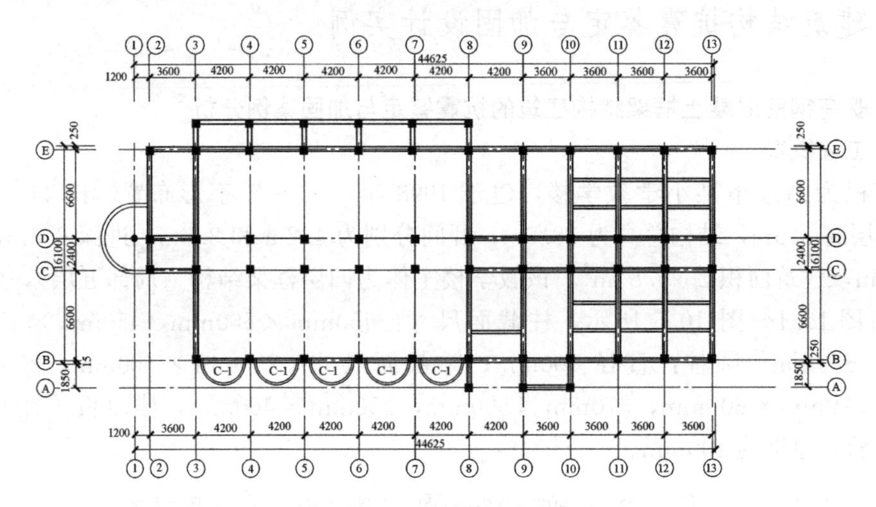

图 10.3 三层平面图

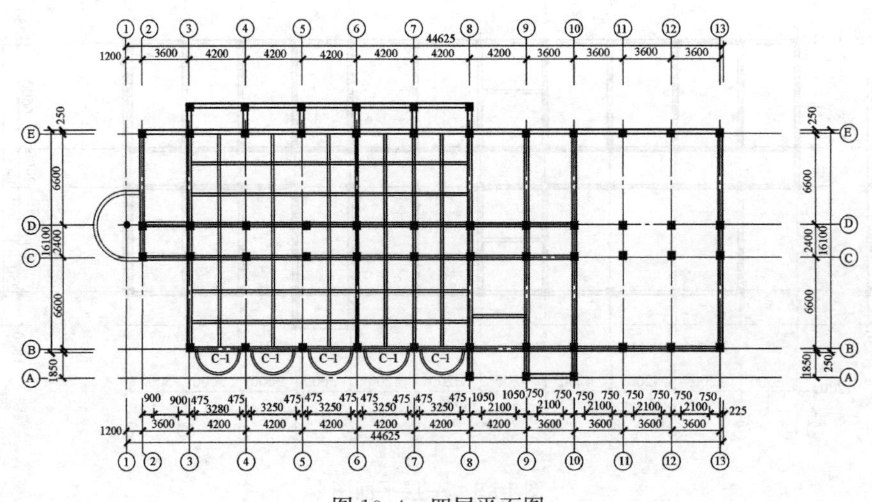

图 10.4 四层平面图

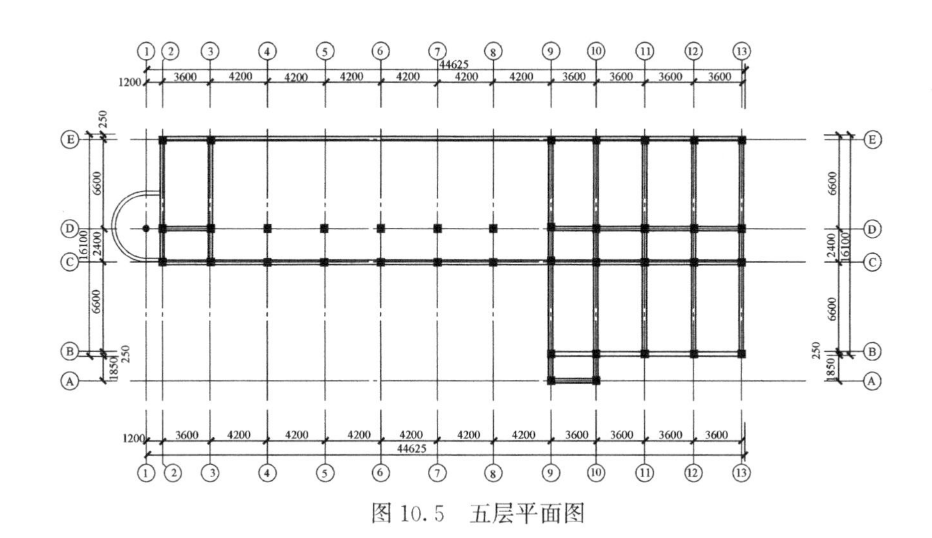

图 10.5　五层平面图

经过现场的检查，该建筑物状况基本良好，局部出现裂缝，经检测，梁、板及柱混凝土强度都可以达到原设计强度。原构件材料混凝土强度等级分别为：柱混凝土 C25，梁及板混凝土均 C25。梁、柱中纵筋为Ⅱ（HRB335）级，箍筋及板中配筋为Ⅰ（HPB235）级。

该建筑物所在地区抗震设防烈度为 7 度，0.15g，Ⅱ类场地，设计地震分组为第二组。原设计为丙类抗震设防，根据现行《建筑工程抗震设防分类标准》GB 50223 调整为乙类设防，因此需要对其进行抗震鉴定来评定其抗震性能。

（2）基于抗震鉴定标准的抗震鉴定

根据现行国家标准《建筑抗震鉴定标准》GB 50023 规定，20 世纪 90 年代建造的现有建筑，后续使用年限不宜少于 40 年。则该建筑后续使用年限可取 40 年、50 年。后续使用年限取 40 年，应用 B 类建筑抗震鉴定方法进行鉴定，后续使用年限取 50 年，应用 C 类建筑抗震鉴定方法进行鉴定。

1）后续使用年限为 40 年的抗震鉴定

① 后续使用年限为 40 年的抗震鉴定措施

建筑高 18.6m，抗震设防烈度为 7 度，该建筑为乙类建筑，其抗震设防烈度应提高 1 度来进行抗震措施鉴定，即其抗震设防烈度为 8 度。按抗震设防烈度为 8 度的要求对该建筑物进行抗震措施鉴定，鉴定结果如表 10.10 所示。

抗震措施检查鉴定结果　　**表 10.10**

项目	内容	鉴定标准要求	现状	鉴定结果
一般规定	适用高度	≤55m	18.6m	满足
结构体系检查	单双向框架	宜为双向	双向	满足
	是否单跨框架	乙类设防时不应为单向框架	多跨	满足
	梁截面宽度	≥200m	250mm	满足
	梁截面高宽比	≤4	2.4	满足
	梁净跨与截面高度比	≥4	6	满足

续表

项目	内容		鉴定标准要求	现状	鉴定结果
结构体系检查	柱截面宽度		≥300mm	450mm	满足
	柱净高与截面高之比		≥4	6.5	满足
	轴压比		二级不宜超过0.8	0.66	满足
抗侧力填充墙	厚度		≥240mm	240mm	满足
	砂浆强度等级		≥M5	M5	满足
材料强度等级	梁、柱、墙混凝土实测强度		≥C20	C25	满足
框架梁的配筋与构造	梁端纵向钢筋配筋率		≤2.5%	1.11%	满足
	混凝土受压区高度和有效高度之比		≤0.35	0.25	满足
	梁端截面的底面和顶面实际配筋量的比值		≥0.3	0.38	满足
	两端箍筋加密区长度		$1.5h_b$,500mm两者中的大值	675mm	满足
	箍筋最大间距		$h_b/4$,$8d$,100mm中的最大值	112.5mm	满足
	箍筋最小直径		8mm	10mm	满足
	梁顶面和底面的通长钢筋		不应少于$2\Phi14$	$2\Phi14$	满足
	加密区箍筋肢距		≤200mm	100mm	满足
柱配筋与构造	纵向钢筋配筋率		≥0.7%	0.7%	满足
	加密区箍筋最大间距		$8d$,100mm中较小者	100mm	满足
	箍筋最小直径		8mm	10mm	满足
	柱箍筋加密区范围	柱端	截面高度、净高的1/6和500mm中的大值	500mm	满足
		底层柱	刚性底面上下各500mm	600mm	满足
	加密区箍筋肢距		≤250mm	200mm	满足
	非加密区箍筋	箍筋梁	不小于加密区的50%	71%	满足
		间距	不应大于$10d$(纵向直径)	$8d$	满足
砌体填充墙构造要求	布置		平面与竖向宜均匀对称	不均匀	不满足
	与框架连接		宜与框架柱柔性连接,墙顶应与框架紧密结合	柔性连接	满足
	与框架刚性连接时		沿框架柱每隔500mm设$2\Phi6$拉筋,且全长拉通	无	不满足
			墙长大于5m时,墙顶与梁宜有拉结措施	无	不满足

抗震措施鉴定结果：依据现行国家标准《建筑抗震鉴定标准》GB 50023对该建筑结构进行后续使用年限为40年（即B类）的抗震措施鉴定，结构砌体填充墙顶部没有与框架紧密的结合，沿框架柱没有设置拉结钢筋，不满足鉴定标准要求，即抗震措施鉴定不满足建筑抗震鉴定标准，须进行抗震承载力鉴定。

② 后续使用年限为40年的抗震承载力验算与变形验算

该建筑为小学教学楼，属于乙类建筑，据现行规范《建筑抗震鉴定标准》GB 50023

规定，现有钢筋混凝土房屋，应根据现行国家标准《建筑抗震设计规范》GB 50011 的方法进行抗震分析，按照《建筑抗震鉴定标准》GB 50023—2009 的 3.0.5 条的规定进行构件承载力验算，乙类框架结构尚应进行变形验算。在进行计算时选用中国建筑科学研究院编制的 PKPM（2010V2.1 版）软件的鉴定加固模块对建筑结构在遭受到 7 度地震作用时的抗震性能进行评价，对建筑结构的抗震承载力进行验算，并且对建筑结构的变形能力进行验算，确定加固方案。结构 PKPM 计算模型见图 10.6。

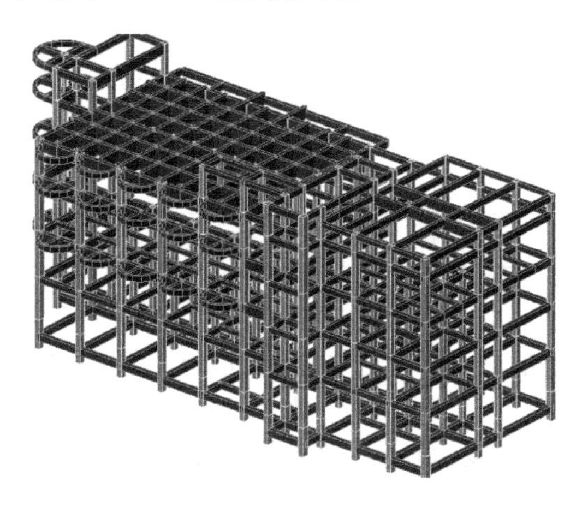

图 10.6　结构 PKPM 计算模型

其主要计算参数信息：

抗震设防烈度：7 度，0.15g；抗震设防类别：乙类；设计地震分组：第二组；场地类别：Ⅱ类；特征周期：0.40。

结构重要性系数：1.0；框架抗震等级：二级；周期折减系数：0.8；结构阻尼比：5%；是否考虑偶然偏心：是；是否考虑双向地震作用：是。

楼面恒载：板：4.6kN/m^2；楼梯：8kN/m^2；卫生间：6kN/m^2；楼面活载：2.5kN/m^2；屋面恒载：6kN/m^2；屋面活载：0.5kN/m^2；梁线荷载：7kN/m^2。

基本风压（50 年一遇）：0.55kN/m^2；地面粗糙类别：C 类；基本雪压（50 年一遇）：0.30kN/m^2。

设计使用年限：40 年。

a. 模态分析

各振型模态分析结果见表 10.11。

自振周期表　　**表 10.11**

振型	周期(s)	角度(°)	平动系数	扭转(s)
1	0.9918	77.92	0.76(0.03+0.73)	0.24
2	0.9348	165.74	1.00(0.94+0.05)	0.00
3	0.8858	75.82	0.34(0.03+0.30)	0.66
4	0.3436	80.80	0.80(0.02+0.78)	0.20

续表

振型	周期(s)	角度(°)	平动系数	扭转(s)
5	0.3177	166.64	0.98(0.94+0.05)	0.02
6	0.2935	73.46	0.26(0.04+0.21)	0.74
7	0.1595	171.02	0.85(0.84+0.01)	0.15
8	0.1557	75.83	0.83(0.06+0.77)	0.17
9	0.1525	126.53	0.30(0.08+0.22)	0.70
10	0.1312	93.65	0.04(0.00+0.04)	0.96
11	0.1250	24.12	0.12(0.11+0.02)	0.88
12	0.1182	43.70	0.29(0.14+0.14)	0.71

b. 侧移曲线变性分析

X方向最大层间位移角：1/585，Y方向最大层间位移角：1/538。

一层柱的下端是固定端，其节点的转动为0，所以一层的位移角只有弹性变形，二层柱的下端即一层柱的上端节点受力时会发生转动，所以二层的位移角不仅有弹性变形，还有因下端节点转动而在上端节点产生的水平位移，并且结构纵向框架方向布置为连梁，截面小，配筋少，抗震能力非常弱，导致二层建筑结构刚度不足，竖向最大层间位移角不满足规范要求。

c. 轴压比分析

建筑结构抗震设防烈度为7度，抗震等级为二级时，框架柱轴压比限值为0.8。本工程原结构的各柱轴压比均满足规范要求，框架柱轴压比最大为0.66。

d. 周期比分析

在该建筑结构中，第一平动周期 $T_1=0.9918$，第一扭转周期 $T_3=0.8858$，周期比 $T_3/T_1=0.8858/0.9918=0.893$，小于规范要求的0.9，满足规范要求。

X方向的有效质量系数为99.78%，大于规范要求90%，满足规范要求。Y方向的有效质量系数为99.50%，大于规范要求90%，满足规范要求。

e. 剪重比分析

剪重比分析结果见表10.12和表10.13

X方向各层剪重比计算 **表10.12**

层号	剪重比	允许剪重比	备注
1	5.35%	>2.4%	满足
2	6.31%	>2.4%	满足
3	7.08%	>2.4%	满足
4	8.09%	>2.4%	满足
5	8.84%	>2.4%	满足
6	9.18%	>2.4%	满足

Y 方向各层剪重比计算 **表 10.13**

层号	剪重比	允许剪重比	备注
1	4.55%	＞2.4%	满足
2	5.36%	＞2.4%	满足
3	6.04%	＞2.4%	满足
4	7.13%	＞2.4%	满足
5	8.04%	＞2.4%	满足
6	8.19%	＞2.4%	满足

f. 刚重比分析

刚重比分析结果见表 10.14 和表 10.15。经过计算，各层的刚重比均大于 10，满足规范要求，能够通过整体稳定性计算，并且各层刚重比均大于 20，可以不考虑重力二阶效应。

X 方向各层刚重比计算 **表 10.14**

层号	刚重比	规范要求	备注
1	93.06	＞10	满足
2	36.98	＞10	满足
3	66.61	＞10	满足
4	89.98	＞10	满足
5	124.07	＞10	满足
6	308.86	＞10	满足

Y 方向各层刚重比计算 **表 10.15**

层号	刚重比	规范要求	备注
1	79.47	＞10	满足
2	36.49	＞10	满足
3	57.94	＞10	满足
4	67.17	＞10	满足
5	91.66	＞10	满足
6	217.36	＞10	满足

g. 位移比验算分析

位移比分析结果见表 10.16 和表 10.17。

X 方向各层位移比计算 **表 10.16**

层号	位移比 (最大水平位移/层平均位移)	规范要求	备注
1	1.00(1.00)	＜1.5	满足
2	1.07(1.07)	＜1.5	满足
3	1.01(1.22)	＜1.5	满足

续表

层号	位移比 （最大水平位移/层平均位移）	规范要求	备注
4	1.01(1.04)	<1.5	满足
5	1.01(1.04)	<1.5	满足
6	1.02(1.09)	<1.5	满足

Y方向各层位移比计算 **表10.17**

层号	位移比 （最大水平位移/层平均位移）	规范要求	备注
1	1.00(1.00)	<1.5	满足
2	1.17(1.18)	<1.5	满足
3	1.19(1.27)	<1.5	满足
4	1.22(1.40)	<1.5	满足
5	1.23(1.34)	<1.5	满足
6	1.24(1.32)	<1.5	满足

h. 钢筋配筋分析

对该建筑结构计算分析应配钢筋与实际图纸的配筋，得出的结论为：部分梁的实际配筋不满足计算结果，部分框架柱实际配筋不满足计算结果。

③ 基于建筑抗震鉴定标准的鉴定结果

通过以上对该建筑的抗震措施鉴定和承载力与变形验算，可以得出以下结论：

a. 该结构砌体填充墙顶部没有与框架紧密结合，沿框架柱没有设置拉结钢筋，不满足鉴定标准要求；

b. 由于角柱和边柱位于结构的端部，地震作用的双向偏心与重力荷载的双向偏心叠加，扭转效应相对较大，导致出现超配筋，表明角柱的承载力不足，需要进行加固处理；

c. 该结构第二层层间位移角不满足要求，说明该层过柔，需要增加该层的侧向刚度。

④ 抗震加固

a. 经过抗震鉴定，填充墙与框架柱不满足要求，可以加设拉筋进行连接补强。

b. 部分框架柱不满足鉴定要求，采用增大截面或外黏型钢加固等方法对其进行加固。部分框架梁不满足鉴定要求，对超配筋情况较大的框架梁，采用增大截面的方式进行加固，否则采用粘贴碳纤维的加固方法进行加固。

c. 第二层层间位移角不满足要求，找出位移最大节点（即相应的框架柱），对该框架柱采用外黏型钢加固法或者增大截面加固法进行加固，同时增大与柱相连的梁的截面。

2）后续使用年限为50年的抗震鉴定

① 后续使用年限为50年的抗震鉴定措施

该建筑高18.6m，抗震设防烈度为7度，该建筑为乙类建筑，其后续使用年限为50年，根据现行鉴定标准，其抗震设防烈度应提高1度来进行抗震措施鉴定，即其抗震设防烈度为8度。按抗震设防烈度为8度的要求对该建筑物进行抗震措施鉴定，鉴定结果如表10.18所示。

抗震措施检查鉴定结果 **表 10.18**

<table>
<tr><th>项目</th><th colspan="2">内容</th><th>鉴定标准要求</th><th>现状</th><th>鉴定结果</th></tr>
<tr><td rowspan="8">一般规定</td><td colspan="2">适用高度</td><td>不超过 40m</td><td>18.6m</td><td>满足</td></tr>
<tr><td colspan="2">梁截面宽度</td><td>≥200m</td><td>250mm</td><td>满足</td></tr>
<tr><td colspan="2">梁截面高宽比</td><td>≤4</td><td>2.4</td><td>满足</td></tr>
<tr><td colspan="2">梁净跨与截面高度比</td><td>≥4</td><td>6</td><td>满足</td></tr>
<tr><td colspan="2">柱截面宽度</td><td>≥400mm</td><td>450mm</td><td>满足</td></tr>
<tr><td colspan="2">圆柱直径</td><td>≥450mm</td><td>500mm</td><td>满足</td></tr>
<tr><td colspan="2">柱截面长边与短边边长之比</td><td>≤3</td><td>0.75</td><td>满足</td></tr>
<tr><td colspan="2">轴压比</td><td>小于等于 0.75</td><td>0.66</td><td>满足</td></tr>
<tr><td rowspan="2">抗侧力填充墙</td><td colspan="2">厚度</td><td>≥240mm</td><td>240mm</td><td>满足</td></tr>
<tr><td colspan="2">砂浆强度等级</td><td>≥M5</td><td>M5</td><td>满足</td></tr>
<tr><td>材料强度等级</td><td colspan="2">梁、柱、墙混凝土实测强度</td><td>≥C30</td><td>C25</td><td>不满足</td></tr>
<tr><td rowspan="9">框架梁的配筋与构造</td><td colspan="2">梁端纵向钢筋配筋率</td><td>≤2.5%</td><td>1.11%</td><td>满足</td></tr>
<tr><td colspan="2">混凝土受压区高度和有效高度之比</td><td>≤0.35</td><td>0.30</td><td>满足</td></tr>
<tr><td colspan="2">梁端截面的底面和顶面实际配筋量的比值</td><td>≥0.3</td><td>0.38</td><td>满足</td></tr>
<tr><td colspan="2">两端箍筋加密区长度</td><td>$1.5h_b$，500mm 两者中的较大值</td><td>675mm</td><td>满足</td></tr>
<tr><td colspan="2">箍筋最大间距</td><td>$h_b/4$，$8d$，100mm 中的最大值</td><td>112.5</td><td>满足</td></tr>
<tr><td colspan="2">箍筋最小直径</td><td>8mm</td><td>10mm</td><td>满足</td></tr>
<tr><td colspan="2">梁顶面和底面的通长钢筋</td><td>不应少于 2Φ14，且分别不应少于梁顶面、底面两端纵向配筋中较大截面面积的 1/4</td><td>2Φ14</td><td>满足</td></tr>
<tr><td colspan="2">加密区箍筋肢距</td><td>不宜大于 250mm 和 20 倍箍筋直径的较大值</td><td>200mm</td><td>满足</td></tr>
<tr><td rowspan="11">柱配筋与构造</td><td rowspan="2">纵向钢筋配筋率</td><td>中柱、边柱</td><td>≥0.7%</td><td>0.7%</td><td>满足</td></tr>
<tr><td>角柱、框支柱</td><td>≥0.9%</td><td>0.86%</td><td>不满足</td></tr>
<tr><td colspan="2">加密区箍筋最大间距</td><td>$8d$，100mm 中较小者</td><td>100mm</td><td>满足</td></tr>
<tr><td colspan="2">加密区箍筋最小直径</td><td>8mm</td><td>10mm</td><td>满足</td></tr>
<tr><td colspan="2">框架柱箍筋直径</td><td>≥10mm</td><td>10mm</td><td>满足</td></tr>
<tr><td colspan="2">框架柱箍筋肢距</td><td>≤200mm</td><td>150mm</td><td>满足</td></tr>
<tr><td rowspan="2">柱箍筋加密区范围</td><td>柱端</td><td>截面高度、净高的 1/6 和 500mm 中的最大值</td><td>500mm</td><td>满足</td></tr>
<tr><td>底层柱</td><td>刚性底面上下各 500mm，下端不小于柱净高的 1/3</td><td>600mm</td><td>满足</td></tr>
<tr><td colspan="2">加密区箍筋肢距</td><td>≤250mm</td><td>200mm</td><td>满足</td></tr>
<tr><td rowspan="2">非加密区箍筋</td><td>箍筋梁</td><td>不小于加密区的 50%</td><td>71%</td><td>满足</td></tr>
<tr><td>间距</td><td>不应大于 $10d$（纵向直径）</td><td>200mm</td><td>满足</td></tr>
</table>

续表

项目	内容	鉴定标准要求	现状	鉴定结果
砌体填充墙构造要求	布置	平面与竖向宜均匀对称	不均匀对称	不满足
	与框架连接	宜与框架柱柔性连接，墙顶应与框架紧密结合	柔性连接	满足
	与框架刚性连接时	沿框架柱每隔 500mm 有 2Φ6 拉筋，且全长拉通	无	不满足
		墙长大于 5m 时，墙顶与梁宜有拉结措施	无	不满足

抗震措施鉴定结果：依据现行《建筑抗震设计规范》GB 50011—2010（2016 年版）对该建筑结构进行后续使用年限为 50 年（即 C 类）的抗震措施鉴定，部分角柱、框支柱纵向配筋率不足，结构砌体填充墙顶部没有与框架紧密结合，沿框架柱没有设置拉结钢筋，不满足鉴定标准要求，即抗震措施鉴定不满足建筑抗震鉴定标准，必须要进行抗震承载力验算及变形验算。

② 后续使用年限为 50 年的抗震承载力验算和变形验算

该建筑为小学教学楼，属于乙类建筑，现行鉴定标准明确规定，后续使用年限为 50 年的现有建筑按照现行国家标准《建筑抗震设计规范》GB 50011—2010（2016 年版）进行抗震鉴定，进行计算时选用 PKPM 软件对建筑结构在遭受 7 度地震作用时的抗震性能进行评价，对建筑结构的抗震承载力进行验算，并且对建筑结构的变形能力进行验算，确定加固方案。

其计算参数与后续使用年限为 40 年的抗震承载力验算与变形验算中的参数相同。

a. 模态分析

各振型模态分析结果见表 10.19。

自振周期表 **表 10.19**

振型	周期(s)	角度(°)	平动系数	扭转(s)
1	0.9948	77.81	0.76(0.03+0.73)	0.24
2	0.9375	165.69	1.00(0.94+0.05)	0.00
3	0.8879	75.85	0.34(0.03+0.30)	0.66
4	0.3443	80.75	0.80(0.02+0.78)	0.20
5	0.3183	166.58	0.98(0.94+0.05)	0.02
6	0.2940	73.45	0.26(0.04+0.21)	0.74
7	0.1598	171.15	0.85(0.84+0.01)	0.15
8	0.1559	75.92	0.83(0.06+0.77)	0.17
9	0.1527	126.82	0.31(0.08+0.22)	0.69
10	0.1313	93.63	0.04(0.00+0.04)	0.96
11	0.1252	24.26	0.12(0.11+0.02)	0.88
12	0.1185	45.35	0.28(0.13+0.15)	0.72

b. 侧移曲线变形分析

X 方向最大层间位移角：1/585，Y 方向最大层间位移角：1/535。二层竖向最大层间位移角不满足规范要求，理由同前文。

c. 轴压比分析

本工程原结构的各柱轴压比均满足规范要求，框架柱轴压比最大为0.68。

d. 周期比分析

在该建筑结构中，第一平动周期 $T_1=0.9948$，第一扭转周期 $T_3=0.8879$，周期比 $T_3/T_1=0.8879/0.9948=0.892$，小于规范要求的0.9，满足规范要求。

X方向的有效质量系数为99.78%，大于规范要求90%，满足规范要求。Y方向的有效质量系数为99.50%，大于规范要求90%。满足规范要求。

e. 剪重比分析

剪重比分析结果见表10.20和表10.21

X方向各层剪重比 **表10.20**

层号	剪重比	允许剪重比	备注
1	9.16%	>2.4%	满足
2	8.82%	>2.4%	满足
3	8.07%	>2.4%	满足
4	7.06%	>2.4%	满足
5	6.29%	>2.4%	满足
6	5.33%	>2.4%	满足

Y方向各层剪重比 **表10.21**

层号	剪重比	允许剪重比	备注
1	8.17%	>2.4%	满足
2	8.02%	>2.4%	满足
3	7.11%	>2.4%	满足
4	6.02%	>2.4%	满足
5	5.34%	>2.4%	满足
6	4.53%	>2.4%	满足

f. 刚重比分析

刚重比分析结果见表10.22和表10.23。经过计算，各层的刚重比均大于10，满足规范要求，能够通过整体稳定性计算，并且各层刚重比均大于20，可以不考虑重力二阶效应。

X方向各层刚重比 **表10.22**

层号	刚重比	规范要求	备注
1	92.92	>10	满足
2	36.82	>10	满足
3	66.00	>10	满足
4	89.33	>10	满足
5	123.49	>10	满足
6	306.82	>10	满足

Y 方向各层刚重比　　表 10.23

层号	刚重比	规范要求	备注
1	79.27	＞10	满足
2	36.31	＞10	满足
3	57.43	＞10	满足
4	66.73	＞10	满足
5	91.14	＞10	满足
6	215.02	＞10	满足

g. 位移比验算分析

位移比分析结果见表 10.24 和表 10.25。

X 方向各层位移比　　表 10.24

层号	最大水平位移/层平均位移	最大层间位移/平均层间位移	规范要求	备注
1	1.00	1.00	＜1.5	满足
2	1.07	1.07	＜1.5	满足
3	1.01	1.22	＜1.5	满足
4	1.01	1.04	＜1.5	满足
5	1.01	1.04	＜1.5	满足
6	1.02	1.09	＜1.5	满足

Y 方向各层位移比　　表 10.25

层号	最大水平位移/层平均位移	最大层间位移/平均层间位移	规范要求	备注
1	1.00	1.00	＜1.5	满足
2	1.17	1.18	＜1.5	满足
3	1.19	1.27	＜1.5	满足
4	1.22	1.40	＜1.5	满足
5	1.23	1.34	＜1.5	满足
6	1.24	1.32	＜1.5	满足

h. 配筋计算

对该建筑结构计算分析，将应配钢筋与实际图纸的配筋进行比较，部分梁的实际配筋不满足计算结果，部分框架柱实际配筋不满足计算结果。

③ 基于建筑抗震鉴定标准的鉴定结果

通过以上对该建筑的抗震措施鉴定和承载力与变形验算，可以得出以下结论：

a. 该结构砌体填充墙顶部没有与框架紧密结合，沿框架柱没有设置拉结钢筋，不满足鉴定标准要求；

b. 由于角柱和边柱位于结构的端部，地震作用的双向偏心与重力荷载的双向偏心叠加，扭转效应相对较大，导致出现超配筋，表明角柱的承载力不足，需要进行加固处理；

c. 该结构第二层层间位移角不满足要求，说明该层过柔，需要增加该层的侧向刚度。

④ 抗震加固

a. 经过抗震鉴定，填充墙与框架柱不满足要求，可以加设拉筋进行连接补强。

b. 部分框架柱不满足鉴定要求，采用增大截面或外黏型钢加固等方法对其进行加固。部分框架梁不满足鉴定要求，对超配筋情况较大的框架梁，采用增大截面的方式进行加固，否则采用粘贴碳纤维的加固方法进行加固。

c. 第二层层间位移角不满足要求，找出位移最大节点（即相应的框架柱），对该框架柱采用外黏型钢加固法或者增大截面加固法进行加固，同时增大与柱相连的梁的截面。

通过 20 世纪 90 年代的工程实例对现有建筑后续使用年限为 40 年、50 年的抗震鉴定和加固设计，对 B 类和 C 类钢筋混凝土结构的抗震鉴定方法和相应的加固设计有了初步了解，对掌握钢筋混凝土结构的抗震鉴定和抗震加固具有重要意义。

10.4.2 既有砖混结构的抗震鉴定和加固设计案例分析

(1) 工程概况

兰州市某大学职工宿舍，建于 1973 年，“一”字形布置，长 44.4m，宽 12.4m，层高 3.2m，建筑总面积 1496m^2，开间为 3.4m，进深为 6.6m，走廊宽度 2m，该公寓楼主体为三层砌体结构（局部两层），建筑平面图如图 10.7、图 10.8 所示。该砌体结构无构造柱，楼面板采用现浇混凝土楼板，厚度为 100mm。

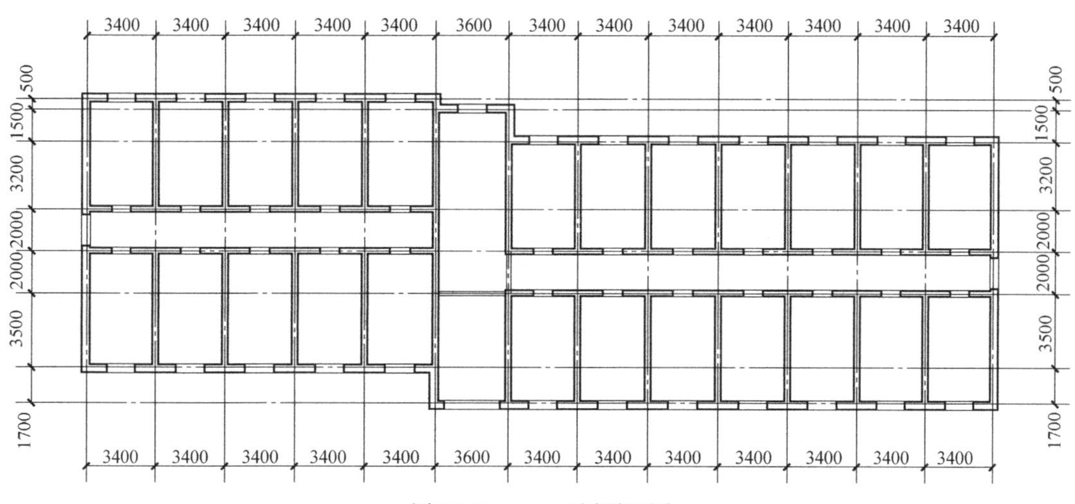

图 10.7 一、二层平面图

经过现场勘查，该建筑物承重墙体具有部分裂缝，承重或自承重墙体及其交接处具有裂缝，现浇混凝土楼盖与屋盖无明显变形，板面平整，板端支撑长符合要求，部分梁有少量微小开裂，钢筋无露筋、腐蚀。经材料强度检测，砂浆强度等级为 M1.5，砖强度等级为 MU7.5。

该建筑物所在地区抗震设防烈度为 8 度，0.20g，Ⅱ类场地，设计地震分组为第三组。原设计为丙类抗震设防，现抗震设防也为丙类。

(2) 抗震鉴定

根据现行《建筑抗震鉴定标准》GB 50023—2009 规定，20 世纪 70 年代建造的现有建筑，后续使用年限不少于 30 年。则该建筑后续使用年限可取 30 年、40 年、50 年。后

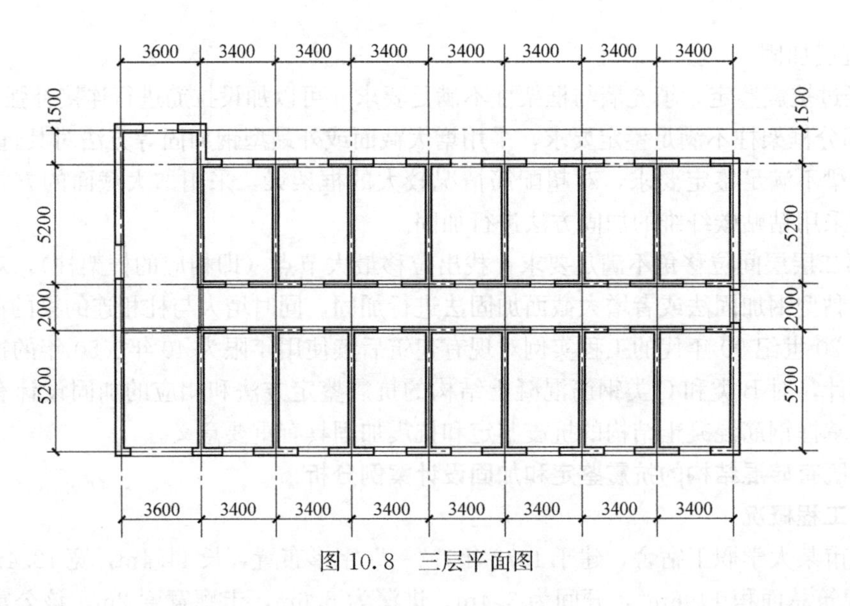

图 10.8　三层平面图

续使用年限取 30 年，应用 A 类建筑抗震鉴定方法进行鉴定；后续使用年限取 40 年，应用 B 类建筑抗震鉴定方法进行鉴定；后续使用年限取 50 年，应用 C 类建筑抗震鉴定方法进行鉴定。

1）后续使用年限为 30 年的抗震鉴定

① 后续使用年限为 30 年的抗震鉴定措施

本建筑高 9.6m，抗震设防烈度为 8 度，该建筑为丙类建筑，按抗震设防烈度为 8 度的要求对该建筑物进行抗震措施鉴定，鉴定结果如表 10.26 所示。

抗震措施检查鉴定结果　　　　**表 10.26**

项目	内容	鉴定标准要求	现状	鉴定结果
一般规定	适用高度	≤24m	9.6m	满足
	高宽比	≤2.2	小于 1	满足
结构体系检查	质量和刚度分布	均匀	均匀	满足
	里面高度变化	不超过一层	无	满足
	同一楼层的楼板标高差距	≤500mm	0mm	满足
	跨度不大于 6m 的大梁	不宜由独立砖柱支撑	无	满足
材料强度等级	砖强度等级	≥MU7.5	MU7.5	满足
	砂浆强度等级	≥M2.5	M1.5	不满足
	混凝土强度等级	C15	C15	满足
整体性连接构造	墙体布置	平面内闭合	闭合	满足
	圈梁	后续使用年限 30 年	各层均设圈梁	满足
	构造柱	后续使用年限 30 年	无设置	不满足
	隔墙与两侧墙体或柱	有拉结	无拉结	不满足
	楼盖、屋盖构件的支撑长度	见 GB 50003 的第 5.2.5 条	120mm	满足
	圈梁高度	≥120mm	240mm	满足
	圈梁配筋	不少于 4Φ12	4Φ12	满足

续表

项目	内容	鉴定标准要求	现状	鉴定结果
易引起局部倒塌的部件及其连接	承重墙的门窗间墙及大于5m长的大梁支撑内墙脸至门窗洞边	≥1m	1m	满足
砌体填充墙构造要求	非承重墙尽端至门窗洞边的距离	≥0.8m	1m	满足
	隔墙与两侧墙体或柱	有拉结	无拉结	不满足
	门脸和女儿墙等装饰物的砌筑砂浆不低于M2.5，且厚度为240mm时	出屋面的高度非刚不应大于0.5m，女儿墙不应大于0.9m	女儿墙 小于等于0.5m	满足

抗震措施鉴定结果：依据现行《建筑抗震鉴定标准》GB 50023—2009对该建筑结构进行后续使用年限为30年（即A类）的抗震措施鉴定，该宿舍楼在材料等级、房屋的整体性连接构造、易引起局部倒塌的部件及其连接、楼梯间布置和墙体构造连接方面，不符合国家现行标准《建筑抗震鉴定标准》的8度抗震设防烈度、丙类设防的A类砌体房屋的鉴定要求，必须进行抗震承载力的鉴定。

② 后续使用年限为30年的抗震承载力验算与变形验算

该建筑为公寓楼，属于丙类建筑，据现行规范《建筑抗震鉴定标准》GB 50023—2009规定，在进行计算时选用中国建筑科学研究院编制的PKPM（2010V2.1版）软件的鉴定加固模块对建筑结构在遭受8度地震作用时的抗震性能进行评价，对建筑结构的抗震承载力进行验算，确定加固方案。

其主要计算参数信息：

a. 抗震设防烈度：8度，0.20g；抗震设防类别：丙类；设计地震分组：第三组；场地类别：Ⅱ类；特征周期：0.30；

b. 结构重要性系数：1.0；周期折减系数：0.8；结构阻尼比：5%；是否考虑偶然偏心：是；是否考虑双向地震作用：是；

c. 楼面恒载：板：4.5kN/m^2；楼梯：8kN/m^2；卫生间：6kN/m^2；楼面活载：2.5kN/m^2；屋面恒载：6kN/m^2；屋面活载：0.5kN/m^2；

d. 基本风压（50年一遇）：0.30kN/m^2；地面粗糙类别：C类；基本雪压（50年一遇）：0.30kN/m^2；

e. 设计使用年限：30年。

PKPM建立的计算模型，见图10.9。

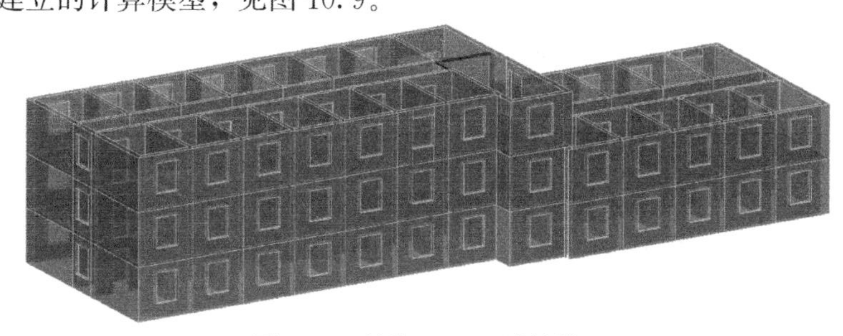

图10.9 结构PKPM计算模型

采用 PKPM 实现对墙体抗震承载力的验算，主要包括以下几个方面的内容：

a. 对纵横向窗间墙、门间墙、门窗间墙、端墙、横墙等墙段进行抗震承载力的计算，各墙段的抗力和荷载效应的比值为计算结果，若比值大于 1，则证明墙体抗震的承载力满足要求，即抗力大于荷载效应，反之则不满足要求。

b. 对纵横向墙体进行整体的抗震承载力计算，计算对象包括洞口在内，与墙段的计算方法相同。

c. 若计算得到的墙段的抗力与效应的比值小于 1，程序将自动将该墙段设计成配筋墙体，给出相应所需要的配筋面积，并将结果作为加固配筋的参考。

应用 PKPM 对本工程进行计算分析，结果见图 10.10～图 10.12。

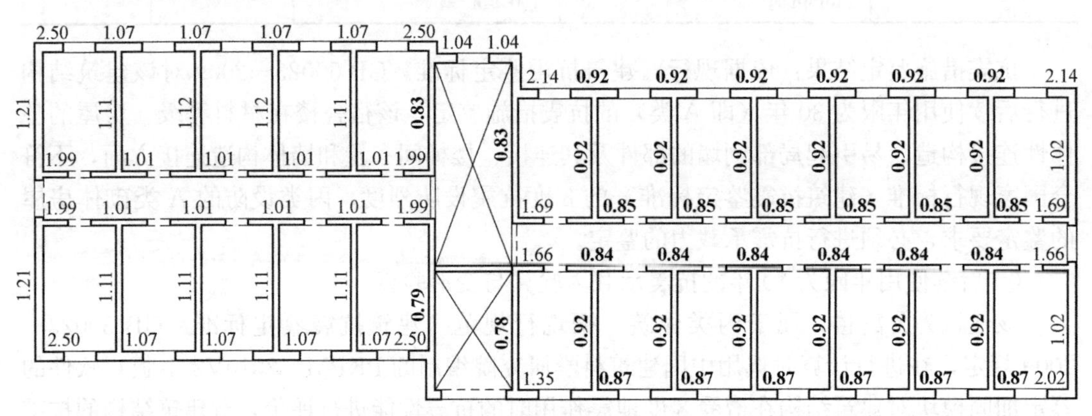

图 10.10　首层抗震验算结果（抗力与效应之比）

注：加粗数字处其抗震承载力不满足要求。

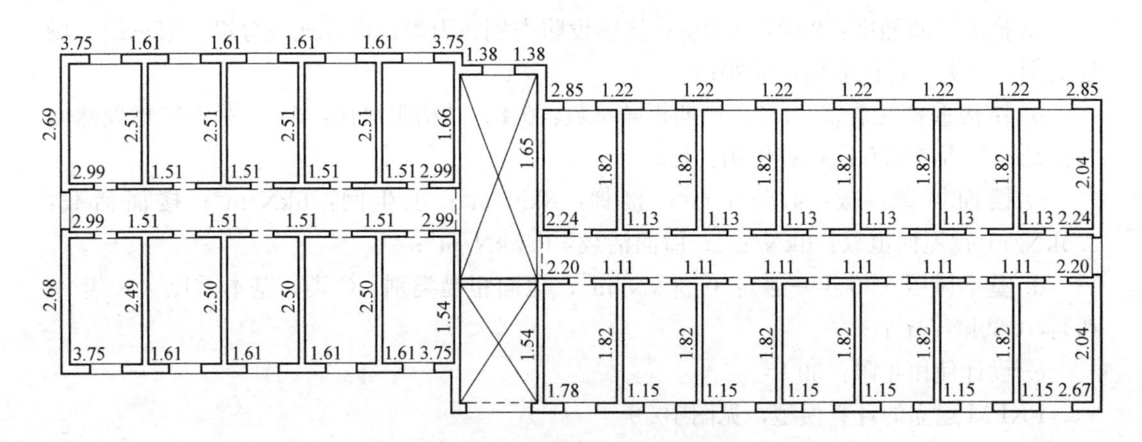

图 10.11　二层抗震验算结果（抗力与效应之比）

在计算结果中，数据表示各墙段的抗力与效应的比值，数据标注方向与其对应墙体轴线垂直。当显示数据大于等于 1 时，表明该段墙体抗震承载力满足要求，反之，则表明其抗震承载力不满足要求。不满足要求的墙段，程序会自动给出墙体所需水平配筋面积，并计算出加固所需配筋。

③ 鉴定结果

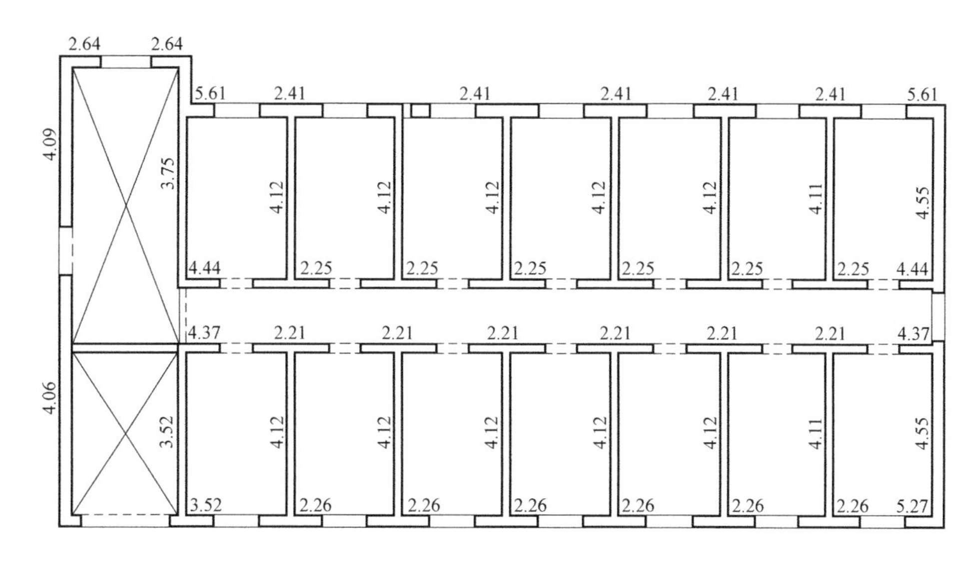

图 10.12　三层抗震验算结果（抗力与效应之比）

根据我国现行《建筑抗震鉴定标准》GB 50023—2009，对该楼进行抗震措施鉴定和抗震验算，得出以下结论：

a. 楼房的上部结构未发现不均匀沉降、变形或倾斜现象。

b. 楼房在材料强度、结构体系和布置、房屋的整体性连接构造、易损易倒部件及其连接等方面不满足现行国家标准《建筑抗震鉴定标准》GB 50023—2009 中 A 类建筑的鉴定要求。主要表现在：该建筑材料强度、构造柱、楼梯间布置及墙体的构造配筋不满足要求。

c. 经验算分析，该楼房部分墙体的综合抗震能力不满足现行国家标准《建筑抗震鉴定标准》GB 50023—2009 的要求。

d. 综合考虑抗震措施和抗震承载能力的鉴定分析结果，该楼房的综合抗震能力低于现行规范《建筑抗震鉴定标准》GB 50023—2009 的要求，应采取措施对楼房进行整体性抗震加固处理。

④ 抗震加固

a. 对抗震计算和构造措施不满足要求的墙体采用钢筋混凝土板墙加固，厚度及配筋由计算确定。

b. 对楼梯间的墙体采用钢筋混凝土板墙进行加固，厚度及配筋由计算确定。

c. 砌体结构的墙体出现裂缝，可对墙体采用压力灌浆的方法进行修补。

d. 经过第二级鉴定，由于该建筑没有设置构造柱，不符合规范要求时，采取外加构造柱的加固措施（外墙转角、楼梯间四角处）。具体加固方法见第 7 章。

2）后续使用年限为 40 年的抗震鉴定

① 后续使用年限为 40 年的抗震鉴定措施

本建筑高 9.6m，抗震设防烈度为 8 度，该建筑为丙类建筑，按抗震设防烈度为 8 度的要求对该建筑物进行抗震措施鉴定，鉴定结果如表 10.27 所示。

抗震措施检查鉴定结果　　表 10.27

项目	内容	鉴定标准要求	现状	鉴定结果
一般规定	适用高度	≤24m	9.6m	满足
	层高	≤4m	3.2m	满足
	高宽比	≤2.0	小于 1	满足
结构体系检查	质量和刚度分布	均匀	均匀	满足
	里面高度变化	不超过一层	无	满足
	同一楼层的楼板标高差在 6m 以上	宜有防震缝	楼板标高差小于 6m	满足
	跨度不大于 6m 的大梁	不宜由独立砖柱支撑	无	满足
	房屋的尽端和转角	不宜有楼梯间	无	满足
材料强度等级	砖强度等级	≥MU7.5	MU7.5	满足
	砂浆强度等级	≥M2.5	M1.5	不满足
	混凝土强度等级	C15	C15	满足
整体性连接构造	墙体布置	平面内闭合	平面内闭合	满足
	圈梁	后续使用年限 40 年	各层均设圈梁	满足
	构造柱	后续使用年限 40 年	无设置	不满足
	隔墙与两侧墙体或柱	有拉结	无拉结	不满足
	楼盖、屋盖构件的支撑长度	见 GB 50003 的 5.2.5 条	120mm	满足
	圈梁高度	≥120mm	240mm	满足
	圈梁配筋	不少于 4Φ12	4Φ12	满足
	构造柱与圈梁	有连接	无连接	不满足
	构造柱尺寸与配筋	最小截面为 240mm×180mm，纵向钢筋宜为 4Φ12	无	不满足
	构造柱与墙	宜砌成马牙槎，沿墙高每隔 500mm 有 2Φ6 拉结筋	无	不满足
	楼板或屋面伸进外墙和不小于 240mm 的长度	≥240mm	120mm	不满足
	楼盖、屋盖的钢筋混凝土梁与墙、柱、圈梁	有可靠连接	有可靠连接	满足
易引起局部倒塌的部件构造要求	门洞口处	不应为无筋过梁	有筋梁	满足
	过梁支撑长度	≥240mm	180mm	不满足
	承重窗间墙最小距离	1.2m	1m	不满足
	承重外墙尽端至门窗洞边最小距离	1.5m	1m	不满足
	无锚固女儿墙最大高度	0.5m	≤0.5m	满足

抗震措施鉴定结果：依据《建筑抗震鉴定标准》GB 50023—2009 对该建筑结构进行后续使用年限为 40 年（即 B 类）的抗震措施鉴定。该楼在结构体系、房屋的整体性连接构造、易引起局部倒塌的部件及其连接、楼梯间布置和墙体构造连接方面，不符合国家现行标准《建筑抗震鉴定标准》GB 50023—2009 的 8 度抗震设防烈度、丙类设防砌体房屋的鉴定要求，必须要进行抗震承载力的鉴定。

② 后续使用年限为40年的抗震承载力验算与变形验算

该建筑为公寓楼，属于丙类建筑，据《建筑抗震鉴定标准》GB 50023—2009规定，在进行计算时选用中国建筑科学研究院编制的PKPM（2010V2.1版）软件的鉴定加固模块对建筑结构在遭受8度地震作用时的抗震性能进行评价，对建筑结构的抗震承载力进行验算，确定加固方案。

其主要计算参数信息：设计使用年限：40年，其余信息同上。

应用PKPM对本工程进行计算分析，结果见图10.13～图10.15。

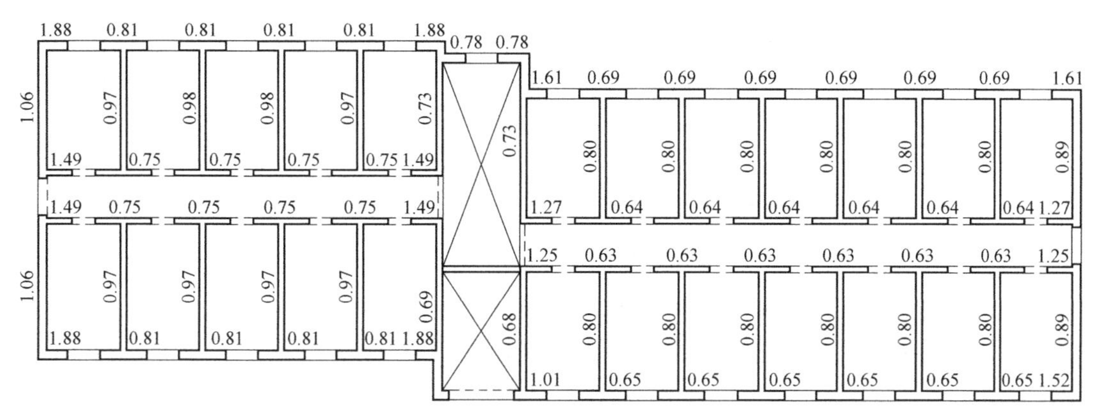

图10.13 首层抗震验算结果（抗力与效应之比）

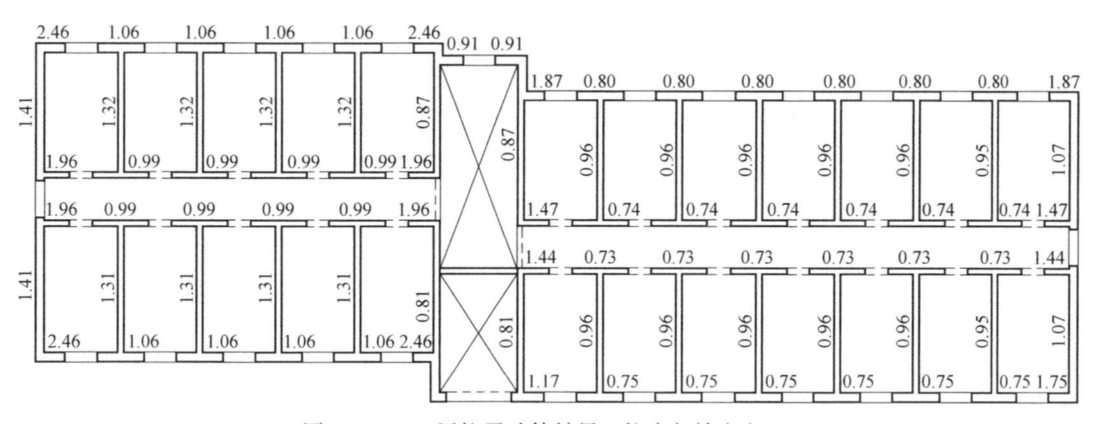

图10.14 二层抗震验算结果（抗力与效应之比）

③ 抗震鉴定结果

根据我国现行《建筑抗震鉴定标准》GB 50023—2009，对该公寓楼进行抗震措施鉴定和抗震验算，得出以下结论：

a. 结构体系和布置、房屋的整体性连接构造、易损易倒塌部件及其连接等方面不满足现行国家标准《建筑抗震鉴定标准》GB 50023—2009中B类建筑的鉴定要求。主要表现在：房屋的整体性连接构造、易引起局部倒塌的部件及其连接、墙体构造连接不满足要求。

b. 经PKPM计算分析，该楼房大部分墙体的抗震能力和第二级鉴定的值小于1，不满足规范要求。

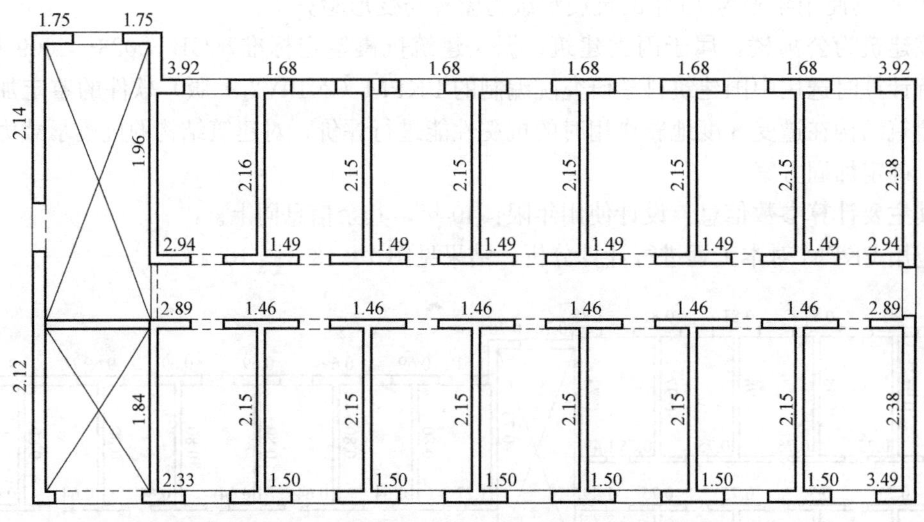

图 10.15　三层抗震验算结果（抗力与效应之比）

c. 综合考虑抗震措施和抗震承载能力的鉴定分析结果，该楼房的综合抗震能力低于B类建筑的鉴定要求，应采取措施对楼房进行整体性抗震加固处理。具体加固方法见第7章。

④ 抗震加固

a. 部分墙体经过PKPM计算分析，抗震验算及构造措施不满足鉴定标准要求，对不满足抗剪要求的砖墙采用钢筋混凝土夹板墙的加固方法进行加固，厚度及配筋由计算确定。

b. 对楼梯间的墙体采用钢筋混凝土夹板墙进行加固，厚度及配筋由计算确定。

c. 砌体结构的墙体出现裂缝，可对墙体采用压力灌浆的方法进行修补。

d. 经过第二级鉴定，构造柱不符合规范要求时，采取加构造柱的加固措施（外墙转角、楼梯间四角处、横墙与外纵墙交接处）。

e. 通过计算结果分析，一层圈梁不满足要求，经过面层或板墙加固的墙体，对上下交接处增设钢筋对其进行加强，可对其不另外设置圈梁。

f. 隔墙与两侧墙体连接性不满足要求，可采用新加柱或新加圈梁等对其进行加强。

g. 过梁支撑长度不满足要求，可在过梁与墙体连接处新增构造柱。

3）后续使用年限为50年的抗震鉴定

① 后续使用年限为50年的抗震鉴定措施

建筑高9.6m，抗震设防烈度为8度，该建筑为丙类建筑，按抗震设防烈度为8度的要求对该建筑物进行抗震措施鉴定，鉴定结果如表10.28所示。

抗震措施检查鉴定结果　　　　**表10.28**

项目	内容	鉴定标准要求	现状	鉴定结果
一般规定	适用高度	≤24m	9.6m	满足
	层高	≤4m	3.2m	满足
	高宽比	≤2.0	<1	满足

续表

项目	内容	鉴定标准要求	现状	鉴定结果
结构体系检查	质量和刚度分布	均匀	均匀	满足
	里面高度变化	不超过一层	无	满足
	同一楼层的楼板标高差在6m以上	宜有防震缝	楼板标高差小于6m	满足
	跨度不大于6m的大梁	不宜由独立砖柱支撑	无	满足
	房屋的尽端和转角	不宜有楼梯间	无	满足
	墙面洞口的面积	≤50%	41%	满足
材料强度等级	砖强度等级	≥MU7.5	MU7.5	满足
	砂浆强度等级	≥M2.5	M1.5	不满足
	混凝土强度等级	C15	C15	满足
整体性连接构造	墙体布置	平面内闭合	平面内闭合	满足
	圈梁	后续使用年限40年	各层均设圈梁	满足
	构造柱	后续使用年限40年	无设置	不满足
	隔墙与两侧墙体或柱	有拉结	无拉结	不满足
	楼盖、屋盖构件的支撑长度	见GB 50003中的5.2.5条	120mm	满足
	圈梁高度	≥120mm	240mm	满足
	圈梁配筋	不少于4Φ12	4Φ12	满足
	构造柱与圈梁	有连接	无连接	不满足
	构造柱尺寸与配筋	最小截面为240mm×180mm，纵向钢筋宜为4Φ12	无	不满足
	构造柱与墙	宜砌成马牙槎，沿墙高每隔500mm有2Φ6拉结筋	无	不满足
	楼板或屋面伸进外墙和不小于240mm的长度	≥240mm	120mm	不满足
	楼盖、屋盖的钢筋混凝土梁与墙、柱、圈梁	有可靠连接	有可靠连接	满足
易引起局部倒塌的部件构造要求	门洞口处	不应为无筋过梁	有筋梁	满足
	过梁支撑长度	≥240mm	180mm	不满足
	承重窗间墙最小距离	1.2m	1m	不满足
	承重外墙尽端至门窗洞边最小距离	1.5m	1m	不满足
	无锚固女儿墙最大高度	0.5m	≤0.5m	满足

抗震措施鉴定结果：依据《建筑抗震鉴定标准》GB 50023—2009对该建筑结构进行后续使用年限为50年（即C类）的抗震措施鉴定。该公寓楼在结构体系、房屋的整体性连接构造、易引起局部倒塌的部件及其连接、楼梯间布置和墙体构造连接方面，均不符合国家现行标准《建筑抗震设计规范》的8度抗震设防烈度、丙类设防砌体房屋的鉴定要求，必须要进行抗震承载力的鉴定。

② 后续使用年限为50年的抗震承载力验算与变形验算

该建筑为公寓楼，属于丙类建筑，据现行《建筑抗震设计规范》GB 50011—2010

（2016 年版）规定，在进行计算时选用中国建筑科学研究院编制的 PKPM（2010V2.1 版）软件的鉴定加固模块对建筑结构在遭受到 8 度地震作用时的抗震性能进行评价，对建筑结构的抗震承载力进行验算，确定加固方案。

其主要计算参数信息：设计使用年限：50 年，其他计算参数信息同上。

应用 PKPM 对本工程进行计算分析，结果见图 10.16～图 10.18。

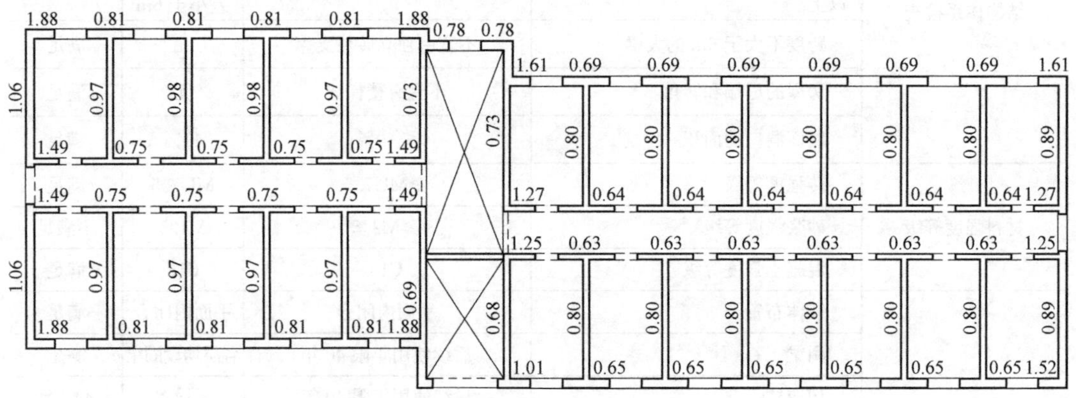

图 10.16　首层抗震验算结果（抗力与效应之比）

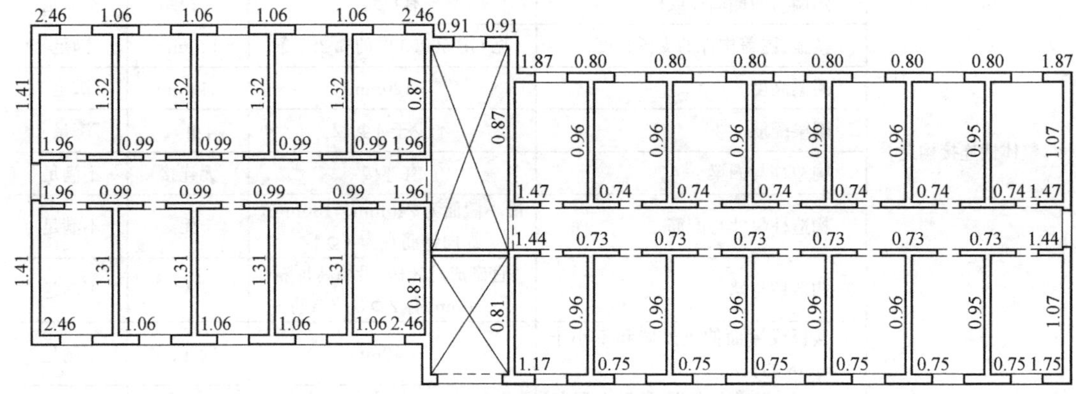

图 10.17　二层抗震验算结果（抗力与效应之比）

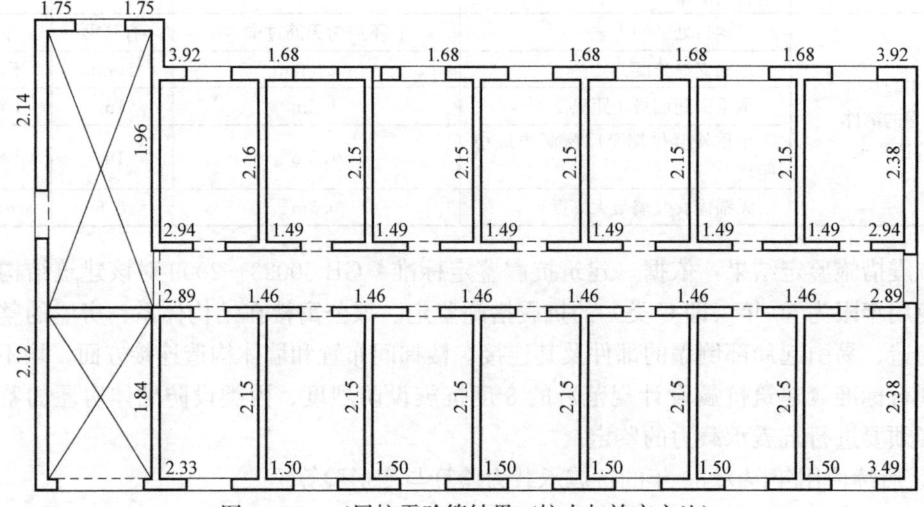

图 10.18　三层抗震验算结果（抗力与效应之比）

③ 建筑抗震鉴定结果

根据我国现行《建筑抗震鉴定标准》GB 50023—2009，对该公寓楼进行抗震措施鉴定和抗震验算，得出以下结论：

a. 楼房在房屋高度、结构体系和布置、房屋的整体性连接构造、易损易倒部件及其连接等方面不满足现行国家标准《建筑抗震设计规范》GB 50011—2010（2016 年版）中 C 类建筑的鉴定要求。主要表现在：该建筑材料强度、构造柱、圈梁、楼梯间布置、墙体的构造配筋、房屋的整体性连接构造、易引起局部倒塌的部件及其连接、墙体构造连接不满足要求。

b. 经 PKPM 计算分析，该楼房大部分墙体的抗震能力和第二级鉴定的值小于 1，不满足规范要求。

c. 综合考虑抗震措施和抗震承载能力的鉴定分析结果，该楼房的综合抗震能力低于 B 类建筑的鉴定要求，应采取措施对楼房进行整体性抗震加固处理。

④ 抗震加固

a. 对墙体承载力不满足要求的墙体与楼梯间的墙体采用钢筋混凝土板墙进行加固。

b. 由于该建筑结构没有构造柱，完全不符合后续使用年限为 50 年的鉴定标准，在建筑结构的外墙转角、楼梯间四角处、横墙与外纵墙交接处外加构造柱进行加固。

c. 砌体结构的墙体出现裂缝，可对墙体采用压力灌浆进行修补。

d. 经过第二级鉴定，构造柱不符合规范要求时，采取加构造柱的加固措施（外墙转角、楼梯间四角处、横墙与外纵墙交接处）。

e. 通过计算分析，一层圈梁不满足要求，经过面层或板墙加固的墙体，在上下交接处增设钢筋进行加强，可不另外设置圈梁。

f. 隔墙与两侧墙体连接性不满足要求，可采用新加柱或新加圈梁等进行加强。

g. 过梁支撑长度不满足要求，可在过梁与墙体连接处新增构造柱。

通过 20 世纪 70 年代的工程实例，对现有建筑后续使用年限为 30 年、40 年、50 年的鉴定和加固方法进行研究，对应为 A 类砌体结构、B 类砌体结构、C 类砌体结构的抗震鉴定方法，将鉴定方法与加固方法联系起来，分析抗震鉴定方法与结构安全鉴定和危房鉴定方法不同之处。

思 考 题

1. 简述建筑抗震鉴定范围及鉴定方法。
2. 简述建筑抗震鉴定核查和验算方法。
3. 如何确定建筑抗震鉴定和加固的后续使用年限？
4. 建筑抗震鉴定的主要内容有哪些？
5. 简述建筑抗震鉴定方法。
6. 简述不同类型建筑的抗震鉴定方法。
7. 抗震鉴定中 A 类建筑是如何定义的？抗震鉴定方法是什么？
8. 抗震鉴定中 B 类建筑是如何定义的？抗震鉴定方法是什么？
9. 抗震鉴定中 C 类建筑是如何定义的？抗震鉴定方法是什么？

第11章　建筑物平移技术

建筑物的整体平移一般是由于旧城区改造、道路拓宽、历史性建筑保护等原因而进行的，建筑物的整体平移是指在保持房屋整体性和可用性不变的前提下，将其从原址移到新址，它包括纵横向移动、转向或者移动加转向。

平移建筑物是一项技术含量颇高的技术，它把建筑结构力学与岩土工程技术紧密结合起来，其基本原理与起重搬运中的重物水平移动相似，其主要的技术处理方法是将建筑物在某一水平面切断，使其与基础分离变成一个可以移动的“重物”，平移时在建筑物切断处设置托换梁，形成一个可移动托梁，在建筑物就位处设置新基础，在新旧基础间设置行走轨道梁，安装行走机构，施加外加动力将建筑物移动，就位后拆除行走机构进行建筑物上部结构与新基础的可靠连接，至此平移完成。

建筑物的整体平移技术在国外最早应用于20世纪20年代，尤其在欧美国家应用较多，他们对于有继续使用价值或有文物价值的建筑物都很珍爱，不惜重金运用整体平移技术将其转移到合适位置予以重新利用和保护。同时，西方发达国家对环境保护要求较高，如果将建筑物拆除，必将产生粉尘、噪声以及大量不可再生的建筑垃圾，因此，建筑物整体平移技术在发达国家已发展到相当高的水平，并有多家专业化的工程公司。根据其平移距离和方向的不同可以划分为横向平移，纵向平移，远距离平移，局部挪移，平移并旋转。我国建筑物移位技术比国外晚60年，但是目前建筑物移位总数已超过国外。

11.1　建筑物移位前期的可行性评估

由于建筑物移位对原有结构的安全性具有极大依赖性，整体移位技术对结构整体性要求较高，所以，移位前应进行可行性分析和综合经济评估。对于具有移位可行性但安全度或变形不符合要求的建筑物，要按规范要求进行补强加固和刚度加固，保证结构的整体性和稳定性。对有历史价值的文物性建筑，这一点更重要，大多文物建筑使用年限已相当长，且多为砖木结构，平移前如不进行加固处理和整体性处理，则在平移工程中有可能导致建筑物开裂或破坏。故平移前，应按国家现行有关规范和标准进行检测、复核和鉴定，写出鉴定结果及评估报告，给出平移建筑加固建议，为平移加固设计提供参考依据。

11.1.1　结构安全性评价

根据现行标准《民用建筑可靠性鉴定标准》GB 50292和《建筑结构检测技术标准》GB/T 50344等相关标准，对拟移位建筑物移位前的安全性进行评估。

在进行平移方案设计前，应搜集原有建筑物的建筑图和结构施工图以及相关的设计变更、施工记录以及岩土工程勘察报告等资料，必须对原有建筑物的结构形式、地基情况及新基础的地质情况有清楚了解。此外，还应对结构基本情况进行勘查、结构使用条件调查核实、地基基础（包括桩基础）检查、材料性能检测分析、承重结构检查、结构承载力估算等。

（1）资料收集

① 图纸资料

如岩土工程勘察报告、设计计算书、设计变更记录、施工图、施工及施工变更记录、竣工图、竣工质检及验收文件（包括隐蔽工程验收记录）、定点观测记录、事故处理报告、维修记录、历次加固改造图纸等，如果没有地质资料，应该进行补勘，为基础设计提供资料。

② 建筑物使用历史

如原始施工、历次修缮、改造、用途变更、使用条件改变以及受灾等情况。

③ 现场考察

按资料核对实物，调查建筑物实际使用条件和内外环境、查看已发现的问题、听取有关人员的意见等。

（2）结构基本情况勘查

① 结构布置及结构形式；

② 圈梁、支撑（或其他抗侧力系统）布置；

③ 结构及其支承构造；构件及其连接构造；

④ 结构及其细部尺寸，其他有关的几何参数。

（3）结构使用条件核实

① 结构上的作用；

② 建筑物内外环境；

③ 使用史（含荷载史）。

（4）地基基础检查

① 场地类别与地基土（包括土层分布及下卧层情况）；

② 地基稳定性（斜坡）；

③ 地基变形或其在上部结构中的反应；

④ 评估地基承载力的原位测试及室内物理力学性质试验；

⑤ 基础和桩的工作状态（包括开裂、腐蚀和其他损坏的检查）；

⑥ 其他因素（如地下水抽降、地基浸水、水质、土壤腐蚀等）的影响或作用。

（5）材料性能检测

① 结构构件材料；

② 连接材料；

③ 其他材料。

（6）承重结构检测

① 构件及其连接工作情况；

② 结构支承工作情况；

③ 建筑物的裂缝分布；

④ 结构整体性；

⑤ 建筑物侧向位移（包括基础转动）和局部变形；

⑥ 结构动力特性。

(7) 结构承载力估算

当验算被鉴定结构或构件的承载能力时，应遵守下列规定：

① 结构构件验算采用的结构分析方法，应符合国家现行设计规范的规定；

② 结构构件验算使用的计算模型，应符合其实际受力与构造状况；

③ 结构上的作用应经调查或检测核实，并应符合相关标准；

④ 结构构件作用效应的确定，应符合下列要求：

首先，作用的组合、作用的分项系数及组合值系数，应按现行国家标准《建筑结构荷载规范》GB 50009 的规定执行；此外，当结构受到温度、变形等作用，且对其承载力有显著影响时，应计入由之产生的附加内力；

⑤ 构件材料强度的标准值应根据结构的实际状态按上列原则确定；

⑥ 结构或构件的几何参数应采用实测值，并应计入锈蚀、腐蚀、腐朽、虫蛀、风化、局部缺陷或缺损以及施工偏差等的影响。

(8) 结构安全性评估

根据现行国家标准《民用建筑可靠性鉴定标准》GB 50292 规定，对拟移位建筑物进行移位前的安全性鉴定评级。

安全性的鉴定评级，应按构件、子单元和鉴定单元分为三个层次，每一层次分为四个等级，从第一层开始，分层进行。

① 根据构件各检查项目评定结果，确定单个构件等级（Au、Bu、Cu、Du 四个等级）。

结构构件的安全性鉴定，应按承载能力、构造以及不适于继续承载的位移（或变形）和裂缝（混凝土结构）等四个检查项目，分别评定每一受检构件的等级，并取其中最低一级作为该构件安全性等级。

② 根据子单元各检查项目及各种构件的评定结果，确定子单元等级（Au、Bu、Cu、Du 四个等级）。

子单元安全性鉴定分地基基础（含桩基和桩）、上部承重结构和围护系统的承重部分三个子单元分别进行。

地基基础（子单元）的安全性鉴定，应根据地基、桩基沉降观测资料或其不均匀沉降在上部结构中的反应的检查结果进行鉴定评级；

上部承重结构（子单元）的安全性鉴定评级，应根据其所含各种构件的安全性等级、结构的整体性等级，以及结构侧向位移等级进行确定；

围护系统的承重部分（子单元）的安全性，应根据该系统专设的和参与该系统工作的各种构件的安全性等级，以及该部分结构整体性的安全性等级进行评定。

③ 根据各子单元的评定结果，确定鉴定单元等级（Asu、Bsu、Csu、Dsu 四个等级）。

民用建筑鉴定单元的安全性鉴定评级，应根据其地基基础、上部承重结构和围护系统承重部分等的安全性等级，以及与整幢建筑有关的其他安全问题进行评定。

11.1.2 安全性评估报告

通过检测、计算、分析结果，完成《安全性评估报告》的编写，给出适用、可行的建议。

鉴定单元的安全性等级按下列原则确定：

（1）一般情况下，应根据地基基础和上部承重结构的评定结果按其中较低等级确定；

（2）当鉴定单元的安全性等级被评为 Asu 级或 Bsu 级但围护系统承重部分的等级为 Cu 级或 Du 级时，可根据实际情况将鉴定单元的等级降低一级或二级，但最后的等级不得低于 Csu 级。

对安全等级被评为 Asu、Bsu 鉴定单元，通过对结构中的某种构件加固后，可以进行移位工作。

对安全等级被评为 Csu 级和 Dsu 级鉴定单元，抛开其纪念意义或文物、历史、艺术价值，一般不宜进行建筑物移位工程。对于非移不可的建筑结构，应对结构作全方位的加固补强工作再进行移位。

11.1.3　可行性综合评估

在完成《安全性评估报告》后，首先，对整个移位工程的工程造价作全面的预算，与拆除、重建费用加以比较，分析其直接经济效益（来源于土建工程方面）；其次，对该工程的间接经济效益（来源于该建筑物使用功能所确定的人们的生产、生活方面）和社会效益（来源于该建筑物的纪念意义或文物、历史、艺术价值等方面）作全面分析。例如焦作市鑫达化工公司配电楼平移工程，该楼建筑面积仅 630m^2，迁移造价 21.5 万元，工期 2.5 个月，节省工程土建造价 20 万元，但由于迁移过程中配电站正常工作，企业可维持正常生产，由此而产生的间接经济效益则高达数百万元。综合比较后，确定该建筑移位工程的可行性，并完成《可行性评估报告》的编写。

11.2　建筑物移位结构设计

建筑物平移需要进行周密设计，包括原建筑物加固，基础切断，轨道梁和新基础设计，建筑物平移动力系统设计，平移建筑与新基础的连接等步骤。

建筑物平移首先一道工序就是断基，在原建筑物圈梁下开洞，在洞内安设千斤顶，千斤顶上方架设组合梁，下方筑底座，断基时相邻墙要间隔进行，断切口高度宽度要满足安装轨道和轨道拖车的要求。

建筑物平移的实质就是将建筑物做成一个可以拖动的盒子，所以对建筑物也是有一定要求的，砌体结构的房屋不能进行平移或平移的成本超过建筑成本，通常平移的都是框架结构，当完成断基之后，需要加固新圈梁及安装滚动设备，加固新圈梁及安装滚动设备与基断分段紧密配合交叉进行，断基后要及时构筑下道床，安装轨道和轨道拖车，并砌筑新圈梁，拖车的拖车架与新圈梁预留的上托板相连接，拖车架与上托板之间加垫条，以形成一个牢固的整体，能够有效避免在平移过程中发生意外。

加固完新的圈梁及安装好滚动设备后，将拖动钢绳绕过固定在成排墩桩上的滑轮组和新圈梁上的滑轮组，采用慢速绞车拖动，速度很慢，大约 5cm/min；建筑物就位后，将轨道和拖车用模板封闭，然后浇筑混凝土接墙基，要预留回收拖车和轨道的孔洞，当混凝土达到强度后，用火焊切割拖车上方的垫条，将拖车与轨道回收，最后将所有空间充填严实。

11.2.1　结构加固方案的确定

对于具有可行性的建筑物移位工程，应该对原有建筑物进行必要的加固。加固指标主要依据《安全性评估报告》中的建议和移位工程中结构受力特性的要求。

加固的方法从工作原理上可以分为主动加固和被动加固两类，主动加固（如施加一定的预应力）能改善应变滞后问题，大幅提高后补材料的利用率；从加固方式又分为：增大抗力法与改变结构体系，增大抗力法应用较多，但在此法无法满足的情况下，可以考虑改变结构传力体系的方法，以调整结构的内力，减轻目标构件的负担；从加固的目的，又可以分为两大类：承载力加固（强度加固）和使用功能加固（刚度加固），在平移工程中的加固往往同时涉及这两个方面。

(1) 钢筋混凝土结构的加固

对钢筋混凝土结构主要的加固方法有以下几种：

1）加大截面加固法

该法施工工艺简单、适应性强，并具有成熟的设计和施工经验；适用于梁、板、柱、墙和一般构造物的混凝土加固；但现场湿作业时间长，对生产和生活有一定影响，且加固后的建筑物净空有一定减小。

2）置换混凝土加固法

该法的优点与加大截面法相近，且加固后不影响建筑物的净空，但同样存在湿作业时间长的缺点；适用于受压区混凝土强度偏低或有严重缺陷的梁、柱等混凝土承重构件的加固。

3）有黏结外包型钢加固法

该法也称湿式外包钢加固法，受力可靠、施工简便、现场工作量较小，但用钢量较大，且不宜在无防护的情况下用于600℃以上高湿场所；适用于使用上不允许显著增大原构件截面尺寸，但又要求大幅度提高其承载能力的混凝土结构加固。

4）粘贴钢板加固法

该法施工快速、现场无湿作业或仅有抹灰等少量湿作业，对生产和生活影响小，且加固后对原结构外观和原有净空无显著影响，但加固效果在很大程度上取决于胶黏工艺与操作水平；适用于承受静力作用且处于正常温度环境中的受弯或受拉构件的加固。

5）粘贴纤维增强塑料加固法

该方法除具有粘贴钢板相似的优点外，还具有耐腐蚀、耐潮湿，几乎不增加结构自重，耐用，维护费用较低等优点，但需要经过专门的防火处理，适用于各种受力性质的混凝土结构构件和一般构筑物的加固。

6）预应力加固法

该法能降低被加固构件的应力水平，不仅加固效果好，而且还能较大幅度地提高结构整体承载力，但对原结构外观有一定影响，适用于大跨度或重型结构的加固以及处于高应力、高应变状态下的混凝土构件的加固，但在无防护的情况下，不能用于温度在600℃以上环境中，也不宜用于混凝土收缩徐变大的结构。

(2) 钢结构的加固

钢结构的加固除了加大构件截面等加固方式外，其连接处的加固和裂纹的修复加固等也显得特别重要。另外，得益于其连接的便利性，改变结构计算简图也是常用的加固方式。

1）对于相对薄弱的连接的加固

相对薄弱的连接处的加固可分为焊缝连接加固及螺栓连接加固。

① 焊缝连接的加固

原结构使用焊缝连接，或原结构虽不是焊缝连接，但加固处允许采用焊缝连接而且焊接施工较方便时，焊缝加固应首先考虑增加焊缝长度来实现，其次考虑增加焊脚尺寸，或者同时增加焊缝长度和焊脚尺寸，或增加独立的新焊缝。严格控制垂直于受力方向的横向焊缝，以确保焊接时的受力安全。

② 螺栓连接的加固

原有螺栓松动、损害失效或连接强度不足需要更换或新增时，应首先考虑采用相同直径的高强度螺栓加强连接，也可采用焊接加强连接。采用焊接连接加固普通螺栓或铆钉连接，不考虑两种共同工作，应按焊接承受全部作用力计算，但不宜拆除原有连接件。采用焊缝与高强度螺栓混合连接时，新增焊缝的承载力与原有高强度螺栓的承载力的比值宜不小于 0.5。连接的内力可由高强度螺栓和焊缝共同承担。

2）裂纹的修复与加固

在结构构件上发现裂纹时，作为应急措施，可在板件裂纹的端外钻孔（止裂孔），以防止其进一步急剧扩展，并及时根据裂纹性质及扩展倾向采取恰当措施修复加固。

3）改变结构计算简图的加固

改变结构计算图形的加固方法是指采用改变荷载分布状况、传力途径、节点性质和边界条件，增设附加杆件和支撑、施加预应力、考虑空间协同工作等措施对结构进行加固的方法。常用的方法有：①增加支撑或辅助构件加固法；②改变构件的内力图形加固法。

(3) 砌体及其他结构的加固

对于砌体结构（或砌体混合结构）、木结构等，由于其整体性能很差。建筑移位工程前对其进行加固显得尤其重要。

对于常见的砖混结构，可采用钢丝网片加固墙体方法提高其承载力及移位中的抗震性能；在荷载较大部位也可考虑采用增设钢结构构件转移荷载传递路径的方法进行加固。对于木结构建筑，宜采用钢结构构件对整个结构进行有效加固。

(4) 结构整体刚度的提高

鉴于建筑移位工程中对结构整体性能要求的严格性，所有拟移建筑物都应确保足够的刚度，而这一工况是多数建筑的原设计中未曾考虑的（尤其是水平刚度）。结构的水平刚度常出现严重不足。而结构水平刚度的不足，无法保证建筑物同步移位，并对构件产生附加内力。结果可能导致整个工程失败。

为保证结构的水平刚度，可在结构底部推拉系统作用平面内设置一系列的水平支撑，与上轨道梁形成刚度较大的底盘，保证水平推力的有效传递。

设置了水平支撑的上轨道梁，上轨道梁系与支撑形成一个水平放置的桁架，桁架本身具有非常大的水平刚度，平移过程中一旦出现位移不同步、牵引力不均匀的现象，作用于上轨道梁的不均匀水平力就会消耗在水平桁架内。

当然，对结构的加固还基于另一个方面的考虑，结构刚度的加大能进一步拉开结构自振周期与移楼过程中推拉力作用周期的距离，有效避免共振发生。

11.2.2 结构分离方案

建筑物的移位工程中很重要的一步就是要将原有建筑与基础分离，使其成为一个可移动体系。从什么位置分离？以什么方式分离？是平移设计前首先考虑的问题。

(1) 分离位置的确定

分离位置的确定主要考虑以下几个因素：

1) 首层的使用功能

在建筑物移位期间，首层需继续使用的，应选在该层的底板以下分离，对有地下室的建筑物，分离位置则选在地下室底板上。

2) 原有基础形式

充分利用原有建筑物的基础，应最大限度地保留其原有水平刚度，可考虑在条形基础、桩基的连系梁或者筏板以下进行分离。

3) 深基坑的土方和支护工程量

高层建筑物一般都设有地下室，具体从哪个位置分离，需综合考虑土方和支护工程等的造价，如长距离移位工程，应尽量提高截断位置的标高。

4) 各类管线及电梯等设施

应尽可能保持各类管线及电梯等设施的完好。

在综合考虑确定了分离方案后，方可进行上、下轨道梁的设计。

(2) 分离方法的选择

对于砖混结构而言，这是一个逐步分离逐步托换的过程。而对于钢筋混凝土结构而言，则是一个先托换后分离的过程。上、下轨道梁施工完毕，混凝土强度达到设计要求后，需切断上部结构与原有基础的连接。通常选用的方法有：①线切割机切割；②用风镐破碎混凝土，用氧-乙炔切割钢筋；③用手锤、钢钎进行剔凿。

由于上、下轨道间的间隙仅为 50～150mm（滚轴直径），给结构分离的施工带来较大的困难。采用钻石钢线切割机切割可解决施工空间狭小带来的困难。该设备由高压力液压泵、多向导向轮和柔性线钢索锯组成。柔性钢索锯可以绕在柱子上与导向轮相连。液压设备驱动导向轮高速旋转，约 4000r/min，钢索锯将混凝土连同钢筋一起锯断，切割速度很快，如一个截面尺寸为 400mm×500mm 的柱子只需 20 多分钟。

当然，鉴于设备条件与施工水平的限制，在作业空间允许的情况下，风镐、手锤、钢钎也是目前常用的分离工具。

分离方法确定后还需采取一个合理的分离顺序。

在结构分离过程中，必然出现上部结构的局部沉降，不均匀的沉降对构件的内力影响较大，所以必须采用合理的墙、柱切断的施工顺序。对单个柱子，应先凿掉外层混凝土，再切断柱子的钢筋，但保留核心内的混凝土。从总体施工顺序上来讲，对墙体和柱子，均应对称施工，从外向内逐步分离，实现了承重构件的“软着陆”，避免建筑物出现倾斜。

11.2.3 结构托换设计

在建筑物移位过程中，分离后的上部结构为实现荷载的有效传递，需进行结构托换。

(1) 柱的托换

框架柱的荷载较大，且截面尺寸较小，因此柱的托换成为移位工程中的一项重要课题。目前常用的托换方法主要有：钢筋混凝土包柱式托换法、植筋托换法、柱中钻孔穿筋托换法、碟型钢混凝土组合结构托换法和型钢对拉螺栓托换法。一些有代表性的典型托换工程有：临沂国安局大楼移位工程采用了植筋托换方法，柱中钻孔穿钢筋的托换构造，如

图 11.1 所示；阳春大酒店移位工程中，采用了包柱式托换技术，此法由广州鲁班防水补强公司提出，直接将柱根部包住，不打孔、不削弱柱截面；广东中山市一栋六层住宅平移工程中，采用了碟型钢混凝土组合结构托换法；江南大酒店的移位工程采用了型钢对拉螺栓托换法。这些托换方法有广泛的工程实践，但是其理论上的研究还相对滞后，具体设计方法还有待进一步探讨。

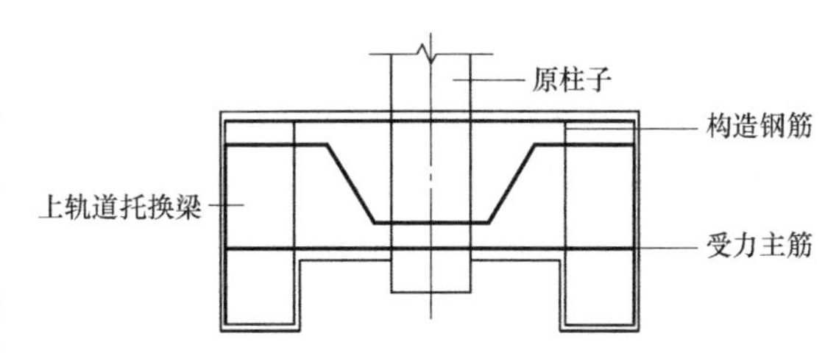

图 11.1 柱中钻孔穿筋托换法示意图

1）无筋界面托换节点的设计

无筋界面托换节点的承载力主要取决于新、旧混凝土的界面抗剪承载能力，其破坏形态是一种界面剪切破坏。包柱式托换节点，是一种典型的无筋界面托换。华南理工大学从大量的试验中，借助回归分析，建议使用式（11.1）确定托换节点承载能力：

$$V=0.24f_cA \tag{11.1}$$

式中 V——界面受剪承载力设计值；

f_c——新、旧混凝土轴心抗压强度设计值的较低值；

A——界面面积。

对于荷载较大的柱子而言，为保证其抗剪切、抗冲切能力，无筋界面托换节点往往做得很大，导致材料浪费，而且施工质量不易保证，在建筑物移位工程有较大局限性。

2）加筋界面节点设计

植筋托换节点、柱中钻孔穿筋托换节点、型钢对拉螺栓托换节点均属加筋界面托换法。加筋界面节点是指通过钻孔穿筋、植筋、打入膨胀螺栓等方式，在新、旧混凝土界面上增设抗拉连接件的托换方法。该方法的优点是节点承载力较高。

加筋界面节点的承载力同样主要取决于界面的抗剪承载力，考虑界面连接件的作用，宜采用剪摩擦理论进行此类节点的设计。

东南大学对型钢对拉螺栓托换结点做了大量的试验研究，提出了此类托换节点承载力计算公式，即：

$$V=\sum uA_{\mathrm{vf}i}f_{\mathrm{y}i}+\sum A_{\mathrm{vf}i}f_{\mathrm{v}i} \tag{11.2}$$

式中 V——界面受剪承载力设计值；

u——摩剪系数，经粗糙处理的硬化混凝土上浇筑的混凝土取 1.0，在未经粗糙处理的硬化混凝土上浇筑的混凝土取 0.6；

$A_{\mathrm{vf}i}$——与界面垂直（不一定相交）的 i 类抗拉连接件面积之和；

$f_{\mathrm{y}i}$——i 类连接件抗拉强度设计值；

$f_{\mathrm{v}i}$——i 类连接件抗剪强度设计值。

当作用剪力较大时，咬合机构中的混凝土可能已经受到破坏，式（11.2）已经不再适用。按规范所提出的剪应力上限，$\tau_\mathrm{v}'=0.2f_c$，抗剪承载力上限值应取为：

$$V_{\max}=0.2f_cA_c \tag{11.3}$$

式中 $V_{\max}$——界面受剪承载力上限值；

f_c——新、旧混凝土中较小轴心抗压强度设计值；

A_c——界面面积和。

大量的理论计算结果均比实测结果大，这是因为计算中将模型理想化为一个接触绝对紧密、连接绝对可靠（实际工程中存在焊缝）、加载绝对正常的情况下计算得到的，而实际工程中新、旧混凝土结合面往往是个薄弱环节，新混凝土的收缩、徐变、弹性变形、塑性变形等与旧混凝土存在较大差异，甚至可能存在裂缝。而两种理论计算得到的结果也存在较大偏差，这是由于假定的极限承载力对应的受力状态不完全一致造成的。按式（11.2）计算时假定了螺栓、型钢（某个截面）均达到屈服；而有限元分析以位移为指标，对应的是螺栓的屈服或者型钢的局部屈服（例如螺栓与型钢的连接处）。

所以，建筑物移位工程设计中，对理论分析计算结果作相应折减后方可作为节点设计承载力，宜按式（11.4）进行确定：

$$V=k\cdot\left(\sum uA_{\mathrm{vf}i}f_{yi}+\sum A_{\mathrm{vf}i}f_{\mathrm{v}i}\right) \tag{11.4}$$

式中　k——安全系数，可在0.7～0.8间取值。

在实际工程中的钢对拉螺栓托换节点，在型钢上部常用钢筋混凝土包箍，其方法为：将钢筋混凝土包箍中的竖向短钢筋焊接在型钢上翼缘上，和节点相连的其他钢结构构件和钢筋混凝土构件的钢筋可以直接焊接到型钢的外侧。

此类托换节点的优点有：

① 尺寸灵活不受限制，适用性广。可以根据空间限制和托换力的大小确定型钢形式和尺寸，选用现成型钢或加工特殊形状的钢结构；

② 传力明确，牢固可靠，受施工质量影响小；

③ 施工简单，工序为钻孔—凿毛—安装型钢和螺栓—灌填充材料—外部包裹；

④ 节点尺寸小、承载能力强，型钢具有很强的抗冲切能力，并可以通过调整螺栓个数方便调节承载力大小；

⑤ 节点结合了钢结构和混凝土结构优点，型钢下翼缘保证了上轨道梁的平整度，也能有效防止混凝土在滚轴作用下的局压破坏。

鉴于型钢托换结点的优越性，其在建筑物移位工程中将得到广泛的应用。

(2) 墙的托换

墙的托换有两种方式：单梁式和双梁式，如图11.2、图11.3所示。用于承重墙的托换梁系，称为上轨道梁；用于非承重墙的托换梁系称为抬梁，抬梁有效在搁置在上轨道梁上。

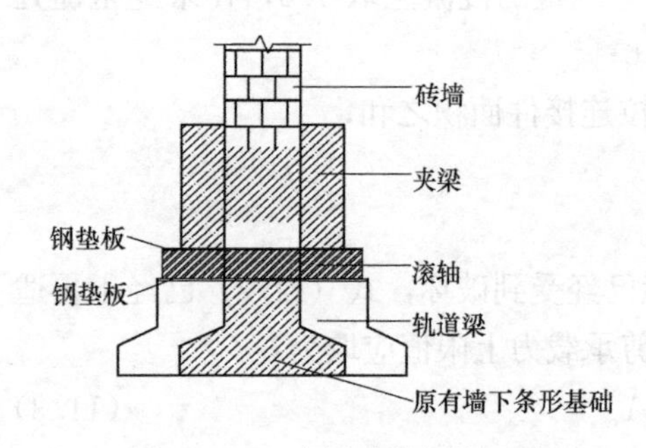

图11.2　双夹梁墙的托换示图

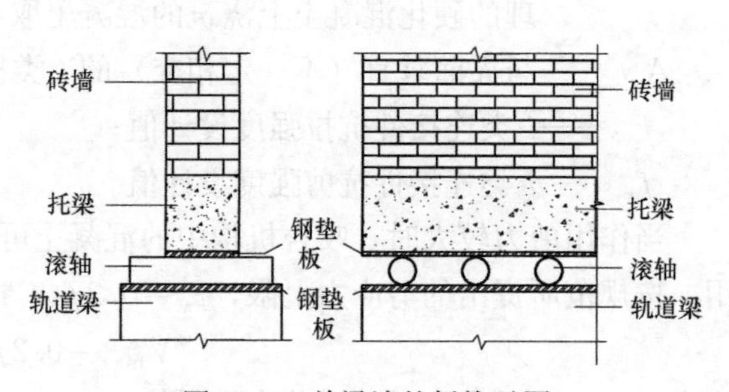

图11.3　单梁墙的托换示图

单梁式托换方式节省材料，传力路线明确有效，但由于单梁托换是分步将墙体托换，以梁逐步取代墙体，需要等到上一步施工的钢筋混凝土梁达到一定龄期后，才能施工下一步，施工繁琐。而双梁式托换方式，施工不用分步，双梁可以一次浇筑成功，相对于单梁式托换来说，其最大的优点就是施工方便，能够大大缩短工期。而且对于平整度要求严格的上轨道梁而言，其施工质量也更易得到保证。

1）墙体单梁式托换的施工

将房屋底层墙体沿各横轴线方向划分为若干单元，每个单元长度一般在1500～2000mm之间，交叉墙体处为一个独立单元。利用人工或机械在整体移位要求的某一水平面上将建筑物墙体上开凿出一定长度的洞口，形成一个单元梁段，梁底刚度得到保证后，在单元梁内绑扎钢筋，支模，浇筑混凝土，完成一个单元梁段。各单元梁段应间隔施工，单元梁段顶面应保证与墙体密实连接。支模时，应采用喇叭口，并超浇200mm高混凝土。相邻单元梁段混凝土强度达到设计强度后才能进行下一步施工。然后将各单元梁段之间相互连接，最终形成一道封闭的上轨道梁（或抬梁）。

2）墙体双梁式托换的施工

为保证荷载的有效传递，每隔1～2m的距离，双梁间常设有连系梁。为保证上轨道梁（或抬梁）侧面与建筑物墙体紧密接触，保证水平支撑系统与建筑物之间紧密结合，应选择坍落度较小的混凝土。现场搅拌的混凝土坍落度一般可为40～60mm，如使用商品混凝土则应控制在120～140mm，骨料粒径应尽量大一些，这样可以在浇筑水平支撑系统时，减少混凝土凝固时的体积收缩，避免上轨道梁（或抬梁）顶面与墙体之间出现间隙。

(3) 移动基盘的形成

柱、墙得到可靠托换后，通过上轨道梁系连接成移动基盘。一方面，移动基盘将竖向荷载有效地传递给滚轴，再传给下轨道梁系；另一方面，移动基盘，直接承受水平推力、拉力，使上部结构随其发生移位。

1）移动基盘的设计设计原则

移动基盘的设计设计原则主要有以下三条：

① 基盘的抗冲切能力

被移动建筑物框架柱与原基础断开后，移动基盘必须承受框架柱下传的集中力，因此，在设计中必须考虑基盘的抗冲切能力。

② 基盘的局部抗压强度

作为与滚轴直接作用的上轨道梁，不仅要承受上部结构的重力还要承受滚轴引起的局部承压作用，设计中必须考虑基盘的抗局压破坏的能力，通常的做法是以一定厚度的钢板作为上轨道梁的底模。有效提高轨道梁的抗局压能力，同时也保证了轨道梁底的平整度。

③ 基盘的整体刚度

由于上部结构的功能和形式不同，上部结构重量分布也不均匀，基盘应该具有足够的竖向刚度，以抵抗在平移、顶升及建筑物分离过程中因不均匀竖向位移带来的附加内力，这就决定了上轨道梁高度的下限值。另外，基盘还应具有足够的水平刚度，以抵抗平移过程中因推拉作用不协调、位移不同步而引起的附加内力，一般的做法是在基盘中设置一定数量的水平支撑。

2）上轨道梁的设计方法

通常上轨道梁可按倒置连续梁或倒置牛腿进行设计。对于点式平移（滚轴集中放置于柱下）应采用倒置牛腿的计算模型；对于线式平移（滚轴均匀分布于轨道梁下）应采用倒置连续梁的计算模型。

从设计结果上来看，若按连续梁设计上轨道梁（通常做成等截面），为减小上轨道梁的竖向挠曲变形带来的滚轴受力极不均匀性，其截面高度一般比较高，且配筋率也较大，经济成本较高，但是它对应的线式平移，在移位过程中，单个滚轴的承载力要求相对较低。若按倒置牛腿设计，上轨道梁的受力比较明确，设计时使得 $L \leqslant h$ 或 L 略大于 h，倒置牛腿的变形要远远小于相同情况下的弹性地基梁，使轨道梁下滚轴的受力相对均匀，而其配筋量一般小于相同情况下的弹性地基梁。相邻柱子之间的牛腿通过一个截面相对较小的连梁连接，连梁可以承担一定的水平力，保证每个柱子的位移同步，但是对滚轴承载能力要求较高，工程中容易出现滚轴破坏的现象。

此外，对于双向移位工程，存在纵、横双向上轨道梁时，要注意在不同移位过程中的受力特征不同。纵向平移中，纵向上轨道梁的计算可以根据平移方式不同，采用倒置连续梁或者倒置牛腿进行计算；但此时的横向轨道梁的计算模型应该是以纵向轨道梁为支座的多跨连续梁，故上轨道梁的截面设计应该针对不同受力状态取不同的计算模型。

11.2.4 行走基础的形成

常用的行走基础主要有两种：一种是置于经处理后地基上的条形基础；另一种是置于桩基上的连续梁基础。

(1) 行走路线的确定

行走路线的确定主要考虑以下两个因素：①地质情况，尽量避开不良地质地段；②路线总长度，尽量节省地基处理费用及移位工期；③周围建筑群环境及转向次数，宜采用转向次数最少的折线平移。

(2) 下轨道梁的计算模型

在移位过程中，建筑物所经过的行走基础实际包括三种：①原建筑物所在位置的行走基础；②建筑物就位处的行走基础；③连接新、旧基础处的行走基础。此处主要讨论连接新、旧基础处的临时轨道基础的设计。

1）采用条形基础作为下轨道梁时，首先应对地基进行处理。地基处理的方法主要有：换填垫层法、强夯法、强夯置换法（在夯坑内填碎石等粗颗粒材料，形成碎石礅，主要用于淤泥和淤泥质土）、灰土桩挤密法及石灰桩、碎石桩、搅拌桩加固法。鉴于工程的临时性，地基承载力要求可适当降低。建议按永久性地基设计，但地基和基础承载力分别按提高 25%和 20%取值。

条形基础轨道梁（一般为钢筋混凝土基础）可按弹性地基梁进行内力及变形分析。建筑物移动至过渡段时，平移轨道可采用半无限空间体上的无限长梁计算简图进行受力分析（一般满足长梁假定条件），如图 11.4 所示。变形计算值可能比实际值略大，这主要是实际工程中轨道两端与新旧基础相连，刚度较大造成的。

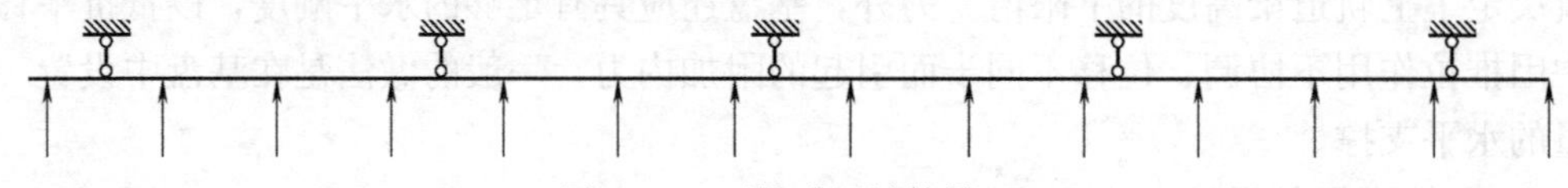

图 11.4　下轨道梁计算模型

2）采用桩基连续梁作为下轨道梁时，应采用多跨连续梁计算模型分析内力与变形。

(3) 下轨道梁的设计原则

1）强度原则

根据上部结构托换方法和滚轴的摆放方式不同，平移轨道的受力存在两种情况。当在建筑物移动方向上沿托换梁下通长摆放滚轴时（线式平移），轨道上部受力可近似按均布荷载作用考虑；当仅在柱托换节点下摆放滚轴时（点式平移），轨道上部受力应按集中荷载考虑。除此之外，下轨道梁还应考虑由滚轴引起的局部承压作用及由于轨道面起伏不平或局部变形引起的动力冲击作用，且各种荷载均为移动荷载，故应按荷载最不利位置进行设计，确保在各种荷载作用下，下轨道梁的强度。当然，作为临时受力构件，充当平移线路基础的下轨道梁设计安全系数可适当降低。

2）刚度原则

由于建筑物移位过程中，结构各点的竖向位移差（沉降差）将引起结构较大的附加内力，而下轨道梁的挠曲本身就成为不均匀竖向位移的一种直接诱因。所以，设计时必须确保下轨道梁具有足够的刚度，控制结构移位过程中的沉降差。

在计算沉降差时应注意：①地基土的基床系数对计算结果影响较大，宜采用实测值；②不仅要考虑连接段内由于梁的挠度引起的沉降差，还应考虑由于新、旧基础与连接段地基变形差异引起的沉降差；③考虑原有建筑物可能已形成残余沉降差，总沉降差是残余沉降差与新沉降差之和，故应对建筑物各部位进行移位前的沉降观测。

工程实践表明，移位过程中轨道的最大沉降一般在新、旧基础之间的过渡段产生，而建筑物移位至临时基础与永久基础交接区域时，沉降差遭遇峰值，此时应尽量连续移动，避免由于地基变形差异引起不均匀沉降而造成建筑物的开裂。

此外，设计中，还要求轨道高差、坡度等小于限值。施工时，为保证下轨道的水平精度，可将槽钢与下轨道之间预留 20mm 的间隙，先将槽钢用精密水准仪找平固定，槽钢上预留孔，从孔中灌入自密实灌浆料。同时，铺于下轨道梁上表面的槽钢也起到了有效防止局压破坏的作用。

(4) 反力支座设计

为提供建筑物移位时的推、拉力，必须有安全可靠的反力支座。一种是设于轨道端部固定反力支座；另一种是设于轨道中的可动反力支座。

固定反力支座一般采用钢筋混凝土材料制作，其体形较大。设计中可采用以推、拉力设计值为荷载的悬臂梁计算模型。当平移动力为推力时，随着移动行程的增加，支座和千斤顶之间须设垫块。当移动距离较大时，垫块过多会导致失稳，应按式（11.5）验算垫块的稳定。

$$\frac{l\times 1.4^{n}}{d}\leqslant\lambda \tag{11.5}$$

式中 l——千斤顶后的垫块总长度；

d——垫块的短边尺寸或回转半径；

n——垫块的数量；

λ——不同材料和形状的允许长细比，对矩形截面混凝土垫块，$\lambda=30$；对于型钢垫块，根据设计荷载按《钢结构设计标准》GB 50017—2017 确定允许长细比。

可动反力支座是一种可调的、拆卸方便的反力支座。常采用由角钢斜撑、槽钢横梁及固定螺栓组成的钢支架。钢支架安装于轨道梁的预留孔内，如图 11.5 所示。

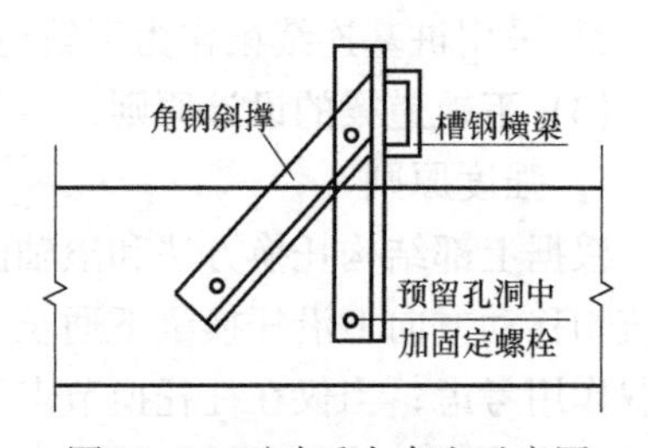

图 11.5 可动反力支座示意图

11.2.5 滚轴设计

在建筑物滚动式移位过程中，滚轴是移动系统中至关重要的一个部分，它的工作性能将直接影响到移位工程的进度，乃至整个工程的成败。

(1) 滚轴材料

滚轴作为上部结构与基础之间的可动支承，它承受建筑物移动过程中的全部竖向荷载。因此，所采用的滚轴材料应具有以下性能：抗压强度大、滚动摩擦系数小、高应力下弹性恢复力强、抗冲击荷载效果好。常用的滚轴有：钢滚轴、工程塑料合金滚轴、钢管混凝土滚轴和钢管聚合物滚轴。它们的性能优劣指标见表 11.1。

各种滚轴的受力性能指标 **表 11.1**

滚轴材料	极限承载力	弹性变形能力	制作方式	单件成本
钢滚轴	高	差	厂家订制	较高
工程塑料合金滚轴	较高	好	厂家订制	高
钢管聚合物滚轴	较高	较好	现场制作	较低
钢管混凝土滚轴	低	较差	现场制作	低

从表 11.1 中可以看出，钢滚轴极限强度最高，但低应力（相对于钢材）作用下弹性变形能力差，基本不隔震，且成本较高，故工程中用得不多；钢管混凝土滚轴制作方便，成本也较低，但在高循环荷载作用，内填混凝土及砂浆很容易压酥，产生较大的塑性变形，导致承载能力较低，故工程中也应慎用；性能较好的应该是工程塑料合金滚轴和钢管聚合物滚轴，它们均有较高的极限承载能力和弹性恢复特性及较好的竖向隔震能力。

平移过程中，由于建筑物自重引起的惯性力、移动轨道表面上的施工误差、轨道接口、局部变形以及轨道表面的杂物，都可能引起平移中结构的竖向冲击振动。以往的工程中，人们对滚轴弹性变形能力关注不够，对竖向隔震性能的认识不足，使得管混凝土滚轴曾被大规模地使用。但在建筑物荷载较大的移位工程中，容易出现以下工程故障：①因滚轴塑性变形过大而无法继续工作，滚轴的更换可能导致工期受到严重影响；②建筑物无法抵抗剧烈的竖向冲击，导致上部结构附加内力过大而出现局部破坏。

对于荷载较大的多、高层建筑物及整体性较差的古建筑等，应优先采用弹性变形能力强、隔震效果好的滚轴。基于成本的考虑，工程中可将工程塑料合金滚轴和钢管聚合物滚轴结合使用。它们各自的布置位置及配备数量由竖向荷载的分布形式与大小确定。

(2) 滚轴的尺寸

滚轴尺寸大小的选择主要取决于两个因素：①切割空间要求；②单个滚轴设计荷载大小。

滚轴直径一般在 40～120mm 之间。上部结构和基础分离方式不同，所需的切割空间也不同：人工切割方式所需的空间比较大，宜用较大直径的滚轴；机械切割方式可以适当减小滚轴直径，一方面可以降低建筑物重心、方便控制建筑物行进中的失控位移；另一方面可以摆放较多数量的滚轴，使上下轨道梁的受力更加均匀。

滚轴长度一般在 150～300mm 之间，主要由轨道梁宽度决定。单个滚轴的承载力确定方法还有待进一步研究，实际工程中主要采用现场实测值。实心钢辊作为滚轴时，可不验算单个滚轴的强度；以劈裂破坏的强度来估算钢管混凝土滚轴承载力的计算方法如式（11.6）所示。

$$F_0=\frac{\pi\alpha d\beta l f_t}{2} \tag{11.6}$$

式中 d——滚轴直径；

l——滚轴长度；

β——考虑滚轴受压不均匀的计算长度折减系数，可取 0.8～0.9；

f_t——内填混凝土的抗拉强度标准值；

α——考虑钢管约束作用的混凝土强度增大系数，当钢管的壁厚在 5～6mm 时，α 一般为 6～7。

由于滚轴的受力为疲劳荷载，如果轨道较长，导致应力循环次数较多时，可能导致滚轴提前破坏，所以为确保建筑物移位过程中结构安全，滚轴的设计方法有待进一步完善。

(3) 滚轴布置

① 点式平移中滚轴个数按式（11.7）及式（11.8）进行确定：

$$n_i=k\frac{N_i}{F_0} \tag{11.7}$$

$$n=\sum_{i=1}^{m}n_i \tag{11.8}$$

式中 n_i——第 i 个集中荷载作用下所需的滚轴个数；

n——所需的滚轴总个数；

N_i——第 i 个集中荷载大小；

F_0——单个滚轴平均受压承载力；

m——集中荷载总个数；

k——安全系数。

② 线式平移中滚轴个数按式（11.9）进行确定：

$$n=k\frac{\sum_{i=1}^{m}N_i}{F_0} \tag{11.9}$$

式中，各符号意义同式（11.7）、式（11.8）。

设计中一般假定滚轴平均承担上部结构竖向荷载，由于建筑物荷载分布的不均匀性、荷载的循环特性、轨道梁的不平整度、滚轴制造中的尺寸误差及移动中的惯性力等因素使得各滚轴实际受力是不完全相同的，即使在点式平移工程中的同一柱下的各滚轴受力也不完全相同，容易出现个别滚轴承载力不足的现象。如阳春大酒店平移工程，就因单个滚轴荷载大小估计不足，出现了个别滚轴及轨道梁局部压坏现象。所以，在工程设计中，滚轴个数应通过安全系数 k 综合考虑这些因素，建议点式平移中，k 取 1.5～2.5；在线式平移中 k 取 2.0～3.0。

③ 根据点式或线式平移的不同，滚轴分别进行集中或者均匀摆放。线式平移一般适用于多层砖混结构，轨道梁应力分布相对均匀，运行平稳；高层建筑物一般为框架结构或框架-剪力墙结构，荷载较大，且分布不均匀，宜采用点式平移（框架-剪力墙结构的剪力墙部分可考虑线式平移方案）。为便于滚轴方向的调整及其更换等作业，需保证滚轴之间的最小间距，根据工程经验，建议取 $S_{min} \geqslant 2d$，其中 d 为滚轴直径。

11.2.6 移位动力设计

建筑物移位工程中的动力施加方式主要有：牵引式、顶推式及综合式三种。

① 牵引式：适用于低层及多层建筑物移位，其优点是施工操作相对简单，方向性强，建筑物移位过程中不容易跑偏；缺点是移动距离较远时，需用较长的钢拉杆或钢绞线，但钢拉杆或钢绞线受力后变形较大，难以保证各钢拉杆或钢绞线的变形一致；

② 顶推式：适用于多层及高层建筑物移位，施工操作比较方便，但容易出现跑偏现象；

③ 综合式：即牵引式和顶推式相结合，适用于高层及荷载较大的建筑物，但设备投入较大，造价较高。鉴于高层建筑物荷载较大，起动阻力较大，结构复杂，应首选综合式。

综合式平移中的千斤顶一般分两种：牵引千斤顶和顶推千斤顶。牵引千斤顶主要保证建筑物移动过程中的前进方向，顶推千斤顶主要是提供建筑物移动过程中所需的绝大部分动力。为便于控制，千斤顶一般采用液压式千斤顶。

(1) 滚轴的摩擦系数

目前对于滚轴摩擦系数的计算存在多种方法。研究人员针对空心钢管作为滚轴进行了系统的试验研究。以直径 140mm、壁厚 5mm、长 200mm 的钢管混凝土滚轴作为试验对象，提出初动摩擦系数为 0.001 ～0.003，匀速移动时为 0.016～0.033。若初动摩擦系数为 0.15，移动时摩擦系数为 0.08；东南大学在江南大酒店平移施工中，针对直径 60mm、壁厚 5mm 钢管混凝土滚轴，先后在实验室和现场进行了滚动摩擦系数的测试，结果相差甚远。在实验室中的结果为 0.003～0.005，现场测试则增大十几倍，初始推力摩擦系数约为 0.07，移动过程中推力为 0.04。一般启动后的推力为初始推力的 30％～40％。

初动摩擦系数与启动后的摩擦系数，理论上为同一个值。试验及现场测试中出现较大偏差，主要由以下因素导致：①结构分离时，位于下轨道梁上方的碎屑清除不完全，导致初始推力较启动后的推力要大；②滚轴承载力在循环荷载作用下的衰减，出现了较大的变形，导致启动后的推力反而较初动推力要大。

以上的初动推力其实都假定了滚轴的完全刚性。这种假定在荷载较小的建筑物移位工程中可能具有较好的适应性，但对于高层建筑等大荷载移位工程而言，将产生较大的误差。

建筑物整体移位工程中滚轴与轨道梁的相互接触属于典型的赫兹接触问题：建筑物实施分离前，滚轴与轨道之间是线接触；当结构荷载传递路径发生改变后，接触区发生变形，扩展成接触面。在滚轴滚动时，滚轴和钢板接触面变形恢复有滞后现象：即当上轨道钢板向前滑动后，滚轴和钢板逐渐脱离的部分变形没有恢复，因此不能承担压力，导致竖向荷载作用点后移；当下轨道钢板向后滑动后，滚轴和钢板逐渐脱离的部分变形也没有恢复，导致反力作用点前移，如图 11.6 所示。

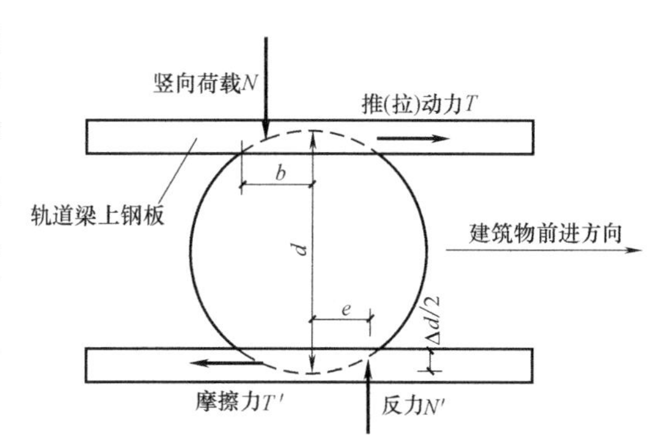

图 11.6　滚轴变形示意图

由图 11.6 可知，在匀速平移中，由力矩平衡关系可得式（11.10）：

$$N\times 2e=ql\times 2e=T(d-\Delta d) \tag{11.10}$$

定义摩擦系数 $f=\dfrac{T}{N}$，由上式即得：

$$f=\frac{T}{N}=\frac{ql\times 2e}{ql(d-\Delta d)}=\frac{2e}{d-\Delta d} \tag{11.11}$$

对于常见的移位工程，上、下轨滚道梁均铺有钢板。现以实心钢滚轴为例，推导出建筑物移位过程中的摩擦系数值。直径 d 的滚轴在线荷载 q 作用下和轨道梁上的钢板平面接触时，接触带半带宽和直径压缩量可表示为：

$$b=\sqrt{\frac{8dq(1-\mu^2)}{\pi E}} \tag{11.12}$$

$$\Delta d=\frac{8q(1-\mu^2)}{\pi E}\times\left(0.407-\ln\frac{4d}{b}\right) \tag{11.13}$$

以上各式中　b——接触带半带宽；
d——滚轴直径；
l——滚轴长度；
q——滚轴上方等效均布线荷载；
μ——钢材泊松比；
E——钢材弹性模量；
Δd——直径压缩量；
f——摩擦系数；
T——作用于滚轴顶部的推、拉动力值；
N——作用于滚轴上方的竖向荷载值；
e——由滞后现象产生的偏心距。

根据滚动摩擦理论，由滞后效应造成的偏心距可由式（11.14）求得：

$$e=\frac{2ab}{3\pi} \tag{11.14}$$

式中　a——滞后耗能系数，对于圆柱体滚轴，取 2。

综合式（11.10）～式（11.14），可求得钢管滚轴摩擦系数表达式为：

$$f=\frac{\frac{4a}{3\pi}\sqrt{\frac{4qd}{\pi}\left(\frac{1-\mu^2}{E}\right)}}{d-\frac{8q(1-\mu^2)}{\pi E}\left(0.407-\ln\frac{2d}{b}\right)} \tag{11.15}$$

由于轨道梁刚度相对很大，变形主要发生在滚轴中，当接触面上的材料特性系数不同时，可按滚轴的主材特性系数取值。将上式中的μ、E换成混凝土、树脂聚合物或工程塑料合金的材性系数，即可得钢管混凝土滚轴、钢管聚合物滚轴及工程塑料合金滚轴在建筑物移位过程中的摩擦系数值。虽然存在一定的误差，但一般在工程允许范围内，且偏于安全，可作为安全储备。

由式（11.15）可知，在建筑物移位过程中滚轴的滚动摩擦系数不仅与滚轴材料、尺寸有关，还跟其上作用荷载有很大的关系。也就是说，在一个建筑物移位工程中，同一时刻，不同滚轴的摩擦系数可能不完全相同；同一滚轴，在不同时刻，其摩擦系数也不完全相同。

（2）平移中的推（拉）力设计

建筑物移位工程中，对滚动摩擦系数估算值的可信度，取决于工程中滚轴对竖向荷载的受力均匀程度和平移轨道的平整度。所以，一方面，移位施工过程中，应通过滚轴布置方式的实时调整，保证各滚轴之间受力相对均匀；另一方面，尽可能多地计算出不同位置、不同时刻的滚轴摩擦系数值。

在已知滚动摩擦系数的情况下，平移中的推力可按式（11.16）、式（11.17）进行确定：

$$T_i=k\sum_{j=1}^{m}G_{ij}f_{ij} \tag{11.16}$$

$$T=\sum_{i=1}^{n}T_i \tag{11.17}$$

式中　T_i——i轴上推（拉）力设计值；

T——建筑物总推（拉）力设计值；

G_{ij}——i轴j段（墙、柱）竖向重力荷载；

f_{ij}——摆放于i轴j段区域的滚轴滚动摩擦系数；

k——推力放大系数，根据现场条件及竖向荷载不均匀程度确定；

m——i轴划分的荷载区数量；

n——建筑物平移方向下轨道梁数量。

推（拉）力大小的施加原则是：使建筑物发生匀速移动，也就是使动力与摩阻力相等。但实际工程中，由于现有动力设备的缺陷，加上场地条件的复杂性，常出现动力与摩阻力不相等的情况，这将使结构在不断地做加速或减速运动。在惯性力作用下，上部楼层可能受到较大的剪力。因此，在建筑物移位过程中，应限制最大推（拉）力，确保结构的安全性。

鉴于滚轴滚动摩擦系数的多变性和复杂性，在建筑物移位工程中，要求分级加荷，第1级加荷到设计荷载的50%，以后以每级10%的荷载递增，超过80%的设计荷载后，宜以5%的设计荷载递增，直到房屋移动。以便更准确地测定此时所需的实际推（拉）力。

此外，还应保证动力施加方向尽可能与平移方向（建筑物各轴线的轨道梁方向）重合。

(3) 旋转移位中的推（拉）力设计

在建筑物移位工程中，常伴有转向要求。所以，移位到某一个阶段，通常需设计建筑物的定轴转动。由于滚轴的滑动摩擦系数比滚动摩擦系数大得多，理论上讲，滚轴间接起到一个限制长度方向位移的作用，只要使所有滚轴的轴向指向转动中心，就可以实现建筑物的无约束整体旋转。但是，实际上不可能保证各滚轴方向的绝对准确性，所以一般须在旋转中心设计一旋转轴。

此时各施力点所施加的推（拉）力可按下列步骤加以确定：

① 建立将施力点在施力方向的位移加以约束的计算模型；

② 分区段计算出各区域内竖向荷载；

③ 计算出各区段内滚轴滚动摩擦系数；

④ 计算出各区段内滚轴滚动摩擦力；

⑤ 将各区段滚动摩擦力分别以集中荷载形式反向作用于结构后，求解施力点在施力方向的约束反力，即可得结构匀速旋转时在各施力点所需的推力。

11.3 建筑物移位控制参数确定

建筑物移位过程中，为保证结构的安全及移位工程的顺利进行，需做以下几个方面的监测：

① 姿态监测：平移过程中对结构整体姿态的监测，包括结构的平动、转动和倾斜；

② 沉降监测：房屋在整个平移施工过程中房屋各部位沉降状态的监测；

③ 位移监测：房屋在整个平移过程中各轴各时刻行走距离的监测；

④ 加速度监测：选择有代表性的楼层安装加速传感器，监测移位过程中的加速度情况；

⑤ 应力、应变监测：在房屋的静态与动态过程中，对房屋的局部薄弱部位进行应力监测及裂缝观测。

根据监测结果对建筑物的移位工程作实时控制与指导。

11.3.1 建筑物移位速度、加速度的控制

(1) 建筑物移位中的速度控制

由于建筑物的迁移是通过千斤顶的推（拉）作用来实现的，建筑物移位时，在周期性的水平推（拉）力作用下，可引起建筑物的水平振动，当千斤顶作用频率与建筑物的固有频率接近时，可诱发共振，造成破坏。在竖向顶升过程中，同样存在此类问题，所以，顶升过程中的千斤顶作用周期，也要避开结构的竖向振动周期。建筑物移位工程中，应当在安全的基础上，寻求一个经济合理的平移速度。

若求得结构的自振周期为 T，那么千斤顶的顶推周期应满足下式：

$$T_p \geqslant 1.25T \tag{11.18}$$

假定结构是匀速平移，则建筑物移位的速度可按式（11.19）确定：

$$V \leqslant \frac{S}{T_p} = \frac{0.8S}{T} \tag{11.19}$$

式中　T——建筑物移位方向自振周期；

T_p——动力作用周期；

V——结构平移时的速度限值；

S——千斤顶的顶程。

对于长周期的高层结构或者刚度条件较差的古建筑，为避免共振现象的产生，通常可采用的方法主要有：①对原有建筑物进行加固，提高建筑物固有频率；②根据式（11.19），严格控制结构的平移速度。

（2）建筑物移位中的加速度控制

由于受到摩擦系数的复杂性及动力设备控制精度等因素的影响，结构在移位过程中不可能实现理想的匀速运动。由静到动或由动到静，都不可避免地存在一个加速度。该加速度会对建筑物上部结构产生剪力，导致结构前后倾斜、摇摆。如果该剪力超过结构的抗剪能力时，会导致房屋出现裂缝，甚至倾塌。因此，在移位过程中，应进行结构加速度的实时监测，并严格控制在一定范围内，避免结构抗剪薄弱层出现破坏现象。

建筑物移位时的振动加速度荷载与地震作用下加速度荷载存在以下两个方面的根本区别：①从发生概率角度上讲，地震荷载有着偶然性，移位中的加速度荷载几乎是不可避免的；②从持续时间上来讲，移位工程中的振动持时相对较长，因此对结构的损伤的积累也较多。因此，不宜直接采用当地地震加速度峰值作为加速度控制值。本书认为结构平移时可承受的最大加速度由结构自身承载力决定，建议采用下列步骤确定：

① 计算结构各楼层的实际抗剪承载力 R；

② 计算在当地设防烈度地震作用下结构各楼层所产生的剪力值 S；

③ 计算各楼层抗剪承载力与设防烈度下地震作用剪力间的比值：$\alpha=R/S$；

④ 找出结构的抗剪薄弱层和该层的 α 值（即各楼层的最小比值，记为 α_{min}）；

⑤ 求出结构移位的最大加速度允许值 $[a]=\alpha_{min}\times a_0$，$a_0$ 为《建筑抗震设计规范》GB 50011—2010（2016 年版）中所提供的各设防烈度下用于时程分析的地震波加速度峰值。

在高层建筑的移位工程中，对加速度的控制尤为重要，较大的加速度不仅产生较大的楼层剪力，同时也给结构形成巨大的轴力，给滚轴的承载力带来较大的挑战。为保证在动力荷载作用下的结构安全及施工顺利进行，应严格控制平移加速度。

11.3.2　建筑物移位中沉降差的控制

建筑物移位过程中，不均匀沉降将引起结构的附加内力，过大的附加内力：一方面，可能造成非受力构件的裂缝、影响美观；另一方面，可能造成受力构件的破坏，影响安全。现行《建筑抗震设计规范》GB 50011 中提出了为防止非结构构件（隔墙、幕墙、建筑装饰等）破坏的结构弹性层间位移角限值，有学者提出利用此值作为沉降差的限值，如框架结构取跨度的 1/550；也有学者根据工程经验提出以跨度的 1/1000 作为沉降差限值。

一般认为，地震作用与建筑物移位中出现的沉降差存在一个概率上的区别，以规范中的弹性层间位移角作为限值是不合适的。而且，对于不同性质填充材料的非结构构件应该采用不同的沉降差限值。现以一采用砌体填充墙的框架结构平移为例，推导出框架结构在移位过程中的沉降差限值。

对于框架结构而言，过大的沉降差会导致砌体填充墙体的剪切破坏，与此同时，墙体也会对两侧柱子产生很大的挤压，过大的附加内力将对结构的承重体系产生极为不利的影响，故应严格加以控制。现以整片无洞填充墙体为例（假定发生如图 11.7 所示变形），推导出避免墙体发生剪切破坏时的最大允许沉降差。

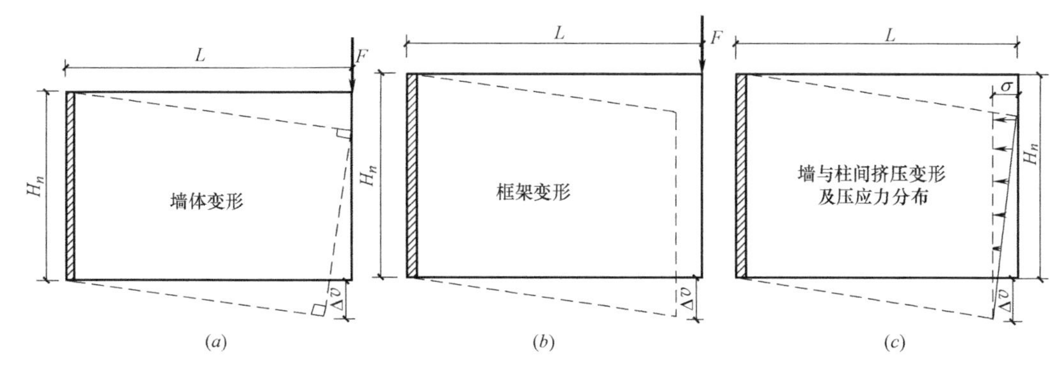

图 11.7　填充墙体、框架变形及挤压应力示意图

(a) 填充墙变形；(b) 框架变形；(c) 墙与框架挤压变形

一般情况下，整片墙体的长高比满足 $1 \leqslant L/H_n \leqslant 4$，故应考虑剪切和弯曲两种变形，墙体的抗侧移刚度值为：

$$D=\frac{E_{墙} t}{3L/H_n+(L/H_n)^3} \tag{11.20}$$

要避免剪切破坏，应满足：

$$V=D\Delta v=\frac{E_{墙} t\Delta v}{3L/H_n+(L/H_n)^3} \leqslant A(f_v+\alpha u\bar{\sigma}) \tag{11.21}$$

式中　V——墙体所受等效剪力值；

D——墙体抗侧移刚度；

Δv——沉降差限值；

L、H_n、t——分别为整片墙体长度、高度、厚度；

$E_{墙}$——材料弹性模量；

A——墙体横截面面积；

α、u——分别为修正系数、剪压复合影响系数。

对于砖砌体结构：取 $\alpha=0.6$；$u=0.26-0.08\bar{\sigma}/f$；$f$、$f_v$、$f_{v0}$ 分别为砌体抗压强度、沿齿缝破坏的抗剪强度及沿通缝破坏抗剪强度，近似取 $f_v=(1.5\sim2.0)f_{v0}$。

由变形协调及相应几何关系可知：

$$\bar{\sigma}=E_{墙}\bar{\varepsilon}=E_{墙}\Delta vH_n/(2L^2) \tag{11.22}$$

式中　$\bar{\sigma}$——砌体结构沿长度方向的平均压应力；

$\bar{\varepsilon}$——砌体结构沿长度方向的平均压应变。

整理可得在整片墙体长度范围内，墙体不发生剪切破坏的沉降差限值宜按式（11.23）进行确定：

$$\Delta v=\frac{7.8fSL^2-100fH_nL^3\sqrt{(7.8fSL^2-100fH_nL^3)^2+984f_{v0}fS^2L^4}}{2.46SE_{墙}H_n} \tag{11.23}$$

其中：$S=3H_n^2+L^2$。

由式（11.23）所确定的沉降差限值，在以砌体材料作为填充墙体的建筑物移位工程中具有较广泛的适用性。

11.3.3 建筑物移位中行程差的控制

在建筑物移位工程中，各施力点的移动速度不协调，将导致基盘轨道连梁（与平移方向垂直）的局部弯曲现象。出现过度弯曲后，一方面，可能造成连梁的破坏；另一方面，使得连梁上刚性墙体（框架结构中为填充墙）也随之发生面外弯曲，过大的弯曲必然导致开裂、脱落，甚至垮塌。为避免连梁的弯曲破坏，理论上讲可以通过基盘连梁设计中增大配筋量来实现，但要避免梁上刚性墙体的弯曲破坏，只能通过对平移过程中的行程差进行有效控制。

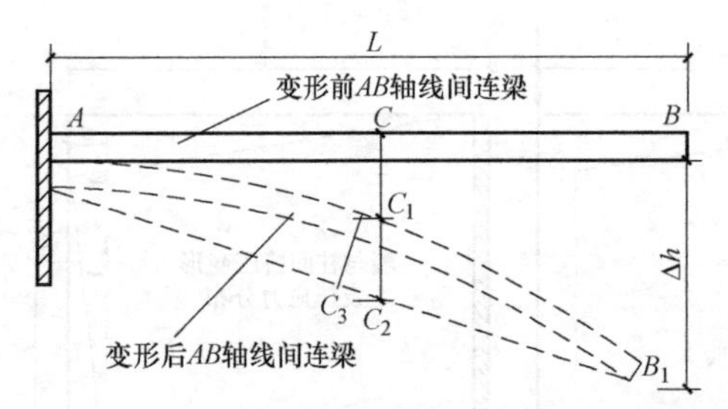

图 11.8 行程差引起梁及墙的弯曲变形示意图

假定刚性墙体的面外弯曲变形与连梁的变形一致，则行程差产生时，可取出该梁区段（如图 11.8 中的 AB 梁段），梁的变形可视为悬臂梁在 B 端集中荷载作用下的弯曲变形；而其上刚性墙体可视为两端铰接于两边界柱的简支梁，则墙的变形可看成在均布荷载（源于梁与墙的摩擦，并均匀作用于墙的上、下边界上）作用下的弯曲变形，如图 11.8 所示。

根据悬臂梁中点与端点在集中力作用下的挠度间的关系可知：

$$\overline{CC_1}=5\overline{BB_1}/16=5\Delta h/16 \tag{11.24}$$

而墙体（计算简图中等效为简支梁）的中点挠度为：

$$\overline{C_1C_3}\approx\overline{C_1C_2}=\overline{BB_1}/2-\overline{CC_1}=\Delta h/2-5\Delta h/16=3\Delta h/16 \tag{11.25}$$

故可求得使墙体（视为简支梁）产生同等挠度的等效均布荷载 q，即有：

$$\frac{5ql^4}{384E_{墙}\ I_{墙}}=\frac{3\Delta h}{16} \tag{11.26}$$

$$q=14\Delta hE_{墙}\ I_{墙}/l^4 \tag{11.27}$$

要保证墙体不发生过度弯曲破坏（取弯曲破坏裂缝控制深度为墙厚的 1/4，另为便于计算，采用增大系数法综合考虑较大压应力对弯曲抗拉强度的提高及临时性工程对可靠度要求的降低）必须保证：

$$M_{\max}/W\leqslant kf_{\text{tm}} \tag{11.28}$$

即：

$$(1/8)\times(14\Delta hE_{墙}\ I_{墙}/l^4)\times l^2\leqslant 4I_{墙}f_{\text{tm}}/t \tag{11.29}$$

$$\Delta h\leqslant[\Delta h]=\frac{2.3kf_{\text{tm}}l^2}{E_{墙}\ t} \tag{11.30}$$

式中 $M_{\max}$——墙体最大面外弯矩值；

W——墙体弯矩作用平面内的抗弯刚度值；

k——承载力提高系数；

$E_{墙}$、$I_{墙}$——分别为墙体材料弹性模量及墙体截面惯性矩；

l、t——分别为墙体的长度、厚度；

f_{tm}——墙体弯曲抗拉强度；

Δh、$[\Delta h]$——行程差及行程差限值。

考虑到临时性工程对可靠度要求的特点，及压应力对弯曲抗拉强度的提高效应，可对刚性墙体的抗弯承载能力予以适当放大。工程经验表明承载力提高系数 k 一般宜在 1.5～2.0 之间取值。两侧框架柱对墙体约束作用越强，k 值越大。

行程差的限值随轨道梁上墙体的材料特性及尺寸变化而变化，建筑物移位工程中必须控制行程差，避免刚性墙体的开裂与垮塌。

11.4 建筑物就位后连接设计与结构抗震性能评价

11.4.1 建筑物就位后的连接

建筑物整体平移就位后，通常采用的连接方式有两种：①预埋焊接二次浇灌连接法；②滑移隔震连接法。

(1) 预埋焊接二次浇灌连接法

预埋焊接二次浇灌连接法是一种常规连接方法。其主要施工步骤是：

① 在新基础内预埋钢筋、钢板等钢结构元件；

② 移动就位；

③ 将就位连接节点位置处的基础表面凿毛、洗净，补涂界面剂；

④ 微调存在对中误差的连接件；

⑤ 将新基础内的预埋钢筋、钢板与柱、墙（钢筋混凝土墙）、梁（上轨道梁）中的钢筋或钢结构预埋件焊牢；

⑥ 支模，浇筑膨胀细石混凝土。

根据连接对象的不同，又分两种情况：一种是将柱与基础通过钢筋的焊接实现直接连接；另一种是通过托换体系（上轨道梁）与基础实现间接连接。后者，实际上成为上、下轨道梁的连接，采用预埋钢板能较方便地实现焊接连接操作。

为保证连接质量，可采用下列方法：

① 后浇混凝土强度等级应比原结合面处混凝土强度等级高；

② 保证混凝土浇筑密实，先在节点一个角灌筑混凝土，振捣至其他三个角混凝土溢出时，再从另外三个角浇灌混凝土，再振捣，直到模板范围内混凝土灌满为止。必要时还可采用喇叭口浇筑，并超灌 200mm；

③ 在柱与基础的直接连接中，一般对该段柱进行局部加固，采用加大截面法或外包钢法（四角用角钢，中间用缀板相围）进行加固，以提高节点抗剪能力；

④ 线式平移中，承重构件宜优先考虑间接连接方式，此法施工方便，质量容易保证，在“和平亚兰科技园移位工程”中得到了很好的应用。但是，应当注意托换结构应按永久性构件进行设计。

(2) 滑移隔震连接法

对于建筑物移位工程，已经实现了结构的分离，为滑移隔震就位连接提供了条件。柱的滑移隔震连接主要施工步骤有：

① 制作摩擦副，将聚四氟乙烯板均匀牢固地粘贴在 2cm 厚的钢板上；

② 施工基础承台和滑移节点限位装置；

③ 在基础承台上安装下摩擦副，为保证下摩擦副与基础的牢固连接，可在下摩擦副四周植入限位钢筋或膨胀螺栓，高度不超过摩擦面；

④ 安装上摩擦副，控制上摩擦副钢板上皮标高和平移轨道上皮标高相同；

⑤ 安装上摩擦副限位装置，用塑料薄膜覆盖整个滑移隔震节点，在四周浇筑高强细石混凝土，并在摩擦副后端打入固定上摩擦副的膨胀螺栓；

⑥ 楼房平移就位；

⑦ 将上摩擦副限位螺栓取下，限位混凝土凿除，取下塑料薄膜；

⑧ 将滚轴和上摩擦副钢板、上托架底面钢板焊接；

⑨ 支模，在孔隙中浇筑细石膨胀混凝土；

⑩ 在外露的钢件（滚轴、摩擦副钢板侧面）表面涂刷防锈漆。

"山东丰大银行的平移工程"中采用橡胶隔震支座作为滑移隔震连接方案，分析表明这种连接方法，施工方便、质量容易保证，并能以较小的代价明显提高结构的抗震性能。

11.4.2 建筑物移位后抗震性能的评价

在地震设防地区，就位后结构的抗震性能是衡量建筑物移位工程质量的一个重要指标。一般来说，得到有效连接的移位建筑物的抗震性能较原有结构均有较大提高。

其抗震性能的提高主要源于以下几个方面：

① 在新、旧混凝土界面上形成了一个抗剪薄弱层，当预埋了足够数量且连接可靠的竖向钢筋或钢板时，这些连接件不仅有一定的自由变形能力，而且又能限制基盘与新基础间的剪切位移。当地震加速度较大时，连接件的塑性和剪切摩擦不仅能消耗能量，又能防止结构振荡现象的发生。一定程度上可以认为是在结构底部设置了一个可控滑移层。地震作用时，滑移层通过错动变形，消耗一部分地震能量，减轻上部结构的地震作用；

② 有的移位工程，就位连接时，上、下轨道梁间的滚轴不予取出，保留在基础内部，滚轴之间的孔隙用细石混凝土浇灌密实。在竖向荷载作用下，滚轴起到传递竖向荷载的作用。在较大的水平地震作用下，滚轴与填充混凝土间的挤压变形可以吸收一部分地震能量，达到减震的目的；

③ 采用滑移隔震连接技术的移位结构，设置于结构底部与基础间的隔震消能装置，可以改变建筑物的动力特性，较大程度地减轻上部结构的地震作用效应；

④ 移动就位后，移动基盘和条形基础（下轨道梁）取代了原来的独立基础，基础的整体刚度得到了明显提高，基础与地基的整体性能也得到了加强，因此也有利于减小上部结构的地震响应。

地震响应较大的高层建筑及对地震作用敏感的古建筑，宜优先采用滑移隔震连接方式，以提高结构抵御地震作用的能力。

11.5 移楼工程案例

11.5.1 工程概况

和平亚兰科技园综合办公楼位于兰州市榆中开发区，设计使用年限50年，结构体系为框架结构，主体7层，总高27.300m，属丙类建筑，建筑面积约为5600m^2。建筑结构的抗震等级为三级，抗震设防烈度为7度，设计基本地震加速度为0.15g，地震设计分组为第二组。建成于2005年底，未曾交付使用。由于与新一轮的城市规划冲突，决定将该建筑物向北平移14.0m，并旋转14°。该平移工程始于2006年秋季，2007年1月顺利完工。建筑平面如图11.9所示。

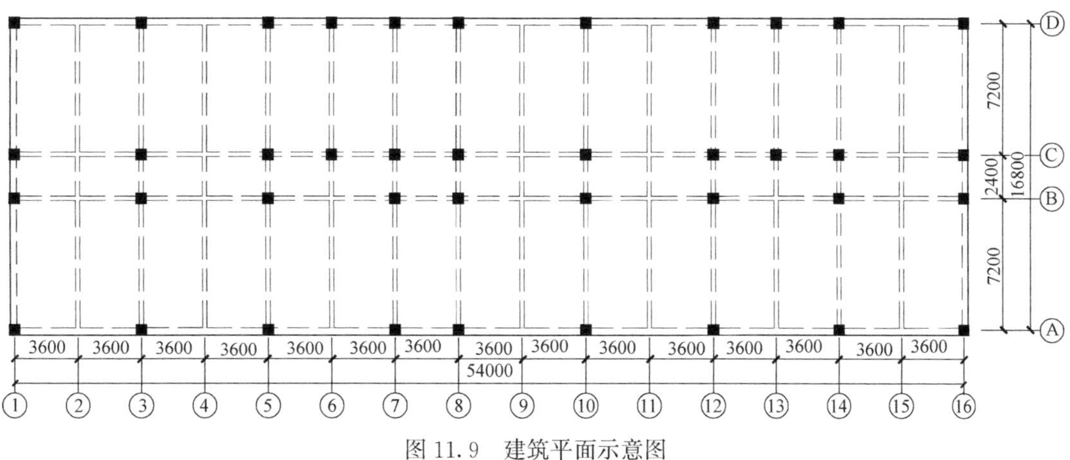

图11.9 建筑平面示意图

11.5.2 可行性评估

根据现行《民用建筑可靠性鉴定标准》《建筑结构检测技术标准》等相关标准，对和平亚兰科技园区综合办公楼进行移楼前的相关检测及安全性评价。《安全性评估报告》中指出该结构安全等级为Asu级。

《可行性评估报告》中比较了建筑物移位工程与拆除、重建的工程造价，指出直接节省费用达500万；此外，其对环境、社会等的间接效益也非常突出。最终，建议通过移位方式，解决与现行城市规划的矛盾。该建筑物移位工程，开创了兰州首例，意义重大。

11.5.3 移位结构设计

(1) 结构分离方案

本工程对框架柱采用双梁托换方式及定点旋转后的线式平移方案。为最大限度地利用原有材料，结构分离位置定在原基础连系梁梁底位置。分离方式选用人工风镐破碎混凝土、氧-乙炔切割钢筋分离方案。

(2) 结构竖向荷载计算

利用PKPM软件分析竖向荷载作用下结构受力情况。

① 荷载取值

楼面恒载标准值取为3.55kN/m^2，屋面恒载标准值取为6.32kN/m^2；上人屋面活荷载标准值取为2.0kN/m^2；办公室、化验室、会议室、客房活荷载标准值取为2.0kN/m^2；阳台、楼梯间活荷载标准值取为2.5kN/m^2；电梯机房活荷载标准值取为7.0kN/m^2。

② 材料强度及尺寸

1～2层柱采用C35级混凝土、3～7层采用C30级混凝土，梁采用C30混凝土，楼板采用C20级混凝土。

③ 截面尺寸

1～3层柱采用600mm×600mm截面，4～7层柱采用500mm×500mm截面。

④ 材料重度

钢筋混凝土 $25kN/m^3$，水泥砂浆 $20kN/m^3$，混合砂浆 $17kN/m^3$，填充墙加气混凝土砌块 $11kN/m^3$。

⑤ 经计算得底层柱底轴力，如表 11.2 所示。

底层各柱柱底轴力值　　表 11.2

柱号	摩擦力(kN)	柱号	摩擦力(kN)	柱号	摩擦力(kN)	柱号	摩擦力(kN)
1	1676	10	2173	19	2527	28	1811
2	2449	11	2644	20	2617	29	2589
3	2929	12	2609	21	2357	30	2162
4	2550	13	1960	22	1587	31	1739
5	2570	14	2136	23	2525	32	2468
6	3002	15	2795	24	2554	33	2639
7	2431	16	2640	25	2300	34	2181
8	2582	17	2686	26	1796	35	2019
9	1782	18	2532	27	2323	36	1545
结构总自重:83900kN							

(3) 托换体系及下、下轨道梁设计

本工程采用无筋界面托换方式：将框架柱凿毛（深度不小于 15mm）、洗净，补涂界面剂，然后再浇筑上轨道梁，形成托换体系。

上轨道梁按连续梁考虑，采用截面尺寸为 800mm×320mm 的横向上轨道梁和 600mm×320mm 的纵向连系梁。经验算，柱托换节点位置，满足抗剪切及抗冲切等承载力要求。

考虑到移位距离较短，工程中将整体刚度较大的新桩-筏联合基础向平移路线方向延伸，形成钢筋混凝土筏板式行走基础（厚 400mm），并在下轨道梁处加厚至 800mm。这样既保证了下轨道梁的刚度又便于弧形旋转轨道的修建，轨道梁如图 11.10 所示。

图 11.10　上、下轨道梁示意图

(4) 滚轴设计

工程中采用工程塑料合金滚轴和钢管聚合物滚轴，直径 100mm，长 250mm。荷载较大部位采用工程塑料合金滚轴，承载力设计值 200kN，荷载较小部位采用钢管聚合物滚轴（外径为 100mm，钢管壁厚为 8mm），承载力设计值 150 kN。由式（11.9）估算得，共需滚轴 972 个（54×2×9）。滚轴布置间距为 300mm。

(5) 平移时动力设计

按式（11.15）求得滚轴摩擦系数为 0.066～0.072，取均值 0.069。按式（11.16）计算得到各轴平移推力设计值，见表 11.3（k 取 1.2）：

平移时各施力点推力设计值　　表 11.3

位置	①轴	③轴	⑤轴	⑦轴	⑧轴	⑩轴	⑫轴	⑭轴	⑯轴
推力(kN)	672	845	825	661	678	847	840	839	671

由表 11.3 知，平移时，最大推力值不到 850kN，故采用 100t 液压千斤顶 9 台，每轴 1 台。采用分级加荷机制，第 1 级加荷到设计荷载的 50%，以后以每级 10%的荷载递增，超过 80%的设计荷载后，以 5%的设计荷载递增，直到房屋移动。

(6) 旋转时推力设计

① 通过计算，得到各柱下滚动摩擦力大小，如表 11.4 所示。

各柱所在区段摩擦力设计值　　表 11.4

柱号	摩擦力(kN)	柱号	摩擦力(kN)	柱号	摩擦力(kN)	柱号	摩擦力(kN)
1	137.478	10	146.19	19	207.702	28	148.566
2	200.904	11	178.266	20	207.306	29	212.388
3	240.24	12	216.876	21	214.698	30	177.342
4	209.154	13	214.038	22	193.314	31	142.626
5	210.804	14	160.776	23	130.218	32	202.488
6	246.246	15	175.23	24	207.108	33	216.48
7	199.386	16	229.284	25	209.484	34	178.926
8	211.794	17	216.546	26	188.694	35	165.66
9	146.19	18	220.308	27	147.312	36	126.72

② 计算得到各施力点在轴线方向所需的推力大小，如表 11.5 所示。

定轴旋转时各施力点推力设计值　　表 11.5

位置	①轴	③轴	⑤轴	⑦轴	⑧轴	⑩轴	⑫轴	⑭轴	⑯轴
推力(kN)	1574	1426	1120	798	783	654	541	245	0

由表 11.5 可知，旋转移位过程中各轴推力大小是不一样的，总体趋势是离旋转中心越远，所需推力越大。推力较大部位采用两台千斤顶，如图 11.11 所示，旋转时共计采用 11 台千斤顶。为加强建筑物旋转时结构的水平刚度，在上轨道梁之间增设了 H 型钢水平支撑，如图 11.12 所示。本工程的旋转中心，是通过在预留上、下轨道梁孔中插入钢管旋转轴形成，旋转中心预留孔如图 11.13 所示。随着建筑物旋转，施力方向也在逐渐变化，本工程采用型钢组合楔块垫在支座处实现方向调整，如图 11.14 所示。

(7) 旋转时推力设计

本工程中采用截面尺寸为 800mm×(600～1200)mm 的钢筋混凝土固定反力支座和组合型钢垫块。经验算，反力支座及组合型钢垫块均满足承载力和刚度要求。

图 11.11　旋转时千斤顶摆放示意图

图 11.12　型钢水平支撑示意图

图 11.13　旋转轴预留孔示意图

图 11.14　型钢楔块示意图

11.5.4　平移控制指标的确定

(1) 速度限值

① 分析结构自振特性

利用有限元软件 ANSYS 的模态分析功能，分析结构的自振特性。梁、柱采用 BEAM4 单元模拟，板采用 SHELL63 单元模拟、型钢支撑采用 BEAM188 单元模拟。其他参数按结构实际情况输入。

② 为加以比较，本书分别对加固前后结构自振特性作了分析比较，结果如表 11.6 所示。

加固前后结构的自振周期　　　　**表 11.6**

	第一周期	第二周期	第三周期
加固前结构	0.96s	0.94s	0.87s
加固后结构	0.90s	0.85s	0.83s
振动方式	横向水平振动	纵向水平振动	扭转振动

以上表可以看出，结构加固能进一步增大结构自振周期与外荷作用周期的距离，避免共振发生。

按式（11.19）计算得横向平移时速度限值为：$[V]=0.8\times\frac{135}{0.9}=120\text{mm/s}$。

(2) 加速度限值

计算各楼层抗剪承载力值及抗震设防烈度对应的地震作用下剪力值，计算结果如表

11.7 所示。

α 值计算表 **表 11.7**

楼层位置	实际抗剪承载力 R(kN)	按当地地震加速度求得地震剪力 S(kN)	$\alpha=R/S$
1层	18040	17686	1.02
2层	16280	15504	1.05
3层	14080	14367	0.98
4层	13200	14042	0.94
5层	12980	14422	0.9
6层	12320	14160	0.87
7层	12100	14069	0.86

查得 $a_0=0.35\text{m/s}$，按 11.1 节所述可知，本工程的加速度限值为：

$$[a]=\alpha_{\min}\times a_0=0.86\times0.35=0.301\text{m/s}^2$$

(3) 行程差及沉降差限制

本工程填充墙由 MU10 级烧结普通黏土砖和 M5 级砌筑砂浆砌筑而成（查得 $f_{\text{tm}}=0.23\text{MPa}$，$f_{\text{y0}}=0.11\text{MPa}$，$E_{\text{墙}}=2400\text{MPa}$，$L=7.2\text{m}$，$H_n=3.3\text{m}$）。由式（11.23）求得沉降差控制值为 7mm；由式（11.30）求得行程差控制值为 85mm。

在整个移位工程中，工作人员做好了建筑物的姿态监测、沉降监测、位移监测、加速度监测及关键部位的应力、应变监测，并严格控制其限值，保证了整个移位工程的顺利进行。

11.5.5 连接方式

本工程的就位连接采用预埋焊接二次浇灌连接法。先在下轨道上预埋钢板，待建筑物就位后，滚轴保留在上、下轨道梁之间。然后用细石混凝土将钢支座、滚轴、轨道梁整体浇筑。混凝土振捣密实，采用喇叭口浇筑方式，并超灌 200mm 高。就位连接方式如图 11.15、图 11.16 所示。

图 11.15 轨道梁通过钢支座焊接示意图

图 11.16 细石混凝土整体浇灌示意图

11.6 结论

随着现代化城市的发展，为解决新的城市规划与既有建筑物之间的矛盾，建筑物移位工程项目越来越多，但是，作为一项新兴技术，其理论研究远落后于工程实践。本章主要对建筑物移位工程各关键环节的设计方法进行了总结与探讨：

① 移位工程前期应通过收集资料、现场检测及承载力计算等对建筑物进行安全性评价和可行性综合评估，给出加固处理意见；

② 研究结构体系的加固方法及常用的结构分离方案，提出总体施工顺序控制原则，应对称施工，从外向内逐步分离，避免建筑物出现倾斜；对于柱的分离工作，应先凿掉外层混凝土，再切断柱子的钢筋，但保留核心混凝土，从而实现了承重构件的“软着陆”；

③ 研究结构分离体系的常用托换方法，特别是加筋界面托换方式承载力的确定方法；

④ 研究了上、下轨道梁在不同平移方式、不同移位进程中受力特性的差异，提出宜采用不同的计算模型；

⑤ 根据常用滚轴类型，比较各种滚轴的抗冲击性能，建议对于荷载较大的多、高层建筑物及整体性较差的古建筑等，应优先采用弹性变形能力强、隔震效果好的滚轴，基于成本考虑，工程中可结合使用工程塑料合金滚轴和钢管聚合物滚轴；

⑥ 分析滚轴滚动摩擦系数时应考虑滚轴变形，滚轴的滚动摩擦系数不仅与材料和尺寸有关，还与所受荷载有极大的关系。相同的滚轴，在不同建筑物移位中的滚动摩擦系数不同；同一建筑物移位工程中，不同位置滚轴的滚动摩擦系数不同；同一滚轴在不同时刻的滚动摩擦系数也不尽相同；

⑦ 研究了平移、旋转时各轴推力确定方法，指出建筑物移位时初动推（拉）力与现场条件关系密切，宜视现场平整度予以适当放大，并尽可能多地计算出各区段内滚轴的滚动摩擦系数；建议在建筑物移位工程中分级加荷，并时刻调整施力方向与滚轴方向；

⑧ 研究给出了平移中应控制移位速度，避免结构发生共振而产生强烈的动力响应，提出了速度限值确定方法，并指出原结构的加固，对结构共振的避免也有较好的效果；平移过程中结构不可避免地受到惯性力的作用，为保证结构移位过程的安全，应按实际承载力确定平移工程的加速度限值；

⑨ 研究了沉降差、行程差将对结构受力构件产生较大的附加应力，以框架结构为例，提出了移位时保证刚性填充墙体安全稳定的沉降差、行程差限值确定方法；

⑩ 平移中时刻做好建筑物姿态监测、沉降监测、位移监测、加速度监测及关键部位的应力、应变监测，并按各限值实时控制，保证移位结构的安全。

思 考 题

1. 建筑物移位前为什么要进行可行性评估？
2. 建筑物移位前结构安全性评价主要内容有哪些？
3. 建筑物移位前的可行性综合评估报告主要内容有哪些？
4. 建筑物移位结构设计包括哪些主要内容？
5. 为什么在建筑物移位过程中要控制建筑物的沉降差？
6. 为什么在建筑物移位过程中要控制移动的速度、加速度？
7. 为什么要在建筑物就位后对连接设计与结构抗震性能进行评价？

第 12 章　建筑物的增层改造技术

随着我国经济的持续快速发展，城市工业化和商业化使城市建设用地日趋紧张，许多已有建筑渐渐不能满足日益繁荣的物质文化需求，而在用地紧张、征地困难、拆除重建造价高的情况下，利用旧房增层改造扩建成为一条新的出路，一般增层改造通常会遇到以下几类情况：

① 原结构完好无损，只是使用功能受到一定限制，若要拆除在原址上重建新楼，必然会造成很大浪费。例如高层建筑的裙房拆建，商场宾馆的改造、扩建，民用住宅的增层等。

② 原结构在改造过程中不能停止办公。例如：邮电部门，新闻出版部门以及一些政府部门等。

③ 由于客观条件的限制，无法完成完整的拆旧建新过程。于是在原有建筑物上进行加层来解决这些问题的一种途径。旧楼的增层具有投资少、见效快、不占地、不需搬迁、节省城市配套费等优点，是符合我国国情的、改造旧城、提高人民生活水平的一条捷径。因此，在原有建筑物上增层与加固的研究，越来越受到重视，并获得了长足的进展，目前，已成为一门新兴的综合性工程研究课题，并将会随着人民生活水平的提高而不断发展。旧房增层改造工程符合我国国情，这项技术必将得到迅速发展，有着很大的研究和发展空间。

12.1　增层的形式

由于原有建筑物结构形式不同，这样必然导致增层形式不同。正确选择结构形式是房屋增层设计中的一个极为重要的问题，它关系到增层方案的可行性、安全性和经济适用性。有些增层设计因对结构选型重视不够，选用错误的结构形式，造成结构不符合抗震要求，或不可行，或造价高，或不能保证房屋使用安全，给增层房屋留下严重后患。如安徽蚌埠卷烟厂增层建筑倒塌事故，郑州空军医院一栋砖房二层加一层的倒塌事故，天津某砖房住宅楼三层加一层，造成基础沉降过大等都属这一情况。因此，研究建筑增层问题，首先应了解房屋增层合理的结构形式。根据增层房屋特点，按照安全可靠、经济合理、有利抗震、方便施工、尽量满足各种限制条件的原则，各种增层结构形式可归纳为四类，即直接增层类、外套增层类、室内增层类、地下增层类。在每类增层结构形式中又分地震区和非地震区若干结构形式。下面分述各种增层结构形式的特点及其适用范围。

12.1.1　直接增层基本结构形式

直接增层，又叫挖潜增层，是指在旧房主体结构上直接加高，增层荷载全部或部分由旧房基础、墙、柱等承担的结构形式。具体包括以下四种情况：

① 旧房不需加固，直接增层；

② 旧房只需抗震加固，直接增层；

③ 旧房只需承重强度加固，直接增层；

④ 旧房需进行抗震及承重强度加固，直接增层。

(1) 地震区采用的直接增层结构形式

地震区采用的直接增层结构形式一般有以下几种形式：

1）下部砖混结构，上部砌体结构。下部结构指旧房部分，上部结构指增层加高部分。这种结构形式使用较多，适用于下部结构潜力较大的房屋。山东矿院幼儿园的增层改造工程、西安长途电信楼办公楼增层改造工程、福州铁路乘务办公楼增层改造工程等采用这种方案。

2）下部砖混结构，上部轻墙承重。如上部顶层采用泰柏板承重或聚氨酯压型板材承重。泰柏板双面抹灰后的重度为 850～1100N/m^2，比 120 黏土砖墙轻 60%；聚氨酯压型板材由各类金属薄板与聚氨酯泡沫热压复合而成，自重为 100～200N/m^2 时，增层重量对下部结构影响很小。中国建筑科学研究院设计的北京协和医院护士楼和秦皇岛铝业公司汽车库增层工程就是采用该方案。

3）下部砖混，上部薄墙。即加高部分，不用 370mm 墙而用 240mm 墙承重，外墙保温隔热问题采用复合墙解决，这样可增加使用面积，有利于抗震节能。

4）下部组合砌体承重，上部砌体承重。当旧房墙壁体普遍加层后承载能力不足或旧房普遍存在砖或砂浆的强度等级低时，常用水泥砂浆钢丝网或混凝土夹板墙对旧房墙体进行加固，形成此种结构形式。

5）下部墙体用组合柱加固承重，上部砌体承重。当旧房需同时进行抗震加固与承重强度加固时常用此法。

6）下部砖混结构，上部框架结构。

7）下部框架，上部框架。这是常用的一种增层结构形式，它的优点是重量轻，施工快，上部框架可为一般钢框架，也可采用轻型钢框架或钢筋混凝土框架。

8）下部框剪结构，上部框剪结构。

9）下部剪力墙结构，上部剪力墙结构。某市有一座 10 层建筑拟加高 5 层，就是采用的此种结构形式。

10）下部内框架，上部内框架。

11）改变旧房结构承重方向增层。即旧房为横墙承重时，加高时改为纵墙承重：或旧房为纵墙承重，加高时改为横墙承重，也可局部房屋改变承重方向。此法可挖掘旧房承重潜力，简单易行，已广泛用于增层工程中。

12）"架空梁法"增层。对于纵横墙混合承重旧房屋，可利用与承重横墙相连的内外纵墙砖垛是非承重墙垛这一特点，进行增层改造。

13）增层加高部分改为外墙承重。当旧房为砖混房屋或内框架房屋，增层时可以只将外墙升高，内墙内柱不升高，则形成此种结构形式。它的好处是若增层旧墙承重强度不够，可只对外墙在室外进行加固，增层时不影响旧房使用。某大学一教学楼，由四层加高到六层时，为了不影响教学使用，只在外墙在室外进行加固，即采用这种结构形式。

14）增层加高部分改为外柱承重。当旧房为框架房屋，增层时可只将外柱升高，内柱不升高，这样增层时可只对外柱进行加固。

15）增层加高部分改为外贴框架柱承重。当旧房为砖混房屋时，增层施工时为不影响旧房使用，可沿旧房外墙贴钢筋混凝土柱。下部由外贴柱与旧房外墙连接牢固共同承重、抗震，上部由外贴柱与跨度等于旧房宽度的大梁组成框架，形成下部组合砌体结构、上部框架的结构形式。北京市纺织设计院设计的原纺织工业部办公楼增层就是采用的此种结构形式。该楼建于1951年，3层砖混结构建筑面积9054m^2，于1992年增高为5～6层，加层后总面积15500m^2，柱距7m左右，外贴框架柱断面：5层部分为400mm×500mm，6层部分为400mm×600mm。加高部分由于横向跨度较大，分别为15.38m和19.39m，采用部分预应力框架以减小梁高梁断面尺寸分别为300mm×850mm及300mm×1000mm。楼屋面板和次梁采用现浇陶粒混凝土。为不使加高部分刚度明显减弱，适当地增加混凝土剪力墙。北京钢铁设计研究总院办公楼4层加高3层，采用的是上述结构形式。

(2) 非抗震区直接增层结构形式

非抗震区除采用震区的直接增层结构形式外，还有下列结构形式：

1）底层纯框架，上部砌体结构。

2）底层内框架，上部砌体结构。

3）总高超过21m的砖混结构。

4）下部多层框架，上部砖混结构。

5）下部实心砖墙承重，上部空斗墙承重。

6）下部属刚性方案，上部刚弹性方案。

7）下部砖混结构，上部内框架结构。

8）下部370mm或240mm墙承重，上部180mm实心砖墙承重。

9）层高大于4m的砖混结构。

10）高宽比大于2.5的砖混结构。

直接增层的优点是造价低、工期短、施工方便，可充分发挥原结构潜力，所以在增层设计时常优先选用。但其缺点也是明显的，即加高的层数不宜太多，一般不超过3层。

12.1.2 外套增层基本结构形式

外套框架增层是指在原房屋外面新建大跨度框架，将原建筑完全包在内部，然后在新建大跨度框架上建加高的部分，增层荷载全部由外套大跨度框架承担的结构形式。为了提高外套框架的抗侧刚度，也有把原有建筑与新建框架用水平杆连接来共同承担水平荷载。

(1) 地震区采用的外套增层结构形式

1）外套“底层框剪、上部砖混结构”。即在旧房上外套底层框架-剪力墙，上部各层为砖混结构。

2）外套“底层框剪、上部框架结构”。即在旧房上外套底层框架-剪力墙，上部各层为框架结构。

3）外套“底层框剪、上部框剪结构”。

4）外套“底层框剪、上部框架组合网架楼盖结构”。

5）外套“底层钢框架-剪力墙、上部钢框架结构”。

6）外套“钢-混凝土混合结构”。在这种结构中，利用了各种材料的优点，消除其缺点。利用混凝土的刚度承受水平荷载，利用钢的轻巧可做成大跨度楼面框架。常用的钢-混凝土混合结构是钢框架混凝土核心筒体系，水平力完全由核心筒承受。

7）外套“钢混凝土组合结构”。即钢骨混凝土柱、钢梁、压型钢板兼作底模上浇混凝土的组合楼板的综合结构体系。它是介于钢结构和混凝土结构之间的一种结构形式。组合楼板用栓钉与钢梁连成一体，形成混凝土楼板与钢梁共同工作的组合梁，其强度和刚度都比较好，既可省钢材又可缩短工期。北京日报综合楼由 4 层加高为 8 层就采用了上述外套结构体系，效果很好。

8）外套“底层筒体、上部框架组合网架楼盖结构”。当旧房屋层数较多，为解决外套底层层高过大造成柔性底层问题，可在外套底层加筒体柱，也可加多层筒体柱，将增层时增设的电梯放在筒体柱内；为解决外套增层大跨度问题，可采用组合钢网架。由北京市建筑设计院设计的新建亚运会羽排球训练馆就采用了上述结构形式，新乡百货大楼由 2 层加高为 6 层，采用了外套组合网架楼盖钢筋混凝土柱增层方案，网架平面尺寸为 34m×34m，网架高 2.5m。

9）外套“预应力框架剪力墙结构”。预应力技术，具有节约钢材和水泥、经济效益高、耐久性能好、适应范围广等优点，可用于大开间、大柱网、大空间房屋建筑。南京水科院漱汐试验楼二层跨度均为 30m，采用预应力多层框架。北京水技活动中心东馆，中央部分 27m×27m 的大空间，两层均采用部分无黏结预应力井字梁结构。旧房采用外套结构增层，完全可借鉴上述工程的经验。

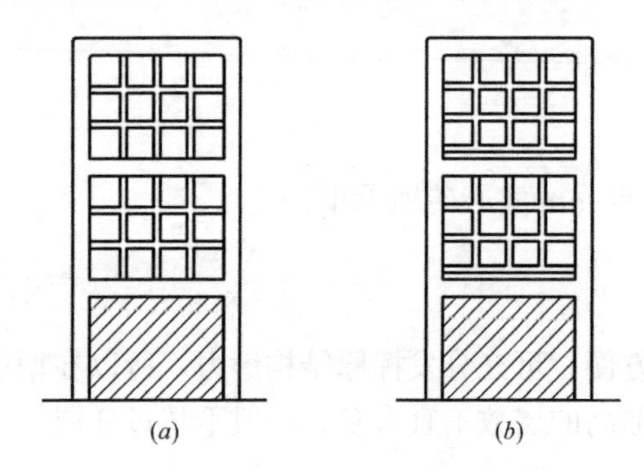

图 12.1　外套巨型框架

（*a*）小框架支承在巨梁上；（*b*）小框架吊在巨梁上

10）外套“巨型框架”。巨型结构是由梁式转移楼层结构发展而形成的，是为满足使用要求，经济有效地提供大空间，提出的一种新的结构体系。其是由若干个巨柱（由组合柱、角筒体、边筒体或大截面实体柱组成）和巨梁（每隔几个或十几个楼层设置一道，梁高一般为 1～2 个楼层高）组成巨型结构。然后再在大框架内由一般梁柱组成小框架，小框架由几层或十几层组成，可支承在巨梁上，也可吊在巨梁上（图 12.1）。由于巨型框架抗水平荷载十分有效，大框架各层层高基本相同，无竖向刚度突变问题，每层大框架的高度可到十几层高度，又可跨越较大的跨度，适合外套结构增层设计。这样可扩大外套结构增层的适用范围，可使增层发展到超高层建筑。

11）外套“扩大底层复式框架结构”。即外套框架底层采用每边两排柱，且将每边的两排柱根据需要设计成若干层，这样可使外套底层刚度大大增加（图 12.2）。

12）外套“底层加斜撑结构”（图 12.3）。

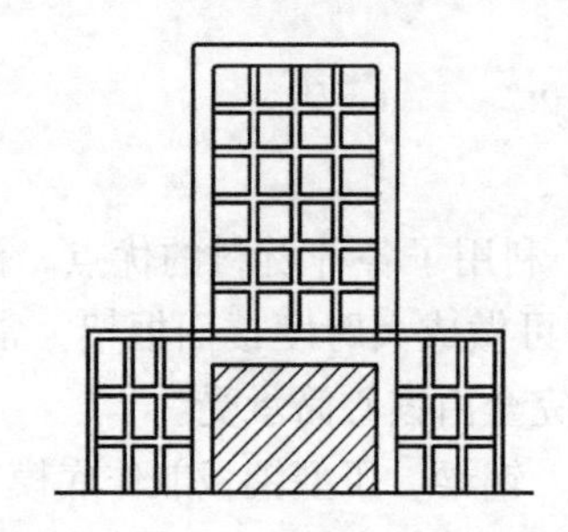

图 12.2　外套“扩大底层复式框架”

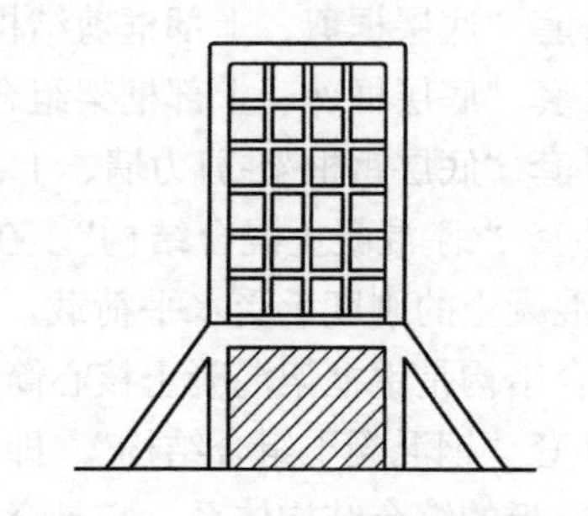

图 12.3　外套“底层加斜撑结构”

13）外套“扩大底层框架-剪力墙结构”。除在外套底层扩大部分增加纵向和横向的剪力墙外，其他同外套“扩大底层复式框架结构”。常用在旧房层数多、长度大、要求加高的层数多的工程中。

14）外套“扩大底层横向框剪、纵向框架结构”。它除不在外套底层扩大部分纵向布置剪力墙外，其他同外套“扩大底层框架-剪力墙结构”。

15）外套“扩大底层筒体结构”。为更大地增加外套结构底层刚度，可在外套底层扩大部分均设钢筋混凝土筒体结构（图 12.4）。某 5 层办公楼由 5 层加高为 15 层，就是采用这一方案。

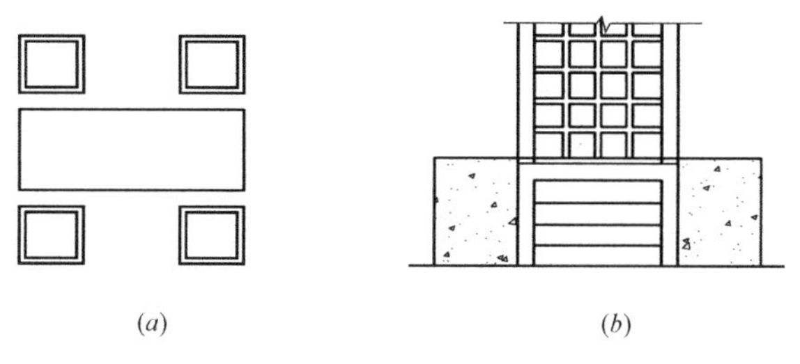

(a) (b)

图 12.4 外套“扩大底层筒体结构”
(a) 平面；(b) 剖面

16）外套“矮底层框架结构”常用在 6 度及 7 度区。

17）外套“扩大底层剪力墙结构”。即在外套底层扩大部分采用剪力墙结构，外套上部各层采用框架结构（图 12.5）

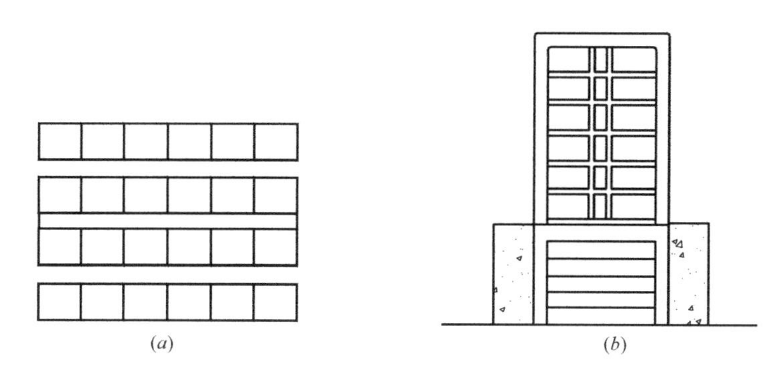

(a) (b)

图 12.5 外套“扩大底层墙力墙结构”
(a) 平面；(b) 剖面

18）外套“底层柱后加水平支点框架”。当旧房准备在加层后拆掉重建新房，而在加层施工期间又不能停止使用时，常用此种结构。意大利一办公楼，旧房为地下 1 层，地上 3 层，要求在施工时能保持白天正常办公的条件下，加高为地上 8 层。待加建的 8 层完成后拆除原地上 3 层旧房，并重建下面几层，将有关梁板与先建的结构连成整体。

19）外套“底层框架、上部钢筋混凝土空腹桁架结构”。当外套框架水平大梁跨度较大，梁高太大，不经济时，常采用此种结构形式。将桁架空腹部分作为楼层，从而降低了楼层层高，且两桁架之间为一大空间层，便于建筑空间组合。武汉某 3 层砖混办公楼加高为 6 层，采用了此种结构形式。

(2) 非地震区的房屋外套增层结构形式

非地震区的房屋外套增层除可采用地震区的结构形式外，还有采用下列结构形式：

1）外套“底层框架、上部砖混结构”。

2）外套“底层框架、上部砌块结构”。

3）外套“底层框架、上部内框架结构”。

4）外套“下部两层框架、上部砌体结构”。

5）外套“底层纵向短腿柱、横向长腿柱框架，上部一般框架结构”。即在外套框架底层柱中间加纵向框架梁，使柱纵向计算高度缩短，形成纵向短腿柱；而在外套框架底层柱中间不加横向框架梁，形成横向长腿柱，上部为一般框架的结构形式。

6）外套“底层框架、上部空斗墙承重”。

7）外套“底层框架、上部 18cm 实心墙承重”。

外套框架法的优点是旧房在增层施工期间可继续使用，加高层数不受限制，建筑立面容易处理，比新建投资少、工期短、收效快，方便生产、工作、生活，所以是现在增层工程中使用最多的一种结构形式。缺点是底层柱过高，形成“高鸡腿”结构，框架横梁跨度太大。

12.1.3 室内增层基本结构形式

室内增层是指在旧房室内增加楼层或夹层的又一种增层方式。它的特点是可充分利用旧房室内的空间，只需在室内增加承重构件，可利用旧房屋盖及外墙，保持原建筑立面，无增层痕迹。因而，它是一种更经济合理的增层方式。室内增层基本的结构形式有分离式、整体式、吊挂式、悬挑式等四种。

(1) 分离式室内增层

即在室内另立独立的承重抗震结构体系，四周与旧房完全脱开。主要有两种形式：

1）室内另立独立的框架承重体系。石家庄化工一厂就是采用此种结构形式将单层仓库改造成 3 层厂房的（见图 12.6）。此结构形式简单易行，在地震区和非地震区均可使用。

2）在室内另立独立的砖混结构承重体系，即在室内另加承重砖墙及基础。由于这样形成内套开口房不抗震，所以常用在非地震区。

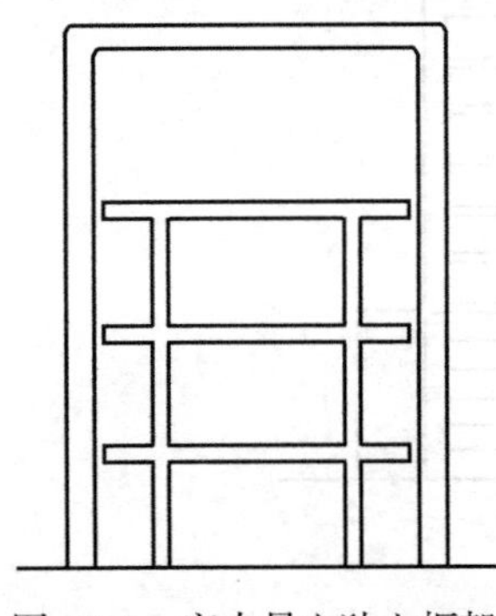

图 12.6 室内另立独立框架

(2) 整体式室内增层

即在室内增层时将室内新增的承重结构与旧房结构连在一起共同承担房屋增层的总竖向荷载及水平荷载。它的优点是可利用旧房墙体，基础潜力，整体性能好，有利抗震。缺点是有时需对旧房进行加固。具体有以下几种结构形式：

1）旧房为单层空旷砖墙承重房屋。若增层时室内用框架，与旧房连成整体后，形成多层内框架结构房屋。若增层时室内用砖混结构，与旧房连成整体则形成多层砖混结构房屋。

2）旧房为单层空旷钢筋混凝土柱承重房屋。若增层时室内用框架，与旧框架连成整体则形成多层框架结构房屋。若增层时室内用砖混结构，与旧框架连成整体则形成外框架结构房屋，此种结构只能用在非地震区。

3）室内采用钢结构增层与旧房连在一起。为使增层时不影响旧房使用，且缩短加层工期，可采用此方法。石家庄某仓库就是应用这一结构形式在室内增加 1 层的。

4）旧房为多层层高较大的房屋，用整体式室内增层法改造为层高较小的房屋。如南京丹凤街 11—13 号将二层的综合楼改为复式住宅。济南某火车站将两层的火车候车室改为办公用房。

（3）吊挂式室内增层

吊挂式室内增层是采用吊挂式结构把增层荷载传至其上一层楼（屋）盖，当室内增层时，不允许在室内立柱和墙体时可用此法。上海精品商厦改建就成功地应用了此种结构形式。

（4）悬挑式室内增层

悬挑式室内增层是指用悬挑结构把荷载传至原建筑物上，同悬挂式一样适用于不允许室内立柱、立墙的工程中。石家庄某大礼堂在室内后加放映室就是采用钢筋混凝土悬挑结构，效果较理想。

12.1.4 地下增层基本结构形式

地下增层是为了充分利用地下空间而出现的新的增层结构形式。优点是不用加固原建筑物，抗震便于保证，建筑立面好处理。缺点是增层幅度有限，造价相对高。具体有以下几种形式：

（1）新增局部地下室。一般是在单层空旷房屋的中部离旧房基较远的地方后建地下室。简单易行，不影响旧房基础，设计施工均按常规进行。

（2）将旧房地下室向四周扩建。

（3）后建防空洞式地下室。

（4）在旧地下室内增加夹层或设备楼层。地下室净高大时可用此法。

（5）将原基础回填土部分改造成地下室。当旧房为筏形基础且基础埋深大时，可将室内的回填土挖出，在室内地坪处增设 1 层架空地板。这样做有两个好处，一是可起到卸荷作用，因成了补偿基础，可解决上部增层基础面积不够的问题，二是可增加 1 层地下室。

（6）将旧箱形基础向四周扩大。高层建筑增层时可用此法，一举三得，一是等于扩大了基础面积，且为补偿基础卸掉了一部分土荷载，可解决因增层基础面积不够的问题；二是可增加地下室使用面积；三是因为扩大箱形基础与旧箱形基础连成整体，对原来设计箱形基础时的地基承载力作了深度修正，对地基无影响。

上面介绍了几类基本增层结构形式，而实际应用中常是多种增层结构形式的综合应用，即复合增层，这样可以充分利用各类增层结构形式的优点来弥补彼此的缺点，达到安全可靠、经济合理、便于施工，充分满足增层工程的各种限制条件。广西建筑设计研究院设计的广西电视厅办公楼增层改造工程，电力部东北电力设计院设计的东北电力设计院办公大楼工程就是利用直接增层和外套框架增层的复合增层结构，达到了增层的目的。

12.2 轻钢增层结构

由于直接增层具有造价低、工期短、施工方便、可充分发挥原结构的潜力的优点，成为增层工程的首选结构形式，而直接增层是增加原建筑物的重量和荷载。因此，在同时满足结构安全度、使用功能的条件下，选择轻体材料进行增层，减少对原结构、原地基的影响，提高增层结构的整体效应，节约能源消耗，就成了许多研究人员、建筑工程师们一直奋斗的目标。轻钢增层由于具有良好的受力性能、强度高、重量轻，非常适于应用在直接增层的工程中。

12.2.1 轻钢结构作为增层结构的主框架

轻钢结构由于重量轻、延性好，施工速度快，现已广泛应用于增层改造工程中。轻钢结构重量轻，这是其最大优点，与同种其他结构形式相比，轻钢结构要比混凝土结构重量轻 80%～100%，也就是说，采用轻钢结构进行增层，可以创造出比混凝土结构多出几倍的使用空间。另外，由于钢材强度高、塑性好，对于提高抗震性能是有利的。

钢结构构件能在加工厂制作，陆续进入现场。在时间上可与拆除工作同步进行，可以节约用地，为其他工种腾出空间，尽早做准备。对于增层工程，现场因素很多、很复杂，经常会出现修改结构构件的情况。钢结构构件，可以接长也可以截短，可以焊接，也可以螺栓连接，连接方式比较灵活，大部分是干作业，易于各工种交叉，现场易于管理。钢结构框架柱的断面形式一般采用箱形或 H 型宽翼缘工字钢。钢结构框架梁一般采用 H 型或蜂窝型梁，当跨度较大时，也采用网架、桁架等组合形式。

12.2.2 钢丝网架板作为墙体

钢丝网架板（也称泰柏板、舒乐舍板）是由上、下两层钢丝网及聚苯板的斜插筋组成，所有钢丝接头采用一种特殊设备焊接。钢丝采用约 $\phi 2.5$mm 的冷拔钢丝，网格尺寸 50mm×50mm，板厚约 80mm。钢丝架板一般作为墙体使用，也可用于屋面板、楼板或楼梯。在使用时，先用 U 型码、钢筋头等将板四周固定，两侧各抹 30mm 厚水泥砂浆。等砂浆达到强度后，就成为一种能承载、又能保温的高效节能墙体了。钢丝网架板在抹灰后的质量为 110kg/m^2，而一砖半墙的质量约为 803kg/m^2。前者约为后者 1/7，但钢丝网架板的隔热、保温性能经测试却优于二砖墙。因此，它是一种承重、保温和构造合一的轻质板材，具有重量轻、保温性能高、吸声好等优点，特别适合于增层工程中。另外，钢丝网架板基面为水泥砂浆，便于各种装修材料的粘贴和涂刷，也便于与原建筑物的装修一致，保持原有风格。

12.2.3 EPS 隔热夹芯板作为屋盖

EPS 隔热夹芯板是以彩色涂层钢板作为面层，自熄性聚苯乙烯泡沫塑料作芯层，用 4101 胶进行黏结，通过特定的生产工艺复合而成。彩色钢板不透水，又有镀锌层和涂层将金属与大气层隔离，并有良好的防腐性能。金属板材强度高，可以选用很薄的板材，以减轻自重，又可弯曲成形。目前一般使用 0.5 或 0.6mm 厚的涂层钢板。另外，彩色钢板色泽鲜艳，可以满足不同的建筑风格。聚苯乙烯泡沫塑料是以低沸点液体的可发性聚苯乙烯树脂作基料，加入发泡剂、火焰熄灭剂、抗氧化剂和紫外线吸收剂等，经过预发泡、加热、机模成形。它是一种闭孔结构的硬质泡沫塑料，保温隔热、耐酸耐碱的性能都很好。由这两种材料黏结而成的夹芯板，集防水、保温、承重、装修于一体（四合一），同时自重很轻，不到 10kg/m^2，工厂制作，现场可以十几张板叠放，安装轻便，效率很高。该材料克服了钢筋混凝土空心楼板自重大（200kg/m^2，加上保温、防水、隔汽层的重量可达到 300kg/m^2）、功能单一的缺点。施工也非常方便，在做屋面或墙面时，表面钢板与内承重结构由螺栓、自攻螺丝或铆钉连接起来，施工速度快，质量好，特别适合于建筑物增层中。

12.2.4 组合楼板的应用

许多增层工程都增加二层以上，此时，就有楼板选材问题。压型钢板与混凝土组合楼板以其特有的结构特点在轻钢增层中应大力推广。在组合楼板中，压型钢板不仅在浇灌混凝土时作为永久性模板，而且，在混凝土达到强度后，由于抗剪栓钉作用，压型钢板与混凝土仍然共同工作。目前，组合楼板在高层建筑中应用相当广泛，如京城大厦、京广中心和长富宫等。组合楼板在增层中应用有以下一些独特的优点：

① 压型钢板与混凝土共同工作，而且压型钢板在受拉区域，发挥了两种材料的优点，在设计中加以考虑后，可以减小板厚。

② 压型钢板与混凝土通过抗剪栓钉形成一个整体。其水平刚度非常大，对钢梁侧向稳定起到支撑的作用。这对钢柱形成空间体系，减少整体框架在水平荷载下的侧向变形，提高建筑物的抗震性能，都是有利的。

③ 压型钢板质量轻，易于搬运，易于码放，安装时不用大型吊车，施工比较方便。

④ 压型钢板不需拆除，为下一层的其他工程提供了工作面。还可以多层同时施工，加快施工进度。

⑤ 压型钢板便于铺设通信、电气、供暖和空调等管线。

⑥ 与木模板相比，压型钢板施工时发生火灾的可能性大大减少。

以上介绍了轻钢结构、泰柏板、EPS隔热央芯板和组合楼板等四种材料在轻钢增层结构中的应用及特点。由于增层建筑的特殊性，轻质往往是它的第一考虑，但轻质存在隔声、蓄热、防火、防腐、冷桥热桥等问题，还有待进一步研究解决。随着研究和使用的增多，一定会出现更新的材料逐步满足要求。

12.3 轻钢增层结构设计中的一些问题

轻钢增层的结构特殊性、材料特殊性，决定了工程设计的特殊性。总的来说，这种特殊性体现在四大方面：

（1）鉴定和设计的标准问题；

（2）合理的方案选择及其计算方法问题；

（3）地震作用效应计算问题；

（4）构造问题。

12.3.1 鉴定和设计的标准问题

目前我国尚无统一的房屋增层抗震鉴定标准和房屋增层抗震设计规范可循，所以各地在进行这项工作时所采用的规范标准很不一致。加层房屋由两部分组成（旧房和新房），因此，它既不同于新建房屋，也有别于旧有房屋。以往由于采用的标准不同，使得同一栋增层房屋新旧两部分的抗震能力相差悬殊。有的抗震能力过低，造成刚进行过增层的房屋就需抗震加固；有的抗震能力过高，造成很大浪费。因此，探讨房屋增层抗震鉴定和抗震设计应执行什么规范标准是很有必要的。

首先应当明确指导思想，即对加层房屋的抗震要求应比新建房屋更严一些好，还是放宽一些好，还是不严不宽好呢？此问题解决后，本章所讨论的问题也就比较容易解决了。一般认为对加层房屋采用的抗震鉴定和设计标准不应低于对新房屋采用的标准，也不宜采用比新建房屋更严的标准，建议采用与新建房屋相同的标准。

加层房屋虽也有一些有利的因素，但不利因素更多，如旧房屋部分已使用多年，新旧部分连接整体性较差，加层时对加固的房屋不宜采用比新建房屋低的设计标准。若采用比新建房屋高的设计标准，则需要更多的投资，加大了加层房屋加固的工程量和施工难度，难于执行。采用与新建房屋相同的设计标准符合我国国情，经济合理，安全度也有保证，比较合适。根据调查，我国已有加层房屋多数是这样做的，我国正式出版的有关旧房改造（含加层）的专著均主张按现行设计规范的标准进行设计和计算。既然对旧房的承载能力应按设计规范的标准进行设计验算，对旧房的抗震鉴定（包括抗震横墙间距、构造柱、圈梁设置、房屋总高度、总层数限值、高宽比限值、局部尺寸限值等）也应以抗震设计规范为标准。

为便于执行，把增层房屋分为两类加以叙述。

A类：指采用分离式外套结构形式进行增层的房屋。增层部分按现行规范《建筑抗震设计规范》GB 50011 的要求进行抗震设计；旧房部分按现行规范《建筑抗震鉴定标准》GB 50023 的要求进行抗震鉴定，对不满足者按现行规范《建筑抗震鉴定标准》GB 50023 的要求进行抗震加固。

B类：指新旧两部分连为一体的增层房屋，按现行规范《建筑抗震设计规范》GB 50011 的要求对旧房部分进行抗震鉴定和抗震加固设计，对增层部分进行抗震设计。

12.3.2 合理的结构方案选择及其计算图式问题

轻钢结构增层按构造和下部结构特点，其横向结构方案至少有以下 3 种（图 12.7）：

（1）单跨排架方案：其计算图示的柱下端与既有房屋顶层固接，上端与屋架铰接；

（2）柱下端固接的门式刚架方案；

（3）柱下端铰接的门式刚架方案。

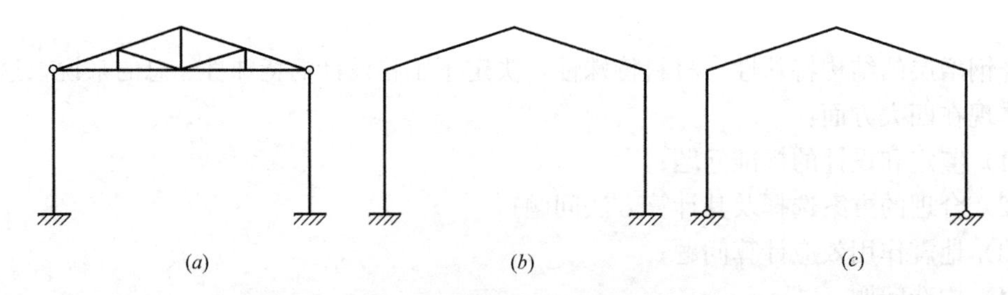

图 12.7 轻钢增层结构方案

（*a*）排架；（*b*）下端固接门式刚架；（*c*）下端铰接门式刚架

实际工程中，当下部结构为混凝土框架时，由于底下柱尺寸较大，且上部钢柱与下部框架柱连接是将混凝土柱头的混凝土凿开，暴露足够的柱纵向主筋，然后将连接棒与主筋按搭接要求焊接。增层荷载通过连接主筋直接传递到主筋上，受力清楚，结构合理。上部结构为轻钢屋架时，按照图 12.7（*a*）取计算简图，上部结构为门式刚架时，按照图 12.7（*b*）、（*c*）取计算简图。

当下部结构为砖混结构时，钢柱与原有房屋连接处的构造多是利用与外纵墙同宽的新设混凝土圈梁内或在原有圈梁内预埋锚栓，通过锚栓与柱脚底板相连将柱固定。这种构造由于圈梁的宽度一般为240mm或370mm，在横向（沿圈梁宽度方向）很难预埋两排螺栓以承受柱底的弯矩，此外，柱脚的尺寸，在横向受到限制也不便将构造设计为固接。综上所述，当原结构为框架结构按方案（1）、（2）设计，当原结构为砖混结构按方案（3）设计。

12.3.3 地震作用效应计算问题

由于加层部分采用多种轻体材料，使得整体结构的质量和刚度在加层处有一个突变，造成下刚上柔，下重上轻，形成薄弱底层，容易产生“鞭梢效应”，产生过大的应力集中或塑性变形集中。在实际工程中计算增层轻钢结构的地震作用效应时，多数把上部增层部分看作类似高层建筑突出屋面的小塔楼，按底部剪力法计算后，乘以地震作用放大系数β，这里β取3。这种设计方法虽然使用方便，但对于轻钢增层则比较笼统、不具体，且没有较好的理论依据，存在很多问题，不能很好地达到抗震的目的。首先，整体结构沿竖向产生了刚度突变，应考虑高振型对地震作用效应的影响，用底部剪力法过于简化，误差较大。

其次，β取为3无理论依据，偏于保守。对于增层结构，增层部分质量并没有比原结构小得多，轻钢增层结构虽然是以钢结构作为骨架，但由于维护结构、隔墙、楼板、层面板等仍具有相当重量，水平面积与下部结构相同，而简化为小塔楼的条件是上部结构为下部结构质量的1/10，因而将其简单地化作小塔楼的计算方法是不恰当的，应该考虑上部增层结构对下部原结构的影响。抗震规范中的地震反应谱曲线，是基于阻尼比为0.05的结构基础的，代表了结构的大多数情况。然而阻尼比的变化对反应谱曲线具有很大的影响。所以对于增层结构，反应谱曲线有必要进行考虑阻尼比影响的修正，同时，通过理论分析确定β值。这是目前轻钢增层结构尚存在的问题，也是本书研究内容之一。

12.3.4 增层改造的构造

由于轻钢增层结构的侧向刚度较差，所以除按计算地震作用设计外，构造上的措施也是很关键的问题。增层房屋的构造措施集中体现在两个地方：一个是新增部分与旧有建筑的连接处，即“生根”；另一个是新增房屋的支撑设置问题。增层建筑的竖向刚度发生了突变，容易在增层连接处产生较大的应力集中或塑性变形，若处理不当，极易造成工程事故。对于轻钢增层建筑的钢骨架，由于增层建筑物重量轻，钢骨架杆件截面较小，连接也较薄弱，所以在两个方向设置支撑来一起承担地震作用，增加结构的整体空间刚度是很有必要，也是很经济实用的手段，本书在第5章中介绍了几种支撑的布置方式和构造措施。

12.4 轻钢增层结构地震响应分析

随着人们对地震作用和结构动力特性认识程度加深，在过去几十年中结构抗震理论的发展，大体上可以划分为静力、反应谱和动力三个阶段。静力理论由于其局限性已被淘汰；现在各国抗震规范中普遍采用的是反应谱理论；而对于一些特殊的建筑，如高层建筑、特别不规则的建筑等，则采用动力理论来计算，增层改造地震响应分析可采用反应谱理论，底部剪力法和振型分解法，或者时程分析法。

12.4.1 增层结构阻尼对地震反应的影响

理想情况下，自由振动是不会衰减的。然而，实际结构中由于材料内摩擦、节点间的摩擦阻力、外界的空气阻力以及通过地基不断散失能量，结构振动总是会不断衰减的，所以有关工程振动的计算中必须考虑阻尼的影响。在单质点地震响应反应谱中，阻尼的影响是相当明显的。图 12.8、图 12.9、图 12.10 分别为结构的相对位移、相对速度、绝对加速度反应谱。从图中可以看出，无论是加速度还是位移，很小的阻尼（如 $\xi=0.02$）就可能减小地震响应峰值的一半，还可以削平反应谱上的许多峰点，使反应谱成为趋于平滑的曲线。

对于一般工程中的房屋建筑（例如钢筋混凝土结构），其阻尼比均为 0.05，所以抗震规范中加速度反应谱采用 $\xi=0.05$ 时的曲线。至于砖石混合结构，尽管阻尼比 ξ 为 0.06 左右，但从图 12.10 中可以看到，反应谱从 $\xi=0.05$ 变化到 $\xi=0.06$ 时，加速度反应谱曲线的变化并不明显，所以规范中的加速度反应谱曲线也适用于砖石混合结构，且偏于安全。

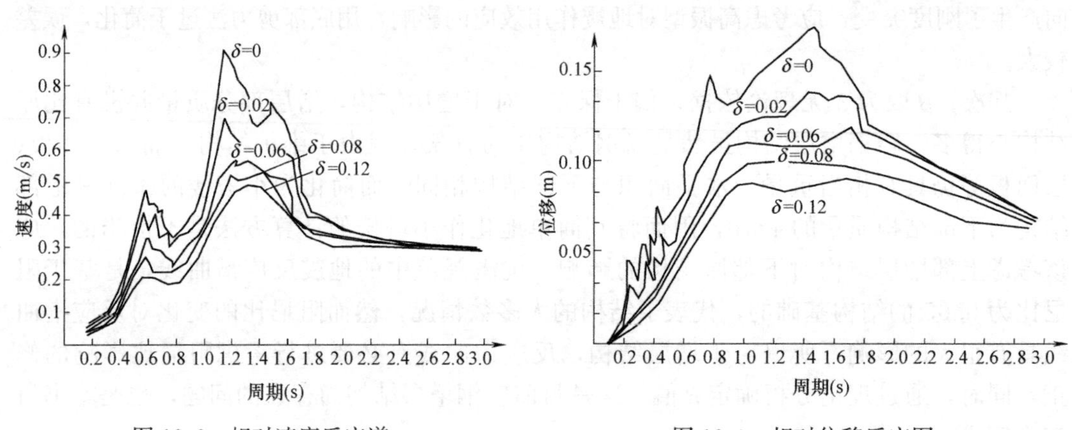

图 12.8 相对速度反应谱

图 12.9 相对位移反应图

图 12.10 绝对加速度反应谱

然而当钢结构阻尼比为 0.01 左右时，从图 12.10 中可以看到加速度反应谱曲线与抗震规范中规定的 $\xi=0.05$ 曲线相比有较大差异，且偏于不安全。这种情况下反应谱曲线需进行修正，否则便不符合实际情况。

增层结构中增层部分为轻质隔墙的钢结构体系，阻尼比设为 0.02，原结构阻尼比为 0.05，则整体阻尼比介于 0.02～0.05 之间。当原结构较高而增层部分层数较少时，整体阻尼比靠近 0.05，原结构层数较少而增层部分层数较多时，则整体阻尼比靠近 0.02，而地震反应谱曲线在阻尼比小于 0.05 时变化较大，因而很有必要修正反应谱曲线。

12.4.2 增层结构阻尼对地震反应的修正

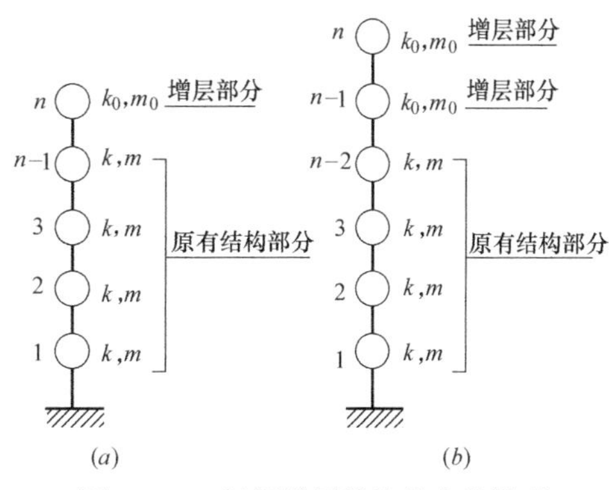

图 12.11 轻钢增层结构的力学模型

(a) 增加一层；(b) 增加两层

增层中所研究的阻尼问题，实际上是求上、下不同材料（不同阻尼）结构的整体阻尼问题。可采用前面介绍的复阻尼理论，用能量法对不同振型的振型阻尼比 ξ_j（$j=1, 2, \cdots, n$）进行推导。

设增层结构的力学模型为多质点多自由度体系，如图 12.11 所示。轻钢增层部分阻尼系数为 γ_2，原结构阻尼系数为 γ_1。

由于原结构属剪切型混合结构，所以增层结构总刚度矩阵为：

$$[K]=\begin{bmatrix} k_1+k_2 & -k_2 & & \\ -k_2 & k_2+k_3 & -k_3 & \\ & \cdots & & \\ & & -k_n & k_n \end{bmatrix} \tag{12.1}$$

式中 k——第 i 层的抗推刚度（$i=1, 2, \cdots, n$）。

当增层部分为一层时，设增层部分侧向刚度为 k_0，原结构侧向刚度每层均为 k，则增层结构的整体刚度矩阵为：

$$[K]=\begin{bmatrix} 2k & -k & & & \\ -k & 2k & -k & & \\ & & \cdots & & \\ & & -k & k+k_0 & -k_0 \\ & & & -k_0 & k_0 \end{bmatrix}=\begin{bmatrix} 2k & -k & & & 0 \\ -k & 2k & -k & & 0 \\ & & \cdots & & 0 \\ & & -k & k & 0 \\ 0 & 0 & 0 & 0 & 0 \end{bmatrix}$$

$$+\begin{bmatrix} 0 & 0 & 0 & 0 & 0 \\ 0 & 0 & 0 & 0 & 0 \\ 0 & 0 & 0 & 0 & 0 \\ 0 & 0 & 0 & k_0 & -k_0 \\ 0 & 0 & 0 & -k_0 & k_0 \end{bmatrix}=\begin{bmatrix} [K_a] & 0 \\ 0 & 0 \end{bmatrix}+\begin{bmatrix} 0 & 0 \\ 0 & [K_b] \end{bmatrix}=[K_1]+[K_2]$$

式中，$[K_a]$ 为 $(n-1)\times(n-1)$ 阶矩阵；$[K_b]$ 为 2×2 阶矩阵。

当增层部分为两层钢结构时，则增层结构的整体刚度矩阵为：

$$[K]=\begin{bmatrix} 2k & -k & & & & \\ -k & 2k & -k & & & \\ & & \cdots & & & \\ & & -k & k+k_0 & -k_0 & \\ & & & -k_0 & 2k_0 & -k_0 \\ & & & & -k_0 & k_0 \end{bmatrix}=\begin{bmatrix} 2k & -k & & & 0 & 0 \\ -k & 2k & -k & & 0 & 0 \\ & & \cdots & & 0 & 0 \\ & & -k & k & 0 & 0 \\ 0 & 0 & 0 & 0 & 0 & 0 \\ 0 & 0 & 0 & 0 & 0 & 0 \end{bmatrix}$$

$$+\begin{bmatrix}0&0&0&0&0&0\\0&0&0&0&0&0\\0&0&0&0&0&0\\0&0&0&k_0&-k_0&0\\0&0&0&-k_0&2k_0&-k_0\\0&0&0&0&-k_0&k_0\end{bmatrix}=\begin{bmatrix}[K_a]&0\\0&0\end{bmatrix}+\begin{bmatrix}0&0\\0&[K_b]\end{bmatrix}=[K_1]+[K_2]$$

式中，$[K_a]$ 为 $(n-2)\times(n-2)$ 阶矩阵；$[K_b]$ 为 3×3 阶矩阵。

现设整个结构第 j 振型向量为 $[A]_J$，则第 j 振型的阻尼力为：

$$F_d=i\gamma_j[K][A]_jq_j \tag{12.2}$$

按能量法将第 j 振型振动一周，结构所耗能为：

$$\Delta W=\int_0^T[A]_j^Tq_jF_d\mathrm{d}t=\int_0^T[A]_j^Tq_ji\gamma_j[K][A]_jq_j\mathrm{d}t=\int_0^T[A]_j^T[K][A]_jq_j^2i\gamma_j\mathrm{d}t \tag{12.3}$$

另一方面，由于上下结构为不同阻尼，则对应于第 j 振型上下结构广义阻尼力分别为：

$$F_{d上}=i\gamma_2[K_2][A]_jq_j$$

$$F_{d下}=i\gamma_1[K_1][A]_jq_j$$

按第 i 振型振动一周，上下结构所耗能分别为：

$$\Delta W_上=\int_0^T[A]_j^T[K_2][A]_jq_j^2i\gamma_2\mathrm{d}t$$

$$\Delta W_下=\int_0^T[A]_j^T[K_1][A]_jq_j^2i\gamma_1\mathrm{d}t$$

由能量守恒

$$\Delta W=\Delta W_上+\Delta W_下$$

即

$$\begin{aligned}&\int_0^T[A]_j^T[K][A]_jq_j^2i\gamma_j\mathrm{d}t\\=&\int_0^T[A]_j^T[K_2][A]_jq_j^2i\gamma_2\mathrm{d}t+\int_0^T[A]_j^T[K_1][A]_jq_j^2i\gamma_1\mathrm{d}t\\=&\int_0^Tq_j^2i(\gamma_2[A]_j^T[K_2][A]_j+\gamma_1[A]_j^T[K_1][A]_j)\mathrm{d}t\end{aligned}$$

所以 $$[A]_j^T[K][A]_j\gamma_j=\gamma_2[A]_j^T[K_2][A]_j+\gamma_1[A]_j^T[K_2][A]_j \tag{12.4}$$

式中 $$[A]_j^T[K_2][A]_j=[A]_{jb}^T[K_b][A]_{jb} \tag{12.5}$$

其中：$[A]_{jb}$ 表示第 j 振型中与 $[K_b]$ 相对应的振型向量的一部分。

增层部分为一层时，$[A]_{jb}=[A_{n-1,j},A_{n,j}]^T$

增层部分为二层时，$[A]_{jb}=[A_{n-2,j},A_{n-1,j},A_{n,j}]^T$

增层部分为 n 层时，以此类推。

另外，式（12.3）中：$[A]_j^T[K_1][A]_j=[A]_{ja}^T[K_a][A]_{ja}$

其中，$[A]_{ja}$ 表示第 j 振型中与 $[K_a]$ 相对应的振型向量的一部分。

增层部分为一层时，$[A]_{ja}=[A_{1,j},A_{2,j},\cdots,A_{n-1,j}]^T$

增层部分为二层时，$[A]_{ja}=[A_{1,j},A_{2,j},\cdots,A_{n-2,j}]^T$

增层部分为 n 层时，以此类推。

因而，把以上各式代入式（12.4）中得：

$$[A]_j^{\mathrm{T}}[K][A]_j\gamma_j=\gamma_2[A]_{j\mathrm{b}}^{\mathrm{T}}[K_{\mathrm{b}}][A]_{j\mathrm{b}}+\gamma_1[A]_{j\mathrm{a}}^{\mathrm{T}}[K_{\mathrm{a}}][A]_{j\mathrm{a}}$$

$$\gamma_j=\frac{\gamma_2[A]_{j\mathrm{b}}^{\mathrm{T}}[K]_{\mathrm{b}}[A]_{j\mathrm{b}}+\gamma_1[A]_{j\mathrm{a}}^{\mathrm{T}}[K_{\mathrm{a}}][A]_{j\mathrm{a}}}{[A]_j^{\mathrm{T}}[K][A]_j} \tag{12.6}$$

现把阻尼系数 γ 换成阻尼比 ξ。考虑最不利情况，即发生共振情况，这时 $\xi_j=\frac{\gamma_j}{2}$，所以，式（12.6）变为：

$$\xi_j=\frac{\xi_2[A]_{j\mathrm{b}}^{\mathrm{T}}[K]_{\mathrm{b}}[A]_{j\mathrm{b}}+\xi_1[A]_{j\mathrm{a}}^{\mathrm{T}}[K_{\mathrm{a}}][A]_{j\mathrm{a}}}{[A]_j^{\mathrm{T}}[K][A]_j} \tag{12.7}$$

式中　ξ_1——原结构阻尼比，取 $\xi_1=0.05$；

ξ_2——增层部分阻尼比，取 $\xi_2=0.02$，这是考虑到增层部分并非纯钢结构，还有钢筋混凝土柱、轻质隔墙等的作用。

根据式（12.7），已知振型向量、刚度矩阵及上下阻尼比，则可求出增层结构任意振型对应的阻尼比。

根据著名地震工程学家胡聿贤著《地震工程学》，由不同于抗震规范中的阻尼比 $\xi=0.05$ 的结构所引起的地震反应谱的修正公式为：

$$\alpha(T,\xi)=\alpha(T,\xi=0.05)\cdot\beta(\xi,T) \tag{12.8}$$

其中，$\alpha(T,\ \xi=0.05)$ 由规范中查出，$\beta(\xi,\ T)$ 是修正系数。

$$\beta(\xi,T)=\sqrt[3]{16.6\xi+0.16}\left(\frac{0.8}{T}\right)^{\frac{0.05-\xi}{0.156+3.38\xi}} \tag{12.9}$$

将式（12.7）代入式（12.9）就可以计算出轻钢增层结构的地震反应谱修正系数，再代入式（12.8）就得到了修正后的地震影响系数。

12.5 轻钢增层结构的设计

12.5.1 增层结构的计算

本章中轻钢增层的设计是以反应谱理论为基础的。它是应用振型分解和振型正交性的原理，对多质点体系的运动方程进行解耦，分别求出每一振型的地震作用效应，然后再按一定的规律将各振型的作用效应进行组合以获得总作用效应。

(1) 运动方程的建立

首先应把增层结构离散成一个多质点体系，对于这样的多自由度体系，考虑阻尼的运动微分方程（用复阻尼理论的特殊形式）：

$$[M]\left\{\ddot{x}(t)\right\}+e^{\mathrm{r}t}[K]\left\{x(t)\right\}=\{0\} \tag{12.10}$$

式中　$[M]$、$[K]$——分别为结构的质量矩阵和刚度矩阵；

$\left\{x(t)\right\}$——结构各质点相对于地面的位移；

$\left\{\ddot{x}(t)\right\}$——结构各质点相对于地面的加速度；

r——结构的阻尼系数。

用分离变量法求解上式，若设$\{x(t)\}=Z(t)\{X(t)\}$则代入式（12.10）中得其特征方程为：

$$([K]-\bar{\lambda}[M])\{X\}=\{0\}$$

其中$\{X\}$即为无阻尼时的振型向量。考虑阻尼时第j振型圆频率为：

$$\omega_j^*=\omega_j\cos\frac{\gamma}{2}=\omega_j\sqrt{1-\sin^2\frac{\gamma}{2}}\approx\omega_j\sqrt{1-\frac{\gamma^2}{4}}\approx\omega_j$$

式中　ω_j——无阻尼振动时体系第j振型的圆频率。

于是，可以得出这样的结论：在计算有阻尼多自由度体系的自由振动时的频率和振型时，由于结构阻尼相当小，可以不考虑阻尼的影响直接写出其微分方程：

$$[M]\{\ddot{x}(t)\}+[K]\{x(t)\}=\{0\} \tag{12.11}$$

令$\{x(t)\}=\{X\}\sin(\omega t+\phi)$，代入上式，并在等式两边乘$[M]^{-1}$得：

$$[M]^{-1}[K]\{X\}=\omega^2\{X\} \tag{12.12}$$

令$[M]^{-1}[K]=[P]$则有：

$$([P]-\omega^2[I])\{X\}=0 \tag{12.13}$$

这是一个求特征值的问题。该方程组有非零解的充要条件是其系数行列式为零，即：

$$\begin{vmatrix} P_{11}-\omega^2 & P_{12} & \cdots & P_{1n} \\ P_{21} & P_{22}-\omega^2 & \cdots & P_{2n} \\ \vdots & \vdots & \ddots & \vdots \\ P_{n1} & p_{n2} & \cdots & P_{nn}-\omega^2 \end{vmatrix}=0$$

该式称为方阵$[P]$的特征方程，$\omega_j^2(j=1, 2, \cdots, n)$称为方阵$[P]$的特征值，$\{X\}$称为方阵$[P]$与$\omega_j^2$相对应的特征向量。

(2) 特征值求解

在工程技术中，振动问题的求解往往最终归结为求矩阵的特征值和特征向量问题，因此确定特征值问题的算法是很重要的。通常采用的算法是求解实对称矩阵的特征值和特征向量的雅可比（JACOBI）方法，JACOBI法收敛快，计算量小且结果精确。但上一小节的方阵$[P]$不对称，所以本书先对$[P]$作了对称化处理，即令$\{Z\}=[\sqrt{M}]\{X\}$。

式中$[\sqrt{M}]=\begin{bmatrix} \sqrt{M_1} & & & 0 \\ & \sqrt{M_2} & & \\ & & \ddots & \\ 0 & & & \sqrt{M_n} \end{bmatrix}$

则$\{Z\}=[\sqrt{M}]^{-1}\{Z\}$，代入式(3-3)中得：

$$[M]^{-1}[K][\sqrt{M}]^{-1}\{Z\}=\omega^2[\sqrt{M}]^{-1}\{Z\} \tag{12.14}$$

等式两边左乘$[\sqrt{M}]$，整理后得：

$$[\sqrt{M}]^{-1}[K][\sqrt{M}]^{-1}\{Z\}=\omega^2\{Z\}$$

即：

$$[A]\{Z\}=\omega^2\{Z\} \tag{12.15}$$

式中，$[A]=[\sqrt{M}]^{-1}[K][\sqrt{M}]^{-1}$ 为一实对称矩阵。

$$[A]=\begin{bmatrix} \frac{k_1+k_2}{m_1} & \frac{-k_2}{\sqrt{m_1}\sqrt{m_2}} & & & \\ \frac{-k_2}{\sqrt{m_1}\sqrt{m_2}} & \frac{k_1+k_2}{m_2} & \frac{-k_3}{\sqrt{m_2}\sqrt{m_3}} & & \\ & \ddots & \ddots & \ddots & \\ & & \cdots & \cdots & \frac{-k_n}{\sqrt{m_{n-1}}\sqrt{m_n}} \\ & & & \frac{-k_n}{\sqrt{m_{n-1}}\sqrt{m_n}} & \frac{k_n}{m_n} \end{bmatrix} \tag{12.16}$$

式中 k_i——第 i 层层间刚度，单位为“kN/m”；

m——集中于第 i 质点的质量，单位为“t”；

n——质点数。

对于本书研究的轻钢增层结构，由于它可以简化成层间剪切型模型，所以矩阵［A］可以转换为式（12.16）的形式。

地震影响系数 α_j 除了直接与设防烈度和结构周期有关外，还取决于建筑场地的类别等。图 12.12 是抗震规范给出的 α-T 关系曲线。图中有关参数见表 12.1、表 12.2。

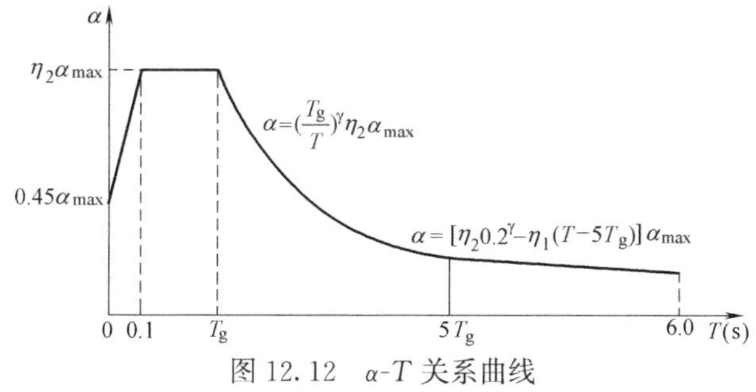

图 12.12 α-T 关系曲线

α—地震影响系数；α_{max}—地震影响系数最大值；η_1—直线下降段的下降斜率调整系数；γ—衰减指数；T_g—特征周期；η_2—阻尼调整系数；T—结构自振周期

特征周期 T_g（s） **表 12.1**

设计地震分组	场地类别			
	Ⅰ	Ⅱ	Ⅲ	Ⅳ
第一组	0.25	0.35	0.45	0.65
第二组	0.30	0.40	0.55	0.75
第三组	0.35	0.45	0.65	0.90

水平地震影响系数最大值 α_{max} **表 12.2**

地震影响	6 度	7 度	8 度	9 度
多遇地震	0.04	0.08(0.12)	0.16(0.24)	0.32
罕遇地震	—	0.50(0.72)	0.90(1.20)	1.40

矩阵［A］与［P］有相同的特征值，它们的特征向量之间存在着以下关系，即：

$$\{X\}=[\sqrt{M}]^{-1}\{Z\} \tag{12.17}$$

（3）地震影响系数 α_j 的确定

可根据结构的自振周期查反应谱曲线得到地震影响系数 α，但反应谱曲线是在结构阻尼比 $\xi=0.05$ 的情况下确定的，所以应按式（12.7）～式（12.9）进行修正。

（4）水平地震作用的计算

由振型分解反应谱法得：

$$F_{ji}(t)=\gamma_j X_{ji}\alpha_j G_i \qquad (i,j=1,2,\cdots,n) \tag{12.18}$$

式中 F_{ji}——作用在 i 质点的水平地震作用；

α_j——与第 j 振型自振周期 T_j 相应的地震影响系数；

γ_j——第 j 振型的振型参与系数，即：$\gamma_j=\dfrac{\sum\limits_{i=1}^{n}X_{ji}G_i}{\sum\limits_{i=1}^{n}X_{ji}^2G_i}$；

X_{ji}——第 j 振型第 i 质点的水平相对位移；

G_i——集中于第 i 质点的重力荷载，$G_i=m_i g$。

由式（12.18）可求出第 j 振型各楼层的水平地震作用（标准值），基于假设输入地震为平稳随机过程和各振型反应之间相互独立，规范规定用平方和开平方的方法（SRSS法）进行组合，就可求出该地震作用所产生的作用效应，即：

$$S=\sqrt{\sum_{j=1}^{n}S_j^2} \tag{12.19}$$

式中 S——总水平地震作用效应；

S_j——第 j 振型水平地震作用效应；

n——参加组合的振型数。

12.5.2 轻钢增层结构计算框图

本书旨在给出一个简明的计算步骤及思路，为下一步的计算及程序设计提供一个依据。计算框图如图 12.13 所示。

12.5.3 轻钢增层结构计算实例

结构下部刚度大、重量大，上部轻柔是轻钢增层结构的构成特点。对于上下刚度及质量分布均匀的结构，采用底部剪力法只考虑基本振型就能得到满意的结果。但对于刚度、质量沿竖向有突变的这种结构，高振型的影响远比一般上下刚度、质量分布均匀的结构要大。

下面就针对三种轻钢增层结构，按照上节计算步骤考虑增层后结构阻尼对抗震的影响，进而确定轻钢增层建筑设计中应注意的问题。

（1）计算实例 1

2 层的混凝土框架结构，层间剪切刚度为 $k_1=k_2=7.9\times10^4\text{kN/m}$，每层质量为 90.4t，混凝土结构的阻尼比为 0.05，现增加 1 层钢结构，层间剪切刚度为 $k_3=3.3\times10^4\text{kN/m}$，质量为 28.4t，钢结构的阻尼比为 0.02，现分别采用未调整和调整后的影响系数进行地震剪力的比较，增层计算参数见表 12.3。

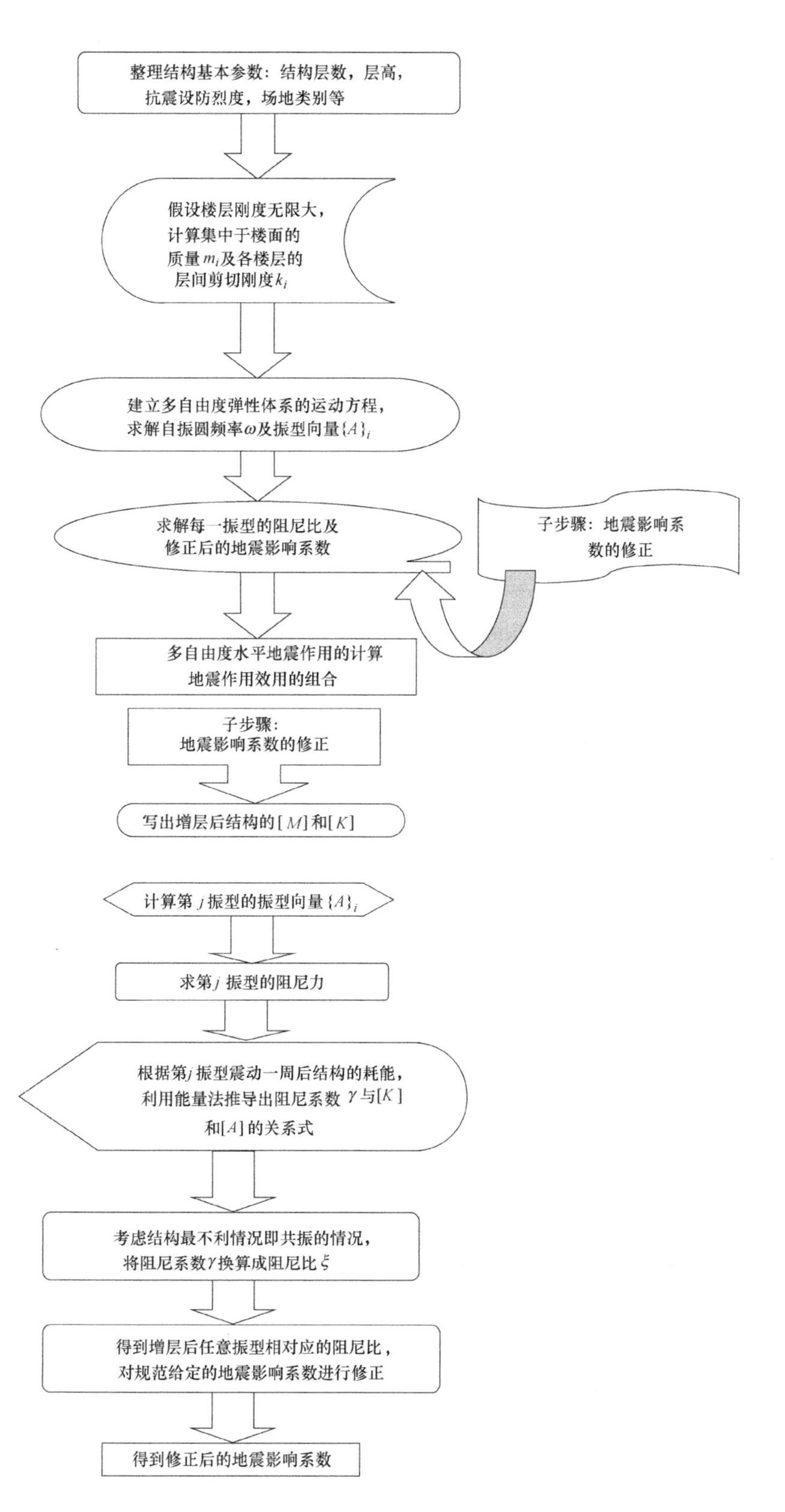

图 12.13 增层改造计算框图

计算框架结构增层实例的参数 **表 12.3**

层数	结构的参数	1层	2层	增加层
2+1	刚度(kN/m)	7.9×10^4	7.9×10^4	3.3×10^4
	质量(t)	90.4	90.4	28.4
	层高(m)	3.0	3.0	3.0

计算时将每一层简化为一个质点的情况，对增层结构考虑增层数叠加组合计算，求得每种组合下的结构响应（剪力及弯矩）的包络值。将各质点处不同振型组合所得包络值中最大值视为该质点地震响应值，结果列于表 12.4、表 12.5。

结构的地震剪力值（kN） **表 12.4**

各楼层	一个振型	二个振型	三个振型
	Q	Q	Q
1层	144.5	145.8	147.3
2层	100.3	101.5	102.3
3层	30.6	32.9	33.6

结构的地震作用下弯矩值（kN·m） **表 12.5**

各楼层	一个振型	二个振型	三个振型
	M	M	M
1层	826.0	826.4	826.4
2层	392.6	395.7	396.0
3层	91.6	97.5	97.9

(2) 计算实例 2

3 层的混凝土框架结构，层间剪切刚度 $k_1=k_2=k_3=7.9\times10^4\text{kN/m}$，1、2 层质量分别为 90.4t，3 层质量为 84.4t，混凝土结构的阻尼比为 0.05，现增加 1 层钢结构，层间剪切刚度为 $k_4=3.3\times10^4\text{kN/m}$，质量为 28.4t，钢结构的阻尼比为 0.02，现分别采用未调整和调整后的影响系数进行地震剪力的比较，增层计算参数见表 12.6。

计算框架结构增层实例的参数 **表 12.6**

层数	结构的参数	1层	2层	3层	增加层
3+1	刚度(kN/m)	7.9×10^4	7.9×10^4	7.9×10^4	3.3×10^4
	质量(t)	90.4	90.4	84.4	28.4
	层高(m)	3.0	3.0	3.0	3.0

计算时将每层简化为一个质点时的情况，对增层结构考虑增层数叠加组合计算，取得每种组合下的结构响应（剪力及弯矩）的包络值。将各质点处不同振型组合所得包络值中的最大值视为该质点地震响应的值，计算结果列于表 12.7、表 12.8。

(3) 计算实例 3

4 层的混凝土框架结构，层间剪切刚度 $k_1=k_2=k_3=k_4=k$，$k=7.9\times10^4\text{kN/m}$，1、2、3 层质量分别为 90.4t，4 层质量为 84.4t，混凝土结构的阻尼比为 0.05，现增加 1 层钢结构，层间剪切刚度为 $k_5=3.3\times10^4\text{kN/m}$，质量为 28.4t，钢结构的阻尼比为 0.02，

现分别采用未调整和调整后的影响系数进行地震剪力的比较，增层计算参数见表 12.9。

结构的地震剪力值（kN）　　表 12.7

各楼层	一个振型	二个振型	三个振型	四个振型
	Q	Q	Q	Q
1 层	164.6	165.3	165.4	165.4
2 层	136.5	136.5	136.7	136.7
3 层	85.2	86.9	87.1	87.2
4 层	23.7	26.9	27.6	27.6

结构的地震作用下弯矩值（kN·m）　　表 12.8

各楼层	一个振型	二个振型	三个振型	四个振型
	M	M	M	M
1 层	123.0	1231	1231	1231
2 层	736.3	742.7	742.9	742.9
3 层	326.8	338.9	338.9	339.0
4 层	71.2	80.1	82.7	82.8

计算框架结构增层实例的参数　　表 12.9

层数	结构的参数	1 层	2 层	3 层	4 层	增加层
4+1	刚度(kN/m)	7.9×10^4	7.9×10^4	7.9×10^4	7.9×10^4	3.3×10^4
	质量(t)	90.4	90.4	90.4	84.4	28.4
	层高(m)	3.0	3.0	3.0	3.0	3.0

计算时将每层简化为一个质点时的情况，对增层结构考虑增层数叠加组合计算，取得每种组合下的结构响应（剪力及弯矩）的包络值。将各质点处不同振型组合所得包络值中的最大值视为该质点地震响应的值，计算结果列于表 12.10、表 12.11。

结构的地震剪力值（kN）　　表 12.10

各楼层	一个振型	二个振型	三个振型	四个振型	五个振型
	Q	Q	Q	Q	Q
1 层	172.4	174.0	174.2	174.2	174.2
2 层	153.2	154.3	154.8	154.9	154.9
3 层	118.7	120.3	120.5	120.5	120.5
4 层	70.8	75.5	75.5	75.7	75.7
5 层	19.0	22.7	24.0	24.2	24.2

结构的地震作用下弯矩值（kN·m）　　表 12.11

各楼层	一个振型	二个振型	三个振型	四个振型	五个振型
	M	M	M	M	M
1 层	1604	1607	1607	1607	1607
2 层	1087	1099	1099	1099	1099
3 层	625.8	649.0	649.0	649.1	649.1
4 层	269.5	293.1	294.5	294.6	294.6
5 层	56.9	68.0	71.8	72.4	72.4

由表 12.10、表 12.11 看出，高振型对剪力的影响是比较明显的，而底部剪力法只考虑一个振型的贡献，忽略高阶振型的影响，因此采用底部剪力法计算增层结构是偏于不安全的。

根据以上分析，对于轻钢增层结构这种在质量和刚度上沿竖向都产生了突变的结构，如同普通框架结构一样采用底部剪力法考虑一个振型是较不安全的。总体上看，三阶以内的振型都必须加以考虑，以保证结构的抗震安全度。

12.5.4 轻钢增层结构动力放大系数取值

上文从量上讨论了用振型分解法需要考虑的振型数，这样求得的值是相当精确的。实际工程中，由于轻钢增层结构上部增层采用轻体材料，所以增加荷载并不多，下部原结构基本不用加固。轻钢增层结构设计的关键就是增层部分的设计。设计时人们习惯采用底部剪力法，把上部增层结构当作小塔楼看待，乘以放大系数 3，也有取 2.5 的，没有统一取值和系统的研究，所以动力放大系数的确定同样也是非常重要的。

按照 12.4 节计算方法，确定动力放大系数值，并用计算框架结构时的阻尼比，采用底部剪力法计算得增层部分的地震剪力，见表 12.12。

轻钢增层部分的地震剪力值（单位：kN） **表 12.12**

增层实例	按照 12.4 节方法计算值	按照底部剪力法计算值	底部剪力法计算值×3	底部剪力法计算值×2
2+1	30.6	18.4	55.2	36.8
3+1	23.7	14.1	42.3	28.2
4+1	19.0	11.7	35.1	23.4

这里假设动力放大系数为 2.0，放大后的值比上节计算值大 20.2%，即比计算值略大一些。在考虑工程中安全储备，这里建议采用 2 的放大系数。这样既经济合理又能保证较高的安全系数，而且便于实际工程应用。

12.6 轻钢增层结构的设计与应用

12.6.1 构造与节点设计

本书中的增层部分是起始于原结构顶层的，原结构顶层没有留下任何与增层部分相连的构件，加上鞭梢效应的作用，此处的水平地震剪力相当大，使得此部位的抗震能力显得异常薄弱，构造措施的好坏直接关系到抗震能力的好坏。本章中探讨了除抗震规范中规定的构造措施以外的几点特殊的需注意的地方。

本书讨论的主要是在框架结构上的增层，但根据我国的实际情况，在今后相当长的一段时间内，砖混结构仍是抗震地区普遍使用的一种结构体系，砖混基础上进行增层的情况今后还会很多。所以本章在考虑框架结构的情况的同时，也考虑了砖混结构的情况。

(1) 增层部分与原结构的连接措施

1）在混凝土框架结构上的增层

这种情况下的增层，关键就是钢柱底板与混凝土柱的连接。当原结构的柱顶钢筋不密，且和设计位置比较一致时，常用此连接方法，一般是将柱头混凝土凿开，暴露足够的柱纵向主筋。然后按搭接焊（或帮条焊）要求，在保证焊缝长度大于或等于 $12d_0$（d_0 为主筋的直径）的情况下，将连接钢筋与主筋焊接（图 12.14）。此方法中，增层荷载通过连接钢筋直接传递到主筋上，受力清楚，结构合理。

但是当原结构设计楼板分布筋很密，柱内纵向主筋又与图纸有偏差时，就暴露出剔凿混凝土量大，施工困难，地脚螺栓定位不准等问题。在这种情况下，本章提出了调直纵筋连接法。将原建筑柱内主筋用加热方法调直，直接作为连接钢筋，与柱底板剖口焊接。具体做法如下（图 12.15）：

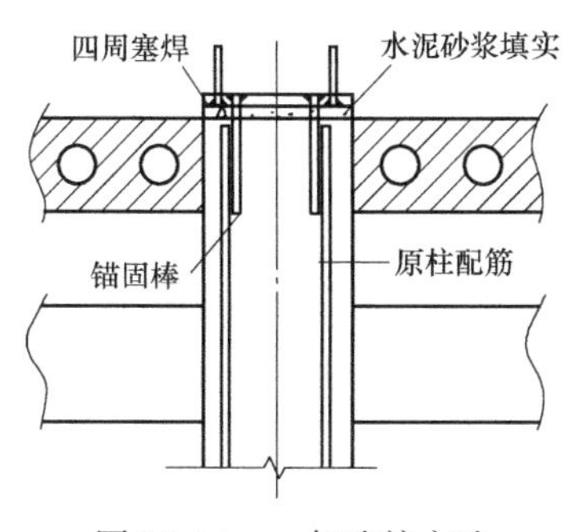

图 12.14 一般连接方法

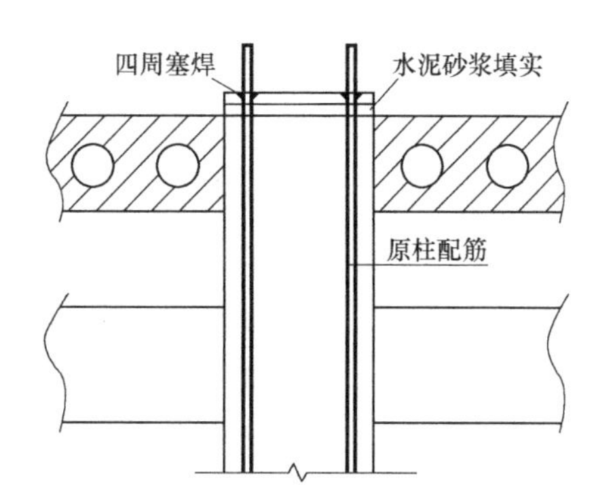

图 12.15 调直纵筋连接法

① 清除原柱顶防水、保温层，测出柱的轴线位置。

② 凿开柱头，暴露出柱头钢筋，参照原柱的配筋图纸，辨清柱头纵筋及分布钢筋。

③ 按照增层钢结构柱底板尺寸及地脚螺栓位置，确定 4 根可作连接筋用的弯头纵筋。

④ 将此 4 根纵筋均匀加热，调直。

⑤ 确定 4 根调直后的钢筋和柱底板关系。在柱底板上描出 4 根纵筋位置。

⑥ 用高强度砂浆找平。

⑦ 开剖口，将纵筋与柱底板剖口焊牢，使埋件尺寸准确，底板保持水平。

⑧ 用细石混凝土找平，待达到设计要求的强度后，安装钢柱。

此方法的关键问题在于调直原柱内主筋，一定要防止过火加热，造成钢筋弯起区截面损伤，强度不够。还可采用黏结技术，增加过渡板。具体做法如下（图 12.16）：

① 清除原柱顶防水、保温层，测出柱的轴线位置。

② 参考原柱的设计图纸，并用钢筋位置探测仪探测出柱顶面钢筋的布置情况，确定可以钻孔的位置（必要时可凿开混凝土保护层观察）。

③ 在指定的位置上钻孔，从施工和受力的角度，孔的直径取 d_0 +8mm，孔的深度按照《后锚固技术规范》JGJ 145 的要求取值。

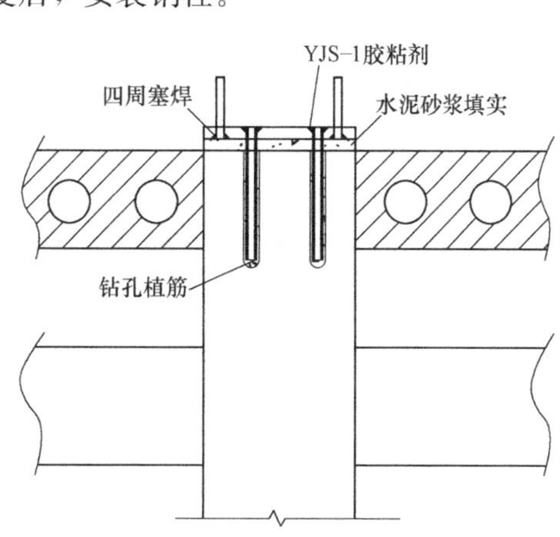

图 12.16 增加过渡板连接法

④ 测量出各孔对柱轴线的相对位置，精度要求±1.00mm 。

⑤ 水塞塞紧钻孔的孔口，用强度大于等于 30MPa 的水泥砂浆将柱顶面找平至指定的标高。

⑥ 根据测得的孔位制作过渡板，过渡板的厚度一般与柱脚底板的厚度相同，将锚固棒和地脚螺栓分别用塞焊连接于板的两个侧面上，锚固棒的长度应小于孔深 15mm。

⑦ 待顶面砂浆强度达到设计要求的 70%以上后，清除孔内杂物，将 YJS-1 型结构胶粘剂刷在过渡板的黏结面、柱顶面以及锚固孔内，随即将过渡板黏至柱顶，并仔细校正过渡板的水平度和标高。

⑧ 待结构胶硬化后（一般 3 天）即可安装钢柱。

以上方法能精确保证钢柱地脚螺栓的安装位置，且施工速度快，对柱顶破坏小。

建筑增层中，不是所有新增结构柱子位置都与原结构位置相吻合。当新增结构柱子和原结构梁相联系时，一般采用两种方法来处理。

① 膨胀螺栓连接法

这种方法主要用于原建筑为不上人吊顶或吊顶内管线分布复杂，很难在梁下端进行施工的情况。具体做法是：首先定出梁轴线位置，对梁上表面处理；按图纸要求用冲击钻（或风镐）钻眼，将膨胀螺栓固定在梁上，按膨胀螺栓位置在柱底板上打眼；用高强度砂浆找平后放上柱底板，用螺母将膨胀螺栓拧紧（图 12.17）。

② 夹箍方法

这种方法主要用于柱荷载较大，可以在梁下施工的情况。具体做法是定出梁轴线的位置，依原梁尺寸和增层设计要求做好上、下夹板及夹箍螺杆；在梁上、下及两侧分别用夹板和螺栓做好夹箍，拧紧（图 12.18）。

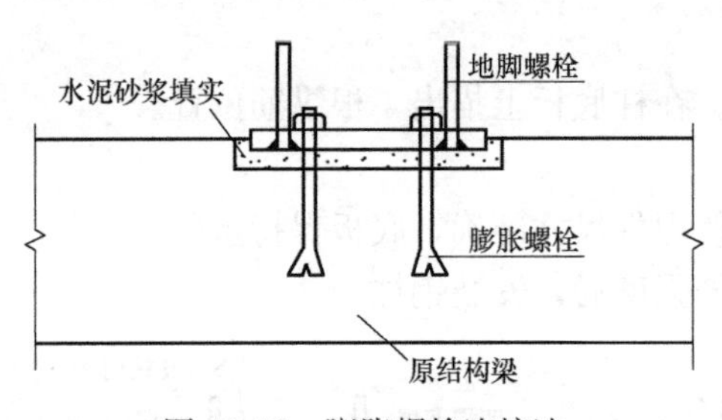

图 12.17　膨胀螺栓连接法

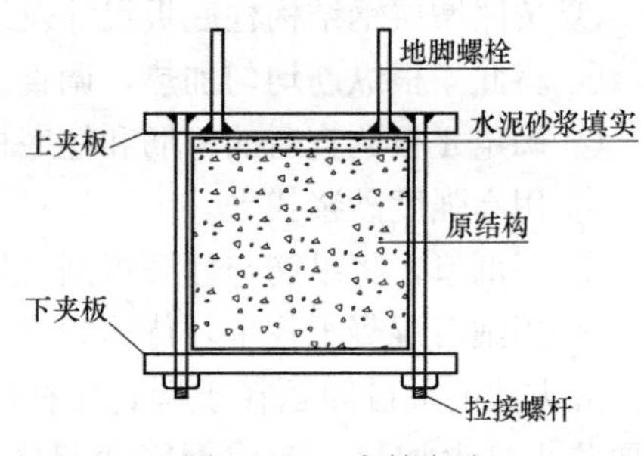

图 12.18　夹箍方法

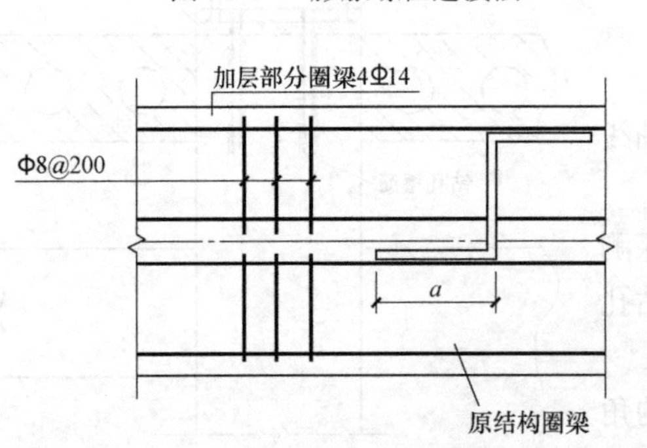

图 12.19　两圈梁相连立面图

2）在砖混结构上增层

实际工程中，增层部分与原结构连接，多是利用与外纵墙同宽的新设混凝土圈梁内预埋锚栓，通过锚栓与柱脚底板相连将柱固定。锚栓与柱脚底板的连接可参考图 12.19 中的方法。这样，关键问题就是新旧圈梁连接。增层部分圈梁纵筋均采用 4Φ12，箍筋为Φ6@200(6，7，8 度地区）或Φ8@200(9 度），其他构造要求见抗震规范。

两圈梁相连的做法是：凿开原砖混结构顶层圈梁，使其露出主筋；然后用锚筋使两圈梁主筋相连，最后浇灌新圈梁的混凝土。各种情况下的具体做法详见图 12.20～图 12.23。图 12.20 和图 12.23 分别是圈梁连接锚筋两种不同的安装形式，图 12.20 为沿梁纵向，图

12.23 为沿梁横向。图 12.20～图 12.23 是图 12.19 的剖面图。

当两圈梁之间有楼板通过时，应在楼板上穿孔，将锚筋穿过楼板，焊在旧圈梁的主筋上。

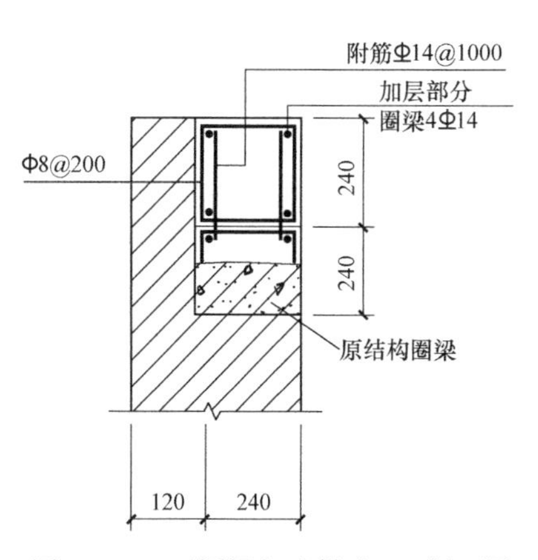

图 12.20　两圈梁相连做法 1（剖面图）

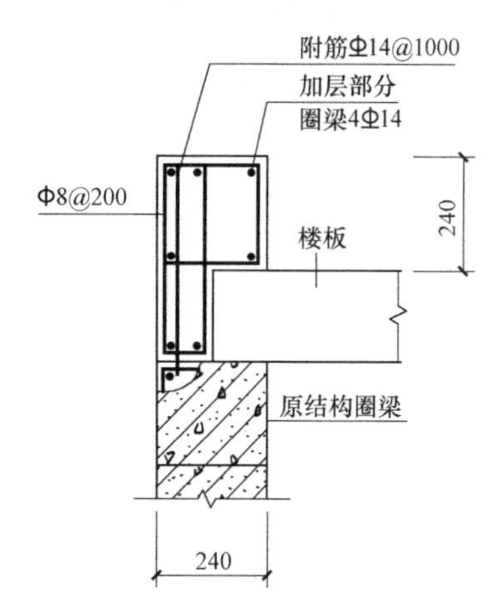

图 12.21　两圈梁相连做法 2（剖面图）

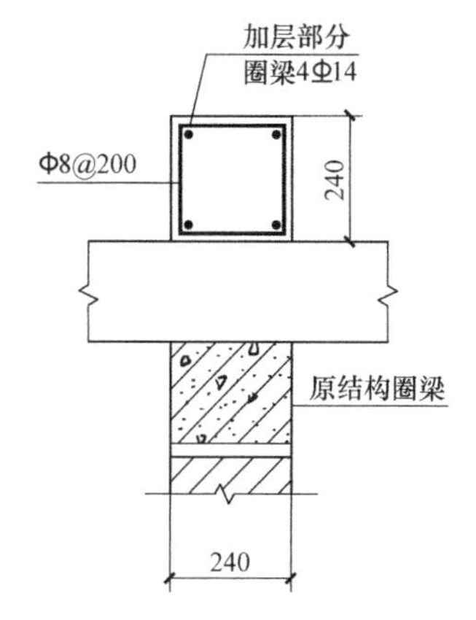

图 12.22　两圈梁相连做法 3（剖面图）

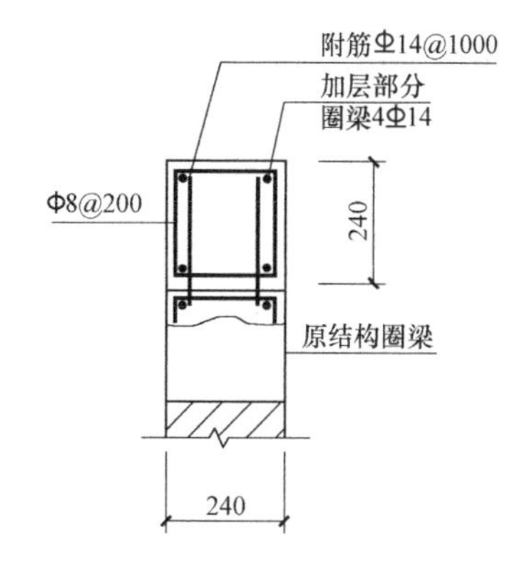

图 12.23　两圈梁相连做法 4（剖面图）

（2）轻型围护结构的连接措施

由于在轻钢增层结构中，轻型围护结构只起到围护的作用，并不承受荷载，所以节点的构造措施就是其设计的关键所在。

1）墙体的构造措施

在轻钢增层结构中，墙体一般采用泰柏板。泰柏板网架组装应力求准确，板块连接必须紧密牢固，接缝应用专用定型钢丝网补强。对于顶板，抹灰前应加设临时支撑承托，施工中不能有挠曲现象。如果增层部分为钢框架，在框架柱之间应设置墙梁（如柱距大于 6m，可加设墙架柱）。在与钢丝网架板相连的钢梁、柱表面预先焊上钢筋头，板穿透钢筋并调整好后，钢筋弯折成 90°将板固定。如果是混凝土面，应设置预埋件或 U 型码将板固定。砂浆强度不宜低于 M10，应采用普通硅酸盐水泥或微膨胀水泥及中粗砂配制，水泥用量不宜过高，砂浆中最好掺入水泥量 1%的 EC 抗裂剂。抹灰宜分层、分段进行，最好采用喷射法施工，注意后期养护。泰柏板的主要节点构造做法见图

12.24、图 12.25。

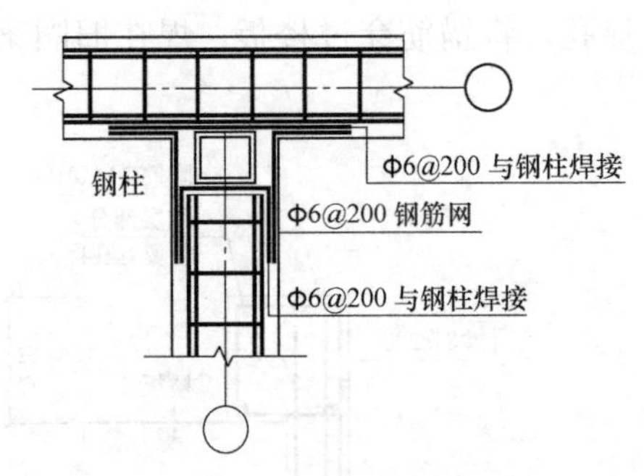

图 12.24 纵横墙的连接

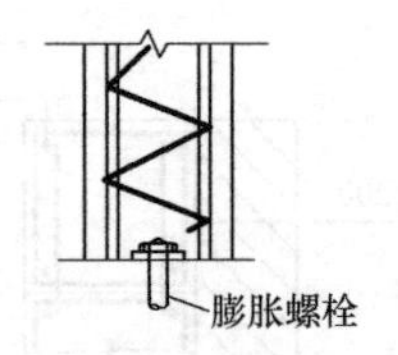

图 12.25 与原楼地板的连接

2）屋面的构造措施

在轻钢增层结构中，屋面一般采用 EPS 隔热夹芯板。这种板以彩色涂层钢板为面层，自熄性聚苯乙烯泡沫塑料作芯层。由于其性能良好，非常适合在建筑物增层中使用。在作屋面时，表面钢板与内承重结构由螺栓、自攻螺丝或铆钉连接起来。夹芯板在排版时，全部纵向板缝的布置方向与屋面排水方向一致，不能与水流方向交叉，以免出现渗水。夹芯板与檩条的连接一般采用凹件隐蔽连接法，以免出现螺栓锈蚀现象，影响板材的使用寿命。与夹芯板连接的檩条，建议采用轻型冷弯薄壁型钢，若跨度太大，建议采用冷弯薄壁型钢的组合檩条。图 12.26 为屋面与外墙的连接。

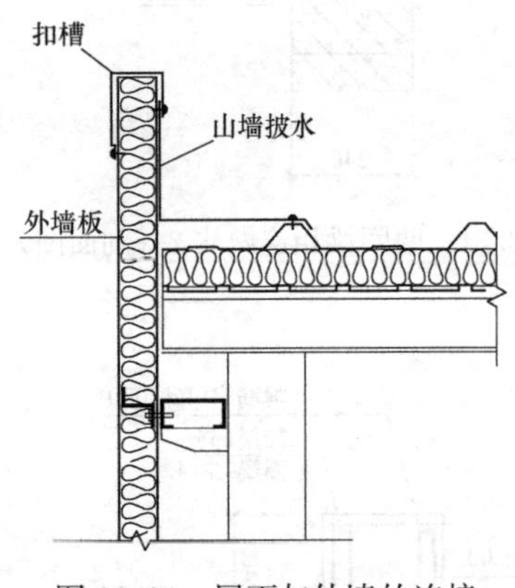

图 12.26 屋面与外墙的连接

以上为在增层部分与原结构连接、增层部分的屋面、墙体等方面提出的构造建议。在实际设计和施工中，构造措施必须引起重视。当然，构造处理在以后的研究中还需要不断完善，而且还要根据原结构及现场情况而定。

12.6.2 支撑

由于轻钢增层结构的增层部分重量轻，钢骨架杆件截面较小，连接也较薄弱，所以增层部分的抗侧刚度较小，这对抗震非常不利。而盲目的增大钢骨架的截面尺寸以增大抗侧刚度，又是非常不经济的，且效果不明显。所以在两个方向设置支撑来一起承担地震作用，增加结构的整体空间刚度是很有必要，也是很经济实用的手段。

对于钢柱，横向支撑应设置在房屋的两端山墙处及中部适合放置支撑的地方，支撑宜充分利用围护外墙的构架杆件以节约钢材。沿纵墙方向每排柱间至少应布置两道支撑，支撑形式不限，支撑布置在纵墙两端。若纵向房屋长度大于 30m 时，中间还应该布置一道，以后长度每增加 10m，则中间支撑增加一道。由于通常沿增层房屋外墙设置溜筒，因此纵向支撑可设计成消能支撑（图 12.27），也宜充分利用围护外墙的构架杆件以节约钢材。

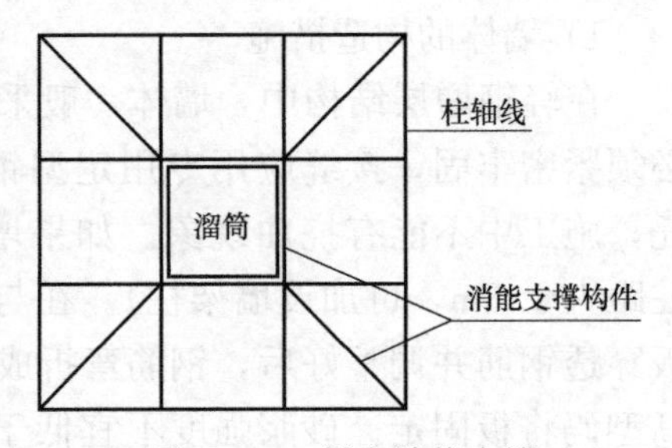

图 12.27 纵向消能支撑

12.6.3 施工中应注意的问题

现在实际的增层工程，以宾馆、饭店、办公设施为多。这些项目都有工期紧、地处市区、施工场地狭窄等特点，而工程又经常是在不停业的情况下完成的，所以增层工程的施工相对于新建工程，有其不同的特点。下面谈两个应特别注意的问题。

(1) 选择适当的拆除方法

建筑物增层工程，一般都要涉及拆除工作。拆除工期长短对整个工程的工期控制作用不可忽视。拆除工作要尽可能将施工噪声和尘土降低到最低值，本书推荐采用液压钳夹碎的办法。用这种方法施工，混凝土碎块体积较小，易于倾倒和运输。渣土外运的第一步是将渣土从原建筑顶面运至施工现场地面。施工中，可以采用溜筒，溜筒可用建筑钢模板由扣件组合而成（图 12.28）。在溜筒顶部，为易于倾倒渣土，适当将上口扩大；在溜筒底部，为防止渣石和尘土飞扬，悬吊橡胶帘。此外还必须注意溜筒支架的稳定性和渣土堆场附近人员及设施的安全。渣土外运一般在晚上，以免对交通带来影响。

(2) 防水处理

防水处理是建筑工程施工中至今仍未完满解决的老问题。在增层工程中由于要拆除原建筑的防水层，则防水处理显得尤为重要。根据施工处在不同的季节，可以采用不同的防水方案。当处于少雨期时，可以将原建筑的顶层全部拆除，作整块临时防水的方案。即在原结构顶层完全拆除后，清扫干净，先用水泥砂浆满满地找平一层，整面刷硅橡胶两道，上抹 1cm 厚水泥砂浆保护层，形成一层完整的防水层。当处于雨期时，可以不破坏原结构的防水层，先进行钢结构的吊装和彩色压型钢板屋面及泰柏板墙的安装，在增层的自身防水系统做完以后，再进行屋面防水层、保温层、隔汽层、找平层的拆除。这样，既保证了工期，又防止了雨水渗漏。

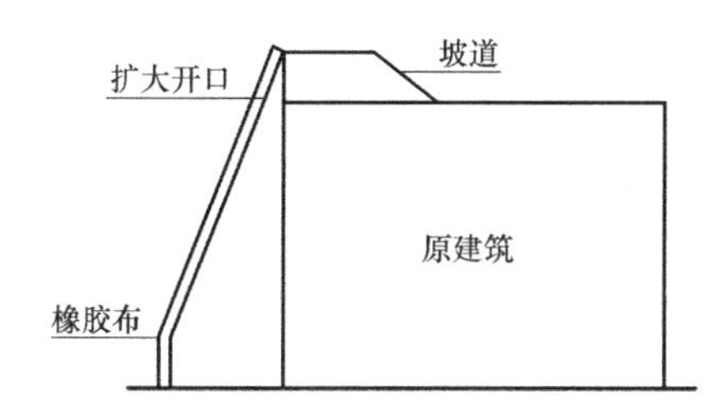

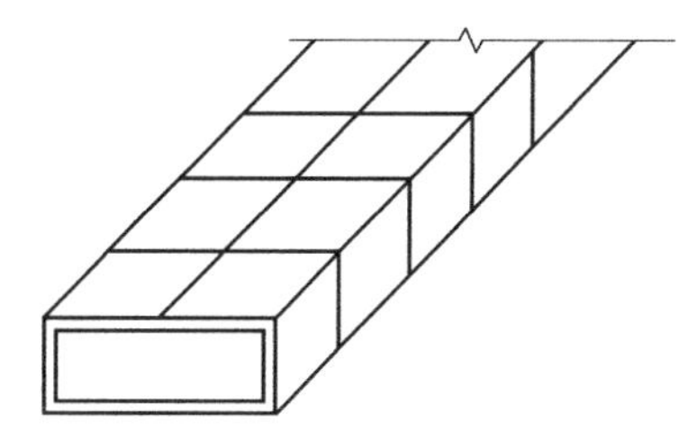

图 12.28 溜筒的安装布置

此外，完善的施工组织设计和适当的吊装方案等都是工期、质量的可靠保证。这些都需要根据施工现场的具体情况，因地制宜来确定。

12.6.4 建筑物加层时应注意的问题

(1) 设计前的准备工作

建筑物加层应得到当地规划、消防、抗震等管理部门的批准。这些部门都会对设计提出相应的要求。例如：加层之后，总的建筑面积超过 1 万 m^2，消防等级提高了，消防部门就要求楼梯间要增设防火门，并形成独立的空间；楼梯要通到屋面；另外要增设消防水箱，甚至原有建筑物的供水和消防体系要做全面的改动。再如，有一些建筑物加层之后，其高度或层数超过了抗震规范规定的标准，则加层项目的立项就应重新论证。建设单位在得到这些部门批准后，才可以减少设计和施工中的不断改动和不必要损失。在设计之前，建设单位应将原建筑物的图纸、地质勘察报告等资料提供给设计院。

（2）原有建筑物的承载力验算

原有建筑物的承载力验算应包括：

① 地基承载力验算；

② 基础抗冲切验算；

③ 对砖混结构，要进行承重墙承载力验算；

④ 对框架结构，要进行框架承载力验算；

⑤ 原屋面板改成楼面板之后，在楼面荷载下承载力验算；

⑥ 需要接楼梯的部位，楼梯梁的承载力验算。

若发现承载力不足，应采取相应加固措施：地基承载力不足，对条形基础，可加大基础截面；对桩基础，可适当补桩；基础抗冲切不足，可增加基础高度；承重墙承载力不足，可用单面或双面钢筋网加固；框架承载力不足，可采用增大截面的方法，或采用黏钢（对梁）、碳纤维加固（对柱）；屋面板加固可采用黏钢的方法。所有加固工作应在加层施工前进行。

（3）屋面处理

原有屋面一般设有保温和防水层，部分屋面还有挑檐或女儿墙。在加层施工前，保温和防水层等都应拆除，原有的雨水斗可保留使用。拆除保温层应避免在雨天进行，否则去掉防水层的保温层会大量吸水，给屋面增加很大荷载。有的屋面梁是凸出屋面的反梁，有的屋面是结构找坡。这些不平的屋面为加层改造成楼面带来麻烦。设计部门可取得建设单位同意，将楼面设计为木地板；或采用水泥砂浆找平后再做面层，此时应考虑水泥砂浆所增加的楼面荷载。在卫生间、盥洗室位置，预制屋面板应去掉，换成现浇板。

（4）柱子钢筋的处理

对框架结构而言，加层部分与原建筑物的柱子钢筋连成一体是必须的。但是凿出下层柱子钢筋进行焊接或绑扎连接，会对柱顶的梁、柱接头造成较大的破坏。此时可采用植筋的连接方法：在梁顶钻孔，孔深要达到钢筋的锚固长度，用“喜利得”或其他结构胶固定在混凝土内，再进行钢筋的连接。这种方法施工简便，可靠性高。对砖混结构而言，构造柱钢筋没必要与下层柱钢筋相连。通常的做法是在原建筑物的顶部先浇一道圈梁，构造柱钢筋伸入圈梁内锚固。

（5）楼梯的接长

原建筑物的顶层楼梯一般只有一个梯段连在楼梯梁上，所以一般来说，顶层的楼梯梁配筋要比其他各层楼梯梁配筋要小。加层时，由于要连接新楼梯，楼梯梁需要加固。受下行梯段限制，不宜采用加大楼梯梁截面的方法，而采用黏钢的方法比较方便。黏钢的截面面积要大于或等于需要增加的楼梯梁配筋的截面面积（不同等级的钢要等强度代换）。

新增加的上行梯段第一节踏步，直接搭在楼梯梁上即可。因为承受荷载之后，梯段对此楼梯梁产生的是压力，不会产生两者的脱离。

新增加的梯段到达加层的楼面时，若没有原屋面梁的限制，浇筑新的楼梯梁即可。若相应位置有屋面梁，应验算其承载力。承载力不足，可以用加大楼梯梁截面的方法，也可用黏钢的方法。楼梯梁做好后，应在侧面植入一排钢筋后，才能和楼梯浇筑在一起。因为受荷之后，梯段对此楼梯梁产生了拉力。

加层设计还应注意新增部分与原建筑物立面做法上的一致，使之浑然一体。内部使用功能和外观效果俱佳的加层设计，才是成功的加层设计。

思 考 题

1. 建筑物增层的形式有哪些？
2. 简述直接增层基本结构形式。
3. 简述外套增层基本结构形式。
4. 简述室内增层基本结构形式。
5. 简述地下增层基本结构形式。
6. 轻钢增层结构设计应注意哪些问题？
7. 增层施工中应注意哪些问题？
8. 建筑物加层设计时应注意哪些问题？

附录1　中华人民共和国住房和城乡建设部令第37号《危险性较大的分部分项工程安全管理规定》

《危险性较大的分部分项工程安全管理规定》已经在2018年2月12日第37次部常务会议审议通过，现予发布，自2018年6月1日起施行。

住房和城乡建设部部长　王蒙徽

2018年3月8日

危险性较大的分部分项工程安全管理规定

第一章　总则

第一条　为加强对房屋建筑和市政基础设施工程中危险性较大的分部分项工程安全管理，有效防范生产安全事故，依据《中华人民共和国建筑法》《中华人民共和国安全生产法》《建设工程安全生产管理条例》等法律法规，制定本规定。

第二条　本规定适用于房屋建筑和市政基础设施工程中危险性较大的分部分项工程安全管理。

第三条　本规定所称危险性较大的分部分项工程（以下简称“危大工程”），是指房屋建筑和市政基础设施工程在施工过程中，容易导致人员群死群伤或者造成重大经济损失的分部分项工程。

危大工程及超过一定规模的危大工程范围由国务院住房城乡建设主管部门制定。

省级住房城乡建设主管部门可以结合本地区实际情况，补充本地区危大工程范围。

第四条　国务院住房城乡建设主管部门负责全国危大工程安全管理的指导监督。

县级以上地方人民政府住房城乡建设主管部门负责本行政区域内危大工程的安全监督管理。

第二章　前期保障

第五条　建设单位应当依法提供真实、准确、完整的工程地质、水文地质和工程周边环境等资料。

第六条　勘察单位应当根据工程实际及工程周边环境资料，在勘察文件中说明地质条件可能造成的工程风险。

设计单位应当在设计文件中注明涉及危大工程的重点部位和环节，提出保障工程周边环境安全和工程施工安全的意见，必要时进行专项设计。

第七条　建设单位应当组织勘察、设计等单位在施工招标文件中列出危大工程清单，要求施工单位在投标时补充完善危大工程清单并明确相应的安全管理措施。

第八条　建设单位应当按照施工合同约定及时支付危大工程施工技术措施费以及相应的安全防护文明施工措施费，保障危大工程施工安全。

第九条　建设单位在申请办理安全监督手续时，应当提交危大工程清单及其安全管理措施等资料。

第三章　专项施工方案

第十条　施工单位应当在危大工程施工前组织工程技术人员编制专项施工方案。

实行施工总承包的，专项施工方案应当由施工总承包单位组织编制。危大工程实行分包的，专项施工方案可以由相关专业分包单位组织编制。

第十一条　专项施工方案应当由施工单位技术负责人审核签字、加盖单位公章，并由总监理工程师审查签字、加盖执业印章后方可实施。

危大工程实行分包并由分包单位编制专项施工方案的，专项施工方案应当由总承包单位技术负责人及分包单位技术负责人共同审核签字并加盖单位公章。

第十二条　对于超过一定规模的危大工程，施工单位应当组织召开专家论证会对专项施工方案进行论证。实行施工总承包的，由施工总承包单位组织召开专家论证会。专家论证前专项施工方案应当通过施工单位审核和总监理工程师审查。

专家应当从地方人民政府住房城乡建设主管部门建立的专家库中选取，符合专业要求且人数不得少于 5 名。与本工程有利害关系的人员不得以专家身份参加专家论证会。

第十三条　专家论证会后，应当形成论证报告，对专项施工方案提出通过、修改后通过或者不通过的一致意见。专家对论证报告负责并签字确认。

专项施工方案经论证需修改后通过的，施工单位应当根据论证报告修改完善后，重新履行本规定第十一条的程序。

专项施工方案经论证不通过的，施工单位修改后应当按照本规定的要求重新组织专家论证。

第四章　现场安全管理

第十四条　施工单位应当在施工现场显著位置公告危大工程名称、施工时间和具体责任人员，并在危险区域设置安全警示标志。

第十五条　专项施工方案实施前，编制人员或者项目技术负责人应当向施工现场管理人员进行方案交底。

施工现场管理人员应当向作业人员进行安全技术交底，并由双方和项目专职安全生产管理人员共同签字确认。

第十六条　施工单位应当严格按照专项施工方案组织施工，不得擅自修改专项施工方案。

因规划调整、设计变更等原因确需调整的，修改后的专项施工方案应当按照本规定重新审核和论证。涉及资金或者工期调整的，建设单位应当按照约定予以调整。

第十七条　施工单位应当对危大工程施工作业人员进行登记，项目负责人应当在施工现场履职。

项目专职安全生产管理人员应当对专项施工方案实施情况进行现场监督，对未按照专项施工方案施工的，应当要求立即整改，并及时报告项目负责人，项目负责人应当及时组织限期整改。

施工单位应当按照规定对危大工程进行施工监测和安全巡视，发现危及人身安全的紧急情况，应当立即组织作业人员撤离危险区域。

第十八条　监理单位应当结合危大工程专项施工方案编制监理实施细则，并对危大工程施工实施专项巡视检查。

第十九条　监理单位发现施工单位未按照专项施工方案施工的，应当要求其进行整改；情节严重的，应当要求其暂停施工，并及时报告建设单位。施工单位拒不整改或者不停止施工的，监理单位应当及时报告建设单位和工程所在地住房城乡建设主管部门。

第二十条　对于按照规定需要进行第三方监测的危大工程，建设单位应当委托具有相应勘察资质的单位进行监测。

监测单位应当编制监测方案。监测方案由监测单位技术负责人审核签字并加盖单位公章，报送监理单位后方可实施。

监测单位应当按照监测方案开展监测，及时向建设单位报送监测成果，并对监测成果负责；发现异常时，及时向建设、设计、施工、监理单位报告，建设单位应当立即组织相关单位采取处置措施。

第二十一条　对于按照规定需要验收的危大工程，施工单位、监理单位应当组织相关人员进行验收。验收合格的，经施工单位项目技术负责人及总监理工程师签字确认后，方可进入下一道工序。

危大工程验收合格后，施工单位应当在施工现场明显位置设置验收标识牌，公示验收时间及责任人员。

第二十二条　危大工程发生险情或者事故时，施工单位应当立即采取应急处置措施，并报告工程所在地住房城乡建设主管部门。建设、勘察、设计、监理等单位应当配合施工单位开展应急抢险工作。

第二十三条　危大工程应急抢险结束后，建设单位应当组织勘察、设计、施工、监理等单位制定工程恢复方案，并对应急抢险工作进行后评估。

第二十四条　施工、监理单位应当建立危大工程安全管理档案。

施工单位应当将专项施工方案及审核、专家论证、交底、现场检查、验收及整改等相关资料纳入档案管理。

监理单位应当将监理实施细则、专项施工方案审查、专项巡视检查、验收及整改等相关资料纳入档案管理。

第五章　监督管理

第二十五条　设区的市级以上地方人民政府住房城乡建设主管部门应当建立专家库，制定专家库管理制度，建立专家诚信档案，并向社会公布，接受社会监督。

第二十六条　县级以上地方人民政府住房城乡建设主管部门或者所属施工安全监督机构，应当根据监督工作计划对危大工程进行抽查。

县级以上地方人民政府住房城乡建设主管部门或者所属施工安全监督机构，可以通过政府购买技术服务方式，聘请具有专业技术能力的单位和人员对危大工程进行检查，所需费用向本级财政申请予以保障。

第二十七条　县级以上地方人民政府住房城乡建设主管部门或者所属施工安全监督机构，在监督抽查中发现危大工程存在安全隐患的，应当责令施工单位整改；重大安全事故隐患排除前或者排除过程中无法保证安全的，责令从危险区域内撤出作业人员或者暂时停止施工；对依法应当给予行政处罚的行为，应当依法作出行政处罚决定。

第二十八条　县级以上地方人民政府住房城乡建设主管部门应当将单位和个人的处罚

信息纳入建筑施工安全生产不良信用记录。

第六章　法律责任

第二十九条　建设单位有下列行为之一的，责令限期改正，并处1万元以上3万元以下的罚款；对直接负责的主管人员和其他直接责任人员处1000元以上5000元以下的罚款：

（一）未按照本规定提供工程周边环境等资料的；

（二）未按照本规定在招标文件中列出危大工程清单的；

（三）未按照施工合同约定及时支付危大工程施工技术措施费或者相应的安全防护文明施工措施费的；

（四）未按照本规定委托具有相应勘察资质的单位进行第三方监测的；

（五）未对第三方监测单位报告的异常情况组织采取处置措施的。

第三十条　勘察单位未在勘察文件中说明地质条件可能造成的工程风险的，责令限期改正，依照《建设工程安全生产管理条例》对单位进行处罚；对直接负责的主管人员和其他直接责任人员处1000元以上5000元以下的罚款。

第三十一条　设计单位未在设计文件中注明涉及危大工程的重点部位和环节，未提出保障工程周边环境安全和工程施工安全的意见的，责令限期改正，并处1万元以上3万元以下的罚款；对直接负责的主管人员和其他直接责任人员处1000元以上5000元以下的罚款。

第三十二条　施工单位未按照本规定编制并审核危大工程专项施工方案的，依照《建设工程安全生产管理条例》对单位进行处罚，并暂扣安全生产许可证30日；对直接负责的主管人员和其他直接责任人员处1000元以上5000元以下的罚款。

第三十三条　施工单位有下列行为之一的，依照《中华人民共和国安全生产法》《建设工程安全生产管理条例》对单位和相关责任人员进行处罚：

（一）未向施工现场管理人员和作业人员进行方案交底和安全技术交底的；

（二）未在施工现场显著位置公告危大工程，并在危险区域设置安全警示标志的；

（三）项目专职安全生产管理人员未对专项施工方案实施情况进行现场监督的。

第三十四条　施工单位有下列行为之一的，责令限期改正，处1万元以上3万元以下的罚款，并暂扣安全生产许可证30日；对直接负责的主管人员和其他直接责任人员处1000元以上5000元以下的罚款：

（一）未对超过一定规模的危大工程专项施工方案进行专家论证的；

（二）未根据专家论证报告对超过一定规模的危大工程专项施工方案进行修改，或者未按照本规定重新组织专家论证的；

（三）未严格按照专项施工方案组织施工，或者擅自修改专项施工方案的。

第三十五条　施工单位有下列行为之一的，责令限期改正，并处1万元以上3万元以下的罚款；对直接负责的主管人员和其他直接责任人员处1000元以上5000元以下的罚款：

（一）项目负责人未按照本规定现场履职或者组织限期整改的；

（二）施工单位未按照本规定进行施工监测和安全巡视的；

（三）未按照本规定组织危大工程验收的；

（四）发生险情或者事故时，未采取应急处置措施的；

（五）未按照本规定建立危大工程安全管理档案的。

第三十六条　监理单位有下列行为之一的，依照《中华人民共和国安全生产法》《建设工程安全生产管理条例》对单位进行处罚；对直接负责的主管人员和其他直接责任人员处 1000 元以上 5000 元以下的罚款：

（一）总监理工程师未按照本规定审查危大工程专项施工方案的；

（二）发现施工单位未按照专项施工方案实施，未要求其整改或者停工的；

（三）施工单位拒不整改或者不停止施工时，未向建设单位和工程所在地住房城乡建设主管部门报告的。

第三十七条　监理单位有下列行为之一的，责令限期改正，并处 1 万元以上 3 万元以下的罚款；对直接负责的主管人员和其他直接责任人员处 1000 元以上 5000 元以下的罚款：

（一）未按照本规定编制监理实施细则的；

（二）未对危大工程施工实施专项巡视检查的；

（三）未按照本规定参与组织危大工程验收的；

（四）未按照本规定建立危大工程安全管理档案的。

第三十八条　监测单位有下列行为之一的，责令限期改正，并处 1 万元以上 3 万元以下的罚款；对直接负责的主管人员和其他直接责任人员处 1000 元以上 5000 元以下的罚款：

（一）未取得相应勘察资质从事第三方监测的；

（二）未按照本规定编制监测方案的；

（三）未按照监测方案开展监测的；

（四）发现异常未及时报告的。

第三十九条　县级以上地方人民政府住房城乡建设主管部门或者所属施工安全监督机构的工作人员，未依法履行危大工程安全监督管理职责的，依照有关规定给予处分。

第七章　附则

第四十条　本规定自 2018 年 6 月 1 日起施行。

附录 2　住房城乡建设部办公厅关于实施《危险性较大的分部分项工程安全管理规定》有关问题的通知

各省、自治区住房城乡建设厅，北京市住房城乡建设委、天津市城乡建设委、上海市住房城乡建设管委、重庆市城乡建设委，新疆生产建设兵团住房城乡建设局：

为贯彻实施《危险性较大的分部分项工程安全管理规定》（住房城乡建设部令第 37 号），进一步加强和规范房屋建筑和市政基础设施工程中危险性较大的分部分项工程（以下简称危大工程）安全管理，现将有关问题通知如下：

一、关于危大工程范围

危大工程范围详见附件 1。

超过一定规模的危大工程范围详见附件 2。

二、关于专项施工方案内容

危大工程专项施工方案的主要内容应当包括：

（一）工程概况：危大工程概况和特点、施工平面布置、施工要求和技术保证条件；

（二）编制依据：相关法律、法规、规范性文件、标准、规范及施工图设计文件、施工组织设计等；

（三）施工计划：包括施工进度计划、材料与设备计划；

（四）施工工艺技术：技术参数、工艺流程、施工方法、操作要求、检查要求等；

（五）施工安全保证措施：组织保障措施、技术措施、监测监控措施等；

（六）施工管理及作业人员配备和分工：施工管理人员、专职安全生产管理人员、特种作业人员、其他作业人员等；

（七）验收要求：验收标准、验收程序、验收内容、验收人员等；

（八）应急处置措施；

（九）计算书及相关施工图纸。

三、关于专家论证会参会人员

超过一定规模的危大工程专项施工方案专家论证会的参会人员应当包括：

（一）专家；

（二）建设单位项目负责人；

（三）有关勘察、设计单位项目技术负责人及相关人员；

（四）总承包单位和分包单位技术负责人或授权委派的专业技术人员、项目负责人、项目技术负责人、专项施工方案编制人员、项目专职安全生产管理人员及相关人员；

（五）监理单位项目总监理工程师及专业监理工程师。

四、关于专家论证内容

对于超过一定规模的危大工程专项施工方案，专家论证的主要内容应当包括：

（一）专项施工方案内容是否完整、可行；

（二）专项施工方案计算书和验算依据、施工图是否符合有关标准规范；

（三）专项施工方案是否满足现场实际情况，并能够确保施工安全。

五、关于专项施工方案修改

超过一定规模的危大工程专项施工方案经专家论证后结论为“通过”的，施工单位可参考专家意见自行修改完善；结论为“修改后通过”的，专家意见要明确具体修改内容，施工单位应当按照专家意见进行修改，并履行有关审核和审查手续后方可实施，修改情况应及时告知专家。

六、关于监测方案内容

进行第三方监测的危大工程监测方案的主要内容应当包括工程概况、监测依据、监测内容、监测方法、人员及设备、测点布置与保护、监测频次、预警标准及监测成果报送等。

七、关于验收人员

危大工程验收人员应当包括：

（一）总承包单位和分包单位技术负责人或授权委派的专业技术人员、项目负责人、项目技术负责人、专项施工方案编制人员、项目专职安全生产管理人员及相关人员；

（二）监理单位项目总监理工程师及专业监理工程师；

（三）有关勘察、设计和监测单位项目技术负责人。

八、关于专家条件

设区的市级以上地方人民政府住房城乡建设主管部门建立的专家库专家应当具备以下基本条件：

（一）诚实守信、作风正派、学术严谨；

（二）从事相关专业工作15年以上或具有丰富的专业经验；

（三）具有高级专业技术职称。

九、关于专家库管理

设区的市级以上地方人民政府住房城乡建设主管部门应当加强对专家库专家的管理，定期向社会公布专家业绩，对于专家不认真履行论证职责、工作失职等行为，记入不良信用记录，情节严重的，取消专家资格。

关于印发《〈危险性较大的分部分项工程安全管理办法〉的通知》（建质〔2009〕87号）自2018年6月1日起废止。

附件：1. 危险性较大的分部分项工程范围

2. 超过一定规模的危险性较大的分部分项工程范围

中华人民共和国住房和城乡建设部办公厅

2018年5月17日

附件1

危险性较大的分部分项工程范围

一、基坑工程

（一）开挖深度超过3m（含3m）的基坑（槽）的土方开挖、支护、降水工程。

（二）开挖深度虽未超过 3m，但地质条件、周围环境和地下管线复杂，或影响毗邻建、构筑物安全的基坑（槽）的土方开挖、支护、降水工程。

二、模板工程及支撑体系

（一）各类工具式模板工程：包括滑模、爬模、飞模、隧道模等工程。

（二）混凝土模板支撑工程：搭设高度 5m 及以上，或搭设跨度 10m 及以上，或施工总荷载（荷载效应基本组合的设计值，以下简称设计值）$10kN/m^2$ 及以上，或集中线荷载（设计值）15kN/m 及以上，或高度大于支撑水平投影宽度且相对独立无联系构件的混凝土模板支撑工程。

（三）承重支撑体系：用于钢结构安装等满堂支撑体系。

三、起重吊装及起重机械安装拆卸工程

（一）采用非常规起重设备、方法，且单件起吊重量在 10kN 及以上的起重吊装工程。

（二）采用起重机械进行安装的工程。

（三）起重机械安装和拆卸工程。

四、脚手架工程

（一）搭设高度 24m 及以上的落地式钢管脚手架工程（包括采光井、电梯井脚手架）。

（二）附着式升降脚手架工程。

（三）悬挑式脚手架工程。

（四）高处作业吊篮。

（五）卸料平台、操作平台工程。

（六）异型脚手架工程。

五、拆除工程

可能影响行人、交通、电力设施、通信设施或其他建、构筑物安全的拆除工程。

六、暗挖工程

采用矿山法、盾构法、顶管法施工的隧道、洞室工程。

七、其他

（一）建筑幕墙安装工程。

（二）钢结构、网架和索膜结构安装工程。

（三）人工挖孔桩工程。

（四）水下作业工程。

（五）装配式建筑混凝土预制构件安装工程。

（六）采用新技术、新工艺、新材料、新设备可能影响工程施工安全，尚无国家、行业及地方技术标准的分部分项工程。

附件 2

超过一定规模的危险性较大的分部分项工程范围

一、深基坑工程

开挖深度超过 5m（含 5m）的基坑（槽）的土方开挖、支护、降水工程。

二、模板工程及支撑体系

（一）各类工具式模板工程：包括滑模、爬模、飞模、隧道模等工程。

（二）混凝土模板支撑工程：搭设高度8m及以上，或搭设跨度18m及以上，或施工总荷载（设计值）15kN/m^{2}及以上，或集中线荷载（设计值）20kN/m及以上。

（三）承重支撑体系：用于钢结构安装等满堂支撑体系，承受单点集中荷载7kN及以上。

三、起重吊装及起重机械安装拆卸工程

（一）采用非常规起重设备、方法，且单件起吊重量在100kN及以上的起重吊装工程。

（二）起重量300kN及以上，或搭设总高度200m及以上，或搭设基础标高在200m及以上的起重机械安装和拆卸工程。

四、脚手架工程

（一）搭设高度50m及以上的落地式钢管脚手架工程。

（二）提升高度在150m及以上的附着式升降脚手架工程或附着式升降操作平台工程。

（三）分段架体搭设高度20m及以上的悬挑式脚手架工程。

五、拆除工程

（一）码头、桥梁、高架、烟囱、水塔或拆除中容易引起有毒有害气（液）体或粉尘扩散、易燃易爆事故发生的特殊建、构筑物的拆除工程。

（二）文物保护建筑、优秀历史建筑或历史文化风貌区影响范围内的拆除工程。

六、暗挖工程

采用矿山法、盾构法、顶管法施工的隧道、洞室工程。

七、其他

（一）施工高度50m及以上的建筑幕墙安装工程。

（二）跨度36m及以上的钢结构安装工程，或跨度60m及以上的网架和索膜结构安装工程。

（三）开挖深度16m及以上的人工挖孔桩工程。

（四）水下作业工程。

（五）重量1000kN及以上的大型结构整体顶升、平移、转体等施工工艺。

（六）采用新技术、新工艺、新材料、新设备可能影响工程施工安全，尚无国家、行业及地方技术标准的分部分项工程。

附录3　第9章部分表格

板的温度值（板厚 H=80mm）　　**附表9.1（a）**

s(mm) / t(min)	5	15	25	35	45	55	65	75
30	574	436	325	239	175	129	100	84
40	634	506	398	311	242	191	155	134
50	677	558	455	369	300	246	207	181
60	712	600	502	418	350	295	254	225
70	740	634	541	460	393	338	295	264
80	764	664	574	496	430	376	332	298
90	784	689	603	528	463	409	364	330

注：s 为迎火距离；t 为标准升温时间。

板的温度值（板厚 H=100mm）　　**附表9.1（b）**

s(mm) / t(min)	5	15	25	35	45	55	65	75	85	95
30	573	436	324	237	171	122	88			
40	633	504	395	305	233	177	135	105		
50	676	555	449	360	287	227	181	146	122	107
60	710	595	494	407	333	272	224	186	159	141
70	737	628	531	446	373	312	263	224	194	174
80	761	657	563	481	409	349	298	258	227	205
90	781	682	592	511	441	381	331	290	258	234

注：s 为迎火距离；t 为标准升温时间。

板的温度值（板厚 H=120mm）　　**附表9.1（c）**

s(mm) / t(min)	5	15	25	35	45	55	65	75	85	95	105	115
30	573	436	324	237	170	121	86					
40	633	504	395	304	232	175	131					
50	676	554	448	359	284	222	173	135	106			
60	709	594	492	403	328	265	213	171	139	114	97	
70	737	627	528	441	366	302	249	205	170	144	124	112
80	760	654	559	474	400	336	282	237	201	172	151	137
90	780	679	586	504	431	367	313	267	229	200	177	161

注：s 为迎火距离；t 为标准升温时间。

板的温度值（板厚 H=150mm） **附表 9.1（d）**

s(mm) / t(min)	5	15	25	35	45	55	65	75	85	95	105	115	125
30	573	436	324	237	170	121	86						
40	633	504	395	304	232	174	130						
50	676	554	448	358	283	221	172	132	102				
60	709	594	491	403	327	263	210	166	131	104	83		
70	737	626	527	440	364	299	244	198	160	129	105	86	
80	760	654	558	472	397	331	275	227	187	154	128	107	91
90	779	677	584	501	426	361	304	255	213	179	150	128	110

注：s 为迎火距离；t 为标准升温时间。

板的温度值（板厚 H=200mm） **附表 9.1（e）**

s(mm) / t(min)	5	15	25	35	45	55	65	75	85	95	105	115
30	573	436	324	237	170	121	86					
40	633	504	395	304	232	174	130	97				
50	676	554	448	358	283	221	172	132	102	78		
60	709	594	491	403	327	263	209	166	131	103	81	
70	737	626	527	440	364	299	243	197	159	127	102	82
80	760	654	558	472	396	331	274	226	185	151	123	100
90	779	677	584	500	425	359	302	252	210	173	143	118

注：s 为迎火距离；t 为标准升温时间。

圆柱形截面温度（半径 R=150mm） **附表 9.2（a）**

t(min) / s(mm)	30	40	50	60	70	80	90	100	110	120
5	590	650	694	727	755	779	799	817	833	847
15	464	536	589	631	665	695	720	743	763	781
25	357	435	494	542	582	616	645	672	695	717
35	270	348	410	462	505	543	576	606	632	657
45	202	276	338	391	436	476	512	544	574	601
55	149	216	276	329	375	417	455	489	520	549
65	109	168	224	275	322	364	403	439	472	503
75		131	182	230	276	319	358	395	429	461
85		101	147	193	237	280	319	357	392	425
95			120	162	205	247	287	324	360	394
105				138	179	220	259	297	334	368
115				119	159	199	238	276	312	347
125				105	143	183	222	260	296	331
135					133	172	211	249	285	320
145					127	165	204	242	278	314

注：s 为迎火距离；t 为标准升温时间。

圆柱形截面温度（半径 R=170mm） **附表 9.2（b）**

t(min) / s(mm)	30	40	50	60	70	80	90	100	110	120
5	588	648	691	725	753	776	796	814	830	844
15	460	531	584	626	660	689	714	736	756	774
25	353	429	488	534	574	607	636	662	685	706
35	266	342	402	453	495	531	564	592	618	642
45	197	269	329	380	424	463	497	528	556	582
55	144	209	267	317	362	401	437	470	499	527
65	105	161	214	263	307	347	383	417	448	476
75		124	172	217	259	299	335	369	401	431
85			137	179	219	257	294	328	360	390
95			109	147	185	222	257	291	324	355
105				121	157	192	227	260	293	324
115				101	133	167	201	234	266	297
125					115	147	180	212	244	275
135					101	131	163	195	227	258
145						120	151	182	214	245
155						112	142	174	205	236
165						107	137	168	199	230

注：s 为迎火距离；t 为标准升温时间。

圆柱形截面温度（半径 R=200mm） **附表 9.2（c）**

t(min) / s(mm)	30	40	50	60	70	80	90	100	110	120
5	585	645	689	722	750	773	793	811	827	841
15	456	527	579	620	654	683	707	729	749	766
25	348	423	481	527	565	598	626	652	674	695
35	260	335	394	443	485	520	551	579	604	627
45	192	262	320	370	412	450	483	512	539	564
55	140	202	257	306	348	386	420	451	479	505
65	101	155	205	251	293	330	365	396	425	452
75		118	163	205	245	281	315	346	376	403
85			128	167	204	239	271	302	332	359
95			101	135	169	202	233	264	292	320
105				109	140	170	201	230	258	285
115					116	144	172	200	228	254
125						122	149	175	202	228
135						104	129	154	180	205
145							112	137	161	186
155								122	146	170
165								111	134	158
175								103	125	149
185									119	142
195									116	138

注：s 为迎火距离；t 为标准升温时间。

圆柱形截面温度（半径 R＝220mm） 附表 9.2（d）

t(min) / s(mm)	30	40	50	60	70	80	90	100	110	120
5	584	644	687	721	749	772	792	809	825	839
15	454	524	576	617	651	680	704	726	745	763
25	345	420	477	523	561	594	622	647	669	689
35	258	332	390	439	480	515	546	573	598	620
45	190	258	316	365	407	443	476	505	532	556
55	138	199	253	301	342	380	413	443	471	496
65		152	201	246	286	323	357	387	415	441
75		115	159	200	238	274	306	337	365	391
85			125	162	197	231	262	292	320	346
95				130	163	194	224	253	280	306
105				105	134	163	191	218	245	270
115					110	136	162	188	214	238
125						114	138	162	187	210
135							118	140	163	186
145							101	122	143	165
155								106	127	148
165									113	133
175									102	121
185										112
195										105

注：s 为迎火距离；t 为标准升温时间。

圆柱形截面温度（半径 R＝250mm） 附表 9.2（e）

t(min) / s(mm)	30	40	50	60	70	80	90	100	110	120
5	583	643	686	720	747	770	790	808	824	838
15	451	522	574	614	648	676	701	722	741	759
25	342	417	473	519	557	589	617	641	663	683
35	255	328	386	434	474	509	539	566	590	612
45	187	255	311	359	400	436	468	497	523	546
55	135	195	248	295	336	372	405	434	461	486
65		148	197	240	280	315	348	377	405	430
75		112	154	194	231	266	297	327	354	379
85			121	156	190	223	253	281	308	333
95				125	156	186	215	242	268	292
105					128	155	181	207	232	256
115					104	128	153	117	200	223
125						107	129	151	173	195
135							108	129	149	170
145								110	129	148
155									111	129
165										113

注：s 为迎火距离；t 为标准升温时间。

圆柱形截面温度（半径 R=270mm）　　附表 9.2（f）

s(mm) \ t(min)	30	40	50	60	70	80	90	100	110	120
5	582	642	685	719	746	769	789	807	823	837
15	450	520	572	613	646	674	699	720	739	757
25	341	415	471	516	554	586	614	638	660	680
35	253	326	384	431	471	506	536	563	587	609
45	185	253	309	356	397	433	465	493	518	542
55	134	193	246	292	332	368	400	430	456	480
65		147	194	237	276	311	343	372	399	424
75		111	152	191	228	262	293	322	348	373
85			119	154	187	219	248	276	302	327
95				123	153	182	210	237	262	286
105					125	151	177	202	226	249
115					101	125	149	172	194	216
125						103	125	146	167	188
135							105	124	143	163
145								105	123	141
155									106	122
165										106

注：s 为迎火距离；t 为标准升温时间。

圆柱形截面温度（半径 R=300mm）　　附表 9.2（g）

s(mm) \ t(min)	30	40	50	60	70	80	90	100	110	120
5	581	641	684	718	745	768	788	806	822	836
15	449	518	570	611	644	672	696	718	737	754
25	339	413	469	514	551	583	611	635	657	676
35	252	323	381	428	467	502	532	558	582	604
45	184	250	306	353	393	429	460	488	513	536
55	133	191	243	288	328	364	395	424	450	474
65		145	191	234	272	307	338	367	393	417
75		109	150	188	224	257	287	316	342	366
85			116	151	183	214	243	270	296	320
95				120	149	178	205	231	255	278
105					121	147	172	196	219	242
115						121	144	166	188	209
125							120	141	161	180
135								119	137	155
145									117	134
155										115

注：s 为迎火距离；t 为标准升温时间。

圆柱形截面温度（半径 $R=320$mm） 附表 9.2（*h*）

t(min) / s(mm)	30	40	50	60	70	80	90	100	110	120
5	581	640	684	717	745	768	788	805	821	835
15	448	517	569	609	643	671	695	716	735	753
25	338	411	467	512	549	581	609	633	655	674
35	251	322	379	426	466	500	529	556	580	601
45	183	249	304	351	391	426	457	485	510	533
55	132	190	241	286	326	361	393	421	447	471
65		144	190	232	270	304	335	364	390	414
75		108	148	186	222	255	285	313	338	362
85			115	149	181	212	240	267	292	316
95				119	148	175	202	228	252	275
105					120	145	169	193	216	238
115						119	141	163	185	205
125							118	138	158	177
135								116	134	152
145									114	130
155										112

注：s 为迎火距离；t 为标准升温时间。

圆柱形截面温度（半径 $R=350$mm） 附表 9.2（*i*）

t(min) / s(mm)	30	40	50	60	70	80	90	100	110	120
5	580	640	683	716	744	767	787	804	820	834
15	447	516	568	608	641	669	693	715	734	751
25	337	410	466	510	547	579	606	631	652	672
35	249	320	377	424	463	497	527	553	577	598
45	182	247	302	349	388	423	454	482	507	530
55	131	188	239	284	323	358	389	418	443	467
65		142	188	230	267	301	332	360	386	410
75		107	147	184	219	251	281	309	334	358
85			114	147	179	209	237	263	288	311
95				117	145	173	199	224	248	270
105					118	142	166	190	212	233
115						117	139	160	181	201
125							115	135	154	173
135								113	131	148
145									111	127
155										108

注：s 为迎火距离；t 为标准升温时间。

矩形截面温度值（℃）（b=240mm，t=60mm）　附表 9.3（a_1）

659	457	305	199	131	93
659	458	307	201	133	96
660	460	310	206	139	102
662	464	318	216	150	114
666	473	332	234	171	137
672	490	356	265	208	176
684	518	398	317	267	240
703	563	464	399	359	337
732	632	564	519	492	477
775	732	703	684	673	667

矩形截面温度值(℃)（b=240mm,t=70mm）　附表 9.3(a_2)

688	493	343	234	162	122
688	494	345	238	166	126
690	497	350	244	174	134
692	503	359	256	188	150
696	513	375	277	212	176
703	531	402	311	252	219
715	560	445	365	314	285
733	604	510	446	405	383
760	669	604	561	533	519
798	760	733	715	704	698

矩形截面温度值(℃)（b=240mm,t=80mm）　附表 9.3(a_3)

713	524	377	268	194	152
713	526	380	272	199	157
715	530	386	280	209	168
717	537	396	294	225	186
722	548	414	317	252	215
729	567	442	353	294	260
741	596	486	408	356	328
758	639	549	487	446	424
783	700	639	597	570	555
818	784	759	742	731	725

矩形截面温度值(℃)（b=240mm,t=90mm）　附表 9.3(a_4)

734	552	408	300	226	182
735	555	412	305	232	189
737	559	419	314	243	201
740	567	437	329	261	221
745	579	449	354	289	252
752	598	478	391	332	299
764	627	522	446	395	366
780	668	584	523	483	461
804	726	669	628	602	587
836	804	781	764	754	748

矩形截面温度值(℃)（b=280mm,t=60mm）　附表 9.3(b_1)

659	456	304	197	126	82	58
659	457	306	199	128	85	62
660	460	310	204	134	91	69
662	464	317	214	146	104	82
666	473	331	232	167	128	107
672	490	356	264	204	168	149
684	518	398	316	264	233	217
703	563	464	398	356	332	320
732	632	563	518	490	474	466
775	732	703	684	673	666	663

矩形截面温度值(℃)（b=280mm,t=70mm）　附表 9.3(b_2)

688	492	341	231	154	105	78
688	494	344	234	158	110	83
689	497	348	241	166	119	93
692	502	358	253	181	135	110
696	513	374	274	206	163	139
703	531	401	308	246	207	186
715	560	444	363	309	276	258
733	604	510	444	402	376	362
760	669	604	560	531	514	505
798	760	733	715	703	697	693

矩形截面温度值(℃)（b=280mm,t=80mm）　附表 9.3(b_3)

712	523	374	262	183	131	101
713	525	377	267	188	137	108
715	529	383	275	198	148	120
717	536	394	289	215	167	140
722	547	412	312	243	198	172
729	566	441	349	286	245	223
741	595	484	404	350	315	296
758	638	548	485	442	415	400
783	699	638	595	567	549	540
818	783	758	714	730	723	719

矩形截面温度值(℃)（b=280mm,t=90mm）　附表 9.3(b_4)

734	551	404	292	211	156	125
735	553	408	297	217	164	133
736	558	415	307	229	177	147
739	565	427	323	248	198	170
744	578	446	348	278	231	205
752	597	476	386	322	281	257
763	626	520	442	387	352	332
780	668	582	520	477	450	435
804	726	668	626	598	580	570
836	804	780	764	752	745	741

矩形截面温度值(℃)
(b=320mm, t=60mm)　　附表 9.3(c_1)

659	456	304	197	125	79		
659	457	306	199	127	82		
660	460	309	204	133	89		
662	464	317	213	145	102		
666	473	331	231	166	126	103	91
672	490	356	263	203	166	145	135
684	518	398	316	263	232	214	205
703	563	464	398	356	331	317	311
732	632	563	518	490	474	465	460
775	732	703	684	672	666	662	661

矩形截面温度值(℃)
(b=320mm, t=70mm)　　附表 9.3(c_2)

688	492	341	230	153	101	70	53
688	494	343	233	157	106	75	58
689	497	348	240	165	115	85	69
692	502	357	252	179	132	103	87
696	513	374	273	204	160	133	118
703	531	401	308	245	205	180	168
715	559	444	363	308	274	253	243
733	604	509	444	401	374	358	350
760	669	604	560	531	513	503	498
798	760	733	715	703	696	692	690

矩形截面温度值(℃)
(b=320mm, t=80mm)　　附表 9.3(c_3)

712	523	374	261	180	124	89	69
713	525	377	265	185	130	96	77
714	529	383	274	195	142	108	90
717	536	394	288	212	161	129	112
722	547	412	311	240	193	163	147
729	566	440	348	284	241	214	200
741	595	484	404	348	312	290	278
758	638	548	484	440	412	395	386
783	699	638	595	566	548	537	531
818	783	758	741	729	722	718	715

矩形截面温度值(℃)
(b=320mm, t=90mm)　　附表 9.3(c_4)

734	550	403	290	206	148	109	88
735	553	407	295	213	155	118	97
736	557	414	305	225	169	132	112
739	565	426	321	244	191	156	137
744	577	446	346	274	225	193	175
752	597	475	384	319	275	247	231
763	626	519	441	385	347	323	311
780	667	582	519	476	447	428	418
804	726	667	626	597	578	566	560
836	804	780	763	752	744	740	737

矩形截面温度值(℃)
(b=360mm, t=60mm)　　附表 9.3(d_1)

659	456	304	197	125	79			
659	457	306	199	127	82			
660	460	309	204	133	89			
662	464	317	213	145	102	77		
666	473	331	231	166	125	102		
672	490	356	263	203	166	145	133	128
684	518	398	316	263	232	213	204	200
703	563	464	398	356	331	317	310	306
732	632	563	518	490	473	464	460	458
775	732	703	684	672	666	662	660	659

矩形截面温度值(℃)
(b=360mm, t=70mm)　　附表 9.3(d_2)

688	492	341	230	152	100	68		
688	494	343	233	156	105	73		
689	497	348	240	164	114	83		
692	502	357	252	179	131	101		
696	513	373	273	204	159	131	115	107
703	531	401	308	245	204	179	165	158
715	559	444	362	308	273	252	240	234
733	604	509	444	401	374	357	349	344
760	669	604	560	531	513	503	497	494
798	760	733	715	703	696	692	690	689

矩形截面温度值(℃)
(b=360mm, t=80mm)

附表 9.3(d_3)

712	523	374	261	179	123	85		
713	525	377	265	185	129	92		
714	529	383	273	195	140	105		
717	536	393	287	212	160	126	106	95
722	547	411	311	240	191	160	142	132
729	566	440	348	283	240	212	196	187
741	595	484	404	348	311	288	274	267
758	638	548	484	440	412	394	383	378
783	699	638	595	566	547	536	529	526
818	783	758	741	729	722	717	715	713

矩形截面温度值(℃)
(b=360mm, t=90mm)

附表 9.3(d_4)

734	550	403	289	205	145	104	79	64
735	553	407	295	212	153	113	88	74
736	557	414	304	224	167	128	104	91
739	565	426	320	243	189	152	129	117
744	577	445	346	273	223	189	168	157
752	597	475	384	319	274	244	225	216
763	626	519	440	384	346	321	306	298
780	667	582	519	475	446	427	415	409
804	725	667	626	597	578	565	558	554
836	804	780	763	752	744	739	737	735

矩形截面温度值(℃)
(b=400mm, t=60mm)

附表 9.3(e_1)

659	456	304	197	125	79				
659	457	306	199	127	82				
660	460	309	204	133	89				
662	464	317	213	145	102	76			
666	473	331	231	166	125	102			
672	490	356	263	203	166	145	133	127	125
684	518	398	316	263	231	213	204	199	197
703	563	464	398	356	331	317	310	306	304
732	632	563	518	490	473	464	460	457	457
775	732	703	684	672	666	662	660	659	659

矩形截面温度值(℃)
(b=400mm, t=70mm)

附表 9.3(e_2)

688	492	341	230	152	100	68			
688	494	343	233	156	105	73			
689	497	348	240	164	114	83			
692	502	357	252	179	131	101			
696	513	373	273	204	159	131	114	105	101
703	531	401	308	245	204	179	164	156	153
715	559	444	362	308	273	252	240	233	230
733	604	509	444	401	373	357	348	343	341
760	669	604	592	531	513	502	497	494	492
798	760	733	715	703	696	692	689	688	688

矩形截面温度值(℃)
(b=400mm, t=80mm)

附表 9.3(e_3)

712	523	373	261	179	122	85			
713	525	377	265	184	129	92			
714	529	383	273	194	140	104			
717	536	393	287	212	160	126	105		
722	547	411	311	240	191	160	140	129	124
729	566	440	348	283	240	212	195	185	180
741	595	484	404	348	311	288	273	265	261
758	638	548	484	440	411	394	383	377	374
783	699	638	595	566	547	536	529	525	523
818	783	758	741	729	722	717	715	713	712

矩形截面温度值(℃)
(b=400mm, t=90mm)

附表 9.3(e_4)

734	550	403	289	205	145	103	76		
735	553	407	295	212	152	112	85		
736	557	414	304	223	166	127	101		
739	565	426	320	243	188	151	127	113	105
744	577	445	346	273	222	188	166	153	146
752	597	475	384	319	273	243	224	212	206
763	626	519	440	384	346	320	305	295	291
780	667	582	519	475	445	426	414	407	404
804	725	667	626	597	577	565	557	553	551
836	804	780	763	752	744	739	736	735	734

矩形板的宽度折减系数 K、面积折减系数 K_A、c（截面宽度 b=150mm） 附表 9.4（*a*）

s \ t	30			40			50			60			70			80			90			n
	K	K_A	c	K	K_A	c	K	K_A	c	K	K_A	c	K	K_A	c	K	K_A	c	K	K_A	c	
10	0.665	0.665	10.0	0.563	0.562	10.0	0.489	0.489	10.0	0.432	0.432	10.0	0.385	0.385	10.0	0.346	0.346	10.0	0.314	0.314	10.0	1
30	0.789	1.463	20.9	0.706	1.269	21.1	0.624	1.113	21.2	0.553	0.985	21.2	0.497	0.882	21.3	0.450	0.797	21.3	0.410	0.724	21.3	2
50	0.854	2.318	31.6	0.781	2.050	32.1	0.709	1.823	32.4	0.642	1.627	32.6	0.581	1.463	32.7	0.528	1.324	32.7	0.483	1.207	32.8	3
70	0.886	3.204	42.2	0.815	2.865	42.9	0.756	2.579	43.4	0.696	2.323	43.8	0.638	2.101	44.0	0.585	1.909	44.2	0.536	1.743	44.2	4
90	0.899	4.103	52.7	0.834	3.699	53.5	0.779	3.358	54.2	0.726	3.049	54.8	0.673	2.774	55.2	0.622	2.531	55.4	0.574	2.317	55.6	5
110	0.905	5.008	63.1	0.847	4.545	64.0	0.790	4.147	64.9	0.742	3.791	65.6	0.692	3.466	66.1	0.644	3.175	66.5	0.599	2.916	66.8	6
130	0.907	5.915	73.3	0.851	5.397	74.4	0.795	4.942	75.3	0.750	4.541	76.2	0.703	4.170	76.9	0.657	3.832	77.4	0.613	3.529	77.7	7
150	0.907	6.822	83.5	0.852	6.249	84.8	0.797	5.739	85.7	0.754	5.295	86.7	0.709	4.879	87.5	0.665	4.497	88.1	0.621	4.150	88.6	8
170	0.907	7.729	93.7	0.852	7.102	95.0	0.797	6.536	96.0	0.756	6.051	97.1	0.711	5.590	98.0	0.668	5.165	98.7	0.626	4.776	99.2	9
190	0.907	8.636	103.8	0.852	7.954	105.2	0.797	7.334	106.2	0.756	6.806	107.4	0.711	6.301	108.4	0.668	5.883	109.2	0.626	5.401	109.7	10

注：1. 本表已计入 20mm 砂浆面层；

2. 表中 t 为受火时间（min）；s 为迎火距离（mm）；

3. 表中形心距 c 以“mm”记。

矩形板的宽度折减系数 K、面积折减系数 K_A、形心距 c（截面宽度 b=180mm） 附表 9.4（*b*）

s \ t	30			40			50			60			70			80			90			n
	K	K_A	c	K	K_A	c	K	K_A	c	K	K_A	c	K	K_A	c	K	K_A	c	K	K_A	c	
10	0.678	0.678	10.0	0.576	0.576	10.0	0.501	0.501	10.0	0.444	0.444	10.0	0.396	0.396	10.0	0.356	0.356	10.0	0.323	0.323	10.0	1
30	0.813	1.491	20.9	0.724	1.300	21.1	0.644	1.145	21.2	0.572	1.015	21.3	0.514	0.909	21.3	0.466	0.822	21.3	0.425	0.747	21.4	2
50	0.868	2.359	31.6	0.800	2.100	32.1	0.731	1.877	32.5	0.665	1.681	32.6	0.604	1.513	32.7	0.549	1.371	32.8	0.502	1.249	32.9	3
70	0.905	3.264	42.3	0.834	2.933	42.9	0.799	2.655	43.5	0.720	2.401	43.8	0.664	2.176	44.1	0.610	1.980	44.3	0.559	1.809	44.3	4
90	0.916	4.180	52.7	0.854	3.787	53.5	0.801	3.456	54.2	0.751	3.152	54.8	0.699	2.875	55.3	0.648	2.628	55.5	0.600	2.409	55.7	5
110	0.921	5.101	63.1	0.870	4.658	64.1	0.812	4.268	64.8	0.766	3.919	65.6	0.720	3.595	66.2	0.672	3.300	66.6	0.626	3.035	66.9	6
130	0.923	6.023	73.3	0.876	5.534	74.5	0.817	5.084	75.3	0.774	4.693	76.3	0.731	4.326	77.0	0.685	3.985	77.5	0.641	3.676	77.9	7
150	0.923	6.946	83.5	0.877	6.411	84.8	0.819	5.903	85.7	0.779	5.472	86.8	0.737	5.063	87.6	0.693	4.678	88.3	0.649	4.325	88.7	8
170	0.923	7.869	93.6	0.877	7.288	95.1	0.820	6.723	96.0	0.780	6.253	97.1	0.739	5.801	98.1	0.696	5.374	98.8	0.654	4.979	99.4	9
190	0.923	8.791	103.8	0.877	8.165	105.3	0.820	7.542	106.2	0.780	7.033	107.4	0.739	6.540	108.5	0.696	6.070	109.3	0.654	5.633	109.9	10

注：1. 本表已计入 20mm 砂浆面层；

2. 表中 t 为受火时间（min）；s 为迎火距离（mm）；

3. 表中形心距 c 以“mm”记。

矩形板的宽度折减系数 K、面积折减系数 K_A、形心距 c（截面宽度 b=200mm） 附表 9.4（c）

s \ t	30			40			50			60			70			80			90			n
	K	K_A	c	K	K_A	c	K	K_A	c	K	K_A	c	K	K_A	c	K	K_A	c	K	K_A	c	
10	0.688	0.688	10.0	0.587	0.587	10.0	0.514	0.514	10.0	0.457	0.457	10.0	0.410	0.410	10.0	0.371	0.371	10.0	0.338	0.338	10.0	1
30	0.823	1.510	20.9	0.793	1.326	21.1	0.663	1.177	21.3	0.595	1.052	21.3	0.537	0.948	21.3	0.491	0.862	21.4	0.450	0.788	21.4	2
50	0.882	2.393	31.6	0.814	2.140	32.1	0.753	1.931	32.5	0.692	1.744	32.7	0.636	1.584	32.9	0.583	1.445	32.9	0.537	1.325	33.0	3
70	0.914	3.307	42.2	0.853	2.994	42.9	0.799	2.729	43.5	0.748	2.492	43.9	0.697	2.281	44.2	0.649	2.094	44.4	0.604	1.929	44.6	4
90	0.925	4.232	52.7	0.878	3.872	53.6	0.822	3.551	54.2	0.777	3.269	54.9	0.734	3.015	55.4	0.690	2.784	55.7	0.647	2.576	56	5
110	0.929	5.162	63.0	0.887	4.759	64.1	0.841	4.392	64.9	0.793	4.063	65.6	0.753	3.768	66.3	0.714	3.498	66.8	0.675	3.250	67.2	6
130	0.931	6.093	73.2	0.889	5.648	74.5	0.846	5.237	75.4	0.802	4.865	76.2	0.764	4.532	77.0	0.728	4.225	77.7	0.692	3.942	78.2	7
150	0.931	7.024	83.4	0.890	6.538	84.8	0.847	7.085	85.8	0.808	5.672	86.7	0.770	5.301	87.6	0.736	4.961	88.4	0.701	4.643	89.1	8
170	0.931	7.955	93.5	0.890	7.428	95.0	0.849	6.934	96.1	0.811	6.483	97.2	0.773	6.074	98.1	0.739	5.700	99.0	0.707	5.350	99.8	9
190	0.931	8.886	103.7	0.890	8.318	105.1	0.849	7.782	106.3	0.811	7.294	107.5	0.773	6.848	108.5	0.739	6.440	109.4	0.707	6.056	110.3	10

注：1. 本表已计入 20mm 砂浆面层；
2. 表中 t 为受火时间（min）；s 为迎火距离（mm）；
3. 表中形心距 c 以“mm”记。

矩形板的宽度折减系数 K、面积折减系数 K_A、形心距 c（截面宽度 b=220mm） 附表 9.4（d）

s \ t	30			40			50			60			70			80			90			n
	K	K_A	c	K	K_A	c	K	K_A	c	K	K_A	c	K	K_A	c	K	K_A	c	K	K_A	c	
10	0.694	0.694	10.0	0.593	0.593	10.0	0.521	0.521	10.0	0.464	0.464	10.0	0.416	0.416	10.0	0.377	0.377	10.0	0.343	0.343	10.0	1
30	0.829	1.523	20.9	0.748	1.342	21.2	0.674	1.194	21.3	0.605	1.069	21.3	0.547	0.963	21.4	0.500	0.877	21.4	0.459	0.802	21.4	2
50	0.890	2.413	31.6	0.823	2.165	32.1	0.764	1.958	32.5	0.704	1.773	32.7	0.649	1.612	32.9	0.596	1.473	33.0	0.549	1.351	33.1	3
70	0.922	3.336	42.2	0.864	3.029	42.9	0.809	2.768	43.5	0.761	2.534	43.9	0.711	2.323	44.2	0.663	2.136	44.5	0.618	1.969	44.6	4
90	0.932	4.268	52.7	0.889	3.918	53.6	0.833	3.600	54.2	0.790	3.323	54.9	0.748	3.071	55.4	0.705	2.840	55.8	0.662	2.631	56.1	5
110	0.936	5.204	63.0	0.898	4.815	64.1	0.855	4.455	64.9	0.806	4.129	65.6	0.767	3.838	66.3	0.729	3.568	66.8	0.690	3.321	67.3	6
130	0.937	6.141	73.2	0.899	5.715	74.5	0.860	5.315	75.5	0.814	4.943	76.2	0.778	4.616	77.0	0.743	4.312	77.7	0.708	4.092	78.3	7
150	0.937	7.078	83.4	0.900	6.614	84.8	0.861	6.177	85.8	0.821	5.764	86.7	0.783	5.399	87.6	0.751	5.063	88.4	0.717	4.746	89.1	8
170	0.937	8.015	93.5	0.900	7.514	95.0	0.862	7.039	96.2	0.825	6.589	97.2	0.786	6.185	98.1	0.754	5.817	99.0	0.723	5.469	99.8	9
190	0.937	8.953	103.6	0.900	8.414	105.1	0.862	7.901	106.4	0.825	7.413	107.5	0.786	6.972	108.5	0.754	6.571	109.5	0.723	6.191	110.3	10

注：1. 本表已计入 20mm 砂浆面层；
2. 表中 t 为受火时间（min）；s 为迎火距离（mm）；
3. 表中形心距 c 以“mm”记。

矩形板的宽度折减系数 K、面积折减系数 K_A、形心距 c（截面宽度 b=250mm） **附表 9.4（e）**

s \ t	30			40			50			60			70			80			90			n
	K	K_A	c	K	K_A	c	K	K_A	c	K	K_A	c	K	K_A	c	K	K_A	c	K	K_A	c	
10	0.703	0.703	10.0	0.603	0.603	10.0	0.531	0.531	10.0	0.475	0.475	10.0	0.429	0.429	10.0	0.390	0.390	10.0	0.356	0.356	10.0	1
30	0.838	1.541	20.9	0.761	1.365	21.2	0.690	1.220	21.3	0.624	1.100	21.4	0.567	0.996	21.4	0.520	0.909	21.4	0.480	0.836	21.5	2
50	0.904	2.445	31.6	0.836	2.201	32.1	0.781	2.002	32.5	0.726	1.825	32.7	0.674	1.669	32.9	0.625	1.534	33.1	0.579	1.415	33.2	3
70	0.932	3.376	42.2	0.884	3.084	43.0	0.826	2.828	43.5	0.782	2.607	43.9	0.738	2.407	44.3	0.694	2.228	44.6	0.651	2.067	44.8	4
90	0.940	4.316	52.6	0.902	3.987	53.6	0.861	3.689	54.3	0.811	3.417	54.8	0.773	3.180	55.4	0.736	2.964	55.8	0.699	2.765	56.2	5
110	0.944	5.260	62.9	0.910	4.897	64.1	0.874	4.562	65.0	0.836	4.253	65.7	0.793	3.973	66.3	0.759	3.723	66.9	0.726	3.491	67.4	6
130	0.945	6.205	73.1	0.911	5.808	74.4	0.877	5.439	75.5	0.847	5.100	76.4	0.808	4.781	77.1	0.773	4.496	77.7	0.743	4.234	78.4	7
150	0.945	7.150	83.3	0.912	6.720	84.7	0.879	6.319	85.8	0.853	5.953	86.9	0.818	5.599	87.7	0.781	5.277	88.4	0.752	4.986	89.2	8
170	0.945	8.095	93.4	0.912	7.632	94.9	0.880	7.199	96.1	0.855	6.808	97.4	0.822	6.421	98.3	0.785	6.062	99.0	0.758	5.744	99.8	9
190	0.945	9.040	103.5	0.912	8.544	105.0	0.880	8.079	106.4	0.855	7.664	107.7	0.822	7.243	108.7	0.785	6.847	109.4	0.758	6.502	110.3	10

注：1. 本表已计入 20mm 砂浆面层；
2. 表中 t 为受火时间（min）；s 为迎火距离（mm）；
3. 表中形心距 c 以“mm”记。

矩形板的宽度折减系数 K、面积折减系数 K_A、形心距 c（截面宽度 b=300mm） **附表 9.4（f）**

s \ t	30			40			50			60			70			80			90			n
	K	K_A	c	K	K_A	c	K	K_A	c	K	K_A	c	K	K_A	c	K	K_A	c	K	K_A	c	
10	0.713	0.713	10.0	0.615	0.615	10.0	0.543	0.543	10.0	0.488	0.488	10.0	0.442	0.442	10.0	0.403	0.403	10.0	0.370	0.370	10.0	1
30	0.848	1.561	20.9	0.777	1.392	21.2	0.708	1.251	21.3	0.646	1.133	21.4	0.590	1.031	21.4	0.542	0.945	21.5	0.503	0.872	21.5	2
50	0.922	2.483	31.7	0.851	2.242	32.1	0.800	2.051	32.5	0.750	1.884	32.8	0.701	1.732	33.0	0.654	1.599	33.1	0.611	1.484	33.3	3
70	0.943	3.426	42.2	0.903	3.145	43.0	0.845	2.897	43.5	0.805	2.688	43.9	0.765	2.497	44.3	0.726	2.326	44.7	0.687	2.170	44.9	4
90	0.950	4.376	52.6	0.919	4.065	53.6	0.884	3.781	54.3	0.839	3.527	54.9	0.801	3.297	55.4	0.767	3.093	55.9	0.734	2.904	56.3	5
110	0.953	5.329	62.9	0.925	4.990	64.1	0.895	4.676	65.0	0.864	4.391	65.7	0.827	4.124	66.4	0.791	3.883	66.9	0.762	3.666	67.4	6
130	0.954	6.283	73.1	0.926	5.916	74.4	0.898	5.573	75.5	0.874	5.265	76.4	0.844	4.968	77.2	0.810	4.693	77.8	0.778	4.444	78.4	7
150	0.954	7.273	83.2	0.927	6.842	84.6	0.899	6.473	85.8	0.879	6.143	86.9	0.850	5.819	87.8	0.823	5.516	88.6	0.790	5.234	89.2	8
170	0.954	8.191	93.3	0.927	7.769	94.8	0.900	7.373	96.1	0.880	7.024	97.3	0.852	6.671	98.3	0.829	6.345	99.2	0.799	6.034	99.9	9
190	0.954	9.145	103.4	0.927	8.696	105.0	0.900	8.273	106.3	0.880	7.904	107.7	0.852	7.524	108.7	0.829	7.174	109.7	0.799	6.833	110.5	10

注：1. 本表已计入 20mm 砂浆面层；
2. 表中 t 为受火时间（min）；s 为迎火距离（mm）；
3. 表中形心距 c 以“mm”记。

矩形板的宽度折减系数 K、面积折减系数 K_A、形心距 c（截面宽度 b=350mm） 附表 9.4（*g*）

s \ t	30			40			50			60			70			80			90			n
	K	K_A	c	K	K_A	c	K	K_A	c	K	K_A	c	K	K_A	c	K	K_A	c	K	K_A	c	
10	0.720	0.720	10.0	0.623	0.623	10.0	0.552	0.552	10.0	0.497	0.497	10.0	0.452	0.452	10.0	0.414	0.414	10.0	0.381	0.381	10.0	1
30	0.855	1.576	20.9	0.788	1.412	21.2	0.722	1.273	21.3	0.662	1.159	21.4	0.607	1.059	21.5	0.560	0.974	21.5	0.520	0.901	21.6	2
50	0.933	2.509	31.7	0.861	2.273	32.1	0.815	2.088	32.5	0.768	1.927	32.8	0.721	1.780	33.0	0.677	1.650	33.2	0.637	1.538	33.3	3
70	0.951	3.460	42.2	0.917	3.190	43.0	0.861	2.948	43.5	0.822	2.749	43.9	0.786	2.565	44.3	0.750	2.401	44.7	0.714	2.252	45.0	4
90	0.957	4.417	52.6	0.931	4.121	53.6	0.901	3.849	54.4	0.864	3.614	55.0	0.821	3.386	55.4	0.791	3.191	55.9	0.761	3.013	56.3	5
110	0.960	5.377	62.8	0.936	5.057	64.0	0.910	4.759	65.0	0.884	4.497	65.8	0.854	4.241	66.4	0.820	4.011	67.0	0.789	3.802	67.5	6
130	0.961	6.337	73.0	0.937	5.994	74.4	0.912	5.671	75.4	0.892	5.389	76.4	0.867	5.108	77.2	0.842	4.853	77.9	0.814	4.616	78.5	7
150	0.961	7.298	83.1	0.937	6.931	84.6	0.914	6.585	85.8	0.896	6.285	86.9	0.872	5.980	87.8	0.850	5.703	88.6	0.828	5.443	89.4	8
170	0.961	8.259	93.2	0.937	7.868	95.0	0.914	7.499	96.1	0.897	7.182	97.3	0.873	6.853	98.3	0.855	6.558	99.3	0.833	6.277	100.1	9
190	0.961	9.220	103.3	0.937	8.805	105.0	0.914	8.414	106.3	0.897	8.080	107.6	0.873	7.727	108.7	0.855	7.413	109.7	0.833	7.110	110.6	10

注：1. 本表已计入 20mm 砂浆面层；
2. 表中 t 为受火时间（min）；s 为迎火距离（mm）；
3. 表中形心距 c 以“mm”记。

矩形板的宽度折减系数 K、面积折减系数 K_A、形心距 c（截面宽度 b=400mm） 附表 9.4（*h*）

s \ t	30			40			50			60			70			80			90			n
	K	K_A	c	K	K_A	c	K	K_A	c	K	K_A	c	K	K_A	c	K	K_A	c	K	K_A	c	
10	0.726	0.726	10.0	0.629	0.629	10.0	0.558	0.558	10.0	0.504	0.504	10.0	0.459	0.459	10.0	0.421	0.421	10.0	0.388	0.388	10.0	1
30	0.861	1,586	20.9	0.797	1.426	21.2	0.732	1.290	21.3	0.673	1.177	21.4	0.619	1.078	21.5	0.572	0.993	21.5	0.532	0.920	21.6	2
50	0.941	2.528	31.7	0.869	2.295	32.1	0.825	2.114	32.5	0.781	1.959	32.8	0.735	1.813	33.0	0.693	1.686	33.2	0.654	1.574	33.4	3
70	0.957	3.485	42.2	0.928	3.223	43.0	0.872	2.986	43.5	0.835	2.793	43.9	0.800	2.614	44.4	0.767	2.453	44.7	0.733	2.306	45.0	4
90	0.963	4.448	52.6	0.939	4.162	53.6	0.913	3.899	54.4	0.881	3.674	55.0	0.836	3.450	55.4	0.807	3.260	55.9	0.780	3.086	56.4	5
110	0.965	5.412	62.8	0.944	5.106	64.0	0.921	4.820	65.0	0.898	4.573	65.8	0.872	4.322	66.4	0.840	4.100	67.0	0.807	3.893	67.5	6
130	0.965	6.378	73.0	0.945	6.051	74.3	0.923	5.744	75.4	0.905	5.478	76.4	0.884	5.206	77.2	0.862	4.962	78.0	0.837	4.730	78.6	7
150	0.966	7.344	83.1	0.945	6.996	84.9	0.925	6.668	85.8	0.909	6.387	86.9	0.888	6.094	87.8	0.869	5.830	88.7	0.849	5.579	89.4	8
170	0.966	8.307	93.2	0.945	7.941	94.9	0.925	7.593	96.0	0.910	7.297	97.2	0.889	6.983	98.3	0.873	6.703	99.3	0.854	6.434	100.1	9
190	0.966	9.275	103.3	0.945	8,886	105.2	0.925	8.518	106.2	0.910	8.207	107.5	0.889	7.872	108.7	0.873	7.577	109.7	0.854	7.288	110.7	10

注：1. 本表已计入 20mm 砂浆面层；
2. 表中 t 为受火时间（min）；s 为迎火距离（mm）；
3. 表中形心距 c 以“mm”记。

矩形板的宽度折减系数 K、面积折减系数 K_A、形心距 c（截面宽度 b=450mm） 附表 9.4（i）

s \ t	30			40			50			60			70			80			90			n
	K	K_A	c	K	K_A	c	K	K_A	c	K	K_A	c	K	K_A	c	K	K_A	c	K	K_A	c	
10	0.730	0.730	10.0	0.634	0.634	10.0	0.563	0.563	10.0	0.509	0.509	10.0	0.465	0.465	10.0	0.427	0.427	10.0	0.393	0.393	10.0	1
30	0.865	1.595	20.8	0.803	1.437	21.2	0.739	1.302	21.4	0.682	1.192	21.4	0.628	1.093	21.5	0.581	1.008	21.5	0.541	0.935	21.6	2
50	0.948	2.542	31.7	0.875	2.312	32.1	0.833	2.135	32.5	0.791	1.983	32.8	0.747	1.839	33.1	0.705	1.713	33.2	0.667	1.601	33.4	3
70	0.962	3.504	42.2	0.936	3.248	43.0	0.880	3.015	43.5	0.844	2.827	43.9	0.812	2.651	44.4	0.780	2.493	44.7	0.747	2.349	45.1	4
90	0.967	4.471	52.6	0.946	4.194	53.6	0.923	3.938	54.4	0.894	3.722	55.0	0.847	3.499	55.4	0.820	3.313	55.9	0.794	3.143	56.4	5
110	0.969	5.440	62.8	0.950	5.144	64.0	0.930	4.868	65.0	0.910	4.631	65.8	0.887	4.385	66.5	0.856	4.169	67.0	0.822	3.964	67.5	6
130	0.969	6.409	73.0	0.951	6.095	74.3	0.932	5.800	75.4	0.916	5.547	76.4	0.897	5.282	77.2	0.877	5.046	78.0	0.855	4.819	78.6	7
150	0.969	7.379	83.1	0.951	7.046	84.5	0.933	6.733	85.8	0.919	6.466	86.9	0.900	6.182	87.8	0.883	5.929	88.7	0.866	5.685	89.5	8
170	0.969	8.348	93.2	0.951	7.997	94.9	0.933	7.666	96.0	0.920	7.386	97.2	0.902	7.084	98.3	0.887	6.817	99.3	0.870	6.556	100.2	9
190	0.969	9.318	103.2	0.951	8.948	105.1	0.933	8.600	106.2	0.920	8.307	107.5	0.902	7.986	108.7	0.887	7.704	109.7	0.870	7.426	110.7	10

注：1. 本表已计入 20mm 砂浆面层；
2. 表中 t 为受火时间（min）；s 为迎火距离（mm）；
3. 表中形心距 c 以“mm”记。

矩形板的宽度折减系数 K、面积折减系数 K_A、形心距 c（截面宽度 b=500mm） 附表 9.4（j）

s \ t	30			40			50			60			70			80			90			n
	K	K_A	c	K	K_A	c	K	K_A	c	K	K_A	c	K	K_A	c	K	K_A	c	K	K_A	c	
10	0.733	0.733	10.0	0.638	0.638	10.0	0.567	0.567	10.0	0.514	0.514	10.0	0.469	0.469	10.0	0.431	0.431	10.0	0.398	0.398	10.0	1
30	0.868	1.601	20.8	0.808	1.446	21.2	0.745	1.312	21.4	0.689	1.203	21.5	0.635	1.105	21.5	0.589	1.020	21.5	0.549	0.947	21.6	2
50	0.953	2.554	31.7	0.880	2.326	32.1	0.839	2.152	32.5	0.799	2.002	32.9	0.756	1.860	33.1	0.715	1.735	33.3	0.677	1.624	33.4	3
70	0.966	3.520	42.2	0.942	3.268	43.0	0.887	3.039	43.5	0.852	2.855	43.9	0.821	2.681	44.4	0.790	2.525	44.8	0.759	2.383	45.1	4
90	0.970	4.490	52.5	0.951	4.220	53.6	0.931	3.969	54.4	0.905	3.760	55.0	0.857	3.538	55.4	0.831	3.356	56.0	0.805	3.188	56.4	5
110	0.972	5.462	62.8	0.955	5.175	64.0	0.937	4.906	65.0	0.919	4.678	65.8	0.898	4.436	66.5	0.869	4.224	67.1	0.833	4.021	67.5	6
130	0.972	6.435	72.9	0.956	6.131	74.3	0.939	5.845	75.4	0.924	5.602	76.4	0.907	5.343	77.3	0.889	5.114	78.0	0.870	4.891	78.6	7
150	0.972	7.407	83.0	0.956	7.087	84.5	0.940	6.785	85.8	0.927	6.530	86.9	0.910	6.253	87.8	0.895	6.008	88.7	0.879	5.770	89.5	8
170	0.972	8.379	93.1	0.956	8.043	94.8	0.940	7.725	96.0	0.928	7.458	97.2	0.911	7.165	98.3	0.899	6.907	99.3	0.883	6.653	100.2	9
190	0.972	9.352	103.2	0.956	8.999	105.1	0.940	8.665	106.2	0.928	8.386	107.5	0.911	8.076	108.6	0.899	7.805	109.7	0.883	7.537	110.7	10

注：1. 本表已计入 20mm 砂浆面层；
2. 表中 t 为受火时间（min）；s 为迎火距离（mm）；
3. 表中形心距 c 以“mm”记。

矩形板的宽度折减系数 K、面积折减系数 K_A、形心距 c（截面宽度 b=550mm）　附表 9.4（k）

s \ t	30			40			50			60			70			80			90			n
	K	K_A	c	K	K_A	c	K	K_A	c	K	K_A	c	K	K_A	c	K	K_A	c	K	K_A	c	
10	0.736	0.736	10.0	0.641	0.641	10.0	0.570	0.570	10.0	0.517	0.517	10.0	0.473	0.473	10.0	0.435	0.435	10.0	0.402	0.402	10.0	1
30	0.871	1.607	20.8	0.812	1.453	21.2	0.750	1.321	21.4	0.695	1.212	21.5	0.642	1.114	21.5	0.595	1.030	21.6	0.555	0.957	21.6	2
50	0.957	2.564	31.7	0.884	2.337	32.1	0.845	2.165	32.5	0.806	2.018	32.9	0.763	1.878	33.1	0.723	1.753	33.3	0.686	1.642	33.5	3
70	0.969	3.533	42.2	0.947	3.285	43.0	0.893	3.058	43.5	0.859	2.877	43.9	0.828	2.706	44.4	0.799	2.552	44.8	0.768	2.411	45.1	4
90	0.973	4.506	52.5	0.956	4.241	53.6	0.937	3.995	54.4	0.914	3.791	55.0	0.864	3.570	55.4	0.839	3.390	56.0	0.815	3.225	56.4	5
110	0.974	5.480	62.8	0.959	5.200	64.0	0.943	4.938	65.0	0.926	4.717	65.8	0.907	4.477	66.5	0.879	4.269	67.1	0.843	4.068	67.5	6
130	0.975	6.455	72.9	0.960	6.160	74.3	0.944	5.882	75.4	0.931	5.648	76.4	0.916	5.393	77.3	0.899	5.169	78.0	0.881	4.949	78.7	7
150	0.975	7.430	83.0	0.960	7.120	84.5	0.945	6.827	85.8	0.934	6.581	86.9	0.918	6.311	87.9	0.904	6.073	88.8	0.890	5.839	89.5	8
170	0.975	8.405	93.1	0.960	8.080	94.8	0.945	7.772	96.0	0.935	7.516	97.2	0.919	7.231	98.3	0.908	6.981	99.3	0.894	6.733	100.2	9
190	0.975	9.380	103.2	0.960	9.040	105.0	0.945	8.718	106.2	0.935	8.451	107.5	0.919	8.150	108.6	0.908	7.889	109.8	0.894	7.627	110.7	10

注：1. 本表已计入 20mm 砂浆面层；
2. 表中 t 为受火时间（min）；s 为迎火距离（mm）；
3. 表中形心距 c 以“mm”记。

矩形板的宽度折减系数 K、面积折减系数 K_A、形心距 c（截面宽度 b=600mm）　附表 9.4（l）

s \ t	30			40			50			60			70			80			90			n
	K	K_A	c	K	K_A	c	K	K_A	c	K	K_A	c	K	K_A	c	K	K_A	c	K	K_A	c	
10	0.738	0.738	10.0	0.644	0.644	10.0	0.573	0.573	10.0	0.520	0.520	10.0	0.476	0.476	10.0	0.438	0.438	10.0	0.405	0.405	10.0	1
30	0.873	1.611	20.8	0.816	1.459	21.2	0.755	1.328	21.4	0.700	1.220	21.5	0.647	1.123	21.5	0.600	1.038	21.6	0.560	0.965	21.6	2
50	0.961	2.572	31.7	0.888	2.347	32.1	0.849	2.177	32.5	0.812	2.032	32.9	0.769	1.892	33.1	0.729	1.768	33.3	0.693	1.657	33.5	3
70	0.972	3.544	42.2	0.952	3.298	43.0	0.897	3.074	43.5	0.864	2.896	43.9	0.835	2.726	44.4	0.806	2.574	44.8	0.776	2.434	45.1	4
90	0.975	4.519	52.5	0.960	4.258	53.6	0.942	4.016	54.4	0.921	3.817	55.1	0.870	3.597	55.4	0.846	3.420	56.0	0.822	3.256	56.5	5
110	0.977	5.495	62.7	0.962	5.220	64.0	0.947	4.964	65.0	0.932	4.749	65.8	0.915	4.512	66.5	0.888	4.307	67.1	0.850	4.106	67.5	6
130	0.977	6.472	72.9	0.963	6.184	74.3	0.949	5.912	75.4	0.937	5.685	76.4	0.923	5.434	77.3	0.908	5.215	78.1	0.891	4.998	78.7	7
150	0.977	7.449	83.0	0.963	7.147	84.5	0.950	6.862	85.8	0.939	6.625	86.8	0.925	6.360	87.9	0.912	6.127	88.8	0.899	5.897	89.6	8
170	0.977	8.426	93.1	0.963	8.110	94.8	0.950	7.812	96.0	0.940	7.565	97.2	0.926	7.286	98.3	0.915	7.043	99.3	0.903	6.800	100.2	9
190	0.977	9.403	103.2	0.963	9.073	105.0	0.950	8.762	106.2	0.940	8.505	107.4	0.926	8.212	108.6	0.915	7.958	109.8	0.903	7.703	110.8	10

注：1. 本表已计入 20mm 砂浆面层；
2. 表中 t 为受火时间（min）；s 为迎火距离（mm）；
3. 表中形心距 c 以“mm”记。

圆形截面直径折减系数 K_D 值　　　　附表 9.5

D(mm) \ t(min)	30	40	50	60	70	80	90	D(mm) \ t(min)	30	40	50	60	70	80	90
300	0.952	0.924	0.897	0.870	0.844	0.819	0.795	650	0.979	0.967	0.955	0.944	0.933	0.922	0.912
350	0.959	0.936	0.914	0.892	0.870	0.849	0.829	700	0.980	0.969	0.958	0.948	0.937	0.927	0.918
400	0.964	0.945	0.925	0.906	0.887	0.869	0.851	750	0.982	0.971	0.961	0.951	0.941	0.932	0.923
450	0.969	0.951	0.934	0.917	0.901	0.885	0.870	800	0.983	0.973	0.963	0.954	0.945	0.936	0.927
500	0.972	0.956	0.941	0.926	0.911	0.897	0.883	900	0.985	0.976	0.967	0.959	0.951	0.943	0.935
550	0.975	0.961	0.947	0.933	0.920	0.907	0.895	1000	0.986	0.978	0.970	0.963	0.955	0.948	0.941
600	0.977	0.964	0.951	0.939	0.927	0.915	0.9								

注：本表已计入 20mm 砂浆垫层。

参考文献

[1] 四川省住房和城乡建设厅. 民用建筑可靠性鉴定标准 GB 50292—2015 [S]. 北京：中国建筑工业出版社，2019.

[2] 中冶建筑研究总院有限公司. 工业建筑可靠性鉴定标准 GB 50114—2019 [S]. 北京：中国建筑工业出版社，2019.

[3] 中国建筑科学研究院. 建筑抗震鉴定标准 GB 50023—2009 [S]. 北京：中国建筑工业出版社，2009.

[4] 重庆市土地房屋管理局. 危险房屋鉴定标准 JGJ 125—2016 [S]. 北京：中国建筑工业出版社，2016.

[5] 同济大学. 既有建筑物结构检测与评定标准 DG/T J08—804—2005 [S]. 上海，2005.

[6] 四川省住房和城乡建设厅. 砌体工程现场检测技术标准 GB/T 50315—2011 [S]. 北京：中国建筑工业出版社，2011.

[7] 中国建筑科学研究院. 超声回弹综合法检测混凝土强度技术规程 CECS 02：2005 [S]. 北京：中国建筑工业出版社，2005.

[8] 四川省建筑科学研究院. 混凝土结构加固设计规范 GB 50367—2013 [S]. 北京：中国建筑工业出版社，2013.

[9] 高等学校土木工程学科专业指导委员会. 高等学校土木工程本科指导性专业规范 [S]. 北京：中国建筑工业出版社，2011.

[10] 中国建筑科学研究院. 工程结构可靠性设计统一标准 GB 50153—2008 [S]. 北京：中国建筑工业出版社，2009.

[11] 王学谦. 建筑防火 [M]. 北京：中国建筑工业出版社，2000.

[12] 朱彦鹏. 湿陷性黄土地区油气管线和站场防灾减灾研究 [M]. 北京：科学出版社，2017.

[13] 朱彦鹏. 混凝土结构基本原理 [M]. 北京：中国建筑工业出版社，2014.

[14] 朱彦鹏. 混凝土结构设计 [M]. 北京：高等教育出版社，2014.

[15] 朱彦鹏. 特种结构（第四版）[M]. 武汉：武汉理工大学出版社，2015.

[16] 陈昌明，刘志平. 等. 建筑事故防范与处理实用全书（上、下）[M]. 北京：中国建材工业出版社，1998.

[17] 唐业清，万墨林，等. 建筑物改造与病害处理 [M]. 北京：中国建筑工业出版社，2000.

[18] 江见鲸，陈希哲，崔京浩. 建筑工程事故处理与预防 [M]. 北京：中国建材工业出版社，1995.

[19] 朱彦鹏，王秀丽，周勇，等. 湿陷性黄土地区倾斜建筑物的膨胀法纠偏加固理论分析与实践 [J]. 岩石力学与工程学报，2005，24（15）：2786-2794.

[20] 何永强，朱彦鹏. 膨胀法处理湿陷性黄土地基的理论与试验 [J]. 土木建筑与环境工程，2009，31（1）：44-48.

[21] 何永强，朱彦鹏. 基于孔隙挤密原理的生石灰桩地基加固研究及其应用 [J]. 工程勘察，2007，(9)：22-25.

[22] 刘祖德. 某危房的地基应力解除法纠偏工程实例 [J]. 土工基础，2000，14（4）：29-31.

[23] 朱彦鹏，王秀丽，张贵文，宋彧. 诱使沉降法纠正偏移建筑的模型试验研究及案例分析 [J]. 岩石力学与工程学报，2007，26（s1）：3288-3296.

[24] 刘祖德. 地基应力解除法纠偏处理 [J]. 土工基础，1990，4（1）：1-6.

[25] 唐业清. 建筑物纠倾新技术 [J]. 建筑技术，1998，22（6）：323-327.

[26] 刘万兴，任臻. 锚杆静压桩和掏土在房屋纠偏中的应用 [J]. 土工基础，1999，13（2）：43-45.

[27] 张贵文，湿陷性黄土地区建筑物迫降纠偏的理论与实践 [D]. 兰州理工大学，2002.